農業経営統計調査報告

平成２８年産

米及び麦類の生産費
大臣官房統計部

平成３０年６月

農林水産省

目　　　　次

利用者のために
1　調査の概要 …… 2
2　調査上の主な約束事項 …… 7
3　調査結果の取りまとめと統計表の編成 …… 10
4　利用上の注意 …… 16
5　農業経営統計調査報告書一覧 …… 20
6　お問合せ先 …… 20
別表１　費目分類一覧表 …… 21
別表２　作業分類一覧表 …… 22

Ⅰ　調査結果の概要
1　米生産費 …… 26
2　小麦生産費 …… 27
3　二条大麦生産費 …… 28
4　六条大麦生産費 …… 29
5　はだか麦生産費 …… 30

Ⅱ　統計表
1　米生産費
(1)　度数分布（平成28年産米生産費統計）
ア　60kg当たり資本利子・地代全額算入生産費（全算入生産費）階層別分布 …… 32
イ　米販売数量階層別分布 …… 36
ウ　10ａ当たり収量階層別分布 …… 38
(2)　米の全国・全国農業地域別生産費 …… 42
(3)　米の作付規模別生産費
ア　全国 …… 62
イ　北海道 …… 82
ウ　都府県 …… 92
エ　東北・北陸 …… 102
オ　関東・東山・東海 …… 112
カ　近畿・中国 …… 122
キ　四国・九州 …… 132
(4)　米の道府県別生産費
ア　北海道～三重 …… 142
イ　滋賀～鹿児島 …… 152
(5)　認定農業者がいる経営体の生産費 …… 162

【参考】飼料用米の生産費 …… 163

2　麦類生産費
(1)　小麦の全国・全国農業地域別生産費
　　ア　田畑計 …………………………………………………………………………………… 166
　　イ　田畑別 …………………………………………………………………………………… 186
(2)　小麦の作付規模別生産費
　　ア　全国・田畑計 …………………………………………………………………………… 206
　　イ　全国・田畑別 …………………………………………………………………………… 226
　　ウ　北海道・都府県 ………………………………………………………………………… 246
　　エ　関東・東山・九州 ……………………………………………………………………… 256
(3)　二条大麦・六条大麦・はだか麦の生産費 ………………………………………………… 266

累年統計表
　1　米生産費の累年統計
(1)　米生産費の全国累年統計 …………………………………………………………………… 278
(2)　米生産費の全国作付規模別・年次別比較〔10a当たり〕………………………………… 294
(3)　米生産費の全国農業地域別・年次別比較 ………………………………………………… 302
(4)　米の作業別労働時間の全国農業地域別・年次別比較〔10a当たり〕…………………… 320
　2　麦類生産費の累年統計
(1)　小麦生産費の累年統計
　　ア　小麦生産費の全国累年統計 …………………………………………………………… 324
　　イ　小麦生産費の全国・田畑計・田畑別・年次別比較 ………………………………… 340
　　ウ　小麦生産費の全国農業地域別・年次別比較 ………………………………………… 346
　　エ　小麦の作業別労働時間の年次別比較〔10a当たり〕
　　　(ア)　全国・田畑計・田畑別 …………………………………………………………… 352
　　　(イ)　全国農業地域別 …………………………………………………………………… 353
(2)　二条大麦生産費の全国累年統計 …………………………………………………………… 354
(3)　六条大麦生産費の全国累年統計 …………………………………………………………… 356
(4)　はだか麦生産費の全国累年統計 …………………………………………………………… 358

(付表)　個別結果表（様式）……………………………………………………………………… 362

利用者のために

1　調査の概要

(1)　調査の目的

米、小麦、二条大麦、六条大麦及びはだか麦の生産費の実態を明らかにし、農政（経営所得安定対策、生産対策、経営改善対策等）の資料を整備することを目的としている。

(2)　調査の沿革

ア　米生産費統計

米生産費統計調査は大正10年の米穀法の制定を契機として、大正11年から帝国農会により開始された。その後、農林省米穀局において昭和７年から米生産費調査が実施され、昭和８年米穀統制法の施行に伴って米価安定のための政府買入価格である「最低米価」の算定資料を得ることを目的として実施された。

その後、食糧管理局（現農林水産省政策統括官）において調査を実施してきたが、昭和23年には農林省統計調査局（現農林水産省大臣官房統計部）に移管されて各種農産物の生産費調査と統一的に実施されることとなった。

統計調査局では、米生産費調査について昭和24年から調査体系及び調査方法の抜本的な改正と調査農家数を拡充し、また昭和35年からは生産者米価の算定に「生産費及び所得補償方式」が採用されたことに伴う調査規模の拡充を行うとともに、これを機に統計法（昭和22年法律第18号）に基づく指定統計第100号（昭和35年４月１日付け行政管理庁告示第23号）に指定され、米生産費統計調査規則（昭和35年農林省令第13号）に基づき実施されることになった。

その後は昭和51年には家族労働の評価基準を、昭和61年には集計対象農家の下限基準を改定するなど、稲作をめぐる情勢の変化に対応するよう見直されてきた。さらに、平成２年から３年にかけて農産物生産費調査の見直し検討を行い、その検討結果を踏まえ、平成３年には農業及び農業経営の著しい変化に対応できるよう調査項目の一部改正を行った。

平成６年には、水稲作生産技術の平準化を踏まえて集計対象の改定を行うとともに、農業経営の実態把握に重点を置き、多面的な統計作成が可能な調査体系とすることを目的に、従来、別体系で実施していた農家経済調査と農畜産物繭生産費調査を統合し「農業経営統計調査」（指定統計第119号）として、農業経営統計調査規則（平成６年農林水産省令第42号）に基づき実施されることとなった。

米生産費統計については、平成７年から農業経営統計調査の下「米生産費統計」として取りまとめることとなり、同時に間接労働の取扱い等の改定を行い、また平成10年から家族労働費について、それまでの男女別評価から男女同一評価（当該地域で男女を問わず実際に支払われた平均賃金による評価）に改正が行われた。

平成16年には、食料・農業・農村基本計画等の新たな施策の展開に応えるため農業経営統計調査を、営農類型別・地域別に経営実態を把握する営農類型別経営統計に編成する調査体系の再編・整備等の所要の見直しを行った。

これに伴って米生産費についても、平成16年産から農家の農業経営全体の農業収支、自家農業投下労働時間の把握の取りやめ、自動車費を農機具費から分離・表章する等の一部改正を行った。

平成19年産から平成19年度税制改正における減価償却費計算の見直しを行い、平成21年産には、平成20年度税制改正における減価償却計算の見直しを行った。

イ　麦類生産費統計

麦類の生産費調査は古くから帝国農会によって行われていたが、農林省では昭和７年に小麦増殖奨励５か年計画事業の一環として府県農務課を通じて麦類生産費調査を初めて実施した。

その後、昭和15年から農林省が帝国農会に「麦生産費調査」を委嘱して実施したが、昭和17年に米穀統制法に代わって食糧管理法が施行され、食糧管理局によって麦類（大麦、はだか麦、小麦）の生産費調査が実施されることとなった。そのため、農林省の帝国農会に対する委嘱調査は中止されたが、帝国農会では昭和17年から独自の立場で同じ方法による調査を継続実施した。昭和23年には食糧管理局の麦類生産費調査が統計調査局に移管され、併せて帝国農会の調査も各種農産物の生産費調査とともに農林省統計調査局に移管された。

統計調査局は昭和24年から調査方法等を理論的に整備統一し改正を加えた上、上記麦類について調査を実施した。その後、麦の政府買入価格算定の資料とするため、昭和28年から調査対象を全国に拡充して実施することとなった。

その後は昭和63年から平成元年にかけ小麦の調査対象を拡充するなど、麦作をめぐる情勢の変化に対応し見直しを加えながら調査を実施し、平成３年に米生産費統計調査と同様に農産物生産費調査の見直し検討を行い、調査項目の一部改正を行った。平成６年には、「農業経営統計調査」として農業経営統計調査規則に基づき実施されることとなり、麦類生産費についても、平成７年から新たな調査体系の下で「麦類生産費統計」として取りまとめることとなり、同時に間接労働の取扱い等の改定を行い、また平成10年から家族労働費についてそれまでの男女別評価から男女同一評価に改正が行われた。

平成16年には、農業経営統計調査の再編・整備を行い、米生産費統計と同様に平成16年産から、農家の農業経営全体の農業収支、自家農業投下労働時間等の把握を取りやめ、平成17年産から六条大麦、はだか麦及びビール大麦の生産費の廃止、小麦生産費については自動車費を農機具費から分離・表章する等の一部改正を行った。

平成19年産から平成19年度税制改正における減価償却費計算の見直しを行い、平成22年産には、平成20年度税制改正における減価償却計算の見直しを行った。

平成22年から、農業者戸別所得補償制度の推進に必要な資料を整備するため、「なたね、そば等生産費調査」（一般統計調査）を新設し、二条大麦、六条大麦及びはだか麦の生産費について調査・把握（平成21年産は遡及して調査・把握）を行った。その後、「なたね、そば等生産費調査」が「農業経営統計調査」に統合されたことに伴い、平成24年産から、二条大麦、六条大麦及びはだか麦生産費は、「農業経営統計調査」として「農業経営統計調査規則」に基づき実施されることとなった。

(3)　調査の根拠

農業経営統計調査は、統計法（平成19年法律第53号）第９条第１項に基づく総務大臣の承認を受けて実施した基幹統計調査である。

(4)　調査機構

調査は、農林水産省大臣官房統計部及び地方組織を通じて実施した。

(5) 調査の体系

調査の体系は次のとおりである。

〔統 計 の 内 容〕

- **農業経営統計調査**
  - 営農類型別経営統計
    - 個別経営 ------ ・水田作経営、畑作経営、露地野菜作経営、施設野菜作経営、果樹作経営、露地花き作経営、施設花き作経営、酪農経営、繁殖牛経営、肥育牛経営、養豚経営、採卵養鶏経営及びブロイラー養鶏経営の13営農類型についての農業事業全体と部門別の経営収支等
    - 組織経営
      - 組織法人経営 ------ ・個別経営に準じ、水田作経営など13営農類型及び水田作経営のうち集落営農の経営収支等
      - 任意組織経営 ------ ・水田作経営のうち集落営農の経営収支等
    - 経営形態別経営統計 ------ ・個別経営については、上述の営農類型別経営統計に「その他経営」を加えた経営形態別の経営収支等
      ・組織経営については、上述の組織法人経営の営農類型別経営統計をまとめた経営形態別の経営収支等
  - **農産物生産費統計** ------ **・米、麦類、大豆、工芸農作物等の生産費**
  - 畜産物生産費統計 ------ ・牛乳、肥育牛等の生産費

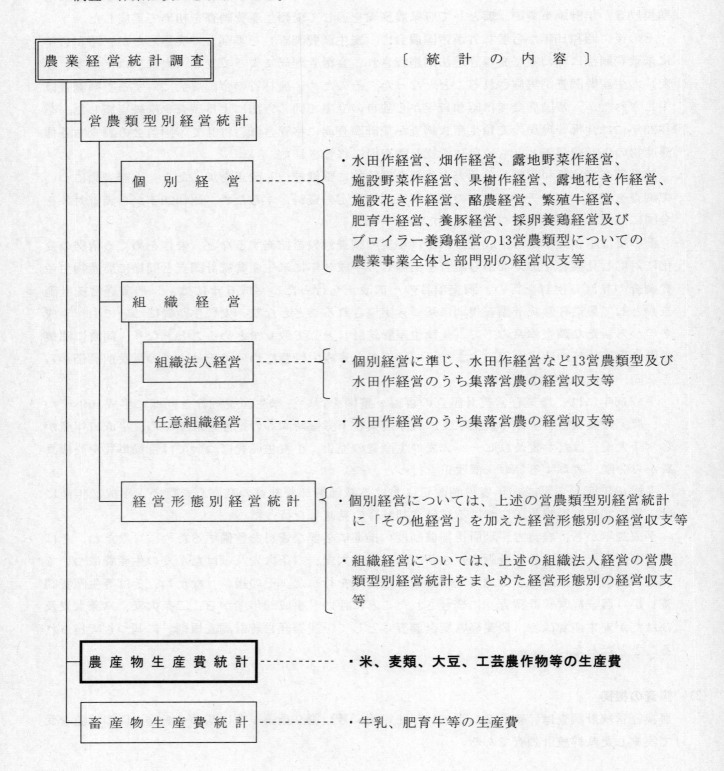

(6) 調査対象作目

調査対象作目は、次のとおりである。

調査の種類	調査対象作目
米生産費統計	食用に供する目的で栽培している水稲
小麦生産費統計	種実を生産する目的で栽培している小麦
二条大麦生産費統計	種実を生産する目的で栽培している二条大麦
六条大麦生産費統計	種実を生産する目的で栽培している六条大麦
はだか麦生産費統計	種実を生産する目的で栽培しているはだか麦

(7) 調査の対象と調査対象経営体の選定方法

ア 米生産費統計

(ア) 調査の対象

2010年世界農林業センサス（以下「センサス」という。）に基づく農業経営体のうち、世帯による農業経営（個別経営）を行い、玄米を600kg以上販売した経営体（以下「米販売経営体」という。）とした。

(イ) 米販売経営体リストの作成

センサスに基づく米販売経営体について、都道府県別及び水稲作付面積規模階層別に区分したリストを作成した。

(ウ) 標本の大きさの算出

標本の大きさ（調査対象経営体数）については、北海道、都府県別に米60kg当たり資本利子・地代全額算入生産費（以下「全算入生産費」という。）を指標とした目標精度（標本誤差率）（北海道：2.0％、都府県：1.0％）に基づき、必要な調査対象経営体数を、北海道90経営体、都府県944経営体（全国で1,034経営体）と算出した。

(エ) 標本配分

(ウ)で定めた北海道、都府県の調査対象経営体数を規模別に最適配分し、更に各都道府県別の米販売経営体数に応じて比例配分した。

(オ) 標本抽出

(イ)で作成した米販売経営体リストにおいて、水稲作付面積の小さい経営体から順に並べた上で(エ)で配分した当該規模階層の調査対象経営体数で等分し、等分したそれぞれの区分から1経営体ずつ無作為に抽出した。

イ 小麦生産費統計

(ア) 調査の対象

センサスに基づく農業経営体のうち、世帯による農業経営（個別経営）を行い、小麦を10a以上作付けし、販売した経営体（以下「小麦販売経営体」という。）とした。

(イ) 小麦販売経営体リストの作成

センサスに基づく小麦販売経営体について、都道府県別及び小麦作付面積規模階層別に区分したリストを作成した。

(ウ) 標本の大きさの算出

標本の大きさ（調査対象経営体数）については、北海道、都府県別に小麦60kg当たり全算入

生産費を指標とした目標精度（標準誤差率）（北海道：3.0%、都府県：2.5%）に基づき、必要な調査対象経営体数を算出し、北海道120経営体、都府県434経営体（全国で554経営体）と算出した。

(ｴ) 標本配分

(ｳ)で定めた北海道、都府県別調査対象経営体数を、規模階層別に最適配分し、更にセンサスによる小麦作付規模別の小麦販売経営体数に応じて都道府県ごとに比例配分した後、田作畑作別に配分した。

なお、田作経営体は、小麦作付面積に占める田作面積の割合が50%以上の経営体、畑作経営体は、小麦作付面積に占める畑作面積の割合が50%を上回る経営体とした。

(ｵ) 標本抽出

(ｲ)で作成した小麦販売経営体リストにおいて、田作畑作別に小麦作付面積の小さい経営体から順に並べた上で(ｴ)で配分した当該規模階層の田作畑作別調査対象経営体数で等分し、等分したそれぞれの区分から１経営体ずつ無作為に抽出した。

ウ 二条大麦、六条大麦及びはだか麦生産費統計

(ｱ) 調査の対象

センサスに基づく農業経営体のうち、世帯による農業経営（個別経営）を行い、調査該当麦を10ａ以上作付けし、販売した経営体（以下「調査該当麦販売経営体」）とした。

(ｲ) 調査該当麦販売経営体リストの作成

センサスを基に情報収集した結果における調査該当麦販売経営体について、都道府県別及び調査該当麦作付面積規模階層別に区分したリストを作成した。

(ｳ) 標本の大きさの決定

標本の大きさ（調査対象経営体数）については、全国の各調査対象麦計算単位当たり（二条大麦及び六条大麦：50kg、はだか麦：60kg）全算入生産費を指標とした目標精度（標準誤差率）（二条大麦：6.0%、六条大麦及びはだか麦：8.0%）に基づき、それぞれ必要な調査対象経営体数を、二条大麦生産費75経営体、六条大麦生産費48経営体、はだか麦生産費40経営体と算出した。

(ｴ) 標本配分

(ｳ)で定めた各調査該当麦の調査対象経営体数をそれぞれ規模階層別に最適配分し、更に各経営体数(調査該当麦販売経営体数)に応じて都道府県ごとに比例配分した。

(ｵ) 標本抽出

(ｲ)で作成した調査該当麦販売経営体リストにおいて、調査該当麦作付面積の小さい経営体から順に並べた上で(ｴ)で配分した当該規模階層の調査対象経営体数で等分し、等分したそれぞれの区分から１経営体ずつ無作為に抽出した。

(8) 調査期間

ア 米生産費統計は、平成28年１月から12月までの１年間である。

イ 小麦、二条大麦、六条大麦及びはだか麦生産費統計は、平成27年９月から平成28年８月までの１年間である。

(9) 調査項目

ア 米、小麦、二条大麦、六条大麦及びはだか麦の生産活動を維持・継続するために投入した費目

別の費用、労働時間、品目別原単位量（調査作物を生産するのに要した肥料等生産資材の消費数量等の物量）、玄米、玄麦及び副産物の収穫量と価額

イ　農業就業者数、経営耕地面積、作付実面積、投下資本額、農機具の所有台数等

(10) 調査方法

調査票（現金出納帳、作業日誌及び経営台帳）を調査対象経営体に配布し、これに日々の生産資材の購入、生産物の販売、労働時間、財産の状況等を調査対象経営体が記帳する自計調査の方法を基本とし、職員又は統計調査員による調査対象経営体に対する面接調査の併用によって行った（調査票様式については、農林水産省のホームページ【http://www.maff.go.jp/j/tokei/kouhyou/noukei/seisanhi_nousan/index.html】で御覧いただけます。）。

2　調査上の主な約束事項

(1) 農産物生産費の概念

農産物生産費統計において「生産費」とは、農産物の一定単位量の生産のために消費した経済費用の合計をいう。ここでいう費用の合計とは、具体的には、農産物の生産に要した材料（種苗、肥料、農業薬剤、光熱動力、その他の諸材料）、土地改良及び水利費、賃借料及び料金、物件税及び公課諸負担、労働費（雇用・家族（生産管理労働を含む。））、固定資産（建物、自動車、農機具、生産管理機器）の財貨及び用役の合計をいう。

各費目の具体的事例は、22ページの別表１を参照されたい。

(2) 主な約束事項

ア　生産費の種別（生産費統計においては、「生産費」を次の３種類に区分する。）

(ｱ)　「生産費（副産物価額差引）」

調査作物の生産に要した費用合計から副産物価額を控除したもの

(ｲ)　「支払利子・地代算入生産費」

「生産費（副産物価額差引）」に支払利子及び支払地代を加えたもの

(ｳ)　「資本利子・地代全額算入生産費」

「支払利子・地代算入生産費」に自己資本利子及び自作地地代を擬制的に計算して算入したもの

イ　物財費

調査作物を生産するために消費した流動財費（種苗費、肥料費、農業薬剤費、光熱動力費、その他の諸材料費等）と固定財（建物、自動車、農機具、生産管理機器の償却資産）の減価償却費の合計である。

なお、流動財費は、購入したものについてはその支払い額、自給したものについてはその評価額により算出した。

(ｱ)　自給物の評価

自給物の評価には、市価主義と費用価主義（費用価計算）の２つの評価方法があるが、自給肥料のうち、たい肥、きゅう肥及び緑肥については材料費のみ費用価計算を行い、労働時間は間接労働時間とし、間接労働費に評価計上した。

自給肥料の費用価は、自給肥料の生産に要する費用を材料（農機具の燃料を含む。）の使用

数量と単価によって計算したものである。

たい肥、きゅう肥、緑肥以外の自給肥料、自給畜力（その他の諸材料に分類する。）及び自給諸材料については、市価評価を行い計上した。

建物修繕、自動車修繕、農機具修繕、自動車補充及び農機具補充の自給については、その生産・修繕に用いた自給材料を生産費の該当費目に計上し、それに関わる労働時間は間接労働時間として労働費に評価計上した。

(ｲ) 償却資産の評価

建物、自動車、農機具及び生産管理機器のうち取得価額が10万円以上のものを償却資産として取り扱い、減価償却計算を行った。

償却計算の方法は「定額法」とするが、10万円以上20万円未満の資産については３年間で均一に償却することとした。

なお、作目間の費用の配分（負担分）については、建物は使用延べ面積の割合、自動車、農機具及び生産管理機器は使用時間の割合によった。

また、償却資産の更新、廃棄等に伴う処分差損益は、調査作物の負担分を減価償却費に計上した（ただし、処分差益が減価償却費を上回った場合は、統計表上においては減価償却費を負数「△」として表章している。）。

平成19年度税制改正及び平成20年度税制改正における減価償却計算の見直しを踏まえた１か年の減価償却費の算出方法については、18ページの「４　利用上の注意　(9)税制改正における減価償却計算の見直し」を参照されたい。

ウ　労働費

調査作物の生産のために投下された家族労働の評価額と雇用労働に対する支払額の合計である。

(ｱ) 家族労働評価

調査作物の生産のために投下された家族労働については、「毎月勤労統計調査」（厚生労働省）（以下「毎月勤労統計」という。）の「建設業」、「製造業」及び「運輸業，郵便業」に属する５～29人規模の事業所における賃金データ（都道府県単位）を基に算出した単価を乗じて計算したものである。

(ｲ) 労働時間

労働時間は、直接労働時間と間接労働時間に区分した。

直接労働時間とは、食事・休憩などの時間を除いた調査作物の生産に直接投下された労働時間（生産管理労働時間を含む。）であり、間接労働時間とは、自給肥料の生産、建物や農機具の自己修繕等に要した労働時間の調査作物の負担部分である。

なお、次に示すようなものは直接労働時間に含めた。

a　庭先における農機具の調整及び取付け時間、宅地からほ場までの往復時間

b　共同作業受け労働や「ゆい」、「手間替え受け」のような労働交換

c　調査期間外の労働（例えば、秋の田起こしなど。）で、当該作物の作付けを目的とする投下労働時間

d　ごく小規模な災害復旧作業時間

e　簡易な農道の改修作業時間

また、作業分類の具体的事例は、22ページの別表２を参照されたい。

エ　費用合計

調査作物を生産するために消費した物財費と労働費の合計である。

オ　副産物価額

副産物とは、主産物（生産費集計対象）の生産過程で主産物と必然的に結合して生産される生産物である。生産費においては、主産物生産に要した費用のみとするため、副産物を市価で評価（費用に相当すると考える。）し、費用合計から差し引くこととしている。

カ　資本額と資本利子

(ｱ)　資本額

　a　流動資本

「種苗費、肥料費、農業薬剤費、光熱動力費、その他の諸材料費、土地改良及び水利費、賃借料及び料金、物件税及び公課諸負担、建物費のうち修繕費、自動車費、農機具費並びに生産管理費のうち修繕及び購入補充費」の合計に１／２（平均資本凍結期間６か月）を乗じたものを流動資本としている。

平均資本凍結期間を６か月としているのは、農作物の生産に当たって投下される個々の資産は全て生産開始時点に投下されるものでなく、生産過程の中で必要に応じて投下されるものであり、流動資本については生産過程における資本投下がほぼ平均的であることから、資本投下から生産完了までの平均期間が全体では１／２年間であるとみなしていることによる。

　b　労賃資本

「家族労働費」と「雇用労働費」の合計に１／２（流動資本と同様の考えにより平均資本凍結期間を６か月とした。）を乗じたものを労賃資本としている。

　c　固定資本

「建物及び構築物、自動車、農機具、生産管理機器」の調査作物の負担部分現在価を固定資本としている。

負担部分現在価は、調査開始時現在価に調査作物の負担割合を乗じて算出した。

負担割合は、建物では調査期間中の総使用量（総使用面積×使用日数）から調査農産物の使用量（使用面積×使用日数）割合により、自動車及び農機具では調査期間中の総使用時間から調査農産物の使用時間割合により算出した。

(ｲ)　資本利子

　a　自己資本利子

総資本額から借入資本額を差し引いた自己資本額に年利率４％を乗じて計算した。

　b　支払利子

調査期間内に支払った調査作物の負担部分の支払利子額を計上した。

キ　地代

(ｱ)　自作地地代

自作地地代については近傍類地（調査対象作目の作付地と地力等が類似している作付地）の小作料による。

また、調査作物の作付地以外の土地で調査作物に利用される所有地（例えば、建物敷地など。）については、同様に類地賃借料によって計上した。

なお、転作田（小麦、二条大麦、六条大麦及びはだか麦生産費統計）については、転作田の類地小作料により評価した。

(ｲ)　支払地代

支払地代は、実際の支払額による。調査作物の負担地代は、一筆ごとに調査期間中における作物別の粗収益又は調査作物の占有面積割合により負担率を算出し、これを支払地代総額に乗じて求めた。

3　調査結果の取りまとめと統計表の編成

(1)　調査結果の取りまとめ方法

ア　生産費の計算期間と計算範囲

計算期間は、当該作物の生産を始めてから収穫、調製が終了するまでの期間とし、計算範囲はその間の総費用とした。

なお、流通段階の諸経費（販売費、包装費、搬出費等）は、計上していない。

イ　集計対象（集計経営体）

(ｱ)　米生産費統計

調査結果の集計対象は、調査対象経営体のうち、脱落経営体（調査の途中で何らかの事由によって調査を中止した経営体。以下同じ。）、玄米販売量が600kg未満の経営体及び過去５か年の10ａ当たり収量のうち、最高及び最低の年を除いた３年間の10ａ当たり平均収量（平年作）に対する調査年の収量の増減が20％以上であった経営体を除く経営体とした。

なお、平成28年産米生産費では調査対象経営体1,034経営体のうち985経営体が該当した。

(ｲ)　小麦生産費統計

調査結果の集計対象は、調査対象経営体のうち、脱落経営体、小麦を60kg以上販売しなかった経営体及び過去５か年の10ａ当たり収量のうち、最高及び最低の年を除いた３年間の10ａ当たり平均収量（平年作）に対する調査年の収量の増減が70％以上であった経営体を除く経営体とした。

なお、平成28年産小麦生産費では調査対象経営体547経営体のうち530経営体が該当した。

(ｳ)　二条大麦、六条大麦及びはだか麦生産費統計

調査結果の集計は、調査対象経営体のうち、脱落経営体、二条大麦及び六条大麦については50kg以上、はだか麦については60kg以上販売しなかった経営体及び過去５か年の10ａ当たり収量のうち、最高及び最低の年を除いた３年間の10ａ当たり平均収量（平年作）に対する調査年の収量の増減が70％以上であった経営体を除く経営体とした。

なお、平成28年産では、二条大麦生産費では調査対象経営体75経営体のうち74経営体、六条大麦生産費では同48経営体のうち44経営体、はだか麦生産費では同40経営体のうち36経営体が該当した。

注：　選定の状況により、調査設計上の調査対象経営体数（５ページ参照）と、実際に調査を行う調査対象経営体数は異なる場合がある。

ウ　平均値の算出方法

平均値は、各集計経営体について取りまとめた個別の結果（様式は巻末の「個別結果表」に示すとおり。）を用いて、全国又は規模階層別等の集計対象とする区分（以下「集計対象区分」という。）ごとに次のように算出した。

(ｱ) １経営体当たり平均値の算出
次の数式により、１経営体当たりの平均値を算出した。

$$\bar{x} = \frac{\sum_{i=1}^{n} w_i x_i}{\sum_{i=1}^{n} w_i}$$

$\bar{x}$ ： 当該集計対象区分のxの平均値の推定値
x_i ： 調査結果において当該集計対象区分に属するi番目の集計経営体のxについての調査結果
w_i ： 調査結果において当該集計対象区分に属するi番目の集計経営体のウエイト
n ： 調査結果において当該集計対象区分に属する集計経営体数

また、ウエイトは、各生産費ごとに次のとおり定めた。

a 米生産費

都道府県別作付面積規模別に当該規模から抽出した調査対象経営体数を、センサス結果による米販売経営体数で除した値（標本抽出率）の逆数とし、調査対象経営体別に定めた（ただし、標本抽出がない都道府県・階層の経営体数を、標本抽出のある都道府県・階層の経営体数に加算して算出。）。

b 小麦生産費

都道府県別作付面積規模別田畑別に当該年産における当該規模から抽出した調査対象経営体数を「経営所得安定対策加入申請者数」のうち、当該規模の小麦作付け（計画）のある個別経営体数で除した値（標本抽出率）の逆数とし、調査対象経営体別に定めた（ただし、標本抽出がない都道府県・階層の経営体数を、標本抽出のある都道府県・階層の経営体数に加算して算出。）。

c 二条大麦、六条大麦及びはだか麦生産費

都道府県別作付面積規模別に当該年産における当該規模から抽出した調査対象経営体数を当該年産の「経営所得安定対策加入申請者数」のうち、当該規模の当該作物の作付け（計画）のある個別経営体数で除した値（標本抽出率）の逆数とし、調査対象経営体別に定めた（ただし、標本抽出がない都道府県・階層の経営体数を、標本抽出のある都道府県・階層の経営体数に加算して算出。）。

(ｲ) 計算単位当たり生産費の算出

$$\frac{当該集計対象区分の１経営体当たり平均の生産費}{当該集計対象区分の１経営体当たり平均の主産物生産量又は作付面積} \times 計算単位$$

計算単位当たり生産費は、主産物生産量の計算単位及び作付面積の計算単位の２通りについて算出した。

(ｳ) 計算単位

作付面積の計算単位当たり生産費における計算単位は、10aとした。

各調査作物の主産物の計算単位当たり生産費における計算単位は、米、小麦及びはだか麦は60kg（米は玄米、小麦及びはだか麦は玄麦）、二条大麦及び六条大麦は50kg（玄麦）とした。

エ　収益性指標（所得及び家族労働報酬）の計算

収益性指標は本来、農業経営全体の経営計算から求めるべき性格のものであるが、ここでは調査作物と他作物との収益性を比較する指標として該当作物部門についてのみ取りまとめているので、利用に当たっては十分留意されたい。

なお、経営所得安定対策等の交付金の取扱いについては、オを参照されたい。

(ｱ)　所得

生産費総額から家族労働費、自己資本利子及び自作地地代を控除した額を粗収益から差し引いたものである。

所得＝粗収益－｛生産費総額－（家族労働費＋自己資本利子＋自作地地代）｝

ただし、生産費総額＝費用合計＋支払利子＋支払地代＋自己資本利子＋自作地地代

(ｲ)　１日当たり所得

所得を家族労働時間で除し、これに８（１日を８時間とみなす。）を乗じて算出したものである。

１日当たり所得＝所得÷家族労働時間×８（１日換算）

(ｳ)　家族労働報酬

生産費総額から家族労働費を控除した額を粗収益から差し引いたものである。

家族労働報酬＝粗収益－（生産費総額－家族労働費）

(ｴ)　１日当たり家族労働報酬

家族労働報酬を家族労働時間で除し、これに８（１日を８時間とみなす。）を乗じて算出したものである。

１日当たり家族労働報酬＝家族労働報酬÷家族労働時間×８（１日換算）

オ　収益性における経営所得安定対策等の交付金の取扱い等

(ｱ)　経営所得安定対策等の交付金の取扱い

a　米生産費統計

米生産費統計において、経営所得安定対策等の交付金は主産物価額に含まない。

ただし、経営所得安定対策等の交付金を主産物価額に加えた場合の収益性について、次のとおり参考表章した。

(a)　「経営所得安定対策等受取金」

経営所得安定対策等の交付金のうち、米の直接支払交付金及び水田活用の直接支払交付金（戦略作物助成、二毛作助成及び産地交付金）の受取合計額を計上したものである。

(b)　「経営所得安定対策等の交付金を加えた場合」

(a)で計上した「経営所得安定対策等受取金」を主産物価額に加えた場合の収益性を算出したものである。

b　麦類生産費統計

麦類生産費統計も同様に、経営所得安定対策等の交付金を主産物価額に含まない。

ただし、経営所得安定対策等の交付金を主産物価額に加えた場合の収益性について、次のとおり参考表章した。

(a)　「経営所得安定対策等受取金」

経営所得安定対策等の交付金のうち、畑作物の直接支払交付金（数量払及び営農継続支払）及び水田活用の直接支払交付金（戦略作物助成、二毛作助成及び産地交付金）の受取合計額を計上したものである。

(b)　「経営所得安定対策等の交付金を加えた場合」

(a)で計上した「経営所得安定対策等受取金」を主産物価額に加えた場合の収益性を算出したものである。

(ｲ)　累年統計における主な奨励金等の参考表章について

累年統計表における主な奨励金の取扱いについては次のとおり参考表章した。

a　（参考）奨励金を加えた場合

(a)　米生産費統計

米の生産・販売に係わる奨励金のうち、主産物価額に含めていない銘柄米奨励金（昭和47～53年、把握は50年から）、もち米安定供給奨励金（昭和52～56年）、自主流通円滑奨励金（昭和54年）、良質米奨励金（昭和55年～平成元年）、自主流通対策費（平成２～７年）、他用途利用米安定供給対策費（平成５～７年）、制度別用途別需給均衡化特別対策事業のうち、生産者に対して支払われるもの（平成５～６年）、自主流通米計画流通対策費（平成８～９年）、農業者戸別所得補償制度の交付金（平成23～24年）及び経営所得安定対策等の交付金（平成25～28年（オ(ｱ)（12ページ）を参照））を主産物価額に加えた場合の収益性等を算出したものである。

なお、流通促進奨励金（昭和47～57年）及び特別自主流通奨励金（昭和55年～平成元年）は主産物価額に含めているため、利用に当たっては留意されたい。

(b)　麦類生産費統計

麦類の生産・販売に係わる奨励金のうち、主産物価額に含めていない契約生産奨励金、良品質麦安定供給対策助成金（平成10～11年）、民間流通支援特別対策助成金（平成11～13年）、民間流通定着・品質向上支援等対策助成金（平成14～15年）、品質向上・生産性向上支援等対策助成金（平成16年）、品質向上支援対策（平成17年）、産地づくり対策のうち麦・大豆品質向上支援対策による助成額（平成17～18年）、農業者戸別所得補償制度の交付金（平成23～24年）及び経営所得安定対策等の交付金（平成25～28年（オ(ｱ)（12ページ）を参照））を主産物価額に加えた場合の収益性等を算出したものである。

なお、水田・畑作経営所得安定対策の生産条件不利補正対策に係る毎年の生産量・品質に基づく交付金（平成19～22年）は主産物価額に含めているため、利用に当たっては留意されたい。

b　（参考）経営安定対策等

米生産費統計における稲作経営安定対策（平成10～15年）、稲作経営所得基盤確保対策（平成16～18年）、担い手経営安定対策（平成16～18年）及び集荷円滑化対策（平成16～21年、表章は18年まで）に係る拠出金及び受取金の合計額を計上したものである。

カ　度数分布

階層別の各項目の推定値の度数分布を作成した。

推定値は階層別に集計経営体のウエイトに集計経営体の各項目の値（経営体数分布においては各集計経営体とも１とする。）を乗じた値を合計して算出した。

キ 推定経営体数割合

推定経営体数割合とは、集計経営体のウエイトを用いて全国の調査対象経営体のウエイトの合計に占める全国農業地域又は作付規模により区分した階層別の調査対象経営体のウエイトの合計を推計し、万分比で示したものである。

米生産費統計及び小麦生産費統計における全国農業地域別及び作付規模別の推定経営体数割合（万分比）は、次表のとおりである。

a 米生産費統計の推定経営体数割合

① 全国農業地域別

区　　分	推定経営体数割合（万分比）
全　　　　国	10,000
北　海　道	154
都　府　県	9,846
東　　　北	2,291
北　　　陸	1,529
関東・東山	1,717
東　　　海	662
近　　　畿	913
中　　　国	1,004
四　　　国	552
九　　　州	1,178

② 作付規模別（全国）

区　　分	推定経営体数割合（万分比）
計	10,000
0.5 ha 未満	2,609
0.5 ～ 1.0	2,842
1.0 ～ 2.0	2,439
2.0 ～ 3.0	981
3.0 ～ 5.0	518
5.0 ～10.0	417
10.0 ～15.0	116
15.0 ha 以上	78

b 小麦生産費統計の推定経営体数割合

① 全国農業地域別

区　　分	推定経営体数割合（万分比）
全　　　　国	10,000
北　海　道	6,873
都　府　県	3,127
東　　　北	269
関東・東山	861
東　　　海	403
近　　　畿	359
中　　　国	58
四　　　国	133
九　　　州	1,043

② 作付規模別（全国）

区　　分	推定経営体数割合（万分比）
計	10,000
0.5 ha 未満	137
0.5 ～ 1.0	387
1.0 ～ 2.0	933
2.0 ～ 3.0	820
3.0 ～ 5.0	2,115
5.0 ～ 7.0	1,242
7.0 ～10.0	1,555
10.0 ～15.0	1,621
15.0 ha 以上	1,189

注： 全国及び作付規模別計の推定経営体数割合については、四捨五入の関係で内訳の合計と一致しない場合がある。

(2) 統計の表章
　ア　統計表の表章区分と表章内容
　（ア）　米生産費統計

表　章　区　分	表　章　内　容
1　全国・全国農業地域 2　作付規模（全国のみ）	1　調査対象経営体の生産概要・経営概況 2　生産費 3　作業別労働時間 4　費目別・品目別原単位量と評価額
3　作付規模（全国以外） 4　道府県	1　調査対象経営体の生産概要・経営概況 2　生産費 3　作業別労働時間

　注：　表示単位は、作付面積10ａ当たり及び主産物計算単位60kg当たりを基本とし、経営概況の一部項目については１経営体（又は10経営体）当たりである。

　（イ）　小麦生産費統計

表　章　区　分	表　章　内　容
1　全国・全国農業地域（田畑計・別） 2　作付規模（全国（田畑計・別）のみ）	1　調査対象経営体の生産概要・経営概況 2　生産費 3　作業別労働時間 4　費目別・品目別原単位量と評価額
3　作付規模（全国以外）	1　調査対象経営体の生産概要・経営概況 2　生産費 3　作業別労働時間

　注：　表示単位は、作付面積10ａ当たり及び主産物計算単位60kg当たりを基本とし、経営概況の一部項目については１経営体（又は10経営体）当たりである。

　（ウ）　二条大麦、六条大麦及びはだか麦生産費統計

表　章　区　分	表　章　内　容
全国	1　調査対象経営体の生産概要・経営概況 2　生産費 3　作業別労働時間 4　費目別・品目別原単位量と評価額

　注：　表示単位は、作付面積10ａ当たり及び主産物計算単位（二条大麦及び六条大麦：50kg、はだか麦：60kg）当たりを基本とし、経営概況の一部項目については１経営体（又は10経営体）当たりである。

イ　統計表章で用いた区分は、次のとおりである。

(ｱ)　全国農業地域区分（米生産費統計及び小麦生産費統計）

全国農業地域名	所属都道府県名
北海道	北海道
東北	青森、岩手、宮城、秋田、山形、福島
北陸	新潟、富山、石川、福井
関東・東山	茨城、栃木、群馬、埼玉、千葉、東京、神奈川、山梨、長野
東海	岐阜、静岡、愛知、三重
近畿	滋賀、京都、大阪、兵庫、奈良、和歌山
中国	鳥取、島根、岡山、広島、山口
四国	徳島、香川、愛媛、高知
九州	福岡、佐賀、長崎、熊本、大分、宮崎、鹿児島

注：沖縄は調査を行っていないため、全国農業地域としての表章は行っていない。

(ｲ)　作付規模別による区分（米及び小麦生産費統計のみ）

a　米生産費統計

①0.5ha未満　②0.5～1.0　③1.0～2.0　④2.0～3.0　⑤3.0ha以上（3.0～5.0、5.0ha以上）

ただし、全国、北海道、都府県については、上記区分のほか次の区分を行う。

⑥5.0～10.0（5.0～7.0、7.0～10.0）　⑦10.0ha以上（10.0～15.0、15.0ha以上）

b　小麦生産費統計

①0.5ha未満　②0.5～1.0　③1.0～2.0　④2.0～3.0　⑤3.0～5.0　⑥5.0ha以上（5.0～7.0）　⑦7.0ha以上（7.0～10.0）　⑧10.0ha以上（10.0～15.0、15.0ha以上）

(ｳ)　田作、畑作の区分（小麦生産費統計のみ）

a　田作

生産費調査対象経営体の小麦の作付面積のうち、田の作付面積割合が50％以上のもの。

b　畑作

生産費調査対象経営体の小麦の作付面積のうち、畑の作付面積割合が50％を上回るもの。

c　田畑計

田畑計は、田作及び畑作の合計（平均）である。

4　利用上の注意

(1)　米生産費統計における調査対象農家の下限基準の改定

米生産費統計における調査対象農家については、稲作をめぐる諸事情の変化に対応するため、昭和61年産において、従来の「玄米を１俵（60kg）以上販売した農家」という基準を「玄米を10俵（600kg）以上販売した農家」に改定した。

したがって、昭和61年産以降の生産費及び収益性等に関する数値は、厳密な意味で昭和60年産以前のそれとは接続しないので利用に当たっては十分留意されたい。

(2)　農産物生産費調査の見直しに基づく調査項目の一部改正

農産物生産費調査は、農業・農山村・農業経営の著しい実態変化を的確に捉えたものとするため、平成２～３年にかけて見直し検討を行い、その検討結果を踏まえ調査項目の一部改正を行った

（米生産費調査及び小麦生産費調査については平成３年産から適用。）。

したがって、平成３年産以降の生産費及び収益性等に関する数値は、厳密な意味で平成２年産以前のそれとは接続しないので、利用に当たっては十分留意されたい。

なお、改正の内容は次のとおりである。

ア　家族労働の評価方法を、「毎月勤労統計調査」（厚生労働省）（以下「毎月勤労統計」という。）により算出した単価によって評価する方法に変更した。

イ　「生産管理労働時間」を家族労働時間に、「生産管理費」を物財費に新たに計上した。

ウ　土地改良に係る負担金の取扱いを変更し、米については、償還金の全てを計上（整地、表土扱いに係るものを除く。）することとし、小麦については、維持費、償還金（整地、表土扱いに係るものを除く。）のうち生産に必要な負担分を新たに計上した。

エ　減価償却費の計上方法を変更し、更新・廃棄等に伴う処分差損益（調査作物負担分）を新たに計上した。

オ　物件税及び公課諸負担のうち、調査作物の生産を維持・継続していく上で必要なものを新たに計上した。

カ　資本利子を支払利子と自己資本利子に、地代を支払地代と自作地地代に区分した。

キ　統計表章において、「第１次生産費」を「生産費（副産物価額差引）」に、「第２次生産費」を「資本利子・地代全額算入生産費」にそれぞれ置き換え、「生産費（副産物価額差引）」と「資本利子・地代全額算入生産費」の間に、新たに、実際に支払った利子・地代を加えた「支払利子・地代算入生産費」を新設した。

(3)　農業経営統計調査への移行に伴う調査項目の一部変更

平成６年７月、農業経営の実態把握に重点を置き、農業経営収支と生産費の相互関係を明らかにするなど多面的な統計作成が可能な調査体系とすることを目的に、従来、別体系で実施していた農家経済調査と農畜産物繭生産費調査を統合し、農業経営統計調査へと移行した。

このため、生産費においては農産物の生産に係る直接的な労働以外の労働（購入附帯労働及び建物・農機具等の修繕労働等）を間接労働として関係費目から分離し、「労働費」及び「労働時間」に含め計上することとした。

(4)　米生産費統計の調査対象経営体の改定

米生産費統計における調査対象経営体については、平成５年産までは、「脱落経営体」、「収穫皆無経営体」、「非販売経営体」を除き、さらに「災害経営体」（平年作に対する調査年の収量の減収が20％以上）を除いていたが、平成６年産から、平年作に対して20％以上の増収も異常な生産状況とみなし、合わせて対象から除外するよう改定した。

(5)　家族労働評価方法の一部改正

ア　平成10年産から従来の男女別評価を男女同一評価（当該地域で男女を問わず実際に支払われた平均賃金による評価）に改正した。

イ　平成17年１月から、毎月勤労統計の表章産業が変更されたことに伴い、家族労働評価に使用する賃金データを「建設業」、「製造業」及び「運輸，通信業」から、「建設業」、「製造業」及び「運輸業」に改正した。

ウ　平成22年１月から、毎月勤労統計の表章産業が変更されたことに伴い、家族労働評価に使用す

る賃金データを「建設業」、「製造業」及び「運輸業」から、「建設業」、「製造業」及び「運輸業，郵便業」に改正した。

(6) 土地の表示単位

平成15年産から、これまで小数点1位まで表示していた「土地（1戸（経営体）当たり）」（単位：a）について整数表示とした。

(7) 自動車所有台数及び農機具所有台数の表示単位

昭和39年産から、これまで1戸当たりを単位として表示していた「自動車所有台数」及び「農機具所有台数」について10戸（経営体）当たりとした。

(8) 農業経営統計調査の体系整備（平成16年）に伴う調査項目の一部変更等

平成16年には、食料・農業・農村基本計画等の新たな施策の展開に応えるため、農業経営統計調査を、営農類型別・地域別に経営実態を把握する営農類型別経営統計に編成する調査体系の再編・整備等の所要の見直しを行った。

これに伴い、平成7年産から把握していた当該農家の農業経営全体の農業収支、自家農業投下労働時間等の把握を取りやめ、さらに自動車費を農機具費から分離・表章する等の一部改正を行った。

(9) 税制改正における減価償却計算の見直し

ア 平成19年度税制改正における減価償却費計算の見直しに伴い、1か年の減価償却額は償却資産の取得時期により次のとおり算出した。

(ア) 平成19年4月以降に取得した資産

1か年の減価償却額 ＝（取得価額－1円（備忘価額））×耐用年数に応じた償却率

(イ) 平成19年3月以前に取得した資産

a 平成20年1月時点で耐用年数が終了していない資産

1か年の減価償却額 ＝（取得価額－残存価額）×耐用年数に応じた償却率

b 上記aにおいて耐用年数が終了した場合、耐用年数が終了した翌年調査期間から5年間

1か年の減価償却額 ＝（残存価額－1円（備忘価額））÷5年

c 平成19年12月時点で耐用年数が終了している資産の場合、20年1月以降開始する調査期間から5年間

1か年の減価償却額 ＝（残存価額－1円（備忘価額））÷5年

イ 平成20年度税制改正における減価償却費計算の見直し（資産区分の大括化、法定耐用年数の見直し）を踏まえて算出した。

(10) 平成19年産以降の小麦生産構造の変化

平成19年産の水田・畑作経営所得安定対策の導入に伴い、都府県の小規模農家の多くが集落営農組織へ移行した。これに伴い全国の個別農家数に占める都府県の個別農家数の割合が低下し、北海道の個別農家数の割合が増加した。

平成19年産以降の小麦生産費結果は、これら経営形態の移行に伴う生産構造の変化を反映している。

(11) 道府県別・作付規模別の調査結果について

　米に係る道府県別並びに米及び小麦に係る作付規模別の調査結果においては、調査対象経営体数が少ない区分もあるので利用に当たっては十分留意されたい。

(12) 実績精度

　調査対象作目別の全算入生産費の実績精度を標準誤差率（標準誤差の推定値÷推定値×100）により示すと、次のとおりである。

ア　米生産費（60kg当たり）

区　　　分	単位	全国	北海道	都府県
（参考）集計経営体数	経営体	985	86	899
標　準　誤　差　率	％	1.0	1.8	1.2

イ　小麦生産費（60kg当たり）

区　　　分	単位	全国	北海道	都府県
（参考）集計経営体数	経営体	530	117	413
標　準　誤　差　率	％	1.8	2.4	2.4

ウ　二条大麦生産費（50kg当たり）

区　　　分	単位	全国
（参考）集計経営体数	経営体	74
標　準　誤　差　率	％	6.8

エ　六条大麦生産費（50kg当たり）

区　　　分	単位	全国
（参考）集計経営体数	経営体	44
標　準　誤　差　率	％	5.8

オ　はだか麦生産費（60kg当たり）

区　　　分	単位	全国
（参考）集計経営体数	経営体	36
標　準　誤　差　率	％	8.5

(13) 記号について

　統計表中に用いた記号は次のとおりである。

　「0」、「0.0」、「0.00」：単位に満たないもの（例：0.4円　→　0円）

　「－」：事実のないもの

　「…」：事実不詳又は調査を欠くもの

　「x」：個人又は法人その他の団体に関する秘密を保護するため、統計数値を公表しないもの

　「△」：負数又は減少したもの

(14)　秘匿措置について

統計調査結果について、調査対象経営体数が２以下の場合には調査結果の秘密保護の観点から、当該結果を「x」表示とする秘匿措置を施している。

(15)　東日本大震災の影響への対応

東日本大震災の影響により、水稲の作付けができなかった東北地域の一部の調査経営体を除外して集計した。

(16)　ホームページ掲載案内

本統計のデータについては、農林水産省ホームページ中の統計情報に掲載している分野別分類「農家の所得や生産コスト、農業産出額など」、品目別分類「米」及び「麦」の「農産物生産費統計」で御覧いただけます。

なお、統計データ等に訂正等があった場合には、同ホームページに正誤表とともに修正後の統計表等を掲載します。

【 http://www.maff.go.jp/j/tokei/kouhyou/noukei/seisanhi_nousan/index.html#r 】

5　農業経営統計調査報告書一覧

(1)　農業経営統計調査報告　営農類型別経営統計（個別経営、第１分冊、水田作・畑作経営編）
(2)　農業経営統計調査報告　営農類型別経営統計（個別経営、第２分冊、野菜作・果樹作・花き作経営編）
(3)　農業経営統計調査報告　営農類型別経営統計（個別経営、第３分冊、畜産経営編）
(4)　農業経営統計調査報告　営農類型別経営統計（組織経営編）（併載：経営形態別経営統計）
(5)　農業経営統計調査報告　経営形態別経営統計（個別経営）
(6)　農業経営統計調査報告　米及び麦類の生産費
(7)　農業経営統計調査報告　工芸農作物等の生産費
(8)　農業経営統計調査報告　畜産物生産費

6　お問合せ先

農林水産省 大臣官房統計部 経営・構造統計課 農産物生産費統計班

電話：（代表）03-3502-8111　内線3631

（直通）03-6744-2040

FAX：　03-5511-8772

別表１　費目分類一覧表

<table>
<tr><th colspan="2">費　　目</th><th>費目の内容例示</th></tr>
<tr><td colspan="2">種苗費</td><td>購入（運賃、手数料、手間賃など購入附帯費を含む。以下、各資材についても同じ。）及び自給の種子、苗の消費額</td></tr>
<tr><td colspan="2">肥料費</td><td>次のような購入及び自給肥料の消費額
化学肥料（硫安、尿素、過りん酸石灰、化成肥料等）
有機質肥料（たい肥、きゅう肥、緑肥、くん炭肥、肥料を主目的とする稲わら等）</td></tr>
<tr><td colspan="2">農業薬剤費</td><td>次のような農業薬剤の消費額
殺菌剤、殺虫剤、殺虫殺菌剤、除草剤、その他の農業薬剤（殺そ剤、植物成長調整剤、展着剤等）</td></tr>
<tr><td colspan="2">光熱動力費</td><td>次のような光熱動力関係の消費額
重油、軽油、灯油、ガソリン、混合油、モーター油、モビール油、グリス、電気料金、水道料金等</td></tr>
<tr><td colspan="2">その他の諸材料費</td><td>次のような諸材料の消費額
苗床材料（稲わら、麦わら、竹くい、落葉等）、
被覆用材料（ポリエチレン、ビニール等）、
栽培用材料（縄、杭、釘、針金、竹（償却を必要としない支柱類含む。））、
その他諸材料（主目的が肥料以外の稲わら、麦わら、青草、干草、落葉等）</td></tr>
<tr><td colspan="2">土地改良及び水利費</td><td>土地改良区費、水利組合費、貯水溜の改修費及び共同負担費、用水路及び排水路等の整備改修割、水害予防対策割費等の負担額（土地造成分を除く。）</td></tr>
<tr><td colspan="2">賃借料及び料金</td><td>〔共同負担金〕薬剤共同散布割金、共同施設の負担金、共同苗代の負担金等
〔賃　借　料〕建物、農機具等の賃借料
〔料　　　金〕航空防除賃、賃耕料、田植料金、収穫請負わせ賃、脱穀賃、ライスセンター費、カントリーエレベーター費等</td></tr>
<tr><td rowspan="2">物件税及び公課諸負担</td><td>物件税</td><td>固定資産税（土地を除く。）、自動車税、軽自動車税、水利地益税、自動車重量税、自動車取得税、都市計画税（土地を除く。）</td></tr>
<tr><td>公課諸負担</td><td>集落協議会費、農業協同組合費、農事実行組合費、農業共済組合賦課金、自動車損害賠償責任保険</td></tr>
<tr><td rowspan="2">建物費</td><td>建物</td><td>住家、納屋、倉庫、作業場、農機具置場等の減価償却費及び修繕費、大工賃、左官賃、材料費等の修繕費</td></tr>
<tr><td>構築物</td><td>次のような構築物の減価償却費及び修繕費
土地改良設備費〔個人施工のもの（数人の共同施工のものを含む。）〕（用水路、暗きょ排水設備、コンクリートけい畔、床締め、客土等）
その他の構築物〔たい肥盤、温床わく、肥料溜、支柱類（償却を必要とする竹支柱、鉄パイプ支柱、鉄線支柱等）、斜降索道、農用井戸、稲架、作業道等〕</td></tr>
<tr><td colspan="2">自動車費</td><td>自動車類の減価償却費及び修繕費
農用自動車、自動二輪車、貨物自動車等
なお、車検料、任意車両保険費用も含む。</td></tr>
<tr><td rowspan="2">農機具</td><td>大農具</td><td>大農具の減価償却費及び修繕費
原動機（モーター、ディーゼルエンジン等）
揚排水機具（ポンプ類等）
耕うん整地用機具（トラクター（乗用、歩行用）、ハロー類、プラウ類等）
施肥・は種用機具（水稲用直播機、ライムソアー、肥料混合機、田植機等）
防除用機具（噴霧機、ミスト機、スピードスプレヤー等）
収穫調製用機具（刈取機類、コンバイン、脱穀機、もみすり機、乾燥機類等）</td></tr>
<tr><td>小農具</td><td>大農具以外の農具類の購入費及び修繕費</td></tr>
<tr><td colspan="2">生産管理費</td><td>集会出席に要する交通費、技術習得に要する受講料及び参加料、
事務用机、消耗品、パソコン、複写機、ファクシミリ、電話代などの生産管理労働に伴う諸材料費、減価償却費</td></tr>
</table>

別表１　費目分類一覧表（続き）

費目		費目の内容例示
労働費	家族	「毎月勤労統計調査」（厚生労働省）により算出した賃金単価により評価した家族労働費（ゆい、手間替え受け労働の評価額を含む。）
	雇用	年雇、季節雇、臨時雇、手伝人、共同作業受けの賃金（現物支給を含む。）なお、住込みの年雇、共同作業受けの評価は家族労働費に準ずる。
資本利子	支払利子	支払利子額
	自己資本利子	自己資本額に年利率４％を乗じた計算利子額
地代	支払地代	実際に支払った調査作物作付地の小作料（物納の場合は時価評価額）、調査作物に使用された作付地以外の土地（建物敷地、作業場、乾燥場など）の賃借料及び小作料
	自作地地代	自作地見積地代（近傍類地の小作料又は賃借料により評価。）

別表２　作業分類一覧表

(1)　米生産費

作業分類		作業の内容
直接労働	種子予措	種もみの選種、浸種、消毒、催芽
	育苗	床土作り、床作り、は種、施肥、かん水、換気などの育苗器による育苗作業一切、畑苗代や低温折衷苗代などに伴う労働、苗代管理一切
	耕起整地	荒起し、秋田起しの労働、本田の砕土、しろかき（荒しろを含む。）から本田かん水、整地までの労働（先にかん水をして行う耕うんから代かきまでの一貫作業を含む。）、あぜ塗り労働
	基肥	肥料の運搬、施肥、秋落ちを防ぐための客土の搬入労働、水田裏作物の畝間に次期の稲作のためのたいきゅう肥の施肥労働
	直まき	直まき（乾田、湛水田の両方を含む。）のための耕うんからは種までの労働
	田植	苗とり、苗運搬、田植、浮苗なおしの労働、補植
	追肥	肥料の運搬、施肥、除草剤混入肥料の散布労働
	除草	人力又は動力による中耕除草、除草剤の散布、ひえぬき、ひえ切り労働
	管理	けい畔の草刈り、かん水、落水、落水溝堀り、水温上昇剤散布、けい畔の小修繕、災害による小規模の水田の復旧作業、構築物に含まれない農道の改修、作柄見回り ※集落共同によるかん排水作業のような水利賦役に含まれるものは除く。
	防除	農薬散布による防除作業（除草剤の散布は含めない。）、かかし作り作業、すずめ追い、被害茎の抜取り、塩抜き労働 ※共同防除のための打合せ会議の時間は含めない。
	刈取・脱穀	稲刈り（コンバインによる稲刈りから脱穀までの一貫作業及び刈取り後の稲わら処理労働を含む。）、稲の結束、運搬、稲架の組立て、稲掛け、稲架の取壊し、後片付け、稲の収納、脱穀、調製、もみ運搬、脱穀調製後いったん他の場所に収納する場合の収納、稲わらの処理労働

作業分類		作業の内容
直接労働（続き）	乾燥	乾燥作業、もみすり、もみ及び玄米の運搬、もみ殻の処理労働 ※調製と包装荷造りが同時に行われる場合には選別に要する労働を含め、包装荷造りの労働は除外する。
	生産管理労働	企画管理労働のうち、米の生産を維持・継続する上で必要不可欠とみられる集会出席（打合せ等）、技術習得、簿記記帳
間接労働		自給肥料の生産に要した労働、建物、自動車及び農機具の修繕に要した労働、購入資材等の調達のための労働、水利賦役

(2) 小麦、二条大麦、六条大麦及びはだか麦生産費

作業分類		作業の内容
直接労働	種子予措	選種、浸種、催芽、種子消毒
	耕起整地	耕起、整地、畝立て
	基肥	基肥の配合、運搬、施肥
	は種	種まき、覆土
	追肥	追肥の配合、運搬、施肥
	中耕除草	土入れ、土寄せ、除草
	麦踏み	麦踏み
	管理	かん排水、けい畔の草刈り、その他管理作業一切
	防除	農薬散布による防除作業（除草剤の散布は含めない。）
	刈取・脱穀	麦刈り、運搬、稲架作り（取壊しなどを含む。）、脱穀、麦かんの処理
	乾燥	乾燥、調製
	生産管理労働	企画管理労働のうち、調査該当麦の生産を維持・継続する上で必要不可欠とみられる集会出席（打合せ等）、技術習得、簿記記帳
間接労働		自給肥料の生産に要した労働、購入資材等の調達のための労働

I 調査結果の概要

1　米生産費

(1)　平成28年産米の10ａ当たり全算入生産費は12万9,585円で、前年産に比べ2.8％減少した。

これは、償却済み資産の増加により農機具費が減少したこと等による。

(2)　60kg当たり全算入生産費は１万4,584円で、前年産に比べ5.2％減少した。

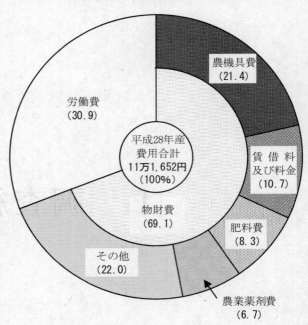

図１　主要費目の構成割合（10ａ当たり）

表１　米の生産費

区分	単位	平成27年産	28 実数	28 構成割合	対前年産増減率
10ａ当たり				%	%
物財費	円	79,311	77,127	69.1	△ 2.8
うち農機具費	〃	24,898	23,872	21.4	△ 4.1
賃借料及び料金	〃	12,200	11,953	10.7	△ 2.0
肥料費	〃	9,318	9,313	8.3	△ 0.1
農業薬剤費	〃	7,640	7,464	6.7	△ 2.3
労働費	〃	34,731	34,525	30.9	△ 0.6
費用合計	〃	114,042	111,652	100.0	△ 2.1
生産費（副産物価額差引）	〃	112,719	109,471	-	△ 2.9
支払利子・地代算入生産費	〃	118,059	114,887	-	△ 2.7
資本利子・地代全額算入生産費	〃	133,294	129,585	-	△ 2.8
60kg当たり全算入生産費	円	15,390	14,584	-	△ 5.2
10ａ当たり収量	kg	519	533	-	2.7
10ａ当たり労働時間	時間	24.20	23.76	-	△ 1.8
１経営体当たり作付面積	a	160.3	164.6	-	2.7

2　小麦生産費

(1)　平成28年産小麦の10ａ当たり全算入生産費は６万2,637円で、前年産に比べ1.8％減少した。

これは、10a当たり収量の減少に伴う乾燥・調製委託数量の減少により、賃借料及び料金が減少したこと等による。

(2)　60kg当たり全算入生産費は9,242円で、前年産に比べ31.6％増加した。

これは、10ａ当たり収量が過去最高だった前年産に比べ大幅に減少したことによる。

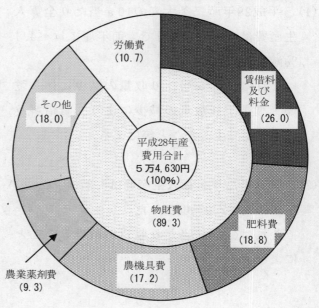

図２　主要費目の構成割合（10ａ当たり）

表２　小麦の生産費

区分	単位	平成27年産	28 実数	28 構成割合	対前年産増減率
10ａ当たり				%	%
物財費	円	50,063	48,802	89.3	△ 2.5
うち賃借料及び料金	〃	16,309	14,191	26.0	△ 13.0
肥料費	〃	10,207	10,249	18.8	0.4
農機具費	〃	8,829	9,370	17.2	6.1
農業薬剤費	〃	4,640	5,085	9.3	9.6
労働費	〃	5,784	5,828	10.7	0.8
費用合計	〃	55,847	54,630	100.0	△ 2.2
生産費（副産物価額差引）	〃	53,360	51,804	−	△ 2.9
支払利子・地代算入生産費	〃	56,533	54,910	−	△ 2.9
資本利子・地代全額算入生産費	〃	63,764	62,637	−	△ 1.8
60kg当たり全算入生産費	円	7,023	9,242	−	31.6
10ａ当たり収量	kg	545	408	−	△ 25.1
10ａ当たり労働時間	時間	3.66	3.57	−	△ 2.5
1経営体当たり作付面積	a	737.4	758.5	−	2.9

3　二条大麦生産費

(1)　平成28年産二条大麦の10ａ当たり全算入生産費は５万3,803円で、前年産に比べ4.1％減少した。

これは、10ａ当たり収量の減少に伴う乾燥・調製委託数量の減少により、賃借料及び料金が減少したこと等による。

(2)　50kg当たり全算入生産費は8,376円で、前年産に比べ2.0％増加した。

これは、10ａ当たり収量が減少したことによる。

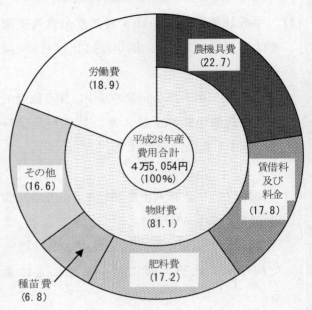

図３　主要費目の構成割合（10ａ当たり）

表３　二条大麦の生産費

区分	単位	平成27年産	28 実数	28 構成割合	対前年産増減率
10ａ当たり				%	%
物財費	円	38,495	36,518	81.1	△　5.1
うち 農機具費	〃	10,560	10,232	22.7	△　3.1
賃借料及び料金	〃	9,071	8,022	17.8	△ 11.6
肥料費	〃	7,853	7,738	17.2	△　1.5
種苗費	〃	2,888	3,078	6.8	6.6
労働費	〃	8,604	8,536	18.9	△　0.8
費用合計	〃	47,099	45,054	100.0	△　4.3
生産費（副産物価額差引）	〃	46,912	44,757	−	△　4.6
支払利子・地代算入生産費	〃	51,739	49,185	−	△　4.9
資本利子・地代全額算入生産費	〃	56,117	53,803	−	△　4.1
50kg当たり全算入生産費	円	8,210	8,376	−	2.0
10ａ当たり収量	kg	341	322	−	△ 5.6
10ａ当たり労働時間	時間	5.64	5.65	−	0.2
１経営体当たり作付面積	a	295.1	304.6	−	3.2

4　六条大麦生産費

(1)　平成28年産六条大麦の10ａ当たり全算入生産費は４万6,271円で、前年産に比べ0.9％増加した。

これは、10ａ当たり収量の増加に伴う刈取・脱穀及び乾燥時間の増加により、労働費が増加したこと等による。

(2)　50kg当たり全算入生産費は7,238円で、前年産に比べ3.1％減少した。

これは、10ａ当たり収量が増加したことによる。

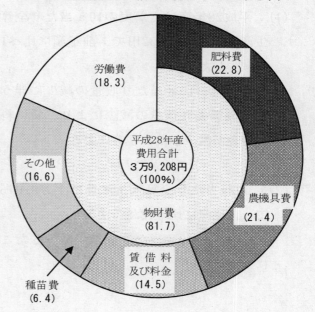

図４　主要費目の構成割合（10ａ当たり）

表４　　六 条 大 麦 の 生 産 費

区　　分	単位	平成27年産	28 実数	28 構成割合	対前年産増減率
10ａ当たり				%	%
物財費	円	32,592	32,042	81.7	△　1.7
うち 肥料費	〃	9,465	8,945	22.8	△　5.5
農機具費	〃	7,881	8,397	21.4	6.5
賃借料及び料金	〃	5,653	5,696	14.5	0.8
種苗費	〃	2,437	2,518	6.4	3.3
労働費	〃	6,628	7,166	18.3	8.1
費用合計	〃	39,220	39,208	100.0	0.0
生産費（副産物価額差引）	〃	39,184	39,060	－	△　0.3
支払利子・地代算入生産費	〃	43,573	43,663	－	0.2
資本利子・地代全額算入生産費	〃	45,854	46,271	－	0.9
50kg当たり全算入生産費	円	7,468	7,238	－	△　3.1
10ａ当たり収量	kg	306	320	－	4.6
10ａ当たり労働時間	時間	4.33	4.59	－	6.0
１経営体当たり作付面積	a	423.0	405.9	－	△　4.0

5　はだか麦生産費

(1)　平成28年産はだか麦の10ａ当たり全算入生産費は４万9,032円で、前年産に比べ1.3％減少した。

これは、10ａ当たり収量の減少に伴う乾燥・調製委託数量の減少により、賃借料及び料金が減少したこと等による。

(2)　60kg当たり全算入生産費は１万3,075円で、前年産に比べ12.2％増加した。

これは、10ａ当たり収量が減少したことによる。

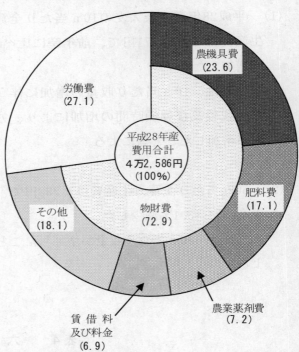

図５　主要費目の構成割合（10ａ当たり）

表５　はだか麦の生産費

区分	単位	平成27年産	28 実数	28 構成割合	対前年産増減率
10ａ当たり				%	%
物財費	円	31,964	31,031	72.9	△ 2.9
うち農機具費	〃	9,377	10,032	23.6	7.0
肥料費	〃	8,221	7,262	17.1	△ 11.7
農業薬剤費	〃	2,785	3,078	7.2	10.5
賃借料及び料金	〃	3,912	2,920	6.9	△ 25.4
労働費	〃	10,852	11,555	27.1	6.5
費用合計	〃	42,816	42,586	100.0	△ 0.5
生産費（副産物価額差引）	〃	42,614	42,112	−	△ 1.2
支払利子・地代算入生産費	〃	46,949	45,861	−	△ 2.3
資本利子・地代全額算入生産費	〃	49,692	49,032	−	△ 1.3
60kg当たり全算入生産費	円	11,655	13,075	−	12.2
10ａ当たり収量	kg	257	225	−	△ 12.5
10ａ当たり労働時間	時間	7.47	7.96	−	6.6
１経営体当たり作付面積	a	374.0	389.9	−	4.3

II 統計表

1 米生産費

米生産費

(1) 度数分布（平成28年産米生産費統計）
ア　60kg当たり資本利子・地代全額算入生産費（全算入生産費）階層別分布

単位：％

60 kg 当たり全算入生産費	経営体数分布		作付面積分布		生産数量分布		販売数量分布	
	構成比	累積度数	構成比	累積度数	構成比	累積度数	構成比	累積度数
	(1)	(2)	(3)	(4)	(5)	(6)	(7)	(8)
8,000円未満	0.30	0.30	0.94	0.94	1.05	1.05	1.07	1.07
8,000～8,200	0.05	0.35	0.24	1.18	0.26	1.31	0.27	1.34
8,200～8,400	0.07	0.42	0.09	1.27	0.12	1.43	0.12	1.46
8,400～8,600	0.26	0.68	1.13	2.41	1.24	2.67	1.27	2.73
8,600～8,800	0.16	0.84	0.63	3.04	0.67	3.34	0.68	3.41
8,800～9,000	0.10	0.94	0.28	3.32	0.31	3.65	0.32	3.73
9,000～9,200	0.65	1.59	2.02	5.34	2.24	5.90	2.29	6.02
9,200～9,400	0.28	1.88	1.35	6.69	1.55	7.44	1.59	7.60
9,400～9,600	1.92	3.80	2.99	9.68	3.16	10.60	3.18	10.79
9,600～9,800	0.94	4.74	3.15	12.83	3.27	13.87	3.36	14.15
9,800～10,000	0.64	5.38	1.85	14.67	1.98	15.85	2.04	16.19
10,000～10,200	1.07	6.45	3.24	17.91	3.40	19.26	3.50	19.68
10,200～10,400	0.81	7.26	2.57	20.48	2.64	21.90	2.72	22.40
10,400～10,600	1.35	8.61	2.76	23.25	2.98	24.88	3.02	25.42
10,600～10,800	0.65	9.26	1.53	24.78	1.58	26.45	1.61	27.03
10,800～11,000	1.49	10.76	2.76	27.53	2.81	29.26	2.85	29.88
11,000～11,200	0.63	11.38	2.09	29.62	2.13	31.39	2.18	32.06
11,200～11,400	0.97	12.35	1.47	31.09	1.55	32.94	1.57	33.63
11,400～11,600	1.30	13.64	4.41	35.50	4.49	37.43	4.59	38.22
11,600～11,800	1.83	15.47	2.66	38.16	2.86	40.29	2.88	41.10
11,800～12,000	0.36	15.83	1.04	39.20	1.12	41.40	1.14	42.24
12,000～12,200	0.82	16.65	1.36	40.56	1.39	42.79	1.41	43.65
12,200～12,400	0.63	17.27	0.96	41.51	1.00	43.79	1.02	44.67
12,400～12,600	1.04	18.32	2.38	43.90	2.44	46.23	2.48	47.15
12,600～12,800	1.12	19.44	2.92	46.82	3.08	49.31	3.14	50.29
12,800～13,000	0.91	20.34	1.49	48.31	1.48	50.80	1.49	51.77
13,000～13,200	1.04	21.38	1.57	49.88	1.53	52.33	1.55	53.33
13,200～13,400	2.55	23.93	3.66	53.54	3.88	56.21	3.92	57.24
13,400～13,600	1.37	25.30	1.22	54.76	1.19	57.40	1.18	58.43
13,600～13,800	1.26	26.56	1.20	55.96	1.23	58.63	1.22	59.65
13,800～14,000	1.17	27.73	1.40	57.36	1.38	60.01	1.39	61.04
14,000～14,200	1.67	29.40	2.26	59.63	2.30	62.31	2.32	63.35
14,200～14,400	0.54	29.93	0.71	60.34	0.68	62.99	0.68	64.04
14,400～14,600	0.71	30.65	1.04	61.38	0.95	63.94	0.96	65.00
14,600～14,800	0.90	31.55	0.83	62.21	0.74	64.68	0.72	65.72
14,800～15,000	1.28	32.84	0.99	63.20	1.09	65.77	1.09	66.81
15,000～15,200	1.75	34.59	1.46	64.66	1.37	67.14	1.34	68.15
15,200～15,400	1.44	36.02	1.09	65.75	1.05	68.18	1.03	69.18
15,400～15,600	0.83	36.85	0.54	66.28	0.49	68.67	0.47	69.65
15,600～15,800	2.07	38.93	1.68	67.96	1.59	70.26	1.57	71.22
15,800～16,000	1.83	40.75	0.71	68.68	0.68	70.94	0.64	71.86
16,000～16,200	1.04	41.80	0.52	69.19	0.52	71.46	0.49	72.35
16,200～16,400	2.02	43.82	1.64	70.83	1.64	73.10	1.63	73.98
16,400～16,600	1.47	45.29	1.21	72.04	1.08	74.18	1.07	75.05
16,600～16,800	0.89	46.18	0.66	72.70	0.58	74.76	0.56	75.61
16,800～17,000	0.20	46.38	0.21	72.91	0.21	74.96	0.21	75.82
17,000～17,200	2.30	48.68	1.74	74.65	1.80	76.77	1.77	77.59
17,200～17,400	1.76	50.44	1.39	76.04	1.41	78.18	1.39	78.99
17,400～17,600	1.02	51.46	0.62	76.66	0.57	78.75	0.57	79.56
17,600～17,800	0.78	52.24	0.63	77.29	0.60	79.36	0.59	80.15
17,800～18,000	1.05	53.29	0.82	78.11	0.75	80.10	0.75	80.90
18,000～18,200	1.08	54.37	1.01	79.12	0.92	81.02	0.92	81.82
18,200～18,400	1.56	55.93	1.03	80.15	0.99	82.01	0.95	82.78
18,400～18,600	0.54	56.47	0.23	80.38	0.21	82.22	0.21	82.98
18,600～18,800	0.90	57.37	0.39	80.76	0.37	82.59	0.35	83.34
18,800～19,000	1.93	59.29	1.41	82.17	1.39	83.99	1.39	84.73
19,000～19,200	1.08	60.37	0.40	82.57	0.38	84.37	0.36	85.09
19,200～19,400	0.58	60.95	0.27	82.84	0.26	84.63	0.25	85.34
19,400～19,600	0.19	61.14	0.06	82.90	0.06	84.69	0.06	85.41
19,600～19,800	0.87	62.01	0.36	83.26	0.32	85.02	0.31	85.71

米生産費

単位：％

60kg当たり全算入生産費	経営体数分布 構成比	経営体数分布 累積度数	作付面積分布 構成比	作付面積分布 累積度数	生産数量分布 構成比	生産数量分布 累積度数	販売数量分布 構成比	販売数量分布 累積度数
	(1)	(2)	(3)	(4)	(5)	(6)	(7)	(8)
19,800～20,000	1.31	63.31	0.65	83.91	0.62	85.64	0.61	86.32
20,000～20,200	0.57	63.89	0.39	84.30	0.35	85.98	0.34	86.67
20,200～20,400	1.02	64.90	0.59	84.89	0.51	86.49	0.43	87.10
20,400～20,600	0.40	65.31	0.18	85.07	0.16	86.65	0.15	87.24
20,600～20,800	0.58	65.88	0.46	85.53	0.40	87.05	0.40	87.64
20,800～21,000	1.07	66.96	0.78	86.30	0.67	87.72	0.67	88.31
21,000～21,200	0.68	67.64	0.56	86.86	0.50	88.22	0.50	88.80
21,200～21,400	0.67	68.31	0.85	87.70	0.78	89.00	0.78	89.59
21,400～21,600	1.63	69.94	0.98	88.68	0.92	89.92	0.90	90.48
21,600～21,800	0.50	70.44	0.26	88.94	0.23	90.15	0.23	90.71
21,800～22,000	0.32	70.76	0.18	89.12	0.18	90.33	0.18	90.88
22,000～22,200	0.96	71.72	0.28	89.40	0.28	90.61	0.27	91.16
22,200～22,400	0.45	72.17	0.18	89.58	0.15	90.76	0.14	91.30
22,400～22,600	0.42	72.60	0.22	89.80	0.20	90.96	0.19	91.49
22,600～22,800	0.72	73.31	0.35	90.15	0.31	91.28	0.31	91.79
22,800～23,000	0.63	73.95	0.34	90.49	0.31	91.59	0.30	92.10
23,000～23,200	0.64	74.59	0.40	90.89	0.40	91.99	0.39	92.49
23,200～23,400	0.38	74.97	0.54	91.43	0.38	92.37	0.39	92.87
23,400～23,600	0.31	75.28	0.12	91.56	0.11	92.48	0.11	92.99
23,600～23,800	0.65	75.93	0.21	91.77	0.19	92.68	0.19	93.18
23,800～24,000	1.02	76.96	0.34	92.11	0.32	93.00	0.31	93.48
24,000～24,200	0.91	77.87	0.24	92.34	0.20	93.20	0.19	93.67
24,200～24,400	0.72	78.59	0.26	92.61	0.23	93.43	0.21	93.88
24,400～24,600	0.57	79.15	0.41	93.02	0.35	93.77	0.32	94.19
24,600～24,800	0.72	79.87	0.18	93.20	0.18	93.95	0.15	94.35
24,800～25,000	0.60	80.47	0.16	93.35	0.16	94.11	0.14	94.49
25,000～25,200	0.56	81.03	0.41	93.76	0.36	94.48	0.36	94.85
25,200～25,400	0.13	81.16	0.06	93.82	0.06	94.53	0.05	94.90
25,400～25,600	0.77	81.93	0.38	94.20	0.32	94.85	0.30	95.19
25,600～25,800	1.25	83.18	0.65	94.85	0.60	95.46	0.59	95.79
25,800～26,000	0.77	83.95	0.24	95.09	0.23	95.68	0.20	95.99
26,000～26,200	0.69	84.64	0.30	95.39	0.30	95.98	0.28	96.27
26,200～26,400	0.08	84.71	0.04	95.44	0.04	96.02	0.04	96.31
26,400～26,600	1.16	85.88	0.24	95.67	0.20	96.22	0.15	96.46
26,600～26,800	0.22	86.10	0.08	95.76	0.08	96.30	0.08	96.54
26,800～27,000	0.38	86.48	0.08	95.84	0.07	96.37	0.07	96.61
27,000～27,200	0.39	86.87	0.30	96.14	0.31	96.67	0.30	96.91
27,200～27,400	0.48	87.35	0.17	96.32	0.15	96.83	0.15	97.06
27,400～27,600	0.19	87.54	0.05	96.36	0.05	96.87	0.04	97.10
27,600～27,800	0.27	87.81	0.09	96.45	0.08	96.95	0.07	97.17
27,800～28,000	0.48	88.29	0.09	96.54	0.09	97.04	0.08	97.25
28,000～28,200	0.93	89.22	0.32	96.86	0.31	97.35	0.30	97.55
28,200～28,400	0.09	89.31	0.05	96.92	0.04	97.39	0.04	97.59
28,400～28,600	0.16	89.47	0.02	96.93	0.02	97.40	0.01	97.60
28,600～28,800	0.00	89.47	0.00	96.93	0.00	97.40	0.00	97.60
28,800～29,000	0.26	89.73	0.10	97.03	0.09	97.49	0.08	97.68
29,000～29,200	0.28	90.01	0.13	97.17	0.10	97.60	0.10	97.78
29,200～29,400	0.00	90.01	0.00	97.17	0.00	97.60	0.00	97.78
29,400～29,600	0.05	90.06	0.03	97.19	0.02	97.62	0.02	97.80
29,600～29,800	0.08	90.14	0.02	97.21	0.01	97.63	0.01	97.82
29,800～30,000	0.14	90.28	0.02	97.23	0.01	97.64	0.01	97.83
30,000～30,200	0.43	90.71	0.10	97.32	0.08	97.72	0.07	97.90
30,200～30,400	0.32	91.03	0.09	97.41	0.08	97.80	0.07	97.97
30,400～30,600	0.00	91.03	0.00	97.41	0.00	97.80	0.00	97.97
30,600～30,800	0.08	91.11	0.06	97.48	0.06	97.86	0.06	98.03
30,800～31,000	0.24	91.35	0.08	97.55	0.08	97.94	0.08	98.10
31,000～31,200	0.10	91.45	0.02	97.57	0.02	97.96	0.01	98.12
31,200～31,400	0.22	91.67	0.09	97.66	0.08	98.03	0.07	98.19
31,400～31,600	0.66	92.33	0.18	97.84	0.15	98.19	0.15	98.34
31,600～31,800	0.00	92.33	0.00	97.84	0.00	98.19	0.00	98.34

米生産費

(1) 度数分布(平成28年産米生産費統計)(続き)
　ア　60kg当たり資本利子・地代全額算入生産費(全算入生産費)階層別分布(続き)　　単位：%

60kg当たり全算入生産費	経営体数分布		作付面積分布		生産数量分布		販売数量分布	
	構成比	累積度数	構成比	累積度数	構成比	累積度数	構成比	累積度数
	(1)	(2)	(3)	(4)	(5)	(6)	(7)	(8)
31,800～32,000	0.09	92.42	0.02	97.86	0.02	98.21	0.02	98.36
32,000～32,200	0.00	92.42	0.00	97.86	0.00	98.21	0.00	98.36
32,200～32,400	0.00	92.42	0.00	97.86	0.00	98.21	0.00	98.36
32,400～32,600	0.30	92.73	0.14	98.01	0.11	98.31	0.10	98.46
32,600～32,800	0.00	92.73	0.00	98.01	0.00	98.31	0.00	98.46
32,800～33,000	0.13	92.86	0.02	98.03	0.02	98.34	0.02	98.48
33,000～33,200	0.00	92.86	0.00	98.03	0.00	98.34	0.00	98.48
33,200～33,400	0.47	93.33	0.18	98.21	0.13	98.47	0.13	98.61
33,400～33,600	0.04	93.38	0.01	98.22	0.01	98.48	0.01	98.62
33,600～33,800	0.18	93.55	0.09	98.32	0.06	98.54	0.06	98.68
33,800～34,000	0.26	93.81	0.05	98.37	0.05	98.59	0.04	98.72
34,000～34,200	0.00	93.81	0.00	98.37	0.00	98.59	0.00	98.72
34,200～34,400	0.19	94.00	0.07	98.44	0.07	98.66	0.07	98.78
34,400～34,600	0.24	94.24	0.04	98.48	0.03	98.69	0.03	98.82
34,600～34,800	0.00	94.24	0.00	98.48	0.00	98.69	0.00	98.82
34,800～35,000	0.15	94.39	0.03	98.51	0.03	98.72	0.02	98.84
35,000～35,200	0.18	94.57	0.04	98.55	0.03	98.75	0.02	98.86
35,200～35,400	0.26	94.83	0.05	98.60	0.04	98.79	0.03	98.90
35,400～35,600	0.00	94.83	0.00	98.60	0.00	98.79	0.00	98.90
35,600～35,800	0.41	95.24	0.10	98.70	0.09	98.89	0.08	98.98
35,800～36,000	0.03	95.28	0.01	98.71	0.01	98.89	0.00	98.98
36,000～36,200	0.00	95.28	0.00	98.71	0.00	98.89	0.00	98.98
36,200～36,400	0.25	95.53	0.05	98.76	0.04	98.93	0.03	99.02
36,400～36,600	0.05	95.58	0.04	98.80	0.03	98.97	0.03	99.05
36,600～36,800	0.10	95.68	0.04	98.84	0.03	98.99	0.02	99.07
36,800～37,000	0.10	95.78	0.01	98.85	0.01	99.00	0.01	99.08
37,000～37,200	0.00	95.78	0.00	98.85	0.00	99.00	0.00	99.08
37,200～37,400	0.40	96.19	0.11	98.96	0.09	99.09	0.08	99.16
37,400～37,600	0.12	96.31	0.03	98.99	0.03	99.13	0.03	99.19
37,600～37,800	0.00	96.31	0.00	98.99	0.00	99.13	0.00	99.19
37,800～38,000	0.00	96.31	0.00	98.99	0.00	99.13	0.00	99.19
38,000～38,200	0.00	96.31	0.00	98.99	0.00	99.13	0.00	99.19
38,200～38,400	0.24	96.55	0.04	99.02	0.04	99.16	0.04	99.23
38,400～38,600	0.05	96.60	0.03	99.05	0.03	99.19	0.03	99.26
38,600～38,800	0.47	97.06	0.13	99.18	0.10	99.29	0.08	99.35
38,800～39,000	0.00	97.06	0.00	99.18	0.00	99.29	0.00	99.35
39,000～39,200	0.00	97.06	0.00	99.18	0.00	99.29	0.00	99.35
39,200～39,400	0.00	97.06	0.00	99.18	0.00	99.29	0.00	99.35
39,400～39,600	0.18	97.25	0.02	99.20	0.02	99.31	0.01	99.36
39,600～39,800	0.10	97.35	0.03	99.23	0.02	99.33	0.02	99.38
39,800～40,000	0.00	97.35	0.00	99.23	0.00	99.33	0.00	99.38
40,000～40,200	0.00	97.35	0.00	99.23	0.00	99.33	0.00	99.38
40,200～40,400	0.17	97.52	0.06	99.29	0.05	99.38	0.04	99.42
40,400～40,600	0.41	97.93	0.15	99.44	0.15	99.53	0.15	99.57
40,600～40,800	0.32	98.25	0.13	99.57	0.11	99.64	0.10	99.68
40,800～41,000	0.13	98.38	0.05	99.61	0.04	99.67	0.03	99.71
41,000～41,200	0.14	98.52	0.03	99.65	0.03	99.70	0.03	99.74
41,200～41,400	0.00	98.52	0.00	99.65	0.00	99.70	0.00	99.74
41,400～41,600	0.00	98.52	0.00	99.65	0.00	99.70	0.00	99.74
41,600～41,800	0.00	98.52	0.00	99.65	0.00	99.70	0.00	99.74
41,800～42,000	0.10	98.62	0.02	99.66	0.01	99.72	0.01	99.75
42,000～42,200	0.09	98.71	0.02	99.68	0.02	99.74	0.02	99.76
42,200～42,400	0.00	98.71	0.00	99.68	0.00	99.74	0.00	99.76
42,400～42,600	0.00	98.71	0.00	99.68	0.00	99.74	0.00	99.76
42,600～42,800	0.03	98.74	0.02	99.70	0.01	99.75	0.01	99.77
42,800～43,000	0.00	98.74	0.00	99.70	0.00	99.75	0.00	99.77
43,000～43,200	0.00	98.74	0.00	99.70	0.00	99.75	0.00	99.77
43,200～43,400	0.00	98.74	0.00	99.70	0.00	99.75	0.00	99.77
43,400～43,600	0.00	98.74	0.00	99.70	0.00	99.75	0.00	99.77
43,600～43,800	0.00	98.74	0.00	99.70	0.00	99.75	0.00	99.77

米生産費

単位：％

60 kg 当たり全算入生産費	経営体数分布 構成比	経営体数分布 累積度数	作付面積分布 構成比	作付面積分布 累積度数	生産数量分布 構成比	生産数量分布 累積度数	販売数量分布 構成比	販売数量分布 累積度数
	(1)	(2)	(3)	(4)	(5)	(6)	(7)	(8)
43,800〜44,000	0.00	98.74	0.00	99.70	0.00	99.75	0.00	99.77
44,000〜44,200	0.00	98.74	0.00	99.70	0.00	99.75	0.00	99.77
44,200〜44,400	0.10	98.84	0.04	99.74	0.03	99.78	0.03	99.81
44,400〜44,600	0.00	98.84	0.00	99.74	0.00	99.78	0.00	99.81
44,600〜44,800	0.00	98.84	0.00	99.74	0.00	99.78	0.00	99.81
44,800〜45,000	0.34	99.17	0.07	99.81	0.06	99.84	0.05	99.85
45,000〜45,200	0.00	99.17	0.00	99.81	0.00	99.84	0.00	99.85
45,200〜45,400	0.00	99.17	0.00	99.81	0.00	99.84	0.00	99.85
45,400〜45,600	0.00	99.17	0.00	99.81	0.00	99.84	0.00	99.85
45,600〜45,800	0.00	99.17	0.00	99.81	0.00	99.84	0.00	99.85
45,800〜46,000	0.00	99.17	0.00	99.81	0.00	99.84	0.00	99.85
46,000〜46,200	0.00	99.17	0.00	99.81	0.00	99.84	0.00	99.85
46,200〜46,400	0.00	99.17	0.00	99.81	0.00	99.84	0.00	99.85
46,400〜46,600	0.00	99.17	0.00	99.81	0.00	99.84	0.00	99.85
46,600〜46,800	0.00	99.17	0.00	99.81	0.00	99.84	0.00	99.85
46,800〜47,000	0.00	99.17	0.00	99.81	0.00	99.84	0.00	99.85
47,000〜47,200	0.00	99.17	0.00	99.81	0.00	99.84	0.00	99.85
47,200〜47,400	0.00	99.17	0.00	99.81	0.00	99.84	0.00	99.85
47,400〜47,600	0.00	99.17	0.00	99.81	0.00	99.84	0.00	99.85
47,600〜47,800	0.00	99.17	0.00	99.81	0.00	99.84	0.00	99.85
47,800〜48,000	0.00	99.17	0.00	99.81	0.00	99.84	0.00	99.85
48,000〜48,200	0.00	99.17	0.00	99.81	0.00	99.84	0.00	99.85
48,200〜48,400	0.00	99.17	0.00	99.81	0.00	99.84	0.00	99.85
48,400〜48,600	0.00	99.17	0.00	99.81	0.00	99.84	0.00	99.85
48,600〜48,800	0.00	99.17	0.00	99.81	0.00	99.84	0.00	99.85
48,800〜49,000	0.22	99.40	0.06	99.87	0.06	99.90	0.06	99.91
49,000〜49,200	0.00	99.40	0.00	99.87	0.00	99.90	0.00	99.91
49,200〜49,400	0.00	99.40	0.00	99.87	0.00	99.90	0.00	99.91
49,400〜49,600	0.00	99.40	0.00	99.87	0.00	99.90	0.00	99.91
49,600〜49,800	0.00	99.40	0.00	99.87	0.00	99.90	0.00	99.91
49,800〜50,000	0.00	99.40	0.00	99.87	0.00	99.90	0.00	99.91
50,000〜55,000	0.31	99.71	0.09	99.96	0.06	99.97	0.05	99.97
55,000〜60,000	0.25	99.96	0.03	99.99	0.02	99.99	0.02	99.99
60,000〜65,000	0.04	100.00	0.01	100.00	0.01	100.00	0.01	100.00
65,000〜70,000	0.00	100.00	0.00	100.00	0.00	100.00	0.00	100.00
70,000〜75,000	0.00	100.00	0.00	100.00	0.00	100.00	0.00	100.00
75,000〜80,000	0.00	100.00	0.00	100.00	0.00	100.00	0.00	100.00
80,000〜85,000	0.00	100.00	0.00	100.00	0.00	100.00	0.00	100.00
85,000〜90,000	0.00	100.00	0.00	100.00	0.00	100.00	0.00	100.00
90,000〜95,000	0.00	100.00	0.00	100.00	0.00	100.00	0.00	100.00
95,000円 以上	0.00	100.00	0.00	100.00	0.00	100.00	0.00	100.00

米生産費

(1) 度数分布（平成28年産米生産費統計）（続き）
イ　米販売数量階層別分布

単位：％

販売数量	経営体数分布 構成比 (1)	経営体数分布 累積度数 (2)	作付面積分布 構成比 (3)	作付面積分布 累積度数 (4)	生産数量分布 構成比 (5)	生産数量分布 累積度数 (6)	販売数量分布 構成比 (7)	販売数量分布 累積度数 (8)
300kg 未満	0.00	0.00	0.00	0.00	0.00	0.00	0.00	0.00
300～　600	0.00	0.00	0.00	0.00	0.00	0.00	0.00	0.00
600～　900	3.47	3.47	0.47	0.47	0.39	0.39	0.29	0.29
900～1,200	5.48	8.94	0.96	1.43	0.83	1.22	0.67	0.96
1,200～1,500	6.89	15.83	1.45	2.88	1.27	2.48	1.10	2.06
1,500～1,800	4.91	20.75	1.16	4.04	1.05	3.54	0.96	3.02
1,800～2,100	5.34	26.09	1.54	5.58	1.35	4.89	1.22	4.23
2,100～2,400	4.39	30.48	1.39	6.97	1.25	6.13	1.16	5.39
2,400～2,700	5.11	35.59	1.87	8.83	1.65	7.78	1.54	6.93
2,700～3,000	3.25	38.84	1.24	10.07	1.16	8.95	1.09	8.01
3,000～3,300	3.26	42.09	1.35	11.42	1.25	10.20	1.21	9.22
3,300～3,600	2.28	44.38	0.99	12.41	0.96	11.16	0.94	10.16
3,600～3,900	2.83	47.21	1.37	13.78	1.30	12.46	1.25	11.41
3,900～4,200	2.96	50.17	1.61	15.40	1.48	13.94	1.41	12.82
4,200～4,500	1.35	51.52	0.77	16.17	0.72	14.65	0.70	13.52
4,500～4,800	0.76	52.28	0.44	16.61	0.42	15.08	0.41	13.94
4,800～5,100	5.13	57.41	3.19	19.80	3.06	18.14	2.98	16.92
5,100～5,400	1.57	58.98	1.01	20.81	0.98	19.12	0.97	17.89
5,400～5,700	1.52	60.49	1.06	21.87	1.06	20.17	0.99	18.88
5,700～6,000	2.01	62.50	1.44	23.31	1.40	21.57	1.38	20.25
6,000～6,300	2.30	64.80	1.84	25.15	1.70	23.27	1.67	21.92
6,300～6,600	1.01	65.81	0.80	25.95	0.77	24.05	0.77	22.69
6,600～6,900	2.29	68.10	1.81	27.77	1.85	25.90	1.83	24.52
6,900～7,200	1.76	69.86	1.50	29.27	1.47	27.37	1.46	25.98
7,200～7,500	0.63	70.50	0.55	29.81	0.55	27.93	0.55	26.54
7,500～7,800	0.90	71.40	0.86	30.68	0.81	28.74	0.81	27.35
7,800～8,100	1.06	72.46	0.97	31.65	1.00	29.74	0.99	28.34
8,100～8,400	1.83	74.28	1.71	33.35	1.77	31.51	1.77	30.12
8,400～8,700	0.27	74.55	0.30	33.65	0.27	31.79	0.27	30.39
8,700～9,000	1.07	75.62	1.16	34.81	1.10	32.89	1.11	31.50
9,000～9,300	0.93	76.54	1.06	35.87	1.01	33.90	1.00	32.50
9,300～9,600	1.00	77.54	1.03	36.90	1.11	35.01	1.12	33.62
9,600～9,900	0.72	78.26	0.85	37.75	0.80	35.81	0.82	34.44
9,900～10,200	1.14	79.40	1.23	38.98	1.33	37.14	1.35	35.79
10,200～10,500	0.27	79.67	0.41	39.39	0.33	37.47	0.33	36.12
10,500～10,800	0.92	80.59	1.21	40.60	1.16	38.63	1.15	37.27
10,800～11,100	0.24	80.83	0.27	40.87	0.31	38.94	0.31	37.58
11,100～11,400	1.30	82.13	1.66	42.53	1.71	40.65	1.73	39.31
11,400～11,700	0.43	82.56	0.65	43.18	0.59	41.24	0.60	39.90
11,700～12,000	0.43	82.99	0.62	43.80	0.60	41.84	0.61	40.51
12,000～12,300	0.86	83.85	1.23	45.04	1.24	43.08	1.24	41.74
12,300～12,600	0.28	84.13	0.41	45.44	0.40	43.48	0.41	42.15
12,600～12,900	0.80	84.93	1.16	46.60	1.18	44.66	1.20	43.36
12,900～13,200	0.70	85.63	1.00	47.60	1.08	45.74	1.08	44.44
13,200～13,500	0.42	86.05	0.66	48.25	0.65	46.39	0.66	45.09
13,500～13,800	0.29	86.34	0.61	48.86	0.46	46.85	0.47	45.57
13,800～14,100	0.27	86.61	0.46	49.33	0.44	47.30	0.45	46.01
14,100～14,400	0.16	86.77	0.28	49.61	0.26	47.56	0.26	46.28
14,400～14,700	0.27	87.04	0.45	50.06	0.46	48.01	0.47	46.74
14,700～15,000	0.31	87.35	0.50	50.56	0.55	48.56	0.55	47.29
15,000～15,300	0.16	87.51	0.25	50.81	0.28	48.84	0.28	47.58
15,300～15,600	0.09	87.60	0.16	50.97	0.16	49.00	0.16	47.74
15,600～15,900	0.59	88.19	1.11	52.08	1.09	50.09	1.10	48.84
15,900～16,200	0.23	88.42	0.40	52.48	0.43	50.51	0.44	49.28
16,200～16,500	0.53	88.95	0.98	53.46	1.00	51.51	1.02	50.30
16,500～16,800	0.35	89.30	0.64	54.11	0.67	52.19	0.68	50.98
16,800～17,100	0.02	89.32	0.04	54.14	0.04	52.23	0.04	51.03
17,100～17,400	0.25	89.57	0.44	54.58	0.51	52.73	0.50	51.53
17,400～17,700	0.24	89.81	0.48	55.07	0.51	53.24	0.50	52.03
17,700～18,000	0.00	89.81	0.00	55.07	0.00	53.24	0.00	52.03

米生産費

単位：％

販売数量	経営体数分布		作付面積分布		生産数量分布		販売数量分布	
	構成比	累積度数	構成比	累積度数	構成比	累積度数	構成比	累積度数
	(1)	(2)	(3)	(4)	(5)	(6)	(7)	(8)
18,000～18,300	0.38	90.19	0.79	55.86	0.79	54.03	0.80	52.84
18,300～18,600	0.30	90.49	0.65	56.50	0.65	54.68	0.66	53.50
18,600～18,900	0.01	90.50	0.01	56.52	0.01	54.69	0.01	53.51
18,900～19,200	0.06	90.56	0.19	56.71	0.14	54.83	0.15	53.65
19,200～19,500	0.26	90.82	0.51	57.22	0.57	55.40	0.59	54.24
19,500～19,800	0.27	91.08	0.62	57.84	0.61	56.01	0.62	54.86
19,800～20,100	0.17	91.25	0.34	58.18	0.38	56.39	0.39	55.24
20,100～20,400	0.13	91.38	0.31	58.49	0.31	56.70	0.32	55.56
20,400～20,700	0.00	91.38	0.00	58.49	0.00	56.70	0.00	55.56
20,700～21,000	0.05	91.43	0.10	58.59	0.11	56.81	0.11	55.67
21,000～21,300	0.12	91.55	0.29	58.88	0.30	57.11	0.31	55.98
21,300～21,600	0.17	91.73	0.50	59.38	0.45	57.57	0.44	56.43
21,600～21,900	0.00	91.73	0.00	59.38	0.00	57.57	0.00	56.43
21,900～22,200	0.26	91.99	0.56	59.94	0.66	58.23	0.68	57.11
22,200～22,500	0.06	92.04	0.15	60.10	0.14	58.37	0.15	57.26
22,500～22,800	0.34	92.38	0.82	60.92	0.89	59.27	0.90	58.16
22,800～23,100	0.03	92.41	0.07	60.99	0.08	59.34	0.08	58.24
23,100～23,400	0.09	92.50	0.24	61.23	0.25	59.59	0.26	58.50
23,400～23,700	0.16	92.67	0.44	61.66	0.44	60.03	0.45	58.95
23,700～24,000	0.16	92.82	0.44	62.10	0.43	60.46	0.44	59.39
24,000～24,300	0.12	92.94	0.32	62.42	0.33	60.79	0.34	59.72
24,300～24,600	0.00	92.94	0.00	62.42	0.00	60.79	0.00	59.72
24,600～24,900	0.02	92.96	0.04	62.47	0.05	60.84	0.05	59.77
24,900～25,200	0.12	93.08	0.32	62.79	0.36	61.20	0.37	60.14
25,200～25,500	0.08	93.16	0.22	63.01	0.22	61.42	0.23	60.37
25,500～25,800	0.14	93.29	0.39	63.40	0.40	61.82	0.41	60.78
25,800～26,100	0.00	93.29	0.00	63.40	0.00	61.82	0.00	60.78
26,100～26,400	0.00	93.29	0.00	63.40	0.00	61.82	0.00	60.78
26,400～26,700	0.13	93.42	0.37	63.77	0.40	62.22	0.40	61.18
26,700～27,000	0.24	93.66	0.73	64.50	0.75	62.97	0.77	61.95
27,000～27,300	0.02	93.68	0.06	64.56	0.06	63.02	0.06	62.01
27,300～27,600	0.00	93.68	0.00	64.56	0.00	63.02	0.00	62.01
27,600～27,900	0.15	93.83	0.46	65.02	0.48	63.50	0.49	62.49
27,900～28,200	0.00	93.83	0.00	65.02	0.00	63.50	0.00	62.49
28,200～28,500	0.13	93.96	0.46	65.48	0.42	63.93	0.43	62.92
28,500～28,800	0.17	94.13	0.46	65.94	0.55	64.48	0.57	63.49
28,800～29,100	0.12	94.24	0.44	66.38	0.40	64.87	0.40	63.89
29,100～29,400	0.00	94.24	0.00	66.38	0.00	64.87	0.00	63.89
29,400～29,700	0.00	94.24	0.00	66.38	0.00	64.87	0.00	63.89
29,700～30,000	0.19	94.44	0.61	66.99	0.66	65.54	0.68	64.57
30,000～30,300	0.44	94.87	1.47	68.46	1.52	67.05	1.56	66.13
30,300～30,600	0.02	94.89	0.07	68.53	0.06	67.12	0.07	66.19
30,600～30,900	0.15	95.04	0.51	69.04	0.52	67.64	0.53	66.72
30,900～31,200	0.07	95.10	0.21	69.24	0.24	67.87	0.24	66.96
31,200～31,500	0.04	95.14	0.11	69.36	0.13	68.01	0.14	67.10
31,500～31,800	0.00	95.14	0.00	69.36	0.00	68.01	0.00	67.10
31,800～32,100	0.00	95.14	0.00	69.36	0.00	68.01	0.00	67.10
32,100～32,400	0.00	95.14	0.00	69.36	0.00	68.01	0.00	67.10
32,400～32,700	0.07	95.22	0.30	69.65	0.28	68.29	0.29	67.39
32,700～33,000	0.00	95.22	0.00	69.65	0.00	68.29	0.00	67.39
33,000～33,300	0.22	95.44	0.81	70.46	0.84	69.12	0.85	68.24
33,300～33,600	0.05	95.48	0.18	70.64	0.19	69.31	0.19	68.44
33,600～33,900	0.07	95.55	0.24	70.88	0.27	69.58	0.27	68.71
33,900～34,200	0.08	95.64	0.31	71.18	0.32	69.91	0.33	69.04
34,200～34,500	0.19	95.83	0.63	71.81	0.76	70.67	0.78	69.82
34,500～34,800	0.00	95.83	0.00	71.81	0.00	70.67	0.00	69.82
34,800～35,100	0.00	95.83	0.00	71.81	0.00	70.67	0.00	69.82
35,100～35,400	0.00	95.83	0.00	71.81	0.00	70.67	0.00	69.82
35,400～35,700	0.00	95.83	0.01	71.83	0.01	70.68	0.01	69.84
35,700～36,000	0.18	96.01	0.67	72.49	0.75	71.43	0.77	70.61
36,000kg 以上	3.99	100.00	27.51	100.00	28.57	100.00	29.39	100.00

米生産費

(1) 度数分布（平成28年産米生産費統計）（続き）
ウ　10a当たり収量階層別分布

単位：％

10a当たり収量	経営体数分布 構成比	経営体数分布 累積度数	作付面積分布 構成比	作付面積分布 累積度数	生産数量分布 構成比	生産数量分布 累積度数	販売数量分布 構成比	販売数量分布 累積度数
	(1)	(2)	(3)	(4)	(5)	(6)	(7)	(8)
180kg 未満	0.00	0.00	0.00	0.00	0.00	0.00	0.00	0.00
180 ～ 195	0.00	0.00	0.00	0.00	0.00	0.00	0.00	0.00
195 ～ 210	0.00	0.00	0.00	0.00	0.00	0.00	0.00	0.00
210 ～ 225	0.00	0.00	0.00	0.00	0.00	0.00	0.00	0.00
225 ～ 240	0.00	0.00	0.00	0.00	0.00	0.00	0.00	0.00
240 ～ 255	0.00	0.00	0.00	0.00	0.00	0.00	0.00	0.00
255 ～ 270	0.00	0.00	0.00	0.00	0.00	0.00	0.00	0.00
270 ～ 285	0.00	0.00	0.00	0.00	0.00	0.00	0.00	0.00
285 ～ 300	0.00	0.00	0.00	0.00	0.00	0.00	0.00	0.00
300 ～ 315	0.23	0.23	0.06	0.06	0.04	0.04	0.03	0.03
315 ～ 330	0.67	0.90	0.28	0.35	0.17	0.21	0.16	0.19
330 ～ 345	0.78	1.68	0.27	0.62	0.17	0.38	0.15	0.34
345 ～ 360	0.74	2.43	0.68	1.30	0.45	0.83	0.43	0.77
360 ～ 375	1.75	4.18	0.88	2.18	0.60	1.43	0.58	1.36
375 ～ 390	1.94	6.11	1.44	3.61	1.04	2.47	1.01	2.36
390 ～ 405	1.91	8.03	1.55	5.16	1.16	3.63	1.13	3.50
405 ～ 420	2.16	10.19	1.52	6.68	1.17	4.79	1.13	4.62
420 ～ 435	4.08	14.27	2.76	9.44	2.21	7.00	2.16	6.78
435 ～ 450	6.25	20.52	5.44	14.87	4.50	11.51	4.46	11.25
450 ～ 465	4.57	25.09	4.12	18.99	3.52	15.03	3.46	14.71
465 ～ 480	6.99	32.08	4.37	23.36	3.89	18.92	3.81	18.52
480 ～ 495	7.60	39.68	5.96	29.33	5.46	24.38	5.33	23.85
495 ～ 510	8.41	48.10	7.81	37.14	7.36	31.74	7.31	31.16
510 ～ 525	5.87	53.97	6.56	43.71	6.37	38.11	6.36	37.52
525 ～ 540	8.43	62.40	6.66	50.37	6.65	44.75	6.61	44.13
540 ～ 555	7.60	70.00	7.89	58.26	8.11	52.87	8.14	52.26
555 ～ 570	6.14	76.15	9.39	67.64	9.91	62.77	10.05	62.31
570 ～ 585	6.96	83.10	7.20	74.84	7.80	70.58	7.86	70.17
585 ～ 600	5.11	88.21	6.19	81.03	6.87	77.45	6.92	77.10
600 ～ 615	3.27	91.48	5.55	86.58	6.32	83.77	6.41	83.51
615 ～ 630	2.63	94.11	3.04	89.62	3.54	87.31	3.54	87.05
630 ～ 645	3.42	97.53	6.27	95.89	7.49	94.80	7.64	94.69
645 ～ 660	0.55	98.08	0.86	96.76	1.06	95.86	1.08	95.77
660 ～ 675	0.76	98.84	1.29	98.04	1.60	97.46	1.63	97.40
675 ～ 690	0.77	99.61	1.02	99.07	1.31	98.77	1.34	98.74
690 ～ 705	0.21	99.83	0.58	99.65	0.76	99.53	0.78	99.52
705 ～ 720	0.01	99.84	0.11	99.76	0.14	99.67	0.15	99.67
720 ～ 735	0.16	100.00	0.24	100.00	0.33	100.00	0.33	100.00
735 ～ 750	0.00	100.00	0.00	100.00	0.00	100.00	0.00	100.00
750 ～ 765	0.00	100.00	0.00	100.00	0.00	100.00	0.00	100.00
765 ～ 780	0.00	100.00	0.00	100.00	0.00	100.00	0.00	100.00
780 ～ 795	0.00	100.00	0.00	100.00	0.00	100.00	0.00	100.00
795 ～ 810	0.00	100.00	0.00	100.00	0.00	100.00	0.00	100.00
810kg 以上	0.00	100.00	0.00	100.00	0.00	100.00	0.00	100.00

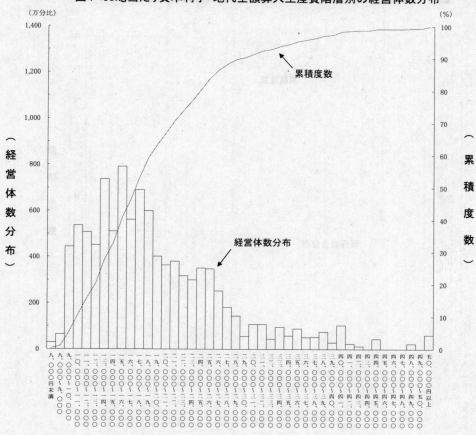

図1 60kg当たり資本利子・地代全額算入生産費階層別の経営体数分布

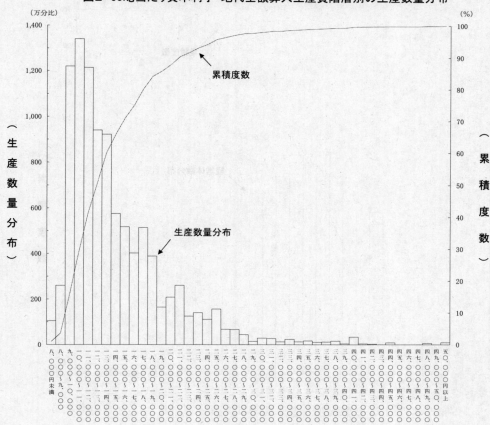

図2 60kg当たり資本利子・地代全額算入生産費階層別の生産数量分布

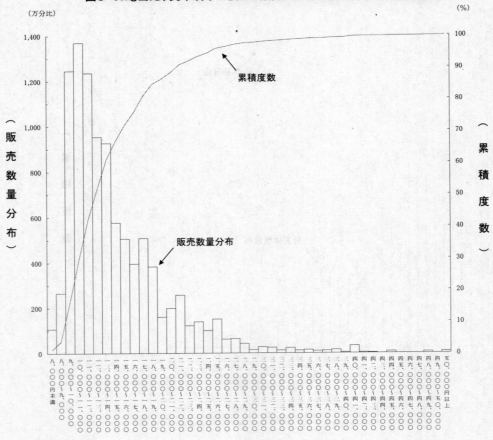

図3 60kg当たり資本利子・地代全額算入生産費階層別の販売数量分布

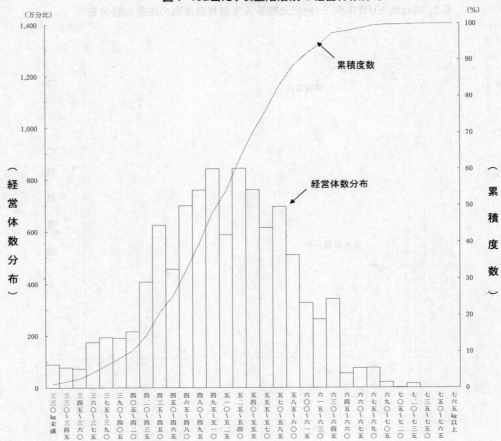

図4 10a当たり収量階層別の経営体数分布

米生産費・全国農業地域別

(2) 米の全国・全国農業地域別生産費
ア 調査対象経営体の生産概要・経営概況

区分	単位	全国	北海道	都府県	東北	北陸
		(1)	(2)	(3)	(4)	(5)
集計経営体数 (1)	経営体	985	86	899	231	114
労働力（1経営体当たり）						
世帯員数 (2)	人	3.5	4.0	3.5	3.9	3.8
男 (3)	〃	1.7	2.0	1.7	1.9	2.0
女 (4)	〃	1.8	2.0	1.8	2.0	1.8
家族員数 (5)	〃	3.5	4.0	3.5	3.9	3.8
男 (6)	〃	1.7	2.0	1.7	1.9	2.0
女 (7)	〃	1.8	2.0	1.8	2.0	1.8
農業就業者 (8)	〃	0.7	1.9	0.7	0.9	0.4
男 (9)	〃	0.5	1.3	0.5	0.6	0.3
女 (10)	〃	0.2	0.6	0.2	0.3	0.1
農業専従者 (11)	〃	0.3	1.2	0.3	0.5	0.0
男 (12)	〃	0.2	0.8	0.2	0.3	0.0
女 (13)	〃	0.1	0.4	0.1	0.2	0.0
土地（1経営体当たり）						
経営耕地面積 (14)	a	272	1,493	252	344	274
田 (15)	〃	238	1,366	220	304	261
畑 (16)	〃	34	127	32	40	13
普通畑 (17)	〃	28	123	26	28	12
樹園地 (18)	〃	6	4	6	12	1
牧草地 (19)	〃	0	-	0	0	-
耕地以外の土地 (20)	〃	160	285	158	165	137
水稲						
使用地面積（1経営体当たり）						
作付地 (21)	〃	164.6	812.9	154.5	215.9	211.1
自作地 (22)	〃	102.1	634.1	93.8	144.6	115.4
小作地 (23)	〃	62.5	178.8	60.7	71.3	95.7
作付地以外 (24)	〃	2.6	19.0	2.4	3.1	3.1
所有地 (25)	〃	2.6	18.6	2.4	3.1	3.0
借入地 (26)	〃	0.0	0.4	0.0	0.0	0.1
田の団地数（1経営体当たり）(27)	団地	3.3	2.7	3.3	3.2	3.9
ほ場枚数（1経営体当たり）(28)	枚	10.3	17.2	10.1	11.4	15.1
未整理又は10a未満 (29)	〃	4.4	0.3	4.4	3.7	8.2
10～20a区画 (30)	〃	3.1	1.5	3.1	3.5	3.7
20～30a区画 (31)	〃	1.7	3.0	1.7	2.7	2.0
30～50a区画 (32)	〃	0.8	7.0	0.7	1.2	0.9
50a以上区画 (33)	〃	0.3	5.4	0.2	0.3	0.3
ほ場面積（1経営体当たり）						
未整理又は10a未満 (34)	a	25.9	1.7	26.3	22.5	46.8
10～20a区画 (35)	〃	42.5	21.6	42.8	49.9	51.3
20～30a区画 (36)	〃	43.1	77.4	42.6	69.5	50.9
30～50a区画 (37)	〃	30.8	271.4	27.0	44.3	34.0
50a以上区画 (38)	〃	22.3	440.7	15.8	29.8	28.1
(参考) 団地への距離等（1経営体当たり）						
ほ場間の距離 (39)	km	1.7	1.7	1.7	2.6	1.6
団地への平均距離 (40)	〃	1.1	1.1	1.1	1.6	1.0
作付地の実勢地代（10a当たり）(41)	円	13,868	12,865	13,951	15,013	17,121
自作地 (42)	〃	14,126	13,104	14,233	15,458	17,412
小作地 (43)	〃	13,435	12,006	13,501	14,095	16,768
投下資本額（10a当たり）(44)	〃	141,797	106,066	144,736	112,400	141,179
借入資本額 (45)	〃	16,994	22,453	16,544	22,257	21,071
自己資本額 (46)	〃	124,803	83,613	128,192	90,143	120,108
固定資本額 (47)	〃	97,186	65,523	99,791	70,631	95,885
建物・構築物 (48)	〃	27,283	19,799	27,899	15,539	32,829
土地改良設備 (49)	〃	832	1,003	817	1,170	41
自動車 (50)	〃	4,213	1,781	4,413	4,031	1,755
農機具 (51)	〃	64,858	42,940	66,662	49,891	61,260
流動資本額 (52)	〃	27,349	26,600	27,410	26,721	29,343
労賃資本額 (53)	〃	17,262	13,943	17,535	15,048	15,951

米生産費・全国農業地域別

関東・東山	東　海	近　畿	中　国	四　国	九　州	
(6)	(7)	(8)	(9)	(10)	(11)	
177	63	71	72	68	103	(1)
3.2	3.4	3.3	2.8	3.0	3.8	(2)
1.6	1.7	1.6	1.4	1.4	1.8	(3)
1.6	1.7	1.7	1.4	1.6	2.0	(4)
3.2	3.4	3.3	2.8	3.0	3.8	(5)
1.6	1.7	1.6	1.4	1.4	1.8	(6)
1.6	1.7	1.7	1.4	1.6	2.0	(7)
0.7	0.7	0.6	0.3	0.8	1.0	(8)
0.5	0.4	0.4	0.2	0.5	0.6	(9)
0.2	0.3	0.2	0.1	0.3	0.4	(10)
0.3	0.3	0.5	0.1	0.5	0.9	(11)
0.2	0.2	0.3	0.1	0.3	0.5	(12)
0.1	0.1	0.2	0.0	0.2	0.4	(13)
267	204	176	154	138	256	(14)
221	170	166	137	117	194	(15)
46	34	10	17	21	61	(16)
42	21	8	10	16	57	(17)
4	13	2	7	5	4	(18)
-	-	-	-	-	1	(19)
84	155	93	421	85	143	(20)
146.3	122.1	109.0	91.9	79.7	115.4	(21)
90.1	51.0	54.0	68.8	55.1	66.6	(22)
56.2	71.1	55.0	23.1	24.6	48.8	(23)
2.3	1.9	1.7	1.3	2.1	2.1	(24)
2.3	1.9	1.7	1.3	2.1	2.1	(25)
0.0	0.0	0.0	0.0	-	-	(26)
3.4	3.0	3.4	2.4	3.6	3.2	(27)
8.7	10.8	7.8	7.2	8.0	8.1	(28)
3.1	6.1	3.4	3.3	4.5	3.7	(29)
2.8	3.0	2.5	2.9	2.9	2.5	(30)
1.7	1.2	1.4	0.8	0.5	1.3	(31)
0.9	0.5	0.5	0.2	0.1	0.5	(32)
0.2	0.0	0.0	0.0	0.0	0.1	(33)
18.6	36.6	20.2	23.4	22.9	21.5	(34)
39.4	40.9	33.5	40.3	38.9	35.4	(35)
40.5	26.3	34.6	19.5	12.8	31.4	(36)
31.9	16.3	17.8	8.0	4.1	17.3	(37)
15.9	1.9	2.9	0.8	1.0	9.8	(38)
1.5	2.0	0.9	0.7	0.6	1.4	(39)
0.9	1.4	0.7	0.7	0.6	1.0	(40)
14,244	9,790	9,408	7,725	11,261	13,239	(41)
14,195	10,261	9,218	7,636	11,233	14,501	(42)
14,326	9,439	9,604	8,018	11,327	11,482	(43)
148,288	172,134	205,907	196,413	222,030	143,094	(44)
6,699	12,488	14,256	12,401	5,951	13,527	(45)
141,589	159,646	191,651	184,012	216,079	129,567	(46)
105,376	120,700	155,296	141,657	171,335	100,188	(47)
28,285	45,735	45,376	23,364	67,056	27,457	(48)
681	37	1,662	428	1,735	1,445	(49)
5,623	6,556	9,358	4,886	5,329	4,364	(50)
70,787	68,372	98,900	112,979	97,215	66,922	(51)
24,285	30,708	28,105	29,807	30,327	26,067	(52)
18,627	20,726	22,506	24,949	20,368	16,839	(53)

— 43 —

米生産費・全国農業地域別

(2) 米の全国・全国農業地域別生産費（続き）
ア 調査対象経営体の生産概要・経営概況（続き）

区分	単位	全国	北海道	都府県	東北	北陸
		(1)	(2)	(3)	(4)	(5)
自動車所有台数（10経営体当たり）						
四輪自動車 (54)	台	24.2	40.2	24.0	23.9	24.7
農機具所有台数（10経営体当たり）						
電動機 (55)	〃	0.0	0.2	0.0	-	-
発動機 (56)	〃	0.1	0.2	0.1	0.0	-
揚水ポンプ (57)	〃	0.9	2.0	0.9	0.7	0.2
乗用型トラクタ						
20馬力未満 (58)	〃	2.3	1.8	2.3	1.3	1.4
20～50馬力未満 (59)	〃	9.1	10.4	9.1	10.3	8.1
50馬力以上 (60)	〃	0.9	16.4	0.7	0.8	0.7
歩行型トラクタ						
駆動型 (61)	〃	2.7	3.9	2.6	2.1	2.7
けん引型 (62)	〃	0.4	0.1	0.4	0.2	0.2
電熱育苗機 (63)	〃	0.8	0.4	0.8	0.6	0.6
田植機						
2条植 (64)	〃	0.7	0.0	0.7	0.4	0.4
3～5条 (65)	〃	5.3	1.6	5.3	3.7	3.1
6条以上 (66)	〃	2.2	8.8	2.1	3.4	4.2
動力噴霧機 (67)	〃	4.7	5.9	4.7	4.2	3.7
動力散粉機 (68)	〃	2.1	1.1	2.1	1.3	4.8
バインダー (69)	〃	1.0	0.2	1.0	1.4	0.2
自脱型コンバイン						
3条以下 (70)	〃	5.0	0.2	5.1	3.0	5.1
4条以上 (71)	〃	1.9	8.9	1.8	2.1	2.6
普通型コンバイン (72)	〃	0.1	0.7	0.0	0.0	0.1
脱穀機 (73)	〃	0.7	0.6	0.7	1.1	0.1
動力もみすり機 (74)	〃	4.9	8.5	4.9	4.2	5.4
乾燥機						
静置式 (75)	〃	0.7	1.0	0.7	0.1	0.1
循環式 (76)	〃	6.1	21.5	5.8	4.8	6.9
水稲						
10a当たり主産物数量 (77)	kg	533	552	531	559	565
粗収益						
10a当たり (78)	円	113,134	120,161	112,555	109,523	130,942
主産物 (79)	〃	110,953	117,211	110,438	107,242	128,856
副産物 (80)	〃	2,181	2,950	2,117	2,281	2,086
60kg当たり (81)	〃	12,735	13,068	12,706	11,758	13,897
主産物 (82)	〃	12,489	12,748	12,467	11,513	13,676
副産物 (83)	〃	246	320	239	245	221
所得						
10a当たり (84)	〃	28,245	47,791	26,631	32,167	39,732
1日当たり (85)	〃	10,285	24,106	9,486	12,977	15,086
家族労働報酬						
10a当たり (86)	〃	13,547	33,325	11,914	17,204	24,356
1日当たり (87)	〃	4,933	16,810	4,244	6,941	9,248
（参考1）経営所得安定対策等						
受取金（10a当たり）(88)	〃	7,917	8,878	7,839	9,258	8,812
（参考2）経営所得安定対策等						
の交付金を加えた場合						
粗収益						
10a当たり (89)	〃	121,051	129,039	120,394	118,781	139,754
60kg当たり (90)	〃	13,626	14,034	13,591	12,752	14,833
所得						
10a当たり (91)	〃	36,162	56,669	34,470	41,425	48,544
1日当たり (92)	〃	13,168	28,585	12,278	16,712	18,432
家族労働報酬						
10a当たり (93)	〃	21,464	42,203	19,753	26,462	33,168
1日当たり (94)	〃	7,816	21,288	7,036	10,676	12,593

注： 収益性の取扱いについては、「3 調査結果の取りまとめと統計表の編成」の(1)エ及びオ（12ページ）を参照されたい（以下267ページまで同じ。）。

米生産費・全国農業地域別

関東・東山	東海	近畿	中国	四国	九州	
(6)	(7)	(8)	(9)	(10)	(11)	
24.5	23.9	22.3	20.4	23.0	27.2	(54)
0.1	-	-	-	-	0.0	(55)
0.1	0.0	0.6	-	-	-	(56)
1.5	0.3	1.3	1.0	1.2	1.2	(57)
2.2	2.3	3.4	4.8	3.3	2.1	(58)
9.8	7.8	8.1	5.5	10.3	10.9	(59)
1.1	0.4	0.8	0.0	0.1	0.9	(60)
2.6	2.7	3.1	2.3	3.8	2.8	(61)
1.3	-	-	0.6	-	0.3	(62)
0.6	2.9	0.6	2.0	0.1	0.1	(63)
0.8	0.9	0.5	1.3	1.1	0.8	(64)
5.5	5.9	8.4	6.2	6.6	6.9	(65)
2.3	0.6	0.5	0.7	0.5	0.3	(66)
4.3	4.5	3.5	3.8	9.6	6.7	(67)
0.9	2.8	2.8	1.0	2.0	2.5	(68)
0.9	1.9	0.7	1.4	0.1	1.4	(69)
5.4	4.3	7.7	6.1	6.7	5.3	(70)
2.1	2.3	0.8	1.1	1.4	1.0	(71)
0.1	0.1	0.0	0.0	-	0.1	(72)
1.2	-	0.7	1.4	0.1	0.5	(73)
6.3	4.2	7.1	5.1	5.3	1.6	(74)
0.7	1.6	1.3	0.4	0.9	1.7	(75)
7.2	4.6	7.9	6.1	6.3	3.3	(76)
516	497	496	504	477	463	(77)
107,427	109,394	113,615	102,487	100,792	101,165	(78)
105,468	108,110	111,414	100,259	99,360	98,698	(79)
1,959	1,284	2,201	2,228	1,432	2,467	(80)
12,482	13,216	13,744	12,214	12,659	13,117	(81)
12,254	13,061	13,478	11,949	12,480	12,797	(82)
228	155	266	265	179	320	(83)
25,166	9,339	13,354	8,575	△ 3,734	20,167	(84)
8,893	3,155	3,960	2,055	-	7,476	(85)
9,630	△ 2,360	259	△ 5,813	△ 20,775	6,976	(86)
3,403	-	77	-	-	2,586	(87)
5,224	5,130	7,555	7,128	6,489	7,931	(88)
112,651	114,524	121,170	109,615	107,281	109,096	(89)
13,088	13,836	14,659	13,064	13,474	14,145	(90)
30,390	14,469	20,909	15,703	2,755	28,098	(91)
10,739	4,888	6,200	3,763	768	10,416	(92)
14,854	2,770	7,814	1,315	△ 14,286	14,907	(93)
5,249	936	2,317	315	-	5,526	(94)

(2) 米の全国・全国農業地域別生産費（続き）
イ 生産費〔10a当たり〕

区分		全国	北海道	都府県	東北	北陸
		(1)	(2)	(3)	(4)	(5)
物財費	(1)	77,127	67,337	77,937	69,998	81,297
種苗費	(2)	3,695	1,545	3,872	2,831	4,881
購入	(3)	3,661	1,533	3,836	2,819	4,871
自給	(4)	34	12	36	12	10
肥料費	(5)	9,313	8,942	9,346	9,835	9,211
購入	(6)	9,277	8,900	9,309	9,782	9,158
自給	(7)	36	42	37	53	53
農業薬剤費（購入）	(8)	7,464	7,238	7,482	7,982	7,384
光熱動力費	(9)	3,844	3,919	3,838	3,669	3,532
購入	(10)	3,844	3,919	3,838	3,669	3,532
自給	(11)	-	-	-	-	-
その他の諸材料費	(12)	1,942	3,353	1,825	1,797	1,782
購入	(13)	1,930	3,319	1,815	1,783	1,782
自給	(14)	12	34	10	14	-
土地改良及び水利費	(15)	4,313	5,134	4,245	4,506	7,156
賃借料及び料金	(16)	11,953	9,520	12,153	11,902	12,388
物件税及び公課諸負担	(17)	2,297	2,457	2,286	1,921	2,333
建物費	(18)	4,146	3,372	4,210	2,901	5,341
償却費	(19)	3,150	1,791	3,262	1,754	4,330
修繕費及び購入補充費	(20)	996	1,581	948	1,147	1,011
購入	(21)	996	1,581	948	1,147	1,011
自給	(22)	-	-	-	-	-
自動車費	(23)	3,862	2,122	4,004	3,297	2,507
償却費	(24)	1,915	742	2,011	1,734	957
修繕費及び購入補充費	(25)	1,947	1,380	1,993	1,563	1,550
購入	(26)	1,944	1,380	1,990	1,563	1,550
自給	(27)	3	-	3	-	-
農機具費	(28)	23,872	19,203	24,259	18,916	24,286
償却費	(29)	17,348	11,577	17,826	13,048	17,284
修繕費及び購入補充費	(30)	6,524	7,626	6,433	5,868	7,002
購入	(31)	6,524	7,626	6,433	5,868	7,002
自給	(32)	0	-	0	-	-
生産管理費	(33)	426	532	417	441	496
償却費	(34)	20	30	19	15	38
購入・支払	(35)	406	502	398	426	458
労働費	(36)	34,525	27,886	35,070	30,097	31,902
直接労働費	(37)	32,877	26,230	33,421	28,686	29,441
家族	(38)	30,570	24,500	31,067	26,550	27,799
雇用	(39)	2,307	1,730	2,354	2,136	1,642
間接労働費	(40)	1,648	1,656	1,649	1,411	2,461
家族	(41)	1,609	1,632	1,608	1,370	2,439
雇用	(42)	39	24	41	41	22
費用合計	(43)	111,652	95,223	113,007	100,095	113,199
購入（支払）	(44)	56,955	54,863	57,128	55,545	60,289
自給	(45)	32,264	26,220	32,761	27,999	30,301
償却	(46)	22,433	14,140	23,118	16,551	22,609
副産物価額	(47)	2,181	2,950	2,117	2,281	2,086
生産費（副産物価額差引）	(48)	109,471	92,273	110,890	97,814	111,113
支払利子	(49)	288	539	267	374	387
支払地代	(50)	5,128	2,740	5,325	4,807	7,862
支払利子・地代算入生産費	(51)	114,887	95,552	116,482	102,995	119,362
自己資本利子	(52)	4,992	3,345	5,128	3,606	4,804
自作地地代	(53)	9,706	11,121	9,589	11,357	10,572
資本利子・地代全額算入生産費（全算入生産費）	(54)	129,585	110,018	131,199	117,958	134,738

米生産費・全国農業地域別

単位：円

関 東・東 山	東 海	近 畿	中 国	四 国	九 州	
(6)	(7)	(8)	(9)	(10)	(11)	
74,219	90,963	91,813	89,266	98,278	73,568	(1)
3,387	4,309	5,743	3,650	7,421	3,532	(2)
3,334	4,233	5,710	3,568	7,360	3,437	(3)
53	76	33	82	61	95	(4)
8,115	10,629	10,936	10,088	8,487	7,998	(5)
8,115	10,606	10,911	10,061	8,466	7,966	(6)
0	23	25	27	21	32	(7)
6,125	7,087	6,975	9,324	7,358	7,810	(8)
4,086	4,435	4,638	4,265	4,619	3,238	(9)
4,086	4,435	4,638	4,265	4,619	3,238	(10)
-	-	-	-	-	-	(11)
1,848	2,052	1,519	2,662	1,600	1,600	(12)
1,831	2,052	1,518	2,661	1,600	1,573	(13)
17	-	1	1	-	27	(14)
3,759	2,135	2,999	1,343	3,247	1,749	(15)
9,851	14,623	9,576	13,872	12,664	15,855	(16)
2,233	2,600	2,798	2,634	4,075	2,230	(17)
3,850	6,012	5,344	3,573	7,565	4,414	(18)
2,828	5,409	4,646	2,938	6,893	3,783	(19)
1,022	603	698	635	672	631	(20)
1,022	603	698	635	672	631	(21)
-	-	-	-	-	-	(22)
5,038	6,880	6,079	4,998	5,603	3,799	(23)
2,842	3,281	3,741	1,994	2,478	1,826	(24)
2,196	3,599	2,338	3,004	3,125	1,973	(25)
2,196	3,599	2,338	2,958	3,125	1,973	(26)
-	-	-	46	-	-	(27)
25,594	29,458	34,814	32,640	35,329	21,046	(28)
19,978	20,847	27,199	24,682	28,231	15,808	(29)
5,616	8,611	7,615	7,958	7,098	5,238	(30)
5,616	8,611	7,615	7,958	7,098	5,236	(31)
-	-	-	-	-	2	(32)
333	743	392	217	310	297	(33)
1	7	17	40	17	20	(34)
332	736	375	177	293	277	(35)
37,256	41,454	45,010	49,898	40,735	33,678	(36)
35,778	40,069	43,422	48,245	38,931	32,630	(37)
33,340	36,579	39,911	45,882	35,720	29,749	(38)
2,438	3,490	3,511	2,363	3,211	2,881	(39)
1,478	1,385	1,588	1,653	1,804	1,048	(40)
1,437	1,350	1,519	1,607	1,767	982	(41)
41	35	69	46	37	66	(42)
111,475	132,417	136,823	139,164	139,013	107,246	(43)
50,979	64,845	59,731	61,865	63,825	54,922	(44)
34,847	38,028	41,489	47,645	37,569	30,887	(45)
25,649	29,544	35,603	29,654	37,619	21,437	(46)
1,959	1,284	2,201	2,228	1,432	2,467	(47)
109,516	131,133	134,622	136,936	137,581	104,779	(48)
53	57	156	307	42	238	(49)
5,510	5,510	4,712	1,930	2,958	4,245	(50)
115,079	136,700	139,490	139,173	140,581	109,262	(51)
5,664	6,386	7,666	7,360	8,643	5,183	(52)
9,872	5,313	5,429	7,028	8,398	8,008	(53)
130,615	148,399	152,585	153,561	157,622	122,453	(54)

(2) 米の全国・全国農業地域別生産費（続き）
ウ 生産費〔60kg当たり〕

区分	全国	北海道	都府県	東北	北陸
	(1)	(2)	(3)	(4)	(5)
物財費 (1)	**8,681**	**7,325**	**8,800**	**7,510**	**8,622**
種苗費 (2)	416	168	437	304	518
購入 (3)	412	167	433	303	517
自給 (4)	4	1	4	1	1
肥料費 (5)	1,047	972	1,056	1,055	976
購入 (6)	1,043	967	1,052	1,049	970
自給 (7)	4	5	4	6	6
農業薬剤費（購入） (8)	840	788	845	857	783
光熱動力費 (9)	433	427	434	394	374
購入 (10)	433	427	434	394	374
自給 (11)	-	-	-	-	-
その他の諸材料費 (12)	218	365	206	193	189
購入 (13)	217	361	205	192	189
自給 (14)	1	4	1	1	-
土地改良及び水利費 (15)	485	558	480	483	759
賃借料及び料金 (16)	1,347	1,035	1,373	1,276	1,315
物件税及び公課諸負担 (17)	259	267	259	205	246
建物費 (18)	467	368	474	311	567
償却費 (19)	355	196	367	188	460
修繕費及び購入補充費 (20)	112	172	107	123	107
購入 (21)	112	172	107	123	107
自給 (22)	-	-	-	-	-
自動車費 (23)	434	231	452	355	266
償却費 (24)	215	81	227	187	101
修繕費及び購入補充費 (25)	219	150	225	168	165
購入 (26)	219	150	225	168	165
自給 (27)	0	-	0	-	-
農機具費 (28)	2,687	2,088	2,737	2,029	2,576
償却費 (29)	1,953	1,259	2,011	1,399	1,833
修繕費及び購入補充費 (30)	734	829	726	630	743
購入 (31)	734	829	726	630	743
自給 (32)	0	-	0	-	-
生産管理費 (33)	48	58	47	48	53
償却費 (34)	2	3	2	2	4
購入・支払 (35)	46	55	45	46	49
労働費 (36)	**3,886**	**3,033**	**3,958**	**3,229**	**3,385**
直接労働費 (37)	3,701	2,853	3,772	3,078	3,124
家族 (38)	3,441	2,665	3,507	2,849	2,949
雇用 (39)	260	188	265	229	175
間接労働費 (40)	185	180	186	151	261
家族 (41)	181	177	181	147	259
雇用 (42)	4	3	5	4	2
費用合計 (43)	**12,567**	**10,358**	**12,758**	**10,739**	**12,007**
購入（支払） (44)	6,411	5,967	6,454	5,959	6,394
自給 (45)	3,631	2,852	3,697	3,004	3,215
償却 (46)	2,525	1,539	2,607	1,776	2,398
副産物価額 (47)	246	320	239	245	221
生産費（副産物価額差引） (48)	**12,321**	**10,038**	**12,519**	**10,494**	**11,786**
支払利子 (49)	32	59	30	40	41
支払地代 (50)	577	298	601	516	835
支払利子・地代算入生産費 (51)	**12,930**	**10,395**	**13,150**	**11,050**	**12,662**
自己資本利子 (52)	562	364	579	387	510
自作地地代 (53)	1,092	1,210	1,082	1,219	1,122
資本利子・地代全額算入生産費（全算入生産費） (54)	**14,584**	**11,969**	**14,811**	**12,656**	**14,294**

米生産費・全国農業地域別

単位：円

関東・東山	東海	近畿	中国	四国	九州	
(6)	(7)	(8)	(9)	(10)	(11)	
8,623	10,995	11,107	10,635	12,346	9,533	(1)
394	521	695	436	932	457	(2)
388	512	691	426	924	445	(3)
6	9	4	10	8	12	(4)
943	1,285	1,324	1,202	1,068	1,035	(5)
943	1,282	1,321	1,199	1,065	1,032	(6)
0	3	3	3	3	3	(7)
711	857	844	1,111	924	1,012	(8)
474	537	561	508	581	419	(9)
474	537	561	508	581	419	(10)
-	-	-	-	-	-	(11)
215	248	184	317	201	208	(12)
213	248	184	317	201	205	(13)
2	-	0	0	-	3	(14)
436	258	363	160	408	227	(15)
1,146	1,766	1,157	1,652	1,591	2,054	(16)
260	316	338	314	513	288	(17)
447	727	646	425	950	573	(18)
328	654	562	349	866	491	(19)
119	73	84	76	84	82	(20)
119	73	84	76	84	82	(21)
-	-	-	-	-	-	(22)
585	831	736	596	703	493	(23)
330	396	453	238	311	237	(24)
255	435	283	358	392	256	(25)
255	435	283	353	392	256	(26)
-	-	-	5	-	-	(27)
2,973	3,559	4,212	3,888	4,436	2,728	(28)
2,321	2,519	3,291	2,940	3,545	2,049	(29)
652	1,040	921	948	891	679	(30)
652	1,040	921	948	891	679	(31)
-	-	-	-	-	0	(32)
39	90	47	26	39	39	(33)
0	1	2	5	2	3	(34)
39	89	45	21	37	36	(35)
4,328	5,009	5,446	5,947	5,116	4,366	(36)
4,156	4,842	5,254	5,749	4,889	4,230	(37)
3,873	4,420	4,829	5,468	4,486	3,857	(38)
283	422	425	281	403	373	(39)
172	167	192	198	227	136	(40)
167	163	184	192	222	127	(41)
5	4	8	6	5	9	(42)
12,951	16,004	16,553	16,582	17,462	13,899	(43)
5,924	7,839	7,225	7,372	8,019	7,117	(44)
4,048	4,595	5,020	5,678	4,719	4,002	(45)
2,979	3,570	4,308	3,532	4,724	2,780	(46)
228	155	266	265	179	320	(47)
12,723	15,849	16,287	16,317	17,283	13,579	(48)
6	7	19	37	5	31	(49)
640	666	570	230	372	550	(50)
13,369	16,522	16,876	16,584	17,660	14,160	(51)
658	772	927	877	1,086	672	(52)
1,147	642	657	837	1,055	1,038	(53)
15,174	17,936	18,460	18,298	19,801	15,870	(54)

(2) 米の全国・全国農業地域別生産費（続き）
エ 米の作業別労働時間

区分		全国	北海道	都府県	東北	北陸
		(1)	(2)	(3)	(4)	(5)
投下労働時間（10ａ当たり）	(1)	**23.76**	**17.33**	**24.26**	**21.72**	**22.31**
家族	(2)	21.97	15.86	22.46	19.83	21.07
雇用	(3)	1.79	1.47	1.80	1.89	1.24
直接労働時間	(4)	22.61	16.33	23.10	20.71	20.54
家族	(5)	20.85	14.88	21.33	18.85	19.31
男	(6)	16.57	11.21	17.00	15.44	15.85
女	(7)	4.28	3.67	4.33	3.41	3.46
雇用	(8)	1.76	1.45	1.77	1.86	1.23
男	(9)	1.36	0.89	1.38	1.37	0.89
女	(10)	0.40	0.56	0.39	0.49	0.34
間接労働時間	(11)	1.15	1.00	1.16	1.01	1.77
男	(12)	1.00	0.87	1.01	0.90	1.50
女	(13)	0.15	0.13	0.15	0.11	0.27
投下労働時間（60kg当たり）	(14)	**2.65**	**1.87**	**2.76**	**2.31**	**2.34**
家族	(15)	2.47	1.72	2.57	2.13	2.22
雇用	(16)	0.18	0.15	0.19	0.18	0.12
直接労働時間	(17)	2.52	1.77	2.63	2.21	2.15
家族	(18)	2.34	1.62	2.44	2.03	2.03
男	(19)	1.87	1.22	1.93	1.64	1.67
女	(20)	0.47	0.40	0.51	0.39	0.36
雇用	(21)	0.18	0.15	0.19	0.18	0.12
男	(22)	0.14	0.10	0.15	0.12	0.09
女	(23)	0.04	0.05	0.04	0.06	0.03
間接労働時間	(24)	0.13	0.10	0.13	0.10	0.19
男	(25)	0.11	0.09	0.11	0.09	0.16
女	(26)	0.02	0.01	0.02	0.01	0.03
作業別直接労働時間（10ａ当たり） 合計	(27)	**22.61**	**16.33**	**23.10**	**20.71**	**20.54**
種子予措	(28)	0.22	0.20	0.22	0.27	0.16
育苗	(29)	2.83	5.34	2.62	3.19	2.00
耕起整地	(30)	3.26	1.75	3.37	2.59	2.88
基肥	(31)	0.69	0.37	0.72	0.60	0.55
直まき	(32)	0.02	0.01	0.02	0.04	0.01
田植	(33)	2.98	2.37	3.03	3.11	2.75
追肥	(34)	0.30	0.02	0.33	0.24	0.47
除草	(35)	1.24	0.41	1.30	1.05	1.17
管理	(36)	6.01	2.94	6.26	5.36	5.63
防除	(37)	0.45	0.20	0.47	0.32	0.21
刈取脱穀	(38)	2.93	1.55	3.04	2.48	2.80
乾燥	(39)	1.21	0.80	1.24	0.99	1.25
生産管理	(40)	0.47	0.37	0.48	0.47	0.66
うち家族						
種子予措	(41)	0.22	0.19	0.22	0.27	0.16
育苗	(42)	2.48	4.75	2.29	2.74	1.83
耕起整地	(43)	3.13	1.69	3.24	2.48	2.82
基肥	(44)	0.66	0.36	0.69	0.58	0.53
直まき	(45)	0.02	0.01	0.02	0.03	0.01
田植	(46)	2.42	1.80	2.47	2.39	2.23
追肥	(47)	0.29	0.02	0.32	0.23	0.47
除草	(48)	1.20	0.40	1.26	0.99	1.15
管理	(49)	5.84	2.85	6.08	5.22	5.59
防除	(50)	0.43	0.20	0.45	0.31	0.20
刈取脱穀	(51)	2.59	1.47	2.68	2.20	2.49
乾燥	(52)	1.10	0.77	1.13	0.94	1.17
生産管理	(53)	0.47	0.37	0.48	0.47	0.66

単位：時間

関東・東山	東海	近畿	中国	四国	九州	
(6)	(7)	(8)	(9)	(10)	(11)	
24.30	**25.90**	**29.03**	**35.42**	**31.32**	**23.87**	(1)
22.64	23.68	26.98	33.38	28.69	21.58	(2)
1.66	2.22	2.05	2.04	2.63	2.29	(3)
23.33	25.05	28.01	34.29	29.92	23.14	(4)
21.70	22.86	26.00	32.28	27.32	20.86	(5)
16.34	18.12	21.45	24.75	22.33	15.80	(6)
5.36	4.74	4.55	7.53	4.99	5.06	(7)
1.63	2.19	2.01	2.01	2.60	2.28	(8)
1.34	1.84	1.81	1.70	2.02	1.84	(9)
0.29	0.35	0.20	0.31	0.58	0.44	(10)
0.97	0.85	1.02	1.13	1.40	0.73	(11)
0.80	0.77	0.95	0.97	1.25	0.66	(12)
0.17	0.08	0.07	0.16	0.15	0.07	(13)
2.81	**3.11**	**3.47**	**4.19**	**3.90**	**3.09**	(14)
2.63	2.85	3.25	3.97	3.60	2.80	(15)
0.18	0.26	0.22	0.22	0.30	0.29	(16)
2.70	3.01	3.35	4.06	3.73	3.00	(17)
2.52	2.75	3.13	3.84	3.43	2.71	(18)
1.89	2.18	2.59	2.94	2.81	2.05	(19)
0.63	0.57	0.54	0.90	0.62	0.66	(20)
0.18	0.26	0.22	0.22	0.30	0.29	(21)
0.15	0.22	0.20	0.19	0.24	0.24	(22)
0.03	0.04	0.02	0.03	0.06	0.05	(23)
0.11	0.10	0.12	0.13	0.17	0.09	(24)
0.09	0.09	0.11	0.11	0.15	0.08	(25)
0.02	0.01	0.01	0.02	0.02	0.01	(26)
23.33	**25.05**	**28.01**	**34.29**	**29.92**	**23.14**	(27)
0.27	0.22	0.18	0.24	0.12	0.23	(28)
2.65	2.41	2.23	2.85	1.65	2.47	(29)
3.70	4.06	4.40	5.00	6.21	3.68	(30)
0.80	0.90	0.74	1.18	0.88	0.95	(31)
0.00	0.04	0.02	0.05	0.04	0.01	(32)
2.75	2.70	3.40	3.37	3.75	3.42	(33)
0.22	0.32	0.48	0.35	0.41	0.31	(34)
1.52	1.38	1.32	2.54	1.11	1.36	(35)
6.15	6.89	8.03	10.96	8.46	5.64	(36)
0.35	0.96	0.66	1.20	0.92	0.88	(37)
3.25	3.19	3.85	4.48	4.38	3.18	(38)
1.31	1.49	2.17	1.62	1.68	0.69	(39)
0.36	0.49	0.53	0.45	0.31	0.32	(40)
0.26	0.22	0.17	0.24	0.12	0.22	(41)
2.33	2.05	2.02	2.51	1.53	2.03	(42)
3.56	3.81	4.14	4.83	6.07	3.52	(43)
0.76	0.84	0.71	1.15	0.84	0.88	(44)
0.00	0.03	0.02	0.05	0.02	0.01	(45)
2.37	2.32	3.01	2.99	2.86	2.78	(46)
0.22	0.31	0.45	0.35	0.41	0.30	(47)
1.47	1.30	1.30	2.49	1.08	1.30	(48)
5.97	6.50	7.74	10.58	8.19	5.37	(49)
0.33	0.91	0.62	1.17	0.91	0.81	(50)
2.87	2.70	3.39	4.01	3.66	2.79	(51)
1.20	1.38	1.90	1.46	1.32	0.53	(52)
0.36	0.49	0.53	0.45	0.31	0.32	(53)

米生産費・全国農業地域別

(2) 米の全国・全国農業地域別生産費（続き）
オ 原単位量〔10a当たり〕

区　分		単位	全　国	北海道	都府県	東　北	北　陸
			(1)	(2)	(3)	(4)	(5)
種　苗　費	(1)	-	-	-	-	-	-
種子もみ							
購　入	(2)	kg	2.6	3.1	2.6	3.3	2.1
自　給	(3)	〃	0.1	0.0	0.1	0.0	0.0
苗	(4)	a	1.9	0.0	2.0	0.8	2.9
肥　料　費	(5)	-	-	-	-	-	-
窒　素　質							
硫　安	(6)	kg	0.3	0.3	0.3	0.5	0.1
尿　素	(7)	〃	0.4	0.0	0.5	0.9	0.4
石灰窒素	(8)	〃	0.4	-	0.4	0.1	0.3
りん酸質							
過リン酸石灰	(9)	〃	0.7	1.7	0.6	0.6	0.1
よう成リン肥	(10)	〃	2.2	0.3	2.3	2.3	0.6
重焼リン肥	(11)	〃	0.4	-	0.4	0.2	0.1
カリ質							
塩化カリ	(12)	〃	1.0	0.0	1.1	2.9	0.2
硫酸カリ	(13)	〃	0.0	-	0.0	-	-
けいカル	(14)	〃	5.7	24.3	4.1	2.7	1.7
炭酸カルシウム（石灰を含む。）	(15)	〃	1.5	0.6	1.6	2.9	-
けい酸石灰	(16)	〃	2.6	0.6	2.7	2.6	0.6
複合肥料							
高成分化成	(17)	〃	28.7	42.8	27.6	35.2	8.8
低成分化成	(18)	〃	2.2	1.6	2.3	1.6	2.3
配合肥料	(19)	〃	16.6	21.8	16.2	10.5	37.8
固形肥料	(20)	〃	0.0	-	0.0	-	0.0
土壌改良資材	(21)	-	-	-	-	-	-
たい肥・きゅう肥	(22)	kg	54.4	5.1	58.4	105.8	23.7
そ　の　他	(23)	-	-	-	-	-	-
自給肥料							
たい肥	(24)	kg	5.0	-	5.4	7.8	9.5
きゅう肥	(25)	〃	5.1	8.1	4.9	12.4	-
稲・麦わら	(26)	〃	-	-	-	-	-
その他	(27)	-	-	-	-	-	-
農業薬剤費	(28)	-	-	-	-	-	-
殺虫剤	(29)	-	-	-	-	-	-
殺菌剤	(30)	-	-	-	-	-	-
殺虫殺菌剤	(31)	-	-	-	-	-	-
除草剤	(32)	-	-	-	-	-	-
その他	(33)	-	-	-	-	-	-
光熱動力費	(34)	-	-	-	-	-	-
動力燃料							
重油	(35)	L	-	-	-	-	-
軽油	(36)	〃	13.8	18.3	13.4	12.2	12.3
灯油	(37)	〃	8.1	13.7	7.6	8.0	7.7
ガソリン	(38)	〃	7.9	5.3	8.1	8.8	7.4
潤滑油	(39)	〃	0.3	0.3	0.3	0.3	0.3
混合油	(40)	〃	0.5	0.0	0.6	0.2	0.7
電力料	(41)	-	-	-	-	-	-
その他	(42)	-	-	-	-	-	-
自給	(43)	-	-	-	-	-	-

米生産費・全国農業地域別

関東・東山	東　海	近　畿	中　国	四　国	九　州	
(6)	(7)	(8)	(9)	(10)	(11)	
-	-	-	-	-	-	(1)
2.7	2.0	1.7	2.3	1.2	2.7	(2)
0.2	0.3	0.1	0.3	0.3	0.3	(3)
1.3	2.5	4.7	1.7	6.8	2.1	(4)
-	-	-	-	-	-	(5)
0.1	0.0	0.8	0.3	0.1	0.2	(6)
0.1	0.5	0.1	0.5	0.1	0.0	(7)
0.4	0.6	0.7	0.0	0.6	1.3	(8)
0.6	1.3	2.1	0.4	1.3	0.4	(9)
1.5	0.5	14.7	0.3	1.8	1.7	(10)
0.4	-	0.2	4.4	-	0.0	(11)
0.6	0.5	-	0.3	0.4	-	(12)
-	-	0.0	-	-	-	(13)
5.7	16.1	6.7	4.6	6.8	2.1	(14)
0.6	2.1	0.4	2.1	2.3	2.3	(15)
0.6	1.7	0.0	2.6	0.1	15.7	(16)
31.6	36.7	29.5	36.1	31.5	23.2	(17)
1.5	3.5	4.4	1.9	4.6	3.4	(18)
11.9	5.0	10.0	2.0	7.7	17.2	(19)
-	-	0.0	-	-	-	(20)
-	-	-	-	-	-	(21)
16.8	83.0	18.5	76.4	43.3	52.7	(22)
-	-	-	-	-	-	(23)
-	-	-	0.1	-	9.5	(24)
0.1	-	-	13.3	-	0.2	(25)
-	-	-	-	-	-	(26)
-	-	-	-	-	-	(27)
-	-	-	-	-	-	(28)
-	-	-	-	-	-	(29)
-	-	-	-	-	-	(30)
-	-	-	-	-	-	(31)
-	-	-	-	-	-	(32)
-	-	-	-	-	-	(33)
-	-	-	-	-	-	(34)
-	-	-	-	-	-	(35)
14.1	15.0	16.0	13.1	20.4	14.1	(36)
7.9	6.8	9.8	8.0	7.0	4.0	(37)
6.7	9.9	9.1	10.0	10.1	6.5	(38)
0.5	0.2	0.4	0.3	0.5	0.4	(39)
0.4	0.7	1.2	1.1	0.6	1.3	(40)
-	-	-	-	-	-	(41)
-	-	-	-	-	-	(42)
-	-	-	-	-	-	(43)

(2) 米の全国・全国農業地域別生産費（続き）
オ 原単位量〔10 a 当たり〕（続き）

区分		単位	全国	北海道	都府県	東北	北陸
			(1)	(2)	(3)	(4)	(5)
その他の諸材料費	(44)	-	-	-	-	-	-
ビニールシート	(45)	㎡	0.5	0.2	0.5	0.7	0.3
ポリエチレン	(46)	〃	2.9	2.6	2.9	1.9	9.7
なわ	(47)	kg	0.0	0.0	0.0	0.0	-
バインダー用結束ひも	(48)	巻	0.0	0.0	0.0	0.0	0.0
育苗用土（購入）	(49)	kg	53.2	62.9	52.4	56.5	55.5
素土	(50)	〃	8.8	17.3	8.1	18.7	1.5
その他	(51)	-	-	-	-	-	-
自給	(52)	-	-	-	-	-	-
土地改良及び水利費	(53)	-	-	-	-	-	-
土地改良区費							
維持負担金	(54)	-	-	-	-	-	-
償還金	(55)	-	-	-	-	-	-
水利組合費	(56)	-	-	-	-	-	-
揚水ポンプ組合費	(57)	-	-	-	-	-	-
その他	(58)	-	-	-	-	-	-
賃借料及び料金	(59)	-	-	-	-	-	-
共同負担金							
薬剤散布	(60)	-	-	-	-	-	-
共同施設負担	(61)	-	-	-	-	-	-
共同苗代負担	(62)	-	-	-	-	-	-
農機具借料	(63)	-	-	-	-	-	-
航空防除費	(64)	a	7.0	13.9	6.4	9.0	6.7
賃耕料	(65)	〃	0.5	0.0	0.5	0.3	0.9
は種・田植賃	(66)	〃	0.8	0.0	0.9	1.0	1.2
収穫請負わせ賃	(67)	〃	1.5	0.4	1.6	2.2	0.9
もみすり脱穀賃	(68)	kg	51.4	-	55.6	63.0	22.2
ライスセンター費	(69)	〃	69.8	160.6	62.3	37.3	52.1
カントリーエレベータ費	(70)	〃	105.6	270.0	92.1	106.8	122.8
その他	(71)	-	-	-	-	-	-

米生産費・全国農業地域別

関東・東山	東海	近畿	中国	四国	九州	
(6)	(7)	(8)	(9)	(10)	(11)	
-	-	-	-	-	-	(44)
0.5	0.1	0.3	1.5	0.3	0.3	(45)
0.2	0.0	1.3	-	0.1	1.0	(46)
0.0	-	0.0	-	-	-	(47)
0.0	0.0	-	0.0	0.0	0.0	(48)
54.1	47.0	36.8	57.2	21.6	48.0	(49)
3.7	-	2.6	0.2	3.3	8.7	(50)
-	-	-	-	-	-	(51)
-	-	-	-	-	-	(52)
-	-	-	-	-	-	(53)
-	-	-	-	-	-	(54)
-	-	-	-	-	-	(55)
-	-	-	-	-	-	(56)
-	-	-	-	-	-	(57)
-	-	-	-	-	-	(58)
-	-	-	-	-	-	(59)
-	-	-	-	-	-	(60)
-	-	-	-	-	-	(61)
-	-	-	-	-	-	(62)
-	-	-	-	-	-	(63)
5.5	3.2	3.6	2.1	2.1	6.6	(64)
0.7	0.6	0.4	0.3	0.1	0.5	(65)
0.5	1.2	0.5	0.8	0.3	0.5	(66)
1.4	2.0	0.4	1.6	1.2	2.0	(67)
59.3	46.1	27.8	72.8	76.4	108.4	(68)
79.8	69.9	66.9	97.2	72.2	110.7	(69)
41.4	82.5	51.3	30.6	75.4	141.9	(70)
-	-	-	-	-	-	(71)

米生産費・全国農業地域別

(2) 米の全国・全国農業地域別生産費（続き）
カ 原単位評価額〔10a当たり〕

区分	全国	北海道	都府県	東北	北陸
	(1)	(2)	(3)	(4)	(5)
種苗費 (1)	3,695	1,545	3,872	2,831	4,881
種子もみ					
購入 (2)	1,431	1,503	1,425	1,659	1,253
自給 (3)	34	12	36	12	10
苗 (4)	2,230	30	2,411	1,160	3,618
肥料費 (5)	9,313	8,942	9,346	9,835	9,211
窒素質					
硫安 (6)	16	17	16	31	3
尿素 (7)	79	4	85	201	54
石灰窒素 (8)	47	-	51	16	41
りん酸質					
過リン酸石灰 (9)	64	142	58	59	11
よう成リン肥 (10)	162	27	173	141	64
重焼リン肥 (11)	54	-	58	21	11
カリ質					
塩化カリ (12)	101	1	110	277	21
硫酸カリ (13)	0	-	0	-	-
けいカル (14)	204	911	145	82	79
炭酸カルシウム（石灰を含む。） (15)	56	15	59	95	-
けい酸石灰 (16)	123	37	130	142	41
複合肥料					
高成分化成 (17)	3,964	4,424	3,927	4,584	1,436
低成分化成 (18)	308	139	322	208	401
配合肥料 (19)	2,288	2,050	2,308	1,669	5,397
固形肥料 (20)	3	-	3	-	14
土壌改良資材 (21)	344	310	347	289	124
たい肥・きゅう肥 (22)	296	29	318	510	207
その他 (23)	1,168	794	1,199	1,457	1,254
自給肥料					
たい肥 (24)	19	-	21	24	53
きゅう肥 (25)	11	17	11	28	-
稲・麦わら (26)	-	-	-	-	-
その他 (27)	6	25	5	1	-
農業薬剤費 (28)	7,464	7,238	7,482	7,982	7,384
殺虫剤 (29)	637	724	630	533	636
殺菌剤 (30)	483	467	484	689	346
殺虫殺菌剤 (31)	1,984	1,832	1,996	2,172	1,587
除草剤 (32)	4,315	4,151	4,328	4,551	4,785
その他 (33)	45	64	44	37	30
光熱動力費 (34)	3,844	3,919	3,838	3,669	3,532
動力燃料					
重油 (35)	-	-	-	-	-
軽油 (36)	1,206	1,369	1,192	1,040	1,080
灯油 (37)	516	808	492	480	522
ガソリン (38)	941	599	969	1,054	876
潤滑油 (39)	203	128	210	163	173
混合油 (40)	92	6	99	38	106
電力料 (41)	813	973	800	816	639
その他 (42)	73	36	76	78	136
自給 (43)	-	-	-	-	-

米生産費・全国農業地域別

単位：円

関東・東山	東海	近畿	中国	四国	九州	
(6)	(7)	(8)	(9)	(10)	(11)	
3,387	4,309	5,743	3,650	7,421	3,532	(1)
1,658	1,182	1,033	1,432	694	1,215	(2)
53	76	33	82	61	95	(3)
1,676	3,051	4,677	2,136	6,666	2,222	(4)
8,115	10,629	10,936	10,088	8,487	7,998	(5)
3	0	45	18	5	9	(6)
7	45	4	71	6	0	(7)
59	75	109	7	78	149	(8)
56	120	187	31	145	30	(9)
93	39	1,170	26	173	143	(10)
63	-	24	603	-	4	(11)
60	51	-	29	22	-	(12)
-	-	2	-	-	-	(13)
112	486	330	192	271	186	(14)
22	120	17	90	141	87	(15)
31	66	2	93	7	680	(16)
4,289	6,120	4,577	6,248	4,573	3,209	(17)
190	526	560	220	515	504	(18)
1,652	679	1,541	174	1,067	1,891	(19)
-	-	3	-	-	-	(20)
252	455	1,131	939	847	59	(21)
184	288	81	337	84	385	(22)
1,042	1,536	1,128	983	532	630	(23)
-	-	-	0	-	19	(24)
0	-	-	27	-	1	(25)
-	-	-	-	-	-	(26)
0	23	25	0	21	12	(27)
6,125	7,087	6,975	9,324	7,358	7,810	(28)
650	910	670	501	775	781	(29)
329	371	366	532	323	531	(30)
869	1,352	1,977	3,922	2,946	3,193	(31)
4,250	4,400	3,875	4,346	3,129	3,241	(32)
27	54	87	23	185	64	(33)
4,086	4,435	4,638	4,265	4,619	3,238	(34)
-	-	-	-	-	-	(35)
1,269	1,459	1,430	1,284	1,766	1,291	(36)
510	477	666	565	452	278	(37)
784	1,196	1,077	1,191	1,210	777	(38)
257	213	301	200	350	273	(39)
77	130	190	178	108	202	(40)
1,175	867	950	706	693	380	(41)
14	93	24	141	40	37	(42)
-	-	-	-	-	-	(43)

米生産費・全国農業地域別

(2) 米の全国・全国農業地域別生産費（続き）
カ　原単位評価額〔10a当たり〕（続き）

区　分	全　国	北海道	都府県	東　北	北　陸
	(1)	(2)	(3)	(4)	(5)
その他の諸材料費 (44)	1,942	3,353	1,825	1,797	1,782
ビニールシート (45)	51	14	54	36	28
ポリエチレン (46)	36	150	27	44	19
な　　　わ (47)	1	0	1	0	-
バインダー用結束ひも (48)	10	1	11	14	3
育苗用土（購入）(49)	1,455	2,601	1,360	1,242	1,460
素　　　土 (50)	47	85	44	102	9
そ　の　他 (51)	330	468	318	345	263
自　　　給 (52)	12	34	10	14	-
土地改良及び水利費 (53)	4,313	5,134	4,245	4,506	7,156
土地改良区費					
維持負担金 (54)	3,228	4,074	3,158	3,587	5,835
償還金 (55)	487	894	454	582	828
水利組合費 (56)	446	50	478	307	172
揚水ポンプ組合費 (57)	81	-	88	10	112
そ　の　他 (58)	71	116	67	20	209
賃借料及び料金 (59)	11,953	9,520	12,153	11,902	12,388
共同負担金					
薬剤散布 (60)	111	132	109	67	36
共同施設負担 (61)	81	171	74	10	-
共同苗代負担 (62)	86	159	80	97	82
農機具借料 (63)	824	1,154	797	738	1,160
航空防除費 (64)	1,543	2,352	1,477	1,641	1,621
賃耕料 (65)	343	15	370	186	712
は種・田植賃 (66)	533	16	575	588	777
収穫請負わせ賃 (67)	2,218	222	2,382	2,974	1,493
もみすり脱穀賃 (68)	1,192	-	1,290	1,094	704
ライスセンター費 (69)	1,713	1,458	1,734	939	1,258
カントリーエレベータ費 (70)	2,415	2,844	2,379	2,439	3,467
そ　の　他 (71)	894	997	886	1,129	1,078
物件税及び公課諸負担 (72)	2,297	2,457	2,286	1,921	2,333
物件税 (73)	1,047	831	1,066	726	882
公課諸負担 (74)	1,250	1,626	1,220	1,195	1,451
建物費 (75)	4,146	3,372	4,210	2,901	5,341
償却					
住家 (76)	193	26	207	82	187
納屋・倉庫 (77)	1,395	1,112	1,418	404	756
用水路 (78)	17	33	16	26	-
暗きょ排水施設 (79)	44	134	36	67	-
コンクリートけい畔 (80)	36	0	39	-	5
客土 (81)	7	8	7	-	-
たい肥盤 (82)	3	17	2	-	10
その他 (83)	1,455	461	1,537	1,175	3,372
修繕費及び購入補充費 (84)	996	1,581	948	1,147	1,011

米生産費・全国農業地域別

単位：円

関東・東山	東海	近畿	中国	四国	九州	
(6)	(7)	(8)	(9)	(10)	(11)	
1,848	2,052	1,519	2,662	1,600	1,600	(44)
66	58	113	146	54	53	(45)
13	0	22	-	3	56	(46)
2	-	12	-	-	-	(47)
15	6	-	32	1	14	(48)
1,474	1,754	1,123	1,914	750	1,107	(49)
17	-	16	0	29	51	(50)
244	234	232	569	763	292	(51)
17	-	1	1	-	27	(52)
3,759	2,135	2,999	1,343	3,247	1,749	(53)
2,688	1,327	1,557	618	1,207	732	(54)
248	81	165	272	269	98	(55)
630	674	984	399	1,668	727	(56)
139	13	247	34	103	181	(57)
54	40	46	20	-	11	(58)
9,851	14,623	9,576	13,872	12,664	15,855	(59)
3	45	330	809	88	39	(60)
31	1	28	4	-	712	(61)
77	-	63	29	165	85	(62)
598	331	1,397	726	508	502	(63)
1,239	1,104	963	776	865	2,245	(64)
461	722	147	269	16	201	(65)
367	1,122	358	554	296	375	(66)
2,047	4,059	946	3,220	2,638	2,361	(67)
1,577	1,528	838	1,636	2,284	2,492	(68)
2,165	2,127	2,368	3,590	2,813	2,649	(69)
892	2,698	1,712	1,183	2,467	3,412	(70)
394	886	426	1,076	524	782	(71)
2,233	2,600	2,798	2,634	4,075	2,230	(72)
1,143	1,609	1,406	1,493	2,935	1,143	(73)
1,090	991	1,392	1,141	1,140	1,087	(74)
3,850	6,012	5,344	3,573	7,565	4,414	(75)
219	204	127	45	2,839	5	(76)
1,255	3,875	3,204	1,900	3,579	3,193	(77)
4	-	67	27	-	14	(78)
48	-	80	-	-	14	(79)
11	6	15	-	238	316	(80)
42	-	-	-	-	-	(81)
-	-	-	-	-	-	(82)
1,249	1,324	1,153	966	237	241	(83)
1,022	603	698	635	672	631	(84)

(2) 米の全国・全国農業地域別生産費（続き）
カ　原単位評価額〔10a当たり〕（続き）

区分	全国	北海道	都府県	東北	北陸
	(1)	(2)	(3)	(4)	(5)
自動車費 (85)	3,862	2,122	4,004	3,297	2,507
償却					
四輪自動車 (86)	1,911	742	2,007	1,728	956
その他 (87)	4	-	4	6	1
修繕費及び購入補充費 (88)	1,947	1,380	1,993	1,563	1,550
農機具費 (89)	23,872	19,203	24,259	18,916	24,286
償却					
電動機 (90)	1	-	1	-	-
発動機 (91)	0	2	0	-	-
揚水ポンプ (92)	25	18	26	19	2
乗用型トラクタ					
20馬力未満 (93)	352	15	380	242	197
20～50 (94)	4,027	58	4,353	3,047	4,629
50馬力以上 (95)	754	2,279	629	622	517
歩行型トラクタ					
駆動型 (96)	3	24	2	0	-
けん引型 (97)	0	-	0	-	-
電熱育苗機 (98)	19	-	20	30	10
田植機					
2条植 (99)	28	1	31	0	-
3～5条 (100)	1,186	31	1,281	304	306
6条以上 (101)	1,440	1,914	1,401	1,576	1,378
動力噴霧機 (102)	74	55	76	124	1
動力散粉機 (103)	14	6	15	19	12
バインダー (104)	10	-	11	11	-
自脱型コンバイン					
3条以下 (105)	2,173	-	2,352	857	2,407
4条以上 (106)	2,363	2,579	2,345	2,379	3,230
普通型コンバイン (107)	27	122	20	-	-
脱穀機 (108)	28	-	30	-	-
動力もみすり機 (109)	580	174	613	282	654
乾燥機					
静置式 (110)	31	12	32	-	-
循環式 (111)	1,267	775	1,308	1,028	873
その他 (112)	2,946	3,512	2,900	2,508	3,068
修繕費及び購入補充費 (113)	6,524	7,626	6,433	5,868	7,002
生産管理費 (114)	426	532	417	441	496
償却費 (115)	20	30	19	15	38
購入費 (116)	406	502	398	426	458

米生産費・全国農業地域別

単位：円

関東・東山	東海	近畿	中国	四国	九州	
(6)	(7)	(8)	(9)	(10)	(11)	
5,038	6,880	6,079	4,998	5,603	3,799	(85)
2,842	3,281	3,741	1,994	2,414	1,826	(86)
-	-	-	-	64	-	(87)
2,196	3,599	2,338	3,004	3,125	1,973	(88)
25,594	29,458	34,814	32,640	35,329	21,046	(89)
5	-	-	-	-	-	(90)
0	-	-	-	-	-	(91)
11	118	1	155	13	14	(92)
325	90	1,389	914	618	412	(93)
4,088	7,250	5,427	6,467	6,889	4,183	(94)
926	207	1,222	77	-	761	(95)
3	-	-	-	37	-	(96)
1	-	-	-	-	-	(97)
35	28	14	3	-	-	(98)
7	307	-	218	1	-	(99)
1,199	3,095	3,620	3,348	2,213	2,809	(100)
1,948	271	884	2,836	-	334	(101)
32	40	25	37	225	193	(102)
28	26	-	-	-	4	(103)
-	139	-	-	-	-	(104)
2,990	1,977	6,614	3,536	6,120	1,556	(105)
2,060	1,196	2,064	1,696	4,645	1,226	(106)
97	-	-	-	-	40	(107)
177	-	-	-	-	7	(108)
848	357	736	981	1,333	868	(109)
13	54	-	-	-	306	(110)
1,801	1,728	1,799	1,590	3,635	890	(111)
3,384	3,964	3,404	2,824	2,502	2,205	(112)
5,616	8,611	7,615	7,958	7,098	5,238	(113)
333	743	392	217	310	297	(114)
1	7	17	40	17	20	(115)
332	736	375	177	293	277	(116)

(3) 米の作付規模別生産費
ア 全国
(ア) 調査対象経営体の生産概要・経営概況

区分		単位	平均	0.5ha 未満	0.5 ～ 1.0	1.0 ～ 2.0	2.0 ～ 3.0	平均
			(1)	(2)	(3)	(4)	(5)	(6)
集計経営体数	(1)	経営体	985	178	195	188	113	311
労働力（1経営体当たり）								
世帯員数	(2)	人	3.5	3.1	3.4	3.6	3.7	4.4
男	(3)	〃	1.7	1.5	1.7	1.8	1.8	2.1
女	(4)	〃	1.8	1.6	1.7	1.8	1.9	2.3
家族員数	(5)	〃	3.5	3.1	3.4	3.6	3.7	4.4
男	(6)	〃	1.7	1.5	1.7	1.8	1.8	2.1
女	(7)	〃	1.8	1.6	1.7	1.8	1.9	2.3
農業就業者	(8)	〃	0.7	0.5	0.6	0.6	0.9	1.6
男	(9)	〃	0.5	0.3	0.4	0.4	0.6	1.2
女	(10)	〃	0.2	0.2	0.2	0.2	0.3	0.4
農業専従者	(11)	〃	0.3	0.3	0.3	0.3	0.5	0.9
男	(12)	〃	0.2	0.2	0.2	0.2	0.3	0.6
女	(13)	〃	0.1	0.1	0.1	0.1	0.2	0.3
土地（1経営体当たり）								
経営耕地面積	(14)	a	272	93	148	224	369	1,018
田	(15)	〃	238	59	111	200	336	968
畑	(16)	〃	34	34	36	24	33	50
普通畑	(17)	〃	28	26	31	20	29	41
樹園地	(18)	〃	6	8	5	4	4	9
牧草地	(19)	〃	0	−	1	0	−	−
耕地以外の土地	(20)	〃	160	134	147	224	122	150
水稲								
使用地面積（1経営体当たり）								
作付地	(21)	〃	164.6	34.1	71.3	138.2	242.9	689.9
自作地	(22)	〃	102.1	30.9	61.7	102.0	170.7	308.9
小作地	(23)	〃	62.5	3.2	9.6	36.2	72.2	381.0
作付地以外	(24)	〃	2.6	1.3	1.9	2.5	3.6	7.3
所有地	(25)	〃	2.6	1.3	1.9	2.5	3.5	7.2
借入地	(26)	〃	0.0	0.0	−	0.0	0.1	0.1
田の団地数（1経営体当たり）	(27)	団地	**3.3**	**1.9**	**2.6**	**3.7**	**4.8**	**6.0**
ほ場枚数（1経営体当たり）	(28)	枚	**10.3**	**3.6**	**6.1**	**9.1**	**15.6**	**34.1**
未整理又は10a未満	(29)	〃	4.4	2.4	3.3	3.6	6.7	11.5
10 ～ 20 a 区画	(30)	〃	3.1	1.0	1.7	3.0	5.1	9.5
20 ～ 30 a 区画	(31)	〃	1.7	0.2	0.9	1.7	2.1	7.0
30 ～ 50 a 区画	(32)	〃	0.8	0.0	0.2	0.7	1.3	4.3
50 a 以上区画	(33)	〃	0.3	−	0.0	0.1	0.4	1.8
ほ場面積（1経営体当たり）								
未整理又は10a未満	(34)	a	25.9	13.1	17.7	22.7	39.2	71.7
10 ～ 20 a 区画	(35)	〃	42.5	13.7	23.5	41.5	69.6	135.2
20 ～ 30 a 区画	(36)	〃	43.1	5.8	23.0	40.6	52.3	177.2
30 ～ 50 a 区画	(37)	〃	30.8	1.5	6.0	24.0	50.0	158.7
50 a 以上区画	(38)	〃	22.3	−	1.0	9.4	31.8	147.0
（参考）団地への距離等（1経営体当たり）								
ほ場間の距離	(39)	km	1.7	0.5	0.7	1.0	1.6	3.3
団地への平均距離	(40)	〃	1.1	0.9	0.7	0.8	1.0	1.7
作付地の実勢地代（10a当たり）	(41)	円	**13,868**	**10,923**	**12,223**	**12,159**	**15,960**	**14,792**
自作地	(42)	〃	14,126	10,945	12,400	12,641	16,662	15,687
小作地	(43)	〃	13,435	10,693	11,038	10,749	14,269	14,059
投下資本額（10a当たり）	(44)	〃	**141,797**	**215,262**	**188,436**	**159,743**	**136,511**	**115,126**
借入資本額	(45)	〃	16,994	11,406	3,776	6,350	7,923	28,445
自己資本額	(46)	〃	124,803	203,856	184,660	153,393	128,588	86,681
固定資本額	(47)	〃	97,186	144,071	127,758	109,925	95,826	78,782
建物・構築物	(48)	〃	27,283	45,310	43,656	23,327	32,967	20,939
土地改良設備	(49)	〃	832	2,920	813	881	285	743
自動車	(50)	〃	4,213	13,026	10,015	4,077	3,259	2,047
農機具	(51)	〃	64,858	82,815	73,274	81,640	59,315	55,053
流動資本額	(52)	〃	27,349	40,390	35,382	30,031	24,725	23,412
労賃資本額	(53)	〃	17,262	30,801	25,296	19,787	15,960	12,932

3.0ha以上								
	5.0ha以上							
		5.0～10.0			10.0ha以上			
3.0 ～ 5.0	平　均	平　均	5.0 ～ 7.0	7.0 ～ 10.0	平　均	10.0 ～ 15.0	15.0ha 以 上	
(7)	(8)	(9)	(10)	(11)	(12)	(13)	(14)	
69	242	91	44	47	151	58	93	(1)
4.0	4.8	4.6	4.2	5.1	5.1	4.9	5.3	(2)
1.9	2.4	2.3	2.1	2.5	2.6	2.6	2.7	(3)
2.1	2.4	2.3	2.1	2.6	2.5	2.3	2.6	(4)
4.0	4.8	4.6	4.2	5.1	5.1	4.9	5.3	(5)
1.9	2.4	2.3	2.1	2.5	2.6	2.6	2.7	(6)
2.1	2.4	2.3	2.1	2.6	2.5	2.3	2.6	(7)
1.2	1.9	1.7	1.7	1.9	2.4	2.2	2.5	(8)
0.9	1.4	1.3	1.3	1.4	1.6	1.5	1.7	(9)
0.3	0.5	0.4	0.4	0.5	0.8	0.7	0.8	(10)
0.5	1.2	0.9	0.9	0.9	1.8	1.8	1.7	(11)
0.3	0.9	0.7	0.6	0.7	1.3	1.3	1.3	(12)
0.2	0.3	0.2	0.3	0.2	0.5	0.5	0.4	(13)
549	1,415	1,020	931	1,165	2,264	1,821	2,928	(14)
517	1,350	970	870	1,131	2,169	1,742	2,808	(15)
32	65	50	61	34	95	79	120	(16)
26	54	35	39	30	94	78	119	(17)
6	11	15	22	4	1	1	1	(18)
-	-	-	-	-	-	-	-	(19)
192	114	114	106	125	115	89	155	(20)
393.0	941.7	671.1	586.9	808.0	1,524.7	1,192.4	2,021.8	(21)
205.9	396.3	302.7	267.4	360.1	597.9	485.0	766.8	(22)
187.1	545.4	368.4	319.5	447.9	926.8	707.4	1,255.0	(23)
3.5	10.6	8.2	6.1	11.7	15.9	13.0	20.4	(24)
3.4	10.4	8.0	6.1	11.1	15.7	12.9	19.9	(25)
0.1	0.2	0.2	-	0.6	0.2	0.1	0.5	(26)
4.8	**7.0**	**6.8**	**6.7**	**7.0**	**7.4**	**6.9**	**8.0**	(27)
21.9	**44.5**	**36.4**	**31.8**	**43.9**	**62.0**	**49.6**	**81.0**	(28)
8.0	14.5	12.6	10.7	15.8	18.6	12.5	27.8	(29)
6.3	12.2	10.9	9.9	12.4	15.2	13.1	18.4	(30)
4.5	9.1	7.4	6.9	8.3	12.7	11.7	14.3	(31)
2.4	6.0	4.2	3.3	5.7	9.7	8.7	11.3	(32)
0.7	2.7	1.3	1.0	1.7	5.8	3.6	9.2	(33)
48.2	91.7	78.8	64.0	102.8	119.6	84.7	171.7	(34)
90.7	173.0	153.5	152.4	155.4	215.0	180.6	266.4	(35)
112.9	231.7	189.5	176.7	210.5	322.7	297.1	360.9	(36)
88.5	218.2	152.1	116.5	210.0	360.7	324.1	415.5	(37)
52.7	226.9	97.1	77.3	129.2	506.7	305.8	807.3	(38)
2.1	3.6	2.9	2.4	3.4	4.1	3.4	4.5	(39)
1.1	1.9	1.3	1.2	1.3	2.2	1.7	2.5	(40)
14,137	**15,025**	**15,691**	**16,601**	**14,623**	**14,396**	**13,639**	**15,069**	(41)
14,684	16,130	16,220	17,450	14,735	16,032	14,523	17,472	(42)
13,534	14,213	15,252	15,881	14,532	13,325	13,023	13,581	(43)
130,958	**109,519**	**105,624**	**105,676**	**105,562**	**113,213**	**104,069**	**121,283**	(44)
27,608	28,741	22,982	18,606	28,151	34,202	28,615	39,134	(45)
103,350	80,778	82,642	87,070	77,411	79,011	75,454	82,149	(46)
90,132	74,763	69,832	69,688	70,003	79,440	69,280	88,405	(47)
21,285	20,816	15,247	12,843	18,087	26,098	19,038	32,326	(48)
1,419	504	402	34	837	600	267	895	(49)
2,198	1,994	1,935	1,772	2,127	2,050	2,137	1,974	(50)
65,230	51,449	52,248	55,039	48,952	50,692	47,838	53,210	(51)
26,274	22,398	22,702	22,577	22,849	22,110	22,202	22,029	(52)
14,552	12,358	13,090	13,411	12,710	11,663	12,587	10,849	(53)

米生産費・全国

(3) 米の作付規模別生産費（続き）
ア　全国（続き）
(ｱ) 調査対象経営体の生産概要・経営概況（続き）

区分		単位	平均	0.5ha未満	0.5～1.0	1.0～2.0	2.0～3.0	平均
			(1)	(2)	(3)	(4)	(5)	(6)
自動車所有台数（10経営体当たり）								
四輪自動車	(54)	台	24.2	21.2	23.0	23.8	26.5	33.3
農機具所有台数（10経営体当たり）								
電動機	(55)	〃	0.0	-	0.0	0.0	-	0.1
発動機	(56)	〃	0.1	0.3	-	-	-	0.1
揚水ポンプ	(57)	〃	0.9	0.7	0.9	0.6	1.7	1.4
乗用型トラクタ								
20馬力未満	(58)	〃	2.3	3.8	2.4	1.8	0.9	0.7
20～50馬力未満	(59)	〃	9.1	6.6	8.8	9.5	11.7	12.5
50馬力以上	(60)	〃	0.9	0.1	0.5	0.4	0.8	5.4
歩行型トラクタ								
駆動型	(61)	〃	2.7	3.7	2.1	2.8	1.8	2.2
けん引型	(62)	〃	0.4	0.6	0.3	0.2	0.3	0.6
電熱育苗機	(63)	〃	0.8	0.4	0.4	1.2	1.1	1.8
田植機								
2条植	(64)	〃	0.7	1.5	0.5	0.5	0.1	0.1
3～5条	(65)	〃	5.3	5.2	6.8	5.2	4.4	2.4
6条以上	(66)	〃	2.2	0.3	0.6	2.4	4.7	8.0
動力噴霧機	(67)	〃	4.7	4.0	3.6	5.7	6.1	5.8
動力散粉機	(68)	〃	2.1	1.8	1.7	2.7	2.0	2.6
バインダー	(69)	〃	1.0	1.8	1.2	0.5	0.4	0.2
自脱型コンバイン								
3条以下	(70)	〃	5.0	4.2	5.8	5.6	5.0	3.5
4条以上	(71)	〃	1.9	0.6	0.7	1.7	2.8	7.6
普通型コンバイン	(72)	〃	0.1	-	-	-	0.1	0.4
脱穀機	(73)	〃	0.7	1.5	0.5	0.7	0.3	0.2
動力もみすり機	(74)	〃	4.9	3.6	4.1	5.1	6.3	8.7
乾燥機								
静置式	(75)	〃	0.7	0.6	1.0	0.7	0.3	0.5
循環式	(76)	〃	6.1	3.6	4.4	6.0	7.9	14.6
水稲								
10a当たり主産物数量	(77)	kg	533	485	504	525	536	549
粗収益								
10a当たり	(78)	円	113,134	104,140	106,468	111,704	111,891	116,894
主産物	(79)	〃	110,953	102,468	104,480	109,764	109,595	114,536
副産物	(80)	〃	2,181	1,672	1,988	1,940	2,296	2,358
60kg当たり	(81)	〃	12,735	12,872	12,648	12,764	12,532	12,788
主産物	(82)	〃	12,489	12,665	12,411	12,543	12,274	12,530
副産物	(83)	〃	246	207	237	221	258	258
所得								
10a当たり	(84)	〃	28,245	△ 18,502	697	21,726	34,057	41,779
1日当たり	(85)	〃	10,285	-	174	6,554	13,143	21,494
家族労働報酬								
10a当たり	(86)	〃	13,547	△ 38,903	△ 19,119	4,929	16,400	30,877
1日当たり	(87)	〃	4,933	-	-	1,487	6,329	15,885
（参考1）経営所得安定対策等 受取金（10a当たり）	(88)	〃	7,917	4,210	5,814	7,608	8,763	8,764
（参考2）経営所得安定対策等の交付金を加えた場合								
粗収益								
10a当たり	(89)	〃	121,051	108,350	112,282	119,312	120,654	125,658
60kg当たり	(90)	〃	13,626	13,393	13,339	13,633	13,513	13,747
所得								
10a当たり	(91)	〃	36,162	△ 14,292	6,511	29,334	42,820	50,543
1日当たり	(92)	〃	13,168	-	1,627	8,849	16,525	26,003
家族労働報酬								
10a当たり	(93)	〃	21,464	△ 34,693	△ 13,305	12,537	25,163	39,641
1日当たり	(94)	〃	7,816	-	-	3,782	9,711	20,394

3.0ha以上								
3.0 ～ 5.0	5.0ha以上							
	平　均	5.0～10.0			10.0ha以上			
		平　均	5.0 ～ 7.0	7.0 ～ 10.0	平　均	10.0 ～ 15.0	15.0ha 以 上	
(7)	(8)	(9)	(10)	(11)	(12)	(13)	(14)	
29.1	37.0	33.3	33.0	33.8	44.8	40.8	50.7	(54)
0.0	0.1	0.1	0.0	0.3	0.1	0.2	0.0	(55)
0.2	0.1	0.1	-	0.2	0.0	-	0.1	(56)
1.3	1.5	1.3	0.5	2.6	1.8	2.5	0.8	(57)
0.3	1.0	0.8	0.9	0.5	1.5	1.6	1.5	(58)
11.8	13.2	12.6	11.7	14.1	14.4	14.0	14.9	(59)
1.4	8.8	5.2	3.9	7.5	16.4	13.5	20.7	(60)
2.6	1.8	1.6	1.7	1.4	2.3	2.8	1.6	(61)
0.4	0.8	1.1	1.4	0.4	0.3	0.1	0.6	(62)
0.8	2.6	2.7	2.4	3.1	2.3	2.2	2.4	(63)
0.1	0.1	-	-	-	0.4	0.5	0.4	(64)
3.3	1.7	1.6	1.3	2.1	2.0	3.1	0.2	(65)
5.4	10.1	9.9	9.8	10.0	10.7	9.3	12.7	(66)
5.5	6.0	5.5	5.9	4.7	7.1	6.8	7.5	(67)
2.3	2.9	3.1	3.0	3.1	2.6	2.4	2.8	(68)
0.5	0.0	-	-	-	0.0	-	0.0	(69)
4.1	3.1	4.0	5.1	2.2	1.2	1.7	0.5	(70)
5.1	9.8	8.6	8.1	9.4	12.5	12.1	13.1	(71)
0.1	0.7	0.2	0.1	0.4	1.8	1.3	2.6	(72)
0.3	0.1	0.1	0.0	0.2	0.2	0.2	0.2	(73)
7.2	9.9	9.6	10.1	8.9	10.4	10.2	10.6	(74)
0.2	0.8	0.3	0.2	0.5	2.0	1.1	3.5	(75)
9.3	19.2	15.8	14.5	17.9	26.6	24.9	29.1	(76)
538	**552**	**563**	**564**	**563**	**540**	**537**	**544**	(77)
114,037	117,906	120,437	118,006	123,312	115,503	116,580	114,556	(78)
111,724	115,532	117,751	115,243	120,716	113,425	114,586	112,404	(79)
2,313	2,374	2,686	2,763	2,596	2,078	1,994	2,152	(80)
12,708	12,816	12,817	12,544	13,140	12,815	13,015	12,639	(81)
12,451	12,559	12,532	12,251	12,864	12,585	12,793	12,402	(82)
257	257	285	293	276	230	222	237	(83)
30,220	45,877	47,848	44,623	51,664	44,011	45,967	42,269	(84)
12,928	25,399	23,643	21,224	26,597	27,464	25,414	29,819	(85)
18,332	35,324	36,551	32,379	41,488	34,163	36,597	31,999	(86)
7,843	19,557	18,061	15,400	21,358	21,319	20,233	22,574	(87)
8,697	8,787	8,269	8,655	7,812	9,279	8,531	9,940	(88)
122,734	126,693	128,706	126,661	131,124	124,782	125,111	124,496	(89)
13,677	13,771	13,697	13,464	13,972	13,844	13,967	13,735	(90)
38,917	54,664	56,117	53,278	59,476	53,290	54,498	52,209	(91)
16,649	30,264	27,729	25,340	30,618	33,254	30,130	36,832	(92)
27,029	44,111	44,820	41,034	49,300	43,442	45,128	41,939	(93)
11,563	24,421	22,147	19,517	25,380	27,109	24,950	29,587	(94)

(3) 米の作付規模別生産費（続き）
ア 全国（続き）
(イ) 生産費〔10ａ当たり〕

区分	平均	0.5ha 未満	0.5 ～ 1.0	1.0 ～ 2.0	2.0 ～ 3.0	平均
	(1)	(2)	(3)	(4)	(5)	(6)
物財費 (1)	77,127	119,106	100,620	85,229	71,619	64,415
種苗費 (2)	3,695	7,549	5,831	4,633	3,038	2,495
購入 (3)	3,661	7,480	5,769	4,601	3,008	2,469
自給 (4)	34	69	62	32	30	26
肥料費 (5)	9,313	10,353	9,926	9,382	8,268	9,328
購入 (6)	9,277	10,320	9,866	9,377	8,239	9,280
自給 (7)	36	33	60	5	29	48
農業薬剤費（購入） (8)	7,464	8,465	8,138	7,803	7,082	7,145
光熱動力費 (9)	3,844	4,638	4,358	3,864	3,737	3,644
購入 (10)	3,844	4,638	4,358	3,864	3,737	3,644
自給 (11)	–	–	–	–	–	–
その他の諸材料費 (12)	1,942	1,618	1,987	1,841	1,860	2,035
購入 (13)	1,930	1,599	1,974	1,831	1,840	2,027
自給 (14)	12	19	13	10	20	8
土地改良及び水利費 (15)	4,313	3,002	4,050	3,756	4,519	4,710
賃借料及び料金 (16)	11,953	24,154	20,313	16,067	10,616	7,014
物件税及び公課諸負担 (17)	2,297	4,780	3,677	2,558	2,005	1,635
建物費 (18)	4,146	7,352	6,198	4,430	4,246	3,098
償却費 (19)	3,150	6,134	5,200	3,404	3,314	2,120
修繕費及び購入補充費 (20)	996	1,218	998	1,026	932	978
購入 (21)	996	1,218	998	1,026	932	978
自給 (22)	–	–	–	–	–	–
自動車費 (23)	3,862	11,254	8,458	3,798	2,636	2,223
償却費 (24)	1,915	6,040	4,654	1,940	1,216	934
修繕費及び購入補充費 (25)	1,947	5,214	3,804	1,858	1,420	1,289
購入 (26)	1,944	5,166	3,804	1,858	1,420	1,289
自給 (27)	3	48	–	–	–	–
農機具費 (28)	23,872	35,449	27,317	26,774	23,199	20,606
償却費 (29)	17,348	26,145	19,990	19,791	17,637	14,513
修繕費及び購入補充費 (30)	6,524	9,304	7,327	6,983	5,562	6,093
購入 (31)	6,524	9,304	7,327	6,982	5,562	6,093
自給 (32)	0	–	–	1	–	–
生産管理費 (33)	426	492	367	323	413	482
償却費 (34)	20	11	11	35	0	23
購入・支払 (35)	406	481	356	288	413	459
労働費 (36)	34,525	61,602	50,593	39,573	31,920	25,863
直接労働費 (37)	32,877	58,976	48,526	37,813	30,445	24,430
家族 (38)	30,570	56,634	44,912	36,004	28,595	22,111
雇用 (39)	2,307	2,342	3,614	1,809	1,850	2,319
間接労働費 (40)	1,648	2,626	2,067	1,760	1,475	1,433
家族 (41)	1,609	2,574	2,018	1,719	1,454	1,393
雇用 (42)	39	52	49	41	21	40
費用合計 (43)	111,652	180,708	151,213	124,802	103,539	90,278
購入（支払） (44)	56,955	83,001	74,293	61,861	51,244	49,102
自給 (45)	32,264	59,377	47,065	37,771	30,128	23,586
償却 (46)	22,433	38,330	29,855	25,170	22,167	17,590
副産物価額 (47)	2,181	1,672	1,988	1,940	2,296	2,358
生産費（副産物価額差引） (48)	109,471	179,036	149,225	122,862	101,243	87,920
支払利子 (49)	288	157	99	113	194	456
支払地代 (50)	5,128	985	1,389	2,786	4,150	7,885
支払利子・地代算入生産費 (51)	114,887	180,178	150,713	125,761	105,587	96,261
自己資本利子 (52)	4,992	8,154	7,386	6,136	5,144	3,467
自作地地代 (53)	9,706	12,247	12,430	10,661	12,513	7,435
資本利子・地代全額算入生産費（全算入生産費） (54)	129,585	200,579	170,529	142,558	123,244	107,163

単位：円

3.0ha以上								
3.0 ～ 5.0	5.0ha以上							
	平均	5.0～10.0			10.0ha以上			
		平均	5.0 ～ 7.0	7.0 ～ 10.0	平均	10.0 ～ 15.0	15.0ha 以上	
(7)	(8)	(9)	(10)	(11)	(12)	(13)	(14)	
74,068	**60,992**	**61,842**	**62,399**	**61,179**	**60,182**	**60,368**	**60,033**	(1)
2,793	2,389	2,619	2,434	2,836	2,170	1,895	2,415	(2)
2,769	2,363	2,603	2,415	2,823	2,135	1,850	2,388	(3)
24	26	16	19	13	35	45	27	(4)
9,390	9,305	9,566	10,099	8,935	9,059	9,431	8,736	(5)
9,378	9,245	9,471	10,099	8,729	9,032	9,403	8,710	(6)
12	60	95	–	206	27	28	26	(7)
7,902	6,878	7,009	7,556	6,362	6,753	6,598	6,889	(8)
3,683	3,630	3,508	3,667	3,319	3,744	3,935	3,578	(9)
3,683	3,630	3,508	3,667	3,319	3,744	3,935	3,578	(10)
–	–	–	–	–	–	–	–	(11)
2,003	2,048	2,062	1,913	2,241	2,033	2,301	1,797	(12)
1,993	2,040	2,054	1,913	2,223	2,026	2,292	1,792	(13)
10	8	8	–	18	7	9	5	(14)
5,480	4,436	4,946	4,554	5,410	3,953	3,623	4,244	(15)
10,310	5,846	5,859	4,945	6,941	5,833	5,945	5,733	(16)
1,644	1,632	1,734	1,799	1,655	1,532	1,541	1,529	(17)
4,140	2,727	2,259	2,034	2,522	3,170	2,797	3,503	(18)
2,754	1,894	1,624	1,367	1,924	2,150	1,821	2,443	(19)
1,386	833	635	667	598	1,020	976	1,060	(20)
1,386	833	635	667	598	1,020	976	1,060	(21)
–	–	–	–	–	–	–	–	(22)
2,640	2,076	2,289	2,306	2,270	1,874	1,954	1,802	(23)
1,081	883	894	845	952	872	963	791	(24)
1,559	1,193	1,395	1,461	1,318	1,002	991	1,011	(25)
1,559	1,193	1,395	1,461	1,318	1,002	991	1,011	(26)
–	–	–	–	–	–	–	–	(27)
23,630	19,532	19,533	20,654	18,207	19,536	19,719	19,373	(28)
17,642	13,402	13,906	15,014	12,597	12,928	13,159	12,724	(29)
5,988	6,130	5,627	5,640	5,610	6,608	6,560	6,649	(30)
5,988	6,130	5,627	5,640	5,610	6,608	6,560	6,649	(31)
–	–	–	–	–	–	–	–	(32)
453	493	458	438	481	525	629	434	(33)
41	17	16	22	8	17	23	12	(34)
412	476	442	416	473	508	606	422	(35)
29,104	**24,716**	**26,180**	**26,822**	**25,420**	**23,326**	**25,175**	**21,697**	(36)
27,213	23,444	24,882	25,523	24,124	22,079	23,908	20,466	(37)
24,662	21,207	23,182	23,774	22,481	19,334	21,774	17,181	(38)
2,551	2,237	1,700	1,749	1,643	2,745	2,134	3,285	(39)
1,891	1,272	1,298	1,299	1,296	1,247	1,267	1,231	(40)
1,884	1,220	1,273	1,257	1,291	1,169	1,180	1,160	(41)
7	52	25	42	5	78	87	71	(42)
103,172	**85,708**	**88,022**	**89,221**	**86,599**	**83,508**	**85,543**	**81,730**	(43)
55,062	46,991	47,008	46,923	47,109	46,969	46,541	47,361	(44)
26,592	22,521	24,574	25,050	24,009	20,572	23,036	18,399	(45)
21,518	16,196	16,440	17,248	15,481	15,967	15,966	15,970	(46)
2,313	2,374	2,686	2,763	2,596	2,078	1,994	2,152	(47)
100,859	**83,334**	**85,336**	**86,458**	**84,003**	**81,430**	**83,549**	**79,578**	(48)
597	406	455	380	544	359	281	429	(49)
6,594	8,342	8,567	8,813	8,277	8,128	7,743	8,469	(50)
108,050	**92,082**	**94,358**	**95,651**	**92,824**	**89,917**	**91,573**	**88,476**	(51)
4,134	3,231	3,306	3,483	3,096	3,160	3,018	3,286	(52)
7,754	7,322	7,991	8,761	7,080	6,688	6,352	6,984	(53)
119,938	**102,635**	**105,655**	**107,895**	**103,000**	**99,765**	**100,943**	**98,746**	(54)

(3) 米の作付規模別生産費（続き）
ア 全国（続き）
(ウ) 生産費〔60kg当たり〕

区分	平均	0.5ha 未満	0.5 ～ 1.0	1.0 ～ 2.0	2.0 ～ 3.0	平均
	(1)	(2)	(3)	(4)	(5)	(6)
物財費 (1)	8,681	14,721	11,949	9,739	8,024	7,045
種苗費 (2)	416	933	692	529	340	273
購入 (3)	412	924	685	525	337	270
自給 (4)	4	9	7	4	3	3
肥料費 (5)	1,047	1,280	1,178	1,073	926	1,018
購入 (6)	1,043	1,276	1,170	1,072	923	1,013
自給 (7)	4	4	8	1	3	5
農業薬剤費（購入） (8)	840	1,046	967	891	794	783
光熱動力費 (9)	433	574	517	442	419	399
購入 (10)	433	574	517	442	419	399
自給 (11)	–	–	–	–	–	–
その他の諸材料費 (12)	218	201	236	209	208	223
購入 (13)	217	199	234	208	206	222
自給 (14)	1	2	2	1	2	1
土地改良及び水利費 (15)	485	371	481	430	506	514
賃借料及び料金 (16)	1,347	2,985	2,411	1,836	1,191	767
物件税及び公課諸負担 (17)	259	591	437	293	225	179
建物費 (18)	467	908	737	505	475	339
償却費 (19)	355	757	618	388	371	232
修繕費及び購入補充費 (20)	112	151	119	117	104	107
購入 (21)	112	151	119	117	104	107
自給 (22)	–	–	–	–	–	–
自動車費 (23)	434	1,392	1,005	434	296	243
償却費 (24)	215	747	553	222	137	102
修繕費及び購入補充費 (25)	219	645	452	212	159	141
購入 (26)	219	639	452	212	159	141
自給 (27)	0	6	–	–	–	–
農機具費 (28)	2,687	4,380	3,245	3,060	2,598	2,254
償却費 (29)	1,953	3,230	2,375	2,262	1,975	1,587
修繕費及び購入補充費 (30)	734	1,150	870	798	623	667
購入 (31)	734	1,150	870	798	623	667
自給 (32)	0	–	–	0	–	–
生産管理費 (33)	48	60	43	37	46	53
償却費 (34)	2	1	1	4	0	3
購入・支払 (35)	46	59	42	33	46	50
労働費 (36)	3,886	7,615	6,011	4,522	3,576	2,829
直接労働費 (37)	3,701	7,291	5,765	4,321	3,411	2,673
家族 (38)	3,441	7,001	5,335	4,115	3,203	2,419
雇用 (39)	260	290	430	206	208	254
間接労働費 (40)	185	324	246	201	165	156
家族 (41)	181	318	240	196	163	152
雇用 (42)	4	6	6	5	2	4
費用合計 (43)	12,567	22,336	17,960	14,261	11,600	9,874
購入（支払） (44)	6,411	10,261	8,821	7,068	5,743	5,370
自給 (45)	3,631	7,340	5,592	4,317	3,374	2,580
償却 (46)	2,525	4,735	3,547	2,876	2,483	1,924
副産物価額 (47)	246	207	237	221	258	258
生産費（副産物価額差引） (48)	12,321	22,129	17,723	14,040	11,342	9,616
支払利子 (49)	32	19	12	13	22	50
支払地代 (50)	577	122	165	318	464	862
支払利子・地代算入生産費 (51)	12,930	22,270	17,900	14,371	11,828	10,528
自己資本利子 (52)	562	1,008	877	701	576	379
自作地地代 (53)	1,092	1,514	1,476	1,218	1,401	813
資本利子・地代全額算入生産費（全算入生産費） (54)	14,584	24,792	20,253	16,290	13,805	11,720

単位：円

3.0 ～ 5.0	3.0ha以上							
	平均	5.0ha以上						
		5.0～10.0			10.0ha以上			
		平均	5.0 ～ 7.0	7.0 ～ 10.0	平均	10.0 ～ 15.0	15.0ha 以上	
(7)	(8)	(9)	(10)	(11)	(12)	(13)	(14)	
8,254	6,629	6,578	6,634	6,519	6,678	6,740	6,630	(1)
311	260	279	259	302	241	211	266	(2)
308	257	277	257	301	237	206	263	(3)
3	3	2	2	1	4	5	3	(4)
1,046	1,012	1,017	1,073	950	1,006	1,052	963	(5)
1,045	1,006	1,007	1,073	928	1,003	1,049	961	(6)
1	6	10	-	22	3	3	2	(7)
880	749	746	803	678	748	737	761	(8)
411	394	374	390	356	416	438	396	(9)
411	394	374	390	356	416	438	396	(10)
-	-	-	-	-	-	-	-	(11)
224	222	218	203	239	226	258	198	(12)
223	221	217	203	237	225	257	197	(13)
1	1	1	-	2	1	1	1	(14)
610	482	526	484	577	439	404	469	(15)
1,149	635	625	526	740	647	663	633	(16)
184	177	184	191	176	170	173	170	(17)
462	296	240	217	270	351	312	388	(18)
307	205	172	146	206	238	203	271	(19)
155	91	68	71	64	113	109	117	(20)
155	91	68	71	64	113	109	117	(21)
-	-	-	-	-	-	-	-	(22)
294	226	244	245	241	208	218	199	(23)
120	96	95	90	101	97	107	87	(24)
174	130	149	155	140	111	111	112	(25)
174	130	149	155	140	111	111	112	(26)
-	-	-	-	-	-	-	-	(27)
2,632	2,122	2,076	2,197	1,939	2,168	2,203	2,139	(28)
1,965	1,456	1,477	1,597	1,341	1,435	1,471	1,405	(29)
667	666	599	600	598	733	732	734	(30)
667	666	599	600	598	733	732	734	(31)
-	-	-	-	-	-	-	-	(32)
51	54	49	46	51	58	71	48	(33)
5	2	2	2	1	2	3	1	(34)
46	52	47	44	50	56	68	47	(35)
3,244	2,688	2,786	2,851	2,709	2,588	2,812	2,393	(36)
3,033	2,549	2,648	2,713	2,570	2,449	2,670	2,257	(37)
2,749	2,306	2,467	2,527	2,396	2,145	2,432	1,895	(38)
284	243	181	186	174	304	238	362	(39)
211	139	138	138	139	139	142	136	(40)
210	133	135	134	138	130	132	128	(41)
1	6	3	4	1	9	10	8	(42)
11,498	9,317	9,364	9,485	9,228	9,266	9,552	9,023	(43)
6,137	5,109	5,003	4,987	5,020	5,211	5,195	5,230	(44)
2,964	2,449	2,615	2,663	2,559	2,283	2,573	2,029	(45)
2,397	1,759	1,746	1,835	1,649	1,772	1,784	1,764	(46)
257	257	285	293	276	230	222	237	(47)
11,241	9,060	9,079	9,192	8,952	9,036	9,330	8,786	(48)
67	44	48	40	58	40	31	47	(49)
735	906	912	937	882	901	864	935	(50)
12,043	10,010	10,039	10,169	9,892	9,977	10,225	9,768	(51)
461	351	352	370	330	351	337	363	(52)
864	796	850	931	755	742	709	770	(53)
13,368	11,157	11,241	11,470	10,977	11,070	11,271	10,901	(54)

米生産費・全国

(3) 米の作付規模別生産費（続き）
ア 全国（続き）
(エ) 米の作業別労働時間

区分		平均 (1)	0.5ha未満 (2)	0.5～1.0 (3)	1.0～2.0 (4)	2.0～3.0 (5)	平均 (6)
投下労働時間（10a当たり）	(1)	23.76	42.69	34.48	27.82	22.26	17.46
家族	(2)	21.97	41.10	32.01	26.52	20.73	15.55
雇用	(3)	1.79	1.59	2.47	1.30	1.53	1.91
直接労働時間	(4)	22.61	40.86	33.04	26.59	21.21	16.48
家族	(5)	20.85	39.30	30.60	25.32	19.70	14.60
男	(6)	16.57	31.59	23.99	20.17	15.86	11.57
女	(7)	4.28	7.71	6.61	5.15	3.84	3.03
雇用	(8)	1.76	1.56	2.44	1.27	1.51	1.88
男	(9)	1.36	1.23	1.81	1.05	1.10	1.47
女	(10)	0.40	0.33	0.63	0.22	0.41	0.41
間接労働時間	(11)	1.15	1.83	1.44	1.23	1.05	0.98
男	(12)	1.00	1.67	1.31	1.07	0.95	0.82
女	(13)	0.15	0.16	0.13	0.16	0.10	0.16
投下労働時間（60kg当たり）	(14)	2.65	5.30	4.06	3.16	2.44	1.89
家族	(15)	2.47	5.09	3.80	3.02	2.29	1.70
雇用	(16)	0.18	0.21	0.26	0.14	0.15	0.19
直接労働時間	(17)	2.52	5.08	3.89	3.02	2.33	1.78
家族	(18)	2.34	4.87	3.63	2.88	2.18	1.59
男	(19)	1.87	3.92	2.84	2.29	1.77	1.27
女	(20)	0.47	0.95	0.79	0.59	0.41	0.32
雇用	(21)	0.18	0.21	0.26	0.14	0.15	0.19
男	(22)	0.14	0.17	0.19	0.12	0.11	0.15
女	(23)	0.04	0.04	0.07	0.02	0.04	0.04
間接労働時間	(24)	0.13	0.22	0.17	0.14	0.11	0.11
男	(25)	0.11	0.20	0.15	0.12	0.10	0.09
女	(26)	0.02	0.02	0.02	0.02	0.01	0.02
作業別直接労働時間（10a当たり）	(27)	22.61	40.86	33.04	26.59	21.21	16.48
合計							
種子予措	(28)	0.22	0.27	0.25	0.22	0.23	0.21
育苗	(29)	2.83	3.01	3.23	2.96	2.81	2.63
耕起整地	(30)	3.26	6.48	4.96	3.73	3.24	2.25
基肥	(31)	0.69	1.39	1.01	0.85	0.62	0.49
直まき	(32)	0.02	0.04	0.02	0.02	0.00	0.03
田植	(33)	2.98	4.35	4.06	3.30	3.09	2.39
追肥	(34)	0.30	0.42	0.35	0.38	0.31	0.23
除草	(35)	1.24	2.46	1.99	1.48	1.15	0.83
管理	(36)	6.01	12.88	9.82	7.86	5.17	3.67
防除	(37)	0.45	1.48	0.71	0.48	0.36	0.28
刈取脱穀	(38)	2.93	5.76	4.58	3.24	2.72	2.10
乾燥	(39)	1.21	1.58	1.36	1.44	1.10	1.05
生産管理	(40)	0.47	0.74	0.70	0.63	0.41	0.32
うち家族							
種子予措	(41)	0.22	0.27	0.25	0.22	0.23	0.20
育苗	(42)	2.48	2.82	2.78	2.73	2.52	2.22
耕起整地	(43)	3.13	6.35	4.70	3.69	3.17	2.11
基肥	(44)	0.66	1.35	0.98	0.83	0.60	0.46
直まき	(45)	0.02	0.04	0.02	0.02	0.00	0.02
田植	(46)	2.42	4.03	3.38	2.89	2.51	1.77
追肥	(47)	0.29	0.42	0.35	0.38	0.30	0.22
除草	(48)	1.20	2.43	1.94	1.46	1.12	0.77
管理	(49)	5.84	12.74	9.61	7.72	5.05	3.48
防除	(50)	0.43	1.45	0.68	0.48	0.34	0.26
刈取脱穀	(51)	2.59	5.16	4.04	2.93	2.46	1.81
乾燥	(52)	1.10	1.50	1.17	1.34	0.99	0.96
生産管理	(53)	0.47	0.74	0.70	0.63	0.41	0.32

単位：時間

3.0 ～ 5.0	3.0ha以上							
		5.0ha以上						
	平均	5.0～10.0			10.0ha以上			
		平均	5.0 ～ 7.0	7.0 ～ 10.0	平均	10.0 ～ 15.0	15.0ha 以上	
(7)	(8)	(9)	(10)	(11)	(12)	(13)	(14)	
20.85	**16.30**	**17.64**	**18.33**	**16.86**	**15.05**	**16.38**	**13.86**	(1)
18.70	14.45	16.19	16.82	15.54	12.82	14.47	11.34	(2)
2.15	1.85	1.45	1.51	1.32	2.23	1.91	2.52	(3)
19.44	15.49	16.79	17.45	16.03	14.27	15.60	13.07	(4)
17.30	13.67	15.36	15.98	14.71	12.08	13.73	10.60	(5)
13.65	10.84	12.38	12.71	12.05	9.36	10.87	8.03	(6)
3.65	2.83	2.98	3.27	2.66	2.72	2.86	2.57	(7)
2.14	1.82	1.43	1.47	1.32	2.19	1.87	2.47	(8)
1.66	1.41	1.01	1.10	0.89	1.78	1.48	2.05	(9)
0.48	0.41	0.42	0.37	0.43	0.41	0.39	0.42	(10)
1.41	0.81	0.85	0.88	0.83	0.78	0.78	0.79	(11)
1.09	0.71	0.75	0.76	0.75	0.68	0.71	0.66	(12)
0.32	0.10	0.10	0.12	0.08	0.10	0.07	0.13	(13)
2.32	**1.74**	**1.85**	**1.90**	**1.80**	**1.67**	**1.79**	**1.50**	(14)
2.11	1.56	1.71	1.77	1.66	1.43	1.59	1.24	(15)
0.21	0.18	0.14	0.13	0.14	0.24	0.20	0.26	(16)
2.16	1.66	1.76	1.81	1.71	1.59	1.71	1.41	(17)
1.95	1.48	1.62	1.68	1.57	1.35	1.51	1.16	(18)
1.53	1.18	1.32	1.34	1.29	1.04	1.20	0.88	(19)
0.42	0.30	0.30	0.34	0.28	0.31	0.31	0.28	(20)
0.21	0.18	0.14	0.13	0.14	0.24	0.20	0.25	(21)
0.16	0.15	0.10	0.11	0.10	0.20	0.16	0.22	(22)
0.05	0.03	0.04	0.02	0.04	0.04	0.04	0.03	(23)
0.16	0.08	0.09	0.09	0.09	0.08	0.08	0.09	(24)
0.12	0.07	0.08	0.08	0.08	0.07	0.07	0.08	(25)
0.04	0.01	0.01	0.01	0.01	0.01	0.01	0.01	(26)
19.44	**15.49**	**16.79**	**17.45**	**16.03**	**14.27**	**15.60**	**13.07**	(27)
0.27	0.20	0.20	0.19	0.20	0.19	0.23	0.14	(28)
2.46	2.71	2.64	2.57	2.71	2.76	3.10	2.44	(29)
2.79	2.05	2.25	2.42	2.04	1.88	2.08	1.70	(30)
0.57	0.46	0.49	0.48	0.50	0.43	0.43	0.44	(31)
0.04	0.02	0.02	0.05	0.01	0.03	0.01	0.05	(32)
2.77	2.24	2.41	2.41	2.39	2.10	2.33	1.87	(33)
0.39	0.18	0.21	0.25	0.19	0.13	0.14	0.14	(34)
1.13	0.73	0.75	0.67	0.87	0.70	0.61	0.78	(35)
5.06	3.18	3.68	4.00	3.30	2.73	2.97	2.52	(36)
0.33	0.27	0.34	0.44	0.21	0.20	0.16	0.25	(37)
2.33	2.04	2.21	2.28	2.11	1.88	2.14	1.65	(38)
0.93	1.10	1.23	1.36	1.10	0.97	1.07	0.88	(39)
0.37	0.31	0.36	0.33	0.40	0.27	0.33	0.21	(40)
0.26	0.19	0.20	0.19	0.20	0.18	0.21	0.13	(41)
2.01	2.31	2.33	2.24	2.43	2.28	2.59	2.00	(42)
2.67	1.90	2.14	2.31	1.95	1.68	1.91	1.48	(43)
0.55	0.42	0.47	0.45	0.49	0.37	0.38	0.37	(44)
0.03	0.02	0.02	0.05	0.01	0.02	0.01	0.03	(45)
1.92	1.71	1.94	1.97	1.91	1.49	1.74	1.25	(46)
0.38	0.17	0.21	0.25	0.19	0.12	0.13	0.12	(47)
1.10	0.65	0.72	0.62	0.86	0.58	0.57	0.59	(48)
4.96	2.96	3.58	3.88	3.22	2.39	2.77	2.05	(49)
0.30	0.25	0.32	0.41	0.21	0.18	0.15	0.22	(50)
1.91	1.78	1.94	2.05	1.81	1.64	1.95	1.36	(51)
0.84	1.00	1.13	1.23	1.03	0.88	0.99	0.79	(52)
0.37	0.31	0.36	0.33	0.40	0.27	0.33	0.21	(53)

(3) 米の作付規模別生産費（続き）
ア 全国（続き）
(オ) 原単位量〔10 a 当たり〕

区分		単位	平均 (1)	0.5ha 未満 (2)	0.5 ～ 1.0 (3)	1.0 ～ 2.0 (4)	2.0 ～ 3.0 (5)	平均 (6)
種苗費	(1)	-	-	-	-	-	-	-
種子もみ 購入	(2)	kg	2.6	1.7	2.1	2.4	2.9	2.9
自給	(3)	〃	0.1	0.3	0.2	0.1	0.1	0.1
苗	(4)	a	1.9	4.8	3.4	2.7	1.5	0.9
肥料費	(5)	-	-	-	-	-	-	-
窒素質 硫安	(6)	kg	0.3	0.4	0.2	0.3	0.4	0.3
尿素	(7)	〃	0.4	0.0	0.1	0.6	0.1	0.6
石灰窒素	(8)	〃	0.4	1.4	1.2	0.4	0.1	0.1
りん酸質 過リン酸石灰	(9)	〃	0.7	1.6	1.0	0.3	1.1	0.6
よう成リン肥	(10)	〃	2.2	2.9	3.6	2.1	1.9	1.8
重焼リン肥	(11)	〃	0.4	0.4	1.3	0.5	0.3	0.1
カリ質 塩化カリ	(12)	〃	1.0	0.2	1.2	0.6	1.4	1.2
硫酸カリ	(13)	〃	0.0	0.0	-	-	-	0.0
けいカル	(14)	〃	5.7	10.4	7.1	5.3	4.6	5.2
炭酸カルシウム（石灰を含む。）	(15)	〃	1.5	2.0	1.3	1.3	1.0	1.7
けい酸石灰	(16)	〃	2.6	2.1	1.5	4.1	-	3.0
複合肥料 高成分化成	(17)	〃	28.7	31.8	31.9	26.3	27.2	29.0
低成分化成	(18)	〃	2.2	2.3	1.7	1.7	1.8	2.7
配合肥料	(19)	〃	16.6	10.4	13.9	14.5	16.5	19.0
固形肥料	(20)	〃	0.0	-	0.0	0.0	-	0.0
土壌改良資材	(21)	-	-	-	-	-	-	-
たい肥・きゅう肥	(22)	kg	54.4	108.6	23.3	62.8	24.0	61.9
その他	(23)	-	-	-	-	-	-	-
自給肥料 たい肥	(24)	kg	5.0	-	6.7	-	-	8.8
きゅう肥	(25)	〃	5.1	-	19.7	2.3	11.1	1.3
稲・麦わら	(26)	〃	-	-	-	-	-	-
その他	(27)	-	-	-	-	-	-	-
農業薬剤費	(28)	-	-	-	-	-	-	-
殺虫剤	(29)	-	-	-	-	-	-	-
殺菌剤	(30)	-	-	-	-	-	-	-
殺虫殺菌剤	(31)	-	-	-	-	-	-	-
除草剤	(32)	-	-	-	-	-	-	-
その他	(33)	-	-	-	-	-	-	-
光熱動力費	(34)	-	-	-	-	-	-	-
動力燃料 重油	(35)	L	-	-	-	-	-	-
軽油	(36)	〃	13.8	14.1	14.2	13.2	13.2	14.0
灯油	(37)	〃	8.1	4.1	4.9	6.9	7.6	10.0
ガソリン	(38)	〃	7.9	10.6	10.5	8.3	7.7	6.8
潤滑油	(39)	〃	0.3	0.6	0.5	0.4	0.3	0.3
混合油	(40)	〃	0.5	1.9	1.1	0.7	0.3	0.2
電力料	(41)	-	-	-	-	-	-	-
その他	(42)	-	-	-	-	-	-	-
自給	(43)	-	-	-	-	-	-	-

3.0ha以上								
	5.0ha以上							
		5.0～10.0			10.0ha以上			
3.0 ～ 5.0	平　均	平　均	5.0 ～ 7.0	7.0 ～ 10.0	平　均	10.0 ～ 15.0	15.0ha 以 上	
(7)	(8)	(9)	(10)	(11)	(12)	(13)	(14)	
-	-	-	-	-	-	-	-	(1)
2.9	2.9	3.0	3.2	2.7	2.9	2.8	3.0	(2)
0.1	0.1	0.1	0.1	0.1	0.1	0.2	0.1	(3)
1.2	0.8	1.0	0.5	1.5	0.6	0.3	0.8	(4)
-	-	-	-	-	-	-	-	(5)
0.4	0.2	0.2	0.2	0.2	0.3	0.1	0.4	(6)
0.3	0.7	0.5	0.3	0.8	0.9	0.4	1.3	(7)
-	0.1	0.1	0.2	-	0.1	0.2	0.1	(8)
0.4	0.7	1.0	0.6	1.5	0.3	0.0	0.5	(9)
3.0	1.4	1.8	1.2	2.6	1.1	2.1	0.2	(10)
-	0.2	0.0	-	0.1	0.3	0.5	0.1	(11)
1.8	1.0	1.0	1.4	0.5	0.9	1.2	0.7	(12)
-	0.0	-	-	-	0.0	0.0	-	(13)
4.0	5.7	4.0	3.8	4.2	7.3	10.3	4.5	(14)
0.1	2.3	3.6	0.9	6.8	1.1	2.2	0.1	(15)
5.1	2.3	0.3	0.4	0.1	4.3	8.1	0.9	(16)
23.9	30.8	28.0	28.9	26.8	33.6	35.9	31.5	(17)
2.5	2.8	1.9	3.1	0.5	3.5	3.3	3.7	(18)
22.9	17.7	23.2	25.8	20.1	12.4	10.9	13.7	(19)
-	0.0	-	-	-	0.0	0.0	-	(20)
-	-	-	-	-	-	-	-	(21)
49.3	66.3	80.4	60.5	103.9	53.0	60.9	46.1	(22)
-	-	-	-	-	-	-	-	(23)
3.7	10.6	21.3	-	46.5	0.5	-	0.9	(24)
-	1.8	-	-	-	3.4	7.3	-	(25)
-	-	-	-	-	-	-	-	(26)
-	-	-	-	-	-	-	-	(27)
-	-	-	-	-	-	-	-	(28)
-	-	-	-	-	-	-	-	(29)
-	-	-	-	-	-	-	-	(30)
-	-	-	-	-	-	-	-	(31)
-	-	-	-	-	-	-	-	(32)
-	-	-	-	-	-	-	-	(33)
-	-	-	-	-	-	-	-	(34)
-	-	-	-	-	-	-	-	(35)
13.9	14.0	13.0	13.0	13.0	15.0	14.7	15.4	(36)
8.2	10.6	9.7	10.7	8.5	11.5	11.9	11.2	(37)
8.8	6.2	6.2	6.4	5.9	6.1	6.7	5.7	(38)
0.3	0.3	0.2	0.2	0.3	0.3	0.3	0.3	(39)
0.3	0.2	0.3	0.3	0.2	0.1	0.1	0.1	(40)
-	-	-	-	-	-	-	-	(41)
-	-	-	-	-	-	-	-	(42)
-	-	-	-	-	-	-	-	(43)

米生産費・全国

(3) 米の作付規模別生産費（続き）
　ア　全国（続き）
　　(オ) 原単位量〔10a当たり〕（続き）

区　分	単位	平均	0.5ha未満	0.5～1.0	1.0～2.0	2.0～3.0	平均
		(1)	(2)	(3)	(4)	(5)	(6)
その他の諸材料費 (44)	-	-	-	-	-	-	-
ビニールシート (45)	㎡	0.5	0.3	0.9	0.5	0.9	0.3
ポリエチレン (46)	〃	2.9	0.8	1.1	0.4	0.9	5.2
なわ (47)	kg	0.0	0.0	0.0	-	-	0.0
バインダー用結束ひも (48)	巻	0.0	0.1	0.0	0.0	0.0	0.0
育苗用土（購入）(49)	kg	53.2	37.4	43.7	51.3	61.5	55.7
素土 (50)	〃	8.8	0.9	3.3	7.0	6.2	12.7
その他 (51)	-	-	-	-	-	-	-
自給 (52)	-	-	-	-	-	-	-
土地改良及び水利費 (53)	-	-	-	-	-	-	-
土地改良区費 維持負担金 (54)	-	-	-	-	-	-	-
償還金 (55)	-	-	-	-	-	-	-
水利組合費 (56)	-	-	-	-	-	-	-
揚水ポンプ組合費 (57)	-	-	-	-	-	-	-
その他 (58)	-	-	-	-	-	-	-
賃借料及び料金 (59)	-	-	-	-	-	-	-
共同負担金 薬剤散布 (60)	-	-	-	-	-	-	-
共同施設負担 (61)	-	-	-	-	-	-	-
共同苗代負担 (62)	-	-	-	-	-	-	-
農機具借料 (63)	-	-	-	-	-	-	-
航空防除費 (64)	a	7.0	2.7	6.5	7.0	6.0	7.9
賃耕料 (65)	〃	0.5	1.2	1.5	0.6	0.2	0.2
は種・田植賃 (66)	〃	0.8	2.5	1.8	1.5	0.4	0.2
収穫請負わせ賃 (67)	〃	1.5	4.4	3.4	2.4	1.4	0.3
もみすり脱穀賃 (68)	kg	51.4	159.3	128.6	71.7	63.2	6.5
ライスセンター費 (69)	〃	69.8	96.8	88.7	78.2	63.3	60.2
カントリーエレベータ費 (70)	〃	105.6	68.7	108.0	114.2	107.6	104.8
その他 (71)	-	-	-	-	-	-	-

3.0 ～ 5.0	3.0ha以上							
	5.0ha以上							
	平　均	5.0～10.0			10.0ha以上			
		平　均	5.0 ～ 7.0	7.0 ～ 10.0	平　均	10.0 ～ 15.0	15.0ha 以 上	
(7)	(8)	(9)	(10)	(11)	(12)	(13)	(14)	
-	-	-	-	-	-	-	-	(44)
0.4	0.2	0.2	0.4	0.0	0.2	0.1	0.3	(45)
16.0	1.4	1.0	0.5	1.7	1.8	2.0	1.6	(46)
-	0.0	0.0	-	0.0	-	-	-	(47)
-	0.0	0.0	-	0.0	0.0	0.0	0.0	(48)
61.2	53.7	58.3	62.5	53.2	49.4	53.7	45.7	(49)
6.7	14.8	11.9	13.2	10.3	17.5	13.8	20.8	(50)
-	-	-	-	-	-	-	-	(51)
-	-	-	-	-	-	-	-	(52)
-	-	-	-	-	-	-	-	(53)
-	-	-	-	-	-	-	-	(54)
-	-	-	-	-	-	-	-	(55)
-	-	-	-	-	-	-	-	(56)
-	-	-	-	-	-	-	-	(57)
-	-	-	-	-	-	-	-	(58)
-	-	-	-	-	-	-	-	(59)
-	-	-	-	-	-	-	-	(60)
-	-	-	-	-	-	-	-	(61)
-	-	-	-	-	-	-	-	(62)
-	-	-	-	-	-	-	-	(63)
9.1	7.5	8.0	8.1	7.9	7.1	8.1	6.1	(64)
0.6	0.0	0.0	0.0	-	0.0	0.0	0.0	(65)
0.5	0.0	0.0	0.0	-	0.0	0.0	0.0	(66)
0.8	0.1	0.2	0.2	0.3	0.1	0.1	0.0	(67)
22.8	0.8	0.8	-	1.7	0.7	-	1.4	(68)
55.0	62.0	77.4	53.5	105.5	47.5	52.7	42.9	(69)
133.3	94.8	55.8	43.3	70.5	131.8	123.1	139.5	(70)
-	-	-	-	-	-	-	-	(71)

米生産費・全国

(3) 米の作付規模別生産費（続き）
ア 全国（続き）
(カ) 原単位評価額〔10a当たり〕

区分	平均	0.5ha未満	0.5～1.0	1.0～2.0	2.0～3.0	平均
	(1)	(2)	(3)	(4)	(5)	(6)
種苗費 (1)	3,695	7,549	5,831	4,633	3,038	2,495
種子もみ						
購入 (2)	1,431	974	1,229	1,290	1,562	1,556
自給 (3)	34	69	62	32	30	26
苗 (4)	2,230	6,506	4,540	3,311	1,446	913
肥料費 (5)	9,313	10,353	9,926	9,382	8,268	9,328
窒素質						
硫安 (6)	16	23	12	15	21	16
尿素 (7)	79	3	26	104	6	114
石灰窒素 (8)	47	197	140	53	17	12
りん酸質						
過リン酸石灰 (9)	64	169	87	30	88	54
よう成リン肥 (10)	162	242	304	175	134	119
重焼リン肥 (11)	54	53	185	67	45	16
カリ質						
塩化カリ (12)	101	23	117	58	144	112
硫酸カリ (13)	0	2	-	-	-	0
けいカル (14)	204	443	252	194	153	183
炭酸カルシウム（石灰を含む。）(15)	56	83	53	56	38	59
けい酸石灰 (16)	123	79	73	199	-	146
複合肥料						
高成分化成 (17)	3,964	5,116	4,396	3,933	3,578	3,852
低成分化成 (18)	308	297	239	256	217	377
配合肥料 (19)	2,288	1,562	1,996	2,033	2,516	2,488
固形肥料 (20)	3	-	1	13	-	0
土壌改良資材 (21)	344	646	775	392	194	223
たい肥・きゅう肥 (22)	296	379	188	338	162	337
その他 (23)	1,168	1,003	1,022	1,461	926	1,172
自給肥料						
たい肥 (24)	19	-	13	-	-	37
きゅう肥 (25)	11	-	40	5	28	3
稲・麦わら (26)	-	-	-	-	-	-
その他 (27)	6	33	7	-	1	8
農業薬剤費 (28)	7,464	8,465	8,138	7,803	7,082	7,145
殺虫剤 (29)	637	1,078	650	641	672	572
殺菌剤 (30)	483	758	385	519	452	471
殺虫殺菌剤 (31)	1,984	2,245	2,517	2,244	1,704	1,788
除草剤 (32)	4,315	4,270	4,546	4,384	4,212	4,261
その他 (33)	45	114	40	15	42	53
光熱動力費 (34)	3,844	4,638	4,358	3,864	3,737	3,644
動力燃料						
重油 (35)	-	-	-	-	-	-
軽油 (36)	1,206	1,382	1,366	1,197	1,183	1,155
灯油 (37)	516	272	313	453	502	628
ガソリン (38)	941	1,259	1,233	991	921	812
潤滑油 (39)	203	369	293	243	205	144
混合油 (40)	92	326	199	125	54	34
電力料 (41)	813	933	885	766	792	808
その他 (42)	73	97	69	89	80	63
自給 (43)	-	-	-	-	-	-

単位：円

3.0 ～ 5.0	3.0ha以上							
	平　均	5.0ha以上						
		5.0～10.0			10.0ha以上			
		平　均	5.0 ～ 7.0	7.0 ～ 10.0	平　均	10.0 ～ 15.0	15.0ha 以 上	
(7)	(8)	(9)	(10)	(11)	(12)	(13)	(14)	
2,793	2,389	2,619	2,434	2,836	2,170	1,895	2,415	(1)
1,510	1,573	1,615	1,769	1,432	1,533	1,525	1,541	(2)
24	26	16	19	13	35	45	27	(3)
1,259	790	988	646	1,391	602	325	847	(4)
9,390	9,305	9,566	10,099	8,935	9,059	9,431	8,736	(5)
26	13	9	9	10	16	6	25	(6)
64	131	106	56	166	155	76	225	(7)
-	16	14	26	-	18	29	9	(8)
37	60	95	69	126	28	3	50	(9)
198	91	107	94	123	76	149	11	(10)
-	22	4	-	10	38	72	8	(11)
173	90	93	119	62	87	115	63	(12)
-	0	-	-	-	0	0	-	(13)
108	210	144	136	153	272	370	187	(14)
2	79	118	38	213	42	85	4	(15)
204	125	33	49	13	213	411	39	(16)
3,359	4,027	3,791	4,225	3,278	4,252	4,595	3,949	(17)
332	393	281	469	60	499	511	489	(18)
3,194	2,238	3,062	2,944	3,201	1,457	1,210	1,675	(19)
-	0	-	-	-	0	0	-	(20)
181	238	274	351	182	203	131	267	(21)
373	324	419	467	361	235	162	299	(22)
1,127	1,188	921	1,047	771	1,441	1,478	1,410	(23)
11	46	93	-	202	2	-	4	(24)
-	4	-	-	-	7	15	-	(25)
-	-	-	-	-	-	-	-	(26)
1	10	2	-	4	18	13	22	(27)
7,902	6,878	7,009	7,556	6,362	6,753	6,598	6,889	(28)
794	493	454	495	407	529	434	613	(29)
588	430	435	493	366	426	277	557	(30)
2,239	1,629	1,649	1,894	1,360	1,609	1,710	1,519	(31)
4,195	4,284	4,436	4,627	4,209	4,141	4,136	4,145	(32)
86	42	35	47	20	48	41	55	(33)
3,683	3,630	3,508	3,667	3,319	3,744	3,935	3,578	(34)
-	-	-	-	-	-	-	-	(35)
1,160	1,153	1,081	1,093	1,065	1,221	1,177	1,261	(36)
527	664	608	673	531	717	729	707	(37)
1,041	732	738	766	705	725	792	667	(38)
150	141	143	141	146	140	147	133	(39)
52	28	41	48	33	15	19	12	(40)
693	848	815	855	768	880	1,019	757	(41)
60	64	82	91	71	46	52	41	(42)
-	-	-	-	-	-	-	-	(43)

米生産費・全国

(3) 米の作付規模別生産費（続き）
ア 全国（続き）
(カ) 原単位評価額〔10 a 当たり〕（続き）

区　　　　分	平　均	0.5ha 未満	0.5 ～ 1.0	1.0 ～ 2.0	2.0 ～ 3.0	平　均
	(1)	(2)	(3)	(4)	(5)	(6)
その他の諸材料費 (44)	1,942	1,618	1,987	1,841	1,860	2,035
ビニールシート (45)	51	48	113	49	58	34
ポリエチレン (46)	36	11	18	18	14	58
な　　わ (47)	1	12	1	-	-	1
バインダー用結束ひも (48)	10	62	28	11	8	0
育苗用土（購入）(49)	1,455	1,196	1,389	1,413	1,484	1,510
素　　　土 (50)	47	7	24	39	47	62
そ　の　他 (51)	330	263	401	301	229	362
自　　　給 (52)	12	19	13	10	20	8
土地改良及び水利費 (53)	4,313	3,002	4,050	3,756	4,519	4,710
土地改良区費						
維持負担金 (54)	3,228	1,662	2,653	2,588	3,408	3,778
償還金 (55)	487	147	524	485	536	503
水利組合費 (56)	446	1,145	695	592	173	321
揚水ポンプ組合費 (57)	81	21	124	67	224	40
そ　の　他 (58)	71	27	54	24	178	68
賃借料及び料金 (59)	11,953	24,154	20,313	16,067	10,616	7,014
共同負担金						
薬剤散布 (60)	111	97	44	268	106	63
共同施設負担 (61)	81	27	11	187	95	56
共同苗代負担 (62)	86	58	87	107	111	72
農機具借料 (63)	824	725	282	683	1,049	969
航空防除費 (64)	1,543	743	1,603	1,818	1,329	1,566
賃耕料 (65)	343	1,141	1,157	439	127	66
は種・田植賃 (66)	533	1,861	1,320	1,028	180	70
収穫請負わせ賃 (67)	2,218	8,347	5,726	3,404	1,577	288
もみすり脱穀賃 (68)	1,192	4,193	2,701	1,715	1,265	207
ライスセンター費 (69)	1,713	2,775	2,850	2,223	1,453	1,154
カントリーエレベータ費 (70)	2,415	2,245	2,959	3,203	2,409	1,953
そ　の　他 (71)	894	1,942	1,573	992	915	550
物件税及び公課諸負担 (72)	2,297	4,780	3,677	2,558	2,005	1,635
物件税 (73)	1,047	2,356	1,910	1,296	905	611
公課諸負担 (74)	1,250	2,424	1,767	1,262	1,100	1,024
建物費 (75)	4,146	7,352	6,198	4,430	4,246	3,098
償却						
住家 (76)	193	285	811	119	171	61
納屋・倉庫 (77)	1,395	4,585	3,162	1,421	954	695
用水路 (78)	17	124	30	12	-	10
暗きょ排水施設 (79)	44	11	2	30	47	64
コンクリートけい畔 (80)	36	36	65	124	1	2
客土 (81)	7	119	-	-	-	1
たい肥盤 (82)	3	-	-	-	-	7
その他 (83)	1,455	974	1,130	1,698	2,141	1,280
修繕費及び購入補充費 (84)	996	1,218	998	1,026	932	978

単位：円

3.0ha以上								
3.0 ～ 5.0	5.0ha以上							
	平　　均	5.0～10.0			10.0ha以上			
		平　　均	5.0 ～ 7.0	7.0 ～ 10.0	平　　均	10.0 ～ 15.0	15.0ha 以 上	
(7)	(8)	(9)	(10)	(11)	(12)	(13)	(14)	
2,003	2,048	2,062	1,913	2,241	2,033	2,301	1,797	(44)
72	21	22	41	0	19	6	30	(45)
77	52	28	21	37	74	72	76	(46)
-	1	2	-	4	-	-	-	(47)
-	0	0	-	1	0	0	0	(48)
1,406	1,547	1,638	1,621	1,658	1,462	1,600	1,340	(49)
53	65	42	54	28	87	53	117	(50)
385	354	322	176	495	384	561	229	(51)
10	8	8	-	18	7	9	5	(52)
5,480	4,436	4,946	4,554	5,410	3,953	3,623	4,244	(53)
4,055	3,680	4,035	3,819	4,291	3,344	2,942	3,698	(54)
385	545	713	536	921	385	415	358	(55)
825	142	123	93	159	160	166	155	(56)
58	33	64	105	15	4	2	6	(57)
157	36	11	1	24	60	98	27	(58)
10,310	5,846	5,859	4,945	6,941	5,833	5,945	5,733	(59)
110	46	37	46	27	55	117	0	(60)
102	40	24	19	30	56	56	55	(61)
31	86	95	45	153	78	68	86	(62)
1,383	823	356	161	587	1,265	1,238	1,289	(63)
1,892	1,450	1,622	1,712	1,517	1,287	1,604	1,008	(64)
207	16	0	1	-	31	17	42	(65)
225	15	11	20	-	18	20	17	(66)
609	174	322	224	438	34	43	25	(67)
628	58	95	-	208	22	-	42	(68)
1,453	1,049	1,434	992	1,955	684	1,004	401	(69)
3,028	1,572	1,236	910	1,621	1,891	1,427	2,301	(70)
642	517	627	815	405	412	351	467	(71)
1,644	1,632	1,734	1,799	1,655	1,532	1,541	1,529	(72)
583	621	653	662	640	589	525	648	(73)
1,061	1,011	1,081	1,137	1,015	943	1,016	881	(74)
4,140	2,727	2,259	2,034	2,522	3,170	2,797	3,503	(75)
170	23	10	5	16	35	47	24	(76)
1,040	572	580	596	560	566	553	576	(77)
12	9	4	-	8	13	3	23	(78)
55	67	59	15	110	74	18	124	(79)
5	1	-	-	-	1	3	0	(80)
-	2	-	-	-	3	7	0	(81)
-	9	14	-	30	5	-	10	(82)
1,472	1,211	957	751	1,200	1,453	1,190	1,686	(83)
1,386	833	635	667	598	1,020	976	1,060	(84)

米生産費・全国

(3) 米の作付規模別生産費（続き）
ア　全国（続き）
(カ)　原単位評価額〔10a当たり〕（続き）

区分	平均	0.5ha未満	0.5～1.0	1.0～2.0	2.0～3.0	平均
	(1)	(2)	(3)	(4)	(5)	(6)
自動車費 (85) 償却	3,862	11,254	8,458	3,798	2,636	2,223
四輪自動車 (86)	1,911	6,040	4,654	1,926	1,210	934
その他 (87)	4	-	-	14	6	0
修繕費及び購入補充費 (88)	1,944	5,166	3,804	1,859	1,420	1,289
農機具費 (89) 償却	23,872	35,449	27,317	26,774	23,199	20,606
電動機 (90)	1	-	-	-	-	2
発動機 (91)	0	-	-	-	-	1
揚水ポンプ (92)	25	113	31	40	7	13
乗用型トラクタ						
20馬力未満 (93)	352	3,186	961	293	5	2
20～50 (94)	4,027	8,271	6,608	6,691	3,574	1,857
50馬力以上 (95)	754	-	92	172	52	1,479
歩行型トラクタ						
駆動型 (96)	3	17	4	9	-	0
けん引型 (97)	0	-	-	0	0	-
電熱育苗機 (98)	19	3	21	1	11	30
田植機						
2条植 (99)	28	297	99	-	-	0
3～5条 (100)	1,186	3,367	3,083	2,018	592	265
6条以上 (101)	1,440	689	84	1,515	1,720	1,760
動力噴霧機 (102)	74	160	8	32	107	90
動力散粉機 (103)	14	26	5	-	43	13
バインダー (104)	10	124	-	16	-	0
自脱型コンバイン						
3条以下 (105)	2,173	4,052	3,723	2,941	4,681	456
4条以上 (106)	2,363	74	713	1,429	1,612	3,686
普通型コンバイン (107)	27	-	-	-	4	57
脱穀機 (108)	28	509	-	-	-	-
動力もみすり機 (109)	580	796	721	800	787	360
乾燥機						
静置式 (110)	31	19	203	2	2	8
循環式 (111)	1,267	1,752	1,624	1,140	1,923	974
その他 (112)	2,946	2,690	2,010	2,692	2,517	3,460
修繕費及び購入補充費 (113)	6,524	9,304	7,327	6,983	5,562	6,093
生産管理費 (114)	426	492	367	323	413	482
償却費 (115)	20	11	11	35	0	23
購入費 (116)	406	481	356	288	413	459

注：原単位評価額における減価償却費の負数については、「2　調査上の主な約束事項」の(2)イ（7ページ）を参照されたい。

単位：円

3.0 ～ 5.0	3.0ha以上							
	平均	5.0ha以上						
		5.0～10.0			10.0ha以上			
		平均	5.0 ～ 7.0	7.0 ～ 10.0	平均	10.0 ～ 15.0	15.0ha 以上	
(7)	(8)	(9)	(10)	(11)	(12)	(13)	(14)	
2,640	2,076	2,289	2,306	2,270	1,874	1,954	1,802	(85)
1,081	882	894	845	952	871	963	789	(86)
－	1	－	－	－	1	－	2	(87)
1,559	1,193	1,395	1,461	1,318	1,002	991	1,011	(88)
23,630	19,532	19,533	20,654	18,207	19,536	19,719	19,373	(89)
－	2	5	－	10	－	－	－	(90)
－	1	1	－	2	0	－	1	(91)
31	6	1	1	1	11	18	5	(92)
－	2	4	－	9	1	－	1	(93)
3,100	1,416	2,103	2,631	1,480	765	1,129	444	(94)
998	1,649	1,243	1,253	1,231	2,034	1,841	2,204	(95)
－	0	－	－	－	1	1	0	(96)
－	－	－	－	－	－	－	－	(97)
12	37	41	44	39	32	49	18	(98)
－	0	－	－	－	1	1	0	(99)
628	137	172	292	29	104	212	8	(100)
1,414	1,883	2,183	2,564	1,734	1,597	1,604	1,591	(101)
192	53	40	2	86	65	67	64	(102)
11	13	20	37	－	7	7	7	(103)
－	0	－	－	－	0	－	1	(104)
1,821	△ 27	△ 59	△ 172	75	4	－	8	(105)
5,164	3,163	3,264	3,119	3,436	3,067	2,951	3,169	(106)
－	77	1	1	－	149	52	235	(107)
－	－	－	－	－	－	－	－	(108)
340	367	425	535	295	313	386	248	(109)
－	11	6	－	12	17	－	32	(110)
1,013	960	1,070	1,139	987	856	758	942	(111)
2,918	3,652	3,386	3,568	3,171	3,904	4,083	3,746	(112)
5,988	6,130	5,627	5,640	5,610	6,608	6,560	6,649	(113)
453	493	458	438	481	525	629	434	(114)
41	17	16	22	8	17	23	12	(115)
412	476	442	416	473	508	606	422	(116)

米生産費・北海道

(3) 米の作付規模別生産費（続き）
イ 北海道
(ア) 調査対象経営体の生産概要・経営概況

区分		単位	平均 (1)	0.5ha未満 (2)	0.5～1.0 (3)	1.0～2.0 (4)	2.0～3.0 (5)	平均 (6)
集計経営体数	(1)	経営体	86	-	-	5	7	74
労働力（1経営体当たり）								
世帯員数	(2)	人	4.0	-	-	2.9	2.6	4.5
男	(3)	〃	2.0	-	-	1.1	1.6	2.3
女	(4)	〃	2.0	-	-	1.8	1.0	2.2
家族員数	(5)	〃	4.0	-	-	2.9	2.6	4.5
男	(6)	〃	2.0	-	-	1.1	1.6	2.3
女	(7)	〃	2.0	-	-	1.8	1.0	2.2
農業就業者	(8)	〃	1.9	-	-	1.0	1.4	2.2
男	(9)	〃	1.3	-	-	0.7	1.3	1.5
女	(10)	〃	0.6	-	-	0.3	0.1	0.7
農業専従者	(11)	〃	1.2	-	-	0.2	0.6	1.4
男	(12)	〃	0.8	-	-	0.1	0.5	1.0
女	(13)	〃	0.4	-	-	0.1	0.1	0.4
土地（1経営体当たり）								
経営耕地面積	(14)	a	1,493	-	-	350	860	1,794
田	(15)	〃	1,366	-	-	332	780	1,641
畑	(16)	〃	127	-	-	18	80	153
普通畑	(17)	〃	123	-	-	18	63	151
樹園地	(18)	〃	4	-	-	-	17	2
牧草地	(19)	〃	-	-	-	-	-	-
耕地以外の土地	(20)	〃	285	-	-	53	227	335
水稲								
使用地面積（1経営体当たり）								
作付地	(21)	〃	812.9	-	-	161.7	246.5	1,016.6
自作地	(22)	〃	634.1	-	-	161.7	233.0	780.4
小作地	(23)	〃	178.8	-	-	-	13.5	236.2
作付地以外	(24)	〃	19.0	-	-	6.1	7.8	23.0
所有地	(25)	〃	18.6	-	-	6.1	7.8	22.5
借入地	(26)	〃	0.4	-	-	-	-	0.5
田の団地数（1経営体当たり）	(27)	団地	2.7	-	-	1.3	1.7	3.0
ほ場枚数（1経営体当たり）	(28)	枚	17.2	-	-	4.7	9.3	20.7
未整理又は10a未満	(29)	〃	0.3	-	-	-	0.1	0.4
10～20a区画	(30)	〃	1.5	-	-	0.9	4.3	1.2
20～30a区画	(31)	〃	3.0	-	-	0.4	2.5	3.6
30～50a区画	(32)	〃	7.0	-	-	2.7	1.1	8.7
50a以上区画	(33)	〃	5.4	-	-	0.7	1.3	6.8
ほ場面積（1経営体当たり）								
未整理又は10a未満	(34)	a	1.7	-	-	-	0.3	2.3
10～20a区画	(35)	〃	21.6	-	-	10.2	61.9	17.3
20～30a区画	(36)	〃	77.4	-	-	9.8	58.1	92.3
30～50a区画	(37)	〃	271.4	-	-	99.0	36.8	338.7
50a以上区画	(38)	〃	440.7	-	-	42.7	89.4	566.1
（参考）団地への距離等（1経営体当たり）								
ほ場間の距離	(39)	km	1.7	-	-	0.1	0.4	2.0
団地への平均距離	(40)	〃	1.1	-	-	0.2	0.7	1.2
作付地の実勢地代（10a当たり）	(41)	円	12,865	-	-	12,393	13,032	12,873
自作地	(42)	〃	13,104	-	-	12,393	13,199	13,126
小作地	(43)	〃	12,006	-	-	-	10,000	12,024
投下資本額（10a当たり）	(44)	〃	106,066	-	-	178,698	64,338	105,623
借入資本額	(45)	〃	22,453	-	-	-	9,929	23,560
自己資本額	(46)	〃	83,613	-	-	178,698	54,409	82,063
固定資本額	(47)	〃	65,523	-	-	118,161	16,303	65,926
建物・構築物	(48)	〃	19,799	-	-	110,772	1,954	17,931
土地改良設備	(49)	〃	1,003	-	-	-	-	1,069
自動車	(50)	〃	1,781	-	-	-	702	1,872
農機具	(51)	〃	42,940	-	-	7,389	13,647	45,054
流動資本額	(52)	〃	26,600	-	-	33,864	26,881	26,385
労賃資本額	(53)	〃	13,943	-	-	26,673	21,154	13,312

3.0ha以上								
	5.0ha以上							
		5.0～10.0			10.0ha以上			
3.0 ～ 5.0	平　均	平　均	5.0 ～ 7.0	7.0 ～ 10.0	平　均	10.0 ～ 15.0	15.0ha 以 上	
(7)	(8)	(9)	(10)	(11)	(12)	(13)	(14)	
6	68	26	9	17	42	19	23	(1)
3.8	4.5	4.8	5.4	4.4	4.4	4.2	4.5	(2)
1.6	2.4	2.5	2.6	2.4	2.4	2.3	2.4	(3)
2.2	2.1	2.3	2.8	2.0	2.0	1.9	2.1	(4)
3.8	4.5	4.8	5.4	4.4	4.4	4.2	4.5	(5)
1.6	2.4	2.5	2.6	2.4	2.4	2.3	2.4	(6)
2.2	2.1	2.3	2.8	2.0	2.0	1.9	2.1	(7)
1.8	2.2	1.9	1.4	2.3	2.6	2.8	2.3	(8)
1.1	1.5	1.4	1.1	1.6	1.7	1.8	1.5	(9)
0.7	0.7	0.5	0.3	0.7	0.9	1.0	0.8	(10)
1.6	1.4	1.2	0.7	1.5	1.6	1.7	1.4	(11)
0.9	1.0	0.8	0.5	1.0	1.2	1.3	1.1	(12)
0.7	0.4	0.4	0.2	0.5	0.4	0.4	0.3	(13)
1,072	1,971	1,524	1,720	1,396	2,381	1,886	3,093	(14)
912	1,819	1,432	1,653	1,289	2,174	1,722	2,824	(15)
160	152	92	67	107	207	164	269	(16)
152	151	90	61	107	207	164	269	(17)
8	1	2	6	-	-	-	-	(18)
-	-	-	-	-	-	-	-	(19)
745	234	216	195	229	251	155	389	(20)
401.9	1,166.8	723.4	563.2	825.9	1,572.9	1,188.8	2,126.1	(21)
329.1	890.6	633.4	512.3	710.9	1,126.2	949.4	1,380.8	(22)
72.8	276.2	90.0	50.9	115.0	446.7	239.4	745.3	(23)
10.2	26.1	17.9	9.7	23.2	33.7	25.8	44.9	(24)
10.2	25.5	16.6	9.7	21.1	33.7	25.8	44.9	(25)
-	0.6	1.3	-	2.1	-	-	-	(26)
3.2	**3.0**	**2.5**	**2.1**	**2.7**	**3.5**	**2.4**	**5.0**	(27)
11.7	**22.9**	**18.0**	**14.5**	**20.2**	**27.2**	**20.3**	**37.2**	(28)
0.6	0.3	0.4	0.7	0.2	0.2	0.2	0.2	(29)
0.9	1.2	1.2	0.4	1.8	1.2	0.8	1.8	(30)
4.5	3.4	3.2	3.0	3.3	3.5	2.4	5.1	(31)
3.9	9.9	9.9	7.7	11.2	9.9	8.0	12.7	(32)
1.8	8.1	3.3	2.7	3.7	12.4	8.9	17.4	(33)
3.3	2.0	2.4	4.0	1.4	1.6	1.8	1.4	(34)
13.9	18.1	18.1	5.4	26.3	18.1	13.0	25.5	(35)
123.0	84.8	79.7	75.3	82.5	89.5	62.1	128.9	(36)
148.2	385.2	380.6	306.6	428.0	389.4	320.7	488.4	(37)
113.6	676.6	242.5	172.0	287.7	1,074.2	791.1	1,481.9	(38)
1.2	2.1	1.7	0.7	2.3	2.2	1.5	2.8	(39)
0.6	1.3	1.2	1.1	1.2	1.4	1.0	1.7	(40)
11,202	**13,011**	**13,006**	**14,828**	**12,205**	**13,013**	**13,482**	**12,632**	(41)
10,393	13,369	13,342	14,907	12,617	13,383	13,765	13,000	(42)
14,963	11,839	10,600	14,021	9,623	12,067	12,327	11,948	(43)
81,825	**107,626**	**114,324**	**111,651**	**115,491**	**104,804**	**105,675**	**104,101**	(44)
9,113	24,776	26,703	22,060	28,729	23,963	22,495	25,143	(45)
72,712	82,850	87,621	89,591	86,762	80,841	83,180	78,958	(46)
42,261	67,917	71,795	67,866	73,510	66,283	65,660	66,785	(47)
7,010	18,850	13,231	18,559	10,907	21,217	19,637	22,490	(48)
-	1,159	1,508	531	1,935	1,012	435	1,476	(49)
4,053	1,688	1,730	2,343	1,463	1,670	1,981	1,420	(50)
31,198	46,220	55,326	46,433	59,205	42,384	43,607	41,399	(51)
27,118	26,324	26,920	28,240	26,344	26,073	26,745	25,531	(52)
12,446	13,385	15,609	15,545	15,637	12,448	13,270	11,785	(53)

米生産費・北海道

(3) 米の作付規模別生産費（続き）
イ 北海道（続き）
(ア) 調査対象経営体の生産概要・経営概況（続き）

区分		単位	平均	0.5ha未満	0.5～1.0	1.0～2.0	2.0～3.0	平均
			(1)	(2)	(3)	(4)	(5)	(6)
自動車所有台数（10経営体当たり）								
四　輪　自　動　車	(54)	台	40.2	-	-	23.1	21.6	46.1
農機具所有台数（10経営体当たり）								
電　　動　　機	(55)	〃	0.2	-	-	-	-	0.3
発　　動　　機	(56)	〃	0.2	-	-	-	-	0.3
揚　水　ポ　ン　プ	(57)	〃	2.0	-	-	2.7	0.1	2.2
乗用型トラクタ								
20　馬　力　未　満	(58)	〃	1.8	-	-	1.3	5.0	1.4
20～50馬力未満	(59)	〃	10.4	-	-	12.8	11.1	9.9
50　馬　力　以　上	(60)	〃	16.4	-	-	5.0	7.7	19.7
歩行型トラクタ								
駆　　動　　型	(61)	〃	3.9	-	-	5.5	-	4.2
け　ん　引　型	(62)	〃	0.1	-	-	-	-	0.2
電　熱　育　苗　機	(63)	〃	0.4	-	-	1.3	-	0.2
田　　植　　機								
2　　　条　　　植	(64)	〃	0.0	-	-	-	-	0.0
3　～　5　条	(65)	〃	1.6	-	-	6.8	-	1.0
6　　条　　以　　上	(66)	〃	8.8	-	-	3.2	10.0	9.7
動　力　噴　霧　機	(67)	〃	5.9	-	-	5.0	5.8	6.1
動　力　散　粉　機	(68)	〃	1.1	-	-	3.5	-	0.8
バ　イ　ン　ダ　ー	(69)	〃	0.2	-	-	-	-	0.2
自脱型コンバイン								
3　　条　　以　　下	(70)	〃	0.2	-	-	0.4	1.1	0.0
4　　条　　以　　上	(71)	〃	8.9	-	-	8.3	8.8	9.0
普通型コンバイン	(72)	〃	0.7	-	-	-	-	0.9
脱　　穀　　機	(73)	〃	0.6	-	-	2.0	-	0.4
動力もみすり機	(74)	〃	8.5	-	-	6.7	9.7	8.6
乾　　燥　　機								
静　　置　　式	(75)	〃	1.0	-	-	2.8	-	0.8
循　　環　　式	(76)	〃	21.5	-	-	10.7	13.7	24.6
水　　　稲								
10a当たり主産物数量	(77)	kg	552	-	-	556	492	554
粗　　収　　益								
10　a　当　た　り	(78)	円	120,161	-	-	112,631	107,104	120,871
主　　産　　物	(79)	〃	117,211	-	-	110,137	104,018	117,913
副　　産　　物	(80)	〃	2,950	-	-	2,494	3,086	2,958
60　kg　当　た　り	(81)	〃	13,068	-	-	12,164	13,048	13,096
主　　産　　物	(82)	〃	12,748	-	-	11,895	12,671	12,776
副　　産　　物	(83)	〃	320	-	-	269	377	320
所　　　　　　得								
10　a　当　た　り	(84)	〃	47,791	-	-	34,048	45,861	48,247
1　日　当　た　り	(85)	〃	24,106	-	-	7,289	14,830	25,887
家　族　労　働　報　酬								
10　a　当　た　り	(86)	〃	33,325	-	-	12,921	30,043	34,020
1　日　当　た　り	(87)	〃	16,810	-	-	2,766	9,715	18,254
（参考1）経営所得安定対策等								
受取金（10a当たり）	(88)	〃	8,878	-	-	9,370	7,520	8,916
（参考2）経営所得安定対策等の交付金を加えた場合								
粗　　収　　益								
10　a　当　た　り	(89)	〃	129,039	-	-	122,001	114,624	129,787
60　kg　当　た　り	(90)	〃	14,034	-	-	13,176	13,964	14,062
所　　　　　　得								
10　a　当　た　り	(91)	〃	56,669	-	-	43,418	53,381	57,163
1　日　当　た　り	(92)	〃	28,585	-	-	9,295	17,261	30,671
家　族　労　働　報　酬								
10　a　当　た　り	(93)	〃	42,203	-	-	22,291	37,563	42,936
1　日　当　た　り	(94)	〃	21,288	-	-	4,772	12,146	23,037

3.0ha以上								
	5.0ha以上							
		5.0～10.0			10.0ha以上			
3.0 ～ 5.0	平　均	平　均	5.0 ～ 7.0	7.0 ～ 10.0	平　均	10.0 ～ 15.0	15.0ha 以 上	
(7)	(8)	(9)	(10)	(11)	(12)	(13)	(14)	
40.8	47.4	42.8	41.7	43.5	51.7	52.0	51.2	(54)
-	0.4	0.4	0.1	0.6	0.4	0.6	0.1	(55)
-	0.4	0.8	-	1.3	-	-	-	(56)
-	2.8	2.5	1.5	3.1	3.0	5.0	0.2	(57)
-	1.7	2.4	5.4	0.4	1.2	0.8	1.7	(58)
14.1	8.9	9.2	3.5	12.8	8.6	7.2	10.7	(59)
11.0	21.9	18.1	22.3	15.4	25.3	25.5	25.0	(60)
3.2	4.4	4.3	5.4	3.6	4.5	5.5	3.0	(61)
-	0.2	0.1	-	0.2	0.3	0.5	-	(62)
-	0.3	0.5	-	0.8	0.1	-	0.2	(63)
-	0.1	-	-	-	0.1	-	0.2	(64)
2.0	0.7	-	-	-	1.4	2.4	-	(65)
8.0	10.1	9.6	9.1	9.9	10.5	9.6	11.9	(66)
5.7	6.2	5.5	5.1	5.7	7.0	6.3	8.0	(67)
-	1.0	1.1	-	1.8	1.0	1.1	0.8	(68)
1.2	-	-	-	-	-	-	-	(69)
-	0.0	0.0	-	0.1	-	-	-	(70)
6.8	9.6	9.5	9.4	9.6	9.6	9.7	9.4	(71)
-	1.2	0.9	2.1	0.2	1.4	1.7	1.0	(72)
-	0.5	0.3	0.1	0.4	0.7	0.7	0.7	(73)
4.3	9.7	11.0	10.6	11.2	8.6	9.2	7.6	(74)
-	1.0	1.6	1.4	1.7	0.6	0.3	0.9	(75)
15.3	26.8	23.8	22.8	24.5	29.6	30.4	28.4	(76)
510	**558**	**557**	**565**	**553**	**558**	**575**	**543**	(77)
106,341	122,095	126,136	128,228	125,222	120,393	125,583	116,210	(78)
102,048	119,249	122,819	123,087	122,701	117,746	123,161	113,383	(79)
4,293	2,846	3,317	5,141	2,521	2,647	2,422	2,827	(80)
12,526	13,140	13,602	13,606	13,600	12,945	13,085	12,827	(81)
12,020	12,834	13,245	13,060	13,326	12,661	12,832	12,515	(82)
506	306	357	546	274	284	253	312	(83)
35,126	49,355	52,098	54,277	51,152	48,192	52,160	44,998	(84)
19,129	26,464	23,600	23,767	23,411	28,059	27,819	28,323	(85)
22,734	34,973	35,936	36,075	35,879	34,561	36,911	32,670	(86)
12,381	18,752	16,279	15,796	16,421	20,123	19,686	20,563	(87)
12,304	8,631	7,889	7,642	7,995	8,945	7,696	9,950	(88)
118,645	130,726	134,025	135,870	133,217	129,338	133,279	126,160	(89)
13,976	14,069	14,453	14,417	14,469	13,907	13,887	13,925	(90)
47,430	57,986	59,987	61,919	59,147	57,137	59,856	54,948	(91)
25,830	31,092	27,174	27,113	27,070	33,268	31,923	34,586	(92)
35,038	43,604	43,825	43,717	43,874	43,506	44,607	42,620	(93)
19,081	23,380	19,853	19,143	20,080	25,331	23,790	26,826	(94)

米生産費・北海道

(3) 米の作付規模別生産費（続き）
イ 北海道（続き）
(イ) 生産費〔10a当たり〕

区分	平均	0.5ha未満	0.5～1.0	1.0～2.0	2.0～3.0	平均
	(1)	(2)	(3)	(4)	(5)	(6)
物財費 (1)	67,337	-	-	77,884	59,087	67,359
種苗費 (2)	1,545	-	-	1,788	1,837	1,528
購入 (3)	1,533	-	-	1,788	1,837	1,515
自給 (4)	12	-	-	-	-	13
肥料費 (5)	8,942	-	-	12,196	7,193	8,917
購入 (6)	8,900	-	-	12,196	7,176	8,873
自給 (7)	42	-	-	-	17	44
農業薬剤費（購入） (8)	7,238	-	-	7,444	6,073	7,276
光熱動力費 (9)	3,919	-	-	5,543	4,247	3,862
購入 (10)	3,919	-	-	5,543	4,247	3,862
自給 (11)	-	-	-	-	-	-
その他の諸材料費 (12)	3,353	-	-	2,467	4,908	3,318
購入 (13)	3,319	-	-	2,450	4,877	3,284
自給 (14)	34	-	-	17	31	34
土地改良及び水利費 (15)	5,134	-	-	4,617	4,413	5,176
賃借料及び料金 (16)	9,520	-	-	14,505	8,095	9,434
物件税及び公課諸負担 (17)	2,457	-	-	5,763	2,769	2,354
建物費 (18)	3,372	-	-	8,156	2,202	3,284
償却費 (19)	1,791	-	-	6,515	737	1,700
修繕費及び購入補充費 (20)	1,581	-	-	1,641	1,465	1,584
購入 (21)	1,581	-	-	1,641	1,465	1,584
自給 (22)	-	-	-	-	-	-
自動車費 (23)	2,122	-	-	2,941	2,272	2,094
償却費 (24)	742	-	-	-	444	775
修繕費及び購入補充費 (25)	1,380	-	-	2,941	1,828	1,319
購入 (26)	1,380	-	-	2,941	1,828	1,319
自給 (27)	-	-	-	-	-	-
農機具費 (28)	19,203	-	-	12,104	13,894	19,604
償却費 (29)	11,577	-	-	3,639	4,150	12,082
修繕費及び購入補充費 (30)	7,626	-	-	8,465	9,744	7,522
購入 (31)	7,626	-	-	8,465	9,744	7,522
自給 (32)	-	-	-	-	-	-
生産管理費 (33)	532	-	-	360	1,184	512
償却費 (34)	30	-	-	-	-	32
購入・支払 (35)	502	-	-	360	1,184	480
労働費 (36)	27,886	-	-	53,345	42,308	26,625
直接労働費 (37)	26,230	-	-	49,584	40,688	25,026
家族 (38)	24,500	-	-	48,928	39,415	23,248
雇用 (39)	1,730	-	-	656	1,273	1,778
間接労働費 (40)	1,656	-	-	3,761	1,620	1,599
家族 (41)	1,632	-	-	3,719	1,620	1,574
雇用 (42)	24	-	-	42	-	25
費用合計 (43)	95,223	-	-	131,229	101,395	93,984
購入（支払） (44)	54,863	-	-	68,411	54,981	54,482
自給 (45)	26,220	-	-	52,664	41,083	24,913
償却 (46)	14,140	-	-	10,154	5,331	14,589
副産物価額 (47)	2,950	-	-	2,494	3,086	2,958
生産費（副産物価額差引） (48)	92,273	-	-	128,735	98,309	91,026
支払利子 (49)	539	-	-	1	334	562
支払地代 (50)	2,740	-	-	-	549	2,900
支払利子・地代算入生産費 (51)	95,552	-	-	128,736	99,192	94,488
自己資本利子 (52)	3,345	-	-	7,148	2,176	3,283
自作地地代 (53)	11,121	-	-	13,979	13,642	10,944
資本利子・地代全額算入生産費（全算入生産費） (54)	110,018	-	-	149,863	115,010	108,715

単位：円

3.0 ～ 5.0	3.0ha以上							
	平　均	5.0ha以上						
		5.0～10.0			10.0ha以上			
		平　均	5.0 ～ 7.0	7.0 ～ 10.0	平　均	10.0 ～ 15.0	15.0ha 以 上	
(7)	(8)	(9)	(10)	(11)	(12)	(13)	(14)	
66,459	**67,434**	**70,101**	**71,206**	**69,612**	**66,317**	**69,055**	**64,108**	(1)
2,195	1,471	1,643	1,917	1,523	1,398	1,302	1,476	(2)
2,195	1,457	1,625	1,917	1,497	1,386	1,302	1,454	(3)
-	14	18	-	26	12	-	22	(4)
6,477	9,121	10,020	10,646	9,746	8,745	8,488	8,950	(5)
6,451	9,075	10,004	10,646	9,723	8,687	8,394	8,923	(6)
26	46	16	-	23	58	94	27	(7)
7,352	7,271	6,907	7,214	6,774	7,423	6,886	7,856	(8)
5,071	3,760	4,120	4,046	4,150	3,611	3,843	3,424	(9)
5,071	3,760	4,120	4,046	4,150	3,611	3,843	3,424	(10)
-	-	-	-	-	-	-	-	(11)
3,994	3,261	3,970	3,429	4,204	2,963	3,033	2,907	(12)
3,994	3,224	3,896	3,429	4,098	2,941	3,005	2,890	(13)
-	37	74	-	106	22	28	17	(14)
2,928	5,365	5,253	5,411	5,184	5,412	5,340	5,470	(15)
11,338	9,276	9,455	12,709	8,038	9,199	10,907	7,824	(16)
2,959	2,301	2,469	2,470	2,469	2,232	2,407	2,093	(17)
4,482	3,181	2,634	2,570	2,662	3,412	3,107	3,657	(18)
1,248	1,736	1,766	2,127	1,609	1,724	1,645	1,787	(19)
3,234	1,445	868	443	1,053	1,688	1,462	1,870	(20)
3,234	1,445	868	443	1,053	1,688	1,462	1,870	(21)
-	-	-	-	-	-	-	-	(22)
5,577	1,801	2,497	1,604	2,887	1,507	1,554	1,470	(23)
3,090	580	498	188	633	614	722	528	(24)
2,487	1,221	1,999	1,416	2,254	893	832	942	(25)
2,487	1,221	1,999	1,416	2,254	893	832	942	(26)
-	-	-	-	-	-	-	-	(27)
13,734	20,100	20,505	18,430	21,404	19,933	21,507	18,659	(28)
7,886	12,437	13,968	12,404	14,645	11,796	13,121	10,723	(29)
5,848	7,663	6,537	6,026	6,759	8,137	8,386	7,936	(30)
5,848	7,663	6,537	6,026	6,759	8,137	8,386	7,936	(31)
-	-	-	-	-	-	-	-	(32)
352	526	628	760	571	482	681	322	(33)
-	35	26	8	34	38	77	7	(34)
352	491	602	752	537	444	604	315	(35)
24,891	**26,769**	**31,219**	**31,092**	**31,275**	**24,895**	**26,540**	**23,570**	(36)
23,790	25,129	28,839	29,081	28,733	23,567	24,891	22,499	(37)
22,524	23,309	26,874	27,900	26,426	21,807	23,643	20,328	(38)
1,266	1,820	1,965	1,181	2,307	1,760	1,248	2,171	(39)
1,101	1,640	2,380	2,011	2,542	1,328	1,649	1,071	(40)
1,077	1,615	2,364	1,985	2,530	1,300	1,610	1,051	(41)
24	25	16	26	12	28	39	20	(42)
91,350	**94,203**	**101,320**	**102,298**	**100,887**	**91,212**	**95,595**	**87,678**	(43)
55,499	54,394	55,716	57,686	54,855	53,841	54,655	53,188	(44)
23,627	25,021	29,346	29,885	29,111	23,199	25,375	21,445	(45)
12,224	14,788	16,258	14,727	16,921	14,172	15,565	13,045	(46)
4,293	2,846	3,317	5,141	2,521	2,647	2,422	2,827	(47)
87,057	**91,357**	**98,003**	**97,157**	**98,366**	**88,565**	**93,173**	**84,851**	(48)
729	548	581	218	740	534	528	538	(49)
2,737	2,913	1,375	1,320	1,399	3,562	2,553	4,375	(50)
90,523	**94,818**	**99,959**	**98,695**	**100,505**	**92,661**	**96,254**	**89,764**	(51)
2,908	3,314	3,505	3,584	3,470	3,234	3,327	3,158	(52)
9,484	11,068	12,657	14,618	11,803	10,397	11,922	9,170	(53)
102,915	**109,200**	**116,121**	**116,897**	**115,778**	**106,292**	**111,503**	**102,092**	(54)

米生産費・北海道

(3) 米の作付規模別生産費（続き）
イ 北海道（続き）
(ｳ) 生産費〔60kg当たり〕

区　分		平　均	0.5ha未満	0.5～1.0	1.0～2.0	2.0～3.0	平　均
		(1)	(2)	(3)	(4)	(5)	(6)
物　財　費	(1)	7,325	-	-	8,408	7,201	7,295
種　苗　費	(2)	168	-	-	193	224	165
購　入	(3)	167	-	-	193	224	164
自　給	(4)	1	-	-	-	-	1
肥　料　費	(5)	972	-	-	1,317	876	965
購　入	(6)	967	-	-	1,317	874	960
自　給	(7)	5	-	-	-	2	5
農業薬剤費（購入）	(8)	788	-	-	804	740	787
光熱動力費	(9)	427	-	-	598	518	418
購　入	(10)	427	-	-	598	518	418
自　給	(11)	-	-	-	-	-	-
その他の諸材料費	(12)	365	-	-	266	599	360
購　入	(13)	361	-	-	264	595	356
自　給	(14)	4	-	-	2	4	4
土地改良及び水利費	(15)	558	-	-	499	538	561
賃借料及び料金	(16)	1,035	-	-	1,567	987	1,021
物件税及び公課諸負担	(17)	267	-	-	620	337	256
建　物　費	(18)	368	-	-	880	268	357
償　却　費	(19)	196	-	-	703	90	185
修繕費及び購入補充費	(20)	172	-	-	177	178	172
購　入	(21)	172	-	-	177	178	172
自　給	(22)	-	-	-	-	-	-
自動車費	(23)	231	-	-	318	277	227
償　却　費	(24)	81	-	-	-	54	84
修繕費及び購入補充費	(25)	150	-	-	318	223	143
購　入	(26)	150	-	-	318	223	143
自　給	(27)	-	-	-	-	-	-
農機具費	(28)	2,088	-	-	1,307	1,693	2,123
償　却　費	(29)	1,259	-	-	393	506	1,308
修繕費及び購入補充費	(30)	829	-	-	914	1,187	815
購　入	(31)	829	-	-	914	1,187	815
自　給	(32)	-	-	-	-	-	-
生産管理費	(33)	58	-	-	39	144	55
償　却　費	(34)	3	-	-	-	-	3
購入・支払	(35)	55	-	-	39	144	52
労　働　費	(36)	3,033	-	-	5,763	5,153	2,882
直接労働費	(37)	2,853	-	-	5,356	4,956	2,709
家　族	(38)	2,665	-	-	5,285	4,801	2,517
雇　用	(39)	188	-	-	71	155	192
間接労働費	(40)	180	-	-	407	197	173
家　族	(41)	177	-	-	402	197	170
雇　用	(42)	3	-	-	5	-	3
費　用　合　計	(43)	10,358	-	-	14,171	12,354	10,177
購入（支払）	(44)	5,967	-	-	7,386	6,700	5,900
自　給	(45)	2,852	-	-	5,689	5,004	2,697
償　却	(46)	1,539	-	-	1,096	650	1,580
副産物価額	(47)	320	-	-	269	377	320
生産費（副産物価額差引）	(48)	10,038	-	-	13,902	11,977	9,857
支払利子	(49)	59	-	-	0	41	61
支払地代	(50)	298	-	-	-	67	314
支払利子・地代算入生産費	(51)	10,395	-	-	13,902	12,085	10,232
自己資本利子	(52)	364	-	-	772	265	356
自作地地代	(53)	1,210	-	-	1,510	1,662	1,186
資本利子・地代全額算入生産費 （全算入生産費）	(54)	11,969	-	-	16,184	14,012	11,774

単位：円

3.0 ～ 5.0	3.0ha以上							
	平　均	5.0ha以上						
		5.0～10.0			10.0ha以上			
		平　均	5.0 ～ 7.0	7.0 ～ 10.0	平　均	10.0 ～ 15.0	15.0ha 以 上	
(7)	(8)	(9)	(10)	(11)	(12)	(13)	(14)	
7,828	**7,254**	**7,561**	**7,555**	**7,560**	**7,130**	**7,195**	**7,073**	(1)
259	158	178	204	166	150	136	163	(2)
259	157	176	204	163	149	136	161	(3)
−	1	2	−	3	1	−	2	(4)
762	980	1,081	1,129	1,058	941	884	988	(5)
759	975	1,079	1,129	1,056	935	875	985	(6)
3	5	2	−	2	6	9	3	(7)
866	782	745	765	736	798	718	866	(8)
597	404	444	429	451	389	402	377	(9)
597	404	444	429	451	389	402	377	(10)
−	−	−	−	−	−	−	−	(11)
470	351	427	364	455	319	316	322	(12)
470	347	419	364	444	317	313	320	(13)
−	4	8	−	11	2	3	2	(14)
345	577	566	575	563	581	556	604	(15)
1,335	998	1,018	1,348	873	990	1,136	863	(16)
349	248	266	263	268	239	251	230	(17)
529	343	285	273	289	367	323	403	(18)
148	187	191	226	175	185	171	197	(19)
381	156	94	47	114	182	152	206	(20)
381	156	94	47	114	182	152	206	(21)
−	−	−	−	−	−	−	−	(22)
657	193	270	170	314	162	162	162	(23)
364	62	54	20	69	66	75	58	(24)
293	131	216	150	245	96	87	104	(25)
293	131	216	150	245	96	87	104	(26)
−	−	−	−	−	−	−	−	(27)
1,618	2,163	2,213	1,954	2,325	2,142	2,240	2,059	(28)
929	1,338	1,508	1,315	1,591	1,267	1,366	1,183	(29)
689	825	705	639	734	875	874	876	(30)
689	825	705	639	734	875	874	876	(31)
−	−	−	−	−	−	−	−	(32)
41	57	68	81	62	52	71	36	(33)
−	4	3	1	4	4	8	1	(34)
41	53	65	80	58	48	63	35	(35)
2,932	**2,881**	**3,367**	**3,298**	**3,396**	**2,676**	**2,766**	**2,602**	(36)
2,802	2,704	3,110	3,084	3,120	2,533	2,594	2,484	(37)
2,653	2,509	2,899	2,959	2,870	2,344	2,464	2,244	(38)
149	195	211	125	250	189	130	240	(39)
130	177	257	214	276	143	172	118	(40)
127	174	255	211	275	140	168	116	(41)
3	3	2	3	1	3	4	2	(42)
10,760	**10,135**	**10,928**	**10,853**	**10,956**	**9,806**	**9,961**	**9,675**	(43)
6,536	5,851	6,006	6,121	5,956	5,791	5,697	5,869	(44)
2,783	2,693	3,166	3,170	3,161	2,493	2,644	2,367	(45)
1,441	1,591	1,756	1,562	1,839	1,522	1,620	1,439	(46)
506	306	357	546	274	284	253	312	(47)
10,254	**9,829**	**10,571**	**10,307**	**10,682**	**9,522**	**9,708**	**9,363**	(48)
86	59	63	23	80	57	55	59	(49)
322	313	148	140	152	383	266	483	(50)
10,662	**10,201**	**10,782**	**10,470**	**10,914**	**9,962**	**10,029**	**9,905**	(51)
343	357	378	380	377	348	347	349	(52)
1,117	1,191	1,365	1,551	1,282	1,118	1,242	1,012	(53)
12,122	11,749	12,525	12,401	12,573	11,428	11,618	11,266	(54)

米生産費・北海道

(3) 米の作付規模別生産費（続き）
イ 北海道（続き）
(エ) 米の作業別労働時間

区　分	平均	0.5ha未満	0.5～1.0	1.0～2.0	2.0～3.0	平均
	(1)	(2)	(3)	(4)	(5)	(6)
投下労働時間（10a当たり） (1)	17.33	-	-	37.79	26.03	16.43
家　　　　　　族 (2)	15.86	-	-	37.37	24.74	14.91
雇　　　　　　用 (3)	1.47	-	-	0.42	1.29	1.52
直接労働時間 (4)	16.33	-	-	35.28	25.05	15.48
家　　　　族 (5)	14.88	-	-	34.88	23.76	13.98
男 (6)	11.21	-	-	23.60	21.10	10.49
女 (7)	3.67	-	-	11.28	2.66	3.49
雇　　　　用 (8)	1.45	-	-	0.40	1.29	1.50
男 (9)	0.89	-	-	0.32	0.42	0.93
女 (10)	0.56	-	-	0.08	0.87	0.57
間接労働時間 (11)	1.00	-	-	2.51	0.98	0.95
男 (12)	0.87	-	-	1.92	0.97	0.83
女 (13)	0.13	-	-	0.59	0.01	0.12
投下労働時間（60kg当たり） (14)	1.87	-	-	4.05	3.18	1.76
家　　　　　　族 (15)	1.72	-	-	4.02	3.02	1.60
雇　　　　　　用 (16)	0.15	-	-	0.03	0.16	0.16
直接労働時間 (17)	1.77	-	-	3.78	3.06	1.66
家　　　　族 (18)	1.62	-	-	3.75	2.90	1.50
男 (19)	1.22	-	-	2.54	2.58	1.14
女 (20)	0.40	-	-	1.21	0.32	0.36
雇　　　　用 (21)	0.15	-	-	0.03	0.16	0.16
男 (22)	0.10	-	-	0.03	0.05	0.11
女 (23)	0.05	-	-	0.00	0.11	0.05
間接労働時間 (24)	0.10	-	-	0.27	0.12	0.10
男 (25)	0.09	-	-	0.21	0.12	0.09
女 (26)	0.01	-	-	0.06	0.00	0.01
作業別直接労働時間（10a当たり） (27)	16.33	-	-	35.28	25.05	15.48
合　　　　　　計						
種　子　予　措 (28)	0.20	-	-	0.29	0.25	0.19
育　　　　　　苗 (29)	5.34	-	-	12.25	8.49	5.02
耕　起　整　地 (30)	1.75	-	-	4.11	2.36	1.66
基　　　　　　肥 (31)	0.37	-	-	0.80	0.47	0.36
直　　ま　　き (32)	0.01	-	-	-	-	0.02
田　　　　　　植 (33)	2.37	-	-	5.06	3.94	2.24
追　　　　　　肥 (34)	0.02	-	-	-	0.05	0.02
除　　　　　　草 (35)	0.41	-	-	0.39	0.43	0.42
管　　　　　　理 (36)	2.94	-	-	6.32	4.81	2.77
防　　　　　　除 (37)	0.20	-	-	0.25	0.15	0.20
刈　取　脱　穀 (38)	1.55	-	-	2.23	2.31	1.50
乾　　　　　　燥 (39)	0.80	-	-	2.58	0.66	0.76
生　産　管　理 (40)	0.37	-	-	1.00	1.13	0.32
うち家　　　　族						
種　子　予　措 (41)	0.19	-	-	0.29	0.25	0.18
育　　　　苗 (42)	4.75	-	-	12.11	7.63	4.43
耕　起　整　地 (43)	1.69	-	-	4.06	2.36	1.60
基　　　　肥 (44)	0.36	-	-	0.79	0.47	0.34
直　　ま　　き (45)	0.01	-	-	-	-	0.02
田　　　　植 (46)	1.80	-	-	5.00	3.51	1.64
追　　　　肥 (47)	0.02	-	-	-	0.05	0.02
除　　　　草 (48)	0.40	-	-	0.39	0.43	0.40
管　　　　理 (49)	2.85	-	-	6.28	4.81	2.68
防　　　　除 (50)	0.20	-	-	0.25	0.15	0.20
刈　取　脱　穀 (51)	1.47	-	-	2.19	2.31	1.42
乾　　　　燥 (52)	0.77	-	-	2.52	0.66	0.73
生　産　管　理 (53)	0.37	-	-	1.00	1.13	0.32

単位：時間

3.0 ～ 5.0	3.0ha以上							
	平　均	5.0ha以上						
		5.0～10.0			10.0ha以上			
		平　均	5.0 ～ 7.0	7.0 ～ 10.0	平　均	10.0 ～ 15.0	15.0ha 以 上	
(7)	(8)	(9)	(10)	(11)	(12)	(13)	(14)	
15.96	**16.46**	**19.35**	**19.33**	**19.45**	**15.25**	**16.04**	**14.59**	(1)
14.69	14.92	17.66	18.27	17.48	13.74	15.00	12.71	(2)
1.27	1.54	1.69	1.06	1.97	1.51	1.04	1.88	(3)
15.27	15.49	17.95	18.10	17.96	14.46	15.07	13.95	(4)
14.02	13.97	16.27	17.07	16.00	12.97	14.06	12.09	(5)
10.97	10.44	12.84	12.70	12.95	9.42	10.73	8.33	(6)
3.05	3.53	3.43	4.37	3.05	3.55	3.33	3.76	(7)
1.25	1.52	1.68	1.03	1.96	1.49	1.01	1.86	(8)
0.59	0.96	0.72	0.55	0.80	1.07	0.71	1.34	(9)
0.66	0.56	0.96	0.48	1.16	0.42	0.30	0.52	(10)
0.69	0.97	1.40	1.23	1.49	0.79	0.97	0.64	(11)
0.64	0.85	1.24	1.10	1.31	0.68	0.91	0.49	(12)
0.05	0.12	0.16	0.13	0.18	0.11	0.06	0.15	(13)
1.87	**1.74**	**2.10**	**2.03**	**2.08**	**1.61**	**1.62**	**1.60**	(14)
1.73	1.58	1.92	1.93	1.88	1.46	1.53	1.41	(15)
0.14	0.16	0.18	0.10	0.20	0.15	0.09	0.19	(16)
1.79	1.64	1.95	1.91	1.92	1.53	1.52	1.53	(17)
1.65	1.48	1.77	1.81	1.72	1.38	1.43	1.34	(18)
1.30	1.11	1.39	1.35	1.39	1.00	1.10	0.93	(19)
0.35	0.37	0.38	0.46	0.33	0.38	0.33	0.41	(20)
0.14	0.16	0.18	0.10	0.20	0.15	0.09	0.19	(21)
0.06	0.11	0.07	0.05	0.08	0.11	0.06	0.14	(22)
0.08	0.05	0.11	0.05	0.12	0.04	0.03	0.05	(23)
0.08	0.10	0.15	0.12	0.16	0.08	0.10	0.07	(24)
0.07	0.09	0.13	0.11	0.14	0.07	0.09	0.05	(25)
0.01	0.01	0.02	0.01	0.02	0.01	0.01	0.02	(26)
15.27	**15.49**	**17.95**	**18.10**	**17.96**	**14.46**	**15.07**	**13.95**	(27)
0.25	0.19	0.25	0.27	0.25	0.16	0.19	0.15	(28)
3.54	5.16	5.57	5.56	5.58	4.98	5.68	4.40	(29)
2.00	1.62	1.93	1.99	1.90	1.50	1.61	1.41	(30)
0.35	0.35	0.39	0.45	0.37	0.34	0.33	0.35	(31)
0.05	0.01	0.03	0.09	-	0.01	0.00	0.01	(32)
2.06	2.26	2.71	2.88	2.65	2.06	2.13	2.03	(33)
-	0.02	0.01	0.01	0.02	0.02	0.01	0.02	(34)
0.39	0.42	0.50	0.78	0.39	0.39	0.25	0.48	(35)
3.69	2.70	3.31	2.96	3.46	2.44	2.37	2.49	(36)
0.43	0.18	0.26	0.42	0.20	0.14	0.13	0.15	(37)
1.39	1.51	1.74	1.37	1.91	1.42	1.34	1.47	(38)
0.81	0.75	0.77	0.66	0.82	0.75	0.69	0.81	(39)
0.31	0.32	0.48	0.66	0.41	0.25	0.34	0.18	(40)
0.25	0.18	0.24	0.27	0.24	0.15	0.17	0.14	(41)
3.28	4.53	4.86	5.11	4.76	4.39	5.10	3.81	(42)
1.95	1.56	1.88	1.99	1.83	1.43	1.59	1.31	(43)
0.32	0.34	0.38	0.44	0.36	0.32	0.33	0.31	(44)
0.05	0.01	0.03	0.09	-	0.01	0.00	0.01	(45)
1.35	1.68	2.03	2.42	1.87	1.51	1.79	1.31	(46)
-	0.02	0.01	0.01	0.02	0.02	0.01	0.02	(47)
0.39	0.40	0.49	0.78	0.37	0.37	0.24	0.46	(48)
3.69	2.60	3.21	2.94	3.33	2.33	2.34	2.32	(49)
0.43	0.18	0.26	0.42	0.20	0.14	0.13	0.15	(50)
1.36	1.42	1.66	1.31	1.82	1.32	1.33	1.30	(51)
0.64	0.73	0.74	0.63	0.79	0.73	0.69	0.77	(52)
0.31	0.32	0.48	0.66	0.41	0.25	0.34	0.18	(53)

米生産費・都府県

(3) 米の作付規模別生産費（続き）
ウ 都府県
(ｱ) 調査対象経営体の生産概要・経営概況

区分		単位	平均	0.5ha 未満	0.5 ～ 1.0	1.0 ～ 2.0	2.0 ～ 3.0	平均
			(1)	(2)	(3)	(4)	(5)	(6)
集計経営体数	(1)	経営体	899	178	195	183	106	237
労働力（1経営体当たり）								
世帯員数	(2)	人	3.5	3.1	3.4	3.6	3.7	4.4
男	(3)	〃	1.7	1.5	1.7	1.8	1.8	2.1
女	(4)	〃	1.8	1.6	1.7	1.8	1.9	2.3
家族員数	(5)	〃	3.5	3.1	3.4	3.6	3.7	4.4
男	(6)	〃	1.7	1.5	1.7	1.8	1.8	2.1
女	(7)	〃	1.8	1.6	1.7	1.8	1.9	2.3
農業就業者	(8)	〃	0.7	0.5	0.6	0.6	0.9	1.5
男	(9)	〃	0.5	0.3	0.4	0.4	0.6	1.1
女	(10)	〃	0.2	0.2	0.2	0.2	0.3	0.4
農業専従者	(11)	〃	0.3	0.3	0.3	0.3	0.5	0.8
男	(12)	〃	0.2	0.2	0.2	0.2	0.3	0.6
女	(13)	〃	0.1	0.1	0.1	0.1	0.2	0.2
土地（1経営体当たり）								
経営耕地面積	(14)	a	252	93	148	223	360	930
田	(15)	〃	220	59	111	199	328	891
畑	(16)	〃	32	34	36	24	32	39
普通畑	(17)	〃	26	26	31	20	28	29
樹園地	(18)	〃	6	8	5	4	4	10
牧草地	(19)	〃	0	－	1	0	－	－
耕地以外の土地	(20)	〃	158	134	147	225	121	129
水稲								
使用地面積（1経営体当たり）								
作付地	(21)	〃	154.5	34.1	71.3	138.0	242.9	652.7
自作地	(22)	〃	93.8	30.9	61.7	101.5	169.5	255.2
小作地	(23)	〃	60.7	3.2	9.6	36.5	73.4	397.5
作付地以外	(24)	〃	2.4	1.3	1.9	2.4	3.5	5.6
所有地	(25)	〃	2.4	1.3	1.9	2.4	3.4	5.5
借入地	(26)	〃	0.0	0.0	－	0.0	0.1	0.1
田の団地数（1経営体当たり）	(27)	団地	3.3	1.9	2.6	3.7	4.9	6.3
ほ場枚数（1経営体当たり）	(28)	枚	10.1	3.6	6.1	9.0	15.7	35.6
未整理又は10a未満	(29)	〃	4.4	2.4	3.3	3.6	6.8	12.8
10～20a区画	(30)	〃	3.1	1.0	1.7	3.0	5.1	10.5
20～30a区画	(31)	〃	1.7	0.2	0.9	1.7	2.1	7.3
30～50a区画	(32)	〃	0.7	0.0	0.2	0.6	1.3	3.8
50a以上区画	(33)	〃	0.2	－	0.0	0.1	0.4	1.2
ほ場面積（1経営体当たり）								
未整理又は10a未満	(34)	a	26.3	13.1	17.7	22.9	39.9	79.7
10～20a区画	(35)	〃	42.8	13.7	23.5	41.8	69.8	148.7
20～30a区画	(36)	〃	42.6	5.8	23.0	40.9	52.2	186.9
30～50a区画	(37)	〃	27.0	1.5	6.0	23.3	50.2	138.2
50a以上区画	(38)	〃	15.8	－	1.0	9.1	30.7	99.3
(参考) 団地への距離等（1経営体当たり）								
ほ場間の距離	(39)	km	1.7	0.5	0.7	1.1	1.7	3.7
団地への平均距離	(40)	〃	1.1	0.9	0.7	0.8	1.0	1.8
作付地の実勢地代（10a当たり）	(41)	円	13,951	10,923	12,223	12,157	16,017	15,137
自作地	(42)	〃	14,233	10,945	12,400	12,645	16,752	16,590
小作地	(43)	〃	13,501	10,693	11,038	10,749	14,284	14,197
投下資本額（10a当たり）	(44)	〃	144,736	215,262	188,436	159,555	137,892	116,811
借入資本額	(45)	〃	16,544	11,406	3,776	6,411	7,883	29,311
自己資本額	(46)	〃	128,192	203,856	184,660	153,144	130,009	87,500
固定資本額	(47)	〃	99,791	144,071	127,758	109,843	97,348	81,063
建物・構築物	(48)	〃	27,899	45,310	43,656	22,465	33,561	21,472
土地改良設備	(49)	〃	817	2,920	813	890	290	685
自動車	(50)	〃	4,413	13,026	10,015	4,117	3,308	2,079
農機具	(51)	〃	66,662	82,815	73,274	82,371	60,189	56,827
流動資本額	(52)	〃	27,410	40,390	35,382	29,993	24,683	22,884
労賃資本額	(53)	〃	17,535	30,801	25,296	19,719	15,861	12,864

3.0 ～ 5.0	3.0ha以上							
	平均	5.0ha以上						
		5.0～10.0			10.0ha以上			
		平均	5.0 ～ 7.0	7.0 ～ 10.0	平均	10.0 ～ 15.0	15.0ha 以 上	
(7)	(8)	(9)	(10)	(11)	(12)	(13)	(14)	
63	174	65	35	30	109	39	70	(1)
4.0	4.8	4.5	4.2	5.2	5.3	5.2	5.6	(2)
1.9	2.4	2.2	2.1	2.5	2.7	2.7	2.8	(3)
2.1	2.4	2.3	2.1	2.7	2.6	2.5	2.8	(4)
4.0	4.8	4.5	4.2	5.2	5.3	5.2	5.6	(5)
1.9	2.4	2.2	2.1	2.5	2.7	2.7	2.8	(6)
2.1	2.4	2.3	2.1	2.7	2.6	2.5	2.8	(7)
1.2	1.9	1.7	1.7	1.7	2.3	2.0	2.5	(8)
0.9	1.4	1.3	1.3	1.3	1.6	1.4	1.7	(9)
0.3	0.5	0.4	0.4	0.4	0.7	0.6	0.8	(10)
0.5	1.1	0.8	0.9	0.8	1.8	1.9	1.7	(11)
0.3	0.8	0.6	0.6	0.7	1.3	1.3	1.3	(12)
0.2	0.3	0.2	0.3	0.1	0.5	0.6	0.4	(13)
526	1,315	960	874	1,117	2,226	1,800	2,872	(14)
499	1,266	915	814	1,099	2,167	1,748	2,803	(15)
27	49	45	60	18	59	52	69	(16)
21	36	29	37	14	57	50	68	(17)
6	13	16	23	4	2	2	1	(18)
-	-	-	-	-	-	-	-	(19)
167	93	101	100	104	70	67	76	(20)
392.7	901.4	664.9	588.7	804.2	1,508.6	1,193.6	1,985.9	(21)
200.3	307.8	263.4	249.9	288.1	421.7	333.3	555.8	(22)
192.4	593.6	401.5	338.8	516.1	1,086.9	860.3	1,430.1	(23)
3.2	7.9	7.1	5.8	9.3	10.0	8.8	11.9	(24)
3.1	7.7	7.0	5.8	9.0	9.7	8.7	11.3	(25)
0.1	0.2	0.1	-	0.3	0.3	0.1	0.6	(26)
4.9	**7.7**	**7.4**	**7.1**	**7.9**	**8.7**	**8.4**	**9.0**	(27)
22.4	**48.4**	**38.5**	**33.1**	**48.6**	**73.7**	**59.0**	**96.1**	(28)
8.3	17.1	14.1	11.4	18.9	24.8	16.5	37.3	(29)
6.5	14.2	12.0	10.6	14.6	19.8	17.1	24.1	(30)
4.5	10.1	7.9	7.2	9.3	15.8	14.7	17.5	(31)
2.4	5.2	3.5	3.0	4.5	9.7	8.9	10.8	(32)
0.7	1.8	1.0	0.9	1.3	3.6	1.8	6.4	(33)
50.3	107.8	87.9	68.3	123.6	158.9	111.8	230.2	(34)
94.2	200.8	169.7	162.9	181.9	280.6	235.4	349.1	(35)
112.5	258.1	202.6	184.0	236.7	400.4	373.9	440.7	(36)
85.8	188.3	125.0	102.9	165.3	351.1	325.2	390.5	(37)
49.9	146.4	79.8	70.5	96.7	317.5	147.3	575.5	(38)
2.2	4.3	3.4	2.8	4.1	4.8	4.3	5.1	(39)
1.2	2.1	1.3	1.3	1.4	2.5	2.1	2.8	(40)
14,273	**15,501**	**16,044**	**16,726**	**15,138**	**14,886**	**13,691**	**15,982**	(41)
15,005	17,586	17,057	17,832	15,825	18,431	15,243	21,338	(42)
13,510	14,413	15,377	15,901	14,755	13,499	13,086	13,879	(43)
133,259	**109,958**	**104,498**	**105,265**	**103,471**	**116,138**	**103,544**	**127,604**	(44)
28,475	29,660	22,501	18,368	28,030	37,763	30,604	44,280	(45)
104,784	80,298	81,997	86,897	75,441	78,375	72,940	83,324	(46)
92,373	76,350	69,578	69,813	69,265	84,014	70,456	96,359	(47)
21,953	21,272	15,508	12,450	19,600	27,794	18,843	35,945	(48)
1,485	352	259	-	606	457	212	681	(49)
2,111	2,065	1,961	1,733	2,267	2,183	2,187	2,178	(50)
66,824	52,661	51,850	55,630	46,792	53,580	49,214	57,555	(51)
26,235	21,488	22,156	22,188	22,112	20,733	20,723	20,741	(52)
14,651	12,120	12,764	13,264	12,094	11,391	12,365	10,504	(53)

米生産費・都府県

(3) 米の作付規模別生産費（続き）
ウ　都府県（続き）
(ｱ)　調査対象経営体の生産概要・経営概況（続き）

区分	単位	平均	0.5ha未満	0.5～1.0	1.0～2.0	2.0～3.0	平均
		(1)	(2)	(3)	(4)	(5)	(6)
自動車所有台数（10経営体当たり）							
四輪自動車 (54)	台	24.0	21.2	23.0	23.8	26.6	31.9
農機具所有台数（10経営体当たり）							
電動機 (55)	〃	0.0	-	0.0	0.0	-	0.0
発動機 (56)	〃	0.1	0.3	-	-	-	0.1
揚水ポンプ (57)	〃	0.9	0.7	0.9	0.6	1.8	1.3
乗用型トラクタ							
20馬力未満 (58)	〃	2.3	3.8	2.4	1.8	0.8	0.6
20～50馬力未満 (59)	〃	9.1	6.6	8.8	9.5	11.7	12.8
50馬力以上 (60)	〃	0.7	0.1	0.5	0.4	0.7	3.8
歩行型トラクタ							
駆動型 (61)	〃	2.6	3.7	2.1	2.8	1.8	1.9
けん引型 (62)	〃	0.4	0.6	0.3	0.2	0.3	0.7
電熱育苗機 (63)	〃	0.8	0.4	0.4	1.2	1.1	1.9
田植機							
2条植 (64)	〃	0.7	1.5	0.5	0.5	0.1	0.1
3～5条 (65)	〃	5.3	5.2	6.8	5.2	4.5	2.6
6条以上 (66)	〃	2.1	0.3	0.6	2.3	4.6	7.8
動力噴霧機 (67)	〃	4.7	4.0	3.6	5.7	6.1	5.7
動力散粉機 (68)	〃	2.1	1.8	1.7	2.7	2.1	2.8
バインダー (69)	〃	1.0	1.8	1.2	0.5	0.5	0.2
自脱型コンバイン							
3条以下 (70)	〃	5.1	4.2	5.8	5.7	5.0	3.9
4条以上 (71)	〃	1.8	0.6	0.7	1.6	2.7	7.5
普通型コンバイン (72)	〃	0.0	-	-	-	0.1	0.4
脱穀機 (73)	〃	0.7	1.5	0.5	0.7	0.3	0.2
動力もみすり機 (74)	〃	4.9	3.6	4.1	5.1	6.2	8.7
乾燥機							
静置式 (75)	〃	0.7	0.6	1.0	0.7	0.4	0.5
循環式 (76)	〃	5.8	3.6	4.4	6.0	7.8	13.5
水稲							
10a当たり主産物数量 (77)	kg	531	485	504	524	536	547
粗収益							
10a当たり (78)	円	112,555	104,140	106,468	111,694	111,982	116,189
主産物 (79)	〃	110,438	102,468	104,480	109,761	109,701	113,938
副産物 (80)	〃	2,117	1,672	1,988	1,933	2,281	2,251
60kg当たり (81)	〃	12,706	12,872	12,648	12,770	12,525	12,734
主産物 (82)	〃	12,467	12,665	12,411	12,550	12,269	12,487
副産物 (83)	〃	239	207	237	220	256	247
所得							
10a当たり (84)	〃	26,631	△ 18,502	697	21,605	33,838	40,636
1日当たり (85)	〃	9,486	-	174	6,547	13,116	20,746
家族労働報酬							
10a当たり (86)	〃	11,914	△ 38,903	△ 19,119	4,851	16,147	30,324
1日当たり (87)	〃	4,244	-	-	1,470	6,259	15,481
(参考1) 経営所得安定対策等受取金（10a当たり）(88)	〃	7,839	4,210	5,814	7,589	8,787	8,737
(参考2) 経営所得安定対策等の交付金を加えた場合							
粗収益							
10a当たり (89)	〃	120,394	108,350	112,282	119,283	120,769	124,926
60kg当たり (90)	〃	13,591	13,393	13,339	13,638	13,508	13,691
所得							
10a当たり (91)	〃	34,470	△ 14,292	6,511	29,194	42,625	49,373
1日当たり (92)	〃	12,278	-	1,627	8,847	16,521	25,206
家族労働報酬							
10a当たり (93)	〃	19,753	△ 34,693	△ 13,305	12,440	24,934	39,061
1日当たり (94)	〃	7,036	-	-	3,770	9,664	19,942

3.0 ～ 5.0	3.0ha以上 平均	5.0ha以上 5.0～10.0 平均	5.0 ～ 7.0	7.0 ～ 10.0	10.0ha以上 平均	10.0 ～ 15.0	15.0ha 以 上	
(7)	(8)	(9)	(10)	(11)	(12)	(13)	(14)	
28.6	35.1	32.2	32.4	31.8	42.5	37.2	50.5	(54)
0.0	0.0	0.1	-	0.2	-	-	-	(55)
0.2	0.0	-	-	-	0.0	-	0.1	(56)
1.3	1.2	1.2	0.5	2.5	1.4	1.6	1.0	(57)
0.4	0.9	0.6	0.6	0.6	1.7	1.8	1.5	(58)
11.7	13.9	13.0	12.3	14.3	16.3	16.3	16.4	(59)
0.9	6.4	3.7	2.5	5.9	13.4	9.6	19.2	(60)
2.5	1.4	1.3	1.5	0.9	1.6	1.9	1.1	(61)
0.4	0.9	1.2	1.5	0.5	0.3	-	0.9	(62)
0.8	3.0	2.9	2.6	3.6	3.0	3.0	3.1	(63)
0.1	0.2	-	-	-	0.6	0.7	0.4	(64)
3.4	1.9	1.8	1.4	2.6	2.1	3.3	0.3	(65)
5.3	10.1	9.9	9.8	10.0	10.8	9.2	13.0	(66)
5.5	5.9	5.5	6.0	4.5	7.1	6.9	7.4	(67)
2.4	3.2	3.3	3.3	3.4	3.1	2.8	3.5	(68)
0.4	0.0	-	-	-	0.0	-	0.0	(69)
4.2	3.7	4.5	5.5	2.6	1.6	2.2	0.6	(70)
5.0	9.9	8.5	8.0	9.4	13.4	12.8	14.3	(71)
0.1	0.7	0.1	-	0.4	1.9	1.1	3.2	(72)
0.3	0.0	0.1	-	0.2	-	-	-	(73)
7.4	9.9	9.5	10.1	8.4	11.0	10.5	11.7	(74)
0.2	0.8	0.1	0.1	0.2	2.5	1.3	4.3	(75)
9.0	17.8	14.8	13.9	16.5	25.5	23.1	29.3	(76)
540	**550**	**564**	**564**	**565**	**534**	**525**	**543**	(77)
114,397	116,935	119,701	117,305	122,908	113,805	113,651	113,946	(78)
112,177	114,670	117,096	114,705	120,297	111,925	111,795	112,043	(79)
2,220	2,265	2,605	2,600	2,611	1,880	1,856	1,903	(80)
12,716	12,741	12,718	12,473	13,046	12,767	12,990	12,570	(81)
12,470	12,494	12,441	12,196	12,770	12,556	12,778	12,360	(82)
246	247	277	277	276	211	212	210	(83)
29,990	45,067	47,301	43,957	51,771	42,547	43,956	41,271	(84)
12,708	25,055	23,636	21,082	27,374	27,274	24,625	30,515	(85)
18,126	35,401	36,634	32,122	42,667	34,014	36,499	31,759	(86)
7,681	19,681	18,306	15,406	22,560	21,804	20,448	23,482	(87)
8,528	8,824	8,319	8,725	7,774	9,397	8,803	9,936	(88)
122,925	125,759	128,020	126,030	130,682	123,202	122,454	123,882	(89)
13,664	13,703	13,602	13,400	13,871	13,820	13,997	13,666	(90)
38,518	53,891	55,620	52,682	59,545	51,944	52,759	51,207	(91)
16,321	29,960	27,793	25,267	31,484	33,297	29,557	37,861	(92)
26,654	44,225	44,953	40,847	50,441	43,411	45,302	41,695	(93)
11,294	24,587	22,462	19,591	26,671	27,828	25,379	30,828	(94)

(3) 米の作付規模別生産費（続き）
ウ 都府県（続き）
(ｲ) 生産費〔10 a 当たり〕

区分	平均	0.5ha 未満	0.5 ～ 1.0	1.0 ～ 2.0	2.0 ～ 3.0	平均
	(1)	(2)	(3)	(4)	(5)	(6)
物財費 (1)	77,937	119,106	100,620	85,301	71,852	63,889
種苗費 (2)	3,872	7,549	5,831	4,661	3,061	2,666
購入 (3)	3,836	7,480	5,769	4,628	3,031	2,638
自給 (4)	36	69	62	33	30	28
肥料費 (5)	9,346	10,353	9,926	9,354	8,286	9,401
購入 (6)	9,309	10,320	9,866	9,349	8,257	9,353
自給 (7)	37	33	60	5	29	48
農業薬剤費（購入） (8)	7,482	8,465	8,138	7,808	7,100	7,122
光熱動力費 (9)	3,838	4,638	4,358	3,848	3,727	3,605
購入 (10)	3,838	4,638	4,358	3,848	3,727	3,605
自給 (11)	–	–	–	–	–	–
その他の諸材料費 (12)	1,825	1,618	1,987	1,835	1,801	1,809
購入 (13)	1,815	1,599	1,974	1,825	1,781	1,805
自給 (14)	10	19	13	10	20	4
土地改良及び水利費 (15)	4,245	3,002	4,050	3,748	4,520	4,627
賃借料及び料金 (16)	12,153	24,154	20,313	16,082	10,665	6,584
物件税及び公課諸負担 (17)	2,286	4,780	3,677	2,526	1,990	1,507
建物費 (18)	4,210	7,352	6,198	4,393	4,284	3,063
償却費 (19)	3,262	6,134	5,200	3,373	3,363	2,193
修繕費及び購入補充費 (20)	948	1,218	998	1,020	921	870
購入 (21)	948	1,218	998	1,020	921	870
自給 (22)	–	–	–	–	–	–
自動車費 (23)	4,004	11,254	8,458	3,806	2,643	2,247
償却費 (24)	2,011	6,040	4,654	1,959	1,231	963
修繕費及び購入補充費 (25)	1,993	5,214	3,804	1,847	1,412	1,284
購入 (26)	1,990	5,166	3,804	1,847	1,412	1,284
自給 (27)	3	48	–	–	–	–
農機具費 (28)	24,259	35,449	27,317	26,918	23,377	20,780
償却費 (29)	17,826	26,145	19,990	19,950	17,895	14,941
修繕費及び購入補充費 (30)	6,433	9,304	7,327	6,968	5,482	5,839
購入 (31)	6,433	9,304	7,327	6,967	5,482	5,839
自給 (32)	0	–	–	1	–	–
生産管理費 (33)	417	492	367	322	398	478
償却費 (34)	19	11	11	35	0	22
購入・支払 (35)	398	481	356	287	398	456
労働費 (36)	35,070	61,602	50,593	39,436	31,721	25,727
直接労働費 (37)	33,421	58,976	48,526	37,696	30,248	24,323
家族 (38)	31,067	56,634	44,912	35,877	28,388	21,908
雇用 (39)	2,354	2,342	3,614	1,819	1,860	2,415
間接労働費 (40)	1,649	2,626	2,067	1,740	1,473	1,404
家族 (41)	1,608	2,574	2,018	1,699	1,451	1,361
雇用 (42)	41	52	49	41	22	43
費用合計 (43)	113,007	180,708	151,213	124,737	103,573	89,616
購入（支払） (44)	57,128	83,001	74,293	61,795	51,166	48,148
自給 (45)	32,761	59,377	47,065	37,625	29,918	23,349
償却 (46)	23,118	38,330	29,855	25,317	22,489	18,119
副産物価額 (47)	2,117	1,672	1,988	1,933	2,281	2,251
生産費（副産物価額差引） (48)	110,890	179,036	149,225	122,804	101,292	87,365
支払利子 (49)	267	157	99	114	191	437
支払地代 (50)	5,325	985	1,389	2,814	4,219	8,769
支払利子・地代算入生産費 (51)	116,482	180,178	150,713	125,732	105,702	96,571
自己資本利子 (52)	5,128	8,154	7,386	6,126	5,200	3,500
自作地地代 (53)	9,589	12,247	12,430	10,628	12,491	6,812
資本利子・地代全額算入生産費（全算入生産費） (54)	131,199	200,579	170,529	142,486	123,393	106,883

単位：円

3.0 ～ 5.0	3.0ha以上							
	5.0ha以上							
	平均	5.0～10.0			10.0ha以上			
		平均	5.0 ～ 7.0	7.0 ～ 10.0	平均	10.0 ～ 15.0	15.0ha 以上	
(7)	(8)	(9)	(10)	(11)	(12)	(13)	(14)	
74,423	**59,504**	**60,772**	**61,799**	**59,403**	**58,060**	**57,539**	**58,528**	(1)
2,821	2,602	2,745	2,471	3,112	2,440	2,089	2,759	(2)
2,796	2,573	2,729	2,450	3,102	2,396	2,029	2,730	(3)
25	29	16	21	10	44	60	29	(4)
9,529	9,351	9,506	10,061	8,766	9,170	9,739	8,653	(5)
9,517	9,288	9,401	10,061	8,521	9,154	9,733	8,628	(6)
12	63	105	-	245	16	6	25	(7)
7,927	6,786	7,022	7,580	6,273	6,521	6,505	6,534	(8)
3,619	3,600	3,428	3,640	3,145	3,792	3,965	3,635	(9)
3,619	3,600	3,428	3,640	3,145	3,792	3,965	3,635	(10)
-	-	-	-	-	-	-	-	(11)
1,908	1,767	1,817	1,810	1,826	1,709	2,061	1,389	(12)
1,898	1,766	1,817	1,810	1,826	1,708	2,058	1,389	(13)
10	1	-	-	-	1	3	-	(14)
5,599	4,221	4,907	4,496	5,457	3,444	3,063	3,793	(15)
10,262	5,051	5,393	4,411	6,711	4,663	4,331	4,964	(16)
1,581	1,475	1,639	1,754	1,485	1,291	1,258	1,320	(17)
4,125	2,622	2,210	1,999	2,493	3,088	2,695	3,445	(18)
2,825	1,931	1,605	1,316	1,991	2,300	1,878	2,683	(19)
1,300	691	605	683	502	788	817	762	(20)
1,300	691	605	683	502	788	817	762	(21)
-	-	-	-	-	-	-	-	(22)
2,503	2,140	2,262	2,354	2,141	2,002	2,084	1,925	(23)
987	953	945	890	1,020	962	1,041	888	(24)
1,516	1,187	1,317	1,464	1,121	1,040	1,043	1,037	(25)
1,516	1,187	1,317	1,464	1,121	1,040	1,043	1,037	(26)
-	-	-	-	-	-	-	-	(27)
24,092	19,403	19,407	20,807	17,532	19,399	19,136	19,636	(28)
18,098	13,628	13,898	15,193	12,164	13,323	13,169	13,460	(29)
5,994	5,775	5,509	5,614	5,368	6,076	5,967	6,176	(30)
5,994	5,775	5,509	5,614	5,368	6,076	5,967	6,176	(31)
-	-	-	-	-	-	-	-	(32)
457	486	436	416	462	541	613	475	(33)
43	13	15	23	3	10	6	14	(34)
414	473	421	393	459	531	607	461	(35)
29,303	**24,238**	**25,526**	**26,529**	**24,188**	**22,782**	**24,728**	**21,008**	(36)
27,376	23,051	24,368	25,279	23,154	21,562	23,585	19,719	(37)
24,764	20,719	22,702	23,491	21,651	18,475	21,165	16,024	(38)
2,612	2,332	1,666	1,788	1,503	3,087	2,420	3,695	(39)
1,927	1,187	1,158	1,250	1,034	1,220	1,143	1,289	(40)
1,921	1,128	1,132	1,207	1,031	1,124	1,040	1,200	(41)
6	59	26	43	3	96	103	89	(42)
103,726	**83,742**	**86,298**	**88,328**	**83,591**	**80,842**	**82,267**	**79,536**	(43)
55,041	45,277	45,880	46,187	45,476	44,587	43,899	45,213	(44)
26,732	21,940	23,955	24,719	22,937	19,660	22,274	17,278	(45)
21,953	16,525	16,463	17,422	15,178	16,595	16,094	17,045	(46)
2,220	2,265	2,605	2,600	2,611	1,880	1,856	1,903	(47)
101,506	**81,477**	**83,693**	**85,728**	**80,980**	**78,962**	**80,411**	**77,633**	(48)
591	373	439	391	503	299	200	388	(49)
6,775	9,600	9,497	9,327	9,725	9,716	9,433	9,975	(50)
108,872	**91,450**	**93,629**	**95,446**	**91,208**	**88,977**	**90,044**	**87,996**	(51)
4,191	3,212	3,280	3,476	3,018	3,135	2,918	3,333	(52)
7,673	6,454	7,387	8,359	6,086	5,398	4,539	6,179	(53)
120,736	**101,116**	**104,296**	**107,281**	**100,312**	**97,510**	**97,501**	**97,508**	(54)

米生産費・都府県

(3) 米の作付規模別生産費（続き）
ウ 都府県（続き）
(ウ) 生産費〔60kg当たり〕

区　　　　　　　　分	平　均	0.5ha未満	0.5 ～ 1.0	1.0 ～ 2.0	2.0 ～ 3.0	平　均
	(1)	(2)	(3)	(4)	(5)	(6)
物　財　費 (1)	8,800	14,721	11,949	9,754	8,033	7,000
種　苗　費 (2)	437	933	692	533	342	292
購　入 (3)	433	924	685	529	339	289
自　給 (4)	4	9	7	4	3	3
肥　料　費 (5)	1,056	1,280	1,178	1,070	925	1,032
購　入 (6)	1,052	1,276	1,170	1,069	922	1,027
自　給 (7)	4	4	8	1	3	5
農業薬剤費（購入） (8)	845	1,046	967	893	794	780
光熱動力費 (9)	434	574	517	440	417	394
購　入 (10)	434	574	517	440	417	394
自　給 (11)	-	-	-	-	-	-
その他の諸材料費 (12)	206	201	236	209	202	197
購　入 (13)	205	199	234	208	200	197
自　給 (14)	1	2	2	1	2	0
土地改良及び水利費 (15)	480	371	481	428	505	506
賃借料及び料金 (16)	1,373	2,985	2,411	1,839	1,194	723
物件税及び公課諸負担 (17)	259	591	437	289	222	164
建　物　費 (18)	474	908	737	502	479	336
償　却　費 (19)	367	757	618	385	376	241
修繕費及び購入補充費 (20)	107	151	119	117	103	95
購　入 (21)	107	151	119	117	103	95
自　給 (22)	-	-	-	-	-	-
自動車費 (23)	452	1,392	1,005	435	296	246
償　却　費 (24)	227	747	553	224	138	105
修繕費及び購入補充費 (25)	225	645	452	211	158	141
購　入 (26)	225	639	452	211	158	141
自　給 (27)	0	6	-	-	-	-
農機具費 (28)	2,737	4,380	3,245	3,079	2,612	2,278
償　却　費 (29)	2,011	3,230	2,375	2,282	1,999	1,638
修繕費及び購入補充費 (30)	726	1,150	870	797	613	640
購　入 (31)	726	1,150	870	797	613	640
自　給 (32)	0	-	-	0	-	-
生産管理費 (33)	47	60	43	37	45	52
償　却　費 (34)	2	1	1	4	0	2
購入・支払 (35)	45	59	42	33	45	50
労　働　費 (36)	3,958	7,615	6,011	4,509	3,548	2,819
直接労働費 (37)	3,772	7,291	5,765	4,310	3,384	2,665
家　族 (38)	3,507	7,001	5,335	4,102	3,175	2,401
雇　用 (39)	265	290	430	208	209	264
間接労働費 (40)	186	324	246	199	164	154
家　族 (41)	181	318	240	194	162	149
雇　用 (42)	5	6	6	5	2	5
費用合計 (43)	12,758	22,336	17,960	14,263	11,581	9,819
購入（支払） (44)	6,454	10,261	8,821	7,066	5,723	5,275
自　給 (45)	3,697	7,340	5,592	4,302	3,345	2,558
償　却 (46)	2,607	4,735	3,547	2,895	2,513	1,986
副産物価額 (47)	239	207	237	220	256	247
生産費（副産物価額差引） (48)	12,519	22,129	17,723	14,043	11,325	9,572
支払利子 (49)	30	19	12	13	21	48
支払地代 (50)	601	122	165	321	471	961
支払利子・地代算入生産費 (51)	13,150	22,270	17,900	14,377	11,817	10,581
自己資本利子 (52)	579	1,008	877	700	582	384
自作地地代 (53)	1,082	1,514	1,476	1,215	1,397	747
資本利子・地代全額算入生産費（全算入生産費） (54)	14,811	24,792	20,253	16,292	13,796	11,712

単位：円

3.0 ～ 5.0	3.0ha以上							
	平均	5.0ha以上						
		5.0～10.0			10.0ha以上			
		平均	5.0 ～ 7.0	7.0 ～ 10.0	平均	10.0 ～ 15.0	15.0ha 以上	
(7)	(8)	(9)	(10)	(11)	(12)	(13)	(14)	
8,270	**6,484**	**6,461**	**6,572**	**6,304**	**6,510**	**6,573**	**6,457**	(1)
313	283	292	263	331	274	239	304	(2)
310	280	290	261	330	269	232	301	(3)
3	3	2	2	1	5	7	3	(4)
1,057	1,020	1,012	1,069	930	1,026	1,112	956	(5)
1,056	1,013	1,001	1,069	904	1,025	1,111	953	(6)
1	7	11	-	26	1	1	3	(7)
881	740	747	807	665	732	743	720	(8)
402	394	365	387	333	425	453	400	(9)
402	394	365	387	333	425	453	400	(10)
-	-	-	-	-	-	-	-	(11)
212	193	194	193	193	192	235	153	(12)
211	193	194	193	193	192	235	153	(13)
1	0	-	-	-	0	-	-	(14)
622	460	521	478	580	387	350	418	(15)
1,140	551	573	469	713	522	495	548	(16)
177	160	175	186	158	144	144	146	(17)
459	286	234	213	264	345	307	381	(18)
314	211	170	140	211	257	214	297	(19)
145	75	64	73	53	88	93	84	(20)
145	75	64	73	53	88	93	84	(21)
-	-	-	-	-	-	-	-	(22)
278	233	240	251	227	225	238	212	(23)
110	104	100	95	108	108	119	98	(24)
168	129	140	156	119	117	119	114	(25)
168	129	140	156	119	117	119	114	(26)
-	-	-	-	-	-	-	-	(27)
2,678	2,112	2,061	2,212	1,861	2,177	2,187	2,166	(28)
2,012	1,483	1,476	1,615	1,291	1,495	1,505	1,485	(29)
666	629	585	597	570	682	682	681	(30)
666	629	585	597	570	682	682	681	(31)
-	-	-	-	-	-	-	-	(32)
51	52	47	44	49	61	70	53	(33)
5	1	2	2	0	1	1	2	(34)
46	51	45	42	49	60	69	51	(35)
3,258	**2,641**	**2,713**	**2,822**	**2,568**	**2,556**	**2,828**	**2,318**	(36)
3,043	2,512	2,590	2,689	2,459	2,419	2,697	2,176	(37)
2,753	2,257	2,413	2,499	2,299	2,073	2,420	1,769	(38)
290	255	177	190	160	346	277	407	(39)
215	129	123	133	109	137	131	142	(40)
214	123	120	128	109	126	119	132	(41)
1	6	3	5	0	11	12	10	(42)
11,528	**9,125**	**9,174**	**9,394**	**8,872**	**9,066**	**9,401**	**8,775**	(43)
6,115	4,936	4,880	4,913	4,827	5,000	5,015	4,986	(44)
2,972	2,390	2,546	2,629	2,435	2,205	2,547	1,907	(45)
2,441	1,799	1,748	1,852	1,610	1,861	1,839	1,882	(46)
246	247	277	277	276	211	212	210	(47)
11,282	8,878	8,897	9,117	8,596	8,855	9,189	8,565	(48)
66	41	47	42	53	33	23	43	(49)
753	1,046	1,009	992	1,032	1,089	1,078	1,100	(50)
12,101	**9,965**	**9,953**	**10,151**	**9,681**	**9,977**	**10,290**	**9,708**	(51)
466	350	349	370	320	352	333	368	(52)
853	703	784	889	646	605	519	682	(53)
13,420	**11,018**	**11,086**	**11,410**	**10,647**	**10,934**	**11,142**	**10,758**	(54)

米生産費・都府県

(3) 米の作付規模別生産費（続き）
ウ 都府県（続き）
(エ) 米の作業別労働時間

区分		平均	0.5ha未満	0.5～1.0	1.0～2.0	2.0～3.0	平均
		(1)	(2)	(3)	(4)	(5)	(6)
投下労働時間（10a当たり）	(1)	24.26	42.69	34.48	27.71	22.16	17.67
家　族	(2)	22.46	41.10	32.01	26.40	20.64	15.67
雇　用	(3)	1.80	1.59	2.47	1.31	1.52	2.00
直接労働時間	(4)	23.10	40.86	33.04	26.49	21.10	16.69
家　族	(5)	21.33	39.30	30.60	25.21	19.60	14.72
男	(6)	17.00	31.59	23.99	20.12	15.75	11.75
女	(7)	4.33	7.71	6.61	5.09	3.85	2.97
雇　用	(8)	1.77	1.56	2.44	1.28	1.50	1.97
男	(9)	1.38	1.23	1.81	1.06	1.10	1.57
女	(10)	0.39	0.33	0.63	0.22	0.40	0.40
間接労働時間	(11)	1.16	1.83	1.44	1.22	1.06	0.98
男	(12)	1.01	1.67	1.31	1.06	0.95	0.81
女	(13)	0.15	0.16	0.13	0.16	0.11	0.17
投下労働時間（60kg当たり）	(14)	2.76	5.30	4.06	3.16	2.43	1.93
家　族	(15)	2.57	5.09	3.80	3.02	2.28	1.73
雇　用	(16)	0.19	0.21	0.26	0.14	0.15	0.20
直接労働時間	(17)	2.63	5.08	3.89	3.02	2.32	1.82
家　族	(18)	2.44	4.87	3.63	2.88	2.17	1.62
男	(19)	1.93	3.92	2.84	2.29	1.76	1.30
女	(20)	0.51	0.95	0.79	0.59	0.41	0.32
雇　用	(21)	0.19	0.21	0.26	0.14	0.15	0.20
男	(22)	0.15	0.17	0.19	0.12	0.11	0.16
女	(23)	0.04	0.04	0.07	0.02	0.04	0.04
間接労働時間	(24)	0.13	0.22	0.17	0.14	0.11	0.11
男	(25)	0.11	0.20	0.15	0.12	0.10	0.09
女	(26)	0.02	0.02	0.02	0.02	0.01	0.02
作業別直接労働時間（10a当たり） 合計	(27)	23.10	40.86	33.04	26.49	21.10	16.69
種子予措	(28)	0.22	0.27	0.25	0.22	0.22	0.22
育苗	(29)	2.62	3.01	3.23	2.86	2.70	2.22
耕起整地	(30)	3.37	6.48	4.96	3.72	3.26	2.35
基肥	(31)	0.72	1.39	1.01	0.85	0.62	0.51
直まき	(32)	0.02	0.04	0.02	0.02	0.00	0.03
田植	(33)	3.03	4.35	4.06	3.27	3.06	2.40
追肥	(34)	0.33	0.42	0.35	0.38	0.32	0.27
除草	(35)	1.30	2.46	1.99	1.48	1.16	0.90
管理	(36)	6.26	12.88	9.82	7.89	5.17	3.84
防除	(37)	0.47	1.48	0.71	0.49	0.36	0.30
刈取脱穀	(38)	3.04	5.76	4.58	3.25	2.73	2.22
乾燥	(39)	1.24	1.58	1.36	1.43	1.10	1.11
生産管理	(40)	0.48	0.74	0.70	0.63	0.40	0.32
うち家族 種子予措	(41)	0.22	0.27	0.25	0.22	0.22	0.21
育苗	(42)	2.29	2.82	2.78	2.63	2.41	1.84
耕起整地	(43)	3.24	6.35	4.70	3.68	3.19	2.19
基肥	(44)	0.69	1.35	0.98	0.83	0.60	0.47
直まき	(45)	0.02	0.04	0.02	0.02	0.00	0.02
田植	(46)	2.47	4.03	3.38	2.86	2.49	1.78
追肥	(47)	0.32	0.42	0.35	0.38	0.31	0.26
除草	(48)	1.26	2.43	1.94	1.46	1.13	0.83
管理	(49)	6.08	12.74	9.61	7.74	5.05	3.63
防除	(50)	0.45	1.45	0.68	0.49	0.34	0.27
刈取脱穀	(51)	2.68	5.16	4.04	2.94	2.47	1.89
乾燥	(52)	1.13	1.50	1.17	1.33	0.99	1.01
生産管理	(53)	0.48	0.74	0.70	0.63	0.40	0.32

単位：時間

3.0 ～ 5.0	3.0ha以上							
	平　均	5.0ha以上						
		5.0～10.0			10.0ha以上			
		平　均	5.0 ～ 7.0	7.0 ～ 10.0	平　均	10.0 ～ 15.0	15.0ha 以 上	
(7)	(8)	(9)	(10)	(11)	(12)	(13)	(14)	
21.04	**16.30**	**17.39**	**18.20**	**16.32**	**14.97**	**16.45**	**13.56**	(1)
18.88	14.39	16.01	16.68	15.13	12.48	14.28	10.82	(2)
2.16	1.91	1.38	1.52	1.19	2.49	2.17	2.74	(3)
19.60	15.51	16.61	17.34	15.62	14.19	15.74	12.72	(4)
17.44	13.64	15.25	15.86	14.43	11.75	13.61	10.04	(5)
13.78	10.95	12.35	12.69	11.87	9.34	10.92	7.90	(6)
3.66	2.69	2.90	3.17	2.56	2.41	2.69	2.14	(7)
2.16	1.87	1.36	1.48	1.19	2.44	2.13	2.68	(8)
1.69	1.50	1.03	1.12	0.90	2.05	1.71	2.31	(9)
0.47	0.37	0.33	0.36	0.29	0.39	0.42	0.37	(10)
1.44	0.79	0.78	0.86	0.70	0.78	0.71	0.84	(11)
1.10	0.69	0.69	0.74	0.64	0.68	0.64	0.71	(12)
0.34	0.10	0.09	0.12	0.06	0.10	0.07	0.13	(13)
2.36	**1.76**	**1.81**	**1.91**	**1.68**	**1.68**	**1.87**	**1.46**	(14)
2.13	1.55	1.68	1.78	1.57	1.40	1.63	1.18	(15)
0.23	0.21	0.13	0.13	0.11	0.28	0.24	0.28	(16)
2.20	1.68	1.73	1.83	1.60	1.59	1.79	1.37	(17)
1.97	1.47	1.60	1.70	1.49	1.32	1.55	1.10	(18)
1.54	1.18	1.31	1.37	1.23	1.05	1.25	0.87	(19)
0.43	0.29	0.29	0.33	0.26	0.27	0.30	0.23	(20)
0.23	0.21	0.13	0.13	0.11	0.27	0.24	0.27	(21)
0.18	0.17	0.10	0.11	0.09	0.23	0.20	0.23	(22)
0.05	0.04	0.03	0.02	0.02	0.04	0.04	0.04	(23)
0.16	0.08	0.08	0.08	0.08	0.09	0.08	0.09	(24)
0.12	0.07	0.07	0.07	0.07	0.08	0.07	0.08	(25)
0.04	0.01	0.01	0.01	0.01	0.01	0.01	0.01	(26)
19.60	**15.51**	**16.61**	**17.34**	**15.62**	**14.19**	**15.74**	**12.72**	(27)
0.27	0.20	0.19	0.19	0.19	0.20	0.25	0.14	(28)
2.41	2.13	2.26	2.37	2.11	1.99	2.27	1.71	(29)
2.82	2.15	2.28	2.44	2.07	2.01	2.22	1.81	(30)
0.58	0.48	0.49	0.48	0.52	0.48	0.47	0.46	(31)
0.04	0.03	0.02	0.03	0.01	0.03	0.01	0.06	(32)
2.79	2.24	2.36	2.38	2.36	2.09	2.40	1.82	(33)
0.40	0.22	0.25	0.27	0.23	0.18	0.18	0.17	(34)
1.18	0.80	0.79	0.65	0.98	0.80	0.72	0.88	(35)
5.11	3.31	3.73	4.06	3.26	2.83	3.16	2.52	(36)
0.32	0.30	0.34	0.44	0.21	0.23	0.18	0.28	(37)
2.38	2.16	2.26	2.34	2.14	2.04	2.38	1.72	(38)
0.93	1.18	1.30	1.39	1.15	1.04	1.18	0.92	(39)
0.37	0.31	0.34	0.30	0.39	0.27	0.32	0.23	(40)
0.26	0.19	0.19	0.19	0.19	0.18	0.23	0.13	(41)
1.95	1.79	2.00	2.05	1.94	1.55	1.78	1.33	(42)
2.70	1.98	2.18	2.33	1.98	1.76	2.01	1.53	(43)
0.56	0.44	0.47	0.45	0.51	0.40	0.40	0.38	(44)
0.03	0.02	0.02	0.03	0.01	0.02	0.01	0.04	(45)
1.94	1.72	1.93	1.94	1.93	1.47	1.73	1.24	(46)
0.39	0.21	0.25	0.26	0.23	0.16	0.17	0.15	(47)
1.15	0.71	0.76	0.60	0.97	0.65	0.67	0.64	(48)
5.01	3.06	3.63	3.94	3.19	2.41	2.91	1.95	(49)
0.29	0.27	0.32	0.41	0.21	0.20	0.16	0.24	(50)
1.94	1.87	1.97	2.10	1.80	1.75	2.14	1.38	(51)
0.85	1.07	1.19	1.26	1.08	0.93	1.08	0.80	(52)
0.37	0.31	0.34	0.30	0.39	0.27	0.32	0.23	(53)

米生産費・東北・北陸

(3) 米の作付規模別生産費（続き）
エ 東北･北陸
(ｱ) 調査対象経営体の生産概要・経営概況

区分		単位	東北						
			平均	0.5ha 未満	0.5 ～ 1.0	1.0 ～ 2.0	2.0 ～ 3.0	3.0ha以上	
								平均	3.0 ～ 5.0
			(1)	(2)	(3)	(4)	(5)	(6)	(7)
集計経営体数	(1)	経営体	231	18	43	41	38	91	23
労働力（1経営体当たり）									
世帯員数	(2)	人	3.9	3.9	3.4	4.1	3.8	4.8	4.4
男	(3)	〃	1.9	1.6	1.7	2.1	1.8	2.3	2.2
女	(4)	〃	2.0	2.3	1.7	2.0	2.0	2.5	2.2
家族員数	(5)	〃	3.9	3.9	3.4	4.1	3.8	4.8	4.4
男	(6)	〃	1.9	1.6	1.7	2.1	1.8	2.3	2.2
女	(7)	〃	2.0	2.3	1.7	2.0	2.0	2.5	2.2
農業就業者	(8)	〃	0.9	0.4	0.8	0.9	0.8	1.7	1.2
男	(9)	〃	0.6	0.3	0.5	0.6	0.5	1.3	0.9
女	(10)	〃	0.3	0.1	0.3	0.3	0.3	0.4	0.3
農業専従者	(11)	〃	0.5	0.1	0.2	0.5	0.5	1.0	0.5
男	(12)	〃	0.3	0.1	0.1	0.3	0.3	0.7	0.3
女	(13)	〃	0.2	0.0	0.1	0.2	0.2	0.3	0.2
土地（1経営体当たり）									
経営耕地面積	(14)	a	344	97	147	256	368	914	546
田	(15)	〃	304	66	110	221	321	864	505
畑	(16)	〃	40	31	36	35	47	50	41
普通畑	(17)	〃	28	14	21	29	46	28	27
樹園地	(18)	〃	12	17	15	6	1	22	14
牧草地	(19)	〃	0	-	1	0	-	-	-
耕地以外の土地	(20)	〃	165	108	91	220	237	185	260
水稲									
使用地面積（1経営体当たり）									
作付地	(21)	〃	215.9	32.7	69.6	135.0	242.9	654.0	388.9
自作地	(22)	〃	144.6	32.1	63.7	122.7	197.9	333.8	215.0
小作地	(23)	〃	71.3	0.6	5.9	12.3	45.0	320.2	173.9
作付地以外	(24)	〃	3.1	1.1	2.4	2.7	3.6	5.9	3.7
所有地	(25)	〃	3.1	1.1	2.4	2.7	3.5	5.9	3.7
借入地	(26)	〃	0.0	-	-	-	0.1	-	-
田の団地数（1経営体当たり）	(27)	団地	**3.2**	**1.6**	**2.2**	**2.9**	**4.1**	**5.7**	**4.5**
ほ場枚数（1経営体当たり）	(28)	枚	**11.4**	**3.2**	**5.7**	**7.8**	**12.0**	**30.9**	**23.6**
未整理又は10a未満	(29)	〃	3.7	2.2	3.0	2.9	2.9	7.6	8.2
10 ～ 20 a 区画	(30)	〃	3.5	0.3	1.5	2.0	4.6	10.1	8.5
20 ～ 30 a 区画	(31)	〃	2.7	0.6	1.1	1.9	2.2	8.1	4.8
30 ～ 50 a 区画	(32)	〃	1.2	0.1	0.1	0.8	1.8	3.8	1.6
50 a 以上区画	(33)	〃	0.3	-	0.0	0.2	0.5	1.3	0.5
ほ場面積（1経営体当たり）									
未整理又は10a未満	(34)	a	22.5	12.9	16.4	17.7	16.7	49.8	54.6
10 ～ 20 a 区画	(35)	〃	49.9	4.2	19.2	27.2	63.0	148.4	120.2
20 ～ 30 a 区画	(36)	〃	69.5	13.8	29.2	49.5	54.0	209.7	121.3
30 ～ 50 a 区画	(37)	〃	44.3	1.8	3.8	29.4	69.4	135.2	54.0
50 a 以上区画	(38)	〃	29.8	-	1.0	11.2	39.8	110.9	38.9
(参考) 団地への距離等（1経営体当たり）									
ほ場間の距離	(39)	km	2.6	0.5	0.9	1.3	2.2	4.7	2.2
団地への平均距離	(40)	〃	1.6	1.2	0.9	1.1	1.4	2.5	1.2
作付地の実勢地代（10a当たり）	(41)	円	**15,013**	**12,860**	**14,900**	**13,397**	**16,367**	**15,153**	**13,237**
自作地	(42)	〃	15,458	12,863	15,112	13,513	16,588	16,171	13,194
小作地	(43)	〃	14,095	12,714	12,552	12,184	15,395	14,084	13,291
投下資本額（10a当たり）	(44)	〃	**112,400**	**225,566**	**102,552**	**124,367**	**101,386**	**109,810**	**129,155**
借入資本額	(45)	〃	22,257	83,932	3,444	2,107	9,248	32,336	14,488
自己資本額	(46)	〃	90,143	141,634	99,108	122,260	92,138	77,474	114,667
固定資本額	(47)	〃	70,631	162,691	40,894	74,391	59,269	74,297	89,395
建物・構築物	(48)	〃	15,539	30,006	10,859	16,338	13,728	16,068	16,282
土地改良設備	(49)	〃	1,170	6,188	1,575	1,380	-	1,217	3,024
自動車	(50)	〃	4,031	32,898	6,686	4,891	4,159	2,257	1,823
農機具	(51)	〃	49,891	93,599	21,774	51,782	41,382	54,755	68,266
流動資本額	(52)	〃	26,721	41,943	41,032	30,405	26,620	22,929	25,901
労賃資本額	(53)	〃	15,048	20,932	20,626	19,571	15,497	12,584	13,859

米生産費・東北・北陸

			北		陸				
5.0ha 以上	平均	0.5ha 未満	0.5 ～ 1.0	1.0 ～ 2.0	2.0 ～ 3.0	3.0ha以上			
						平均	3.0 ～ 5.0	5.0ha 以上	
(8)	(9)	(10)	(11)	(12)	(13)	(14)	(15)	(16)	
68	114	11	17	32	17	37	10	27	(1)
5.2	3.8	3.6	3.5	3.8	3.3	4.3	4.1	4.5	(2)
2.5	2.0	2.2	1.5	2.1	1.7	2.1	1.8	2.3	(3)
2.7	1.8	1.4	2.0	1.7	1.6	2.2	2.3	2.2	(4)
5.2	3.8	3.6	3.5	3.8	3.3	4.3	4.1	4.5	(5)
2.5	2.0	2.2	1.5	2.1	1.7	2.1	1.8	2.3	(6)
2.7	1.8	1.4	2.0	1.7	1.6	2.2	2.3	2.2	(7)
2.2	0.4	-	0.1	0.2	0.6	1.2	1.1	1.3	(8)
1.6	0.3	-	0.1	0.2	0.5	1.0	0.8	1.1	(9)
0.6	0.1	-	-	0.0	0.1	0.2	0.3	0.2	(10)
1.3	0.0	-	-	-	0.1	0.2	-	0.4	(11)
1.0	0.0	-	-	-	0.1	0.2	-	0.3	(12)
0.3	0.0	-	-	-	-	0.0	-	0.1	(13)
1,270	274	59	102	185	313	792	483	990	(14)
1,212	261	51	94	177	302	760	459	954	(15)
58	13	8	8	8	11	32	24	36	(16)
30	12	8	7	7	11	32	24	36	(17)
28	1	-	1	1	-	0	-	0	(18)
-	-	-	-	-	-	-	-	-	(19)
112	137	147	57	235	66	78	66	86	(20)
911.2	211.1	30.5	72.3	142.8	237.2	633.1	411.1	776.0	(21)
449.0	115.4	28.9	62.2	101.2	167.7	229.7	202.2	247.4	(22)
462.2	95.7	1.6	10.1	41.6	69.5	403.4	208.9	528.6	(23)
8.1	3.1	1.6	1.1	2.5	4.8	6.5	3.6	8.4	(24)
8.1	3.0	1.6	1.1	2.5	4.5	6.1	3.3	8.0	(25)
-	0.1	-	-	-	0.3	0.4	0.3	0.4	(26)
7.0	3.9	1.4	2.5	3.9	6.0	5.9	3.8	7.3	(27)
38.0	15.1	3.1	6.4	7.6	23.9	42.5	23.1	55.0	(28)
7.0	8.2	1.9	3.9	3.0	16.5	21.4	10.0	28.7	(29)
11.7	3.7	0.8	1.4	1.9	5.6	10.7	5.1	14.4	(30)
11.4	2.0	0.3	0.9	1.6	0.9	6.3	5.1	7.0	(31)
6.0	0.9	0.1	0.2	0.8	0.7	2.9	2.3	3.3	(32)
1.9	0.3	-	-	0.3	0.2	1.2	0.6	1.6	(33)
45.0	46.8	8.7	19.7	18.5	96.5	123.0	56.0	166.2	(34)
175.8	51.3	10.8	21.3	28.4	73.0	146.4	79.9	189.3	(35)
295.6	50.9	8.1	23.1	42.2	24.6	158.6	133.5	174.8	(36)
214.1	34.0	2.9	8.2	31.8	21.7	103.8	84.2	116.3	(37)
180.8	28.1	-	-	21.9	21.4	101.3	57.5	129.5	(38)
5.5	1.6	0.2	0.7	0.8	1.7	3.0	2.3	3.3	(39)
2.9	1.0	1.5	0.6	0.7	0.9	1.4	1.3	1.5	(40)
15,952	17,121	12,347	14,039	14,555	17,195	18,873	20,148	18,432	(41)
17,567	17,412	12,032	14,498	15,469	17,904	20,307	20,306	20,308	(42)
14,375	16,768	18,285	11,151	12,310	15,450	18,056	19,994	17,560	(43)
101,794	141,179	144,327	144,668	156,675	196,984	115,104	155,811	101,220	(44)
39,733	21,071	-	-	7,544	13,815	33,236	82,298	16,502	(45)
62,061	120,108	144,327	144,668	149,131	183,169	81,868	73,513	84,718	(46)
68,040	95,885	61,957	75,472	106,253	152,933	76,300	107,621	65,617	(47)
15,979	32,829	2,475	45,040	27,914	67,219	23,463	32,536	20,369	(48)
468	41	-	-	172	-	-	-	-	(49)
2,437	1,755	1,629	5,358	3,091	720	1,023	980	1,037	(50)
49,156	61,260	57,853	25,074	75,076	84,994	51,814	74,105	44,211	(51)
21,698	29,343	47,897	45,466	32,880	27,312	25,579	30,606	23,865	(52)
12,056	15,951	34,473	23,730	17,542	16,739	13,225	17,584	11,738	(53)

米生産費・東北・北陸

(3) 米の作付規模別生産費（続き）
　エ　東北・北陸（続き）
　　(ア)　調査対象経営体の生産概要・経営概況（続き）

区分	単位	東北 平均 (1)	0.5ha未満 (2)	0.5～1.0 (3)	1.0～2.0 (4)	2.0～3.0 (5)	3.0ha以上 平均 (6)	3.0～5.0 (7)
自動車所有台数（10経営体当たり）								
四輪自動車 (54)	台	23.9	17.3	23.0	21.8	24.6	32.6	31.6
農機具所有台数（10経営体当たり）								
電動機 (55)	〃	-	-	-	-	-	-	-
発動機 (56)	〃	0.0	-	-	-	-	0.2	0.4
揚水ポンプ (57)	〃	0.7	-	1.4	0.5	0.3	1.0	1.8
乗用型トラクタ								
20馬力未満 (58)	〃	1.3	4.4	0.7	0.8	1.4	0.4	0.4
20～50馬力未満 (59)	〃	10.3	5.6	10.2	10.4	10.4	13.7	13.0
50馬力以上 (60)	〃	0.8	-	0.0	0.5	1.0	2.6	0.5
歩行型トラクタ								
駆動型 (61)	〃	2.1	5.2	1.1	2.6	0.8	1.7	3.2
けん引型 (62)	〃	0.2	-	0.2	-	0.4	0.4	0.4
電熱育苗機 (63)	〃	0.6	-	0.2	0.3	1.3	1.5	0.8
田植機								
2条植 (64)	〃	0.4	0.6	0.3	0.8	-	0.1	-
3～5条 (65)	〃	3.7	2.9	5.3	2.9	4.3	2.7	4.1
6条以上 (66)	〃	3.4	0.0	1.8	3.2	4.3	7.7	5.3
動力噴霧機 (67)	〃	4.2	4.7	3.7	4.8	5.1	3.3	3.4
動力散粉機 (68)	〃	1.3	1.7	0.6	1.0	1.6	1.9	1.8
バインダー (69)	〃	1.4	2.2	2.0	1.3	1.0	0.4	0.8
自脱型コンバイン								
3条以下 (70)	〃	3.0	0.8	2.5	4.3	4.1	2.9	4.3
4条以上 (71)	〃	2.1	0.9	0.0	1.0	1.8	7.6	4.5
普通型コンバイン (72)	〃	0.0	-	-	-	-	0.1	-
脱穀機 (73)	〃	1.1	1.9	0.9	1.8	0.8	0.2	0.4
動力もみすり機 (74)	〃	4.2	1.6	1.8	4.3	4.7	9.2	8.7
乾燥機								
静置式 (75)	〃	0.1	0.2	-	-	0.6	0.1	-
循環式 (76)	〃	4.8	-	2.0	4.6	5.5	12.4	8.4
水稲								
10a当たり主産物数量 (77)	kg	559	534	552	543	564	564	558
粗収益								
10a当たり (78)	円	109,523	105,533	106,973	108,144	106,463	111,384	107,520
主産物 (79)	〃	107,242	102,903	104,531	106,070	104,222	109,071	105,154
副産物 (80)	〃	2,281	2,630	2,442	2,074	2,241	2,313	2,366
60kg当たり (81)	〃	11,758	11,868	11,631	11,952	11,334	11,854	11,546
主産物 (82)	〃	11,513	11,573	11,365	11,722	11,096	11,607	11,291
副産物 (83)	〃	245	295	266	230	238	247	255
所得								
10a当たり (84)	〃	32,167	△ 20,927	9,048	26,058	35,366	38,488	26,464
1日当たり (85)	〃	12,977	-	2,603	7,483	13,629	19,562	11,995
家族労働報酬								
10a当たり (86)	〃	17,204	△ 41,212	△ 10,492	7,256	17,166	26,474	13,518
1日当たり (87)	〃	6,941	-	-	2,084	6,615	13,456	6,127
（参考1）経営所得安定対策等受取金（10a当たり）(88)	〃	9,258	4,389	6,404	7,257	11,639	9,706	9,060
（参考2）経営所得安定対策等の交付金を加えた場合								
粗収益								
10a当たり (89)	〃	118,781	109,922	113,377	115,401	118,102	121,090	116,580
60kg当たり (90)	〃	12,752	12,362	12,327	12,754	12,573	12,887	12,519
所得								
10a当たり (91)	〃	41,425	△ 16,538	15,452	33,315	47,005	48,194	35,524
1日当たり (92)	〃	16,712	-	4,445	9,566	18,114	24,495	16,102
家族労働報酬								
10a当たり (93)	〃	26,462	△ 36,823	△ 4,088	14,513	28,805	36,180	22,578
1日当たり (94)	〃	10,676	-	-	4,167	11,100	18,389	10,234

	北陸								
						3.0ha以上			
5.0ha 以 上	平 均	0.5ha 未 満	0.5 ～ 1.0	1.0 ～ 2.0	2.0 ～ 3.0	平 均	3.0 ～ 5.0	5.0ha 以 上	
(8)	(9)	(10)	(11)	(12)	(13)	(14)	(15)	(16)	
33.5	24.7	20.9	26.1	22.3	28.0	28.3	23.0	31.7	(54)
–	–	–	–	–	–	–	–	–	(55)
–	–	–	–	–	–	–	–	–	(56)
0.3	0.2	–	–	0.2	–	0.6	0.4	0.8	(57)
0.4	1.4	0.4	3.3	2.0	–	0.3	–	0.5	(58)
14.3	8.1	3.4	6.3	8.9	10.4	10.5	10.1	10.7	(59)
4.8	0.7	–	–	0.6	–	2.7	1.1	3.7	(60)
0.3	2.7	5.7	1.5	2.1	3.0	2.7	2.1	3.0	(61)
0.3	0.2	–	–	–	–	1.3	–	2.2	(62)
2.1	0.6	–	–	0.6	1.6	0.9	0.7	1.0	(63)
0.1	0.4	1.0	0.6	0.3	–	0.1	–	0.2	(64)
1.4	3.1	2.9	5.0	3.6	1.7	1.1	0.5	1.4	(65)
10.1	4.2	1.0	0.8	3.3	7.3	9.9	8.5	10.9	(66)
3.1	3.7	1.5	1.9	3.6	5.5	6.3	5.1	7.0	(67)
2.0	4.8	5.4	4.5	5.2	3.6	4.8	1.5	7.0	(68)
–	0.2	–	0.3	0.2	0.4	–	–	–	(69)
1.6	5.1	1.6	5.7	5.6	4.9	6.2	4.8	7.1	(70)
10.7	2.6	1.6	0.1	2.4	3.3	6.0	4.7	6.8	(71)
0.1	0.1	–	–	–	–	0.4	–	0.7	(72)
–	0.1	–	–	0.2	–	–	–	–	(73)
9.7	5.4	5.2	2.8	5.4	6.4	7.8	7.8	7.7	(74)
0.1	0.1	–	–	0.1	–	0.5	0.9	0.3	(75)
16.3	6.9	6.8	2.8	6.1	7.4	12.3	10.4	13.6	(76)
565	**565**	**505**	**516**	**553**	**554**	**583**	**559**	**590**	(77)
112,984	130,942	118,104	114,386	125,513	130,973	136,066	140,424	134,577	(78)
110,694	128,856	116,474	112,913	123,463	128,816	133,889	138,443	132,335	(79)
2,290	2,086	1,630	1,473	2,050	2,157	2,177	1,981	2,242	(80)
11,976	13,897	14,057	13,274	13,601	14,182	14,002	15,062	13,659	(81)
11,734	13,676	13,863	13,103	13,379	13,948	13,778	14,850	13,431	(82)
242	221	194	171	222	234	224	212	228	(83)
43,473	39,732	5,526	1,691	29,226	33,083	52,999	38,272	58,016	(84)
23,201	15,086	1,001	441	9,535	11,695	25,208	12,621	32,479	(85)
31,845	24,356	△ 14,956	△ 17,882	10,339	10,614	42,316	27,075	47,508	(86)
16,995	9,248	–	–	3,373	3,752	20,127	8,928	26,597	(87)
9,975	8,812	5,521	8,619	8,894	9,062	8,848	8,756	8,879	(88)
122,959	139,754	123,625	123,005	134,407	140,035	144,914	149,180	143,456	(89)
13,034	14,833	14,714	14,274	14,564	15,163	14,912	16,001	14,561	(90)
53,448	48,544	11,047	10,310	38,120	42,145	61,847	47,028	66,895	(91)
28,525	18,432	2,001	2,688	12,437	14,899	29,416	15,508	37,450	(92)
41,820	33,168	△ 9,435	△ 9,263	19,233	19,676	51,164	35,831	56,387	(93)
22,319	12,593	–	–	6,275	6,956	24,335	11,816	31,567	(94)

(3) 米の作付規模別生産費（続き）
エ 東北･北陸（続き）
(ｲ) 生産費〔10ａ当たり〕

区分		東北						
							3.0ha以上	
		平均	0.5ha未満	0.5 ～ 1.0	1.0 ～ 2.0	2.0 ～ 3.0	平均	3.0 ～ 5.0
		(1)	(2)	(3)	(4)	(5)	(6)	(7)
物財費	(1)	**69,998**	**122,678**	**93,721**	**79,301**	**66,251**	**62,900**	**71,747**
種苗費	(2)	2,831	9,331	6,339	2,866	2,633	2,087	1,999
購入	(3)	2,819	9,327	6,339	2,858	2,600	2,078	1,970
自給	(4)	12	4	-	8	33	9	29
肥料費	(5)	9,835	8,911	11,084	8,926	9,550	10,006	10,163
購入	(6)	9,782	8,911	10,960	8,903	9,473	9,962	10,135
自給	(7)	53	-	124	23	77	44	28
農業薬剤費（購入）	(8)	7,982	8,071	7,954	8,894	8,116	7,693	8,088
光熱動力費	(9)	3,669	3,917	3,373	3,844	3,356	3,753	4,143
購入	(10)	3,669	3,917	3,373	3,844	3,356	3,753	4,143
自給	(11)	-	-	-	-	-	-	-
その他の諸材料費	(12)	1,797	1,314	1,964	1,856	1,716	1,794	1,633
購入	(13)	1,783	1,314	1,964	1,850	1,661	1,788	1,613
自給	(14)	14	-	-	6	55	6	20
土地改良及び水利費	(15)	4,506	6,446	5,568	5,050	5,026	3,961	4,823
賃借料及び料金	(16)	11,902	30,463	30,509	17,894	13,221	6,249	9,836
物件税及び公課諸負担	(17)	1,921	4,252	3,475	2,316	1,808	1,513	1,810
建物費	(18)	2,901	4,954	3,130	3,474	2,700	2,694	3,906
償却費	(19)	1,754	4,369	1,479	2,018	1,682	1,650	2,188
修繕費及び購入補充費	(20)	1,147	585	1,651	1,456	1,018	1,044	1,718
購入	(21)	1,147	585	1,651	1,456	1,018	1,044	1,718
自給	(22)	-	-	-	-	-	-	-
自動車費	(23)	3,297	17,394	5,860	4,194	2,503	2,364	2,495
償却費	(24)	1,734	13,130	2,372	2,517	1,276	1,134	895
修繕費及び購入補充費	(25)	1,563	4,264	3,488	1,677	1,227	1,230	1,600
購入	(26)	1,563	4,264	3,488	1,677	1,227	1,230	1,600
自給	(27)	-	-	-	-	-	-	-
農機具費	(28)	18,916	27,065	14,002	19,613	15,252	20,313	22,410
償却費	(29)	13,048	21,238	7,807	13,956	10,055	14,232	16,783
修繕費及び購入補充費	(30)	5,868	5,827	6,195	5,657	5,197	6,081	5,627
購入	(31)	5,868	5,827	6,195	5,657	5,197	6,081	5,627
自給	(32)	-	-	-	-	-	-	-
生産管理費	(33)	441	560	463	374	370	473	441
償却費	(34)	15	54	-	-	-	25	76
購入・支払	(35)	426	506	463	374	370	448	365
労働費	(36)	**30,097**	**41,863**	**41,251**	**39,144**	**30,994**	**25,170**	**27,718**
直接労働費	(37)	28,686	39,848	39,537	37,245	29,746	23,913	26,481
家族	(38)	26,550	37,795	36,613	35,691	28,157	21,573	23,747
雇用	(39)	2,136	2,053	2,924	1,554	1,589	2,340	2,734
間接労働費	(40)	1,411	2,015	1,714	1,899	1,248	1,257	1,237
家族	(41)	1,370	1,763	1,662	1,850	1,234	1,220	1,232
雇用	(42)	41	252	52	49	14	37	5
費用合計	(43)	**100,095**	**164,541**	**134,972**	**118,445**	**97,245**	**88,070**	**99,465**
購入（支払）	(44)	55,545	86,188	84,915	62,376	54,676	48,177	54,467
自給	(45)	27,999	39,562	38,399	37,578	29,556	22,852	25,056
償却	(46)	16,551	38,791	11,658	18,491	13,013	17,041	19,942
副産物価額	(47)	2,281	2,630	2,442	2,074	2,241	2,313	2,366
生産費（副産物価額差引）	(48)	**97,814**	**161,911**	**132,530**	**116,371**	**95,004**	**85,757**	**97,099**
支払利子	(49)	374	1,218	127	29	244	515	412
支払地代	(50)	4,807	259	1,101	1,153	2,999	7,104	6,158
支払利子・地代算入生産費	(51)	**102,995**	**163,388**	**133,758**	**117,553**	**98,247**	**93,376**	**103,669**
自己資本利子	(52)	3,606	5,665	3,964	4,890	3,686	3,099	4,587
自作地地代	(53)	11,357	14,620	15,576	13,912	14,514	8,915	8,359
資本利子・地代全額算入生産費（全算入生産費）	(54)	**117,958**	**183,673**	**153,298**	**136,355**	**116,447**	**105,390**	**116,615**

単位：円

	北陸								
						3.0ha以上			
5.0ha 以 上	平 均	0.5ha 未満	0.5 ～ 1.0	1.0 ～ 2.0	2.0 ～ 3.0	平 均	3.0 ～ 5.0	5.0ha 以 上	
(8)	(9)	(10)	(11)	(12)	(13)	(14)	(15)	(16)	
59,231	**81,297**	**110,730**	**109,884**	**91,825**	**90,543**	**68,562**	**87,790**	**62,007**	(1)
2,122	4,881	14,938	12,889	7,138	3,023	3,025	1,788	3,447	(2)
2,121	4,871	14,938	12,889	7,138	3,023	3,006	1,788	3,421	(3)
1	10	-	-	-	-	19	-	26	(4)
9,943	9,211	9,187	9,318	9,314	8,496	9,387	9,918	9,206	(5)
9,892	9,158	9,187	9,311	9,314	8,496	9,283	9,918	9,067	(6)
51	53	-	7	-	-	104	-	139	(7)
7,529	7,384	9,333	7,492	8,124	6,693	7,177	8,608	6,688	(8)
3,591	3,532	4,903	3,211	3,751	3,636	3,381	3,222	3,436	(9)
3,591	3,532	4,903	3,211	3,751	3,636	3,381	3,222	3,436	(10)
-	-	-	-	-	-	-	-	-	(11)
1,862	1,782	116	404	1,580	1,955	2,059	2,783	1,812	(12)
1,862	1,782	116	404	1,580	1,955	2,059	2,783	1,812	(13)
-	-	-	-	-	-	-	-	-	(14)
3,604	7,156	2,090	7,227	5,117	6,187	8,608	11,827	7,511	(15)
4,761	12,388	35,675	29,112	16,966	12,449	7,189	9,203	6,503	(16)
1,391	2,333	8,341	4,642	2,505	2,267	1,736	1,351	1,871	(17)
2,190	5,341	1,242	7,606	6,361	9,353	3,427	5,465	2,733	(18)
1,425	4,330	672	6,990	5,334	7,872	2,510	3,775	2,079	(19)
765	1,011	570	616	1,027	1,481	917	1,690	654	(20)
765	1,011	570	616	1,027	1,481	917	1,690	654	(21)
-	-	-	-	-	-	-	-	-	(22)
2,309	2,507	5,826	6,516	3,570	1,450	1,720	1,654	1,743	(23)
1,233	957	544	2,679	1,957	256	522	461	543	(24)
1,076	1,550	5,282	3,837	1,613	1,194	1,198	1,193	1,200	(25)
1,076	1,550	5,282	3,837	1,613	1,194	1,198	1,193	1,200	(26)
-	-	-	-	-	-	-	-	-	(27)
19,443	24,286	18,495	21,131	27,108	34,559	20,239	31,193	16,500	(28)
13,175	17,284	13,718	9,257	18,690	27,791	14,346	22,287	11,635	(29)
6,268	7,002	4,777	11,874	8,418	6,768	5,893	8,906	4,865	(30)
6,268	7,002	4,777	11,874	8,418	6,768	5,893	8,906	4,865	(31)
-	-	-	-	-	-	-	-	-	(32)
486	496	584	336	291	475	614	778	557	(33)
4	38	-	29	85	-	31	53	23	(34)
482	458	584	307	206	475	583	725	534	(35)
24,114	**31,902**	**68,944**	**47,460**	**35,085**	**33,477**	**26,449**	**35,169**	**23,476**	(36)
22,849	29,441	61,936	43,760	33,043	30,951	24,156	30,194	22,098	(37)
20,673	27,799	61,051	42,542	32,369	28,715	22,176	27,806	20,257	(38)
2,176	1,642	885	1,218	674	2,236	1,980	2,388	1,841	(39)
1,265	2,461	7,008	3,700	2,042	2,526	2,293	4,975	1,378	(40)
1,215	2,439	7,008	3,700	2,024	2,510	2,264	4,975	1,339	(41)
50	22	-	-	18	16	29	-	39	(42)
83,345	**113,199**	**179,674**	**157,344**	**126,910**	**124,020**	**95,011**	**122,959**	**85,483**	(43)
45,568	60,289	96,681	92,140	66,451	56,876	53,039	63,602	49,442	(44)
21,940	30,301	68,059	46,249	34,393	31,225	24,563	32,781	21,761	(45)
15,837	22,609	14,934	18,955	26,066	35,919	17,409	26,576	14,280	(46)
2,290	2,086	1,630	1,473	2,050	2,157	2,177	1,981	2,242	(47)
81,055	**111,113**	**178,044**	**155,871**	**124,860**	**121,863**	**92,834**	**120,978**	**83,241**	(48)
558	387	-	-	71	371	603	1,380	338	(49)
7,496	7,862	963	1,593	3,699	4,724	11,893	10,594	12,336	(50)
89,109	**119,362**	**179,007**	**157,464**	**128,630**	**126,958**	**105,330**	**132,952**	**95,915**	(51)
2,482	4,804	5,773	5,787	5,965	7,327	3,275	2,941	3,389	(52)
9,146	10,572	14,709	13,786	12,922	15,142	7,408	8,256	7,119	(53)
100,737	**134,738**	**199,489**	**177,037**	**147,517**	**149,427**	**116,013**	**144,149**	**106,423**	(54)

(3) 米の作付規模別生産費（続き）
エ 東北・北陸（続き）
(ウ) 生産費〔60kg当たり〕

区分		東北						
		平均	0.5ha 未満	0.5 ～ 1.0	1.0 ～ 2.0	2.0 ～ 3.0	3.0ha以上	
							平均	3.0 ～ 5.0
		(1)	(2)	(3)	(4)	(5)	(6)	(7)
物財費	(1)	7,510	13,800	10,194	8,766	7,054	6,697	7,701
種苗費	(2)	304	1,049	690	316	281	222	215
購入	(3)	303	1,049	690	315	277	221	212
自給	(4)	1	0	-	1	4	1	3
肥料費	(5)	1,055	1,003	1,207	988	1,018	1,064	1,090
購入	(6)	1,049	1,003	1,193	985	1,010	1,060	1,087
自給	(7)	6	-	14	3	8	4	3
農業薬剤費（購入）	(8)	857	908	864	983	864	819	869
光熱動力費	(9)	394	440	367	424	356	400	445
購入	(10)	394	440	367	424	356	400	445
自給	(11)	-	-	-	-	-	-	-
その他の諸材料費	(12)	193	148	214	205	183	191	175
購入	(13)	192	148	214	204	177	190	173
自給	(14)	1	-	-	1	6	1	2
土地改良及び水利費	(15)	483	725	605	559	536	422	517
賃借料及び料金	(16)	1,276	3,427	3,318	1,977	1,408	666	1,055
物件税及び公課諸負担	(17)	205	478	377	256	191	162	195
建物費	(18)	311	558	341	385	287	287	420
償却費	(19)	188	492	161	224	179	176	236
修繕費及び購入補充費	(20)	123	66	180	161	108	111	184
購入	(21)	123	66	180	161	108	111	184
自給	(22)	-	-	-	-	-	-	-
自動車費	(23)	355	1,957	637	464	267	252	268
償却費	(24)	187	1,477	258	279	136	121	96
修繕費及び購入補充費	(25)	168	480	379	185	131	131	172
購入	(26)	168	480	379	185	131	131	172
自給	(27)	-	-	-	-	-	-	-
農機具費	(28)	2,029	3,044	1,524	2,168	1,624	2,161	2,405
償却費	(29)	1,399	2,389	850	1,543	1,071	1,514	1,801
修繕費及び購入補充費	(30)	630	655	674	625	553	647	604
購入	(31)	630	655	674	625	553	647	604
自給	(32)	-	-	-	-	-	-	-
生産管理費	(33)	48	63	50	41	39	51	47
償却費	(34)	2	6	-	-	-	3	8
購入・支払	(35)	46	57	50	41	39	48	39
労働費	(36)	3,229	4,710	4,486	4,325	3,300	2,679	2,976
直接労働費	(37)	3,078	4,484	4,299	4,116	3,168	2,545	2,843
家族	(38)	2,849	4,253	3,981	3,944	2,998	2,296	2,550
雇用	(39)	229	231	318	172	170	249	293
間接労働費	(40)	151	226	187	209	132	134	133
家族	(41)	147	198	181	204	131	130	132
雇用	(42)	4	28	6	5	1	4	1
費用合計	(43)	10,739	18,510	14,680	13,091	10,354	9,376	10,677
購入（支払）	(44)	5,959	9,695	9,235	6,892	5,821	5,130	5,846
自給	(45)	3,004	4,451	4,176	4,153	3,147	2,432	2,690
償却	(46)	1,776	4,364	1,269	2,046	1,386	1,814	2,141
副産物価額	(47)	245	295	266	230	238	247	255
生産費（副産物価額差引）	(48)	10,494	18,215	14,414	12,861	10,116	9,129	10,422
支払利子	(49)	40	137	14	3	26	55	44
支払地代	(50)	516	29	120	127	319	756	661
支払利子・地代算入生産費	(51)	11,050	18,381	14,548	12,991	10,461	9,940	11,127
自己資本利子	(52)	387	637	431	540	392	330	493
自作地地代	(53)	1,219	1,645	1,694	1,537	1,545	949	897
資本利子・地代全額算入生産費（全算入生産費）	(54)	12,656	20,663	16,673	15,068	12,398	11,219	12,517

米生産費・東北・北陸

単位：円

5.0ha 以上	北 平均	0.5ha 未満	0.5～1.0	1.0～2.0	陸 2.0～3.0	3.0以上 平均	3.0～5.0	5.0ha 以上	
(8)	(9)	(10)	(11)	(12)	(13)	(14)	(15)	(16)	
6,277	8,622	13,181	12,755	9,951	9,807	7,058	9,414	6,290	(1)
225	518	1,778	1,496	773	327	311	192	350	(2)
225	517	1,778	1,496	773	327	309	192	347	(3)
0	1	-	-	-	-	2	-	3	(4)
1,053	976	1,093	1,083	1,008	922	968	1,064	936	(5)
1,048	970	1,093	1,082	1,008	922	957	1,064	922	(6)
5	6	-	1	-	-	11	-	14	(7)
797	783	1,111	870	880	724	738	923	679	(8)
381	374	585	372	407	394	348	344	348	(9)
381	374	585	372	407	394	348	344	348	(10)
-	-	-	-	-	-	-	-	-	(11)
197	189	14	47	171	212	211	299	183	(12)
197	189	14	47	171	212	211	299	183	(13)
-	-	-	-	-	-	-	-	-	(14)
382	759	249	839	555	670	886	1,268	762	(15)
505	1,315	4,246	3,378	1,839	1,349	741	987	660	(16)
147	246	992	539	272	245	181	144	190	(17)
232	567	148	883	689	1,013	353	586	276	(18)
151	460	80	811	578	853	259	405	210	(19)
81	107	68	72	111	160	94	181	66	(20)
81	107	68	72	111	160	94	181	66	(21)
-	-	-	-	-	-	-	-	-	(22)
245	266	694	756	387	157	176	177	177	(23)
131	101	65	311	212	28	53	49	55	(24)
114	165	629	445	175	129	123	128	122	(25)
114	165	629	445	175	129	123	128	122	(26)
-	-	-	-	-	-	-	-	-	(27)
2,062	2,576	2,202	2,453	2,939	3,743	2,082	3,346	1,673	(28)
1,397	1,833	1,633	1,075	2,027	3,010	1,476	2,391	1,179	(29)
665	743	569	1,378	912	733	606	955	494	(30)
665	743	569	1,378	912	733	606	955	494	(31)
-	-	-	-	-	-	-	-	-	(32)
51	53	69	39	31	51	63	84	56	(33)
0	4	-	3	9	-	3	6	2	(34)
51	49	69	36	22	51	60	78	54	(35)
2,557	3,385	8,206	5,509	3,802	3,625	2,722	3,773	2,384	(36)
2,423	3,124	7,372	5,080	3,581	3,351	2,486	3,239	2,244	(37)
2,192	2,949	7,267	4,938	3,508	3,109	2,282	2,983	2,057	(38)
231	175	105	142	73	242	204	256	187	(39)
134	261	834	429	221	274	236	534	140	(40)
129	259	834	429	219	272	233	534	136	(41)
5	2	-	-	2	2	3	-	4	(42)
8,834	12,007	21,387	18,264	13,753	13,432	9,780	13,187	8,674	(43)
4,829	6,394	11,508	10,696	7,200	6,160	5,461	6,819	5,018	(44)
2,326	3,215	8,101	5,368	3,727	3,381	2,528	3,517	2,210	(45)
1,679	2,398	1,778	2,200	2,826	3,891	1,791	2,851	1,446	(46)
242	221	194	171	222	234	224	212	228	(47)
8,592	11,786	21,193	18,093	13,531	13,198	9,556	12,975	8,446	(48)
59	41	-	-	8	40	62	148	34	(49)
795	835	115	185	401	512	1,224	1,136	1,252	(50)
9,446	12,662	21,308	18,278	13,940	13,750	10,842	14,259	9,732	(51)
263	510	687	672	646	793	337	315	344	(52)
970	1,122	1,750	1,600	1,400	1,640	762	885	722	(53)
10,679	14,294	23,745	20,550	15,986	16,183	11,941	15,459	10,798	(54)

米生産費・東北・北陸

(3) 米の作付規模別生産費（続き）
エ 東北・北陸（続き）
(エ) 米の作業別労働時間

区分		東					北	
		平均	0.5ha未満	0.5～1.0	1.0～2.0	2.0～3.0	平均	3.0ha以上 3.0～5.0
		(1)	(2)	(3)	(4)	(5)	(6)	(7)
投下労働時間（10a当たり）	(1)	21.72	31.10	30.06	29.03	22.30	17.88	19.86
家族	(2)	19.83	29.29	27.81	27.86	20.76	15.74	17.65
雇用	(3)	1.89	1.81	2.25	1.17	1.54	2.14	2.21
直接労働時間	(4)	20.71	29.69	28.81	27.60	21.38	17.01	18.99
家族	(5)	18.85	28.00	26.60	26.47	19.85	14.90	16.78
男	(6)	15.44	26.22	22.66	22.54	14.70	12.17	14.05
女	(7)	3.41	1.78	3.94	3.93	5.15	2.73	2.73
雇用	(8)	1.86	1.69	2.21	1.13	1.53	2.11	2.21
男	(9)	1.37	0.97	1.59	0.76	1.06	1.61	1.82
女	(10)	0.49	0.72	0.62	0.37	0.47	0.50	0.39
間接労働時間	(11)	1.01	1.41	1.25	1.43	0.92	0.87	0.87
男	(12)	0.90	1.38	1.22	1.32	0.76	0.77	0.79
女	(13)	0.11	0.03	0.03	0.11	0.16	0.10	0.08
投下労働時間（60kg当たり）	(14)	2.31	3.46	3.28	3.20	2.35	1.91	2.11
家族	(15)	2.13	3.26	3.04	3.08	2.20	1.68	1.89
雇用	(16)	0.18	0.20	0.24	0.12	0.15	0.23	0.22
直接労働時間	(17)	2.21	3.31	3.15	3.05	2.25	1.82	2.02
家族	(18)	2.03	3.12	2.91	2.93	2.10	1.59	1.80
男	(19)	1.64	2.93	2.47	2.50	1.56	1.29	1.51
女	(20)	0.39	0.19	0.44	0.43	0.54	0.30	0.29
雇用	(21)	0.18	0.19	0.24	0.12	0.15	0.23	0.22
男	(22)	0.12	0.10	0.17	0.08	0.10	0.18	0.19
女	(23)	0.06	0.09	0.07	0.04	0.05	0.05	0.03
間接労働時間	(24)	0.10	0.15	0.13	0.15	0.10	0.09	0.09
男	(25)	0.09	0.15	0.13	0.14	0.08	0.08	0.08
女	(26)	0.01	0.00	0.00	0.01	0.02	0.01	0.01
作業別直接労働時間（10a当たり）合計	(27)	20.71	29.69	28.81	27.60	21.38	17.01	18.99
種子予措	(28)	0.27	0.13	0.27	0.39	0.30	0.23	0.25
育苗	(29)	3.19	3.76	4.08	4.15	3.58	2.65	2.82
耕起整地	(30)	2.59	3.78	3.55	3.45	2.84	2.07	2.36
基肥	(31)	0.60	0.95	0.97	0.71	0.57	0.50	0.50
直まき	(32)	0.04	-	-	0.07	0.00	0.05	0.08
田植	(33)	3.11	2.67	4.48	3.69	3.25	2.69	2.79
追肥	(34)	0.24	0.35	0.15	0.28	0.25	0.24	0.34
除草	(35)	1.05	1.99	1.47	1.32	1.15	0.85	0.90
管理	(36)	5.36	8.59	8.78	7.99	5.76	3.88	5.15
防除	(37)	0.32	0.58	0.39	0.45	0.36	0.26	0.28
刈取脱穀	(38)	2.48	5.87	2.83	3.06	2.25	2.22	2.24
乾燥	(39)	0.99	0.22	0.69	1.27	0.69	1.08	0.90
生産管理	(40)	0.47	0.80	1.15	0.77	0.38	0.29	0.38
うち家族								
種子予措	(41)	0.27	0.13	0.27	0.39	0.30	0.22	0.24
育苗	(42)	2.74	3.00	3.54	3.90	3.15	2.17	2.30
耕起整地	(43)	2.48	3.75	3.41	3.45	2.80	1.92	2.22
基肥	(44)	0.58	0.94	0.95	0.71	0.56	0.47	0.48
直まき	(45)	0.03	-	-	0.07	0.00	0.04	0.06
田植	(46)	2.39	2.44	3.51	3.21	2.51	1.94	1.99
追肥	(47)	0.23	0.35	0.15	0.28	0.24	0.22	0.32
除草	(48)	0.99	1.96	1.38	1.32	1.14	0.76	0.88
管理	(49)	5.22	8.50	8.69	7.95	5.65	3.69	5.03
防除	(50)	0.31	0.56	0.39	0.45	0.36	0.24	0.26
刈取脱穀	(51)	2.20	5.35	2.53	2.73	2.09	1.93	1.77
乾燥	(52)	0.94	0.22	0.63	1.24	0.67	1.01	0.85
生産管理	(53)	0.47	0.80	1.15	0.77	0.38	0.29	0.38

単位：時間

5.0ha 以上	平　均	0.5ha 未満	0.5 ～ 1.0	1.0 ～ 2.0	2.0 ～ 3.0	3.0ha以上 平　均	3.0ha以上 3.0 ～ 5.0	3.0ha以上 5.0ha 以 上	
	北	陸							
(8)	(9)	(10)	(11)	(12)	(13)	(14)	(15)	(16)	
17.12	**22.31**	**44.68**	**31.50**	**25.06**	**24.19**	**18.36**	**26.39**	**15.62**	(1)
14.99	21.07	44.17	30.69	24.52	22.63	16.82	24.26	14.29	(2)
2.13	1.24	0.51	0.81	0.54	1.56	1.54	2.13	1.33	(3)
16.24	20.54	39.90	28.93	23.62	22.30	16.68	22.49	14.70	(4)
14.16	19.31	39.39	28.12	23.09	20.75	15.16	20.36	13.40	(5)
11.42	15.85	29.22	23.78	18.80	18.25	12.15	14.85	11.24	(6)
2.74	3.46	10.17	4.34	4.29	2.50	3.01	5.51	2.16	(7)
2.08	1.23	0.51	0.81	0.53	1.55	1.52	2.13	1.30	(8)
1.53	0.89	0.26	0.52	0.40	0.79	1.20	1.68	1.02	(9)
0.55	0.34	0.25	0.29	0.13	0.76	0.32	0.45	0.28	(10)
0.88	1.77	4.78	2.57	1.44	1.89	1.68	3.90	0.92	(11)
0.77	1.50	4.50	2.38	1.20	1.82	1.31	2.67	0.84	(12)
0.11	0.27	0.28	0.19	0.24	0.07	0.37	1.23	0.08	(13)
1.83	**2.34**	**5.31**	**3.67**	**2.73**	**2.64**	**1.86**	**2.81**	**1.56**	(14)
1.61	2.22	5.25	3.57	2.69	2.46	1.72	2.59	1.44	(15)
0.22	0.12	0.06	0.10	0.04	0.18	0.14	0.22	0.12	(16)
1.74	2.15	4.74	3.37	2.57	2.43	1.69	2.39	1.47	(17)
1.52	2.03	4.68	3.27	2.53	2.25	1.55	2.17	1.35	(18)
1.22	1.67	3.47	2.76	2.05	1.98	1.24	1.60	1.15	(19)
0.30	0.36	1.21	0.51	0.48	0.27	0.31	0.57	0.20	(20)
0.22	0.12	0.06	0.10	0.04	0.18	0.14	0.22	0.12	(21)
0.17	0.09	0.03	0.06	0.04	0.09	0.12	0.17	0.10	(22)
0.05	0.03	0.03	0.04	0.00	0.09	0.02	0.05	0.02	(23)
0.09	0.19	0.57	0.30	0.16	0.21	0.17	0.42	0.09	(24)
0.08	0.16	0.54	0.28	0.13	0.20	0.13	0.29	0.08	(25)
0.01	0.03	0.03	0.02	0.03	0.01	0.04	0.13	0.01	(26)
16.24	**20.54**	**39.90**	**28.93**	**23.62**	**22.30**	**16.68**	**22.49**	**14.70**	(27)
0.23	0.16	–	0.01	0.10	0.18	0.21	0.41	0.13	(28)
2.58	2.00	1.12	0.69	2.32	2.21	1.99	2.42	1.84	(29)
1.98	2.88	6.10	4.44	3.25	3.19	2.29	2.92	2.08	(30)
0.51	0.55	0.94	0.97	0.65	0.57	0.42	0.55	0.38	(31)
0.03	0.01	–	–	0.02	0.00	0.02	–	0.03	(32)
2.67	2.75	5.32	3.85	2.75	3.48	2.27	3.02	2.00	(33)
0.20	0.47	0.60	0.43	0.51	0.50	0.45	0.91	0.30	(34)
0.83	1.17	2.18	1.94	1.25	1.29	0.95	1.56	0.74	(35)
3.34	5.63	15.40	10.53	7.41	5.10	3.96	6.10	3.23	(36)
0.24	0.21	0.81	0.37	0.16	0.17	0.18	0.14	0.20	(37)
2.20	2.80	4.31	3.93	2.84	3.62	2.32	2.81	2.15	(38)
1.17	1.25	1.58	0.79	1.54	1.26	1.14	0.97	1.20	(39)
0.26	0.66	1.54	0.98	0.82	0.73	0.48	0.68	0.42	(40)
0.23	0.16	–	0.01	0.10	0.18	0.21	0.41	0.13	(41)
2.12	1.83	1.12	0.69	2.24	2.01	1.76	2.08	1.64	(42)
1.81	2.82	6.10	4.33	3.23	3.19	2.19	2.81	1.99	(43)
0.47	0.53	0.91	0.97	0.64	0.57	0.40	0.55	0.35	(44)
0.02	0.01	–	–	0.01	0.00	0.02	–	0.03	(45)
1.93	2.23	4.87	3.35	2.56	2.75	1.66	1.87	1.59	(46)
0.19	0.47	0.60	0.43	0.50	0.50	0.45	0.91	0.30	(47)
0.70	1.15	2.18	1.94	1.24	1.29	0.92	1.56	0.70	(48)
3.13	5.59	15.40	10.52	7.34	5.10	3.91	6.10	3.17	(49)
0.22	0.20	0.80	0.37	0.16	0.17	0.17	0.14	0.19	(50)
1.99	2.49	4.29	3.74	2.75	3.14	1.93	2.30	1.80	(51)
1.09	1.17	1.58	0.79	1.50	1.12	1.06	0.95	1.09	(52)
0.26	0.66	1.54	0.98	0.82	0.73	0.48	0.68	0.42	(53)

米生産費・関東・東山・東海

(3) 米の作付規模別生産費（続き）
オ 関東･東山・東海
(ｱ) 調査対象経営体の生産概要・経営概況

区分	単位	関東・東山 平均	0.5ha 未満	0.5 ～ 1.0	1.0 ～ 2.0	2.0 ～ 3.0	3.0ha以上 平均	3.0ha以上 3.0 ～ 5.0
		(1)	(2)	(3)	(4)	(5)	(6)	(7)
集計経営体数 (1)	経営体	177	29	33	43	25	47	12
労働力（１経営体当たり）								
世帯員数 (2)	人	3.2	2.8	3.4	3.0	3.9	3.6	3.3
男 (3)	〃	1.6	1.5	1.7	1.6	1.9	1.8	1.7
女 (4)	〃	1.6	1.3	1.7	1.4	2.0	1.8	1.6
家族員数 (5)	〃	3.2	2.8	3.4	3.0	3.9	3.6	3.3
男 (6)	〃	1.6	1.5	1.7	1.6	1.9	1.8	1.7
女 (7)	〃	1.6	1.3	1.7	1.4	2.0	1.8	1.6
農業就業者 (8)	〃	0.7	0.5	0.5	0.8	0.8	1.4	0.8
男 (9)	〃	0.5	0.3	0.4	0.5	0.6	1.0	0.7
女 (10)	〃	0.2	0.2	0.1	0.3	0.2	0.4	0.1
農業専従者 (11)	〃	0.3	0.3	0.2	0.4	0.3	0.9	0.3
男 (12)	〃	0.2	0.2	0.2	0.2	0.2	0.6	0.2
女 (13)	〃	0.1	0.1	0.0	0.2	0.1	0.3	0.1
土地（１経営体当たり）								
経営耕地面積 (14)	a	267	89	160	266	368	1,123	490
田 (15)	〃	221	51	106	212	334	1,090	479
畑 (16)	〃	46	38	54	54	34	33	11
普通畑 (17)	〃	42	34	53	44	34	33	11
樹園地 (18)	〃	4	4	1	10	0	0	0
牧草地 (19)	〃	–	–	–	–	–	–	–
耕地以外の土地 (20)	〃	84	65	103	90	35	127	161
水稲								
使用地面積（１経営体当たり）								
作付地 (21)	〃	146.3	31.6	74.5	144.8	243.9	669.6	372.0
自作地 (22)	〃	90.1	30.1	67.9	109.4	157.7	218.3	227.5
小作地 (23)	〃	56.2	1.5	6.6	35.4	86.2	451.3	144.5
作付地以外 (24)	〃	2.3	1.4	2.2	2.5	3.0	5.1	2.0
所有地 (25)	〃	2.3	1.3	2.2	2.4	3.0	5.1	2.0
借入地 (26)	〃	0.0	0.1	–	0.1	–	0.0	–
田の団地数（１経営体当たり） (27)	団地	**3.4**	**1.7**	**2.8**	**3.8**	**5.6**	**6.7**	**4.7**
ほ場枚数（１経営体当たり） (28)	枚	**8.7**	**2.9**	**6.0**	**9.2**	**14.3**	**29.2**	**15.0**
未整理又は10ａ未満 (29)	〃	3.1	1.5	2.8	2.8	5.5	7.3	3.3
10 ～ 20 a 区画 (30)	〃	2.8	1.0	1.7	4.1	4.3	7.2	3.4
20 ～ 30 a 区画 (31)	〃	1.7	0.3	1.3	1.4	2.4	7.6	3.4
30 ～ 50 a 区画 (32)	〃	0.9	0.1	0.1	0.8	1.5	5.5	4.3
50 a 以上区画 (33)	〃	0.2	–	0.1	0.1	0.6	1.6	0.6
ほ場面積（１経営体当たり）								
未整理又は10ａ未満 (34)	a	18.6	9.3	12.5	16.0	31.8	61.4	36.3
10 ～ 20 a 区画 (35)	〃	39.4	13.3	22.6	56.2	62.7	107.9	52.5
20 ～ 30 a 区画 (36)	〃	40.5	5.8	31.0	33.4	57.4	190.0	85.1
30 ～ 50 a 区画 (37)	〃	31.9	3.2	4.9	29.5	57.0	203.7	156.5
50 a 以上区画 (38)	〃	15.9	–	3.5	9.7	35.0	106.6	41.6
(参考) 団地への距離等（１経営体当たり）								
ほ場間の距離 (39)	km	1.5	0.5	0.7	1.1	1.7	3.1	1.7
団地への平均距離 (40)	〃	0.9	0.7	0.6	0.8	0.9	1.4	0.8
作付地の実勢地代（10ａ当たり） (41)	円	**14,244**	**10,572**	**14,513**	**13,747**	**14,943**	**14,749**	**13,514**
自作地 (42)	〃	14,195	10,343	14,670	13,992	15,587	14,459	14,289
小作地 (43)	〃	14,326	15,515	12,863	12,984	13,743	14,889	12,274
投下資本額（10ａ当たり） (44)	〃	**148,288**	**218,248**	**207,600**	**154,238**	**135,349**	**114,633**	**74,749**
借入資本額 (45)	〃	6,699	–	–	4,886	329	15,443	2,308
自己資本額 (46)	〃	141,589	218,248	207,600	149,352	135,020	99,190	72,441
固定資本額 (47)	〃	105,376	147,867	149,481	106,701	98,307	82,420	36,357
建物・構築物 (48)	〃	28,285	34,375	44,086	21,723	31,787	22,636	8,864
土地改良設備 (49)	〃	681	6,050	113	–	1,332	147	85
自動車 (50)	〃	5,623	18,771	16,236	1,896	3,438	2,501	1,581
農機具 (51)	〃	70,787	88,671	89,046	83,082	61,750	57,136	25,827
流動資本額 (52)	〃	24,285	39,712	29,646	27,639	20,732	19,327	24,515
労賃資本額 (53)	〃	18,627	30,669	28,473	19,898	16,310	12,886	13,877

米生産費・関東・東山・東海

			東		海		3.0ha以上	
5.0ha 以上	平 均	0.5ha 未満	0.5 〜 1.0	1.0 〜 2.0	2.0 〜 3.0	平 均	3.0 〜 5.0	5.0ha 以上
(8)	(9)	(10)	(11)	(12)	(13)	(14)	(15)	(16)
35	63	18	11	10	4	20	1	19	(1)
4.0	3.4	3.0	3.5	3.5	4.8	6.0	x	5.8	(2)
2.0	1.7	1.7	1.7	1.4	1.9	2.9	x	2.9	(3)
2.0	1.7	1.3	1.8	2.1	2.9	3.1	x	2.9	(4)
4.0	3.4	3.0	3.5	3.5	4.8	6.0	x	5.8	(5)
2.0	1.7	1.7	1.7	1.4	1.9	2.9	x	2.9	(6)
2.0	1.7	1.3	1.8	2.1	2.9	3.1	x	2.9	(7)
2.1	0.7	0.9	0.3	0.8	1.0	2.2	x	2.1	(8)
1.4	0.4	0.4	0.2	0.5	1.0	1.6	x	1.5	(9)
0.7	0.3	0.5	0.1	0.3	-	0.6	x	0.6	(10)
1.4	0.3	0.4	-	0.1	0.5	1.8	x	1.8	(11)
1.0	0.2	0.3	-	0.1	0.5	1.3	x	1.3	(12)
0.4	0.1	0.1	-	-	-	0.5	x	0.5	(13)
1,788	204	95	114	166	501	1,567	x	1,625	(14)
1,732	170	45	102	156	330	1,534	x	1,598	(15)
56	34	50	12	10	171	33	x	27	(16)
55	21	31	11	9	28	29	x	23	(17)
1	13	19	1	1	143	4	x	4	(18)
-	-	-	-	-	-	-	x	-	(19)
91	155	64	33	636	92	60	x	63	(20)
982.5	122.1	33.5	69.6	142.5	256.1	1,010.0	x	1,047.7	(21)
208.6	51.0	29.3	64.9	60.2	123.2	87.9	x	87.4	(22)
773.9	71.1	4.2	4.7	82.3	132.9	922.1	x	960.3	(23)
8.4	1.9	1.0	1.6	3.4	1.8	6.3	x	6.6	(24)
8.3	1.9	1.0	1.6	3.4	1.8	6.1	x	6.4	(25)
0.1	0.0	-	-	-	-	0.2	x	0.2	(26)
8.8	3.0	2.1	3.4	1.8	4.0	10.9	x	10.3	(27)
44.0	10.8	5.5	5.7	11.8	17.4	75.9	x	78.4	(28)
11.4	6.1	4.8	3.3	4.6	5.9	36.6	x	38.8	(29)
11.2	3.0	0.7	1.4	4.2	8.9	24.6	x	24.1	(30)
12.1	1.2	0.0	0.6	2.6	2.0	9.1	x	9.6	(31)
6.7	0.5	-	0.4	0.4	0.3	5.2	x	5.5	(32)
2.6	0.0	-	-	-	0.3	0.4	x	0.4	(33)
87.8	36.6	22.6	22.4	31.0	42.4	244.9	x	259.7	(34)
166.2	40.9	9.5	18.0	57.9	119.4	336.5	x	334.4	(35)
300.2	26.3	1.3	16.0	41.4	50.6	226.9	x	241.1	(36)
253.3	16.3	-	13.1	12.1	11.6	180.2	x	189.6	(37)
175.0	1.9	-	-	-	32.1	21.5	x	22.9	(38)
3.6	2.0	1.1	0.8	0.8	1.4	4.3	x	4.4	(39)
1.5	1.4	1.4	0.7	0.7	1.4	2.0	x	2.1	(40)
15,237	9,790	10,833	10,225	7,730	8,843	10,357	x	10,297	(41)
14,654	10,261	11,124	10,187	8,949	10,326	11,059	x	11,130	(42)
15,396	9,439	8,691	10,765	6,791	7,456	10,289	x	10,221	(43)
130,515	172,134	303,585	216,133	186,523	187,181	112,268	x	112,764	(44)
20,674	12,488	-	-	2,791	-	26,240	x	26,303	(45)
109,841	159,646	303,585	216,133	183,732	187,181	86,028	x	86,461	(46)
100,762	120,700	224,678	151,209	131,716	143,171	74,133	x	74,875	(47)
28,120	45,735	55,160	110,129	11,338	57,166	32,459	x	32,900	(48)
172	37	-	210	-	-	-	x	-	(49)
2,867	6,556	8,985	10,958	9,574	17,312	1,780	x	1,811	(50)
69,603	68,372	160,533	29,912	110,804	68,693	39,894	x	40,164	(51)
17,262	30,708	40,479	39,671	37,656	20,255	22,555	x	22,371	(52)
12,491	20,726	38,428	25,253	17,151	23,755	15,580	x	15,518	(53)

米生産費・関東・東山・東海

(3) 米の作付規模別生産費（続き）
オ　関東・東山・東海（続き）
(ア) 調査対象経営体の生産概要・経営概況（続き）

区　　　　　　分	単位	関　　　東　・　東　　　山						
		平均	0.5ha未満	0.5～1.0	1.0～2.0	2.0～3.0	平均	3.0ha以上 3.0～5.0
		(1)	(2)	(3)	(4)	(5)	(6)	(7)
自動車所有台数（10経営体当たり）								
四　輪　自　動　車　(54)	台	24.5	18.3	24.1	27.5	27.1	34.0	27.2
農機具所有台数（10経営体当たり）								
電　　動　　機　(55)	〃	0.1	-	0.1	0.3	-	0.2	-
発　　動　　機　(56)	〃	0.1	0.3	-	-	-	0.0	-
揚　水　ポ　ン　プ　(57)	〃	1.5	0.8	0.8	0.9	4.7	2.8	0.9
乗用型トラクタ								
20　馬　力　未　満　(58)	〃	2.2	3.2	2.7	1.3	0.4	2.0	1.2
20～50馬力未満　(59)	〃	9.8	7.9	9.4	10.4	12.4	11.6	7.2
50　馬　力　以　上　(60)	〃	1.1	-	0.9	0.8	1.0	6.5	1.7
歩行型トラクタ								
駆　　動　　型　(61)	〃	2.6	3.0	3.3	2.2	1.3	1.9	2.8
け　ん　引　型　(62)	〃	1.3	2.5	0.7	1.1	0.5	0.9	1.0
電　熱　育　苗　機　(63)	〃	0.6	-	0.7	0.5	1.0	2.1	1.4
田　　植　　機								
2　　条　　植　(64)	〃	0.8	2.4	0.2	-	0.6	0.6	0.7
3～5　条　(65)	〃	5.5	4.7	7.5	5.5	5.0	1.3	0.4
6　条　以　上　(66)	〃	2.3	1.1	0.3	3.4	4.4	7.8	5.4
動　力　噴　霧　機　(67)	〃	4.3	3.1	4.1	5.1	2.8	9.2	6.8
動　力　散　粉　機　(68)	〃	0.9	1.0	0.7	0.5	1.9	0.4	-
バ　イ　ン　ダ　ー　(69)	〃	0.9	2.3	0.7	-	-	0.4	0.7
自脱型コンバイン								
3　条　以　下　(70)	〃	5.4	4.6	6.6	5.7	5.4	2.7	3.7
4　条　以　上　(71)	〃	2.1	0.4	1.3	2.5	3.8	7.6	3.3
普通型コンバイン　(72)	〃	0.1	-	-	-	-	0.7	-
脱　　穀　　機　(73)	〃	1.2	3.0	1.0	-	0.2	0.6	0.7
動力もみすり機　(74)	〃	6.3	4.5	5.5	7.8	7.9	8.9	5.6
乾　　燥　　機								
静　　置　　式　(75)	〃	0.7	1.1	-	1.6	0.2	0.7	-
循　　環　　式　(76)	〃	7.2	3.4	6.3	7.6	11.2	15.9	8.0
水　　　　　　　　稲								
10 a 当たり主産物数量　(77)	kg	516	489	503	502	517	534	575
粗　　収　　益								
10　a　当　た　り　(78)	円	107,427	110,936	103,669	109,919	107,169	107,064	111,857
主　　産　　物　(79)	〃	105,468	108,832	102,249	108,419	105,094	104,663	109,519
副　　産　　物　(80)	〃	1,959	2,104	1,420	1,500	2,075	2,401	2,338
60　kg　当　た　り　(81)	〃	12,482	13,611	12,341	13,130	12,426	12,015	11,677
主　　産　　物　(82)	〃	12,254	13,353	12,171	12,950	12,185	11,746	11,433
副　　産　　物　(83)	〃	228	258	170	180	241	269	244
所　　　　　　　　得								
10　a　当　た　り　(84)	〃	25,166	△ 14,939	△ 2,804	24,323	35,405	38,593	46,681
1　日　当　た　り　(85)	〃	8,893	-	-	7,643	14,276	20,847	22,256
家　族　労　働　報　酬								
10　a　当　た　り　(86)	〃	9,630	△ 37,278	△ 26,559	6,633	19,084	29,560	34,599
1　日　当　た　り　(87)	〃	3,403	-	-	2,084	7,695	15,968	16,495
(参考1）経営所得安定対策等								
受取金（10a当たり）(88)	〃	5,224	2,757	4,411	3,652	5,965	6,566	5,569
(参考2）経営所得安定対策等								
の交付金を加えた場合								
粗　　収　　益								
10　a　当　た　り　(89)	〃	112,651	113,693	108,080	113,571	113,134	113,630	117,426
60　kg　当　た　り　(90)	〃	13,088	13,949	12,866	13,567	13,118	12,751	12,259
所　　　　　　　　得								
10　a　当　た　り　(91)	〃	30,390	△ 12,182	1,607	27,975	41,370	45,159	52,250
1　日　当　た　り　(92)	〃	10,739	-	391	8,790	16,681	24,394	24,911
家　族　労　働　報　酬								
10　a　当　た　り　(93)	〃	14,854	△ 34,521	△ 22,148	10,285	25,049	36,126	40,168
1　日　当　た　り　(94)	〃	5,249	-	-	3,232	10,100	19,514	19,150

	東	海							
						3.0ha以上			
5.0ha 以 上	平 均	0.5ha 未 満	0.5 ～ 1.0	1.0 ～ 2.0	2.0 ～ 3.0	平 均	3.0 ～ 5.0	5.0ha 以 上	
(8)	(9)	(10)	(11)	(12)	(13)	(14)	(15)	(16)	
41.1	23.9	23.0	20.1	26.9	18.8	44.2	x	43.2	(54)
0.4	－	－	－	－	－	－	x	－	(55)
0.1	0.0	－	－	－	－	0.0	x	0.0	(56)
4.8	0.3	0.6	－	－	－	0.4	x	0.4	(57)
3.0	2.3	3.5	0.9	2.3	3.3	1.2	x	1.3	(58)
16.1	7.8	5.2	8.4	8.9	4.6	22.8	x	23.6	(59)
11.6	0.4	－	－	－	2.1	6.7	x	7.2	(60)
1.0	2.7	3.4	1.1	4.8	1.9	0.4	x	0.4	(61)
0.9	－	－	－	－	－	－	x	－	(62)
2.9	2.9	0.6	2.2	6.8	－	14.2	x	15.1	(63)
0.4	0.9	1.7	0.6	－	－	－	x	－	(64)
2.3	5.9	5.3	7.4	5.6	7.9	3.0	x	2.6	(65)
10.2	0.6	－	－	－	2.1	9.9	x	10.5	(66)
11.7	4.5	5.7	1.7	5.8	1.9	7.3	x	6.5	(67)
0.8	2.8	1.4	3.3	6.0	2.7	0.4	x	0.4	(68)
－	1.9	2.1	3.1	0.3	－	0.1	x	0.1	(69)
1.6	4.3	5.0	2.6	4.4	8.1	6.6	x	7.1	(70)
12.1	2.3	1.0	3.4	1.2	1.9	10.9	x	11.0	(71)
1.5	0.1	－	－	－	－	1.7	x	1.8	(72)
0.4	－	－	－	－	－	－	x	－	(73)
12.4	4.2	4.0	4.2	1.7	11.2	10.8	x	11.5	(74)
1.5	1.6	0.7	3.1	－	－	5.1	x	5.5	(75)
24.1	4.6	4.9	1.5	1.7	12.5	25.1	x	26.7	(76)
518	**497**	**505**	**492**	**490**	**479**	**501**	**x**	**501**	**(77)**
105,157	109,394	110,233	97,221	114,779	100,251	112,401	x	112,113	(78)
102,730	108,110	108,906	96,598	114,279	99,126	110,504	x	110,193	(79)
2,427	1,284	1,327	623	500	1,125	1,897	x	1,920	(80)
12,164	13,216	13,095	11,851	14,073	12,550	13,459	x	13,445	(81)
11,884	13,061	12,937	11,775	14,012	12,410	13,232	x	13,215	(82)
280	155	158	76	61	140	227	x	230	(83)
35,375	9,339	△ 54,233	△ 14,243	△ 716	24,630	38,347	x	38,191	(84)
20,171	3,155	－	－	－	6,321	19,114	x	19,131	(85)
27,556	△ 2,360	△ 78,341	△ 35,245	△ 12,411	11,485	33,696	x	33,553	(86)
15,713	－	－	－	－	2,948	16,796	x	16,808	(87)
6,963	5,130	1,791	5,635	6,237	3,851	5,448	x	5,529	(88)
112,120	114,524	112,024	102,856	121,016	104,102	117,849	x	117,642	(89)
12,970	13,836	13,308	12,537	14,837	13,032	14,112	x	14,108	(90)
42,338	14,469	△ 52,442	△ 8,608	5,521	28,481	43,795	x	43,720	(91)
24,141	4,888	－	－	2,346	7,310	21,829	x	21,901	(92)
34,519	2,770	△ 76,550	△ 29,610	△ 6,174	15,336	39,144	x	39,082	(93)
19,683	936	－	－	－	3,936	19,511	x	19,578	(94)

米生産費・関東・東山・東海

(3) 米の作付規模別生産費（続き）
オ　関東・東山・東海（続き）
(イ)　生産費〔10a当たり〕

区分	関東・東山 平均	0.5ha未満	0.5～1.0	1.0～2.0	2.0～3.0	平均	3.0ha以上 3.0～5.0
	(1)	(2)	(3)	(4)	(5)	(6)	(7)
物財費 (1)	74,219	122,445	100,143	80,357	65,590	56,100	58,664
種苗費 (2)	3,387	6,353	2,878	5,364	2,900	2,145	2,559
購入 (3)	3,334	6,329	2,849	5,281	2,830	2,105	2,559
自給 (4)	53	24	29	83	70	40	-
肥料費 (5)	8,115	9,485	8,307	8,320	6,729	8,459	9,333
購入 (6)	8,115	9,485	8,307	8,320	6,726	8,459	9,333
自給 (7)	0	-	-	-	3	-	-
農業薬剤費（購入） (8)	6,125	6,984	7,824	5,954	5,250	5,848	6,252
光熱動力費 (9)	4,086	4,916	5,421	3,889	4,354	3,342	3,122
購入 (10)	4,086	4,916	5,421	3,889	4,354	3,342	3,122
自給 (11)	-	-	-	-	-	-	-
その他の諸材料費 (12)	1,848	1,830	2,375	1,905	1,954	1,522	1,776
購入 (13)	1,831	1,739	2,310	1,905	1,954	1,517	1,760
自給 (14)	17	91	65	-	-	5	16
土地改良及び水利費 (15)	3,759	2,849	4,222	4,822	4,033	2,865	3,808
賃借料及び料金 (16)	9,851	21,576	14,374	10,766	6,767	7,151	15,360
物件税及び公課諸負担 (17)	2,233	6,009	3,413	2,253	2,218	1,111	1,106
建物費 (18)	3,850	5,935	6,168	4,225	3,253	2,600	2,872
償却費 (19)	2,828	4,368	5,356	2,184	2,492	2,079	2,323
修繕費及び購入補充費 (20)	1,022	1,567	812	2,041	761	521	549
購入 (21)	1,022	1,567	812	2,041	761	521	549
自給 (22)	-	-	-	-	-	-	-
自動車費 (23)	5,038	15,792	12,211	2,864	4,118	2,096	1,765
償却費 (24)	2,842	8,521	9,217	838	2,009	898	787
修繕費及び購入補充費 (25)	2,196	7,271	2,994	2,026	2,109	1,198	978
購入 (26)	2,196	7,271	2,994	2,026	2,109	1,198	978
自給 (27)	-	-	-	-	-	-	-
農機具費 (28)	25,594	40,340	32,654	29,646	23,590	18,681	10,474
償却費 (29)	19,978	30,131	26,273	22,057	19,624	14,469	6,525
修繕費及び購入補充費 (30)	5,616	10,209	6,381	7,589	3,966	4,212	3,949
購入 (31)	5,616	10,209	6,381	7,589	3,966	4,212	3,949
自給 (32)	-	-	-	-	-	-	-
生産管理費 (33)	333	376	296	349	424	280	237
償却費 (34)	1	-	4	-	-	1	-
購入・支払 (35)	332	376	292	349	424	279	237
労働費 (36)	37,256	61,337	56,947	39,794	32,619	25,771	27,754
直接労働費 (37)	35,778	59,073	55,235	37,751	31,172	24,865	26,693
家族 (38)	33,340	56,545	50,161	35,828	29,848	22,642	25,004
雇用 (39)	2,438	2,528	5,074	1,923	1,324	2,223	1,689
間接労働費 (40)	1,478	2,264	1,712	2,043	1,447	906	1,061
家族 (41)	1,437	2,195	1,636	2,003	1,403	886	1,047
雇用 (42)	41	69	76	40	44	20	14
費用合計 (43)	111,475	183,782	157,090	120,151	98,209	81,871	86,418
購入（支払） (44)	50,979	81,907	64,349	57,158	42,760	40,851	50,716
自給 (45)	34,847	58,855	51,891	37,914	31,324	23,573	26,067
償却 (46)	25,649	43,020	40,850	25,079	24,125	17,447	9,635
副産物価額 (47)	1,959	2,104	1,420	1,500	2,075	2,401	2,338
生産費（副産物価額差引） (48)	109,516	181,678	155,670	118,651	96,134	79,470	84,080
支払利子 (49)	53	-	-	40	2	123	134
支払地代 (50)	5,510	833	1,180	3,236	4,804	10,005	4,675
支払利子・地代算入生産費 (51)	115,079	182,511	156,850	121,927	100,940	89,598	88,889
自己資本利子 (52)	5,664	8,730	8,304	5,974	5,401	3,968	2,898
自作地地代 (53)	9,872	13,609	15,451	11,716	10,920	5,065	9,184
資本利子・地代全額算入生産費（全算入生産費） (54)	130,615	204,850	180,605	139,617	117,261	98,631	100,971

米生産費・関東・東山・東海

単位：円

			東		海		3.0ha以上	
5.0ha 以上	平均	0.5ha 未満	0.5 ～ 1.0	1.0 ～ 2.0	2.0 ～ 3.0	平均	3.0 ～ 5.0	5.0ha以上
(8)	(9)	(10)	(11)	(12)	(13)	(14)	(15)	(16)
55,078	90,963	160,960	107,151	108,423	71,122	60,264	x	60,053	(1)
1,979	4,309	6,657	7,335	5,815	2,019	2,060	x	2,001	(2)
1,924	4,233	6,536	7,288	5,815	2,009	1,945	x	1,884	(3)
55	76	121	47	-	10	115	x	117	(4)
8,113	10,629	11,661	11,720	12,762	7,286	9,309	x	9,334	(5)
8,113	10,606	11,661	11,720	12,762	7,242	9,263	x	9,287	(6)
-	23	-	-	-	44	46	x	47	(7)
5,687	7,087	7,803	6,179	7,895	8,108	6,787	x	6,741	(8)
3,433	4,435	6,089	4,243	3,494	3,501	4,584	x	4,628	(9)
3,433	4,435	6,089	4,243	3,494	3,501	4,584	x	4,628	(10)
-	-	-	-	-	-	-	x	-	(11)
1,421	2,052	1,785	2,176	1,327	2,468	2,356	x	2,361	(12)
1,421	2,052	1,785	2,176	1,327	2,468	2,356	x	2,361	(13)
-	-	-	-	-	-	-	x	-	(14)
2,488	2,135	2,333	3,970	1,546	1,191	1,725	x	1,733	(15)
3,881	14,623	18,285	23,733	30,379	6,447	3,852	x	3,452	(16)
1,112	2,600	5,777	4,802	1,275	1,210	1,634	x	1,660	(17)
2,491	6,012	11,631	13,559	1,237	3,142	4,012	x	4,087	(18)
1,981	5,409	9,011	13,388	1,081	3,142	3,514	x	3,577	(19)
510	603	2,620	171	156	-	498	x	510	(20)
510	603	2,620	171	156	-	498	x	510	(21)
-	-	-	-	-	-	-	x	-	(22)
2,227	6,880	13,858	13,045	6,673	7,579	2,657	x	2,659	(23)
942	3,281	6,798	5,512	4,580	4,819	747	x	753	(24)
1,285	3,599	7,060	7,533	2,093	2,760	1,910	x	1,906	(25)
1,285	3,599	7,060	7,533	2,093	2,760	1,910	x	1,906	(26)
-	-	-	-	-	-	-	x	-	(27)
21,949	29,458	73,712	15,322	35,472	27,616	20,729	x	20,834	(28)
17,633	20,847	64,196	8,912	27,451	22,652	10,876	x	10,964	(29)
4,316	8,611	9,516	6,410	8,021	4,964	9,853	x	9,870	(30)
4,316	8,611	9,516	6,410	8,021	4,964	9,853	x	9,870	(31)
-	-	-	-	-	-	-	x	-	(32)
297	743	1,369	1,067	548	555	559	x	563	(33)
1	7	-	-	-	-	16	x	16	(34)
296	736	1,369	1,067	548	555	543	x	547	(35)
24,983	41,454	76,856	50,505	34,301	47,508	31,160	x	31,036	(36)
24,139	40,069	75,109	48,366	33,145	45,895	30,085	x	29,942	(37)
21,704	36,579	72,721	44,751	30,074	45,291	25,880	x	25,634	(38)
2,435	3,490	2,388	3,615	3,071	604	4,205	x	4,308	(39)
844	1,385	1,747	2,139	1,156	1,613	1,075	x	1,094	(40)
821	1,350	1,747	2,139	1,156	1,613	997	x	1,014	(41)
23	35	-	-	-	-	78	x	80	(42)
80,061	132,417	237,816	157,656	142,724	118,630	91,424	x	91,089	(43)
36,924	64,845	83,222	82,907	78,382	41,059	49,233	x	48,967	(44)
22,580	38,028	74,589	46,937	31,230	46,958	27,038	x	26,812	(45)
20,557	29,544	80,005	27,812	33,112	30,613	15,153	x	15,310	(46)
2,427	1,284	1,327	623	500	1,125	1,897	x	1,920	(47)
77,634	131,133	236,489	157,033	142,224	117,505	89,527	x	89,169	(48)
118	57	-	-	56	-	100	x	100	(49)
12,128	5,510	1,118	698	3,945	3,895	9,407	x	9,381	(50)
89,880	136,700	237,607	157,731	146,225	121,400	99,034	x	98,650	(51)
4,394	6,386	12,143	8,645	7,349	7,487	3,441	x	3,458	(52)
3,425	5,313	11,965	12,357	4,346	5,658	1,210	x	1,180	(53)
97,699	148,399	261,715	178,733	157,920	134,545	103,685	x	103,288	(54)

(3) 米の作付規模別生産費（続き）
オ 関東・東山・東海（続き）
(ｳ) 生産費〔60kg当たり〕

区分		関東・東山 平均	0.5ha 未満	0.5 ～ 1.0	1.0 ～ 2.0	2.0 ～ 3.0	3.0ha以上 平均	3.0ha以上 3.0 ～ 5.0
		(1)	(2)	(3)	(4)	(5)	(6)	(7)
物財費	(1)	**8,623**	**15,023**	**11,924**	**9,596**	**7,604**	**6,299**	**6,123**
種苗費	(2)	394	779	343	641	337	241	267
購入	(3)	388	776	339	631	329	237	267
自給	(4)	6	3	4	10	8	4	-
肥料費	(5)	943	1,163	989	993	779	951	975
購入	(6)	943	1,163	989	993	779	951	975
自給	(7)	0	-	-	-	0	-	-
農業薬剤費（購入）	(8)	711	857	932	711	608	657	653
光熱動力費	(9)	474	603	645	463	506	376	325
購入	(10)	474	603	645	463	506	376	325
自給	(11)	-	-	-	-	-	-	-
その他の諸材料費	(12)	215	226	283	227	226	172	186
購入	(13)	213	215	275	227	226	171	184
自給	(14)	2	11	8	-	-	1	2
土地改良及び水利費	(15)	436	350	503	575	467	321	398
賃借料及び料金	(16)	1,146	2,646	1,712	1,286	784	802	1,603
物件税及び公課諸負担	(17)	260	736	407	270	257	124	115
建物費	(18)	447	729	734	505	377	291	299
償却費	(19)	328	537	637	261	289	233	242
修繕費及び購入補充費	(20)	119	192	97	244	88	58	57
購入	(21)	119	192	97	244	88	58	57
自給	(22)	-	-	-	-	-	-	-
自動車費	(23)	585	1,937	1,453	342	478	235	184
償却費	(24)	330	1,045	1,097	100	233	101	82
修繕費及び購入補充費	(25)	255	892	356	242	245	134	102
購入	(26)	255	892	356	242	245	134	102
自給	(27)	-	-	-	-	-	-	-
農機具費	(28)	2,973	4,951	3,888	3,541	2,736	2,098	1,093
償却費	(29)	2,321	3,698	3,128	2,635	2,276	1,625	681
修繕費及び購入補充費	(30)	652	1,253	760	906	460	473	412
購入	(31)	652	1,253	760	906	460	473	412
自給	(32)	-	-	-	-	-	-	-
生産管理費	(33)	39	46	35	42	49	31	25
償却費	(34)	0	-	0	-	-	0	-
購入・支払	(35)	39	46	35	42	49	31	25
労働費	(36)	**4,328**	**7,525**	**6,779**	**4,754**	**3,781**	**2,892**	**2,896**
直接労働費	(37)	4,156	7,248	6,575	4,510	3,613	2,791	2,786
家族	(38)	3,873	6,937	5,971	4,280	3,459	2,542	2,610
雇用	(39)	283	311	604	230	154	249	176
間接労働費	(40)	172	277	204	244	168	101	110
家族	(41)	167	269	195	239	163	99	109
雇用	(42)	5	8	9	5	5	2	1
費用合計	(43)	**12,951**	**22,548**	**18,703**	**14,350**	**11,385**	**9,191**	**9,019**
購入（支払）	(44)	5,924	10,048	7,663	6,825	4,957	4,586	5,293
自給	(45)	4,048	7,220	6,178	4,529	3,630	2,646	2,721
償却	(46)	2,979	5,280	4,862	2,996	2,798	1,959	1,005
副産物価額	(47)	228	258	170	180	241	269	244
生産費（副産物価額差引）	(48)	**12,723**	**22,290**	**18,533**	**14,170**	**11,144**	**8,922**	**8,775**
支払利子	(49)	6	-	-	5	0	14	14
支払地代	(50)	640	102	140	386	557	1,123	488
支払利子・地代算入生産費	(51)	**13,369**	**22,392**	**18,673**	**14,561**	**11,701**	**10,059**	**9,277**
自己資本利子	(52)	658	1,071	988	714	626	445	302
自作地地代	(53)	1,147	1,669	1,839	1,399	1,266	568	959
資本利子・地代全額算入生産費（全算入生産費）	(54)	**15,174**	**25,132**	**21,500**	**16,674**	**13,593**	**11,072**	**10,538**

米生産費・関東・東山・東海

単位：円

		東			海		3.0ha以上		
5.0ha 以上	平　均	0.5ha 未満	0.5 ～ 1.0	1.0 ～ 2.0	2.0 ～ 3.0	平　均	3.0 ～ 5.0	5.0ha 以上	
(8)	(9)	(10)	(11)	(12)	(13)	(14)	(15)	(16)	
6,374	10,995	19,123	13,060	13,293	8,903	7,215	x	7,198	(1)
229	521	791	895	713	253	247	x	240	(2)
223	512	777	889	713	252	233	x	226	(3)
6	9	14	6	-	1	14	x	14	(4)
939	1,285	1,387	1,428	1,565	912	1,114	x	1,119	(5)
939	1,282	1,387	1,428	1,565	907	1,109	x	1,113	(6)
-	3	-	-	-	5	5	x	6	(7)
658	857	926	753	967	1,015	813	x	808	(8)
399	537	723	516	428	438	549	x	555	(9)
399	537	723	516	428	438	549	x	555	(10)
-	-	-	-	-	-	-	x	-	(11)
165	248	212	266	162	309	282	x	284	(12)
165	248	212	266	162	309	282	x	284	(13)
-	-	-	-	-	-	-	x	-	(14)
288	258	277	484	189	149	207	x	207	(15)
448	1,766	2,172	2,893	3,725	807	460	x	413	(16)
129	316	688	585	156	150	195	x	197	(17)
288	727	1,381	1,653	152	393	481	x	490	(18)
229	654	1,070	1,632	133	393	421	x	429	(19)
59	73	311	21	19	-	60	x	61	(20)
59	73	311	21	19	-	60	x	61	(21)
-	-	-	-	-	-	-	x	-	(22)
258	831	1,647	1,590	819	949	319	x	319	(23)
109	396	808	672	562	603	90	x	90	(24)
149	435	839	918	257	346	229	x	229	(25)
149	435	839	918	257	346	229	x	229	(26)
-	-	-	-	-	-	-	x	-	(27)
2,539	3,559	8,756	1,867	4,350	3,458	2,481	x	2,498	(28)
2,040	2,519	7,626	1,086	3,366	2,836	1,301	x	1,314	(29)
499	1,040	1,130	781	984	622	1,180	x	1,184	(30)
499	1,040	1,130	781	984	622	1,180	x	1,184	(31)
-	-	-	-	-	-	-	x	-	(32)
34	90	163	130	67	70	67	x	68	(33)
0	1	-	-	-	-	2	x	2	(34)
34	89	163	130	67	70	65	x	66	(35)
2,890	5,009	9,131	6,157	4,206	5,948	3,732	x	3,722	(36)
2,792	4,842	8,923	5,896	4,064	5,746	3,604	x	3,590	(37)
2,510	4,420	8,639	5,455	3,687	5,670	3,100	x	3,074	(38)
282	422	284	441	377	76	504	x	516	(39)
98	167	208	261	142	202	128	x	132	(40)
95	163	208	261	142	202	119	x	122	(41)
3	4	-	-	-	-	9	x	10	(42)
9,264	16,004	28,254	19,217	17,499	14,851	10,947	x	10,920	(43)
4,275	7,839	9,889	10,105	9,609	5,141	5,895	x	5,869	(44)
2,611	4,595	8,861	5,722	3,829	5,878	3,238	x	3,216	(45)
2,378	3,570	9,504	3,390	4,061	3,832	1,814	x	1,835	(46)
280	155	158	76	61	140	227	x	230	(47)
8,984	15,849	28,096	19,141	17,438	14,711	10,720	x	10,690	(48)
14	7	-	-	7	-	12	x	12	(49)
1,403	666	133	85	484	488	1,126	x	1,125	(50)
10,401	16,522	28,229	19,226	17,929	15,199	11,858	x	11,827	(51)
508	772	1,442	1,054	901	937	412	x	415	(52)
396	642	1,422	1,506	533	709	145	x	142	(53)
11,305	17,936	31,093	21,786	19,363	16,845	12,415	x	12,384	(54)

(3) 米の作付規模別生産費（続き）
オ 関東・東山・東海（続き）
(ｴ) 米の作業別労働時間

区分		関東・東山						
		平均	0.5ha 未満	0.5 ～ 1.0	1.0 ～ 2.0	2.0 ～ 3.0	3.0ha以上	
							平均	3.0 ～ 5.0
		(1)	(2)	(3)	(4)	(5)	(6)	(7)
投下労働時間（10 a 当たり）	(1)	**24.30**	**44.04**	**36.07**	**26.86**	**20.80**	**16.42**	**18.07**
家族	(2)	22.64	42.36	32.92	25.46	19.84	14.81	16.78
雇用	(3)	1.66	1.68	3.15	1.40	0.96	1.61	1.29
直接労働時間	(4)	23.33	42.37	34.96	25.51	19.87	15.85	17.39
家族	(5)	21.70	40.73	31.86	24.14	18.95	14.25	16.11
男	(6)	16.34	33.54	21.24	17.54	15.61	11.13	12.51
女	(7)	5.36	7.19	10.62	6.60	3.34	3.12	3.60
雇用	(8)	1.63	1.64	3.10	1.37	0.92	1.60	1.28
男	(9)	1.34	1.46	2.28	1.13	0.73	1.40	0.86
女	(10)	0.29	0.18	0.82	0.24	0.19	0.20	0.42
間接労働時間	(11)	0.97	1.67	1.11	1.35	0.93	0.57	0.68
男	(12)	0.80	1.55	0.96	0.97	0.84	0.46	0.57
女	(13)	0.17	0.12	0.15	0.38	0.09	0.11	0.11
投下労働時間（60 kg 当たり）	(14)	**2.81**	**5.40**	**4.29**	**3.21**	**2.39**	**1.84**	**1.86**
家族	(15)	2.63	5.20	3.92	3.05	2.28	1.65	1.74
雇用	(16)	0.18	0.20	0.37	0.16	0.11	0.19	0.12
直接労働時間	(17)	2.70	5.20	4.15	3.06	2.29	1.78	1.79
家族	(18)	2.52	5.00	3.79	2.90	2.18	1.59	1.67
男	(19)	1.89	4.11	2.53	2.11	1.81	1.24	1.30
女	(20)	0.63	0.89	1.26	0.79	0.37	0.35	0.37
雇用	(21)	0.18	0.20	0.36	0.16	0.11	0.19	0.12
男	(22)	0.15	0.18	0.26	0.13	0.09	0.17	0.08
女	(23)	0.03	0.02	0.10	0.03	0.02	0.02	0.04
間接労働時間	(24)	0.11	0.20	0.14	0.15	0.10	0.06	0.07
男	(25)	0.09	0.19	0.12	0.11	0.09	0.05	0.06
女	(26)	0.02	0.01	0.02	0.04	0.01	0.01	0.01
作業別直接労働時間（10 a 当たり） 合計	(27)	**23.33**	**42.37**	**34.96**	**25.51**	**19.87**	**15.85**	**17.39**
種子予措	(28)	0.27	0.29	0.36	0.26	0.23	0.26	0.31
育苗	(29)	2.65	3.62	4.42	2.43	2.29	2.07	2.34
耕起整地	(30)	3.70	6.20	4.71	3.67	3.67	2.89	3.80
基肥	(31)	0.80	1.47	0.90	1.03	0.72	0.56	0.62
直まき	(32)	0.00	-	-	-	-	0.00	-
田植	(33)	2.75	4.16	3.75	2.97	2.56	2.07	2.12
追肥	(34)	0.22	0.40	0.33	0.24	0.22	0.16	0.18
除草	(35)	1.52	3.62	2.62	1.61	1.04	0.94	1.12
管理	(36)	6.15	12.09	10.04	7.11	4.85	3.62	4.35
防除	(37)	0.35	1.62	0.48	0.28	0.17	0.23	0.19
刈取脱穀	(38)	3.25	6.61	5.27	3.64	2.52	1.99	1.59
乾燥	(39)	1.31	1.52	1.45	1.86	1.36	0.83	0.54
生産管理	(40)	0.36	0.77	0.63	0.41	0.24	0.23	0.23
うち家族								
種子予措	(41)	0.26	0.29	0.36	0.25	0.23	0.25	0.31
育苗	(42)	2.33	3.48	3.81	2.25	2.04	1.71	1.82
耕起整地	(43)	3.56	6.10	4.35	3.63	3.61	2.71	3.78
基肥	(44)	0.76	1.42	0.85	0.99	0.70	0.51	0.58
直まき	(45)	0.00	-	-	-	-	0.00	-
田植	(46)	2.37	4.00	3.20	2.64	2.26	1.63	1.56
追肥	(47)	0.22	0.40	0.32	0.24	0.22	0.15	0.18
除草	(48)	1.47	3.54	2.55	1.53	1.04	0.89	1.07
管理	(49)	5.97	12.01	9.57	6.97	4.82	3.45	4.32
防除	(50)	0.33	1.55	0.44	0.27	0.17	0.21	0.18
刈取脱穀	(51)	2.87	5.65	4.56	3.24	2.36	1.75	1.56
乾燥	(52)	1.20	1.52	1.22	1.72	1.26	0.76	0.52
生産管理	(53)	0.36	0.77	0.63	0.41	0.24	0.23	0.23

米生産費・関東・東山・東海

単位：時間

		東			海		3.0ha以上		
5.0ha 以上	平　均	0.5ha 未満	0.5 ～ 1.0	1.0 ～ 2.0	2.0 ～ 3.0	平　均	3.0 ～ 5.0	5.0ha 以上	
(8)	(9)	(10)	(11)	(12)	(13)	(14)	(15)	(16)	
15.79	25.90	50.08	32.38	20.50	31.77	18.84	x	18.83	(1)
14.03	23.68	48.81	29.96	18.83	31.17	16.05	x	15.97	(2)
1.76	2.22	1.27	2.42	1.67	0.60	2.79	x	2.86	(3)
15.25	25.05	48.91	31.01	19.82	30.84	18.21	x	18.19	(4)
13.51	22.86	47.64	28.59	18.15	30.24	15.48	x	15.39	(5)
10.57	18.12	38.57	23.20	15.26	22.74	11.55	x	11.46	(6)
2.94	4.74	9.07	5.39	2.89	7.50	3.93	x	3.93	(7)
1.74	2.19	1.27	2.42	1.67	0.60	2.73	x	2.80	(8)
1.62	1.84	1.27	1.40	1.61	0.44	2.40	x	2.45	(9)
0.12	0.35	-	1.02	0.06	0.16	0.33	x	0.35	(10)
0.54	0.85	1.17	1.37	0.68	0.93	0.63	x	0.64	(11)
0.43	0.77	1.17	1.23	0.67	0.65	0.53	x	0.54	(12)
0.11	0.08	-	0.14	0.01	0.28	0.10	x	0.10	(13)
1.80	3.11	5.95	3.99	2.49	3.96	2.28	x	2.29	(14)
1.60	2.85	5.80	3.67	2.30	3.88	1.93	x	1.93	(15)
0.20	0.26	0.15	0.32	0.19	0.08	0.35	x	0.36	(16)
1.74	3.01	5.81	3.82	2.41	3.84	2.20	x	2.21	(17)
1.54	2.75	5.66	3.50	2.22	3.76	1.86	x	1.86	(18)
1.21	2.18	4.57	2.84	1.87	2.84	1.39	x	1.38	(19)
0.33	0.57	1.09	0.66	0.35	0.92	0.47	x	0.48	(20)
0.20	0.26	0.15	0.32	0.19	0.08	0.34	x	0.35	(21)
0.19	0.22	0.15	0.19	0.19	0.06	0.30	x	0.30	(22)
0.01	0.04	-	0.13	0.00	0.02	0.04	x	0.05	(23)
0.06	0.10	0.14	0.17	0.08	0.12	0.08	x	0.08	(24)
0.05	0.09	0.14	0.15	0.08	0.08	0.07	x	0.07	(25)
0.01	0.01	-	0.02	0.00	0.04	0.01	x	0.01	(26)
15.25	25.05	48.91	31.01	19.82	30.84	18.21	x	18.19	(27)
0.25	0.22	0.52	0.16	0.08	0.30	0.22	x	0.22	(28)
1.97	2.41	3.22	2.79	2.17	4.32	1.97	x	1.97	(29)
2.53	4.06	8.40	4.73	3.22	5.26	2.91	x	2.91	(30)
0.54	0.90	1.66	1.28	0.82	0.74	0.60	x	0.60	(31)
0.00	0.04	-	-	-	-	0.11	x	0.11	(32)
2.05	2.70	5.44	4.02	1.96	3.24	1.74	x	1.70	(33)
0.14	0.32	0.44	0.63	0.23	0.80	0.15	x	0.16	(34)
0.86	1.38	2.71	1.91	1.15	1.60	0.90	x	0.88	(35)
3.33	6.89	12.50	9.24	7.33	6.60	4.32	x	4.31	(36)
0.24	0.96	1.65	0.70	0.40	1.85	1.03	x	1.06	(37)
2.17	3.19	7.98	3.50	1.75	4.53	2.31	x	2.28	(38)
0.95	1.49	3.57	1.22	0.30	1.37	1.62	x	1.66	(39)
0.22	0.49	0.82	0.83	0.41	0.23	0.33	x	0.33	(40)
0.23	0.22	0.52	0.16	0.08	0.30	0.21	x	0.21	(41)
1.67	2.05	3.22	2.03	1.88	3.99	1.64	x	1.64	(42)
2.29	3.81	8.17	4.66	2.90	5.12	2.60	x	2.59	(43)
0.48	0.84	1.63	1.23	0.81	0.74	0.50	x	0.50	(44)
0.00	0.03	-	-	-	-	0.08	x	0.08	(45)
1.66	2.32	5.30	3.33	1.41	3.19	1.48	x	1.42	(46)
0.13	0.31	0.44	0.63	0.23	0.80	0.13	x	0.14	(47)
0.81	1.30	2.70	1.91	1.15	1.60	0.72	x	0.70	(48)
3.10	6.50	12.41	9.20	7.04	6.60	3.63	x	3.61	(49)
0.22	0.91	1.65	0.70	0.40	1.77	0.94	x	0.96	(50)
1.84	2.70	7.22	2.69	1.54	4.53	1.85	x	1.80	(51)
0.86	1.38	3.56	1.22	0.30	1.37	1.37	x	1.41	(52)
0.22	0.49	0.82	0.83	0.41	0.23	0.33	x	0.33	(53)

米生産費・近畿・中国

(3) 米の作付規模別生産費（続き）
カ 近畿・中国
(ｱ) 調査対象経営体の生産概要・経営概況

区分		単位	近畿						
			平均	0.5ha 未満	0.5 ～ 1.0	1.0 ～ 2.0	2.0 ～ 3.0	3.0ha以上 平均	3.0ha以上 3.0 ～ 5.0
			(1)	(2)	(3)	(4)	(5)	(6)	(7)
集計経営体数	(1)	経営体	71	25	16	12	4	14	3
労働力（１経営体当たり）									
世帯員数	(2)	人	3.3	3.1	3.1	3.7	4.5	3.7	3.0
男	(3)	〃	1.6	1.4	1.6	1.6	1.7	2.2	1.8
女	(4)	〃	1.7	1.7	1.5	2.1	2.8	1.5	1.2
家族員数	(5)	〃	3.3	3.1	3.1	3.7	4.5	3.7	3.0
男	(6)	〃	1.6	1.4	1.6	1.6	1.7	2.2	1.8
女	(7)	〃	1.7	1.7	1.5	2.1	2.8	1.5	1.2
農業就業者	(8)	〃	0.6	0.4	0.4	1.0	1.3	1.3	0.6
男	(9)	〃	0.4	0.2	0.2	0.7	0.7	1.0	0.6
女	(10)	〃	0.2	0.2	0.2	0.3	0.6	0.3	–
農業専従者	(11)	〃	0.5	0.1	0.4	0.8	1.0	1.1	0.4
男	(12)	〃	0.3	0.0	0.2	0.6	0.7	0.8	0.4
女	(13)	〃	0.2	0.1	0.2	0.2	0.3	0.3	–
土地（１経営体当たり）									
経営耕地面積	(14)	a	176	70	119	207	335	1,031	538
田	(15)	〃	166	59	111	194	334	1,026	531
畑	(16)	〃	10	11	8	13	1	5	7
普通畑	(17)	〃	8	6	7	12	1	5	7
樹園地	(18)	〃	2	5	1	1	–	–	–
牧草地	(19)	〃	–	–	–	–	–	–	–
耕地以外の土地	(20)	〃	93	85	78	166	10	67	99
水稲									
使用地面積（１経営体当たり）									
作付地	(21)	〃	109.0	35.0	65.0	136.8	238.5	696.1	387.8
自作地	(22)	〃	54.0	30.7	53.5	82.6	77.4	94.1	96.7
小作地	(23)	〃	55.0	4.3	11.5	54.2	161.1	602.0	291.1
作付地以外	(24)	〃	1.7	1.3	1.7	1.7	3.1	4.2	3.5
所有地	(25)	〃	1.7	1.3	1.7	1.7	3.1	4.0	3.5
借入地	(26)	〃	0.0	–	–	–	–	0.2	–
田の団地数（１経営体当たり）	(27)	団地	**3.4**	**2.4**	**3.0**	**4.6**	**4.5**	**8.4**	**6.7**
ほ場枚数（１経営体当たり）	(28)	枚	**7.8**	**4.0**	**5.8**	**8.4**	**13.6**	**41.0**	**21.3**
未整理又は10ａ未満	(29)	〃	3.4	2.4	3.4	2.7	3.6	12.6	5.9
10 ～ 20 ａ区画	(30)	〃	2.5	1.3	1.4	2.9	3.9	16.0	5.9
20 ～ 30 ａ区画	(31)	〃	1.4	0.2	0.8	2.0	5.0	7.4	5.9
30 ～ 50 ａ区画	(32)	〃	0.5	0.1	0.2	0.8	1.1	4.2	3.2
50 ａ以上区画	(33)	〃	0.0	–	–	–	–	0.8	0.4
ほ場面積（１経営体当たり）									
未整理又は10ａ未満	(34)	a	20.2	12.5	19.0	19.0	22.4	87.6	28.4
10 ～ 20 ａ区画	(35)	〃	33.5	15.9	18.8	39.8	50.9	216.3	88.1
20 ～ 30 ａ区画	(36)	〃	34.6	5.0	18.5	53.6	126.1	185.6	139.7
30 ～ 50 ａ区画	(37)	〃	17.8	1.6	8.6	24.5	39.2	148.4	111.1
50 ａ以上区画	(38)	〃	2.9	–	–	–	–	58.2	20.5
（参考）団地への距離等（１経営体当たり）									
ほ場間の距離	(39)	km	0.9	0.7	0.5	1.1	0.8	1.2	1.1
団地への平均距離	(40)	〃	0.7	0.7	0.6	0.7	0.9	0.8	0.8
作付地の実勢地代（10ａ当たり）	(41)	円	**9,408**	**9,134**	**8,687**	**9,094**	**9,203**	**10,294**	**10,282**
自作地	(42)	〃	9,218	9,019	8,386	9,721	9,503	10,963	10,790
小作地	(43)	〃	9,604	10,036	10,197	8,122	9,050	10,190	10,118
投下資本額（10ａ当たり）	(44)	〃	**205,907**	**249,098**	**250,002**	**224,853**	**123,675**	**178,904**	**201,056**
借入資本額	(45)	〃	14,256	–	–	873	–	43,675	22,290
自己資本額	(46)	〃	191,651	249,098	250,002	223,980	123,675	135,229	178,766
固定資本額	(47)	〃	155,296	170,529	190,543	170,353	83,309	143,274	161,862
建物・構築物	(48)	〃	45,376	110,004	52,810	36,519	11,831	35,914	23,945
土地改良設備	(49)	〃	1,662	7,751	619	–	–	1,905	–
自動車	(50)	〃	9,358	12,137	13,372	14,307	6,950	2,992	5,445
農機具	(51)	〃	98,900	40,637	123,742	119,527	64,528	102,463	132,472
流動資本額	(52)	〃	28,105	41,970	28,576	30,627	22,396	22,816	23,779
労賃資本額	(53)	〃	22,506	36,599	30,883	23,873	17,970	12,814	15,415

米生産費・近畿・中国

				中		国		3.0ha以上		
5.0ha 以上	平 均	0.5ha 未満	0.5 ～ 1.0	1.0 ～ 2.0	2.0 ～ 3.0	平 均	3.0 ～ 5.0	5.0ha 以上	
(8)	(9)	(10)	(11)	(12)	(13)	(14)	(15)	(16)	
11	72	23	25	11	4	9	4	5	(1)
4.4	2.8	2.6	2.9	2.6	4.4	2.9	2.9	3.0	(2)
2.7	1.4	1.3	1.5	1.3	1.8	1.4	1.5	1.3	(3)
1.7	1.4	1.3	1.4	1.3	2.6	1.5	1.4	1.7	(4)
4.4	2.8	2.6	2.9	2.6	4.4	2.9	2.9	3.0	(5)
2.7	1.4	1.3	1.5	1.3	1.8	1.4	1.5	1.3	(6)
1.7	1.4	1.3	1.4	1.3	2.6	1.5	1.4	1.7	(7)
2.0	0.3	0.1	0.2	0.2	0.4	0.9	0.5	2.0	(8)
1.3	0.2	0.1	0.1	0.2	0.4	0.7	0.5	1.3	(9)
0.7	0.1	0.0	0.1	0.0	-	0.2	-	0.7	(10)
1.7	0.1	0.0	0.2	0.2	-	0.6	0.5	1.0	(11)
1.1	0.1	0.0	0.1	0.2	-	0.5	0.5	0.7	(12)
0.6	0.0	0.0	0.1	-	-	0.1	-	0.3	(13)
1,543	154	76	131	230	390	916	629	1,762	(14)
1,539	137	60	110	219	352	909	623	1,752	(15)
4	17	16	21	11	38	7	6	10	(16)
4	10	7	13	11	3	5	6	3	(17)
-	7	9	8	0	35	2	-	7	(18)
-	-	-	-	-	-	-	-	-	(19)
34	421	376	517	371	206	226	271	91	(20)
1,016.2	91.9	34.7	75.9	139.9	258.3	729.4	484.2	1,452.1	(21)
91.5	68.8	30.4	64.2	117.9	139.1	207.2	210.1	198.9	(22)
924.7	23.1	4.3	11.7	22.0	119.2	522.2	274.1	1,253.2	(23)
4.9	1.3	1.1	1.5	1.3	1.4	3.0	0.9	8.9	(24)
4.6	1.3	1.1	1.5	1.3	1.4	3.0	0.9	8.9	(25)
0.3	0.0	0.0	-	-	-	-	-	-	(26)
10.0	2.4	2.0	1.9	3.3	3.2	7.4	6.9	8.8	(27)
61.6	7.2	3.3	6.6	11.2	19.9	36.4	22.7	76.5	(28)
19.6	3.3	1.8	3.3	5.5	4.0	5.6	1.9	16.6	(29)
26.5	2.9	1.1	2.4	4.5	14.7	13.1	8.4	26.8	(30)
9.0	0.8	0.3	0.7	1.0	1.2	11.5	7.7	22.9	(31)
5.3	0.2	0.1	0.2	0.2	-	5.6	4.7	8.0	(32)
1.2	0.0	-	-	0.0	-	0.6	-	2.2	(33)
148.9	23.4	11.3	21.4	43.5	26.3	40.5	16.0	112.7	(34)
349.5	40.3	15.0	32.0	66.3	201.4	182.9	120.7	366.2	(35)
233.2	19.5	6.8	16.1	22.8	30.6	283.2	187.1	566.5	(36)
187.2	8.0	1.7	6.4	6.5	-	192.7	160.4	287.8	(37)
97.4	0.8	-	-	0.9	-	30.1	-	118.8	(38)
1.3	0.7	0.3	0.3	0.7	1.3	2.8	2.0	3.5	(39)
0.8	0.7	1.0	0.4	0.3	0.6	1.1	0.8	1.4	(40)
10,299	7,725	8,586	7,573	7,486	9,286	7,217	8,414	6,053	(41)
11,148	7,636	8,267	7,379	7,646	8,117	7,056	7,377	6,030	(42)
10,214	8,018	11,115	8,791	6,572	10,657	7,281	9,240	6,057	(43)
170,128	196,413	255,436	198,521	204,203	211,992	111,505	142,531	81,027	(44)
52,144	12,401	427	8,974	13,441	26,109	22,577	35,534	9,850	(45)
117,984	184,012	255,009	189,547	190,762	185,883	88,928	106,997	71,177	(46)
135,910	141,657	172,444	134,751	154,756	177,609	80,848	108,490	53,694	(47)
40,655	23,364	55,759	26,603	9,686	48,529	8,938	6,744	11,094	(48)
2,659	428	-	-	-	-	2,970	5,994	-	(49)
2,020	4,886	7,460	10,426	-	4,173	2,756	3,134	2,384	(50)
90,576	112,979	109,225	97,722	145,070	124,907	66,184	92,618	40,216	(51)
22,434	29,807	45,253	33,601	25,550	21,998	20,953	25,198	16,783	(52)
11,784	24,949	37,739	30,169	23,897	12,385	9,704	8,843	10,550	(53)

米生産費・近畿・中国

(3) 米の作付規模別生産費（続き）
カ 近畿・中国（続き）
(ア) 調査対象経営体の生産概要・経営概況（続き）

区　　　　　　分	単位	近畿 平均	0.5ha未満	0.5～1.0	1.0～2.0	2.0～3.0	3.0ha以上 平均	3.0～5.0
		(1)	(2)	(3)	(4)	(5)	(6)	(7)
自動車所有台数（10経営体当たり）								
四　輪　自　動　車　(54)	台	22.3	24.2	19.1	22.7	14.7	35.5	30.3
農機具所有台数（10経営体当たり）								
電　　動　　機　(55)	〃	-	-	-	-	-	-	-
発　　動　　機　(56)	〃	0.6	1.7	-	-	-	-	-
揚　水　ポ　ン　プ　(57)	〃	1.3	2.6	0.2	0.8	-	1.8	-
乗用型トラクタ								
20 馬 力 未 満　(58)	〃	3.4	3.8	5.0	1.7	-	0.2	-
20～50馬力未満　(59)	〃	8.1	7.3	7.2	9.2	10.0	12.9	14.0
50 馬 力 以 上　(60)	〃	0.8	-	0.7	-	-	10.8	2.4
歩行型トラクタ								
駆　　動　　型　(61)	〃	3.1	1.7	2.4	7.6	2.6	1.9	-
け　ん　引　型　(62)	〃	-	-	-	-	-	-	-
電　熱　育　苗　機　(63)	〃	0.6	0.2	-	1.6	-	4.3	-
田　　植　　機								
2　　　条　　　植　(64)	〃	0.5	0.4	0.4	1.4	-	-	-
3　～　5　条　(65)	〃	8.4	8.5	9.2	7.3	10.0	4.7	3.6
6　条　以　上　(66)	〃	0.5	-	-	1.0	-	6.9	6.4
動　力　噴　霧　機　(67)	〃	3.5	2.1	5.2	4.5	1.1	1.9	-
動　力　散　粉　機　(68)	〃	2.8	2.8	2.1	4.6	-	2.3	2.4
バ　イ　ン　ダ　ー　(69)	〃	0.7	1.1	-	1.3	-	-	-
自脱型コンバイン								
3　条　以　下　(70)	〃	7.7	6.6	9.8	7.6	10.0	1.2	-
4　条　以　上　(71)	〃	0.8	-	-	1.0	-	11.6	10.0
普通型コンバイン　(72)	〃	0.0	-	-	-	-	0.6	-
脱　　穀　　機　(73)	〃	0.7	0.5	-	2.6	-	-	-
動力もみすり機　(74)	〃	7.1	6.0	7.6	6.7	10.0	11.3	10.0
乾　　燥　　機								
静　　置　　式　(75)	〃	1.3	0.8	2.3	1.3	-	0.6	-
循　　環　　式　(76)	〃	7.9	6.2	7.2	9.0	10.0	18.9	14.0
水　　　　　稲								
10ａ当たり主産物数量　(77)	kg	496	504	481	534	465	484	502
粗　　　収　　　益								
10　a　当　た　り　(78)	円	113,615	113,118	121,128	109,038	107,310	115,092	101,616
主　　　産　　　物　(79)	〃	111,414	112,003	117,674	106,736	106,296	112,883	100,633
副　　　産　　　物　(80)	〃	2,201	1,115	3,454	2,302	1,014	2,209	983
60　kg　当　た　り　(81)	〃	13,744	13,459	15,113	12,228	13,841	14,283	12,148
主　　　産　　　物　(82)	〃	13,478	13,326	14,682	11,970	13,710	14,009	12,030
副　　　産　　　物　(83)	〃	266	133	431	258	131	274	118
所　　　　　得								
10　a　当　た　り　(84)	〃	13,354	△ 9,629	10,661	△ 2,520	32,130	28,809	1,290
1　日　当　た　り　(85)	〃	3,960	-	2,396	-	10,204	16,016	587
家　族　労　働　報　酬								
10　a　当　た　り　(86)	〃	259	△ 29,755	△ 7,047	△ 18,516	23,660	21,643	△ 8,647
1　日　当　た　り　(87)	〃	77	-	-	-	7,514	12,032	-
(参考1) 経営所得安定対策等 受取金（10a当たり）(88)	〃	7,555	1,620	4,846	10,193	6,517	9,764	10,821
(参考2) 経営所得安定対策等の交付金を加えた場合								
粗　　　収　　　益								
10　a　当　た　り　(89)	〃	121,170	114,738	125,974	119,231	113,827	124,856	112,437
60　kg　当　た　り　(90)	〃	14,659	13,652	15,717	13,372	14,682	15,495	13,442
所　　　　　得								
10　a　当　た　り　(91)	〃	20,909	△ 8,009	15,507	7,673	38,647	38,573	12,111
1　日　当　た　り　(92)	〃	6,200	-	3,485	2,110	12,274	21,444	5,514
家　族　労　働　報　酬								
10　a　当　た　り　(93)	〃	7,814	△ 28,135	△ 2,201	△ 8,323	30,177	31,407	2,174
1　日　当　た　り　(94)	〃	2,317	-	-	-	9,584	17,460	990

米生産費・近畿・中国

				中		国			
5.0ha 以上	平均	0.5ha 未満	0.5～1.0	1.0～2.0	2.0～3.0		3.0ha以上		
						平均	3.0～5.0	5.0ha 以上	
(8)	(9)	(10)	(11)	(12)	(13)	(14)	(15)	(16)	
40.9	20.4	19.4	19.5	23.3	21.9	21.6	16.7	36.2	(54)
-	-	-	-	-	-	-	-	-	(55)
-	-	-	-	-	-	-	-	-	(56)
3.8	1.0	0.4	1.2	1.7	-	1.1	-	4.2	(57)
0.5	4.8	7.6	3.5	3.0	2.1	0.3	0.4	-	(58)
11.9	5.5	2.2	6.5	8.1	10.0	10.0	7.6	17.0	(59)
19.6	0.0	-	-	-	-	1.8	-	7.0	(60)
3.8	2.3	3.0	0.8	4.0	-	-	-	-	(61)
-	0.6	1.1	0.7	-	-	-	-	-	(62)
8.7	2.0	1.9	0.5	5.0	-	1.2	-	4.9	(63)
-	1.3	1.7	1.6	0.5	-	-	-	-	(64)
5.7	6.2	6.8	5.6	6.4	7.9	3.3	3.9	1.4	(65)
7.4	0.7	-	-	2.5	2.1	6.3	5.1	10.0	(66)
4.0	3.8	1.6	1.4	10.0	11.9	5.0	1.5	15.3	(67)
2.2	1.0	1.3	0.5	1.6	-	-	-	-	(68)
-	1.4	2.6	0.7	0.9	-	-	-	-	(69)
2.5	6.1	3.8	7.5	7.5	6.9	5.4	6.6	1.8	(70)
13.2	1.1	0.7	0.5	2.5	2.1	4.2	1.1	13.3	(71)
1.2	0.0	-	-	-	-	0.1	-	0.5	(72)
-	1.4	3.2	0.6	-	-	-	-	-	(73)
12.7	5.1	3.7	5.2	6.0	10.0	12.6	12.4	13.3	(74)
1.3	0.4	0.2	0.3	0.9	-	1.4	-	5.5	(75)
24.0	6.1	3.3	6.3	8.2	14.1	20.1	14.4	36.9	(76)
476	504	477	497	535	492	465	471	460	(77)
120,430	102,487	95,259	103,799	107,676	99,623	94,954	86,290	103,463	(78)
117,735	100,259	93,374	101,324	105,608	97,558	92,486	84,129	100,694	(79)
2,695	2,228	1,885	2,475	2,068	2,065	2,468	2,161	2,769	(80)
15,177	12,214	11,963	12,532	12,041	12,157	12,240	10,997	13,490	(81)
14,837	11,949	11,727	12,232	11,809	11,905	11,922	10,721	13,129	(82)
340	265	236	300	232	252	318	276	361	(83)
39,713	8,575	△ 32,913	△ 2,578	26,444	15,888	24,547	450	48,212	(84)
24,142	2,055	-	-	6,323	7,989	17,692	300	37,888	(85)
33,644	△ 5,813	△ 52,378	△ 18,340	11,233	4,384	18,612	△ 7,326	44,083	(86)
20,452	-	-	-	2,686	2,204	13,414	-	34,643	(87)
9,347	7,128	4,180	6,660	6,437	7,174	12,545	17,550	7,627	(88)
129,777	109,615	99,439	110,459	114,113	106,797	107,499	103,840	111,090	(89)
16,355	13,064	12,488	13,336	12,761	13,032	13,857	13,233	14,484	(90)
49,060	15,703	△ 28,733	4,082	32,881	23,062	37,092	18,000	55,839	(91)
29,824	3,763	-	834	7,862	11,596	26,733	12,000	43,881	(92)
42,991	1,315	△ 48,198	△ 11,680	17,670	11,558	31,157	10,224	51,710	(93)
26,134	315	-	-	4,225	5,812	22,455	6,816	40,637	(94)

米生産費・近畿・中国

(3) 米の作付規模別生産費（続き）
カ 近畿・中国（続き）
(イ) 生産費〔10a当たり〕

区分		近畿						3.0ha以上
		平均	0.5ha未満	0.5～1.0	1.0～2.0	2.0～3.0	平均	3.0～5.0
		(1)	(2)	(3)	(4)	(5)	(6)	(7)
物財費	(1)	91,813	118,882	102,033	103,857	67,500	75,257	91,416
種苗費	(2)	5,743	8,531	6,420	5,179	4,142	5,317	5,883
購入	(3)	5,710	8,478	6,362	5,161	4,109	5,294	5,883
自給	(4)	33	53	58	18	33	23	-
肥料費	(5)	10,936	14,989	10,423	12,404	10,692	8,703	7,030
購入	(6)	10,911	14,873	10,398	12,404	10,692	8,682	7,030
自給	(7)	25	116	25	-	-	21	-
農業薬剤費（購入）	(8)	6,975	9,135	8,719	6,399	7,811	5,250	6,547
光熱動力費	(9)	4,638	5,016	4,862	4,740	5,878	3,825	4,211
購入	(10)	4,638	5,016	4,862	4,740	5,878	3,825	4,211
自給	(11)	-	-	-	-	-	-	-
その他の諸材料費	(12)	1,519	1,730	2,106	1,139	1,817	1,265	1,555
購入	(13)	1,518	1,724	2,106	1,139	1,817	1,265	1,555
自給	(14)	1	6	-	-	-	-	-
土地改良及び水利費	(15)	2,999	3,903	2,571	2,650	1,626	3,694	3,654
賃借料及び料金	(16)	9,576	19,031	8,662	14,422	3,282	5,200	2,832
物件税及び公課諸負担	(17)	2,798	5,280	3,533	2,828	2,503	1,514	1,507
建物費	(18)	5,344	12,470	4,908	4,585	2,020	4,749	5,275
償却費	(19)	4,646	11,751	4,244	4,286	1,939	3,507	3,371
修繕費及び購入補充費	(20)	698	719	664	299	81	1,242	1,904
購入	(21)	698	719	664	299	81	1,242	1,904
自給	(22)	-	-	-	-	-	-	-
自動車費	(23)	6,079	9,583	8,845	7,165	3,661	3,162	5,161
償却費	(24)	3,741	5,664	5,367	4,954	2,346	1,627	2,722
修繕費及び購入補充費	(25)	2,338	3,919	3,478	2,211	1,315	1,535	2,439
購入	(26)	2,338	3,919	3,478	2,211	1,315	1,535	2,439
自給	(27)	-	-	-	-	-	-	-
農機具費	(28)	34,814	28,811	40,886	42,032	23,677	31,953	47,460
償却費	(29)	27,199	17,513	35,270	33,367	18,421	24,443	37,763
修繕費及び購入補充費	(30)	7,615	11,298	5,616	8,665	5,256	7,510	9,697
購入	(31)	7,615	11,298	5,616	8,665	5,256	7,510	9,697
自給	(32)	-	-	-	-	-	-	-
生産管理費	(33)	392	403	98	314	391	625	301
償却費	(34)	17	14	-	-	-	48	-
購入・支払	(35)	375	389	98	314	391	577	301
労働費	(36)	45,010	73,198	61,767	47,745	35,940	25,629	30,831
直接労働費	(37)	43,422	70,410	60,290	45,666	35,506	24,372	29,404
家族	(38)	39,911	67,519	53,288	41,399	33,636	22,712	29,157
雇用	(39)	3,511	2,891	7,002	4,267	1,870	1,660	247
間接労働費	(40)	1,588	2,788	1,477	2,079	434	1,257	1,427
家族	(41)	1,519	2,741	1,353	1,945	434	1,236	1,427
雇用	(42)	69	47	124	134	-	21	-
費用合計	(43)	136,823	192,080	163,800	151,602	103,440	100,886	122,247
購入（支払）	(44)	59,731	86,703	64,195	65,633	46,631	47,269	47,807
自給	(45)	41,489	70,435	54,724	43,362	34,103	23,992	30,584
償却	(46)	35,603	34,942	44,881	42,607	22,706	29,625	43,856
副産物価額	(47)	2,201	1,115	3,454	2,302	1,014	2,209	983
生産費（副産物価額差引）	(48)	134,622	190,965	160,346	149,300	102,426	98,677	121,264
支払利子	(49)	156	-	-	22	-	469	841
支払地代	(50)	4,712	927	1,308	3,278	5,810	8,876	7,822
支払利子・地代算入生産費	(51)	139,490	191,892	161,654	152,600	108,236	108,022	129,927
自己資本利子	(52)	7,666	9,964	10,000	8,959	4,947	5,409	7,151
自作地地代	(53)	5,429	10,162	7,708	7,037	3,523	1,757	2,786
資本利子・地代全額算入生産費（全算入生産費）	(54)	152,585	212,018	179,362	168,596	116,706	115,188	139,864

米生産費・近畿・中国

単位：円

		中			国		3.0ha以上		
5.0ha 以上	平　均	0.5ha 未満	0.5～1.0	1.0～2.0	2.0～3.0	平　均	3.0～5.0	5.0ha 以上	
(8)	(9)	(10)	(11)	(12)	(13)	(14)	(15)	(16)	
68,852	89,266	123,892	101,405	78,578	78,679	61,456	78,440	44,775	(1)
5,092	3,650	5,235	3,490	3,447	1,687	3,843	5,960	1,764	(2)
5,060	3,568	5,193	3,351	3,385	1,687	3,764	5,870	1,696	(3)
32	82	42	139	62	-	79	90	68	(4)
9,365	10,088	11,230	10,522	9,386	10,384	9,680	9,292	10,062	(5)
9,336	10,061	11,230	10,435	9,386	10,384	9,680	9,292	10,062	(6)
29	27	-	87	-	-	-	-	-	(7)
4,735	9,324	9,378	9,606	9,952	7,137	8,067	9,208	6,946	(8)
3,671	4,265	4,409	4,564	4,200	4,414	3,588	3,973	3,211	(9)
3,671	4,265	4,409	4,564	4,200	4,414	3,588	3,973	3,211	(10)
-	-	-	-	-	-	-	-	-	(11)
1,150	2,662	2,600	2,620	3,220	2,394	1,562	1,287	1,831	(12)
1,150	2,661	2,600	2,619	3,220	2,389	1,562	1,287	1,831	(13)
-	1	-	1	-	5	-	-	-	(14)
3,709	1,343	1,328	1,811	876	1,247	1,529	1,820	1,243	(15)
6,140	13,872	28,986	18,341	9,162	4,711	5,552	9,347	1,825	(16)
1,516	2,634	4,202	3,275	2,272	1,937	965	992	935	(17)
4,540	3,573	9,775	4,179	1,670	3,614	1,120	1,176	1,067	(18)
3,560	2,938	8,150	3,390	1,278	3,336	993	1,067	922	(19)
980	635	1,625	789	392	278	127	109	145	(20)
980	635	1,625	789	392	278	127	109	145	(21)
-	-	-	-	-	-	-	-	-	(22)
2,370	4,998	10,446	8,124	1,823	2,343	2,058	2,701	1,426	(23)
1,193	1,994	2,713	4,573	-	1,044	1,025	1,565	495	(24)
1,177	3,004	7,733	3,551	1,823	1,299	1,033	1,136	931	(25)
1,177	2,958	7,390	3,551	1,823	1,299	1,033	1,136	931	(26)
-	46	343	-	-	-	-	-	-	(27)
25,811	32,640	35,979	34,778	32,379	38,212	23,208	32,434	14,149	(28)
19,167	24,682	22,522	26,239	26,090	30,302	17,530	25,410	9,792	(29)
6,644	7,958	13,457	8,539	6,289	7,910	5,678	7,024	4,357	(30)
6,644	7,958	13,457	8,539	6,289	7,910	5,678	7,024	4,357	(31)
-	-	-	-	-	-	-	-	-	(32)
753	217	324	95	191	599	284	250	316	(33)
67	40	-	-	114	-	-	-	-	(34)
686	177	324	95	77	599	284	250	316	(35)
23,569	49,898	75,475	60,338	47,791	24,770	19,407	17,684	21,100	(36)
22,380	48,245	72,141	57,924	46,746	24,055	19,075	17,250	20,869	(37)
20,159	45,882	69,293	54,661	45,550	22,905	15,756	15,691	15,819	(38)
2,221	2,363	2,848	3,263	1,196	1,150	3,319	1,559	5,050	(39)
1,189	1,653	3,334	2,414	1,045	715	332	434	231	(40)
1,160	1,607	3,334	2,396	960	715	255	392	120	(41)
29	46	-	18	85	-	77	42	111	(42)
92,421	139,164	199,367	161,743	126,369	103,449	80,863	96,124	65,875	(43)
47,054	61,865	92,970	70,257	52,315	45,142	45,225	51,909	38,659	(44)
21,380	47,645	73,012	57,284	46,572	23,625	16,090	16,173	16,007	(45)
23,987	29,654	33,385	34,202	27,482	34,682	19,548	28,042	11,209	(46)
2,695	2,228	1,885	2,475	2,068	2,065	2,468	2,161	2,769	(47)
89,726	136,936	197,482	159,268	124,301	101,384	78,395	93,963	63,106	(48)
322	307	1	290	498	86	257	410	107	(49)
9,293	1,930	1,431	1,401	875	3,820	5,298	5,389	5,208	(50)
99,341	139,173	198,914	160,959	125,674	105,290	83,950	99,762	68,421	(51)
4,719	7,360	10,200	7,582	7,630	7,435	3,557	4,280	2,847	(52)
1,350	7,028	9,265	8,180	7,581	4,069	2,378	3,496	1,282	(53)
105,410	153,561	218,379	176,721	140,885	116,794	89,885	107,538	72,550	(54)

米生産費・近畿・中国

(3) 米の作付規模別生産費（続き）
カ 近畿・中国（続き）
(ウ) 生産費〔60kg当たり〕

区分		近畿						3.0ha以上
		平均	0.5ha未満	0.5～1.0	1.0～2.0	2.0～3.0	平均	3.0～5.0
		(1)	(2)	(3)	(4)	(5)	(6)	(7)
物財費	(1)	11,107	14,142	12,735	11,649	8,706	9,337	10,929
種苗費	(2)	695	1,014	800	581	534	660	704
購入	(3)	691	1,008	793	579	530	657	704
自給	(4)	4	6	7	2	4	3	-
肥料費	(5)	1,324	1,784	1,301	1,391	1,379	1,079	840
購入	(6)	1,321	1,770	1,298	1,391	1,379	1,076	840
自給	(7)	3	14	3	-	-	3	-
農業薬剤費（購入）	(8)	844	1,086	1,088	718	1,008	651	782
光熱動力費	(9)	561	597	606	532	758	474	503
購入	(10)	561	597	606	532	758	474	503
自給	(11)	-	-	-	-	-	-	-
その他の諸材料費	(12)	184	206	263	127	235	157	185
購入	(13)	184	205	263	127	235	157	185
自給	(14)	0	1	-	-	-	-	-
土地改良及び水利費	(15)	363	465	322	297	209	458	437
賃借料及び料金	(16)	1,157	2,264	1,081	1,619	424	646	339
物件税及び公課諸負担	(17)	338	628	443	316	322	188	181
建物費	(18)	646	1,484	612	515	260	589	631
償却費	(19)	562	1,398	529	481	250	435	403
修繕費及び購入補充費	(20)	84	86	83	34	10	154	228
購入	(21)	84	86	83	34	10	154	228
自給	(22)	-	-	-	-	-	-	-
自動車費	(23)	736	1,140	1,104	804	473	392	617
償却費	(24)	453	674	670	556	303	202	325
修繕費及び購入補充費	(25)	283	466	434	248	170	190	292
購入	(26)	283	466	434	248	170	190	292
自給	(27)	-	-	-	-	-	-	-
農機具費	(28)	4,212	3,426	5,103	4,714	3,054	3,965	5,674
償却費	(29)	3,291	2,082	4,402	3,742	2,376	3,033	4,515
修繕費及び購入補充費	(30)	921	1,344	701	972	678	932	1,159
購入	(31)	921	1,344	701	972	678	932	1,159
自給	(32)	-	-	-	-	-	-	-
生産管理費	(33)	47	48	12	35	50	78	36
償却費	(34)	2	2	-	-	-	6	-
購入・支払	(35)	45	46	12	35	50	72	36
労働費	(36)	5,446	8,709	7,708	5,355	4,636	3,182	3,685
直接労働費	(37)	5,254	8,377	7,524	5,122	4,580	3,026	3,514
家族	(38)	4,829	8,033	6,650	4,644	4,338	2,820	3,485
雇用	(39)	425	344	874	478	242	206	29
間接労働費	(40)	192	332	184	233	56	156	171
家族	(41)	184	326	169	218	56	153	171
雇用	(42)	8	6	15	15	-	3	-
費用合計	(43)	16,553	22,851	20,443	17,004	13,342	12,519	14,614
購入（支払）	(44)	7,225	10,315	8,013	7,361	6,015	5,864	5,715
自給	(45)	5,020	8,380	6,829	4,864	4,398	2,979	3,656
償却	(46)	4,308	4,156	5,601	4,779	2,929	3,676	5,243
副産物価額	(47)	266	133	431	258	131	274	118
生産費（副産物価額差引）	(48)	16,287	22,718	20,012	16,746	13,211	12,245	14,496
支払利子	(49)	19	-	-	2	-	58	101
支払地代	(50)	570	110	163	368	749	1,101	935
支払利子・地代算入生産費	(51)	16,876	22,828	20,175	17,116	13,960	13,404	15,532
自己資本利子	(52)	927	1,185	1,248	1,005	638	671	855
自作地地代	(53)	657	1,209	962	789	455	218	333
資本利子・地代全額算入生産費（全算入生産費）	(54)	18,460	25,222	22,385	18,910	15,053	14,293	16,720

単位：円

5.0ha 以上	中国 平均	0.5ha 未満	0.5 ～ 1.0	1.0 ～ 2.0	2.0 ～ 3.0	3.0ha以上 平均	3.0 ～ 5.0	5.0ha 以上	
(8)	(9)	(10)	(11)	(12)	(13)	(14)	(15)	(16)	
8,674	10,635	15,557	12,238	8,787	9,603	7,920	9,997	5,838	(1)
641	436	657	421	386	206	495	759	230	(2)
637	426	652	404	379	206	485	748	221	(3)
4	10	5	17	7	-	10	11	9	(4)
1,179	1,202	1,409	1,268	1,049	1,268	1,247	1,184	1,314	(5)
1,175	1,199	1,409	1,258	1,049	1,268	1,247	1,184	1,314	(6)
4	3	-	10	-	-	-	-	-	(7)
596	1,111	1,177	1,160	1,113	871	1,039	1,173	906	(8)
462	508	554	552	469	538	463	507	419	(9)
462	508	554	552	469	538	463	507	419	(10)
-	-	-	-	-	-	-	-	-	(11)
145	317	327	316	359	292	201	164	239	(12)
145	317	327	316	359	291	201	164	239	(13)
-	0	-	0	-	1	-	-	-	(14)
467	160	167	218	98	152	197	232	162	(15)
774	1,652	3,639	2,212	1,025	576	716	1,191	237	(16)
192	314	528	395	255	237	124	128	122	(17)
572	425	1,228	505	187	441	144	150	139	(18)
449	349	1,024	410	143	407	128	136	120	(19)
123	76	204	95	44	34	16	14	19	(20)
123	76	204	95	44	34	16	14	19	(21)
-	-	-	-	-	-	-	-	-	(22)
298	596	1,312	981	204	285	265	344	186	(23)
150	238	341	552	-	127	132	199	65	(24)
148	358	971	429	204	158	133	145	121	(25)
148	353	928	429	204	158	133	145	121	(26)
-	5	43	-	-	-	-	-	-	(27)
3,253	3,888	4,518	4,199	3,620	4,664	2,992	4,133	1,843	(28)
2,416	2,940	2,828	3,168	2,917	3,699	2,260	3,238	1,275	(29)
837	948	1,690	1,031	703	965	732	895	568	(30)
837	948	1,690	1,031	703	965	732	895	568	(31)
-	-	-	-	-	-	-	-	-	(32)
95	26	41	11	22	73	37	32	41	(33)
8	5	-	-	13	-	-	-	-	(34)
87	21	41	11	9	73	37	32	41	(35)
2,971	5,947	9,479	7,284	5,345	3,023	2,501	2,253	2,751	(36)
2,821	5,749	9,060	6,993	5,228	2,936	2,458	2,198	2,721	(37)
2,542	5,468	8,702	6,599	5,095	2,796	2,030	1,999	2,062	(38)
279	281	358	394	133	140	428	199	659	(39)
150	198	419	291	117	87	43	55	30	(40)
146	192	419	289	107	87	33	50	16	(41)
4	6	-	2	10	-	10	5	14	(42)
11,645	16,582	25,036	19,522	14,132	12,626	10,421	12,250	8,589	(43)
5,926	7,372	11,674	8,477	5,850	5,509	5,828	6,617	5,042	(44)
2,696	5,678	9,169	6,915	5,209	2,884	2,073	2,060	2,087	(45)
3,023	3,532	4,193	4,130	3,073	4,233	2,520	3,573	1,460	(46)
340	265	236	300	232	252	318	276	361	(47)
11,305	16,317	24,800	19,222	13,900	12,374	10,103	11,974	8,228	(48)
41	37	0	35	56	11	33	52	14	(49)
1,171	230	180	169	98	466	683	687	679	(50)
12,517	16,584	24,980	19,426	14,054	12,851	10,819	12,713	8,921	(51)
595	877	1,281	915	853	907	459	545	371	(52)
170	837	1,164	988	848	497	306	446	167	(53)
13,282	18,298	27,425	21,329	15,755	14,255	11,584	13,704	9,459	(54)

米生産費・近畿・中国

(3) 米の作付規模別生産費（続き）
　カ　近畿・中国（続き）
　　（エ）米の作業別労働時間

区分		近畿						3.0ha以上
		平均	0.5ha未満	0.5～1.0	1.0～2.0	2.0～3.0	平均	3.0～5.0
		(1)	(2)	(3)	(4)	(5)	(6)	(7)
投下労働時間（10a当たり）	(1)	29.03	46.21	39.54	31.44	26.44	15.39	17.79
家　　　　族	(2)	26.98	44.31	35.60	29.09	25.19	14.39	17.57
雇　　　　用	(3)	2.05	1.90	3.94	2.35	1.25	1.00	0.22
直　接　労　働　時　間	(4)	28.01	44.51	38.56	30.05	26.10	14.64	17.02
家　　　　族	(5)	26.00	42.65	34.69	27.77	24.85	13.65	16.80
男	(6)	21.45	32.72	26.73	25.12	22.02	11.03	16.00
女	(7)	4.55	9.93	7.96	2.65	2.83	2.62	0.80
雇　　　　用	(8)	2.01	1.86	3.87	2.28	1.25	0.99	0.22
男	(9)	1.81	1.65	3.32	2.26	0.94	0.92	0.22
女	(10)	0.20	0.21	0.55	0.02	0.31	0.07	-
間　接　労　働　時　間	(11)	1.02	1.70	0.98	1.39	0.34	0.75	0.77
男	(12)	0.95	1.60	0.89	1.32	0.34	0.67	0.77
女	(13)	0.07	0.10	0.09	0.07	-	0.08	-
投下労働時間（60kg当たり）	(14)	3.47	5.50	4.91	3.51	3.37	1.89	2.12
家　　　　族	(15)	3.25	5.29	4.42	3.26	3.22	1.78	2.10
雇　　　　用	(16)	0.22	0.21	0.49	0.25	0.15	0.11	0.02
直　接　労　働　時　間	(17)	3.35	5.30	4.79	3.35	3.33	1.80	2.03
家　　　　族	(18)	3.13	5.09	4.31	3.11	3.18	1.69	2.01
男	(19)	2.59	3.90	3.34	2.83	2.83	1.37	1.92
女	(20)	0.54	1.19	0.97	0.28	0.35	0.32	0.09
雇　　　　用	(21)	0.22	0.21	0.48	0.24	0.15	0.11	0.02
男	(22)	0.20	0.19	0.42	0.24	0.11	0.11	0.02
女	(23)	0.02	0.02	0.06	0.00	0.04	0.00	-
間　接　労　働　時　間	(24)	0.12	0.20	0.12	0.16	0.04	0.09	0.09
男	(25)	0.11	0.19	0.11	0.15	0.04	0.08	0.09
女	(26)	0.01	0.01	0.01	0.01	-	0.01	-
作業別直接労働時間（10a当たり） 合計	(27)	28.01	44.51	38.56	30.05	26.10	14.64	17.02
種　子　予　措	(28)	0.18	0.20	0.27	0.20	0.17	0.11	0.15
育　　　　苗	(29)	2.23	2.49	3.56	2.19	2.38	1.32	1.59
耕　起　整　地	(30)	4.40	6.36	6.71	4.00	4.86	2.41	2.71
基　　　　肥	(31)	0.74	1.47	0.96	0.72	0.59	0.41	0.40
直　ま　き	(32)	0.02	0.14	-	-	-	-	-
田　　　　植	(33)	3.40	5.33	3.93	3.99	3.53	1.84	2.05
追　　　　肥	(34)	0.48	0.67	0.42	0.53	0.44	0.41	0.44
除　　　　草	(35)	1.32	1.70	2.18	1.23	1.12	0.83	0.75
管　　　　理	(36)	8.03	15.06	11.38	8.85	6.08	3.47	4.94
防　　　　除	(37)	0.66	1.42	0.87	0.91	0.49	0.11	0.08
刈　取　脱　穀	(38)	3.85	5.77	5.64	4.17	3.60	1.91	1.97
乾　　　　燥	(39)	2.17	3.18	2.28	2.35	2.49	1.45	1.71
生　産　管　理	(40)	0.53	0.72	0.36	0.91	0.35	0.37	0.23
うち家族								
種　子　予　措	(41)	0.17	0.20	0.27	0.17	0.17	0.10	0.15
育　　　　苗	(42)	2.02	2.46	3.13	1.90	2.24	1.21	1.47
耕　起　整　地	(43)	4.14	6.36	5.60	3.97	4.86	2.30	2.71
基　　　　肥	(44)	0.71	1.44	0.94	0.70	0.59	0.37	0.40
直　ま　き	(45)	0.02	0.14	-	-	-	-	-
田　　　　植	(46)	3.01	4.75	3.58	3.30	3.14	1.74	2.05
追　　　　肥	(47)	0.45	0.67	0.40	0.52	0.36	0.37	0.44
除　　　　草	(48)	1.30	1.68	2.16	1.21	1.12	0.79	0.75
管　　　　理	(49)	7.74	14.75	10.85	8.64	6.08	3.16	4.94
防　　　　除	(50)	0.62	1.34	0.85	0.91	0.30	0.11	0.08
刈　取　脱　穀	(51)	3.39	5.24	4.85	3.47	3.42	1.75	1.87
乾　　　　燥	(52)	1.90	2.90	1.70	2.07	2.22	1.38	1.71
生　産　管　理	(53)	0.53	0.72	0.36	0.91	0.35	0.37	0.23

単位：時間

	中国								
						3.0ha以上			
5.0ha 以 上	平　均	0.5ha 未 満	0.5 ～ 1.0	1.0 ～ 2.0	2.0 ～ 3.0	平　均	3.0 ～ 5.0	5.0ha 以 上	
(8)	(9)	(10)	(11)	(12)	(13)	(14)	(15)	(16)	
14.49	**35.42**	**53.91**	**41.16**	**35.49**	**17.55**	**13.60**	**13.58**	**13.56**	(1)
13.16	33.38	51.83	39.16	33.46	15.91	11.10	12.00	10.18	(2)
1.33	2.04	2.08	2.00	2.03	1.64	2.50	1.58	3.38	(3)
13.74	34.29	51.60	39.51	34.78	17.04	13.36	13.26	13.42	(4)
12.43	32.28	49.52	37.52	32.80	15.40	10.92	11.72	10.11	(5)
9.09	24.75	37.44	29.84	24.06	12.73	8.79	9.49	8.12	(6)
3.34	7.53	12.08	7.68	8.74	2.67	2.13	2.23	1.99	(7)
1.31	2.01	2.08	1.99	1.98	1.64	2.44	1.54	3.31	(8)
1.21	1.70	1.36	1.53	1.77	1.64	2.43	1.53	3.30	(9)
0.10	0.31	0.72	0.46	0.21	–	0.01	0.01	0.01	(10)
0.75	1.13	2.31	1.65	0.71	0.51	0.24	0.32	0.14	(11)
0.62	0.97	1.83	1.43	0.66	0.34	0.23	0.32	0.13	(12)
0.13	0.16	0.48	0.22	0.05	0.17	0.01	–	0.01	(13)
1.81	**4.19**	**6.77**	**4.94**	**3.97**	**2.14**	**1.75**	**1.73**	**1.74**	(14)
1.65	3.97	6.52	4.73	3.75	1.94	1.43	1.53	1.31	(15)
0.16	0.22	0.25	0.21	0.22	0.20	0.32	0.20	0.43	(16)
1.72	4.06	6.48	4.74	3.88	2.08	1.72	1.68	1.72	(17)
1.56	3.84	6.23	4.53	3.67	1.88	1.41	1.49	1.30	(18)
1.14	2.94	4.70	3.61	2.70	1.55	1.14	1.21	1.04	(19)
0.42	0.90	1.53	0.92	0.97	0.33	0.27	0.28	0.26	(20)
0.16	0.22	0.25	0.21	0.21	0.20	0.31	0.19	0.42	(21)
0.16	0.19	0.16	0.17	0.18	0.20	0.31	0.19	0.42	(22)
0.00	0.03	0.09	0.04	0.03	–	0.00	0.00	0.00	(23)
0.09	0.13	0.29	0.20	0.09	0.06	0.03	0.05	0.02	(24)
0.08	0.11	0.23	0.17	0.08	0.04	0.03	0.05	0.02	(25)
0.01	0.02	0.06	0.03	0.01	0.02	0.00	–	0.00	(26)
13.74	**34.29**	**51.60**	**39.51**	**34.78**	**17.04**	**13.36**	**13.26**	**13.42**	(27)
0.09	0.24	0.41	0.28	0.20	0.25	0.14	0.07	0.20	(28)
1.21	2.85	3.97	3.27	2.91	1.77	1.23	1.11	1.37	(29)
2.29	5.00	7.86	5.99	4.60	2.34	2.30	2.56	2.03	(30)
0.42	1.18	2.07	1.18	1.12	0.89	0.63	0.65	0.61	(31)
–	0.05	–	0.14	0.03	–	–	–	–	(32)
1.76	3.37	4.76	3.92	3.28	1.98	1.77	1.77	1.75	(33)
0.41	0.35	0.28	0.34	0.48	0.28	0.16	0.06	0.26	(34)
0.87	2.54	4.23	2.80	2.47	1.84	0.89	0.83	0.95	(35)
2.89	10.96	16.90	11.98	12.75	2.93	2.25	2.09	2.39	(36)
0.15	1.20	2.55	1.06	1.25	0.62	0.41	0.57	0.26	(37)
1.88	4.48	6.19	6.05	3.77	2.62	2.01	2.14	1.88	(38)
1.34	1.62	1.67	2.00	1.45	1.48	1.30	1.33	1.28	(39)
0.43	0.45	0.71	0.50	0.47	0.04	0.27	0.08	0.44	(40)
0.08	0.24	0.41	0.28	0.20	0.25	0.12	0.06	0.18	(41)
1.10	2.51	3.55	2.92	2.58	1.47	0.95	1.04	0.88	(42)
2.14	4.83	7.54	5.89	4.46	2.23	2.02	2.47	1.56	(43)
0.36	1.15	2.03	1.12	1.12	0.89	0.56	0.62	0.51	(44)
–	0.05	–	0.14	0.02	–	–	–	–	(45)
1.61	2.99	4.55	3.45	2.93	1.83	1.22	1.32	1.12	(46)
0.34	0.35	0.27	0.33	0.48	0.28	0.16	0.06	0.26	(47)
0.82	2.49	4.19	2.74	2.46	1.65	0.79	0.65	0.92	(48)
2.46	10.58	16.66	11.75	12.17	2.83	1.77	1.75	1.78	(49)
0.14	1.17	2.55	1.03	1.25	0.51	0.31	0.40	0.22	(50)
1.70	4.01	5.60	5.49	3.33	2.33	1.69	2.00	1.38	(51)
1.25	1.46	1.46	1.88	1.33	1.09	1.06	1.27	0.86	(52)
0.43	0.45	0.71	0.50	0.47	0.04	0.27	0.08	0.44	(53)

米生産費・四国・九州

(3) 米の作付規模別生産費（続き）
キ 四国・九州
(ｱ) 調査対象経営体の生産概要・経営概況

区分		単位	四国 平均 (1)	0.5ha 未満 (2)	0.5 ～ 1.0 (3)	1.0 ～ 2.0 (4)	2.0 ～ 3.0 (5)	3.0ha以上 平均 (6)	3.0 ～ 5.0 (7)
集計経営体数	(1)	経営体	68	24	25	13	3	3	2
労働力（1経営体当たり）									
世帯員数	(2)	人	3.0	2.9	3.2	3.1	3.6	2.6	x
男	(3)	〃	1.4	1.4	1.5	1.4	1.8	1.0	x
女	(4)	〃	1.6	1.5	1.7	1.7	1.8	1.6	x
家族員数	(5)	〃	3.0	2.9	3.2	3.1	3.6	2.6	x
男	(6)	〃	1.4	1.4	1.5	1.4	1.8	1.0	x
女	(7)	〃	1.6	1.5	1.7	1.7	1.8	1.6	x
農業就業者	(8)	〃	0.8	0.7	0.7	1.1	3.3	1.6	x
男	(9)	〃	0.5	0.4	0.5	0.7	1.8	0.6	x
女	(10)	〃	0.3	0.3	0.2	0.4	1.5	1.0	x
農業専従者	(11)	〃	0.5	0.3	0.2	0.6	3.2	0.9	x
男	(12)	〃	0.3	0.2	0.1	0.4	1.7	0.6	x
女	(13)	〃	0.2	0.1	0.1	0.2	1.5	0.3	x
土地（1経営体当たり）									
経営耕地面積	(14)	a	138	92	107	178	508	621	x
田	(15)	〃	117	64	98	149	496	569	x
畑	(16)	〃	21	28	9	29	12	52	x
普通畑	(17)	〃	16	23	4	22	11	17	x
樹園地	(18)	〃	5	5	5	7	1	35	x
牧草地	(19)	〃	－	－	－	－	－	－	x
耕地以外の土地	(20)	〃	85	55	117	125	11	26	x
水稲									
使用地面積（1経営体当たり）									
作付地	(21)	〃	79.7	35.4	76.9	113.1	262.8	434.3	x
自作地	(22)	〃	55.1	30.7	65.0	73.1	104.6	167.2	x
小作地	(23)	〃	24.6	4.7	11.9	40.0	158.2	267.1	x
作付地以外	(24)	〃	2.1	2.1	2.2	1.6	3.2	2.7	x
所有地	(25)	〃	2.1	2.1	2.2	1.6	3.2	2.7	x
借入地	(26)	〃	－	－	－	－	－	－	x
田の団地数（1経営体当たり）	(27)	団地	3.6	1.9	4.5	4.9	7.1	6.7	x
ほ場枚数（1経営体当たり）	(28)	枚	8.0	3.4	8.8	9.6	20.6	55.0	x
未整理又は10a未満	(29)	〃	4.5	1.8	5.3	4.8	5.1	42.1	x
10 ～ 20 a 区画	(30)	〃	2.9	1.4	3.0	3.6	12.4	6.7	x
20 ～ 30 a 区画	(31)	〃	0.5	0.2	0.4	0.8	3.0	4.0	x
30 ～ 50 a 区画	(32)	〃	0.1	－	0.1	0.4	0.1	1.6	x
50 a 以上区画	(33)	〃	0.0	－	－	－	－	0.6	x
ほ場面積（1経営体当たり）									
未整理又は10a未満	(34)	a	22.9	11.0	25.7	32.3	22.7	145.1	x
10 ～ 20 a 区画	(35)	〃	38.9	19.6	40.1	51.0	166.8	92.7	x
20 ～ 30 a 区画	(36)	〃	12.8	4.9	8.5	17.9	70.4	97.8	x
30 ～ 50 a 区画	(37)	〃	4.1	－	2.5	11.8	3.0	53.0	x
50 a 以上区画	(38)	〃	1.0	－	－	－	－	45.7	x
(参考) 団地への距離等（1経営体当たり）									
ほ場間の距離	(39)	km	0.6	0.5	0.7	0.7	0.1	1.6	x
団地への平均距離	(40)	〃	0.6	0.4	0.7	0.7	0.4	0.7	x
作付地の実勢地代（10a当たり）	(41)	円	11,261	10,783	11,301	10,841	13,588	10,469	x
自作地	(42)	〃	11,233	10,963	11,189	11,287	14,285	9,181	x
小作地	(43)	〃	11,327	9,526	11,945	10,026	13,137	11,276	x
投下資本額（10a当たり）	(44)	〃	222,030	186,428	326,990	157,131	261,209	90,688	x
借入資本額	(45)	〃	5,951	446	7,597	67	－	28,373	x
自己資本額	(46)	〃	216,079	185,982	319,393	157,064	261,209	62,315	x
固定資本額	(47)	〃	171,335	120,826	267,582	111,511	228,003	59,277	x
建物・構築物	(48)	〃	67,056	32,688	126,246	17,147	127,953	3,463	x
土地改良設備	(49)	〃	1,735	823	4,858	－	138	－	x
自動車	(50)	〃	5,329	7,958	7,188	4,378	3,408	－	x
農機具	(51)	〃	97,215	79,357	129,290	89,986	96,504	55,814	x
流動資本額	(52)	〃	30,327	37,169	33,849	28,784	20,612	22,879	x
労賃資本額	(53)	〃	20,368	28,433	25,559	16,836	12,594	8,532	x

5.0ha 以 上	九州 平　均	0.5ha 未 満	0.5 ～ 1.0	1.0 ～ 2.0	2.0 ～ 3.0	3.0ha以上 平　均	3.0 ～ 5.0	5.0ha 以 上	
(8)	(9)	(10)	(11)	(12)	(13)	(14)	(15)	(16)	
1	103	30	25	21	11	16	8	8	(1)
x	3.8	3.5	4.2	3.9	3.8	4.0	4.1	3.9	(2)
x	1.8	1.5	2.1	1.9	2.2	1.6	1.5	2.2	(3)
x	2.0	2.0	2.1	2.0	1.6	2.4	2.6	1.7	(4)
x	3.8	3.5	4.2	3.7	3.8	4.0	4.1	3.9	(5)
x	1.8	1.5	2.1	1.8	2.2	1.6	1.5	2.2	(6)
x	2.0	2.0	2.1	1.9	1.6	2.4	2.6	1.7	(7)
x	1.0	0.8	1.3	0.8	2.1	1.6	1.4	2.5	(8)
x	0.6	0.4	0.8	0.5	1.2	1.1	1.0	1.6	(9)
x	0.4	0.4	0.5	0.3	0.9	0.5	0.4	0.9	(10)
x	0.9	0.7	1.3	0.5	0.7	1.2	1.0	2.3	(11)
x	0.5	0.4	0.8	0.3	0.3	0.7	0.6	1.4	(12)
x	0.4	0.3	0.5	0.2	0.4	0.5	0.4	0.9	(13)
x	256	153	249	218	385	837	547	2,316	(14)
x	194	75	144	201	374	803	537	2,157	(15)
x	61	78	100	17	11	34	10	159	(16)
x	57	69	99	15	9	33	10	157	(17)
x	4	9	1	2	2	1	0	2	(18)
x	1	-	5	-	-	-	-	-	(19)
x	143	150	126	195	53	57	57	54	(20)
x	115.4	38.5	67.0	131.9	247.7	509.8	381.0	1,164.7	(21)
x	66.6	33.7	48.2	76.1	170.8	173.8	162.1	233.7	(22)
x	48.8	4.8	18.8	55.8	76.9	336.0	218.9	931.0	(23)
x	2.1	1.0	2.2	3.1	1.9	3.5	2.8	7.4	(24)
x	2.1	1.0	2.2	3.1	1.9	3.5	2.8	7.4	(25)
x	-	-	-	-	-	-	-	-	(26)
x	**3.2**	**1.8**	**2.3**	**4.9**	**3.4**	**6.7**	**6.1**	**10.1**	**(27)**
x	**8.1**	**4.3**	**5.2**	**10.7**	**10.8**	**25.6**	**18.8**	**60.0**	**(28)**
x	3.7	2.7	2.5	5.3	2.6	8.3	7.2	13.9	(29)
x	2.5	1.5	1.7	3.2	3.1	7.4	4.9	20.4	(30)
x	1.3	0.1	0.9	1.9	2.6	5.1	2.8	16.9	(31)
x	0.5	0.0	0.1	0.3	1.9	3.4	2.4	8.1	(32)
x	0.1	-	0.0	-	0.6	1.4	1.5	0.7	(33)
x	21.5	16.8	13.9	29.6	17.1	48.2	39.4	92.8	(34)
x	35.4	20.0	24.0	46.9	48.0	102.2	65.1	290.8	(35)
x	31.4	1.5	22.7	46.1	67.9	126.0	65.2	434.7	(36)
x	17.3	0.3	5.0	9.3	72.1	132.5	100.9	293.2	(37)
x	9.8	-	1.4	-	42.7	100.9	110.3	53.3	(38)
x	1.4	0.5	1.1	1.3	1.0	4.1	3.8	4.3	(39)
x	1.0	0.6	1.1	0.7	0.6	2.1	2.2	2.0	(40)
x	**13,239**	**12,892**	**12,706**	**11,051**	**22,427**	**11,960**	**12,236**	**11,486**	**(41)**
x	14,501	13,361	13,412	10,832	22,871	16,024	17,348	11,307	(42)
x	11,482	9,416	10,821	11,361	21,434	9,905	8,611	11,531	(43)
x	**143,094**	**136,389**	**193,353**	**152,809**	**78,173**	**136,935**	**149,427**	**116,159**	**(44)**
x	13,527	8,357	11,322	15,451	8,153	17,068	15,418	19,812	(45)
x	129,567	128,032	182,031	137,358	70,020	119,867	134,009	96,347	(46)
x	100,188	80,780	143,056	105,531	42,364	103,979	111,768	91,024	(47)
x	27,457	26,170	25,131	32,422	7,147	33,090	41,805	18,597	(48)
x	1,445	612	345	4,459	-	-	-	-	(49)
x	4,364	9,506	7,715	2,580	1,158	3,792	4,309	2,931	(50)
x	66,922	44,492	109,865	66,070	34,059	67,097	65,654	69,496	(51)
x	26,067	33,235	31,235	27,492	23,095	20,493	22,610	16,972	(52)
x	16,839	22,374	19,062	19,786	12,714	12,463	15,049	8,163	(53)

米生産費・四国・九州

(3) 米の作付規模別生産費（続き）
　キ　四国・九州（続き）
　　（ア）　調査対象経営体の生産概要・経営概況（続き）

区分	単位	四国 平均 (1)	0.5ha未満 (2)	0.5～1.0 (3)	1.0～2.0 (4)	2.0～3.0 (5)	3.0ha以上 平均 (6)	3.0～5.0 (7)
自動車所有台数（10経営体当たり）								
四　輪　自　動　車 (54)	台	23.0	17.5	22.2	29.1	63.8	30.5	x
農機具所有台数（10経営体当たり）								
電　　動　　機 (55)	〃	-	-	-	-	-	-	x
発　　動　　機 (56)	〃	-	-	-	-	-	-	x
揚　水　ポ　ン　プ (57)	〃	1.2	1.2	1.0	0.5	7.6	-	x
乗用型トラクタ								
20馬力未満 (58)	〃	3.3	2.5	2.7	7.0	-	2.9	x
20～50馬力未満 (59)	〃	10.3	9.6	7.6	8.9	47.8	13.8	x
50馬力以上 (60)	〃	0.1	-	-	-	-	2.9	x
歩行型トラクタ								
駆　　動　　型 (61)	〃	3.8	3.8	3.4	5.3	4.0	-	x
け　ん　引　型 (62)	〃	-	-	-	-	-	-	x
電　熱　育　苗　機 (63)	〃	0.1	-	-	0.5	0.4	-	x
田　　植　　機								
2　　条　　植 (64)	〃	1.1	1.4	0.3	2.1	-	-	x
3　～　5　条 (65)	〃	6.6	4.5	8.7	8.8	0.4	10.0	x
6　条　以　上 (66)	〃	0.5	0.2	-	-	9.6	-	x
動　力　噴　霧　機 (67)	〃	9.6	9.6	8.2	9.3	23.1	10.0	x
動　力　散　粉　機 (68)	〃	2.0	2.3	2.0	1.9	-	-	x
バ　イ　ン　ダ　ー (69)	〃	0.1	-	0.2	-	-	-	x
自脱型コンバイン								
3　条　以　下 (70)	〃	6.7	5.0	8.5	9.7	0.4	-	x
4　条　以　上 (71)	〃	1.4	1.3	0.5	-	9.6	11.1	x
普通型コンバイン (72)	〃	-	-	-	-	-	-	x
脱　　穀　　機 (73)	〃	0.1	-	0.2	-	-	-	x
動力もみすり機 (74)	〃	5.3	3.4	7.4	5.0	10.0	5.7	x
乾　　燥　　機								
静　　置　　式 (75)	〃	0.9	1.3	0.5	1.3	-	-	x
循　　環　　式 (76)	〃	6.3	3.0	9.0	7.2	19.6	2.9	x
水　稲								
10a当たり主産物数量 (77)	kg	477	473	485	468	514	450	x
粗　　収　　益								
10　a　当　た　り (78)	円	100,792	91,772	105,816	97,037	105,629	104,619	x
主　　産　　物 (79)	〃	99,360	90,671	104,516	95,181	104,789	102,551	x
副　　産　　物 (80)	〃	1,432	1,101	1,300	1,856	840	2,068	x
60 kg 当 た り (81)	〃	12,659	11,638	13,095	12,442	12,343	13,955	x
主　　産　　物 (82)	〃	12,480	11,499	12,934	12,204	12,245	13,679	x
副　　産　　物 (83)	〃	179	139	161	238	98	276	x
所　　　　得								
10　a　当　た　り (84)	〃	△ 3,734	△ 27,889	△ 14,154	8,057	7,353	28,026	x
1　日　当　た　り (85)	〃	-	-	-	2,682	4,074	19,446	x
家　族　労　働　報　酬								
10　a　当　た　り (86)	〃	△ 20,775	△ 45,832	△ 37,992	△ 5,429	△ 8,359	22,044	x
1　日　当　た　り (87)	〃	-	-	-	-	-	15,295	x
(参考1) 経営所得安定対策等 受取金（10a当たり）(88)	〃	6,489	11,787	4,095	9,682	250	4,213	x
(参考2) 経営所得安定対策等の交付金を加えた場合								
粗　　収　　益								
10　a　当　た　り (89)	〃	107,281	103,559	109,911	106,719	105,879	108,832	x
60 kg 当 た り (90)	〃	13,474	13,134	13,601	13,683	12,372	14,517	x
所　　　　得								
10　a　当　た　り (91)	〃	2,755	△ 16,102	△ 10,059	17,739	7,603	32,239	x
1　日　当　た　り (92)	〃	768	-	-	5,906	4,212	22,369	x
家　族　労　働　報　酬								
10　a　当　た　り (93)	〃	△ 14,286	△ 34,045	△ 33,897	4,253	△ 8,109	26,257	x
1　日　当　た　り (94)	〃	-	-	-	1,416	-	18,218	x

米生産費・四国・九州

		九				州		
5.0ha 以上	平均	0.5ha 未満	0.5～1.0	1.0～2.0	2.0～3.0	3.0ha以上		
						平均	3.0～5.0	5.0ha 以上
(8)	(9)	(10)	(11)	(12)	(13)	(14)	(15)	(16)
x	27.2	27.7	28.1	23.7	30.2	31.3	28.8	44.1	(54)
x	0.0	-	-	-	-	0.2	0.2	-	(55)
x	-	-	-	-	-	-	-	-	(56)
x	1.2	-	1.6	0.5	6.9	2.7	2.9	1.5	(57)
x	2.1	3.7	1.8	1.2	0.9	0.1	-	0.7	(58)
x	10.9	9.9	12.4	9.3	13.6	14.1	14.0	14.4	(59)
x	0.9	0.3	1.9	-	0.9	3.7	1.2	16.1	(60)
x	2.8	4.4	3.6	-	3.4	2.2	2.7	-	(61)
x	0.3	-	0.6	0.3	-	0.8	1.0	-	(62)
x	0.1	-	0.1	-	-	1.0	1.2	-	(63)
x	0.8	1.9	0.5	-	-	-	-	-	(64)
x	6.9	5.0	7.6	8.2	8.1	6.8	7.2	4.3	(65)
x	0.3	-	0.5	-	1.1	2.3	1.0	8.7	(66)
x	6.7	5.0	3.5	7.8	19.9	12.3	13.2	7.7	(67)
x	2.5	0.8	2.3	3.2	2.5	8.0	9.3	1.5	(68)
x	1.4	2.5	2.2	-	-	-	-	-	(69)
x	5.3	5.0	5.9	5.2	5.5	5.0	*5.5	2.0	(70)
x	1.0	-	0.5	0.6	2.6	7.6	6.6	12.7	(71)
x	0.1	-	-	-	0.9	0.6	0.5	1.4	(72)
x	0.5	1.6	-	-	-	-	-	-	(73)
x	1.6	1.2	0.9	1.8	2.2	5.4	3.7	14.1	(74)
x	1.7	0.5	4.0	1.2	1.1	0.1	-	0.4	(75)
x	3.3	2.6	1.7	4.1	2.4	10.8	8.1	24.4	(76)
x	463	426	456	482	487	451	456	442	(77)
x	101,165	93,933	99,958	102,217	105,535	101,571	107,579	91,578	(78)
x	98,698	92,498	97,965	99,878	100,498	99,450	104,855	90,459	(79)
x	2,467	1,435	1,993	2,339	5,037	2,121	2,724	1,119	(80)
x	13,117	13,210	13,167	12,733	13,002	13,517	14,161	12,411	(81)
x	12,797	13,008	12,904	12,442	12,382	13,234	13,802	12,259	(82)
x	320	202	263	291	620	283	359	152	(83)
x	20,167	2,306	4,103	18,403	41,103	28,146	28,424	27,676	(84)
x	7,476	612	1,249	5,865	22,399	14,669	11,813	25,018	(85)
x	6,976	△16,304	△13,246	6,251	26,933	18,616	16,623	21,926	(86)
x	2,586	-	-	1,992	14,677	9,702	6,908	19,820	(87)
x	7,931	4,219	5,441	10,716	7,890	7,926	7,294	8,976	(88)
x	109,096	98,152	105,399	112,933	113,425	109,497	114,873	100,554	(89)
x	14,145	13,803	13,884	14,068	13,973	14,571	15,121	13,628	(90)
x	28,098	6,525	9,544	29,119	48,993	36,072	35,718	36,652	(91)
x	10,416	1,732	2,905	9,281	26,699	18,800	14,844	33,132	(92)
x	14,907	△12,085	△7,805	16,967	34,823	26,542	23,917	30,902	(93)
x	5,526	-	-	5,408	18,977	13,833	9,940	27,934	(94)

(3) 米の作付規模別生産費（続き）
キ 四国・九州（続き）
(イ) 生産費〔10 a 当たり〕

区分		四国 平均	0.5ha 未満	0.5 ～ 1.0	1.0 ～ 2.0	2.0 ～ 3.0	3.0ha以上 平均	3.0 ～ 5.0
		(1)	(2)	(3)	(4)	(5)	(6)	(7)
物財費	(1)	**98,278**	**114,311**	**113,708**	**84,680**	**87,698**	**69,399**	**x**
種苗費	(2)	7,421	7,544	7,277	6,306	12,122	5,067	x
購入	(3)	7,360	7,388	7,203	6,279	12,122	5,067	x
自給	(4)	61	156	74	27	-	-	x
肥料費	(5)	8,487	9,643	10,627	8,445	3,187	6,389	x
購入	(6)	8,466	9,643	10,560	8,445	3,187	6,389	x
自給	(7)	21	-	67	-	-	-	x
農業薬剤費（購入）	(8)	7,358	9,020	7,547	6,398	7,277	6,182	x
光熱動力費	(9)	4,619	4,539	5,933	3,763	3,898	3,703	x
購入	(10)	4,619	4,539	5,933	3,763	3,898	3,703	x
自給	(11)	-	-	-	-	-	-	x
その他の諸材料費	(12)	1,600	1,371	1,691	1,023	90	4,432	x
購入	(13)	1,600	1,371	1,691	1,023	90	4,432	x
自給	(14)	-	-	-	-	-	-	x
土地改良及び水利費	(15)	3,247	4,219	4,319	2,166	2,443	1,820	x
賃借料及び料金	(16)	12,664	24,658	10,890	12,398	1,066	10,344	x
物件税及び公課諸負担	(17)	4,075	2,836	4,041	7,760	1,993	832	x
建物費	(18)	7,565	7,165	14,158	2,880	6,131	1,545	x
償却費	(19)	6,893	6,288	13,002	2,678	6,032	964	x
修繕費及び購入補充費	(20)	672	877	1,156	202	99	581	x
購入	(21)	672	877	1,156	202	99	581	x
自給	(22)	-	-	-	-	-	-	x
自動車費	(23)	5,603	5,836	7,809	5,758	3,281	1,400	x
償却費	(24)	2,478	3,671	2,690	3,151	1,136	-	x
修繕費及び購入補充費	(25)	3,125	2,165	5,119	2,607	2,145	1,400	x
購入	(26)	3,125	2,165	5,119	2,607	2,145	1,400	x
自給	(27)	-	-	-	-	-	-	x
農機具費	(28)	35,329	37,353	38,814	27,597	46,174	27,336	x
償却費	(29)	28,231	30,014	30,271	21,284	39,296	22,674	x
修繕費及び購入補充費	(30)	7,098	7,339	8,543	6,313	6,878	4,662	x
購入	(31)	7,098	7,339	8,543	6,313	6,878	4,662	x
自給	(32)	-	-	-	-	-	-	x
生産管理費	(33)	310	127	602	186	36	349	x
償却費	(34)	17	-	49	-	6	-	x
購入・支払	(35)	293	127	553	186	30	349	x
労働費	(36)	**40,735**	**56,867**	**51,117**	**33,672**	**25,187**	**17,064**	**x**
直接労働費	(37)	38,931	54,595	48,528	32,572	23,852	16,210	x
家族	(38)	35,720	50,277	43,935	31,487	19,228	15,617	x
雇用	(39)	3,211	4,318	4,593	1,085	4,624	593	x
間接労働費	(40)	1,804	2,272	2,589	1,100	1,335	854	x
家族	(41)	1,767	2,220	2,571	1,079	1,231	827	x
雇用	(42)	37	52	18	21	104	27	x
費用合計	(43)	**139,013**	**171,178**	**164,825**	**118,352**	**112,885**	**86,463**	**x**
購入（支払）	(44)	63,825	78,552	72,166	58,646	45,956	46,381	x
自給	(45)	37,569	52,653	46,647	32,593	20,459	16,444	x
償却	(46)	37,619	39,973	46,012	27,113	46,470	23,638	x
副産物価額	(47)	1,432	1,101	1,300	1,856	840	2,068	x
生産費（副産物価額差引）	(48)	**137,581**	**170,077**	**163,525**	**116,496**	**112,045**	**84,395**	**x**
支払利子	(49)	42	11	125	-	-	-	x
支払地代	(50)	2,958	969	1,526	3,194	5,850	6,574	x
支払利子・地代算入生産費	(51)	**140,581**	**171,057**	**165,176**	**119,690**	**117,895**	**90,969**	**x**
自己資本利子	(52)	8,643	7,439	12,776	6,283	10,448	2,493	x
自作地地代	(53)	8,398	10,504	11,062	7,203	5,264	3,489	x
資本利子・地代全額算入生産費（全算入生産費）	(54)	**157,622**	**189,000**	**189,014**	**133,176**	**133,607**	**96,951**	**x**

米生産費・四国・九州

単位：円

		九			州				
5.0ha 以上	平 均	0.5ha 未満	0.5～1.0	1.0～2.0	2.0～3.0	3.0ha以上			
						平 均	3.0～5.0	5.0ha 以上	
(8)	(9)	(10)	(11)	(12)	(13)	(14)	(15)	(16)	
x	73,568	89,299	91,505	76,138	55,533	63,314	69,223	53,492	(1)
x	3,532	5,913	3,993	2,097	2,868	4,102	5,007	2,599	(2)
x	3,437	5,772	3,784	2,029	2,850	4,025	4,934	2,515	(3)
x	95	141	209	68	18	77	73	84	(4)
x	7,998	7,872	8,256	8,684	5,481	8,311	8,277	8,368	(5)
x	7,966	7,769	8,135	8,684	5,481	8,311	8,277	8,368	(6)
x	32	103	121	-	-	-	-	-	(7)
x	7,810	8,595	8,916	7,275	7,986	7,370	8,631	5,277	(8)
x	3,238	3,773	3,874	3,322	2,346	3,004	2,857	3,248	(9)
x	3,238	3,773	3,874	3,322	2,346	3,004	2,857	3,248	(10)
x	-	-	-	-	-	-	-	-	(11)
x	1,600	1,431	1,993	1,908	1,496	1,191	1,199	1,181	(12)
x	1,573	1,410	1,992	1,835	1,496	1,183	1,199	1,160	(13)
x	27	21	1	73	-	8	-	21	(14)
x	1,749	1,563	1,774	1,467	2,662	1,691	1,961	1,240	(15)
x	15,855	20,778	18,784	20,324	14,626	8,569	9,993	6,209	(16)
x	2,230	2,979	3,323	2,494	1,203	1,549	2,002	790	(17)
x	4,414	4,366	4,914	6,396	722	3,803	4,721	2,272	(18)
x	3,783	3,400	3,523	6,155	320	3,222	4,382	1,289	(19)
x	631	966	1,391	241	402	581	339	983	(20)
x	631	966	1,391	241	402	581	339	983	(21)
x	-	-	-	-	-	-	-	-	(22)
x	3,799	8,453	6,332	2,723	974	2,988	3,716	1,778	(23)
x	1,826	5,046	3,128	872	386	1,492	1,726	1,104	(24)
x	1,973	3,407	3,204	1,851	588	1,496	1,990	674	(25)
x	1,973	3,407	3,204	1,851	588	1,496	1,990	674	(26)
x	-	-	-	-	-	-	-	-	(27)
x	21,046	23,213	29,024	19,145	14,926	20,458	20,527	20,343	(28)
x	15,808	14,366	22,346	14,086	8,631	17,618	17,896	17,156	(29)
x	5,238	8,847	6,678	5,059	6,295	2,840	2,631	3,187	(30)
x	5,236	8,847	6,678	5,051	6,295	2,840	2,631	3,187	(31)
x	2	-	-	8	-	-	-	-	(32)
x	297	363	322	303	243	278	332	187	(33)
x	20	16	39	40	1	-	-	-	(34)
x	277	347	283	263	242	278	332	187	(35)
x	33,678	44,747	38,124	39,574	25,426	24,926	30,098	16,328	(36)
x	32,630	43,206	36,582	38,381	25,078	24,169	29,376	15,512	(37)
x	29,749	42,200	35,060	35,345	21,902	20,137	24,437	12,988	(38)
x	2,881	1,006	1,522	3,036	3,176	4,032	4,939	2,524	(39)
x	1,048	1,541	1,542	1,193	348	757	722	816	(40)
x	982	1,541	1,470	1,193	332	584	722	355	(41)
x	66	-	72	-	16	173	-	461	(42)
x	107,246	134,046	129,629	115,712	80,959	88,240	99,321	69,820	(43)
x	54,922	67,212	63,732	57,872	49,369	45,102	50,085	36,823	(44)
x	30,887	44,006	36,861	36,687	22,252	20,806	25,232	13,448	(45)
x	21,437	22,828	29,036	21,153	9,338	22,332	24,004	19,549	(46)
x	2,467	1,435	1,993	2,339	5,037	2,121	2,724	1,119	(47)
x	104,779	132,611	127,636	113,373	75,922	86,119	96,597	68,701	(48)
x	238	74	202	267	183	315	380	206	(49)
x	4,245	1,248	2,554	4,373	5,524	5,591	4,613	7,219	(50)
x	109,262	133,933	130,392	118,013	81,629	92,025	101,590	76,126	(51)
x	5,183	5,121	7,281	5,494	2,801	4,795	5,360	3,854	(52)
x	8,008	13,489	10,068	6,658	11,369	4,735	6,441	1,896	(53)
x	122,453	152,543	147,741	130,165	95,799	101,555	113,391	81,876	(54)

米生産費・四国・九州

(3) 米の作付規模別生産費（続き）
キ 四国・九州（続き）
(ウ) 生産費〔60kg当たり〕

区　　　　　分	四　　　　　国						3.0ha以上
	平　均	0.5ha未満	0.5～1.0	1.0～2.0	2.0～3.0	平　均	3.0～5.0
	(1)	(2)	(3)	(4)	(5)	(6)	(7)
物　　財　　費　(1)	12,346	14,502	14,069	10,855	10,247	9,258	x
種　　苗　　費　(2)	932	957	900	808	1,416	675	x
購　　入　(3)	924	937	891	805	1,416	675	x
自　　給　(4)	8	20	9	3	-	-	x
肥　　料　　費　(5)	1,068	1,223	1,317	1,084	371	852	x
購　　入　(6)	1,065	1,223	1,309	1,084	371	852	x
自　　給　(7)	3	-	8	-	-	-	x
農業薬剤費（購入）(8)	924	1,144	934	821	851	825	x
光熱動力費　(9)	581	575	735	481	456	494	x
購　　入　(10)	581	575	735	481	456	494	x
自　　給　(11)	-	-	-	-	-	-	x
その他の諸材料費 (12)	201	174	209	131	11	592	x
購　　入　(13)	201	174	209	131	11	592	x
自　　給　(14)	-	-	-	-	-	-	x
土地改良及び水利費 (15)	408	536	534	278	285	243	x
賃借料及び料金 (16)	1,591	3,128	1,346	1,589	125	1,380	x
物件税及び公課諸負担 (17)	513	362	500	994	232	110	x
建　　物　　費　(18)	950	909	1,752	369	717	206	x
償　却　費　(19)	866	798	1,609	343	705	129	x
修繕費及び購入補充費 (20)	84	111	143	26	12	77	x
購　　入　(21)	84	111	143	26	12	77	x
自　　給　(22)	-	-	-	-	-	-	x
自　動　車　費　(23)	703	741	966	738	384	187	x
償　却　費　(24)	311	466	333	404	133	-	x
修繕費及び購入補充費 (25)	392	275	633	334	251	187	x
購　　入　(26)	392	275	633	334	251	187	x
自　　給　(27)	-	-	-	-	-	-	x
農　機　具　費　(28)	4,436	4,737	4,802	3,538	5,395	3,647	x
償　却　費　(29)	3,545	3,806	3,745	2,729	4,591	3,025	x
修繕費及び購入補充費 (30)	891	931	1,057	809	804	622	x
購　　入　(31)	891	931	1,057	809	804	622	x
自　　給　(32)	-	-	-	-	-	-	x
生　産　管　理　費　(33)	39	16	74	24	4	47	x
償　却　費　(34)	2	-	6	-	1	-	x
購入・支払　(35)	37	16	68	24	3	47	x
労　　　働　　　費　(36)	5,116	7,213	6,328	4,316	2,944	2,276	x
直　接　労　働　費　(37)	4,889	6,924	6,008	4,175	2,788	2,162	x
家　　族　(38)	4,486	6,376	5,439	4,036	2,247	2,083	x
雇　　用　(39)	403	548	569	139	541	79	x
間　接　労　働　費　(40)	227	289	320	141	156	114	x
家　　族　(41)	222	282	318	138	144	110	x
雇　　用　(42)	5	7	2	3	12	4	x
費　用　合　計　(43)	17,462	21,715	20,397	15,171	13,191	11,534	x
購　入（支　払）(44)	8,019	9,967	8,930	7,518	5,370	6,187	x
自　　給　(45)	4,719	6,678	5,774	4,177	2,391	2,193	x
償　　却　(46)	4,724	5,070	5,693	3,476	5,430	3,154	x
副　産　物　価　額　(47)	179	139	161	238	98	276	x
生産費（副産物価額差引）(48)	17,283	21,576	20,236	14,933	13,093	11,258	x
支　払　利　子　(49)	5	1	15	-	-	-	x
支　払　地　代　(50)	372	123	189	410	684	877	x
支払利子・地代算入生産費 (51)	17,660	21,700	20,440	15,343	13,777	12,135	x
自　己　資　本　利　子　(52)	1,086	944	1,581	806	1,221	332	x
自　作　地　地　代　(53)	1,055	1,332	1,369	924	615	466	x
資本利子・地代全額算入生産費 (54)（全算入生産費）	19,801	23,976	23,390	17,073	15,613	12,933	x

単位：円

5.0ha 以上	九州 平均	0.5ha 未満	0.5 ～ 1.0	1.0 ～ 2.0	2.0 ～ 3.0	3.0ha以上 平均	3.0 ～ 5.0	5.0ha 以上	
(8)	(9)	(10)	(11)	(12)	(13)	(14)	(15)	(16)	
x	9,533	12,558	12,051	9,486	6,841	8,428	9,112	7,251	(1)
x	457	832	526	261	353	546	659	352	(2)
x	445	812	498	253	351	536	649	341	(3)
x	12	20	28	8	2	10	10	11	(4)
x	1,035	1,108	1,087	1,080	675	1,107	1,089	1,134	(5)
x	1,032	1,093	1,071	1,080	675	1,107	1,089	1,134	(6)
x	3	15	16	-	-	-	-	-	(7)
x	1,012	1,208	1,176	907	984	980	1,136	715	(8)
x	419	529	510	415	291	400	376	441	(9)
x	419	529	510	415	291	400	376	441	(10)
x	-	-	-	-	-	-	-	-	(11)
x	208	202	261	237	184	159	157	160	(12)
x	205	199	261	228	184	158	157	157	(13)
x	3	3	0	9	-	1	-	3	(14)
x	227	219	234	182	327	226	259	169	(15)
x	2,054	2,922	2,473	2,533	1,800	1,140	1,315	841	(16)
x	288	419	439	312	147	207	265	108	(17)
x	573	614	647	797	90	506	622	308	(18)
x	491	478	464	767	40	429	577	175	(19)
x	82	136	183	30	50	77	45	133	(20)
x	82	136	183	30	50	77	45	133	(21)
x	-	-	-	-	-	-	-	-	(22)
x	493	1,189	834	340	120	398	489	241	(23)
x	237	710	412	109	48	199	227	150	(24)
x	256	479	422	231	72	199	262	91	(25)
x	256	479	422	231	72	199	262	91	(26)
x	-	-	-	-	-	-	-	-	(27)
x	2,728	3,265	3,822	2,384	1,840	2,722	2,701	2,757	(28)
x	2,049	2,021	2,942	1,754	1,064	2,344	2,355	2,325	(29)
x	679	1,244	880	630	776	378	346	432	(30)
x	679	1,244	880	629	776	378	346	432	(31)
x	0	-	-	1	-	-	-	-	(32)
x	39	51	42	38	30	37	44	25	(33)
x	3	2	5	5	0	-	-	-	(34)
x	36	49	37	33	30	37	44	25	(35)
x	4,366	6,292	5,023	4,931	3,134	3,319	3,961	2,214	(36)
x	4,230	6,075	4,820	4,782	3,091	3,218	3,866	2,103	(37)
x	3,857	5,934	4,619	4,404	2,699	2,681	3,216	1,761	(38)
x	373	141	201	378	392	537	650	342	(39)
x	136	217	203	149	43	101	95	111	(40)
x	127	217	194	149	41	78	95	48	(41)
x	9	-	9	-	2	23	-	63	(42)
x	13,899	18,850	17,074	14,417	9,975	11,747	13,073	9,465	(43)
x	7,117	9,450	8,394	7,211	6,081	6,005	6,593	4,992	(44)
x	4,002	6,189	4,857	4,571	2,742	2,770	3,321	1,823	(45)
x	2,780	3,211	3,823	2,635	1,152	2,972	3,159	2,650	(46)
x	320	202	263	291	620	283	359	152	(47)
x	13,579	18,648	16,811	14,126	9,355	11,464	12,714	9,313	(48)
x	31	10	27	33	23	42	50	28	(49)
x	550	175	336	545	681	744	607	978	(50)
x	14,160	18,833	17,174	14,704	10,059	12,250	13,371	10,319	(51)
x	672	720	959	684	345	638	706	522	(52)
x	1,038	1,897	1,326	830	1,401	630	848	257	(53)
x	15,870	21,450	19,459	16,218	11,805	13,518	14,925	11,098	(54)

米生産費・四国・九州

(3) 米の作付規模別生産費（続き）
キ 四国・九州（続き）
(エ) 米の作業別労働時間

区　　　　　分	四　　　　　国						3.0ha以上
	平　均	0.5ha 未満	0.5 ～ 1.0	1.0 ～ 2.0	2.0 ～ 3.0	平　均	3.0 ～ 5.0
	(1)	(2)	(3)	(4)	(5)	(6)	(7)
投下労働時間（10a当たり） (1)	31.32	44.64	40.36	24.77	18.36	11.94	x
家　　　　　族 (2)	28.69	41.52	36.26	24.03	14.44	11.53	x
雇　　　　　用 (3)	2.63	3.12	4.10	0.74	3.92	0.41	x
直　接　労　働　時　間 (4)	29.92	42.80	38.33	23.96	17.37	11.31	x
家　　　　族 (5)	27.32	39.72	34.24	23.23	13.54	10.92	x
男 (6)	22.33	32.03	29.32	19.18	8.07	8.90	x
女 (7)	4.99	7.69	4.92	4.05	5.47	2.02	x
雇　　　　用 (8)	2.60	3.08	4.09	0.73	3.83	0.39	x
男 (9)	2.02	2.38	2.85	0.56	3.83	0.39	x
女 (10)	0.58	0.70	1.24	0.17	-	-	x
間　接　労　働　時　間 (11)	1.40	1.84	2.03	0.81	0.99	0.63	x
男 (12)	1.25	1.65	1.83	0.77	0.90	0.37	x
女 (13)	0.15	0.19	0.20	0.04	0.09	0.26	x
投下労働時間（60kg当たり） (14)	3.90	5.67	4.97	3.17	2.16	1.59	x
家　　　　　族 (15)	3.60	5.27	4.48	3.08	1.71	1.54	x
雇　　　　　用 (16)	0.30	0.40	0.49	0.09	0.45	0.05	x
直　接　労　働　時　間 (17)	3.73	5.45	4.73	3.06	2.05	1.51	x
家　　　　族 (18)	3.43	5.05	4.24	2.97	1.61	1.46	x
男 (19)	2.81	4.07	3.64	2.46	0.96	1.19	x
女 (20)	0.62	0.98	0.60	0.51	0.65	0.27	x
雇　　　　用 (21)	0.30	0.40	0.49	0.09	0.44	0.05	x
男 (22)	0.24	0.31	0.34	0.07	0.44	0.05	x
女 (23)	0.06	0.09	0.15	0.02	-	-	x
間　接　労　働　時　間 (24)	0.17	0.22	0.24	0.11	0.11	0.08	x
男 (25)	0.15	0.20	0.22	0.10	0.10	0.05	x
女 (26)	0.02	0.02	0.02	0.01	0.01	0.03	x
作業別直接労働時間（10a当たり） (27)	29.92	42.80	38.33	23.96	17.37	11.31	x
合　　　　　計							
種　子　予　措 (28)	0.12	0.24	0.14	0.06	0.02	0.03	x
育　　　　苗 (29)	1.65	3.06	2.00	0.98	0.08	1.37	x
耕　起　整　地 (30)	6.21	8.83	8.01	4.93	3.54	2.57	x
基　　　　肥 (31)	0.88	1.27	1.27	0.66	0.18	0.36	x
直　ま　き (32)	0.04	-	-	0.16	-	-	x
田　　　　植 (33)	3.75	4.75	4.84	3.09	2.77	1.54	x
追　　　　肥 (34)	0.41	0.39	0.76	0.36	-	-	x
除　　　　草 (35)	1.11	1.11	1.31	1.12	0.67	1.01	x
管　　　　理 (36)	8.46	15.15	10.21	5.67	5.06	2.03	x
防　　　　除 (37)	0.92	1.30	0.98	1.00	0.16	0.72	x
刈　取　脱　穀 (38)	4.38	5.13	5.74	4.54	2.48	1.16	x
乾　　　　燥 (39)	1.68	1.04	2.70	1.24	2.17	0.38	x
生　産　管　理 (40)	0.31	0.53	0.37	0.15	0.24	0.14	x
うち家　　　　族							
種　子　予　措 (41)	0.12	0.24	0.14	0.06	0.02	0.03	x
育　　　　苗 (42)	1.53	2.89	1.82	0.89	0.07	1.31	x
耕　起　整　地 (43)	6.07	8.39	7.85	4.92	3.51	2.57	x
基　　　　肥 (44)	0.84	1.15	1.22	0.66	0.16	0.36	x
直　ま　き (45)	0.02	-	-	0.09	-	-	x
田　　　　植 (46)	2.86	3.94	3.13	2.86	1.95	1.31	x
追　　　　肥 (47)	0.41	0.38	0.76	0.36	-	-	x
除　　　　草 (48)	1.08	1.03	1.30	1.12	0.66	0.91	x
管　　　　理 (49)	8.19	14.78	10.08	5.67	3.83	2.03	x
防　　　　除 (50)	0.91	1.28	0.97	1.00	0.12	0.72	x
刈　取　脱　穀 (51)	3.66	4.24	4.61	4.24	1.56	1.16	x
乾　　　　燥 (52)	1.32	0.87	1.99	1.21	1.42	0.38	x
生　産　管　理 (53)	0.31	0.53	0.37	0.15	0.24	0.14	x

米生産費・四国・九州

単位：時間

			九		州		3.0ha以上			
5.0ha 以上	平 均	0.5ha 未満	0.5～1.0	1.0～2.0	2.0～3.0	平 均	3.0～5.0	5.0ha 以上	
(8)	(9)	(10)	(11)	(12)	(13)	(14)	(15)	(16)	
x	23.87	30.80	27.83	26.96	17.31	18.91	23.34	11.51	(1)
x	21.58	30.14	26.28	25.10	14.68	15.35	19.25	8.85	(2)
x	2.29	0.66	1.55	1.86	2.63	3.56	4.09	2.66	(3)
x	23.14	29.72	26.67	26.12	17.07	18.42	22.73	11.22	(4)
x	20.86	29.06	25.16	24.26	14.45	14.88	18.64	8.61	(5)
x	15.80	24.08	18.99	17.74	11.24	11.02	13.48	6.93	(6)
x	5.06	4.98	6.17	6.52	3.21	3.86	5.16	1.68	(7)
x	2.28	0.66	1.51	1.86	2.62	3.54	4.09	2.61	(8)
x	1.84	0.61	1.21	1.51	2.54	2.62	2.90	2.13	(9)
x	0.44	0.05	0.30	0.35	0.08	0.92	1.19	0.48	(10)
x	0.73	1.08	1.16	0.84	0.24	0.49	0.61	0.29	(11)
x	0.66	1.00	1.04	0.81	0.20	0.40	0.48	0.25	(12)
x	0.07	0.08	0.12	0.03	0.04	0.09	0.13	0.04	(13)
x	3.09	4.30	3.70	3.35	2.11	2.51	3.06	1.57	(14)
x	2.80	4.22	3.48	3.13	1.80	2.05	2.54	1.22	(15)
x	0.29	0.08	0.22	0.22	0.31	0.46	0.52	0.35	(16)
x	3.00	4.15	3.54	3.25	2.09	2.45	2.98	1.52	(17)
x	2.71	4.07	3.33	3.03	1.78	1.99	2.46	1.18	(18)
x	2.05	3.38	2.50	2.21	1.39	1.47	1.78	0.95	(19)
x	0.66	0.69	0.83	0.82	0.39	0.52	0.68	0.23	(20)
x	0.29	0.08	0.21	0.22	0.31	0.46	0.52	0.34	(21)
x	0.24	0.08	0.17	0.18	0.31	0.34	0.37	0.29	(22)
x	0.05	0.00	0.04	0.04	0.00	0.12	0.15	0.05	(23)
x	0.09	0.15	0.16	0.10	0.02	0.06	0.08	0.05	(24)
x	0.08	0.14	0.14	0.10	0.02	0.05	0.06	0.04	(25)
x	0.01	0.01	0.02	0.00	0.00	0.01	0.02	0.01	(26)
x	23.14	29.72	26.67	26.12	17.07	18.42	22.73	11.22	(27)
x	0.23	0.27	0.34	0.28	0.11	0.14	0.17	0.10	(28)
x	2.47	2.21	2.53	3.34	2.24	1.80	1.99	1.46	(29)
x	3.68	5.17	4.01	4.25	3.02	2.67	3.24	1.73	(30)
x	0.95	1.13	0.87	1.17	0.69	0.79	0.94	0.57	(31)
x	0.01	0.12	-	-	-	-	-	-	(32)
x	3.42	3.25	3.83	4.07	2.46	3.02	3.77	1.80	(33)
x	0.31	0.33	0.29	0.49	0.36	0.10	0.14	0.02	(34)
x	1.36	1.59	1.22	1.66	0.98	1.21	1.62	0.51	(35)
x	5.64	9.45	6.81	5.97	3.46	4.21	5.48	2.10	(36)
x	0.88	1.40	1.31	0.57	1.16	0.63	0.89	0.20	(37)
x	3.18	4.06	4.48	3.09	2.03	2.73	3.19	1.93	(38)
x	0.69	0.30	0.61	0.74	0.40	0.96	1.12	0.67	(39)
x	0.32	0.44	0.37	0.49	0.16	0.16	0.18	0.13	(40)
x	0.22	0.27	0.33	0.28	0.09	0.12	0.14	0.10	(41)
x	2.03	2.19	2.04	2.83	2.03	1.19	1.26	1.06	(42)
x	3.52	5.17	3.90	4.23	2.46	2.46	3.03	1.51	(43)
x	0.88	1.07	0.86	1.10	0.58	0.73	0.90	0.47	(44)
x	0.01	0.12	-	-	-	-	-	-	(45)
x	2.78	3.02	3.38	3.42	2.04	2.05	2.45	1.40	(46)
x	0.30	0.33	0.29	0.49	0.32	0.10	0.14	0.02	(47)
x	1.30	1.59	1.22	1.63	0.76	1.15	1.58	0.41	(48)
x	5.37	9.45	6.81	5.87	2.80	3.68	5.18	1.19	(49)
x	0.81	1.40	1.17	0.54	1.08	0.52	0.74	0.16	(50)
x	2.79	3.71	4.25	2.79	1.82	2.06	2.31	1.63	(51)
x	0.53	0.30	0.54	0.59	0.31	0.66	0.73	0.53	(52)
x	0.32	0.44	0.37	0.49	0.16	0.16	0.18	0.13	(53)

米生産費・道府県別

(4) 米の道府県別生産費
ア 北海道～三重
(ア) 調査対象経営体の生産概要・経営概況

区分		単位	北海道	青森	岩手	宮城	秋田	山形	福島	新潟	富山
			(1)	(2)	(3)	(4)	(5)	(6)	(7)	(8)	(9)
集計経営体数	(1)	経営体	86	29	33	36	51	35	47	67	19
労働力（1経営体当たり）											
世帯員数	(2)	人	4.0	4.0	4.3	3.8	3.4	4.4	4.1	3.8	3.4
男	(3)	〃	2.0	1.8	2.0	2.1	1.6	2.0	2.1	1.9	1.8
女	(4)	〃	2.0	2.2	2.3	1.7	1.8	2.4	2.0	1.9	1.6
家族員数	(5)	〃	4.0	4.0	4.3	3.8	3.4	4.4	4.1	3.8	3.4
男	(6)	〃	2.0	1.8	2.0	2.1	1.6	2.0	2.1	1.9	1.8
女	(7)	〃	2.0	2.2	2.3	1.7	1.8	2.4	2.0	1.9	1.6
農業就業者	(8)	〃	1.9	1.4	0.7	0.4	0.7	1.3	1.3	0.5	0.1
男	(9)	〃	1.3	0.8	0.5	0.3	0.5	0.9	0.9	0.4	0.1
女	(10)	〃	0.6	0.6	0.2	0.1	0.2	0.4	0.4	0.1	0.0
農業専従者	(11)	〃	1.2	0.7	0.4	0.1	0.3	0.4	0.8	0.0	0.1
男	(12)	〃	0.8	0.4	0.3	0.1	0.2	0.3	0.5	0.0	0.1
女	(13)	〃	0.4	0.3	0.1	0.0	0.1	0.1	0.3	-	-
土地（1経営体当たり）											
経営耕地面積	(14)	a	1,493	447	265	315	329	372	365	323	174
田	(15)	〃	1,366	397	234	289	309	349	282	310	171
畑	(16)	〃	127	50	31	26	20	23	82	13	3
普通畑	(17)	〃	123	27	28	26	20	13	46	12	3
樹園地	(18)	〃	4	23	3	-	0	10	36	1	-
牧草地	(19)	〃	-	-	0	-	-	-	1	-	-
耕地以外の土地	(20)	〃	285	75	222	153	122	280	138	121	21
水稲											
使用地面積（1経営体当たり）											
作付地	(21)	〃	812.9	249.3	138.7	227.8	220.8	264.9	211.8	252.6	132.8
自作地	(22)	〃	634.1	177.9	109.0	153.4	165.4	156.3	119.9	142.7	94.4
小作地	(23)	〃	178.8	71.4	29.7	74.4	55.4	108.6	91.9	109.9	38.4
作付地以外	(24)	〃	19.0	3.1	2.5	5.2	2.1	3.0	3.6	3.7	1.7
所有地	(25)	〃	18.6	3.1	2.4	5.2	2.1	3.0	3.6	3.5	1.7
借入地	(26)	〃	0.4	-	0.1	-	-	-	-	0.2	-
田の団地数（1経営体当たり）	(27)	団地	2.7	2.8	2.7	3.5	2.9	4.0	3.6	4.0	2.9
ほ場枚数（1経営体当たり）	(28)	枚	17.2	10.3	9.1	12.4	11.9	11.9	12.5	17.7	7.7
未整理又は10a未満	(29)	〃	0.3	2.1	3.5	4.7	4.0	2.0	4.9	10.0	3.0
10～20a区画	(30)	〃	1.5	2.9	3.0	4.3	4.1	3.1	3.4	4.3	1.5
20～30a区画	(31)	〃	3.0	2.3	1.9	1.5	2.4	4.7	3.0	1.9	1.9
30～50a区画	(32)	〃	7.0	2.7	0.6	1.2	1.0	1.8	0.8	0.9	1.2
50a以上区画	(33)	〃	5.4	0.3	0.1	0.7	0.4	0.3	0.4	0.6	0.1
ほ場面積（1経営体当たり）											
未整理又は10a未満	(34)	a	1.7	13.2	19.8	31.4	26.2	13.3	26.4	58.9	17.1
10～20a区画	(35)	〃	21.6	42.8	43.9	62.0	51.9	47.1	50.6	60.8	21.3
20～30a区画	(36)	〃	77.4	58.8	48.2	36.3	60.9	125.4	79.3	49.6	50.0
30～50a区画	(37)	〃	271.4	104.8	21.9	47.2	35.5	61.3	28.5	34.8	41.2
50a以上区画	(38)	〃	440.7	29.8	4.9	50.9	46.2	17.8	26.9	48.5	3.3
(参考) 団地への距離等（1経営体当たり）											
ほ場間の距離	(39)	km	1.7	3.0	1.6	1.4	2.9	3.4	3.2	1.7	0.7
団地への平均距離	(40)	〃	1.1	2.1	1.1	1.2	2.5	1.7	1.2	1.2	0.4
作付地の実勢地代（10a当たり）	(41)	円	12,865	16,623	10,982	16,009	16,065	14,645	14,642	20,616	10,575
自作地	(42)	〃	13,104	16,549	10,912	16,209	17,009	14,728	15,630	20,657	10,593
小作地	(43)	〃	12,006	16,805	11,246	15,591	13,179	14,524	13,334	20,564	10,531
投下資本額（10a当たり）	(44)	〃	106,066	92,649	114,233	98,939	104,017	119,951	133,495	143,301	192,534
借入資本額	(45)	〃	22,453	26,890	10,750	17,505	21,726	23,500	27,655	28,908	4,390
自己資本額	(46)	〃	83,613	65,759	103,483	81,434	82,291	96,451	105,840	114,393	188,144
固定資本額	(47)	〃	65,523	52,606	64,057	57,190	62,589	79,230	93,546	99,069	141,101
建物・構築物	(48)	〃	19,799	13,268	18,528	8,712	10,306	19,974	21,516	36,440	45,114
土地改良設備	(49)	〃	1,003	18	2,021	187	1,300	748	2,208	-	-
自動車	(50)	〃	1,781	2,223	2,657	5,919	4,668	3,827	4,024	1,223	1,817
農機具	(51)	〃	42,940	37,097	40,851	42,372	46,315	54,681	65,798	61,406	94,170
流動資本額	(52)	〃	26,600	26,339	31,441	26,214	27,529	26,666	24,083	29,032	32,753
労賃資本額	(53)	〃	13,943	13,704	18,735	15,535	13,899	14,055	15,866	15,200	18,680

石川	福井	茨城	栃木	群馬	埼玉	千葉	神奈川	山梨	長野	岐阜	静岡	愛知	三重	
(10)	(11)	(12)	(13)	(14)	(15)	(16)	(17)	(18)	(19)	(20)	(21)	(22)	(23)	
14	14	47	43	10	20	33	2	3	19	10	9	20	24	(1)
3.9	4.0	3.5	3.2	3.0	3.2	3.2	x	3.1	2.6	3.4	3.7	3.1	3.7	(2)
2.3	2.1	1.6	1.7	1.7	1.6	1.7	x	1.9	1.4	1.6	2.3	1.6	1.7	(3)
1.6	1.9	1.9	1.5	1.3	1.6	1.5	x	1.2	1.2	1.8	1.4	1.5	2.0	(4)
3.9	4.0	3.5	3.2	3.0	3.2	3.2	x	3.1	2.6	3.4	3.7	3.1	3.7	(5)
2.3	2.1	1.6	1.7	1.7	1.6	1.7	x	1.9	1.4	1.6	2.3	1.6	1.7	(6)
1.6	1.9	1.9	1.5	1.3	1.6	1.5	x	1.2	1.2	1.8	1.4	1.5	2.0	(7)
0.5	0.2	0.8	0.5	0.9	0.3	0.5	x	0.2	1.1	0.6	0.9	1.3	0.4	(8)
0.4	0.2	0.5	0.4	0.5	0.2	0.4	x	−	0.7	0.3	0.5	0.6	0.3	(9)
0.1	0.0	0.3	0.1	0.4	0.1	0.1	x	0.2	0.4	0.3	0.4	0.7	0.1	(10)
0.1	0.0	0.6	0.2	0.7	0.1	0.3	x	−	0.3	0.1	0.5	0.7	0.2	(11)
0.1	0.0	0.4	0.2	0.4	0.1	0.2	x	−	0.2	0.1	0.5	0.4	0.2	(12)
0.0	0.0	0.2	0.0	0.3	0.0	0.1	x	−	0.1	0.0	0.0	0.3	0.0	(13)
231	245	269	366	262	229	259	x	79	183	157	162	252	223	(14)
222	222	208	342	164	198	220	x	57	129	140	83	202	203	(15)
9	23	61	24	98	31	39	x	22	54	17	79	50	20	(16)
8	23	60	17	92	28	37	x	22	49	15	10	50	10	(17)
1	−	1	7	6	3	2	x	−	5	2	69	0	10	(18)
−	−	−	−	−	−	−	x	−	−	−	−	−	−	(19)
121	351	58	104	283	99	55	x	17	60	247	168	19	161	(20)
190.5	167.5	147.0	192.5	112.6	141.3	170.8	x	37.1	87.7	110.3	61.6	143.4	137.9	(21)
71.5	77.9	78.1	126.1	60.2	85.2	115.2	x	33.6	49.9	44.3	32.8	40.8	69.1	(22)
119.0	89.6	68.9	66.4	52.4	56.1	55.6	x	3.5	37.8	66.0	28.8	102.6	68.8	(23)
3.4	2.4	3.0	2.3	4.3	2.3	1.5	x	1.3	2.2	1.5	1.1	1.3	3.0	(24)
3.4	2.4	2.9	2.3	4.3	2.3	1.5	x	1.3	2.1	1.5	1.1	1.3	3.0	(25)
−	−	0.1	−	−	−	−	x	−	0.1	−	−	−	0.0	(26)
4.6	**4.4**	**3.1**	**3.3**	**5.0**	**3.5**	**3.6**	**x**	**2.3**	**2.9**	**3.2**	**2.6**	**2.9**	**3.0**	(27)
16.1	**13.3**	**7.6**	**9.4**	**7.7**	**10.4**	**9.1**	**x**	**4.3**	**7.1**	**12.2**	**9.5**	**11.1**	**9.8**	(28)
8.5	7.2	2.4	2.2	3.0	5.3	1.6	x	2.7	3.7	8.6	8.1	4.8	4.1	(29)
4.5	3.2	2.4	3.0	2.8	3.3	3.8	x	1.3	2.4	2.8	1.1	4.4	2.9	(30)
2.1	2.1	1.4	2.7	1.6	1.0	2.1	x	0.3	0.8	0.7	0.2	1.1	2.0	(31)
1.0	0.7	0.9	1.2	0.3	0.6	1.4	x	−	0.2	0.1	0.1	0.7	0.8	(32)
0.0	0.1	0.5	0.3	−	0.2	0.2	x	−	0.0	−	0.0	0.1	0.0	(33)
47.6	35.9	13.8	15.8	20.1	39.6	9.3	x	16.0	24.1	55.0	39.9	27.8	25.9	(34)
57.4	46.1	34.9	45.6	40.4	42.9	49.9	x	14.6	33.4	35.9	14.1	58.5	42.5	(35)
52.5	55.5	34.0	64.9	39.5	24.1	50.4	x	6.5	20.1	16.0	4.6	26.5	41.9	(36)
32.9	23.2	31.8	48.1	12.7	23.0	48.9	x	−	8.1	3.4	2.5	25.7	25.6	(37)
0.1	6.8	32.4	18.0	−	11.8	12.3	x	−	2.0	−	0.5	4.9	1.9	(38)
1.8	2.0	1.2	2.5	1.0	1.7	1.3	x	0.3	0.9	0.9	2.1	2.6	2.0	(39)
0.9	0.9	0.9	1.1	0.8	1.0	1.0	x	0.8	0.6	1.3	1.0	1.9	1.1	(40)
10,226	**10,392**	**17,773**	**13,652**	**8,990**	**9,884**	**15,831**	**x**	**9,502**	**10,484**	**7,719**	**10,049**	**9,030**	**11,659**	(41)
10,048	10,821	16,882	14,021	9,039	10,200	15,721	x	9,744	11,545	6,971	10,405	10,847	11,908	(42)
10,332	10,010	18,794	12,914	8,925	9,377	16,063	x	7,273	9,085	8,275	9,637	8,295	11,406	(43)
113,757	**108,869**	**150,342**	**121,250**	**106,688**	**179,422**	**137,895**	**x**	**334,742**	**252,731**	**191,946**	**169,868**	**138,234**	**182,091**	(44)
3,168	11,093	1,002	10,959	1,536	5,516	4,482	x	−	17,953	26,746	1,323	9,358	6,702	(45)
110,589	97,776	149,340	110,291	105,152	173,906	133,413	x	334,742	234,778	165,200	168,545	128,876	175,389	(46)
70,141	61,614	111,458	81,473	52,842	139,515	93,979	x	269,451	197,517	139,971	107,655	87,633	132,033	(47)
23,075	10,758	29,474	13,251	6,730	18,157	33,206	x	183,697	84,498	43,128	46,838	32,724	56,094	(48)
−	354	70	113	−	8,850	39	x	−	190	−	−	−	93	(49)
3,482	2,913	5,055	4,155	16,420	8,337	421	x	39,257	9,457	7,651	1,527	6,254	6,763	(50)
43,584	47,589	76,859	63,954	29,692	104,171	60,313	x	46,497	103,372	89,192	59,290	48,655	69,083	(51)
27,023	30,299	23,130	22,952	32,390	22,405	24,380	x	35,808	28,820	33,079	28,650	28,049	31,218	(52)
16,593	16,956	15,754	16,825	21,456	17,502	19,536	x	29,483	26,394	18,896	33,563	22,552	18,840	(53)

米生産費・道府県別

(4) 米の道府県別生産費（続き）
　ア　北海道～三重（続き）
　　(ｱ)　調査対象経営体の生産概要・経営概況（続き）

区　　　　分		単位	北海道	青森	岩手	宮城	秋田	山形	福島	新潟	富山
			(1)	(2)	(3)	(4)	(5)	(6)	(7)	(8)	(9)
自動車所有台数（10経営体当たり）											
四　輪　自　動　車	(54)	台	40.2	21.5	21.2	20.7	24.0	26.4	27.1	25.3	26.2
農機具所有台数（10経営体当たり）											
電　　動　　機	(55)	〃	0.2	-	-	-	-	-	-	-	-
発　　動　　機	(56)	〃	0.2	0.4	-	-	-	-	-	-	-
揚　水　ポ　ン　プ	(57)	〃	2.0	1.2	0.5	0.9	0.3	0.3	1.4	0.3	0.1
乗用型トラクタ											
20　馬　力　未　満	(58)	〃	1.8	-	1.4	0.3	0.4	2.1	2.8	1.3	2.9
20～50馬力未満	(59)	〃	10.4	10.0	10.7	9.9	11.9	8.6	9.8	8.4	6.2
50　馬　力　以　上	(60)	〃	16.4	2.3	0.3	0.7	0.6	1.4	0.2	0.4	1.5
歩行型トラクタ											
駆　　動　　型	(61)	〃	3.9	0.7	2.5	1.4	1.4	3.8	2.6	2.2	1.7
け　ん　引　型	(62)	〃	0.1	0.6	-	-	0.2	-	0.3	0.4	-
電　熱　育　苗　機	(63)	〃	0.4	0.2	0.5	0.1	1.0	1.0	0.5	0.4	1.8
田　　植　　機											
2　　　条　　　植	(64)	〃	0.0	0.6	1.2	-	0.0	-	0.5	0.4	0.3
3　～　5　条	(65)	〃	1.6	3.0	3.9	2.8	2.5	4.9	5.1	1.7	6.1
6　条　以　上	(66)	〃	8.8	4.8	2.0	4.6	4.8	2.7	2.0	5.2	2.8
動　力　噴　霧　機	(67)	〃	5.9	7.7	2.9	2.1	3.1	4.5	5.9	4.1	6.2
動　力　散　粉　機	(68)	〃	1.1	0.5	0.4	0.6	1.6	1.0	2.4	2.8	6.4
バ　イ　ン　ダ　ー	(69)	〃	0.2	1.2	2.2	-	-	0.9	3.5	0.3	-
自脱型コンバイン											
3　　条　　以　　下	(70)	〃	0.2	1.8	3.5	4.2	3.3	3.9	1.7	5.1	4.5
4　　条　　以　　上	(71)	〃	8.9	2.7	0.8	1.5	2.5	2.5	2.2	2.5	4.1
普通型コンバイン	(72)	〃	0.7	-	-	-	0.0	-	0.0	0.1	-
脱　　穀　　機	(73)	〃	0.6	0.7	2.9	-	0.0	0.9	2.0	0.1	-
動力もみすり機	(74)	〃	8.5	1.8	3.1	3.0	5.0	6.1	4.7	5.9	3.9
乾　　燥　　機											
静　　置　　式	(75)	〃	1.0	0.0	0.2	-	-	0.1	0.4	0.1	0.4
循　　環　　式	(76)	〃	21.5	2.7	4.6	4.4	5.9	5.3	4.6	7.1	5.4
水　　　　　稲											
10ａ当たり主産物数量	(77)	kg	552	575	532	532	587	579	530	574	560
粗　　　収　　　益											
10　ａ　当　た　り	(78)	円	120,161	105,088	98,980	105,314	107,519	124,149	109,212	139,393	118,627
主　　産　　物	(79)	〃	117,211	103,005	97,007	102,361	106,154	121,414	106,435	137,491	116,430
副　　産　　物	(80)	〃	2,950	2,083	1,973	2,953	1,365	2,735	2,777	1,902	2,197
60　kg　当　た　り	(81)	〃	13,068	10,944	11,156	11,874	10,980	12,890	12,371	14,559	12,702
主　　産　　物	(82)	〃	12,748	10,727	10,934	11,541	10,841	12,606	12,056	14,360	12,467
副　　産　　物	(83)	〃	320	217	222	333	139	284	315	199	235
所　　　　　　　得											
10　ａ　当　た　り	(84)	〃	47,791	31,738	15,726	30,342	29,519	43,794	34,403	48,186	15,407
1　日　当　た　り	(85)	〃	24,106	13,542	5,036	13,043	12,717	18,162	13,412	18,506	5,483
家　族　労　働　報　酬											
10　ａ　当　た　り	(86)	〃	33,325	16,519	1,753	15,058	12,395	30,102	20,628	30,801	△ 1,021
1　日　当　た　り	(87)	〃	16,810	7,048	561	6,473	5,340	12,484	8,042	11,829	-
（参考1）経営所得安定対策等受取金（10a当たり）	(88)	〃	8,878	8,806	12,891	7,800	10,862	9,024	7,019	9,429	7,979
（参考2）経営所得安定対策等の交付金を加えた場合											
粗　　　収　　　益											
10　ａ　当　た　り	(89)	〃	129,039	113,894	111,871	113,114	118,381	133,173	116,231	148,822	126,606
60　kg　当　た　り	(90)	〃	14,034	11,861	12,609	12,753	12,089	13,827	13,166	15,543	13,557
所　　　　　　　得											
10　ａ　当　た　り	(91)	〃	56,669	40,544	28,617	38,142	40,381	52,818	41,422	57,615	23,386
1　日　当　た　り	(92)	〃	28,585	17,299	9,165	16,396	17,396	21,905	16,149	22,128	8,322
家　族　労　働　報　酬											
10　ａ　当　た　り	(93)	〃	42,203	25,325	14,644	22,858	23,257	39,126	27,647	40,230	6,958
1　日　当　た　り	(94)	〃	21,288	10,805	4,690	9,826	10,019	16,226	10,779	15,451	2,476

米生産費・道府県別

	石川	福井	茨城	栃木	群馬	埼玉	千葉	神奈川	山梨	長野	岐阜	静岡	愛知	三重	
	(10)	(11)	(12)	(13)	(14)	(15)	(16)	(17)	(18)	(19)	(20)	(21)	(22)	(23)	
	25.0	20.2	27.0	25.4	27.6	19.4	25.5	x	17.0	20.5	24.0	22.1	27.0	22.3	(54)
	-	-	0.4	0.1	-	-	-	x	-	-	-	-	-	-	(55)
	-	-	-	-	-	0.0	-	x	-	0.5	-	-	0.0	-	(56)
	-	-	2.6	3.0	0.9	0.2	-	x	-	-	-	-	1.2	-	(57)
	1.5	0.3	2.2	1.2	2.9	4.6	0.8	x	7.7	1.8	1.8	5.9	3.3	0.9	(58)
	4.0	13.3	10.6	12.5	5.2	9.0	9.8	x	2.3	8.8	8.5	1.6	4.4	11.5	(59)
	0.8	0.4	1.5	1.1	1.6	1.5	0.4	x	-	0.9	-	0.5	1.4	0.1	(60)
	6.2	2.8	1.8	1.9	5.4	6.5	0.7	x	3.3	4.9	3.6	0.5	3.2	2.4	(61)
	-	-	2.5	1.2	2.0	-	0.7	x	-	0.6	-	-	-	-	(62)
	0.3	0.4	0.7	0.5	-	2.2	0.2	x	-	0.8	1.7	0.0	0.6	6.4	(63)
	-	1.0	0.9	-	0.2	1.7	0.9	x	-	2.0	1.2	3.3	0.8	-	(64)
	5.1	2.5	4.8	5.0	6.6	6.9	6.1	x	5.6	4.7	6.7	3.3	5.6	6.3	(65)
	1.5	4.7	2.9	4.0	1.3	0.5	2.2	x	-	0.7	0.2	0.5	1.1	0.6	(66)
	1.8	1.0	5.4	3.9	7.0	1.0	4.5	x	5.6	3.8	4.4	6.3	7.4	2.1	(67)
	10.0	5.5	1.1	0.1	-	0.5	1.6	x	-	1.6	3.8	3.3	2.9	1.6	(68)
	-	-	0.4	-	1.0	1.7	-	x	-	3.5	5.3	0.5	1.2	0.0	(69)
	7.7	3.1	4.3	6.1	9.0	6.2	5.2	x	5.6	4.1	3.2	7.0	4.2	4.4	(70)
	0.5	3.1	2.9	1.9	0.4	3.1	1.5	x	-	3.0	4.8	0.1	1.1	1.8	(71)
	0.1	0.1	0.0	0.1	-	0.1	0.1	x	-	-	-	0.0	0.3	0.1	(72)
	-	-	0.7	0.1	1.9	2.0	-	x	4.4	4.0	-	-	-	-	(73)
	6.7	4.6	5.7	6.3	5.1	9.1	7.0	x	6.5	5.1	5.0	6.6	4.4	2.6	(74)
	-	0.1	0.8	0.1	1.2	0.6	1.0	x	5.6	1.0	4.3	-	1.2	0.0	(75)
	8.7	6.1	6.7	7.2	6.1	12.7	8.8	x	-	4.4	1.6	9.7	5.2	5.0	(76)
	546	538	503	516	485	461	535	x	536	588	510	505	486	494	(77)
	112,572	113,797	107,748	102,625	107,044	97,674	111,021	x	144,487	127,223	124,438	110,429	98,655	106,426	(78)
	109,756	111,534	105,617	100,326	105,938	96,030	109,591	x	144,308	124,968	123,833	107,806	97,498	104,800	(79)
	2,816	2,263	2,131	2,299	1,106	1,644	1,430	x	179	2,255	605	2,623	1,157	1,626	(80)
	12,360	12,691	12,839	11,916	13,275	12,699	12,441	x	16,165	12,981	14,652	13,114	12,188	12,924	(81)
	12,051	12,439	12,585	11,649	13,138	12,485	12,281	x	16,145	12,752	14,581	12,802	12,045	12,726	(82)
	309	252	254	267	137	214	160	x	20	229	71	312	143	198	(83)
	29,156	25,844	20,981	29,636	19,156	13,665	36,421	x	4,008	15,803	18,936	13,988	12,351	218	(84)
	11,384	9,603	8,971	11,431	5,659	4,652	12,452	x	780	4,034	7,197	2,501	4,393	75	(85)
	19,918	16,474	5,367	14,949	9,075	△1,118	19,722	x	△22,141	△1,876	9,142	384	3,628	△14,484	(86)
	7,777	6,121	2,295	5,766	2,681	-	6,743	x	-	-	3,474	69	1,291	-	(87)
	7,352	7,624	5,789	6,757	5,436	3,609	1,637	x	3,838	7,473	6,481	4,769	3,558	5,339	(88)
	119,924	121,421	113,537	109,382	112,480	101,283	112,658	x	148,325	134,696	130,919	115,198	102,213	111,765	(89)
	13,167	13,541	13,529	12,700	13,949	13,168	12,624	x	16,594	13,744	15,415	13,680	12,628	13,572	(90)
	36,508	33,468	26,770	36,393	24,592	17,274	38,058	x	7,846	23,276	25,417	18,757	15,909	5,557	(91)
	14,254	12,436	11,446	14,038	7,265	5,881	13,011	x	1,527	5,942	9,660	3,353	5,659	1,915	(92)
	27,270	24,098	11,156	21,706	14,511	2,491	21,359	x	△18,303	5,597	15,623	5,153	7,186	△9,145	(93)
	10,647	8,954	4,770	8,373	4,287	848	7,302	x	-	1,429	5,937	921	2,556	-	(94)

(4) 米の道府県別生産費（続き）
ア 北海道～三重（続き）
(ｲ) 生産費〔10 a 当たり〕

区分		北海道	青森	岩手	宮城	秋田	山形	福島	新潟	富山
		(1)	(2)	(3)	(4)	(5)	(6)	(7)	(8)	(9)
物財費	(1)	**67, 337**	**65, 685**	**77, 868**	**66, 654**	**71, 743**	**72, 039**	**66, 834**	**80, 415**	**95, 911**
種苗費	(2)	1, 545	2, 153	3, 244	1, 757	4, 217	2, 424	2, 448	4, 150	6, 282
購入	(3)	1, 533	2, 153	3, 243	1, 753	4, 193	2, 396	2, 445	4, 150	6, 282
自給	(4)	12	-	1	4	24	28	3	-	-
肥料費	(5)	8, 942	9, 344	10, 367	8, 275	9, 716	9, 456	11, 252	8, 901	10, 444
購入	(6)	8, 900	9, 344	10, 367	8, 133	9, 716	9, 432	11, 115	8, 819	10, 444
自給	(7)	42	0	-	142	-	24	137	82	-
農業薬剤費（購入）	(8)	7, 238	6, 645	9, 387	7, 309	9, 544	7, 614	7, 005	6, 995	9, 693
光熱動力費	(9)	3, 919	3, 290	3, 900	3, 178	4, 084	4, 013	3, 294	3, 462	3, 800
購入	(10)	3, 919	3, 290	3, 900	3, 178	4, 084	4, 013	3, 294	3, 462	3, 800
自給	(11)	-	-	-	-	-	-	-	-	-
その他の諸材料費	(12)	3, 353	1, 299	2, 145	1, 790	1, 355	2, 501	1, 792	1, 875	1, 894
購入	(13)	3, 319	1, 299	2, 128	1, 789	1, 337	2, 501	1, 757	1, 875	1, 894
自給	(14)	34	-	17	1	18	-	35	-	-
土地改良及び水利費	(15)	5, 134	5, 726	4, 059	4, 563	4, 315	5, 339	3, 504	9, 363	4, 045
賃借料及び料金	(16)	9, 520	15, 171	16, 688	14, 383	11, 047	11, 208	7, 830	11, 547	16, 107
物件税及び公課諸負担	(17)	2, 457	1, 898	2, 169	1, 638	1, 895	2, 157	1, 800	2, 196	2, 938
建物費	(18)	3, 372	2, 604	5, 305	1, 800	2, 546	3, 198	2, 701	6, 177	6, 930
償却費	(19)	1, 791	1, 396	2, 686	1, 085	1, 534	2, 325	1, 654	5, 003	5, 412
修繕費及び購入補充費	(20)	1, 581	1, 208	2, 619	715	1, 012	873	1, 047	1, 174	1, 518
購入	(21)	1, 581	1, 208	2, 619	715	1, 012	873	1, 047	1, 174	1, 518
自給	(22)	-	-	-	-	-	-	-	-	-
自動車費	(23)	2, 122	2, 601	3, 591	3, 899	3, 145	4, 123	2, 634	2, 249	2, 013
償却費	(24)	742	1, 193	1, 259	2, 588	1, 642	2, 116	1, 526	719	882
修繕費及び購入補充費	(25)	1, 380	1, 408	2, 332	1, 311	1, 503	2, 007	1, 108	1, 530	1, 131
購入	(26)	1, 380	1, 408	2, 332	1, 311	1, 503	2, 007	1, 108	1, 530	1, 131
自給	(27)	-	-	-	-	-	-	-	-	-
農機具費	(28)	19, 203	14, 379	16, 706	17, 701	19, 541	19, 337	22, 176	22, 934	31, 480
償却費	(29)	11, 577	10, 416	11, 021	10, 529	13, 511	14, 213	15, 482	16, 594	24, 048
修繕費及び購入補充費	(30)	7, 626	3, 963	5, 685	7, 172	6, 030	5, 124	6, 694	6, 340	7, 432
購入	(31)	7, 626	3, 963	5, 685	7, 172	6, 030	5, 124	6, 694	6, 340	7, 432
自給	(32)	-	-	-	-	-	-	-	-	-
生産管理費	(33)	532	575	307	361	338	669	398	566	285
償却費	(34)	30	0	15	24	-	51	5	31	63
購入・支払	(35)	502	575	292	337	338	618	393	535	222
労働費	(36)	**27, 886**	**27, 406**	**37, 470**	**31, 071**	**27, 796**	**28, 109**	**31, 732**	**30, 401**	**37, 359**
直接労働費	(37)	26, 230	26, 516	35, 910	29, 359	26, 380	26, 760	30, 242	27, 602	35, 166
家族	(38)	24, 500	24, 510	33, 584	26, 520	23, 862	25, 020	28, 637	26, 699	31, 059
雇用	(39)	1, 730	2, 006	2, 326	2, 839	2, 518	1, 740	1, 605	903	4, 107
間接労働費	(40)	1, 656	890	1, 560	1, 712	1, 416	1, 349	1, 490	2, 799	2, 193
家族	(41)	1, 632	890	1, 466	1, 643	1, 362	1, 312	1, 483	2, 789	2, 137
雇用	(42)	24	-	94	69	54	37	7	10	56
費用合計	(43)	**95, 223**	**93, 091**	**115, 338**	**97, 725**	**99, 539**	**100, 148**	**98, 566**	**110, 816**	**133, 270**
購入（支払）	(44)	54, 863	54, 686	65, 289	55, 189	57, 586	55, 059	49, 604	58, 899	69, 669
自給	(45)	26, 220	25, 400	35, 068	28, 310	25, 266	26, 384	30, 295	29, 570	33, 196
償却	(46)	14, 140	13, 005	14, 981	14, 226	16, 687	18, 705	18, 667	22, 347	30, 405
副産物価額	(47)	2, 950	2, 083	1, 973	2, 953	1, 365	2, 735	2, 777	1, 902	2, 197
生産費（副産物価額差引）	(48)	**92, 273**	**91, 008**	**113, 365**	**94, 772**	**98, 174**	**97, 413**	**95, 789**	**108, 914**	**131, 073**
支払利子	(49)	539	585	426	239	270	432	382	577	23
支払地代	(50)	2, 740	5, 074	2, 540	5, 171	3, 415	6, 107	5, 981	9, 302	3, 123
支払利子・地代算入生産費	(51)	**95, 552**	**96, 667**	**116, 331**	**100, 182**	**101, 859**	**103, 952**	**102, 152**	**118, 793**	**134, 219**
自己資本利子	(52)	3, 345	2, 630	4, 139	3, 257	3, 292	3, 858	4, 234	4, 576	7, 526
自作地地代	(53)	11, 121	12, 589	9, 834	12, 027	13, 832	9, 834	9, 541	12, 809	8, 902
資本利子・地代全額算入生産費（全算入生産費）	(54)	**110, 018**	**111, 886**	**130, 304**	**115, 466**	**118, 983**	**117, 644**	**115, 927**	**136, 178**	**150, 647**

米生産費・道府県別

単位：円

	石川	福井	茨城	栃木	群馬	埼玉	千葉	神奈川	山梨	長野	岐阜	静岡	愛知	三重	
	(10)	(11)	(12)	(13)	(14)	(15)	(16)	(17)	(18)	(19)	(20)	(21)	(22)	(23)	
	73,633	80,428	75,412	66,640	82,602	78,930	67,309	x	134,666	100,158	98,439	88,749	76,449	96,072	(1)
	7,681	4,771	3,464	3,891	6,131	1,806	2,183	x	13,521	3,405	3,841	2,352	4,098	5,050	(2)
	7,681	4,685	3,378	3,891	6,016	1,566	2,139	x	13,521	3,401	3,812	2,180	4,038	4,947	(3)
	-	86	86	-	115	240	44	x	-	4	29	172	60	103	(4)
	9,586	9,422	6,133	8,982	12,658	7,036	7,551	x	9,475	10,505	12,652	11,259	8,820	10,406	(5)
	9,586	9,422	6,133	8,981	12,658	7,036	7,551	x	9,475	10,505	12,652	11,259	8,736	10,406	(6)
	-	-	0	1	-	-	-	x	-	-	-	-	84	-	(7)
	7,570	7,206	5,092	7,134	5,880	6,262	4,990	x	5,373	8,289	7,296	9,692	6,729	6,806	(8)
	3,358	3,858	3,797	4,190	3,440	4,918	4,058	x	3,497	4,338	4,225	6,856	3,478	4,867	(9)
	3,358	3,858	3,797	4,190	3,440	4,918	4,058	x	3,497	4,338	4,225	6,856	3,478	4,867	(10)
	-	-	-	-	-	-	-	x	-	-	-	-	-	-	(11)
	1,123	1,836	1,662	1,648	1,797	2,272	2,203	x	685	2,007	2,110	3,227	2,095	1,811	(12)
	1,123	1,836	1,662	1,643	1,797	2,272	2,203	x	685	1,892	2,110	3,227	2,095	1,811	(13)
	-	-	-	5	-	-	-	x	-	115	-	-	-	-	(14)
	2,192	2,750	4,832	2,136	2,721	3,951	6,061	x	1,484	2,164	1,536	1,068	3,805	1,563	(15)
	11,772	14,277	10,305	8,861	16,139	1,706	10,806	x	11,903	13,944	17,808	2,976	12,712	15,481	(16)
	2,718	2,119	2,506	1,407	3,642	2,055	2,178	x	9,171	3,236	3,451	4,399	2,010	2,166	(17)
	2,195	2,372	3,245	2,000	2,603	6,147	4,753	x	8,612	9,386	7,213	9,048	4,580	5,732	(18)
	1,721	2,209	2,287	1,401	1,135	2,720	3,602	x	8,303	8,900	6,250	8,516	3,813	5,470	(19)
	474	163	958	599	1,468	3,427	1,151	x	309	486	963	532	767	262	(20)
	474	163	958	599	1,468	3,427	1,151	x	309	486	963	532	767	262	(21)
	-	-	-	-	-	-	-	x	-	-	-	-	-	-	(22)
	4,218	2,658	4,937	4,357	10,277	5,628	2,499	x	29,004	5,662	7,483	5,514	5,854	7,370	(23)
	1,959	1,334	2,597	2,764	5,935	3,253	421	x	19,629	3,585	2,379	829	2,913	4,492	(24)
	2,259	1,324	2,340	1,593	4,342	2,375	2,078	x	9,375	2,077	5,104	4,685	2,941	2,878	(25)
	2,259	1,324	2,340	1,593	4,342	2,375	2,078	x	9,375	2,077	5,104	4,685	2,941	2,878	(26)
	-	-	-	-	-	-	-	x	-	-	-	-	-	-	(27)
	21,046	28,523	29,012	21,766	16,889	36,910	19,669	x	41,520	36,986	29,526	31,303	21,508	34,504	(28)
	15,899	16,210	24,265	16,571	10,753	28,141	14,523	x	35,116	30,033	23,651	22,100	13,617	23,664	(29)
	5,147	12,313	4,747	5,195	6,136	8,769	5,146	x	6,404	6,953	5,875	9,203	7,891	10,840	(30)
	5,147	12,313	4,747	5,195	6,136	8,769	5,146	x	6,404	6,953	5,875	9,203	7,891	10,840	(31)
	-	-	-	-	-	-	-	x	-	-	-	-	-	-	(32)
	174	636	427	268	425	239	358	x	421	236	1,298	1,055	760	316	(33)
	15	77	-	1	-	9	-	x	-	-	-	-	11	10	(34)
	159	559	427	267	425	230	358	x	421	236	1,298	1,055	749	306	(35)
	33,184	33,911	31,510	33,648	42,913	35,003	39,072	x	58,965	52,788	37,793	67,126	45,104	37,679	(36)
	31,361	32,459	29,992	32,483	40,750	33,616	37,403	x	58,073	51,238	35,968	65,770	43,491	36,737	(37)
	28,243	30,496	27,548	30,683	38,854	32,109	35,327	x	53,212	44,565	33,856	62,726	39,647	32,502	(38)
	3,118	1,963	2,444	1,800	1,896	1,507	2,076	x	4,861	6,673	2,112	3,044	3,844	4,235	(39)
	1,823	1,452	1,518	1,165	2,163	1,387	1,669	x	892	1,550	1,825	1,356	1,613	942	(40)
	1,796	1,405	1,447	1,146	2,130	1,345	1,658	x	892	1,434	1,825	1,351	1,545	900	(41)
	27	47	71	19	33	42	11	x	-	116	-	5	68	42	(42)
	106,817	114,339	106,922	100,288	125,515	113,933	106,381	x	193,631	152,946	136,232	155,875	121,553	133,751	(43)
	57,184	62,522	48,692	47,716	66,593	46,116	50,806	x	76,479	64,310	68,242	60,181	59,863	66,610	(44)
	30,039	31,987	29,081	31,835	41,099	33,694	37,029	x	54,104	46,118	35,710	64,249	41,336	33,505	(45)
	19,594	19,830	29,149	20,737	17,823	34,123	18,546	x	63,048	42,518	32,280	31,445	20,354	33,636	(46)
	2,816	2,263	2,131	2,299	1,106	1,644	1,430	x	179	2,255	605	2,623	1,157	1,626	(47)
	104,001	112,076	104,791	97,989	124,409	112,289	104,951	x	193,452	150,691	135,627	153,252	120,396	132,125	(48)
	33	22	17	92	-	81	49	x	-	46	-	4	151	39	(49)
	6,605	5,493	8,823	4,438	3,357	3,449	5,155	x	952	4,427	4,951	4,639	5,792	5,820	(50)
	110,639	117,591	113,631	102,519	127,766	115,819	110,155	x	194,404	155,164	140,578	157,895	126,339	137,984	(51)
	4,424	3,911	5,974	4,412	4,206	6,956	5,337	x	13,390	9,391	6,608	6,742	5,155	7,016	(52)
	4,814	5,459	9,640	10,275	5,875	7,827	11,362	x	12,759	8,288	3,186	6,862	3,568	7,686	(53)
	119,877	126,961	129,245	117,206	137,847	130,602	126,854	x	220,553	172,843	150,372	171,499	135,062	152,686	(54)

米生産費・道府県別

(4) 米の道府県別生産費(続き)
ア 北海道〜三重(続き)
(ウ) 生産費〔60kg当たり〕

区分		北海道	青森	岩手	宮城	秋田	山形	福島	新潟	富山
		(1)	(2)	(3)	(4)	(5)	(6)	(7)	(8)	(9)
物財費	(1)	7,325	6,838	8,775	7,517	7,327	7,479	7,570	8,397	10,270
種苗費	(2)	168	224	365	198	430	252	277	433	673
購入	(3)	167	224	365	198	428	249	277	433	673
自給	(4)	1	-	0	0	2	3	0	-	-
肥料費	(5)	972	973	1,169	933	991	980	1,276	930	1,117
購入	(6)	967	973	1,169	917	991	977	1,260	921	1,117
自給	(7)	5	0	-	16	-	3	16	9	-
農業薬剤費(購入)	(8)	788	693	1,058	825	975	790	793	732	1,038
光熱動力費	(9)	427	342	440	358	417	418	372	361	408
購入	(10)	427	342	440	358	417	418	372	361	408
自給	(11)	-	-	-	-	-	-	-	-	-
その他の諸材料費	(12)	365	134	241	201	139	261	203	196	203
購入	(13)	361	134	239	201	137	261	199	196	203
自給	(14)	4	-	2	0	2	-	4	-	-
土地改良及び水利費	(15)	558	596	457	514	441	553	397	978	433
賃借料及び料金	(16)	1,035	1,579	1,880	1,622	1,130	1,164	887	1,207	1,723
物件税及び公課諸負担	(17)	267	197	244	185	194	223	203	228	315
建物費	(18)	368	271	598	203	260	332	306	645	743
償却費	(19)	196	145	303	122	157	241	187	522	580
修繕費及び購入補充費	(20)	172	126	295	81	103	91	119	123	163
購入	(21)	172	126	295	81	103	91	119	123	163
自給	(22)	-	-	-	-	-	-	-	-	-
自動車費	(23)	231	271	405	440	321	428	298	235	215
償却費	(24)	81	124	142	292	167	220	173	75	94
修繕費及び購入補充費	(25)	150	147	263	148	154	208	125	160	121
購入	(26)	150	147	263	148	154	208	125	160	121
自給	(27)	-	-	-	-	-	-	-	-	-
農機具費	(28)	2,088	1,498	1,883	1,997	1,995	2,009	2,512	2,393	3,371
償却費	(29)	1,259	1,085	1,242	1,188	1,379	1,477	1,754	1,731	2,575
修繕費及び購入補充費	(30)	829	413	641	809	616	532	758	662	796
購入	(31)	829	413	641	809	616	532	758	662	796
自給	(32)	-	-	-	-	-	-	-	-	-
生産管理費	(33)	58	60	35	41	34	69	46	59	31
償却費	(34)	3	0	2	3	-	5	1	3	7
購入・支払	(35)	55	60	33	38	34	64	45	56	24
労働費	(36)	3,033	2,854	4,223	3,503	2,838	2,917	3,594	3,175	4,000
直接労働費	(37)	2,853	2,761	4,047	3,310	2,693	2,777	3,425	2,883	3,765
家族	(38)	2,665	2,552	3,786	2,990	2,436	2,597	3,243	2,788	3,325
雇用	(39)	188	209	261	320	257	180	182	95	440
間接労働費	(40)	180	93	176	193	145	140	169	292	235
家族	(41)	177	93	165	185	139	136	168	291	229
雇用	(42)	3	-	11	8	6	4	1	1	6
費用合計	(43)	10,358	9,692	12,998	11,020	10,165	10,396	11,164	11,572	14,270
購入(支払)	(44)	5,967	5,693	7,356	6,224	5,883	5,714	5,618	6,153	7,460
自給	(45)	2,852	2,645	3,953	3,191	2,579	2,739	3,431	3,088	3,554
償却	(46)	1,539	1,354	1,689	1,605	1,703	1,943	2,115	2,331	3,256
副産物価額	(47)	320	217	222	333	139	284	315	199	235
生産費(副産物価額差引)	(48)	10,038	9,475	12,776	10,687	10,026	10,112	10,849	11,373	14,035
支払利子	(49)	59	61	48	27	28	45	43	60	2
支払地代	(50)	298	528	286	583	349	634	677	971	334
支払利子・地代算入生産費	(51)	10,395	10,064	13,110	11,297	10,403	10,791	11,569	12,404	14,371
自己資本利子	(52)	364	274	467	367	336	401	480	478	806
自作地地代	(53)	1,210	1,311	1,109	1,356	1,412	1,021	1,081	1,338	953
資本利子・地代全額算入生産費(全算入生産費)	(54)	11,969	11,649	14,686	13,020	12,151	12,213	13,130	14,220	16,130

単位：円

石川	福井	茨城	栃木	群馬	埼玉	千葉	神奈川	山梨	長野	岐阜	静岡	愛知	三重	
(10)	(11)	(12)	(13)	(14)	(15)	(16)	(17)	(18)	(19)	(20)	(21)	(22)	(23)	
8,083	8,967	8,985	7,737	10,243	10,259	7,541	x	15,068	10,220	11,593	10,537	9,446	11,665	(1)
843	532	413	452	760	235	245	x	1,513	347	452	279	506	612	(2)
843	522	403	452	746	204	240	x	1,513	347	449	259	499	600	(3)
–	10	10	–	14	31	5	x	–	0	3	20	7	12	(4)
1,052	1,051	730	1,042	1,570	915	844	x	1,060	1,070	1,491	1,337	1,091	1,263	(5)
1,052	1,051	730	1,042	1,570	915	844	x	1,060	1,070	1,491	1,337	1,081	1,263	(6)
–	–	0	0	–	–	–	x	–	–	–	–	10	–	(7)
831	803	606	828	729	815	559	x	601	846	860	1,151	832	828	(8)
368	429	453	487	426	639	454	x	391	443	497	814	429	591	(9)
368	429	453	487	426	639	454	x	391	443	497	814	429	591	(10)
–	–	–	–	–	–	–	x	–	–	–	–	–	–	(11)
124	205	197	192	223	296	247	x	77	205	249	383	258	220	(12)
124	205	197	191	223	296	247	x	77	193	249	383	258	220	(13)
–	–	–	1	–	–	–	x	–	12	–	–	–	–	(14)
241	307	577	248	338	513	679	x	166	221	181	127	470	191	(15)
1,292	1,592	1,227	1,029	2,002	221	1,212	x	1,331	1,423	2,097	353	1,572	1,880	(16)
298	236	299	163	451	265	245	x	1,027	330	407	522	248	262	(17)
240	264	386	233	323	798	533	x	964	958	849	1,075	566	696	(18)
188	246	272	163	141	353	404	x	929	908	736	1,012	471	664	(19)
52	18	114	70	182	445	129	x	35	50	113	63	95	32	(20)
52	18	114	70	182	445	129	x	35	50	113	63	95	32	(21)
–	–	–	–	–	–	–	x	–	–	–	–	–	–	(22)
463	297	588	506	1,274	732	280	x	3,245	578	881	654	723	894	(23)
215	149	309	321	736	423	47	x	2,196	366	280	98	360	545	(24)
248	148	279	185	538	309	233	x	1,049	212	601	556	363	349	(25)
248	148	279	185	538	309	233	x	1,049	212	601	556	363	349	(26)
–	–	–	–	–	–	–	x	–	–	–	–	–	–	(27)
2,312	3,180	3,458	2,526	2,094	4,799	2,203	x	4,646	3,775	3,476	3,717	2,657	4,190	(28)
1,747	1,807	2,892	1,923	1,333	3,659	1,626	x	3,929	3,065	2,784	2,624	1,682	2,874	(29)
565	1,373	566	603	761	1,140	577	x	717	710	692	1,093	975	1,316	(30)
565	1,373	566	603	761	1,140	577	x	717	710	692	1,093	975	1,316	(31)
–	–	–	–	–	–	–	x	–	–	–	–	–	–	(32)
19	71	51	31	53	31	40	x	47	24	153	125	94	38	(33)
2	9	–	0	–	1	–	x	–	–	–	–	1	1	(34)
17	62	51	31	53	30	40	x	47	24	153	125	93	37	(35)
3,642	3,784	3,754	3,907	5,322	4,550	4,379	x	6,597	5,388	4,451	7,969	5,572	4,575	(36)
3,442	3,622	3,574	3,772	5,054	4,369	4,192	x	6,497	5,230	4,236	7,808	5,373	4,461	(37)
3,100	3,402	3,283	3,563	4,819	4,174	3,959	x	5,954	4,549	3,987	7,447	4,898	3,946	(38)
342	220	291	209	235	195	233	x	543	681	249	361	475	515	(39)
200	162	180	135	268	181	187	x	100	158	215	161	199	114	(40)
197	157	172	133	264	175	186	x	100	146	215	160	191	109	(41)
3	5	8	2	4	6	1	x	–	12	–	1	8	5	(42)
11,725	12,751	12,739	11,644	15,565	14,809	11,920	x	21,665	15,608	16,044	18,506	15,018	16,240	(43)
6,276	6,971	5,801	5,540	8,258	5,993	5,693	x	8,557	6,562	8,039	7,145	7,398	8,089	(44)
3,297	3,569	3,465	3,697	5,097	4,380	4,150	x	6,054	4,707	4,205	7,627	5,106	4,067	(45)
2,152	2,211	3,473	2,407	2,210	4,436	2,077	x	7,054	4,339	3,800	3,734	2,514	4,084	(46)
309	252	254	267	137	214	160	x	20	229	71	312	143	198	(47)
11,416	12,499	12,485	11,377	15,428	14,595	11,760	x	21,645	15,379	15,973	18,194	14,875	16,042	(48)
4	2	2	11	–	11	5	x	–	5	–	0	19	5	(49)
725	613	1,051	515	416	448	578	x	107	452	583	551	716	707	(50)
12,145	13,114	13,538	11,903	15,844	15,054	12,343	x	21,752	15,836	16,556	18,745	15,610	16,754	(51)
486	436	712	512	522	904	598	x	1,498	958	778	801	637	852	(52)
528	609	1,148	1,193	729	1,018	1,274	x	1,428	846	375	815	441	934	(53)
13,159	14,159	15,398	13,608	17,095	16,976	14,215	x	24,678	17,640	17,709	20,361	16,688	18,540	(54)

(4) 米の道府県別生産費（続き）
ア 北海道～三重（続き）
(ェ) 米の作業別労働時間

区分		北海道	青森	岩手	宮城	秋田	山形	福島	新潟	富山
		(1)	(2)	(3)	(4)	(5)	(6)	(7)	(8)	(9)
投下労働時間（10a当たり）	(1)	**17.33**	**21.27**	**27.28**	**20.77**	**20.87**	**20.65**	**21.71**	**21.63**	**24.98**
家族	(2)	15.86	18.75	24.98	18.61	18.57	19.29	20.52	20.83	22.48
雇用	(3)	1.47	2.52	2.30	2.16	2.30	1.36	1.19	0.80	2.50
直接労働時間	(4)	16.33	20.61	26.03	19.63	19.83	19.66	20.70	19.58	23.49
家族	(5)	14.88	18.09	23.86	17.52	17.57	18.32	19.51	18.79	21.01
男	(6)	11.21	12.93	18.47	14.82	14.74	15.88	16.06	15.53	16.91
女	(7)	3.67	5.16	5.39	2.70	2.83	2.44	3.45	3.26	4.10
雇用	(8)	1.45	2.52	2.17	2.11	2.26	1.34	1.19	0.79	2.48
男	(9)	0.89	1.58	1.75	1.62	1.67	1.10	0.82	0.55	1.73
女	(10)	0.56	0.94	0.42	0.49	0.59	0.24	0.37	0.24	0.75
間接労働時間	(11)	1.00	0.66	1.25	1.14	1.04	0.99	1.01	2.05	1.49
男	(12)	0.87	0.50	1.09	1.07	0.98	0.91	0.86	1.72	1.16
女	(13)	0.13	0.16	0.16	0.07	0.06	0.08	0.15	0.33	0.33
投下労働時間（60kg当たり）	(14)	**1.87**	**2.21**	**3.06**	**2.33**	**2.12**	**2.14**	**2.45**	**2.26**	**2.66**
家族	(15)	1.72	1.94	2.81	2.11	1.89	1.99	2.32	2.18	2.39
雇用	(16)	0.15	0.27	0.25	0.22	0.23	0.15	0.13	0.08	0.27
直接労働時間	(17)	1.77	2.14	2.92	2.20	2.01	2.04	2.33	2.05	2.50
家族	(18)	1.62	1.87	2.68	1.98	1.78	1.89	2.20	1.97	2.23
男	(19)	1.22	1.34	2.09	1.68	1.49	1.65	1.81	1.63	1.81
女	(20)	0.40	0.53	0.59	0.30	0.29	0.24	0.39	0.34	0.42
雇用	(21)	0.15	0.27	0.24	0.22	0.23	0.15	0.13	0.08	0.27
男	(22)	0.10	0.17	0.19	0.17	0.17	0.12	0.09	0.05	0.19
女	(23)	0.05	0.10	0.05	0.05	0.06	0.03	0.04	0.03	0.08
間接労働時間	(24)	0.10	0.07	0.14	0.13	0.11	0.10	0.12	0.21	0.16
男	(25)	0.09	0.05	0.12	0.12	0.10	0.09	0.10	0.18	0.12
女	(26)	0.01	0.02	0.02	0.01	0.01	0.01	0.02	0.03	0.04
作業別直接労働時間（10a当たり）合計	(27)	**16.33**	**20.61**	**26.03**	**19.63**	**19.83**	**19.66**	**20.70**	**19.58**	**23.49**
種子予措	(28)	0.20	0.35	0.31	0.25	0.24	0.29	0.24	0.20	0.10
育苗	(29)	5.34	3.72	3.83	3.30	2.87	3.15	2.90	2.00	2.51
耕起整地	(30)	1.75	2.45	3.43	2.71	2.35	2.27	2.75	2.45	3.62
基肥	(31)	0.37	0.62	0.68	0.51	0.48	0.60	0.72	0.49	0.58
直まき	(32)	0.01	0.04	-	0.05	0.00	0.12	0.01	0.01	-
田植	(33)	2.37	3.93	3.59	2.69	3.00	2.93	2.92	2.50	3.68
追肥	(34)	0.02	0.36	0.17	0.16	0.25	0.30	0.21	0.59	0.37
除草	(35)	0.41	0.78	1.20	0.67	1.37	0.96	1.06	0.96	1.42
管理	(36)	2.94	5.11	8.04	5.72	4.98	4.70	5.00	5.50	6.27
防除	(37)	0.20	0.37	0.32	0.27	0.40	0.24	0.31	0.16	0.25
刈取脱穀	(38)	1.55	2.03	2.83	2.08	2.27	2.31	3.19	2.76	2.91
乾燥	(39)	0.80	0.56	0.88	0.75	1.07	1.26	1.10	1.21	1.20
生産管理	(40)	0.37	0.29	0.75	0.47	0.55	0.53	0.29	0.75	0.58
うち家族										
種子予措	(41)	0.19	0.34	0.31	0.24	0.23	0.28	0.24	0.20	0.10
育苗	(42)	4.75	3.14	3.37	2.78	2.37	2.70	2.65	1.84	2.26
耕起整地	(43)	1.69	2.40	3.35	2.62	2.07	2.22	2.72	2.42	3.55
基肥	(44)	0.36	0.61	0.63	0.47	0.44	0.60	0.71	0.49	0.53
直まき	(45)	0.01	0.02	-	0.05	0.00	0.11	0.01	0.01	-
田植	(46)	1.80	2.61	2.93	1.93	2.35	2.27	2.41	2.12	2.68
追肥	(47)	0.02	0.36	0.16	0.15	0.23	0.29	0.20	0.59	0.36
除草	(48)	0.40	0.78	1.13	0.66	1.17	0.95	1.05	0.96	1.41
管理	(49)	2.85	4.97	7.65	5.42	4.88	4.64	4.96	5.49	6.16
防除	(50)	0.20	0.35	0.30	0.27	0.37	0.24	0.31	0.16	0.21
刈取脱穀	(51)	1.47	1.71	2.44	1.77	1.95	2.24	2.89	2.57	2.24
乾燥	(52)	0.77	0.51	0.84	0.69	0.96	1.25	1.07	1.19	0.93
生産管理	(53)	0.37	0.29	0.75	0.47	0.55	0.53	0.29	0.75	0.58

単位：時間

石川	福井	茨城	栃木	群馬	埼玉	千葉	神奈川	山梨	長野	岐阜	静岡	愛知	三重	
(10)	(11)	(12)	(13)	(14)	(15)	(16)	(17)	(18)	(19)	(20)	(21)	(22)	(23)	
22.77	**23.00**	**20.47**	**21.93**	**28.23**	**24.72**	**24.94**	**x**	**44.53**	**35.55**	**22.23**	**46.69**	**25.05**	**25.95**	(1)
20.49	21.53	18.71	20.74	27.08	23.50	23.40	x	41.10	31.34	21.05	44.75	22.49	23.22	(2)
2.28	1.47	1.76	1.19	1.15	1.22	1.54	x	3.43	4.21	1.18	1.94	2.56	2.73	(3)
21.49	21.98	19.47	21.15	26.74	23.76	23.89	x	43.84	34.49	21.19	45.78	24.13	25.28	(4)
19.22	20.57	17.77	19.98	25.61	22.58	22.36	x	40.41	30.35	20.01	43.84	21.62	22.58	(5)
16.41	15.93	13.16	14.75	20.58	16.71	17.79	x	31.67	23.04	17.53	35.04	17.09	16.75	(6)
2.81	4.64	4.61	5.23	5.03	5.87	4.57	x	8.74	7.31	2.48	8.80	4.53	5.83	(7)
2.27	1.41	1.70	1.17	1.13	1.18	1.53	x	3.43	4.14	1.18	1.94	2.51	2.70	(8)
1.45	1.37	1.47	1.08	1.13	0.79	1.09	x	2.43	3.08	0.86	1.65	1.95	2.45	(9)
0.82	0.04	0.23	0.09	–	0.39	0.44	x	1.00	1.06	0.32	0.29	0.56	0.25	(10)
1.28	1.02	1.00	0.78	1.49	0.96	1.05	x	0.69	1.06	1.04	0.91	0.92	0.67	(11)
1.24	0.88	0.82	0.61	1.42	0.92	0.81	x	0.69	0.93	0.89	0.87	0.86	0.60	(12)
0.04	0.14	0.18	0.17	0.07	0.04	0.24	x	–	0.13	0.15	0.04	0.06	0.07	(13)
2.52	**2.58**	**2.47**	**2.56**	**3.50**	**3.20**	**2.77**	**x**	**5.00**	**3.60**	**2.60**	**5.52**	**3.09**	**3.15**	(14)
2.26	2.42	2.25	2.41	3.37	3.03	2.61	x	4.62	3.17	2.46	5.30	2.75	2.81	(15)
0.26	0.16	0.22	0.15	0.13	0.17	0.16	x	0.38	0.43	0.14	0.22	0.34	0.34	(16)
2.39	2.46	2.35	2.47	3.32	3.07	2.65	x	4.92	3.49	2.48	5.42	2.97	3.07	(17)
2.13	2.31	2.14	2.32	3.19	2.91	2.49	x	4.54	3.07	2.34	5.20	2.64	2.73	(18)
1.82	1.78	1.58	1.71	2.57	2.16	1.99	x	3.55	2.33	2.06	4.16	2.10	2.04	(19)
0.31	0.53	0.56	0.61	0.62	0.75	0.50	x	0.99	0.74	0.28	1.04	0.54	0.69	(20)
0.26	0.15	0.21	0.15	0.13	0.16	0.16	x	0.38	0.42	0.14	0.22	0.33	0.34	(21)
0.17	0.15	0.19	0.14	0.13	0.11	0.11	x	0.27	0.32	0.10	0.19	0.26	0.30	(22)
0.09	0.00	0.02	0.01	–	0.05	0.05	x	0.11	0.10	0.04	0.03	0.07	0.04	(23)
0.13	0.12	0.12	0.09	0.18	0.13	0.12	x	0.08	0.11	0.12	0.10	0.12	0.08	(24)
0.13	0.10	0.10	0.07	0.17	0.12	0.09	x	0.08	0.10	0.10	0.10	0.11	0.07	(25)
0.00	0.02	0.02	0.02	0.01	0.01	0.03	x	–	0.01	0.02	0.00	0.01	0.01	(26)
21.49	**21.98**	**19.47**	**21.15**	**26.74**	**23.76**	**23.89**	**x**	**43.84**	**34.49**	**21.19**	**45.78**	**24.13**	**25.28**	(27)
0.02	0.17	0.15	0.21	0.29	0.39	0.44	x	0.12	0.33	0.09	0.84	0.19	0.23	(28)
1.20	2.42	2.12	2.69	3.01	2.46	2.61	x	2.32	3.81	2.01	3.93	2.36	2.50	(29)
3.28	4.20	3.42	3.26	2.36	4.21	4.13	x	7.68	4.83	3.16	7.52	3.17	4.77	(30)
0.78	0.57	0.84	0.72	1.58	0.75	0.62	x	1.60	0.84	1.07	1.65	0.81	0.74	(31)
0.02	0.03	–	–	0.00	0.00	–	x	–	–	–	–	0.18	–	(32)
3.50	2.48	2.20	2.48	3.11	3.10	3.12	x	7.03	3.63	2.35	6.00	2.51	2.59	(33)
0.23	0.20	0.19	0.21	0.14	0.36	0.23	x	0.54	0.28	0.47	0.21	0.29	0.26	(34)
1.74	1.46	1.14	1.56	1.92	1.84	1.44	x	2.00	1.67	1.30	2.71	1.91	0.88	(35)
5.69	5.68	5.29	6.31	8.17	4.55	5.49	x	10.49	8.18	6.31	7.84	6.18	7.61	(36)
0.39	0.14	0.20	0.31	0.25	0.53	0.32	x	0.93	0.78	0.68	2.87	0.57	1.12	(37)
3.17	2.52	2.38	2.35	3.53	3.54	3.28	x	8.39	7.85	2.37	7.95	4.16	2.38	(38)
1.04	1.71	1.24	0.75	1.35	1.69	1.87	x	2.30	1.80	0.83	3.55	1.31	1.78	(39)
0.43	0.40	0.30	0.30	1.03	0.34	0.34	x	0.44	0.49	0.55	0.71	0.49	0.42	(40)
0.02	0.14	0.14	0.20	0.28	0.38	0.43	x	0.12	0.33	0.09	0.83	0.19	0.23	(41)
1.13	2.16	1.82	2.40	2.90	2.21	2.26	x	1.07	3.24	1.52	3.72	2.08	2.15	(42)
3.21	3.99	3.24	3.12	2.31	4.17	4.08	x	7.05	4.44	3.16	7.44	3.01	4.25	(43)
0.77	0.50	0.80	0.67	1.56	0.71	0.62	x	1.60	0.76	1.07	1.62	0.74	0.64	(44)
0.01	0.01	–	–	–	0.00	–	x	–	–	–	–	0.13	–	(45)
2.33	2.32	1.83	2.20	2.92	2.71	2.66	x	6.55	2.80	1.90	5.80	2.08	2.28	(46)
0.23	0.18	0.18	0.21	0.13	0.34	0.23	x	0.54	0.27	0.47	0.21	0.27	0.25	(47)
1.72	1.36	1.07	1.54	1.80	1.80	1.42	x	2.00	1.49	1.30	2.70	1.72	0.80	(48)
5.64	5.53	5.06	6.16	8.05	4.49	5.34	x	10.49	7.89	6.14	7.72	5.95	6.93	(49)
0.38	0.14	0.17	0.29	0.23	0.53	0.32	x	0.93	0.75	0.68	2.85	0.56	1.02	(50)
2.46	2.25	2.06	2.20	3.15	3.29	2.94	x	7.32	6.31	2.30	6.75	3.16	2.06	(51)
0.89	1.59	1.10	0.69	1.25	1.61	1.72	x	2.30	1.58	0.83	3.49	1.24	1.55	(52)
0.43	0.40	0.30	0.30	1.03	0.34	0.34	x	0.44	0.49	0.55	0.71	0.49	0.42	(53)

米生産費・道府県別

(4) 米の道府県別生産費（続き）
　イ　滋賀～鹿児島
　　(ｱ)　調査対象経営体の生産概要・経営概況

区　分		単位	滋賀	京都	大阪	兵庫	奈良	和歌山	鳥取	島根	岡山
			(1)	(2)	(3)	(4)	(5)	(6)	(7)	(8)	(9)
集計経営体数	(1)	経営体	23	8	3	25	6	6	8	14	25
労働力（1経営体当たり）											
世帯員数	(2)	人	3.8	2.7	2.0	3.4	3.6	2.8	3.0	3.4	3.3
男	(3)	〃	1.7	1.4	1.0	1.6	2.1	1.1	1.4	1.8	1.7
女	(4)	〃	2.1	1.3	1.0	1.8	1.5	1.7	1.6	1.6	1.6
家族員数	(5)	〃	3.8	2.7	2.0	3.4	3.6	2.8	3.0	3.4	3.3
男	(6)	〃	1.7	1.4	1.0	1.6	2.1	1.1	1.4	1.8	1.7
女	(7)	〃	2.1	1.3	1.0	1.8	1.5	1.7	1.6	1.6	1.6
農業就業者	(8)	〃	0.7	0.9	-	0.7	0.1	0.1	0.8	0.1	0.1
男	(9)	〃	0.4	0.7	-	0.4	0.1	0.1	0.5	0.1	0.1
女	(10)	〃	0.3	0.2	-	0.3	-	-	0.3	0.0	0.0
農業専従者	(11)	〃	0.6	0.5	-	0.5	-	0.1	0.8	0.0	0.0
男	(12)	〃	0.4	0.5	-	0.2	-	0.1	0.5	0.0	0.0
女	(13)	〃	0.2	-	-	0.3	-	-	0.3	-	0.0
土地（1経営体当たり）											
経営耕地面積	(14)	a	278	185	68	151	69	89	143	154	167
田	(15)	〃	269	164	53	147	57	83	127	132	151
畑	(16)	〃	9	21	15	4	12	6	16	22	16
普通畑	(17)	〃	8	9	15	4	10	6	5	17	9
樹園地	(18)	〃	1	12	-	0	2	-	11	5	7
牧草地	(19)	〃	-	-	-	-	-	-	-	-	-
耕地以外の土地	(20)	〃	42	282	16	81	38	32	123	247	439
水稲											
使用地面積（1経営体当たり）											
作付地	(21)	〃	175.9	122.6	49.6	83.0	50.1	57.1	68.9	103.5	93.3
自作地	(22)	〃	65.2	68.6	48.2	45.8	30.2	50.7	66.7	72.8	60.4
小作地	(23)	〃	110.7	54.0	1.4	37.2	19.9	6.4	2.2	30.7	32.9
作付地以外	(24)	〃	1.7	1.9	0.7	1.9	1.1	2.4	1.1	2.3	1.2
所有地	(25)	〃	1.7	1.9	0.7	1.9	1.1	2.4	1.1	2.3	1.2
借入地	(26)	〃	0.0	-	-	-	-	-	0.0	-	-
田の団地数（1経営体当たり）	(27)	団地	3.5	4.2	3.6	3.1	2.9	3.4	2.3	2.2	2.7
ほ場枚数（1経営体当たり）	(28)	枚	10.2	9.8	5.8	5.7	7.3	5.1	4.7	7.8	7.0
未整理又は10a未満	(29)	〃	3.4	4.5	5.8	2.3	4.6	2.1	1.6	3.3	3.0
10～20a区画	(30)	〃	2.9	4.0	-	1.8	2.5	2.3	2.2	2.9	3.1
20～30a区画	(31)	〃	2.8	0.6	-	1.3	0.1	0.6	0.7	1.1	0.7
30～50a区画	(32)	〃	1.0	0.7	-	0.3	0.1	0.1	0.2	0.5	0.2
50a以上区画	(33)	〃	0.1	-	-	0.0	-	-	-	-	0.0
ほ場面積（1経営体当たり）											
未整理又は10a未満	(34)	a	20.7	28.8	49.6	14.4	16.9	9.2	9.6	19.1	25.5
10～20a区画	(35)	〃	39.0	54.6	-	25.2	28.3	31.5	33.7	39.1	41.5
20～30a区画	(36)	〃	72.2	13.9	-	32.5	2.4	13.2	19.6	28.3	16.9
30～50a区画	(37)	〃	35.5	25.3	-	9.4	2.6	3.3	5.9	16.9	6.8
50a以上区画	(38)	〃	8.6	-	-	1.6	-	-	-	-	2.6
（参考）団地への距離等（1経営体当たり）											
ほ場間の距離	(39)	km	0.9	1.3	1.5	0.7	0.6	0.7	0.1	0.5	1.3
団地への平均距離	(40)	〃	0.8	0.7	0.6	0.7	0.6	0.2	0.8	0.6	0.5
作付地の実勢地代（10a当たり）	(41)	円	9,664	9,480	15,555	8,731	8,413	8,434	5,606	7,088	8,286
自作地	(42)	〃	9,431	9,395	15,159	8,475	8,200	8,031	5,531	6,597	8,021
小作地	(43)	〃	9,807	9,592	29,500	9,075	8,734	11,605	8,000	8,438	8,822
投下資本額（10a当たり）	(44)	〃	154,214	277,037	175,922	232,465	198,455	312,497	115,867	143,596	197,354
借入資本額	(45)	〃	28,388	7,824	-	-	-	-	37,543	19,911	4,087
自己資本額	(46)	〃	125,826	269,213	175,922	232,465	198,455	312,497	78,324	123,685	193,267
固定資本額	(47)	〃	108,312	221,746	101,680	183,662	131,791	249,306	57,275	97,857	143,855
建物・構築物	(48)	〃	40,976	48,300	47,726	55,995	24,714	33,384	46,016	23,696	23,870
土地改良設備	(49)	〃	1,563	4,887	-	114	-	-	-	-	-
自動車	(50)	〃	7,958	8,581	-	7,242	11,713	48,353	4,676	3,203	4,260
農機具	(51)	〃	57,815	159,978	53,954	120,311	95,364	167,569	6,583	70,958	115,725
流動資本額	(52)	〃	28,337	29,255	23,377	25,709	34,610	31,021	33,802	25,159	29,323
労賃資本額	(53)	〃	17,565	26,036	50,865	23,094	32,054	32,170	24,790	20,580	24,176

広島	山口	徳島	香川	愛媛	高知	福岡	佐賀	長崎	熊本	大分	宮崎	鹿児島	
(10)	(11)	(12)	(13)	(14)	(15)	(16)	(17)	(18)	(19)	(20)	(21)	(22)	
13	12	16	21	18	13	24	12	10	23	14	10	10	(1)
2.2	2.4	3.4	2.5	3.1	3.5	3.6	4.2	4.0	4.7	2.9	4.0	2.5	(2)
1.1	1.2	1.6	1.2	1.4	1.6	1.5	2.1	2.0	2.0	1.5	1.9	1.3	(3)
1.1	1.2	1.8	1.3	1.7	1.9	2.1	2.1	2.0	2.7	1.4	2.1	1.2	(4)
2.2	2.4	3.4	2.5	3.1	3.5	3.6	4.0	4.0	4.7	2.9	4.0	2.5	(5)
1.1	1.2	1.6	1.2	1.4	1.6	1.5	2.0	2.0	2.0	1.5	1.9	1.3	(6)
1.1	1.2	1.8	1.3	1.7	1.9	2.1	2.0	2.0	2.7	1.4	2.1	1.2	(7)
–	0.5	1.1	0.5	1.2	0.6	0.9	0.8	0.0	2.3	0.1	1.8	1.3	(8)
–	0.3	0.6	0.3	0.8	0.3	0.5	0.5	0.0	1.2	0.1	1.1	0.9	(9)
–	0.2	0.5	0.2	0.4	0.3	0.4	0.3	0.0	1.1	–	0.7	0.4	(10)
–	0.1	0.6	0.4	0.5	0.3	0.9	0.2	0.0	2.0	0.0	1.7	1.2	(11)
–	0.1	0.3	0.2	0.3	0.3	0.5	0.1	0.0	1.0	0.0	1.0	0.9	(12)
–	–	0.3	0.2	0.2	–	0.4	0.1	0.0	1.0	–	0.7	0.3	(13)
143	152	181	91	164	134	259	258	132	262	135	299	509	(14)
125	142	143	81	139	122	234	249	111	194	121	161	201	(15)
18	10	38	10	25	12	25	9	21	60	14	138	308	(16)
10	9	31	7	17	5	15	6	21	57	14	134	308	(17)
8	1	7	3	8	7	10	3	–	3	0	4	–	(18)
–	–	–	–	–	–	–	–	–	8	–	–	–	(19)
743	256	106	16	195	30	106	204	115	63	215	145	181	(20)
82.4	108.9	88.4	55.0	97.3	99.8	127.9	187.3	69.7	110.1	75.8	67.2	88.2	(21)
68.9	79.9	56.9	44.8	61.7	69.4	68.1	104.6	57.1	68.2	52.2	36.4	37.1	(22)
13.5	29.0	31.5	10.2	35.6	30.4	59.8	82.7	12.6	41.9	23.6	30.8	51.1	(23)
0.6	2.0	1.0	2.7	2.6	1.6	1.9	3.7	1.1	3.3	0.7	0.7	1.5	(24)
0.6	2.0	1.0	2.7	2.6	1.6	1.9	3.7	1.1	3.3	0.7	0.7	1.5	(25)
–	–	–	–	–	–	–	–	–	–	–	–	–	(26)
2.4	**2.1**	**5.6**	**1.9**	**4.1**	**2.9**	**3.1**	**5.1**	**2.4**	**3.3**	**2.8**	**1.7**	**1.9**	**(27)**
8.4	**7.3**	**9.5**	**5.0**	**8.2**	**13.4**	**8.5**	**11.4**	**6.7**	**6.6**	**6.8**	**5.1**	**9.2**	**(28)**
5.3	2.2	5.4	2.1	4.2	10.2	3.6	5.0	3.2	2.3	3.8	2.7	5.7	(29)
2.7	3.3	3.5	2.7	2.8	2.0	2.8	2.8	3.5	1.8	2.5	1.1	3.1	(30)
0.4	1.3	0.4	0.2	0.9	0.9	1.4	2.1	0.0	1.9	0.3	1.2	0.3	(31)
–	0.5	0.2	0.0	0.2	0.3	0.6	1.0	0.0	0.5	0.2	0.1	0.1	(32)
–	–	–	–	0.1	–	0.1	0.5	–	0.1	–	–	0.0	(33)
33.6	17.5	25.8	12.0	27.6	40.6	22.3	26.4	14.6	12.5	25.1	18.2	33.1	(34)
39.9	44.0	46.5	37.3	37.9	26.9	40.2	38.4	53.8	24.4	35.7	15.6	42.6	(35)
9.0	31.7	10.8	5.2	21.6	23.3	34.8	51.0	0.2	50.0	7.9	29.3	8.2	(36)
–	15.7	5.3	0.5	5.9	9.0	23.1	36.6	1.0	18.3	7.1	4.2	2.2	(37)
–	–	–	–	4.3	–	7.5	34.9	–	4.9	–	–	2.0	(38)
0.5	0.6	0.4	0.5	1.1	0.6	1.2	2.3	1.2	1.7	1.2	1.0	1.0	(39)
1.3	0.4	0.3	0.4	1.1	0.5	0.7	1.2	0.5	1.4	0.5	1.1	1.6	(40)
8,767	**7,091**	**12,592**	**8,140**	**13,201**	**9,959**	**11,820**	**13,727**	**12,422**	**16,674**	**11,234**	**13,301**	**10,911**	**(41)**
8,569	7,737	11,997	8,416	14,380	9,603	12,205	16,213	12,588	18,292	11,472	13,206	11,972	(42)
9,934	5,161	13,687	6,878	11,028	10,788	11,375	10,636	11,627	13,970	10,657	13,420	10,117	(43)
241,054	**216,362**	**374,622**	**200,106**	**114,757**	**140,601**	**162,222**	**138,698**	**125,948**	**129,591**	**144,285**	**155,464**	**124,244**	**(44)**
6,667	14,142	5,494	–	14,597	–	25,590	4,707	2,876	8,697	6,276	10,429	48,897	(45)
234,387	202,220	369,128	200,106	100,160	140,601	136,632	133,991	123,072	120,894	138,009	145,035	75,347	(46)
176,011	166,101	323,976	145,202	67,437	90,356	125,091	95,138	73,722	87,128	89,646	112,089	84,025	(47)
18,407	18,854	166,929	30,449	13,507	19,063	16,249	41,704	7,442	20,605	25,291	49,670	7,986	(48)
–	1,906	5,434	–	58	–	–	3,078	4,925	75	797	630	–	(49)
10,289	1,215	10,960	303	3,406	5,567	4,965	508	8,651	10,685	1,340	3,536	7,606	(50)
147,315	144,126	140,653	114,450	50,466	65,726	103,877	49,848	52,704	55,763	62,218	58,253	68,433	(51)
32,128	29,656	30,427	31,693	26,853	34,674	22,457	26,146	29,941	25,402	33,284	27,815	27,658	(52)
32,915	20,605	20,219	23,211	20,467	15,571	14,674	17,414	22,285	17,061	21,355	15,560	12,561	(53)

米生産費・道府県別

(4) 米の道府県別生産費（続き）
　イ　滋賀～鹿児島（続き）
　　(ア)　調査対象経営体の生産概要・経営概況（続き）

区　分		単位	滋賀	京都	大阪	兵庫	奈良	和歌山	鳥取	島根	岡山
			(1)	(2)	(3)	(4)	(5)	(6)	(7)	(8)	(9)
自動車所有台数（10経営体当たり）											
四　輪　自　動　車	(54)	台	25.9	24.9	13.4	18.8	24.2	22.2	13.5	16.0	23.0
農機具所有台数（10経営体当たり）											
電　　動　　機	(55)	〃	-	-	-	-	-	-	-	-	-
発　　動　　機	(56)	〃	-	3.8	-	-	-	-	-	-	-
揚　水　ポ　ン　プ	(57)	〃	1.1	5.8	-	-	-	-	-	1.0	0.8
乗用型トラクタ											
20 馬 力 未 満	(58)	〃	0.8	4.0	10.0	3.6	6.8	2.0	0.4	6.5	7.7
20～50馬力未満	(59)	〃	9.3	10.1	-	8.7	3.2	8.0	8.2	1.7	5.0
50 馬 力 以 上	(60)	〃	1.6	0.3	-	0.8	-	-	-	0.1	0.0
歩行型トラクタ											
駆　　動　　型	(61)	〃	3.8	3.1	10.0	1.9	4.3	-	0.4	4.6	2.5
け　ん　引　型	(62)	〃	-	-	-	-	-	-	1.2	-	0.1
電 熱 育 苗 機	(63)	〃	0.9	1.6	-	0.3	-	-	-	-	3.0
田　　植　　機											
2　　条　　植	(64)	〃	1.3	-	-	0.4	-	0.8	-	2.2	2.1
3　～　5　条	(65)	〃	6.9	9.2	10.0	8.6	9.2	8.5	4.0	5.3	8.1
6　条　以　上	(66)	〃	0.7	0.8	-	0.6	-	-	-	0.0	0.1
動 力 噴 霧 機	(67)	〃	2.9	2.5	7.7	4.7	-	5.0	-	2.3	3.5
動 力 散 粉 機	(68)	〃	3.4	5.2	-	2.7	-	-	-	1.3	1.5
バ　イ　ン　ダ　ー	(69)	〃	-	2.5	0.5	0.3	-	2.0	-	2.3	2.4
自脱型コンバイン											
3　条　以　下	(70)	〃	6.5	8.3	10.0	8.9	5.4	7.3	3.8	6.0	5.0
4　条　以　上	(71)	〃	1.9	0.8	-	0.4	-	-	1.0	0.1	0.8
普通型コンバイン	(72)	〃	0.1	-	-	-	-	-	-	-	0.0
脱　　穀　　機	(73)	〃	-	3.9	-	0.1	-	-	-	1.8	3.1
動力もみすり機	(74)	〃	6.4	9.2	10.0	7.5	3.2	6.5	-	6.3	4.1
乾　　燥　　機											
静　　置　　式	(75)	〃	0.1	1.5	-	2.5	0.8	2.0	0.7	1.5	0.4
循　　環　　式	(76)	〃	8.7	14.4	10.0	6.2	2.4	3.8	-	5.0	5.0
水　　　　　稲											
10a当たり主産物数量	(77)	kg	502	517	451	464	509	555	472	503	501
粗　　収　　益											
10　 a　 当　た　り	(78)	円	108,720	116,140	154,930	114,954	116,285	123,262	91,381	99,359	106,266
主　　産　　物	(79)	〃	106,826	114,396	153,446	111,321	115,278	123,111	86,879	96,440	103,756
副　　産　　物	(80)	〃	1,894	1,744	1,484	3,633	1,007	151	4,502	2,919	2,510
60　kg　当　た　り	(81)	〃	12,995	13,482	20,586	14,888	13,684	13,337	11,598	11,842	12,714
主　　産　　物	(82)	〃	12,769	13,280	20,389	14,418	13,565	13,321	11,027	11,495	12,414
副　　産　　物	(83)	〃	226	202	197	470	119	16	571	347	300
所　　　　　得											
10　 a　 当　た　り	(84)	〃	21,744	△ 5,334	17,842	19,004	△ 6,107	△11,535	11,691	28,541	16,206
1　 日　 当　 た　り	(85)	〃	7,921	-	3,443	5,557	-	-	2,989	8,077	3,993
家　族　労　働　報　酬											
10　 a　 当　た　り	(86)	〃	12,189	△21,992	△ 9,058	4,759	△20,107	△32,219	2,809	16,796	2,230
1　 日　 当　 た　り	(87)	〃	4,440	-	-	1,392	-	-	718	4,753	549
（参考1）経営所得安定対策等											
受取金（10a当たり）	(88)	〃	7,757	12,330	-	6,563	-	944	6,514	9,833	5,546
（参考2）経営所得安定対策等											
の交付金を加えた場合											
粗　　収　　益											
10　 a　 当　た　り	(89)	〃	116,477	128,470	154,930	121,517	116,285	124,206	97,895	109,192	111,812
60　kg　当　た　り	(90)	〃	13,923	14,913	20,586	15,739	13,684	13,439	12,424	13,014	13,378
所　　　　　得											
10　 a　 当　た　り	(91)	〃	29,501	6,996	17,842	25,567	△ 6,107	△10,591	18,205	38,374	21,752
1　 日　 当　 た　り	(92)	〃	10,747	1,913	3,443	7,476	-	-	4,655	10,859	5,359
家　族　労　働　報　酬											
10　 a　 当　た　り	(93)	〃	19,946	△ 9,662	△ 9,058	11,322	△20,107	△31,275	9,323	26,629	7,776
1　 日　 当　 た　り	(94)	〃	7,266	-	-	3,311	-	-	2,384	7,536	1,916

米生産費・道府県別

	広島	山口	徳島	香川	愛媛	高知	福岡	佐賀	長崎	熊本	大分	宮崎	鹿児島	
	(10)	(11)	(12)	(13)	(14)	(15)	(16)	(17)	(18)	(19)	(20)	(21)	(22)	
	23.9	19.3	29.0	21.9	18.3	21.5	26.6	26.0	21.9	32.6	20.2	29.8	33.0	(54)
	-	-	-	-	-	-	0.1	-	-	-	-	-	-	(55)
	-	-	-	-	-	-	-	-	-	-	-	-	-	(56)
	-	3.4	3.4	0.4	-	1.0	0.8	2.5	0.1	3.1	-	-	-	(57)
	4.2	2.5	3.7	2.1	5.5	1.2	2.6	0.8	5.7	0.6	2.2	2.2	2.6	(58)
	5.4	7.6	14.3	10.6	5.7	9.1	8.3	10.7	6.0	12.6	7.2	13.2	23.8	(59)
	-	0.0	-	-	0.3	-	0.7	-	-	3.7	0.0	-	2.5	(60)
	3.4	-	4.8	4.8	3.0	-	0.8	1.4	2.9	3.4	4.1	0.3	13.0	(61)
	-	2.5	-	-	-	-	1.0	0.3	-	-	-	-	-	(62)
	4.4	-	0.3	-	-	0.1	0.3	-	-	0.2	-	-	-	(63)
	0.2	2.0	0.1	1.8	1.0	1.2	-	0.3	3.7	-	2.3	-	0.9	(64)
	6.1	5.6	8.2	5.1	7.6	5.3	7.5	8.4	8.0	6.0	4.2	6.8	5.2	(65)
	2.3	0.4	1.0	-	0.3	0.9	0.7	-	-	0.7	0.0	-	0.9	(66)
	7.7	2.0	10.5	10.1	9.1	6.8	5.2	12.6	3.9	7.2	2.8	3.4	8.5	(67)
	-	1.9	-	3.6	2.9	-	2.8	4.9	1.9	2.2	1.8	0.6	-	(68)
	0.8	0.7	-	-	0.2	-	-	-	-	2.0	-	1.1	6.4	4.4	(69)
	6.4	9.0	7.8	5.3	8.1	5.4	4.2	6.0	6.8	6.2	5.9	3.4	5.2	(70)
	2.8	0.0	1.7	1.1	1.2	1.6	1.2	1.6	-	1.7	0.0	0.6	0.2	(71)
	-	-	-	-	-	-	-	0.1	-	0.3	-	-	0.2	(72)
	0.8	-	-	-	0.2	-	-	-	2.0	-	1.1	-	3.0	(73)
	6.3	7.4	7.2	2.9	7.5	3.5	2.7	2.0	1.1	1.6	1.1	0.7	0.2	(74)
	-	0.1	0.4	1.7	0.3	1.2	0.1	1.6	5.5	0.9	0.0	-	8.4	(75)
	8.6	8.8	9.9	3.1	8.4	3.5	5.5	2.4	1.1	3.9	3.7	2.1	2.1	(76)
	566	451	496	484	462	459	444	468	431	504	446	483	433	(77)
	113,336	92,600	103,025	88,882	104,953	108,239	95,004	104,674	105,863	105,064	95,870	107,281	91,329	(78)
	111,979	91,194	101,960	87,568	102,572	107,694	93,543	101,216	103,272	102,286	93,905	105,082	90,263	(79)
	1,357	1,406	1,065	1,314	2,381	545	1,461	3,458	2,591	2,778	1,965	2,199	1,066	(80)
	12,002	12,320	12,473	11,017	13,623	14,157	12,845	13,420	14,724	12,524	12,878	13,294	12,656	(81)
	11,858	12,133	12,344	10,854	13,314	14,086	12,647	12,976	14,364	12,192	12,614	13,022	12,509	(82)
	144	187	129	163	309	71	198	444	360	332	264	272	147	(83)
	5,976	△13,772	△30,440	△10,221	27,062	4,433	19,298	27,318	23,834	22,645	△1,153	14,901	5,207	(84)
	1,072	-	-	-	7,844	1,729	9,087	9,805	6,215	7,890	-	5,875	2,630	(85)
	△12,040	△28,855	△53,501	△25,397	12,763	△8,154	7,125	14,649	8,348	6,544	△16,205	1,479	△2,769	(86)
	-	-	-	-	3,699	-	3,355	5,258	2,177	2,280	-	583	-	(87)
	6,355	8,350	7,120	8,393	6,370	2,043	6,255	7,764	5,443	8,862	5,287	15,593	10,112	(88)
	119,691	100,950	110,145	97,275	111,323	110,282	101,259	112,438	111,306	113,926	101,157	122,874	101,441	(89)
	12,675	13,431	13,335	12,058	14,450	14,424	13,691	14,415	15,481	13,580	13,588	15,227	14,058	(90)
	12,331	△5,422	△23,320	△1,828	33,432	6,476	25,553	35,082	29,277	31,507	4,134	30,494	15,319	(91)
	2,212	-	-	-	9,690	2,526	12,032	12,591	7,634	10,978	1,122	12,023	7,737	(92)
	△5,685	△20,505	△46,381	△17,004	19,133	△6,111	13,380	22,413	13,791	15,406	△10,918	17,072	7,343	(93)
	-	-	-	-	5,546	-	6,300	8,044	3,596	5,368	-	6,731	3,709	(94)

(4) 米の道府県別生産費（続き）
イ 滋賀～鹿児島（続き）
(ｲ) 生産費〔10 a 当たり〕

区分		滋賀	京都	大阪	兵庫	奈良	和歌山	鳥取	島根	岡山
		(1)	(2)	(3)	(4)	(5)	(6)	(7)	(8)	(9)
物財費	(1)	**79,482**	**109,606**	**91,814**	**90,535**	**115,261**	**131,486**	**77,147**	**67,865**	**84,570**
種苗費	(2)	5,798	5,178	2,183	5,970	8,106	5,684	10,477	3,074	2,195
購入	(3)	5,791	5,178	2,140	5,953	7,926	5,220	10,477	3,071	1,983
自給	(4)	7	-	43	17	180	464	-	3	212
肥料費	(5)	10,410	14,339	7,430	9,099	13,435	11,731	10,182	9,515	11,450
購入	(6)	10,365	14,339	7,430	9,079	13,435	11,731	10,182	9,345	11,449
自給	(7)	45	-	-	20	-	-	-	170	1
農業薬剤費（購入）	(8)	6,642	6,086	4,724	7,472	9,671	10,246	6,739	8,832	9,219
光熱動力費	(9)	4,505	5,076	6,883	4,084	5,603	5,352	2,554	3,626	4,026
購入	(10)	4,505	5,076	6,883	4,084	5,603	5,352	2,554	3,626	4,026
自給	(11)	-	-	-	-	-	-	-	-	-
その他の諸材料費	(12)	1,202	1,864	3,863	1,415	949	3,644	415	2,352	3,240
購入	(13)	1,202	1,864	3,863	1,415	933	3,644	415	2,350	3,240
自給	(14)	-	-	-	-	16	-	-	2	-
土地改良及び水利費	(15)	3,783	2,890	8,449	1,276	1,969	4,028	464	2,678	1,506
賃借料及び料金	(16)	10,764	7,416	-	9,669	13,156	6,919	27,727	10,305	14,575
物件税及び公課諸負担	(17)	2,439	2,801	4,218	3,172	3,476	2,898	2,693	2,133	2,125
建物費	(18)	3,985	7,280	5,624	5,372	8,866	7,273	7,153	3,096	3,225
償却費	(19)	3,329	5,992	5,580	5,264	8,852	3,754	6,468	1,903	2,639
修繕費及び購入補充費	(20)	656	1,288	44	108	14	3,519	685	1,193	586
購入	(21)	656	1,288	44	108	14	3,519	685	1,193	586
自給	(22)	-	-	-	-	-	-	-	-	-
自動車費	(23)	4,268	6,655	6,726	6,575	4,631	23,313	3,282	3,623	4,549
償却費	(24)	2,690	4,431	-	3,019	3,905	20,253	960	1,703	1,566
修繕費及び購入補充費	(25)	1,578	2,224	6,726	3,556	726	3,060	2,322	1,920	2,983
購入	(26)	1,578	2,224	6,726	3,556	726	3,060	2,322	1,920	2,983
自給	(27)	-	-	-	-	-	-	-	-	-
農機具費	(28)	25,209	49,575	41,179	36,250	45,367	49,493	5,412	18,473	28,148
償却費	(29)	16,774	40,607	39,480	30,836	33,286	45,437	2,118	13,939	21,722
修繕費及び購入補充費	(30)	8,435	8,968	1,699	5,414	12,081	4,056	3,294	4,534	6,426
購入	(31)	8,435	8,968	1,699	5,414	12,081	4,056	3,294	4,534	6,426
自給	(32)	-	-	-	-	-	-	-	-	-
生産管理費	(33)	477	446	535	181	32	905	49	158	312
償却費	(34)	12	63	-	-	-	-	-	-	-
購入・支払	(35)	465	383	535	181	32	905	49	158	312
労働費	(36)	**35,129**	**52,070**	**101,730**	**46,187**	**64,108**	**64,338**	**49,580**	**41,162**	**48,351**
直接労働費	(37)	33,577	50,608	101,397	44,521	62,449	61,522	48,344	40,211	46,316
家族	(38)	32,541	43,524	57,085	42,745	58,814	58,542	46,702	40,046	44,088
雇用	(39)	1,036	7,084	44,312	1,776	3,635	2,980	1,642	165	2,228
間接労働費	(40)	1,552	1,462	333	1,666	1,659	2,816	1,236	951	2,035
家族	(41)	1,539	1,284	188	1,563	1,659	2,816	1,174	951	2,017
雇用	(42)	13	178	145	103	-	-	62	-	18
費用合計	(43)	**114,611**	**161,676**	**193,544**	**136,722**	**179,369**	**195,824**	**126,727**	**109,027**	**132,921**
購入（支払）	(44)	57,674	65,775	91,168	53,258	72,657	64,558	69,305	50,310	60,676
自給	(45)	34,132	44,808	57,316	44,345	60,669	61,822	47,876	41,172	46,318
償却	(46)	22,805	51,093	45,060	39,119	46,043	69,444	9,546	17,545	25,927
副産物価額	(47)	1,894	1,744	1,484	3,633	1,007	151	4,502	2,919	2,510
生産費（副産物価額差引）	(48)	**112,717**	**159,932**	**192,060**	**133,089**	**178,362**	**195,673**	**122,225**	**106,108**	**130,411**
支払利子	(49)	227	286	-	-	-	-	581	224	265
支払地代	(50)	6,218	4,320	817	3,536	3,496	331	258	2,564	2,979
支払利子・地代算入生産費	(51)	**119,162**	**164,538**	**192,877**	**136,625**	**181,858**	**196,004**	**123,064**	**108,896**	**133,655**
自己資本利子	(52)	5,033	10,769	7,037	9,299	7,938	12,500	3,133	4,947	7,731
自作地地代	(53)	4,522	5,889	19,863	4,946	6,062	8,184	5,749	6,798	6,245
資本利子・地代全額算入生産費（全算入生産費）	(54)	**128,717**	**181,196**	**219,777**	**150,870**	**195,858**	**216,688**	**131,946**	**120,641**	**147,631**

米生産費・道府県別

単位：円

	広島	山口	徳島	香川	愛媛	高知	福岡	佐賀	長崎	熊本	大分	宮崎	鹿児島	
	(10)	(11)	(12)	(13)	(14)	(15)	(16)	(17)	(18)	(19)	(20)	(21)	(22)	
	102,536	101,000	125,587	96,040	71,024	96,833	67,521	69,951	76,420	75,203	90,531	84,210	79,032	(1)
	2,192	4,807	9,559	4,156	7,917	7,408	2,913	3,351	4,537	2,438	4,619	7,017	3,493	(2)
	2,138	4,776	9,533	4,042	7,835	7,408	2,807	3,307	4,361	2,423	4,587	6,845	3,046	(3)
	54	31	26	114	82	-	106	44	176	15	32	172	447	(4)
	8,930	9,921	8,491	9,598	7,137	9,248	6,980	7,260	10,188	9,735	9,195	7,220	9,155	(5)
	8,930	9,921	8,491	9,598	7,063	9,248	6,980	7,260	10,188	9,533	9,195	7,220	9,155	(6)
	-	-	-	-	74	-	-	-	-	202	-	-	-	(7)
	9,704	10,419	6,262	9,656	7,593	5,295	6,031	8,894	11,028	8,266	7,421	7,218	5,827	(8)
	5,534	4,345	4,455	3,661	5,969	3,945	2,587	2,892	3,514	3,837	4,291	3,447	4,585	(9)
	5,534	4,345	4,455	3,661	5,969	3,945	2,587	2,892	3,514	3,837	4,291	3,447	4,585	(10)
														(11)
	2,814	2,849	934	2,268	820	3,461	1,461	1,733	1,912	1,396	2,289	1,067	1,435	(12)
	2,812	2,849	934	2,268	820	3,461	1,461	1,669	1,912	1,382	2,287	1,067	1,390	(13)
	2	-	-	-	-	-	-	64	-	14	2	-	45	(14)
	1,494	385	4,669	2,870	2,437	2,411	1,309	1,853	1,741	2,172	2,624	1,775	842	(15)
	12,690	11,279	8,867	19,740	7,181	19,636	15,945	16,736	15,320	14,414	16,815	14,727	14,977	(16)
	3,761	2,420	7,270	2,161	3,154	2,234	2,450	2,269	2,496	1,515	2,461	2,924	1,581	(17)
	3,121	3,434	16,100	4,174	3,181	3,538	1,831	6,687	3,141	3,823	4,065	7,133	2,350	(18)
	2,611	3,013	15,836	3,536	2,111	2,710	1,232	6,525	1,561	3,163	2,960	6,167	936	(19)
	510	421	264	638	1,070	828	599	162	1,580	660	1,105	966	1,414	(20)
	510	421	264	638	1,070	828	599	162	1,580	660	1,105	966	1,414	(21)
	-	-	-	-	-	-	-	-	-	-	-	-	-	(22)
	7,730	4,313	8,018	2,857	4,359	7,569	4,239	1,911	3,949	5,444	4,018	5,057	6,487	(23)
	4,478	516	5,005	303	1,462	2,755	2,369	183	3,020	4,147	631	1,672	3,273	(24)
	3,252	3,797	3,013	2,554	2,897	4,814	1,870	1,728	929	1,297	3,387	3,385	3,214	(25)
	3,252	3,592	3,013	2,554	2,897	4,814	1,870	1,728	929	1,297	3,387	3,385	3,214	(26)
	-	205	-	-	-	-	-	-	-	-	-	-	-	(27)
	44,486	46,481	50,898	34,669	20,700	31,635	21,476	16,085	18,408	21,888	32,471	26,116	27,961	(28)
	31,193	37,981	43,894	28,811	13,740	21,906	19,001	10,915	11,960	17,083	20,348	20,705	19,447	(29)
	13,293	8,500	7,004	5,858	6,960	9,729	2,475	5,170	6,448	4,805	12,123	5,411	8,514	(30)
	13,293	8,500	7,004	5,858	6,960	9,729	2,475	5,170	6,448	4,805	12,123	5,411	8,476	(31)
	-	-	-	-	-	-	-	-	-	-	-	-	38	(32)
	80	347	64	230	576	453	299	280	186	275	262	509	339	(33)
	-	178	-	2	-	112	-	35	-	1	24	38	60	(34)
	80	169	64	228	576	341	299	245	186	274	238	471	279	(35)
	65,831	41,211	40,438	46,422	40,935	31,141	29,348	34,827	44,570	34,122	42,710	31,121	25,123	(36)
	64,094	39,486	38,351	45,015	38,999	29,529	28,477	34,311	42,898	32,070	40,901	29,941	24,644	(37)
	61,092	35,809	34,185	42,951	36,045	25,902	25,127	31,258	39,527	29,838	37,834	28,338	22,219	(38)
	3,002	3,677	4,166	2,064	2,954	3,627	3,350	3,053	3,371	2,232	3,067	1,603	2,425	(39)
	1,737	1,725	2,087	1,407	1,936	1,612	871	516	1,672	2,052	1,809	1,180	479	(40)
	1,612	1,698	2,024	1,386	1,926	1,550	656	516	1,672	2,052	1,664	1,150	479	(41)
	125	27	63	21	10	62	215	-	-	-	145	30	-	(42)
	168,367	142,211	166,025	142,462	111,959	127,974	96,869	104,778	120,990	109,325	133,241	115,331	104,155	(43)
	67,325	62,780	65,055	65,359	56,519	73,039	48,378	55,238	63,074	52,810	69,746	57,089	57,211	(44)
	62,760	37,743	36,235	44,451	38,127	27,452	25,889	31,882	41,375	32,121	39,532	29,660	23,228	(45)
	38,282	41,688	64,735	32,652	17,313	27,483	22,602	17,658	16,541	24,394	23,963	28,582	23,716	(46)
	1,357	1,406	1,065	1,314	2,381	545	1,461	3,458	2,591	2,778	1,965	2,199	1,066	(47)
	167,010	140,805	164,960	141,148	109,578	127,429	95,408	101,320	118,399	106,547	131,276	113,132	103,089	(48)
	22	616	95	-	42	-	433	167	51	136	70	223	510	(49)
	1,675	1,052	3,554	978	3,861	3,284	4,187	4,185	2,187	4,848	3,210	6,314	4,155	(50)
	168,707	142,473	168,609	142,126	113,481	130,713	100,028	105,672	120,637	111,531	134,556	119,669	107,754	(51)
	9,375	8,089	14,765	8,004	4,006	5,624	5,465	5,360	4,923	4,836	5,520	5,801	3,014	(52)
	8,641	6,994	8,296	7,172	10,293	6,963	6,708	7,309	10,563	11,265	9,532	7,621	4,962	(53)
	186,723	157,556	191,670	157,302	127,780	143,300	112,201	118,341	136,123	127,632	149,608	133,091	115,730	(54)

米生産費・道府県別

(4) 米の道府県別生産費（続き）
  イ 滋賀～鹿児島（続き）
    (ｳ) 生産費〔60kg当たり〕

区分		滋賀	京都	大阪	兵庫	奈良	和歌山	鳥取	島根	岡山
		(1)	(2)	(3)	(4)	(5)	(6)	(7)	(8)	(9)
物財費	(1)	9,502	12,724	12,203	11,725	13,567	14,228	9,788	8,088	10,113
種苗費	(2)	694	601	290	773	954	615	1,330	366	262
購入	(3)	693	601	284	771	933	565	1,330	366	237
自給	(4)	1	-	6	2	21	50	-	0	25
肥料費	(5)	1,244	1,664	987	1,179	1,581	1,269	1,291	1,134	1,369
購入	(6)	1,239	1,664	987	1,176	1,581	1,269	1,291	1,114	1,369
自給	(7)	5	-	-	3	-	-	-	20	0
農業薬剤費（購入）	(8)	794	707	628	968	1,138	1,108	854	1,053	1,102
光熱動力費	(9)	539	589	916	529	660	579	324	433	482
購入	(10)	539	589	916	529	660	579	324	433	482
自給	(11)	-	-	-	-	-	-	-	-	-
その他の諸材料費	(12)	143	216	513	183	113	394	53	281	387
購入	(13)	143	216	513	183	111	394	53	281	387
自給	(14)	-	-	-	-	2	-	-	0	-
土地改良及び水利費	(15)	452	336	1,123	164	232	436	59	318	180
賃借料及び料金	(16)	1,288	861	-	1,253	1,548	748	3,518	1,228	1,744
物件税及び公課諸負担	(17)	293	325	561	409	409	314	342	254	254
建物費	(18)	476	845	747	696	1,044	787	908	368	385
償却費	(19)	398	696	741	682	1,042	406	821	226	315
修繕費及び購入補充費	(20)	78	149	6	14	2	381	87	142	70
購入	(21)	78	149	6	14	2	381	87	142	70
自給	(22)	-	-	-	-	-	-	-	-	-
自動車費	(23)	511	772	894	852	545	2,523	417	432	544
償却費	(24)	322	514	-	391	460	2,192	122	203	187
修繕費及び購入補充費	(25)	189	258	894	461	85	331	295	229	357
購入	(26)	189	258	894	461	85	331	295	229	357
自給	(27)	-	-	-	-	-	-	-	-	-
農機具費	(28)	3,011	5,756	5,473	4,695	5,339	5,357	686	2,202	3,367
償却費	(29)	2,003	4,715	5,247	3,994	3,917	4,918	268	1,662	2,598
修繕費及び購入補充費	(30)	1,008	1,041	226	701	1,422	439	418	540	769
購入	(31)	1,008	1,041	226	701	1,422	439	418	540	769
自給	(32)	-	-	-	-	-	-	-	-	-
生産管理費	(33)	57	52	71	24	4	98	6	19	37
償却費	(34)	1	7	-	-	-	-	-	-	-
購入・支払	(35)	56	45	71	24	4	98	6	19	37
労働費	(36)	4,199	6,046	13,519	5,982	7,543	6,963	6,293	4,906	5,783
直接労働費	(37)	4,013	5,876	13,475	5,767	7,348	6,658	6,136	4,793	5,540
家族	(38)	3,890	5,054	7,586	5,537	6,921	6,335	5,927	4,773	5,274
雇用	(39)	123	822	5,889	230	427	323	209	20	266
間接労働費	(40)	186	170	44	215	195	305	157	113	243
家族	(41)	184	149	25	202	195	305	149	113	241
雇用	(42)	2	21	19	13	-	-	8	-	2
費用合計	(43)	13,701	18,770	25,722	17,707	21,110	21,191	16,081	12,994	15,896
購入（支払）	(44)	6,897	7,635	12,117	6,896	8,552	6,985	8,794	5,997	7,256
自給	(45)	4,080	5,203	7,617	5,744	7,139	6,690	6,076	4,906	5,540
償却	(46)	2,724	5,932	5,988	5,067	5,419	7,516	1,211	2,091	3,100
副産物価額	(47)	226	202	197	470	119	16	571	347	300
生産費（副産物価額差引）	(48)	13,475	18,568	25,525	17,237	20,991	21,175	15,510	12,647	15,596
支払利子	(49)	27	33	-	-	-	-	74	27	32
支払地代	(50)	743	502	109	458	411	36	33	306	356
支払利子・地代算入生産費	(51)	14,245	19,103	25,634	17,695	21,402	21,211	15,617	12,980	15,984
自己資本利子	(52)	602	1,250	935	1,204	934	1,353	398	590	925
自作地地代	(53)	540	683	2,639	641	713	886	730	810	747
資本利子・地代全額算入生産費（全算入生産費）	(54)	15,387	21,036	29,208	19,540	23,049	23,450	16,745	14,380	17,656

米生産費・道府県別

単位：円

	広島	山口	徳島	香川	愛媛	高知	福岡	佐賀	長崎	熊本	大分	宮崎	鹿児島	
	(10)	(11)	(12)	(13)	(14)	(15)	(16)	(17)	(18)	(19)	(20)	(21)	(22)	
	10,856	13,436	15,203	11,906	9,220	12,667	9,130	8,967	10,626	8,959	12,157	10,439	10,954	(1)
	233	639	1,157	515	1,028	969	393	430	631	291	620	869	484	(2)
	227	635	1,154	501	1,017	969	379	424	607	289	616	848	422	(3)
	6	4	3	14	11	-	14	6	24	2	4	21	62	(4)
	945	1,321	1,028	1,191	926	1,211	945	931	1,417	1,160	1,235	897	1,269	(5)
	945	1,321	1,028	1,191	916	1,211	945	931	1,417	1,136	1,235	897	1,269	(6)
	-	-	-	-	10	-	-	-	-	24	-	-	-	(7)
	1,028	1,386	758	1,197	986	692	816	1,140	1,534	985	996	894	808	(8)
	588	578	538	455	775	517	349	371	489	456	577	427	636	(9)
	588	578	538	455	775	517	349	371	489	456	577	427	636	(10)
	-	-	-	-	-	-	-	-	-	-	-	-	-	(11)
	297	379	114	281	106	452	198	222	265	166	306	132	199	(12)
	297	379	114	281	106	452	198	214	265	164	306	132	193	(13)
	0	-	-	-	-	-	-	8	-	2	0	-	6	(14)
	158	51	565	356	316	315	177	237	242	259	353	220	117	(15)
	1,342	1,500	1,074	2,446	933	2,568	2,155	2,145	2,131	1,717	2,257	1,826	2,076	(16)
	398	322	880	267	409	292	331	292	346	179	331	364	218	(17)
	330	456	1,949	518	413	463	248	858	436	455	546	884	325	(18)
	276	400	1,917	439	274	355	167	837	216	376	398	764	129	(19)
	54	56	32	79	139	108	81	21	220	79	148	120	196	(20)
	54	56	32	79	139	108	81	21	220	79	148	120	196	(21)
	-	-	-	-	-	-	-	-	-	-	-	-	-	(22)
	818	574	971	355	566	990	573	244	549	649	540	627	899	(23)
	474	69	606	38	190	360	320	23	420	494	85	207	454	(24)
	344	505	365	317	376	630	253	221	129	155	455	420	445	(25)
	344	478	365	317	376	630	253	221	129	155	455	420	445	(26)
	-	27	-	-	-	-	-	-	-	-	-	-	-	(27)
	4,711	6,184	6,161	4,297	2,687	4,138	2,905	2,062	2,560	2,609	4,361	3,236	3,876	(28)
	3,303	5,053	5,313	3,571	1,784	2,865	2,570	1,399	1,663	2,036	2,733	2,565	2,696	(29)
	1,408	1,131	848	726	903	1,273	335	663	897	573	1,628	671	1,180	(30)
	1,408	1,131	848	726	903	1,273	335	663	897	573	1,628	671	1,175	(31)
	-	-	-	-	-	-	-	-	-	-	-	-	5	(32)
	8	46	8	28	75	60	40	35	26	33	35	63	47	(33)
	-	24	-	0	-	15	-	4	-	0	3	5	8	(34)
	8	22	8	28	75	45	40	31	26	33	32	58	39	(35)
	6,972	5,485	4,895	5,755	5,312	4,075	3,969	4,465	6,199	4,068	5,736	3,856	3,482	(36)
	6,788	5,255	4,642	5,580	5,061	3,864	3,851	4,399	5,966	3,823	5,493	3,709	3,416	(37)
	6,469	4,766	4,139	5,324	4,678	3,389	3,398	4,008	5,497	3,557	5,081	3,511	3,080	(38)
	319	489	503	256	383	475	453	391	469	266	412	198	336	(39)
	184	230	253	175	251	211	118	66	233	245	243	147	66	(40)
	171	226	245	172	250	203	89	66	233	245	224	143	66	(41)
	13	4	8	3	1	8	29	-	-	-	19	4	-	(42)
	17,828	18,921	20,098	17,661	14,532	16,742	13,099	13,432	16,825	13,027	17,893	14,295	14,436	(43)
	7,129	8,352	7,875	8,103	7,335	9,555	6,541	7,081	8,772	6,291	9,365	7,079	7,930	(44)
	6,646	5,023	4,387	5,510	4,949	3,592	3,501	4,088	5,754	3,830	5,309	3,675	3,219	(45)
	4,053	5,546	7,836	4,048	2,248	3,595	3,057	2,263	2,299	2,906	3,219	3,541	3,287	(46)
	144	187	129	163	309	71	198	444	360	332	264	272	147	(47)
	17,684	18,734	19,969	17,498	14,223	16,671	12,901	12,988	16,465	12,695	17,629	14,023	14,289	(48)
	2	82	11	-	5	-	59	21	7	16	9	28	71	(49)
	177	140	430	121	501	429	566	537	304	578	431	782	576	(50)
	17,863	18,956	20,410	17,619	14,729	17,100	13,526	13,546	16,776	13,289	18,069	14,833	14,936	(51)
	993	1,076	1,788	992	520	736	739	687	685	576	742	719	418	(52)
	915	931	1,004	888	1,336	911	907	937	1,469	1,343	1,280	944	687	(53)
	19,771	20,963	23,202	19,499	16,585	18,747	15,172	15,170	18,930	15,208	20,091	16,496	16,041	(54)

米生産費・道府県別

(4) 米の道府県別生産費（続き）
イ　滋賀～鹿児島（続き）
(エ)　米の作業別労働時間

区分		滋賀	京都	大阪	兵庫	奈良	和歌山	鳥取	島根	岡山
		(1)	(2)	(3)	(4)	(5)	(6)	(7)	(8)	(9)
投下労働時間（10a当たり）	(1)	22.61	33.14	64.68	28.53	48.69	45.37	32.59	28.41	33.93
家族	(2)	21.96	29.26	41.46	27.36	46.31	43.06	31.29	28.27	32.47
雇用	(3)	0.65	3.88	23.22	1.17	2.38	2.31	1.30	0.14	1.46
直接労働時間	(4)	21.63	32.18	64.47	27.52	47.43	43.37	31.78	27.78	32.59
家族	(5)	20.98	28.39	41.33	26.41	45.05	41.06	30.52	27.64	31.15
男	(6)	17.17	25.49	27.50	21.68	34.95	31.66	29.11	20.81	23.33
女	(7)	3.81	2.90	13.83	4.73	10.10	9.40	1.41	6.83	7.82
雇用	(8)	0.65	3.79	23.14	1.11	2.38	2.31	1.26	0.14	1.44
男	(9)	0.59	3.79	20.21	0.94	2.00	1.19	0.85	0.14	0.99
女	(10)	0.06	-	2.93	0.17	0.38	1.12	0.41	-	0.45
間接労働時間	(11)	0.98	0.96	0.21	1.01	1.26	2.00	0.81	0.63	1.34
男	(12)	0.90	0.94	0.21	0.89	1.19	1.95	0.81	0.50	1.04
女	(13)	0.08	0.02	-	0.12	0.07	0.05	-	0.13	0.30
投下労働時間（60kg当たり）	(14)	2.67	3.85	8.61	3.70	5.74	4.92	4.10	3.39	4.03
家族	(15)	2.62	3.39	5.52	3.54	5.46	4.67	3.95	3.38	3.88
雇用	(16)	0.05	0.46	3.09	0.16	0.28	0.25	0.15	0.01	0.15
直接労働時間	(17)	2.55	3.74	8.58	3.56	5.59	4.70	4.00	3.32	3.87
家族	(18)	2.50	3.29	5.50	3.41	5.31	4.45	3.85	3.31	3.72
男	(19)	2.05	2.96	3.66	2.81	4.11	3.43	3.69	2.48	2.80
女	(20)	0.45	0.33	1.84	0.60	1.20	1.02	0.16	0.83	0.92
雇用	(21)	0.05	0.45	3.08	0.15	0.28	0.25	0.15	0.01	0.15
男	(22)	0.05	0.45	2.69	0.12	0.24	0.13	0.10	0.01	0.11
女	(23)	0.00	-	0.39	0.03	0.04	0.12	0.05	-	0.04
間接労働時間	(24)	0.12	0.11	0.03	0.14	0.15	0.22	0.10	0.07	0.16
男	(25)	0.11	0.11	0.03	0.12	0.14	0.21	0.10	0.06	0.12
女	(26)	0.01	0.00	-	0.02	0.01	0.01	-	0.01	0.04
作業別直接労働時間（10a当たり）合計	(27)	21.63	32.18	64.47	27.52	47.43	43.37	31.78	27.78	32.59
種子予措	(28)	0.11	0.20	0.55	0.25	0.13	0.40	0.03	0.29	0.35
育苗	(29)	1.62	2.51	5.28	2.88	1.53	3.02	0.88	2.90	2.53
耕起整地	(30)	3.32	4.17	15.71	4.72	7.52	5.96	7.02	3.87	4.88
基肥	(31)	0.47	0.91	0.57	0.96	1.36	1.21	1.54	1.39	1.25
直まき	(32)	0.04	-	-	-	-	-	-	-	0.17
田植	(33)	2.80	4.24	6.49	2.84	6.79	4.27	3.03	3.25	3.14
追肥	(34)	0.41	0.76	0.01	0.39	0.67	0.50	1.22	0.68	0.13
除草	(35)	0.82	1.19	1.03	1.64	3.90	3.11	1.81	1.77	3.86
管理	(36)	6.39	9.15	16.41	7.60	13.14	13.99	11.58	6.15	9.22
防除	(37)	0.26	0.94	0.05	0.61	2.51	2.68	0.13	1.23	1.17
刈取脱穀	(38)	3.01	4.38	11.80	3.56	7.35	4.60	3.84	4.04	3.94
乾燥	(39)	1.92	3.04	6.57	1.46	2.17	2.93	0.31	1.97	1.52
生産管理	(40)	0.46	0.69	-	0.61	0.36	0.70	0.39	0.24	0.43
うち家族										
種子予措	(41)	0.10	0.16	0.55	0.25	0.13	0.40	0.03	0.29	0.34
育苗	(42)	1.58	2.02	2.92	2.75	1.53	2.63	0.74	2.88	2.26
耕起整地	(43)	3.30	3.99	8.68	4.62	6.77	5.96	7.02	3.85	4.72
基肥	(44)	0.45	0.84	0.57	0.94	1.36	1.21	1.54	1.37	1.23
直まき	(45)	0.04	-	-	-	-	-	-	-	0.16
田植	(46)	2.62	3.38	4.73	2.65	6.03	3.68	2.87	3.22	2.83
追肥	(47)	0.37	0.71	0.01	0.38	0.67	0.50	1.22	0.68	0.12
除草	(48)	0.81	1.13	1.03	1.62	3.90	3.11	1.81	1.77	3.79
管理	(49)	6.28	8.66	12.95	7.40	12.74	13.99	11.23	6.14	9.10
防除	(50)	0.26	0.94	0.04	0.60	2.51	1.79	0.13	1.23	1.16
刈取脱穀	(51)	2.92	3.34	6.42	3.29	6.88	4.16	3.23	4.00	3.60
乾燥	(52)	1.79	2.53	3.43	1.30	2.17	2.93	0.31	1.97	1.41
生産管理	(53)	0.46	0.69	-	0.61	0.36	0.70	0.39	0.24	0.43

単位：時間

広島	山口	徳島	香川	愛媛	高知	福岡	佐賀	長崎	熊本	大分	宮崎	鹿児島	
(10)	(11)	(12)	(13)	(14)	(15)	(16)	(17)	(18)	(19)	(20)	(21)	(22)	
48.74	**29.37**	**32.56**	**35.40**	**30.42**	**23.26**	**19.61**	**24.25**	**33.17**	**25.40**	**31.73**	**22.37**	**18.16**	(1)
44.60	27.05	29.13	34.05	27.60	20.51	16.99	22.29	30.68	22.96	29.47	20.29	15.84	(2)
4.14	2.32	3.43	1.35	2.82	2.75	2.62	1.96	2.49	2.44	2.26	2.08	2.32	(3)
47.54	28.10	30.92	34.30	28.94	22.00	19.12	23.87	31.89	23.88	30.36	21.58	17.83	(4)
43.47	25.80	27.54	32.96	26.13	19.29	16.53	21.91	29.40	21.44	28.19	19.52	15.51	(5)
31.01	21.01	20.17	27.05	23.44	16.69	13.24	15.81	19.76	16.33	22.98	15.59	12.52	(6)
12.46	4.79	7.37	5.91	2.69	2.60	3.29	6.10	9.64	5.11	5.21	3.93	2.99	(7)
4.07	2.30	3.38	1.34	2.81	2.71	2.59	1.96	2.49	2.44	2.17	2.06	2.32	(8)
3.71	2.03	2.85	1.00	1.80	2.48	2.57	1.20	1.90	1.82	2.01	2.03	1.72	(9)
0.36	0.27	0.53	0.34	1.01	0.23	0.02	0.76	0.59	0.62	0.16	0.03	0.60	(10)
1.20	1.27	1.64	1.10	1.48	1.26	0.49	0.38	1.28	1.52	1.37	0.79	0.33	(11)
0.98	1.26	1.33	1.06	1.45	0.99	0.44	0.37	1.11	1.34	1.17	0.77	0.33	(12)
0.22	0.01	0.31	0.04	0.03	0.27	0.05	0.01	0.17	0.18	0.20	0.02	-	(13)
5.19	**3.87**	**3.95**	**4.38**	**3.96**	**3.02**	**2.63**	**3.12**	**4.60**	**3.00**	**4.29**	**2.77**	**2.52**	(14)
4.74	3.59	3.54	4.23	3.58	2.68	2.29	2.87	4.25	2.72	4.00	2.51	2.19	(15)
0.45	0.28	0.41	0.15	0.38	0.34	0.34	0.25	0.35	0.28	0.29	0.26	0.33	(16)
5.06	3.70	3.75	4.25	3.77	2.85	2.56	3.07	4.43	2.82	4.10	2.68	2.47	(17)
4.62	3.42	3.35	4.10	3.39	2.52	2.22	2.82	4.08	2.54	3.82	2.42	2.14	(18)
3.28	2.80	2.45	3.37	3.04	2.19	1.79	2.02	2.74	1.95	3.10	1.92	1.73	(19)
1.34	0.62	0.90	0.73	0.35	0.33	0.43	0.80	1.34	0.59	0.72	0.50	0.41	(20)
0.44	0.28	0.40	0.15	0.38	0.33	0.34	0.25	0.35	0.28	0.28	0.26	0.33	(21)
0.40	0.26	0.34	0.11	0.25	0.31	0.34	0.15	0.27	0.21	0.27	0.26	0.24	(22)
0.04	0.02	0.06	0.04	0.13	0.02	0.00	0.10	0.08	0.07	0.01	0.00	0.09	(23)
0.13	0.17	0.20	0.13	0.19	0.17	0.07	0.05	0.17	0.18	0.19	0.09	0.05	(24)
0.11	0.17	0.16	0.13	0.19	0.13	0.06	0.05	0.15	0.16	0.16	0.09	0.05	(25)
0.02	0.00	0.04	0.00	0.00	0.04	0.01	0.00	0.02	0.02	0.03	0.00	-	(26)
47.54	**28.10**	**30.92**	**34.30**	**28.94**	**22.00**	**19.12**	**23.87**	**31.89**	**23.88**	**30.36**	**21.58**	**17.83**	(27)
0.26	0.15	0.11	0.22	0.06	0.03	0.20	0.16	0.55	0.24	0.26	0.20	0.34	(28)
4.26	2.53	1.20	3.12	0.68	2.00	2.17	2.85	2.77	2.72	2.22	1.17	2.51	(29)
5.88	4.21	7.02	7.22	5.00	5.15	3.33	3.72	4.65	3.44	5.17	3.34	3.22	(30)
1.14	0.84	0.76	1.11	0.89	0.71	0.82	1.04	1.03	0.94	1.15	0.74	0.83	(31)
-	-	0.12	-	-	-	-	-	-	-	0.18	-	-	(32)
3.90	3.32	4.02	3.79	3.68	3.23	2.40	3.72	4.95	4.28	3.42	2.45	3.22	(33)
0.14	0.27	0.25	0.63	0.57	0.05	0.21	0.44	0.45	0.22	0.33	0.20	0.08	(34)
3.31	0.86	0.87	0.81	1.58	1.20	0.78	1.78	2.14	1.38	1.35	1.25	0.64	(35)
18.04	8.78	9.09	10.60	7.94	4.43	4.89	5.46	7.36	5.20	10.83	5.29	3.31	(36)
2.00	0.85	0.60	1.41	0.97	0.65	0.58	0.78	1.26	1.38	1.22	1.02	0.37	(37)
5.82	4.32	4.46	4.20	4.88	3.52	2.55	3.10	5.41	2.69	3.49	4.87	2.92	(38)
2.15	1.50	2.14	0.78	2.37	0.87	0.79	0.55	0.95	1.03	0.53	0.54	0.30	(39)
0.64	0.47	0.28	0.41	0.32	0.16	0.40	0.27	0.37	0.36	0.21	0.51	0.09	(40)
0.26	0.15	0.11	0.22	0.06	0.03	0.17	0.16	0.55	0.24	0.26	0.19	0.33	(41)
3.56	2.17	1.06	2.95	0.66	1.82	1.88	2.34	2.26	2.03	2.09	1.15	1.71	(42)
5.76	3.80	6.77	7.21	4.80	5.13	2.97	3.72	4.43	3.41	5.07	2.83	3.06	(43)
1.06	0.81	0.72	1.08	0.87	0.60	0.71	1.02	0.96	0.90	1.06	0.68	0.70	(44)
-	-	0.07	-	-	-	-	-	-	-	0.18	-	-	(45)
3.19	2.85	3.19	3.27	2.47	2.21	2.06	2.83	4.02	3.54	2.98	2.26	2.61	(46)
0.14	0.27	0.24	0.63	0.57	0.05	0.19	0.44	0.45	0.22	0.33	0.20	0.06	(47)
3.24	0.79	0.87	0.81	1.52	1.10	0.66	1.78	2.14	1.37	1.25	1.04	0.60	(48)
17.12	8.39	8.55	10.60	7.63	4.39	4.13	5.44	7.36	5.19	10.39	4.75	3.18	(49)
1.93	0.78	0.59	1.39	0.97	0.62	0.50	0.76	1.26	1.22	0.92	1.02	0.35	(50)
4.81	4.00	3.51	3.65	4.38	2.54	2.23	2.70	4.79	2.29	3.06	4.49	2.53	(51)
1.76	1.32	1.58	0.74	1.88	0.64	0.63	0.45	0.81	0.67	0.39	0.40	0.29	(52)
0.64	0.47	0.28	0.41	0.32	0.16	0.40	0.27	0.37	0.36	0.21	0.51	0.09	(53)

(5) 認定農業者がいる経営体の生産費

区分	単位	全国	作付規模 15.0ha以上
集計経営体数	経営体	441	92
10 a 当たり			
物財費	円	67,219	60,038
うち 肥料費	〃	9,216	8,730
農業薬剤費	〃	7,224	6,892
賃借料及び料金	〃	8,506	5,739
農機具費	〃	21,089	19,378
労働費	〃	27,348	21,703
うち 家族	〃	25,203	18,350
費用合計	〃	94,567	81,741
副産物価額	〃	2,411	2,153
生産費（副産物価額差引）	〃	92,156	79,588
支払利子	〃	404	429
支払地代	〃	7,027	8,481
支払利子・地代算入生産費	〃	99,587	88,498
自己資本利子	〃	3,898	3,283
自作地地代	〃	8,490	6,946
資本利子・地代全額算入生産費（全算入生産費）	〃	111,975	98,727
60 kg 当たり			
物財費	〃	7,421	6,629
うち 肥料費	〃	1,017	961
農業薬剤費	〃	797	761
賃借料及び料金	〃	938	635
農機具費	〃	2,329	2,140
労働費	〃	3,019	2,397
うち 家族	〃	2,782	2,027
費用合計	〃	10,440	9,026
副産物価額	〃	265	237
生産費（副産物価額差引）	〃	10,175	8,789
支払利子	〃	45	47
支払地代	〃	776	936
支払利子・地代算入生産費	〃	10,996	9,772
自己資本利子	〃	430	362
自作地地代	〃	937	766
資本利子・地代全額算入生産費（全算入生産費）	〃	12,363	10,900
粗収益（10 a 当たり）	〃	114,986	114,533
所得（10 a 当たり）	〃	38,191	42,232
労働力（1経営体当たり）			
世帯員数	人	4.1	5.3
農業就業者	〃	1.6	2.5
土地（1経営体当たり）			
経営耕地面積	a	597	2,929
うち 田	〃	529	2,809
畑	〃	67	120
投下労働時間（10 a 当たり）	時間	18.61	13.86
うち 家族	〃	16.86	11.35
直接労働時間	〃	17.64	13.07
間接労働時間	〃	0.97	0.79
10 a 当たり主産物数量	kg	543	544
作付面積（1経営体当たり）	a	350.1	2,021.7

注： 集計対象経営体のうち、認定農業者がいる経営体を抽出し集計した。
なお、認定農業者がいる経営体とは、農業経営基盤強化促進法第12条第１項に規定する者がいる経営体である。

【参考】飼料用米の生産費

> 飼料用米の生産費は、米生産費統計の調査対象経営体のうち、飼料用米の作付けがある経営体（123経営体）を対象に、各費目別の食用米の費用（10a当たり）を100とした場合の割合を聞取り、米生産費の「全国平均」及び「認定農業者がいる経営体のうち、作付規模15.0ha以上」に乗じることにより算出した。

単位：円

区　分	全　国	認定農業者がいる経営体のうち、作付規模15.0ha以上
10ａ当たり		
費用合計	103,560	76,180
うち物財費	72,690	56,770
労働費	30,870	19,410
生産費（副産物価額差引）	102,990	75,520
支払利子・地代算入生産費	108,410	84,430
資本利子・地代全額算入生産費	123,110	94,660
60kg当たり全算入生産費	13,050	10,030

注： 60kg当たり全算入生産費は、聞取りを行った123経営体の飼料用米の10ａ当たり収量の平均値（566kg）を用いて算出した。

2 麦類生産費

麦類生産費・小麦・全国農業地域別（田畑計）

(1) 小麦の全国・全国農業地域別生産費
ア 田畑計
(ｱ) 調査対象経営体の生産概要・経営概況

区分		単位	全国	北海道	都府県	東北	関東・東山
			(1)	(2)	(3)	(4)	(5)
集計経営体数	(1)	経営体	530	117	413	28	143
労働力（1経営体当たり）							
世帯員数	(2)	人	4.3	4.4	3.9	3.8	4.1
男	(3)	〃	2.2	2.3	1.9	1.9	2.0
女	(4)	〃	2.1	2.1	2.0	1.9	2.1
家族員数	(5)	〃	4.3	4.4	3.9	3.8	4.1
男	(6)	〃	2.2	2.3	1.9	1.9	2.0
女	(7)	〃	2.1	2.1	2.0	1.9	2.1
農業就業者	(8)	〃	2.4	2.6	1.9	2.2	2.2
男	(9)	〃	1.5	1.6	1.3	1.3	1.4
女	(10)	〃	0.9	1.0	0.6	0.9	0.8
農業専従者	(11)	〃	1.8	1.9	1.4	1.6	1.8
男	(12)	〃	1.2	1.3	1.0	1.0	1.2
女	(13)	〃	0.6	0.6	0.4	0.6	0.6
土地（1経営体当たり）							
経営耕地面積	(14)	a	2,412	2,892	1,347	1,482	1,514
田	(15)	〃	857	682	1,239	1,393	1,211
畑	(16)	〃	1,547	2,200	108	89	302
普通畑	(17)	〃	1,546	2,200	106	89	301
樹園地	(18)	〃	1	-	2	-	1
牧草地	(19)	〃	8	10	0	-	1
耕地以外の土地	(20)	〃	510	722	43	31	56
小麦							
使用地面積（1経営体当たり）							
作付地	(21)	〃	758.5	850.7	555.5	224.7	561.4
自作地	(22)	〃	458.0	629.5	81.0	116.5	61.7
小作地	(23)	〃	300.5	221.2	474.5	108.2	499.7
作付地以外	(24)	〃	4.7	4.8	4.5	1.1	4.9
所有地	(25)	〃	4.5	4.6	4.3	1.1	4.9
借入地	(26)	〃	0.2	0.2	0.2	-	0.0
作付地の実勢地代（10a当たり）	(27)	円	**9,797**	**9,341**	**11,310**	**12,007**	**10,501**
自作地	(28)	〃	9,850	9,684	12,631	11,047	10,304
小作地	(29)	〃	9,716	8,356	11,082	13,046	10,525
投下資本額（10a当たり）	(30)	〃	**55,052**	**55,847**	**52,372**	**39,764**	**46,454**
借入資本額	(31)	〃	10,047	10,812	7,468	4,555	5,441
自己資本額	(32)	〃	45,005	45,035	44,904	35,209	41,013
固定資本額	(33)	〃	31,346	30,514	34,143	22,029	30,689
建物・構築物	(34)	〃	7,334	6,796	9,146	4,612	7,788
土地改良設備	(35)	〃	832	1,069	32	-	-
自動車	(36)	〃	1,077	1,121	927	828	1,082
農機具	(37)	〃	22,103	21,528	24,038	16,589	21,819
流動資本額	(38)	〃	20,792	22,824	13,953	13,112	11,921
労賃資本額	(39)	〃	2,914	2,509	4,276	4,623	3,844

麦類生産費・小麦・全国農業地域別（田畑計）

東　海	近　畿	中　国	四　国	九　州	
(6)	(7)	(8)	(9)	(10)	
43	29	20	28	122	(1)
4.7	3.3	3.6	3.6	3.7	(2)
2.5	1.6	1.8	1.9	1.8	(3)
2.2	1.7	1.8	1.7	1.9	(4)
4.7	3.3	3.6	3.6	3.7	(5)
2.5	1.6	1.8	1.9	1.8	(6)
2.2	1.7	1.8	1.7	1.9	(7)
2.0	1.5	2.0	1.8	1.8	(8)
1.5	1.1	1.2	1.2	1.2	(9)
0.5	0.4	0.8	0.6	0.6	(10)
1.6	0.9	1.4	1.3	1.3	(11)
1.3	0.7	0.9	1.0	1.0	(12)
0.3	0.2	0.5	0.3	0.3	(13)
2,565	1,101	1,115	625	897	(14)
2,517	1,096	1,106	616	865	(15)
48	5	9	9	32	(16)
45	5	6	9	26	(17)
3	0	3	0	6	(18)
-	-	-	-	-	(19)
72	23	115	20	30	(20)
1,082.1	355.0	368.3	374.4	534.9	(21)
41.4	52.2	126.1	18.7	118.3	(22)
1,040.7	302.8	242.2	355.7	416.6	(23)
9.7	2.3	4.5	1.9	3.8	(24)
9.7	2.3	4.4	1.8	3.4	(25)
-	0.0	0.1	0.1	0.4	(26)
11,015	11,029	7,006	6,312	12,848	(27)
10,209	9,667	7,746	7,493	15,224	(28)
11,047	11,271	6,619	6,248	12,170	(29)
57,580	53,029	45,125	107,113	50,041	(30)
11,985	4,277	1,957	3,051	7,341	(31)
45,595	48,752	43,168	104,062	42,700	(32)
36,267	33,993	25,703	87,711	32,371	(33)
11,432	13,314	8,059	17,097	7,406	(34)
-	10	-	43	94	(35)
1,083	689	571	3,010	563	(36)
23,752	19,980	17,073	67,561	24,308	(37)
17,196	14,275	15,213	13,474	13,189	(38)
4,117	4,761	4,209	5,928	4,481	(39)

麦類生産費・小麦・全国農業地域別（田畑計）

(1)　小麦の全国・全国農業地域別生産費（続き）
ア　田畑計（続き）
(ｱ)　調査対象経営体の生産概要・経営概況（続き）

区分	単位	全国 (1)	北海道 (2)	都府県 (3)	東北 (4)	関東・東山 (5)
自動車所有台数（10経営体当たり）						
四輪自動車 (40)	台	43.5	49.6	30.3	27.4	29.5
農機具所有台数＊（10経営体当たり）						
乗用型トラクタ						
20馬力未満 (41)	〃	2.7	3.4	1.1	0.6	1.4
20～50馬力未満 (42)	〃	9.9	7.7	14.8	10.6	12.6
50馬力以上 (43)	〃	28.0	36.1	10.0	6.6	13.6
歩行型トラクタ (44)	〃	2.6	2.5	2.6	-	3.0
たい肥等散布機 (45)	〃	3.3	4.6	0.6	0.4	0.6
総合は種機 (46)	〃	16.4	18.8	11.2	2.8	8.7
移植機 (47)	〃	5.0	7.1	0.3	-	0.2
中耕除草機 (48)	〃	12.8	17.0	3.6	0.5	1.3
肥料散布機 (49)	〃	12.6	15.1	7.0	2.5	6.8
動力噴霧機 (50)	〃	12.2	13.7	8.8	5.0	7.5
動力散粉機 (51)	〃	0.8	0.2	2.0	0.5	0.4
自脱型コンバイン						
3条以下 (52)	〃	0.9	0.3	2.2	0.1	2.4
4条以上 (53)	〃	4.9	3.1	8.9	10.4	9.0
普通型コンバイン (54)	〃	2.2	2.4	1.7	0.2	2.4
脱穀機 (55)	〃	2.2	3.1	0.1	-	0.4
乾燥機 (56)	〃	11.0	9.0	15.4	7.1	21.4
トレーラー (57)	〃	2.0	2.1	1.6	0.5	2.5
小麦						
10a当たり主産物数量 (58)	kg	**408**	**433**	**320**	**240**	**364**
粗収益						
10a当たり (59)	円	15,897	18,071	8,580	3,887	9,913
主産物 (60)	〃	13,071	14,446	8,446	3,738	9,768
副産物 (61)	〃	2,826	3,625	134	149	145
60kg当たり (62)	〃	2,345	2,504	1,611	973	1,631
主産物 (63)	〃	1,928	2,002	1,587	936	1,607
副産物 (64)	〃	417	502	24	37	24
所得						
10a当たり (65)	〃	△ 36,287	△ 37,184	△ 33,297	△ 34,666	△ 27,662
1日当たり (66)	〃	-	-	-	-	-
家族労働報酬						
10a当たり (67)	〃	△ 44,014	△ 46,355	△ 36,165	△ 42,456	△ 30,191
1日当たり (68)	〃	-	-	-	-	-
（参考1）経営所得安定対策等受取金（10a当たり） (69)	〃	56,874	56,031	59,713	65,669	58,452
（参考2）経営所得安定対策等の交付金を加えた場合						
粗収益						
10a当たり (70)	〃	72,771	74,102	68,293	69,556	68,365
60kg当たり (71)	〃	10,734	10,272	12,835	17,429	11,253
所得						
10a当たり (72)	〃	20,587	18,847	26,416	31,003	30,790
1日当たり (73)	〃	48,583	50,596	43,753	38,997	53,316
家族労働報酬						
10a当たり (74)	〃	12,860	9,676	23,548	23,213	28,261
1日当たり (75)	〃	30,348	25,976	39,003	29,199	48,937

麦類生産費・小麦・全国農業地域別（田畑計）

東　海	近　畿	中　国	四　国	九　州	
(6)	(7)	(8)	(9)	(10)	
41.1	28.6	25.5	26.5	28.8	(40)
1.1	1.2	0.3	1.7	0.8	(41)
20.6	15.9	18.2	9.9	15.6	(42)
22.4	6.5	4.9	3.9	5.5	(43)
1.7	0.7	0.6	2.8	4.1	(44)
0.9	0.2	0.5	-	0.7	(45)
15.0	8.3	11.6	7.7	15.3	(46)
0.4	0.2	-	-	0.7	(47)
2.4	1.8	1.2	0.7	8.0	(48)
10.2	4.3	6.3	6.1	8.3	(49)
12.4	4.1	10.4	7.9	11.2	(50)
2.6	2.1	0.9	0.8	3.7	(51)
2.0	3.9	3.0	5.1	1.8	(52)
13.1	9.9	9.4	6.4	6.8	(53)
4.4	1.4	0.7	-	0.8	(54)
-	-	-	-	-	(55)
26.7	13.4	13.5	12.7	9.4	(56)
0.9	1.8	0.6	0.3	1.6	(57)
376	259	216	330	261	(58)
9,536	6,723	5,200	11,220	7,502	(59)
9,499	6,678	5,091	11,007	7,289	(60)
37	45	109	213	213	(61)
1,518	1,557	1,438	2,036	1,731	(62)
1,512	1,546	1,408	1,997	1,682	(63)
6	11	30	39	49	(64)
△ 40,245	△ 34,318	△ 36,801	△ 37,386	△ 31,864	(65)
-	-	-	-	-	(66)
△ 42,354	△ 37,102	△ 40,434	△ 41,909	△ 34,927	(67)
					(68)
78,892	63,991	64,813	49,676	44,881	(69)
88,428	70,714	70,013	60,896	52,383	(70)
14,071	16,373	19,365	11,054	12,087	(71)
38,647	29,673	28,012	12,290	13,017	(72)
88,844	46,729	53,611	13,197	18,334	(73)
36,538	26,889	24,379	7,767	9,954	(74)
83,995	42,345	46,658	8,340	14,020	(75)

麦類生産費・小麦・全国農業地域別（田畑計）

(1) 小麦の全国・全国農業地域別生産費（続き）
　ア　田畑計（続き）
　　(イ) 生産費〔10a当たり〕

区分	全国	北海道	都府県	東北	関東・東山
	(1)	(2)	(3)	(4)	(5)
物財費 (1)	48,802	52,711	35,675	31,846	31,231
種苗費 (2)	2,894	2,841	3,073	3,098	3,162
購入 (3)	2,789	2,829	2,656	2,923	2,746
自給 (4)	105	12	417	175	416
肥料費 (5)	10,249	10,931	7,962	5,896	6,326
購入 (6)	10,132	10,789	7,932	5,839	6,268
自給 (7)	117	142	30	57	58
農業薬剤費（購入）(8)	5,085	5,806	2,662	2,070	2,050
光熱動力費 (9)	1,794	1,835	1,657	1,492	1,882
購入 (10)	1,794	1,835	1,657	1,492	1,882
自給 (11)	-	-	-	-	-
その他の諸材料費 (12)	455	589	6	-	17
購入 (13)	455	589	6	-	17
自給 (14)	-	-	-	-	-
土地改良及び水利費 (15)	829	952	417	1,505	550
賃借料及び料金 (16)	14,191	16,222	7,358	5,421	6,458
物件税及び公課諸負担 (17)	1,356	1,564	653	1,157	595
建物費 (18)	991	996	979	1,478	788
償却費 (19)	759	769	728	312	627
修繕費及び購入補充費 (20)	232	227	251	1,166	161
購入 (21)	232	227	251	1,166	161
自給 (22)	-	-	-	-	-
自動車費 (23)	1,275	1,370	953	1,755	954
償却費 (24)	484	513	384	399	461
修繕費及び購入補充費 (25)	791	857	569	1,356	493
購入 (26)	791	857	569	1,356	493
自給 (27)	-	-	-	-	-
農機具費 (28)	9,370	9,247	9,790	7,862	8,386
償却費 (29)	5,974	5,773	6,657	4,909	6,301
修繕費及び購入補充費 (30)	3,396	3,474	3,133	2,953	2,085
購入 (31)	3,396	3,474	3,133	2,953	2,085
自給 (32)	-	-	-	-	-
生産管理費 (33)	313	358	165	112	63
償却費 (34)	6	8	2	0	0
購入・支払 (35)	307	350	163	112	63
労働費 (36)	5,828	5,018	8,552	9,247	7,688
直接労働費 (37)	5,346	4,476	8,272	8,988	7,407
家族 (38)	5,075	4,395	7,360	8,851	6,975
雇用 (39)	271	81	912	137	432
間接労働費 (40)	482	542	280	259	281
家族 (41)	477	542	260	259	276
雇用 (42)	5	0	20	-	5
費用合計 (43)	54,630	57,729	44,227	41,093	38,919
購入（支払）(44)	41,633	45,575	28,389	26,131	23,805
自給 (45)	5,774	5,091	8,067	9,342	7,725
償却 (46)	7,223	7,063	7,771	5,620	7,389
副産物価額 (47)	2,826	3,625	134	149	145
生産費（副産物価額差引）(48)	51,804	54,104	44,093	40,944	38,774
支払利子 (49)	229	276	70	63	37
支払地代 (50)	2,877	2,187	5,200	6,507	5,870
支払利子・地代算入生産費 (51)	54,910	56,567	49,363	47,514	44,681
自己資本利子 (52)	1,800	1,801	1,796	1,408	1,641
自作地地代 (53)	5,927	7,370	1,072	6,382	888
資本利子・地代全額算入生産費 (54)（全算入生産費）	62,637	65,738	52,231	55,304	47,210

麦類生産費・小麦・全国農業地域別（田畑計）

単位：円

東　海	近　畿	中　国	四　国	九　州	
(6)	(7)	(8)	(9)	(10)	
41,692	36,170	36,936	44,730	34,260	(1)
3,409	2,943	2,998	2,821	2,787	(2)
3,383	1,922	2,995	2,718	2,129	(3)
26	1,021	3	103	658	(4)
9,606	9,662	9,443	7,425	7,916	(5)
9,606	9,662	9,443	7,425	7,881	(6)
-	-	-	-	35	(7)
2,456	2,562	4,164	4,668	3,205	(8)
1,625	1,370	1,377	1,906	1,563	(9)
1,625	1,370	1,377	1,906	1,563	(10)
-	-	-	-	-	(11)
-	-	60	4	0	(12)
-	-	60	4	0	(13)
-	-	-	-	-	(14)
444	457	153	96	192	(15)
9,497	8,266	8,492	5,526	6,588	(16)
614	609	669	1,129	648	(17)
942	1,381	711	1,614	980	(18)
758	1,279	671	1,580	637	(19)
184	102	40	34	343	(20)
184	102	40	34	343	(21)
-	-	-	-	-	(22)
1,199	632	1,041	2,073	642	(23)
442	270	378	1,149	228	(24)
757	362	663	924	414	(25)
757	362	663	924	414	(26)
-	-	-	-	-	(27)
11,525	8,156	7,682	17,412	9,625	(28)
6,097	6,070	5,424	15,039	7,020	(29)
5,428	2,086	2,258	2,373	2,605	(30)
5,428	2,086	2,258	2,373	2,605	(31)
-	-	-	-	-	(32)
375	132	146	56	114	(33)
5	1	34	13	0	(34)
370	131	112	43	114	(35)
8,234	9,522	8,418	11,857	8,962	(36)
7,888	9,168	8,148	11,633	8,745	(37)
5,935	8,464	6,179	11,522	8,067	(38)
1,953	704	1,969	111	678	(39)
346	354	270	224	217	(40)
280	354	228	224	213	(41)
66	-	42	-	4	(42)
49,926	45,692	45,354	56,587	43,222	(43)
36,383	28,233	32,437	26,957	26,364	(44)
6,241	9,839	6,410	11,849	8,973	(45)
7,302	7,620	6,507	17,781	7,885	(46)
37	45	109	213	213	(47)
49,889	45,647	45,245	56,374	43,009	(48)
62	25	35	74	117	(49)
6,008	4,142	3,019	3,691	4,307	(50)
55,959	49,814	48,299	60,139	47,433	(51)
1,824	1,950	1,727	4,162	1,708	(52)
285	834	1,906	361	1,355	(53)
58,068	52,598	51,932	64,662	50,496	(54)

(1) 小麦の全国・全国農業地域別生産費（続き）
ア 田畑計（続き）
(ウ) 生産費〔60kg当たり〕

区分		全国	北海道	都府県	東北	関東・東山
		(1)	(2)	(3)	(4)	(5)
物財費	(1)	7,199	7,302	6,703	7,982	5,138
種苗費	(2)	427	394	577	777	520
購入	(3)	411	392	499	733	452
自給	(4)	16	2	78	44	68
肥料費	(5)	1,514	1,515	1,496	1,478	1,040
購入	(6)	1,496	1,495	1,491	1,464	1,031
自給	(7)	18	20	5	14	9
農業薬剤費（購入）	(8)	750	804	500	519	338
光熱動力費	(9)	263	253	313	374	310
購入	(10)	263	253	313	374	310
自給	(11)	-	-	-	-	-
その他の諸材料費	(12)	67	81	1	-	3
購入	(13)	67	81	1	-	3
自給	(14)	-	-	-	-	-
土地改良及び水利費	(15)	122	132	79	378	90
賃借料及び料金	(16)	2,094	2,249	1,382	1,358	1,061
物件税及び公課諸負担	(17)	200	216	124	290	98
建物費	(18)	145	137	183	370	130
償却費	(19)	111	106	136	78	104
修繕費及び購入補充費	(20)	34	31	47	292	26
購入	(21)	34	31	47	292	26
自給	(22)	-	-	-	-	-
自動車費	(23)	188	190	179	440	157
償却費	(24)	71	71	72	100	76
修繕費及び購入補充費	(25)	117	119	107	340	81
購入	(26)	117	119	107	340	81
自給	(27)	-	-	-	-	-
農機具費	(28)	1,383	1,281	1,838	1,970	1,381
償却費	(29)	882	799	1,249	1,230	1,038
修繕費及び購入補充費	(30)	501	482	589	740	343
購入	(31)	501	482	589	740	343
自給	(32)	-	-	-	-	-
生産管理費	(33)	46	50	31	28	10
償却費	(34)	1	1	0	0	0
購入・支払	(35)	45	49	31	28	10
労働費	(36)	861	695	1,607	2,317	1,266
直接労働費	(37)	790	620	1,554	2,252	1,220
家族	(38)	750	609	1,383	2,218	1,149
雇用	(39)	40	11	171	34	71
間接労働費	(40)	71	75	53	65	46
家族	(41)	70	75	49	65	45
雇用	(42)	1	0	4	-	1
費用合計	(43)	8,060	7,997	8,310	10,299	6,404
購入（支払）	(44)	6,141	6,314	5,338	6,550	3,915
自給	(45)	854	706	1,515	2,341	1,271
償却	(46)	1,065	977	1,457	1,408	1,218
副産物価額	(47)	417	502	24	37	24
生産費（副産物価額差引）	(48)	7,643	7,495	8,286	10,262	6,380
支払利子	(49)	34	38	13	16	6
支払地代	(50)	425	303	978	1,631	966
支払利子・地代算入生産費	(51)	8,102	7,836	9,277	11,909	7,352
自己資本利子	(52)	266	250	338	353	270
自作地地代	(53)	874	1,022	202	1,599	146
資本利子・地代全額算入生産費（全算入生産費）	(54)	9,242	9,108	9,817	13,861	7,768

麦類生産費・小麦・全国農業地域別（田畑計）

単位：円

東　海	近　畿	中　国	四　国	九　州	
(6)	(7)	(8)	(9)	(10)	
6,632	8,373	10,214	8,121	7,903	(1)
542	681	829	512	643	(2)
538	445	828	493	491	(3)
4	236	1	19	152	(4)
1,528	2,239	2,612	1,348	1,826	(5)
1,528	2,239	2,612	1,348	1,818	(6)
-	-	-	-	8	(7)
391	593	1,152	848	740	(8)
258	317	380	345	359	(9)
258	317	380	345	359	(10)
-	-	-	-	-	(11)
-	-	17	1	0	(12)
-	-	17	1	0	(13)
-	-	-	-	-	(14)
70	105	42	17	44	(15)
1,511	1,914	2,347	1,004	1,519	(16)
98	140	185	206	150	(17)
150	320	197	293	226	(18)
121	296	186	287	147	(19)
29	24	11	6	79	(20)
29	24	11	6	79	(21)
-	-	-	-	-	(22)
191	147	288	377	149	(23)
70	63	105	209	53	(24)
121	84	183	168	96	(25)
121	84	183	168	96	(26)
-	-	-	-	-	(27)
1,833	1,887	2,125	3,160	2,221	(28)
969	1,404	1,501	2,729	1,620	(29)
864	483	624	431	601	(30)
864	483	624	431	601	(31)
-	-	-	-	-	(32)
60	30	40	10	26	(33)
1	0	9	2	0	(34)
59	30	31	8	26	(35)
1,311	2,203	2,328	2,152	2,067	(36)
1,255	2,121	2,254	2,111	2,017	(37)
945	1,958	1,709	2,091	1,861	(38)
310	163	545	20	156	(39)
56	82	74	41	50	(40)
45	82	63	41	49	(41)
11	-	11	-	1	(42)
7,943	10,576	12,542	10,273	9,970	(43)
5,788	6,537	8,968	4,895	6,080	(44)
994	2,276	1,773	2,151	2,070	(45)
1,161	1,763	1,801	3,227	1,820	(46)
6	11	30	39	49	(47)
7,937	10,565	12,512	10,234	9,921	(48)
10	6	10	13	27	(49)
956	959	835	670	993	(50)
8,903	11,530	13,357	10,917	10,941	(51)
290	451	478	756	394	(52)
45	193	527	66	312	(53)
9,238	12,174	14,362	11,739	11,647	(54)

(1)　小麦の全国・全国農業地域別生産費（続き）
ア　田畑計（続き）
(ｴ)　小麦の作業別労働時間

区　分	全　国	北 海 道	都 府 県	東　北	関東・東山
	(1)	(2)	(3)	(4)	(5)
投下労働時間（10ａ当たり）(1)	**3.57**	**3.02**	**5.51**	**6.49**	**5.01**
家　族 (2)	3.39	2.98	4.83	6.36	4.62
雇　用 (3)	0.18	0.04	0.68	0.13	0.39
直接労働時間 (4)	3.27	2.69	5.34	6.30	4.84
家　族 (5)	3.09	2.65	4.67	6.17	4.45
男 (6)	2.80	2.43	4.07	5.08	3.85
女 (7)	0.29	0.22	0.60	1.09	0.60
雇　用 (8)	0.18	0.04	0.67	0.13	0.39
男 (9)	0.17	0.03	0.64	0.13	0.35
女 (10)	0.01	0.01	0.03	0.00	0.04
間接労働時間 (11)	0.30	0.33	0.17	0.19	0.17
男 (12)	0.28	0.31	0.16	0.18	0.16
女 (13)	0.02	0.02	0.01	0.01	0.01
投下労働時間（60kg当たり）(14)	**0.51**	**0.39**	**1.02**	**1.62**	**0.79**
家　族 (15)	0.50	0.39	0.92	1.59	0.75
雇　用 (16)	0.01	0.00	0.10	0.03	0.04
直接労働時間 (17)	0.47	0.35	0.99	1.58	0.76
家　族 (18)	0.46	0.35	0.89	1.55	0.72
男 (19)	0.42	0.34	0.77	1.28	0.63
女 (20)	0.04	0.01	0.12	0.27	0.09
雇　用 (21)	0.01	0.00	0.10	0.03	0.04
男 (22)	0.01	0.00	0.10	0.03	0.04
女 (23)	0.00	0.00	0.00	0.00	0.00
間接労働時間 (24)	0.04	0.04	0.03	0.04	0.03
男 (25)	0.04	0.04	0.03	0.04	0.03
女 (26)	0.00	0.00	0.00	0.00	0.00
作業別直接労働時間（10ａ当たり）合計 (27)	**3.27**	**2.69**	**5.34**	**6.30**	**4.84**
種子予措 (28)	0.01	0.01	0.07	0.02	0.05
耕起整地 (29)	0.60	0.52	0.87	1.32	0.93
基　肥 (30)	0.23	0.17	0.46	0.49	0.47
は　種 (31)	0.28	0.19	0.55	0.67	0.55
追　肥 (32)	0.25	0.23	0.32	0.40	0.17
中耕除草 (33)	0.30	0.21	0.63	0.94	0.50
麦　踏　み (34)	0.06	0.01	0.25	0.02	0.35
管　理 (35)	0.48	0.35	0.89	1.21	0.54
防　除 (36)	0.36	0.40	0.19	0.18	0.08
刈取脱穀 (37)	0.44	0.32	0.84	0.79	0.83
乾　燥 (38)	0.08	0.08	0.15	0.09	0.27
生産管理 (39)	0.18	0.20	0.12	0.17	0.10
うち家族					
種子予措 (40)	0.01	0.01	0.06	0.02	0.05
耕起整地 (41)	0.56	0.50	0.76	1.32	0.86
基　肥 (42)	0.22	0.17	0.40	0.48	0.44
は　種 (43)	0.26	0.19	0.48	0.67	0.52
追　肥 (44)	0.24	0.23	0.28	0.40	0.16
中耕除草 (45)	0.29	0.21	0.57	0.94	0.43
麦　踏　み (46)	0.06	0.01	0.24	0.02	0.34
管　理 (47)	0.45	0.35	0.77	1.13	0.48
防　除 (48)	0.34	0.39	0.16	0.17	0.07
刈取脱穀 (49)	0.40	0.31	0.70	0.76	0.75
乾　燥 (50)	0.08	0.08	0.13	0.09	0.25
生産管理 (51)	0.18	0.20	0.12	0.17	0.10

麦類生産費・小麦・全国農業地域別（田畑計）

単位：時間

東　海	近　畿	中　国	四　国	九　州	
(6)	(7)	(8)	(9)	(10)	
4.70	5.62	5.45	7.53	6.23	(1)
3.48	5.08	4.18	7.45	5.68	(2)
1.22	0.54	1.27	0.08	0.55	(3)
4.52	5.41	5.27	7.39	6.08	(4)
3.33	4.87	4.02	7.31	5.53	(5)
2.99	4.22	3.29	6.23	4.87	(6)
0.34	0.65	0.73	1.08	0.66	(7)
1.19	0.54	1.25	0.08	0.55	(8)
1.16	0.53	1.18	0.08	0.55	(9)
0.03	0.01	0.07	0.00	0.00	(10)
0.18	0.21	0.18	0.14	0.15	(11)
0.17	0.20	0.17	0.13	0.14	(12)
0.01	0.01	0.01	0.01	0.01	(13)
0.70	1.32	1.51	1.36	1.41	(14)
0.52	1.20	1.15	1.34	1.29	(15)
0.18	0.12	0.36	0.02	0.12	(16)
0.68	1.27	1.46	1.34	1.38	(17)
0.50	1.15	1.11	1.32	1.26	(18)
0.45	1.00	0.91	1.13	1.11	(19)
0.05	0.15	0.20	0.19	0.15	(20)
0.18	0.12	0.35	0.02	0.12	(21)
0.18	0.12	0.33	0.02	0.12	(22)
0.00	0.00	0.02	0.00	0.00	(23)
0.02	0.05	0.05	0.02	0.03	(24)
0.02	0.05	0.05	0.02	0.03	(25)
0.00	0.00	0.00	0.00	0.00	(26)
4.52	5.41	5.27	7.39	6.08	(27)
0.05	0.11	0.04	0.01	0.10	(28)
0.69	1.08	0.89	0.93	0.85	(29)
0.45	0.41	0.47	0.54	0.47	(30)
0.51	0.53	0.52	0.54	0.57	(31)
0.33	0.27	0.34	0.60	0.42	(32)
0.35	0.47	0.70	1.38	0.89	(33)
0.01	-	0.17	0.13	0.45	(34)
0.98	1.49	0.90	1.40	0.91	(35)
0.14	0.15	0.25	0.31	0.30	(36)
0.81	0.77	0.73	1.27	0.85	(37)
0.03	0.03	0.15	0.14	0.16	(38)
0.17	0.10	0.11	0.14	0.11	(39)
0.04	0.11	0.04	0.01	0.09	(40)
0.51	0.92	0.59	0.93	0.77	(41)
0.30	0.38	0.34	0.54	0.43	(42)
0.36	0.48	0.43	0.54	0.51	(43)
0.23	0.26	0.25	0.60	0.39	(44)
0.28	0.38	0.58	1.37	0.84	(45)
0.01	-	0.17	0.13	0.43	(46)
0.74	1.40	0.63	1.37	0.82	(47)
0.09	0.14	0.23	0.30	0.28	(48)
0.58	0.67	0.54	1.24	0.72	(49)
0.02	0.03	0.11	0.14	0.14	(50)
0.17	0.10	0.11	0.14	0.11	(51)

(1) 小麦の全国・全国農業地域別生産費（続き）
ア 田畑計（続き）
(オ) 原単位量〔10 a 当たり〕

区分	単位	全国 (1)	北海道 (2)	都府県 (3)	東北 (4)	関東・東山 (5)
種苗費 (1)	-	-	-	-	-	-
種子						
購入 (2)	kg	9.4	10.0	7.4	10.3	7.4
自給 (3)	〃	0.7	0.3	1.9	0.6	1.8
肥料費 (4)	-	-	-	-	-	-
窒素質						
硫安 (5)	kg	27.5	33.4	7.5	8.7	5.8
尿素 (6)	〃	6.6	8.1	1.6	4.2	0.4
石灰窒素 (7)	〃	1.1	1.4	0.2	-	0.1
りん酸質						
過リン酸石灰 (8)	〃	0.2	0.2	0.3	-	0.2
よう成リン肥 (9)	〃	0.2	0.2	0.1	-	0.2
重焼リン肥 (10)	〃	-	-	-	-	-
カリ質						
塩化カリ (11)	〃	0.0	0.0	-	-	-
硫酸カリ (12)	〃	-	-	-	-	-
けいカル (13)	〃	0.3	-	1.5	-	1.6
炭酸カルシウム（石灰を含む。） (14)	〃	19.8	18.0	25.7	9.7	15.0
けい酸石灰 (15)	〃	0.1	-	0.4	-	0.0
複合肥料						
高成分化成 (16)	〃	20.5	12.4	47.8	32.3	50.7
低成分化成 (17)	〃	2.0	2.4	1.0	-	0.5
配合肥料 (18)	〃	47.5	58.8	9.4	1.9	4.8
固形肥料 (19)	〃	-	-	-	-	-
土壌改良資材 (20)	-	-	-	-	-	-
たい肥・きゅう肥 (21)	kg	165.5	205.1	32.5	141.8	21.5
その他 (22)	-	-	-	-	-	-
自給肥料						
たい肥 (23)	kg	24.8	28.1	13.7	28.5	27.4
きゅう肥 (24)	〃	6.5	8.4	0.3	-	-
稲・麦わら (25)	〃	-	-	-	-	-
その他 (26)	-	-	-	-	-	-
農業薬剤費 (27)	-	-	-	-	-	-
殺虫剤 (28)	-	-	-	-	-	-
殺菌剤 (29)	-	-	-	-	-	-
殺虫殺菌剤 (30)	-	-	-	-	-	-
除草剤 (31)	-	-	-	-	-	-
その他 (32)	-	-	-	-	-	-
光熱動力費 (33)	-	-	-	-	-	-
動力燃料						
重油 (34)	L	-	-	-	-	-
軽油 (35)	〃	13.9	14.7	11.4	10.8	11.8
灯油 (36)	〃	1.7	1.7	1.9	0.7	4.1
ガソリン (37)	〃	1.5	1.4	1.9	1.8	1.5
潤滑油 (38)	〃	0.3	0.3	0.2	0.2	0.3
混合油 (39)	〃	0.1	0.0	0.2	0.4	0.1
電力料 (40)	-	-	-	-	-	-
その他 (41)	-	-	-	-	-	-
自給 (42)	-	-	-	-	-	-

麦類生産費・小麦・全国農業地域別（田畑計）

東　海	近　畿	中　国	四　国	九　州	
(6)	(7)	(8)	(9)	(10)	
-	-	-	-	-	(1)
9.1	5.0	7.7	7.9	6.1	(2)
0.2	4.7	0.1	0.6	3.0	(3)
-		-	-	-	(4)
9.2	7.0	6.8	0.1	8.2	(5)
3.1	1.6	3.4	-	1.2	(6)
0.7		1.1	0.4	0.0	(7)
-	3.3	-		-	(8)
-	1.0			-	(9)
				-	(10)
				-	(11)
				-	(12)
0.8	-	0.1	3.4	2.4	(13)
38.7	30.7	0.4	8.5	28.0	(14)
-		2.1		1.2	(15)
52.0	53.5	45.7	75.6	39.9	(16)
0.8	0.0			1.9	(17)
7.9	0.1	-	-	18.6	(18)
-				-	(19)
-				-	(20)
51.7	-	112.5	2.6	22.2	(21)
-				-	(22)
-	-	-	-	15.8	(23)
-	-	-	-	1.0	(24)
-	-	-	-	-	(25)
					(26)
				-	(27)
				-	(28)
				-	(29)
				-	(30)
				-	(31)
				-	(32)
				-	(33)
-	-	-	-	-	(34)
11.3	8.9	10.7	13.0	11.6	(35)
0.9	1.4	0.8	2.6	1.0	(36)
2.1	1.9	1.8	2.8	2.0	(37)
0.1	0.1	0.1	0.3	0.2	(38)
0.1	0.5	0.3	0.2	0.3	(39)
-	-	-	-	-	(40)
-	-	-	-	-	(41)
-	-	-	-	-	(42)

麦類生産費・小麦・全国農業地域別（田畑計）

(1) 小麦の全国・全国農業地域別生産費（続き）
　ア　田畑計（続き）
　　(オ) 原単位量〔10a当たり〕（続き）

区分	単位	全国	北海道	都府県	東北	関東・東山
		(1)	(2)	(3)	(4)	(5)
その他の諸材料費(43)	-	-	-	-	-	-
ビニールシート(44)	㎡	-	-	-	-	-
ポリエチレン(45)	〃	-	-	-	-	-
な　　　　　わ(46)	kg	-	-	-	-	-
融　雪　剤(47)	〃	19.1	24.7	-	-	-
そ　の　他(48)	-	-	-	-	-	-
自　　　給(49)	-					
土地改良及び水利費(50)	-					
土地改良区費						
維持負担金(51)	-	-	-	-	-	-
償　還　金(52)	-	-	-	-	-	-
そ　の　他(53)	-	-	-	-	-	-
賃借料及び料金(54)	-					
共同負担金						
薬剤散布(55)	-	-	-	-	-	-
共同施設負担(56)	-	-	-	-	-	-
農機具借料(57)	-	-	-	-	-	-
航空防除費(58)	a	1.8	1.4	3.1	-	2.4
賃　耕　料(59)	〃	0.2	0.2	0.0	0.3	0.1
は種・定植(60)	〃	0.6	0.8	0.0	0.3	0.1
収穫請負わせ賃(61)	〃	5.1	6.4	0.5	0.6	0.7
ライスセンター費(62)	kg	97.6	105.7	70.4	31.7	115.5
カントリーエレベータ費(63)	〃	370.8	420.4	203.7	170.2	144.1
そ　の　他(64)	-	-	-	-	-	-

麦類生産費・小麦・全国農業地域別（田畑計）

東　海	近　畿	中　国	四　国	九　州	
(6)	(7)	(8)	(9)	(10)	
-	-	-	-	-	(43)
-	-	-	-	-	(44)
-	-	-	-	-	(45)
-	-	-	-	-	(46)
-	-	-	-	-	(47)
-	-	-	-	-	(48)
-	-	-	-	-	(49)
-	-	-	-	-	(50)
-	-	-	-	-	(51)
-	-	-	-	-	(52)
-	-	-	-	-	(53)
-	-	-	-	-	(54)
-	-	-	-	-	(55)
-	-	-	-	-	(56)
-	-	-	-	-	(57)
4.5	4.4	5.8	0.4	2.8	(58)
-	-	-	0.1	-	(59)
-	0.0	0.0	0.2	-	(60)
0.1	0.3	0.4	0.3	0.6	(61)
46.4	8.6	92.8	0.8	73.7	(62)
316.0	258.6	91.4	276.3	156.6	(63)
-	-		-	-	(64)

麦類生産費・小麦・全国農業地域別（田畑計）

(1) 小麦の全国・全国農業地域別生産費（続き）
ア 田畑計（続き）
(カ) 原単位評価額〔10a当たり〕

区分	全国	北海道	都府県	東北	関東・東山
	(1)	(2)	(3)	(4)	(5)
種苗費 (1)	2,894	2,841	3,073	3,098	3,162
種子					
購入 (2)	2,789	2,829	2,656	2,923	2,746
自給 (3)	105	12	417	175	416
肥料費 (4)	10,249	10,931	7,962	5,896	6,326
窒素質					
硫安 (5)	1,457	1,764	427	655	316
尿素 (6)	508	605	182	386	33
石灰窒素 (7)	65	74	37	-	8
りん酸質					
過リン酸石灰 (8)	14	12	20	-	23
よう成リン肥 (9)	14	16	10	-	13
重焼リン肥 (10)					
カリ質					
塩化カリ (11)	0	0	-	-	-
硫酸カリ (12)					
けいカル (13)	11	-	47	-	54
炭酸カルシウム（石灰を含む。） (14)	448	355	760	326	489
けい酸石灰 (15)	2	-	11	-	1
複合肥料					
高成分化成 (16)	2,051	1,258	4,720	3,284	4,308
低成分化成 (17)	174	194	107	-	42
配合肥料 (18)	4,240	5,178	1,085	216	617
固形肥料 (19)	-	-	-	-	-
土壌改良資材 (20)	127	76	302	126	184
たい肥・きゅう肥 (21)	264	303	132	209	156
その他 (22)	757	954	92	637	24
自給肥料					
たい肥 (23)	46	51	29	57	57
きゅう肥 (24)	26	33	0	-	-
稲・麦わら (25)	-	-	-	-	-
その他 (26)	45	58	1	-	1
農業薬剤費 (27)	5,085	5,806	2,662	2,070	2,050
殺虫剤 (28)	171	216	21	45	21
殺菌剤 (29)	2,331	2,851	580	412	338
殺虫殺菌剤 (30)	5	3	13	-	47
除草剤 (31)	2,179	2,237	1,984	1,611	1,643
その他 (32)	399	499	64	2	1
光熱動力費 (33)	1,794	1,835	1,657	1,492	1,882
動力燃料					
重油 (34)	-	-	-	-	-
軽油 (35)	1,121	1,141	1,051	946	1,128
灯油 (36)	110	104	133	34	284
ガソリン (37)	179	165	226	232	175
潤滑油 (38)	124	126	116	96	134
混合油 (39)	9	1	35	79	14
電力料 (40)	216	254	90	105	143
その他 (41)	35	44	6	-	4
自給 (42)	-	-	-	-	-

麦類生産費・小麦・全国農業地域別（田畑計）

単位：円

東　　海	近　　畿	中　　国	四　　国	九　　州	
(6)	(7)	(8)	(9)	(10)	
3,409	2,943	2,998	2,821	2,787	(1)
3,383	1,922	2,995	2,718	2,129	(2)
26	1,021	3	103	658	(3)
9,606	9,662	9,443	7,425	7,916	(4)
494	414	411	5	485	(5)
438	149	498	-	99	(6)
121	-	167	55	2	(7)
-	189	-	-	-	(8)
-	80	-	-	-	(9)
-	-	-	-	-	(10)
-	-	-	-	-	(11)
-	-	-	-	-	(12)
20	-	4	165	70	(13)
1,154	754	16	244	809	(14)
-	-	100	-	28	(15)
5,079	7,695	6,912	6,946	3,990	(16)
70	5	-	-	241	(17)
1,370	5	-	-	1,749	(18)
-	-	-	-	-	(19)
719	371	842	-	88	(20)
120	-	493	10	140	(21)
21	-	-	-	180	(22)
-	-	-	-	34	(23)
-	-	-	-	0	(24)
-	-	-	-	-	(25)
-	-	-	-	1	(26)
2,456	2,562	4,164	4,668	3,205	(27)
-	-	-	5	42	(28)
619	558	1,344	411	767	(29)
-	-	-	4	-	(30)
1,829	1,866	2,795	4,236	2,236	(31)
8	138	25	12	160	(32)
1,625	1,370	1,377	1,906	1,563	(33)
-	-	-	-	-	(34)
1,118	817	926	1,058	1,002	(35)
65	116	59	170	70	(36)
254	239	217	335	236	(37)
113	88	37	140	113	(38)
18	81	48	23	52	(39)
50	29	71	161	84	(40)
7	-	19	19	6	(41)
-	-	-	-	-	(42)

麦類生産費・小麦・全国農業地域別（田畑計）

(1) 小麦の全国・全国農業地域別生産費（続き）
　ア　田畑計（続き）
　　(カ) 原単位評価額〔10a当たり〕（続き）

区分	全国	北海道	都府県	東北	関東・東山
	(1)	(2)	(3)	(4)	(5)
その他の諸材料費 (43)	455	589	6	-	17
ビニールシート (44)	-	-	-	-	-
ポリエチレン (45)	-	-	-	-	-
なわ (46)	-	-	-	-	-
融雪剤 (47)	436	566	-	-	-
その他 (48)	19	23	6	-	17
自給 (49)	-	-	-	-	-
土地改良及び水利費 (50)	829	952	417	1,505	550
土地改良区費					
維持負担金 (51)	653	731	392	1,311	545
償還金 (52)	159	202	15	194	3
その他 (53)	17	19	10	-	2
賃借料及び料金 (54)	14,191	16,222	7,358	5,421	6,458
共同負担金					
薬剤散布 (55)	45	45	44	90	11
共同施設負担 (56)	576	724	78	-	75
農機具借料 (57)	1,178	1,253	924	175	1,063
航空防除費 (58)	344	248	667	-	424
賃耕料 (59)	41	48	17	91	39
は種・定植 (60)	86	107	16	54	38
収穫請負わせ賃 (61)	2,362	2,958	353	410	615
ライスセンター費 (62)	1,592	1,672	1,325	828	2,037
カントリーエレベータ費 (63)	7,261	8,287	3,811	3,768	2,062
その他 (64)	706	880	123	5	94
物件税及び公課諸負担 (65)	1,356	1,564	653	1,157	595
物件税 (66)	486	542	300	420	270
公課諸負担 (67)	870	1,022	353	737	325
建物費 (68)	991	996	979	1,478	788
償却					
住家 (69)	41	49	11	9	10
納屋・倉庫 (70)	420	405	470	44	235
用水路 (71)	2	3	-	-	-
暗きょ排水施設 (72)	149	193	2	-	-
コンクリートけい畔 (73)	1	-	3	-	-
客土 (74)	1	2	-	-	-
たい肥盤 (75)	0	1	-	-	-
その他 (76)	145	116	242	259	382
修繕費及び購入補充費 (77)	232	227	251	1,166	161

麦類生産費・小麦・全国農業地域別(田畑計)

単位:円

東海	近畿	中国	四国	九州	
(6)	(7)	(8)	(9)	(10)	
-	-	60	4	0	(43)
-	-	-	-	-	(44)
-	-	-	-	-	(45)
-	-	-	-	-	(46)
-	-	-	-	-	(47)
-	-	60	4	0	(48)
-	-	-	-	-	(49)
444	457	153	96	192	(50)
430	434	111	96	157	(51)
1	19	26	-	18	(52)
13	4	16	-	17	(53)
9,497	8,266	8,492	5,526	6,588	(54)
-	-	-	-	119	(55)
-	51	27	-	165	(56)
1,286	218	471	317	834	(57)
1,039	1,079	1,126	135	594	(58)
-	-	-	99	-	(59)
-	35	8	41	-	(60)
67	337	294	127	369	(61)
948	215	2,192	14	1,395	(62)
6,048	6,319	2,123	4,730	2,991	(63)
109	12	2,251	63	121	(64)
614	609	669	1,129	648	(65)
334	261	279	641	266	(66)
280	348	390	488	382	(67)
942	1,381	711	1,614	980	(68)
6	0	12	24	18	(69)
431	789	552	1,542	577	(70)
-	-	-	-	-	(71)
-	-	-	-	7	(72)
-	1	-	14	7	(73)
-	-	-	-	-	(74)
-	-	-	-	-	(75)
321	489	107	-	28	(76)
184	102	40	34	343	(77)

麦類生産費・小麦・全国農業地域別（田畑計）

(1) 小麦の全国・全国農業地域別生産費（続き）
　ア　田畑計（続き）
　　(カ) 原単位評価額〔10a当たり〕（続き）

区分	全国	北海道	都府県	東北	関東・東山
	(1)	(2)	(3)	(4)	(5)
自動車費 (78)	1,275	1,370	953	1,755	954
償却					
四輪自動車 (79)	484	513	384	399	461
その他 (80)	-	-	-	-	-
修繕費及び購入補充費 (81)	791	857	569	1,356	493
農機具費 (82)	9,370	9,247	9,790	7,862	8,386
償却					
乗用型トラクタ					
20馬力未満 (83)	11	10	16	-	1
20～50 (84)	204	14	844	377	531
50馬力以上 (85)	2,450	2,758	1,416	1,790	1,628
歩行型トラクタ (86)	0	-	1	-	-
たい肥等散布機 (87)	19	22	7	-	9
総合は種機 (88)	345	377	236	376	208
移植機 (89)	-	-	-	-	-
中耕除草機 (90)	17	7	53	-	4
肥料散布機 (91)	223	259	103	1	28
動力噴霧機 (92)	293	355	87	114	39
動力散粉機 (93)	1	-	3	-	-
自脱型コンバイン					
3条以下 (94)	49	-	213	-	134
4条以上 (95)	512	75	1,983	707	1,871
普通型コンバイン (96)	306	300	324	-	564
脱穀機 (97)	-	-	-	-	-
乾燥機 (98)	238	262	159	-	345
トレーラー (99)	6	1	24	-	24
その他 (100)	1,300	1,333	1,188	1,544	915
修繕費及び購入補充費 (101)	3,396	3,474	3,133	2,953	2,085
生産管理費 (102)	313	358	165	112	63
償却費 (103)	6	8	2	0	0
購入費 (104)	307	350	163	112	63

麦類生産費・小麦・全国農業地域別（田畑計）

単位：円

東　海	近　畿	中　国	四　国	九　州	
(6)	(7)	(8)	(9)	(10)	
1,199	632	1,041	2,073	642	(78)
442	270	378	1,149	228	(79)
-	-	-	-	-	(80)
757	362	663	924	414	(81)
11,525	8,156	7,682	17,412	9,625	(82)
3	-	-	34	44	(83)
536	1,285	315	1,424	1,275	(84)
1,389	968	705	2,754	1,222	(85)
1	5	-	3	2	(86)
-	-	-	-	14	(87)
254	166	379	448	222	(88)
-	-	-	-	-	(89)
91	-	-	-	90	(90)
197	39	41	168	115	(91)
134	0	0	487	77	(92)
3	12	-	-	3	(93)
120	315	300	1,794	209	(94)
1,534	2,394	2,750	5,740	2,110	(95)
370	-	-	-	229	(96)
-	-	-	-	-	(97)
6	94	75	187	150	(98)
-	2	-	-	53	(99)
1,459	790	859	2,000	1,205	(100)
5,428	2,086	2,258	2,373	2,605	(101)
375	132	146	56	114	(102)
5	1	34	13	0	(103)
370	131	112	43	114	(104)

麦類生産費・小麦・全国農業地域別（田作・畑作）

(1) 小麦の全国・全国農業地域別生産費（続き）
  イ 田畑別
   (ア) 調査対象経営体の生産概要・経営概況

区分	単位	田作							
		全国	北海道	都府県	東北	関東・東山	東海	近畿	中国
		(1)	(2)	(3)	(4)	(5)	(6)	(7)	(8)
集計経営体数 (1)	経営体	413	33	380	27	114	43	29	20
労働力（1経営体当たり）									
世帯員数 (2)	人	3.9	3.8	3.9	3.7	4.0	4.7	3.3	3.6
男 (3)	〃	2.0	2.0	1.9	1.8	1.9	2.5	1.6	1.8
女 (4)	〃	1.9	1.8	2.0	1.9	2.1	2.2	1.7	1.8
家族員数 (5)	〃	3.9	3.8	3.9	3.7	4.0	4.7	3.3	3.6
男 (6)	〃	2.0	2.0	1.9	1.8	1.9	2.5	1.6	1.8
女 (7)	〃	1.9	1.8	2.0	1.9	2.1	2.2	1.7	1.8
農業就業者 (8)	〃	2.1	2.3	1.9	2.2	2.0	2.0	1.5	2.0
男 (9)	〃	1.4	1.5	1.3	1.3	1.3	1.5	1.1	1.2
女 (10)	〃	0.7	0.8	0.6	0.9	0.7	0.5	0.4	0.8
農業専従者 (11)	〃	1.5	1.5	1.4	1.6	1.8	1.6	0.9	1.4
男 (12)	〃	1.1	1.1	1.0	1.0	1.2	1.3	0.7	0.9
女 (13)	〃	0.4	0.4	0.4	0.6	0.6	0.3	0.2	0.5
土地（1経営体当たり）									
経営耕地面積 (14)	a	1,593	1,936	1,325	1,223	1,537	2,565	1,101	1,115
田 (15)	〃	1,481	1,758	1,264	1,186	1,368	2,517	1,096	1,106
畑 (16)	〃	112	178	61	37	167	48	5	9
普通畑 (17)	〃	111	178	59	37	166	45	5	6
樹園地 (18)	〃	1	-	2	-	1	3	0	3
牧草地 (19)	〃	0	-	0	-	2	-	-	-
耕地以外の土地 (20)	〃	94	163	40	33	47	72	23	115
小麦									
使用地面積（1経営体当たり）									
作付地 (21)	〃	554.1	536.1	568.3	214.6	594.9	1,082.1	355.0	368.3
自作地 (22)	〃	236.9	434.2	82.3	107.2	66.8	41.4	52.2	126.1
小作地 (23)	〃	317.2	101.9	486.0	107.4	528.1	1,040.7	302.8	242.2
作付地以外 (24)	〃	4.4	4.4	4.5	1.2	5.0	9.7	2.3	4.5
所有地 (25)	〃	4.3	4.4	4.3	1.2	5.0	9.7	2.3	4.4
借入地 (26)	〃	0.1	-	0.2	-	0.0	-	0.0	0.1
作付地の実勢地代（10a当たり）(27)	円	12,090	13,074	11,349	13,138	10,375	11,015	11,029	7,006
自作地 (28)	〃	13,506	13,641	12,940	12,570	10,390	10,209	9,667	7,746
小作地 (29)	〃	11,013	10,624	11,077	13,711	10,374	11,047	11,271	6,619
投下資本額（10a当たり）(30)	〃	57,768	63,767	53,335	42,446	48,564	57,580	53,029	45,125
借入資本額 (31)	〃	14,712	23,990	7,856	5,475	6,431	11,985	4,277	1,957
自己資本額 (32)	〃	43,056	39,777	45,479	36,971	42,133	45,595	48,752	43,168
固定資本額 (33)	〃	35,874	37,192	34,900	24,972	32,408	36,267	33,993	25,703
建物・構築物 (34)	〃	10,723	12,523	9,393	5,479	8,303	11,432	13,314	8,059
土地改良設備 (35)	〃	467	1,054	34	-	-	-	10	-
自動車 (36)	〃	875	793	935	265	1,215	1,083	689	571
農機具 (37)	〃	23,809	22,822	24,538	19,228	22,890	23,752	19,980	17,073
流動資本額 (38)	〃	17,950	23,099	14,145	12,606	12,350	17,196	14,275	15,213
労賃資本額 (39)	〃	3,944	3,476	4,290	4,868	3,806	4,117	4,761	4,209

麦類生産費・小麦・全国農業地域別（田作・畑作）

		畑			作					
四国	九州	全国	北海道	都府県	東北	関東・東山	東海	四国	九州	
(9)	(10)	(11)	(12)	(13)	(14)	(15)	(16)	(17)	(18)	
27	120	117	84	33	1	29	−	1	2	(1)
3.6	3.7	4.6	4.6	4.2	x	3.9	−	x	x	(2)
1.9	1.8	2.4	2.4	2.3	x	2.1	−	x	x	(3)
1.7	1.9	2.2	2.2	1.9	x	1.8	−	x	x	(4)
3.6	3.7	4.6	4.6	4.2	x	3.9	−	x	x	(5)
1.9	1.8	2.4	2.4	2.3	x	2.1	−	x	x	(6)
1.7	1.9	2.2	2.2	1.9	x	1.8	−	x	x	(7)
1.8	1.8	2.9	2.9	2.4	x	2.5	−	x	x	(8)
1.2	1.2	1.7	1.7	1.4	x	1.5	−	x	x	(9)
0.6	0.6	1.2	1.2	1.0	x	1.0	−	x	x	(10)
1.4	1.3	2.2	2.2	2.0	x	2.1	−	x	x	(11)
1.0	1.0	1.4	1.4	1.2	x	1.3	−	x	x	(12)
0.4	0.3	0.8	0.8	0.8	x	0.8	−	x	x	(13)
632	904	3,285	3,365	1,636	x	1,429	−	x	x	(14)
623	872	188	151	925	x	620	−	x	x	(15)
9	32	3,081	3,198	711	x	809	−	x	x	(16)
9	26	3,081	3,198	711	x	809	−	x	x	(17)
0	6	0	−	0	x	0	−	x	x	(18)
−	−	16	16	−	x	−	−	x	x	(19)
20	30	956	999	77	x	88	−	x	x	(20)
379.1	539.9	977.2	1,006.1	392.7	x	435.5	−	x	x	(21)
18.7	119.0	694.7	725.9	63.5	x	42.7	−	x	x	(22)
360.4	420.9	282.5	280.2	329.2	x	392.8	−	x	x	(23)
1.9	3.8	4.9	4.9	3.7	x	4.6	−	x	x	(24)
1.8	3.4	4.7	4.7	3.7	x	4.6	−	x	x	(25)
0.1	0.4	0.2	0.2	−	x	−	−	x	x	(26)
6,311	**12,852**	**8,361**	**8,318**	**10,569**	**x**	**11,162**	−	**x**	**x**	(27)
7,491	15,248	8,462	8,465	7,623	x	9,825	−	x	x	(28)
6,248	12,171	8,112	7,934	11,167	x	11,320	−	x	x	(29)
107,161	**50,049**	**53,403**	**53,764**	**34,627**	**x**	**35,611**	−	**x**	**x**	(30)
3,054	7,350	7,215	7,346	313	x	355	−	x	x	(31)
104,107	42,699	46,188	46,418	34,314	x	35,256	−	x	x	(32)
87,765	32,385	28,597	28,758	20,207	x	21,856	−	x	x	(33)
17,109	7,409	5,277	5,290	4,584	x	5,138	−	x	x	(34)
43	95	1,053	1,073	−	x	−	−	x	x	(35)
3,013	561	1,200	1,208	784	x	403	−	x	x	(36)
67,600	24,320	21,067	21,187	14,839	x	16,315	−	x	x	(37)
13,475	13,190	22,518	22,752	10,404	x	9,716	−	x	x	(38)
5,921	4,474	2,288	2,254	4,016	x	4,039	−	x	x	(39)

麦類生産費・小麦・全国農業地域別（田作・畑作）

(1) 小麦の全国・全国農業地域別生産費（続き）
イ 田畑別（続き）
(ア) 調査対象経営体の生産概要・経営概況（続き）

区分	単位	田作 全国 (1)	北海道 (2)	都府県 (3)	東北 (4)	関東・東山 (5)	東海 (6)	近畿 (7)	中国 (8)
自動車所有台数（10経営体当たり）									
四輪自動車 (40)	台	34.6	40.1	30.3	27.0	29.2	41.1	28.6	25.5
農機具所有台数（10経営体当たり）									
乗用型トラクタ									
20馬力未満 (41)	〃	2.1	3.3	1.1	0.7	1.6	1.1	1.2	0.3
20～50馬力未満 (42)	〃	12.5	9.0	15.2	10.7	13.3	20.6	15.9	18.2
50馬力以上 (43)	〃	15.5	22.4	10.1	6.1	14.8	22.4	6.5	4.9
歩行型トラクタ (44)	〃	3.4	4.4	2.6	-	3.0	1.7	0.7	0.6
たい肥等散布機 (45)	〃	1.3	2.3	0.6	0.4	0.6	0.9	0.2	0.5
総合は種機 (46)	〃	10.6	9.3	11.5	3.2	9.1	15.0	8.3	11.6
移植機 (47)	〃	1.0	1.9	0.4	-	0.2	0.4	0.2	-
中耕除草機 (48)	〃	5.2	7.0	3.8	0.6	1.2	2.4	1.8	1.2
肥料散布機 (49)	〃	8.5	9.9	7.3	2.9	7.4	10.2	4.3	6.3
動力噴霧機 (50)	〃	10.2	12.3	8.6	4.3	5.9	12.4	4.1	10.4
動力散粉機 (51)	〃	1.4	0.6	2.1	0.6	0.4	2.6	2.1	0.9
自脱型コンバイン									
3条以下 (52)	〃	1.6	0.9	2.2	0.1	2.1	2.0	3.9	3.0
4条以上 (53)	〃	8.8	8.4	9.1	10.4	10.0	13.1	9.9	9.4
普通型コンバイン (54)	〃	1.9	2.2	1.6	0.2	2.3	4.4	1.4	0.7
脱穀機 (55)	〃	0.4	0.8	0.1	-	0.3	-	-	-
乾燥機 (56)	〃	15.7	16.9	14.8	6.6	19.9	26.7	13.4	13.5
トレーラー (57)	〃	2.2	3.0	1.6	0.6	2.4	0.9	1.8	0.6
小麦									
10a当たり主産物数量 (58)	kg	369	433	322	243	379	376	259	216
粗収益									
10a当たり (59)	円	12,516	17,725	8,669	4,028	10,398	9,536	6,723	5,200
主産物 (60)	〃	11,659	15,887	8,537	3,852	10,265	9,499	6,678	5,091
副産物 (61)	〃	857	1,838	132	176	133	37	45	109
60kg当たり (62)	〃	2,035	2,450	1,617	996	1,643	1,518	1,557	1,438
主産物 (63)	〃	1,895	2,196	1,593	952	1,622	1,512	1,546	1,408
副産物 (64)	〃	140	254	24	44	21	6	11	30
所得									
10a当たり (65)	〃	△36,148	△39,369	△33,767	△34,804	△28,483	△40,245	△34,318	△36,801
1日当たり (66)	〃	-	-	-	-	-	-	-	-
家族労働報酬									
10a当たり (67)	〃	△43,497	△52,749	△36,658	△43,386	△31,076	△42,354	△37,102	△40,434
1日当たり (68)	〃	-	-	-	-	-	-	-	-
（参考1）経営所得安定対策等受取金（10a当たり）(69)	〃	73,496	90,272	61,100	70,669	63,315	78,892	63,991	64,813
（参考2）経営所得安定対策等の交付金を加えた場合									
粗収益									
10a当たり (70)	〃	86,012	107,997	69,769	74,697	73,713	88,428	70,714	70,013
60kg当たり (71)	〃	13,980	14,930	13,025	18,461	11,657	14,071	16,373	19,365
所得									
10a当たり (72)	〃	37,348	50,903	27,333	35,865	34,832	38,647	29,673	28,012
1日当たり (73)	〃	65,095	96,270	45,366	42,824	60,446	88,844	46,729	53,611
家族労働報酬									
10a当たり (74)	〃	29,999	37,523	24,442	27,283	32,239	36,538	26,889	24,379
1日当たり (75)	〃	52,286	70,965	40,568	32,577	55,946	83,995	42,345	46,658

麦類生産費・小麦・全国農業地域別（田作・畑作）

					畑		作				
四国	九州	全国	北海道	都府県	東北	関東・東山	東海	四国	九州		
(9)	(10)	(11)	(12)	(13)	(14)	(15)	(16)	(17)	(18)		
26.7	29.0	53.1	54.3	29.5	x	30.8	-	x	x	(40)
1.7	0.8	3.3	3.4	0.5	x	0.6	-	x	x	(41)
9.9	15.6	7.2	7.0	10.0	x	10.0	-	x	x	(42)
4.0	5.6	41.3	42.9	8.6	x	9.0	-	x	x	(43)
2.8	4.1	1.7	1.6	2.4	x	2.8	-	x	x	(44)
-	0.6	5.5	5.7	1.0	x	0.9	-	x	x	(45)
7.8	15.3	22.6	23.4	6.5	x	7.2	-	x	x	(46)
-	0.7	9.2	9.7	-	x	-	-	x	x	(47)
0.7	8.1	21.0	21.9	1.6	x	2.0	-	x	x	(48)
6.1	8.4	17.0	17.6	3.7	x	4.6	-	x	x	(49)
7.9	11.3	14.3	14.4	12.3	x	13.5	-	x	x	(50)
0.8	3.7	0.0	-	0.3	x	0.3	-	x	x	(51)
4.9	1.7	0.2	-	3.3	x	3.7	-	x	x	(52)
6.5	6.8	0.7	0.4	5.9	x	5.1	-	x	x	(53)
-	0.8	2.5	2.6	2.3	x	2.9	-	x	x	(54)
-	-	4.1	4.3	0.8	x	1.0	-	x	x	(55)
12.8	9.5	5.9	5.1	23.1	x	27.0	-	x	x	(56)
0.3	1.6	1.8	1.7	2.3	x	2.9	-	x	x	(57)
330	260	429	432	279	x	287	-	x	x	(58)
11,223	7,501	17,950	18,162	6,959	x	7,424	-	x	x	(59)
11,010	7,287	13,928	14,065	6,771	x	7,214	-	x	x	(60)
213	214	4,022	4,097	188	x	210	-	x	x	(61)
2,036	1,730	2,507	2,521	1,492	x	1,547	-	x	x	(62)
1,997	1,681	1,945	1,952	1,451	x	1,504	-	x	x	(63)
39	49	562	569	41	x	43	-	x	x	(64)
△ 37,395	△ 31,872	△ 36,382	△ 36,610	△ 24,652	x	△ 23,458	-	x	x	(65)
-	-	-	-	-	x	-	-	x	x	(66)
△ 41,914	△ 34,930	△ 44,341	△ 44,675	△ 27,085	x	△ 25,659	-	x	x	(67)
-	-	-	-	-	x	-	-	x	x	(68)
49,710	44,909	46,782	47,025	34,175	x	33,447	-	x	x	(69)
60,933	52,410	64,732	65,187	41,134	x	40,871	-	x	x	(70)
11,060	12,088	9,041	9,046	8,821	x	8,524	-	x	x	(71)
12,315	13,037	10,400	10,415	9,523	x	9,989	-	x	x	(72)
13,242	18,394	30,476	31,442	16,209	x	17,222	-	x	x	(73)
7,796	9,979	2,441	2,350	7,090	x	7,788	-	x	x	(74)
8,383	14,080	7,153	7,094	12,068	x	13,428	-	x	x	(75)

麦類生産費・小麦・全国農業地域別（田作・畑作）

(1) 小麦の全国・全国農業地域別生産費（続き）
　イ　田畑別（続き）
　　(イ)　生産費〔10a当たり〕

区　分	田作							
	全国	北海道	都府県	東北	関東・東山	東海	近畿	中国
	(1)	(2)	(3)	(4)	(5)	(6)	(7)	(8)
物財費 (1)	43,967	54,453	36,219	31,443	32,535	41,692	36,170	36,936
種苗費 (2)	3,096	3,133	3,069	2,909	3,184	3,409	2,943	2,998
購入 (3)	2,826	3,074	2,643	2,699	2,742	3,383	1,922	2,995
自給 (4)	270	59	426	210	442	26	1,021	3
肥料費 (5)	9,417	11,195	8,103	5,979	6,532	9,606	9,662	9,443
購入 (6)	9,328	11,026	8,073	5,910	6,464	9,606	9,662	9,443
自給 (7)	89	169	30	69	68	-	-	-
農業薬剤費（購入） (8)	4,170	6,146	2,711	2,326	2,081	2,456	2,562	4,164
光熱動力費 (9)	2,072	2,619	1,668	1,601	1,945	1,625	1,370	1,377
購入 (10)	2,072	2,619	1,668	1,601	1,945	1,625	1,370	1,377
自給 (11)	-	-	-	-	-	-	-	-
その他の諸材料費 (12)	398	929	6	-	19	-	-	60
購入 (13)	398	929	6	-	19	-	-	60
自給 (14)	-	-	-	-	-	-	-	-
土地改良及び水利費 (15)	1,839	3,758	420	1,674	593	444	457	153
賃借料及び料金 (16)	9,087	11,232	7,500	5,544	6,791	9,497	8,266	8,492
物件税及び公課諸負担 (17)	1,134	1,784	654	1,174	597	614	609	669
建物費 (18)	1,105	1,243	1,006	1,737	840	942	1,381	711
償却費 (19)	876	1,052	749	336	676	758	1,279	671
修繕費及び購入補充費 (20)	229	191	257	1,401	164	184	102	40
購入 (21)	229	191	257	1,401	164	184	102	40
自給 (22)	-	-	-	-	-	-	-	-
自動車費 (23)	1,198	1,550	939	965	1,021	1,199	632	1,041
償却費 (24)	411	447	385	114	518	442	270	378
修繕費及び購入補充費 (25)	787	1,103	554	851	503	757	362	663
購入 (26)	787	1,103	554	851	503	757	362	663
自給 (27)	-	-	-	-	-	-	-	-
農機具費 (28)	10,193	10,489	9,972	7,400	8,872	11,525	8,156	7,682
償却費 (29)	6,767	6,730	6,793	5,779	6,641	6,097	6,070	5,424
修繕費及び購入補充費 (30)	3,426	3,759	3,179	1,621	2,231	5,428	2,086	2,258
購入 (31)	3,426	3,759	3,179	1,621	2,231	5,428	2,086	2,258
自給 (32)	-	-	-	-	-	-	-	-
生産管理費 (33)	258	375	171	134	60	375	132	146
償却費 (34)	12	24	3	0	1	5	1	34
購入・支払 (35)	246	351	168	134	59	370	131	112
労働費 (36)	7,887	6,953	8,579	9,737	7,613	8,234	9,522	8,418
直接労働費 (37)	7,370	6,116	8,298	9,476	7,320	7,888	9,168	8,148
家族 (38)	6,819	6,083	7,364	9,311	6,918	5,935	8,464	6,179
雇用 (39)	551	33	934	165	402	1,953	704	1,969
間接労働費 (40)	517	837	281	261	293	346	354	270
家族 (41)	505	837	260	261	287	280	354	228
雇用 (42)	12	-	21	-	6	66	-	42
費用合計 (43)	51,854	61,406	44,798	41,180	40,148	49,926	45,692	45,354
購入（支払） (44)	36,105	46,005	28,788	25,100	24,597	36,383	28,233	32,437
自給 (45)	7,683	7,148	8,080	9,851	7,715	6,241	9,839	6,410
償却 (46)	8,066	8,253	7,930	6,229	7,836	7,302	7,620	6,507
副産物価額 (47)	857	1,838	132	176	133	37	45	109
生産費（副産物価額差引） (48)	50,997	59,568	44,666	41,004	40,015	49,889	45,647	45,245
支払利子 (49)	262	517	74	76	44	62	25	35
支払地代 (50)	3,872	2,091	5,188	7,148	5,894	6,008	4,142	3,019
支払利子・地代算入生産費 (51)	55,131	62,176	49,928	48,228	45,953	55,959	49,814	48,299
自己資本利子 (52)	1,722	1,591	1,819	1,479	1,685	1,824	1,950	1,727
自作地地代 (53)	5,627	11,789	1,072	7,103	908	285	834	1,906
資本利子・地代全額算入生産費（全算入生産費） (54)	62,480	75,556	52,819	56,810	48,546	58,068	52,598	51,932

麦類生産費・小麦・全国農業地域別（田作・畑作）

単位：円

		畑				作					
四 国	九 州	全 国	北 海 道	都 府 県	東 北	関東・東山	東 海	四 国	九 州		
(9)	(10)	(11)	(12)	(13)	(14)	(15)	(16)	(17)	(18)		
44,742	34,262	51,748	52,253	25,655	x	24,546	-	x	x	(1)
2,820	2,789	2,772	2,764	3,149	x	3,047	-	x	x	(2)
2,717	2,132	2,767	2,764	2,892	x	2,766	-	x	x	(3)
103	657	5	-	257	x	281	-	x	x	(4)
7,425	7,915	10,756	10,861	5,332	x	5,286	-	x	x	(5)
7,425	7,881	10,623	10,725	5,322	x	5,279	-	x	x	(6)
-	34	133	136	10	x	7	-	x	x	(7)
4,670	3,206	5,641	5,716	1,773	x	1,889	-	x	x	(8)
1,905	1,562	1,626	1,629	1,490	x	1,558	-	x	x	(9)
1,905	1,562	1,626	1,629	1,490	x	1,558	-	x	x	(10)
-	-	-	-	-	x	-	-	x	x	(11)
4	0	489	498	4	x	4	-	x	x	(12)
4	0	489	498	4	x	4	-	x	x	(13)
-	-	-	-	-	x	-	-	x	x	(14)
96	193	216	215	360	x	324	-	x	x	(15)
5,526	6,592	17,294	17,536	4,729	x	4,734	-	x	x	(16)
1,130	648	1,492	1,508	648	x	590	-	x	x	(17)
1,615	980	920	928	484	x	521	-	x	x	(18)
1,581	637	686	692	357	x	377	-	x	x	(19)
34	343	234	236	127	x	144	-	x	x	(20)
34	343	234	236	127	x	144	-	x	x	(21)
-	-	-	-	-	x	-	-	x	x	(22)
2,074	638	1,321	1,324	1,211	x	609	-	x	x	(23)
1,150	227	527	531	364	x	170	-	x	x	(24)
924	411	794	793	847	x	439	-	x	x	(25)
924	411	794	793	847	x	439	-	x	x	(26)
-	-	-	-	-	x	-	-	x	x	(27)
17,421	9,625	8,873	8,921	6,404	x	5,904	-	x	x	(28)
15,047	7,020	5,495	5,522	4,125	x	4,565	-	x	x	(29)
2,374	2,605	3,378	3,399	2,279	x	1,339	-	x	x	(30)
2,374	2,605	3,378	3,399	2,279	x	1,339	-	x	x	(31)
-	-	-	-	-	x	-	-	x	x	(32)
56	114	348	353	71	x	80	-	x	x	(33)
13	0	3	3	-	x	-	-	x	x	(34)
43	114	345	350	71	x	80	-	x	x	(35)
11,842	8,948	4,575	4,510	8,032	x	8,079	-	x	x	(36)
11,619	8,736	4,115	4,046	7,779	x	7,862	-	x	x	(37)
11,510	8,057	4,013	3,952	7,258	x	7,271	-	x	x	(38)
109	679	102	94	521	x	591	-	x	x	(39)
223	212	460	464	253	x	217	-	x	x	(40)
223	208	460	464	253	x	217	-	x	x	(41)
-	4	0	0	-	x	-	-	x	x	(42)
56,584	43,210	56,323	56,763	33,687	x	32,625	-	x	x	(43)
26,957	26,370	45,001	45,463	21,063	x	19,737	-	x	x	(44)
11,836	8,956	4,611	4,552	7,778	x	7,776	-	x	x	(45)
17,791	7,884	6,711	6,748	4,846	x	5,112	-	x	x	(46)
213	214	4,022	4,097	188	x	210	-	x	x	(47)
56,371	42,996	52,301	52,666	33,499	x	32,415	-	x	x	(48)
74	117	209	213	-	x	-	-	x	x	(49)
3,693	4,311	2,273	2,212	5,435	x	5,745	-	x	x	(50)
60,138	47,424	54,783	55,091	38,934	x	38,160	-	x	x	(51)
4,164	1,708	1,848	1,857	1,373	x	1,410	-	x	x	(52)
355	1,350	6,111	6,208	1,060	x	791	-	x	x	(53)
64,657	50,482	62,742	63,156	41,367	x	40,361	-	x	x	(54)

麦類生産費・小麦・全国農業地域別（田作・畑作）

(1)　小麦の全国・全国農業地域別生産費（続き）
イ　田畑別（続き）
(ｳ)　生産費〔60kg当たり〕

区分	田作							
	全国	北海道	都府県	東北	関東・東山	東海	近畿	中国
	(1)	(2)	(3)	(4)	(5)	(6)	(7)	(8)
物財費 (1)	7,145	7,526	6,762	7,770	5,144	6,632	8,373	10,214
種苗費 (2)	503	433	573	719	504	542	681	829
購入 (3)	459	425	493	667	434	538	445	828
自給 (4)	44	8	80	52	70	4	236	1
肥料費 (5)	1,532	1,547	1,513	1,477	1,031	1,528	2,239	2,612
購入 (6)	1,518	1,524	1,507	1,460	1,020	1,528	2,239	2,612
自給 (7)	14	23	6	17	11	-	-	-
農業薬剤費（購入） (8)	678	850	507	574	330	391	593	1,152
光熱動力費 (9)	336	363	312	395	308	258	317	380
購入 (10)	336	363	312	395	308	258	317	380
自給 (11)	-	-	-	-	-	-	-	-
その他の諸材料費 (12)	65	129	1	-	3	-	-	17
購入 (13)	65	129	1	-	3	-	-	17
自給 (14)	-	-	-	-	-	-	-	-
土地改良及び水利費 (15)	299	519	79	413	93	70	105	42
賃借料及び料金 (16)	1,475	1,553	1,400	1,371	1,074	1,511	1,914	2,347
物件税及び公課諸負担 (17)	184	245	123	290	93	98	140	185
建物費 (18)	179	171	188	430	133	150	320	197
償却費 (19)	142	145	140	84	107	121	296	186
修繕費及び購入補充費 (20)	37	26	48	346	26	29	24	11
購入 (21)	37	26	48	346	26	29	24	11
自給 (22)	-	-	-	-	-	-	-	-
自動車費 (23)	195	214	175	238	162	191	147	288
償却費 (24)	67	62	72	28	82	70	63	105
修繕費及び購入補充費 (25)	128	152	103	210	80	121	84	183
購入 (26)	128	152	103	210	80	121	84	183
自給 (27)	-	-	-	-	-	-	-	-
農機具費 (28)	1,657	1,450	1,860	1,830	1,404	1,833	1,887	2,125
償却費 (29)	1,100	930	1,266	1,429	1,051	969	1,404	1,501
修繕費及び購入補充費 (30)	557	520	594	401	353	864	483	624
購入 (31)	557	520	594	401	353	864	483	624
自給 (32)	-	-	-	-	-	-	-	-
生産管理費 (33)	42	52	31	33	9	60	30	40
償却費 (34)	2	3	0	0	0	1	0	9
購入・支払 (35)	40	49	31	33	9	59	30	31
労働費 (36)	1,283	961	1,602	2,407	1,205	1,311	2,203	2,328
直接労働費 (37)	1,199	845	1,549	2,343	1,159	1,255	2,121	2,254
家族 (38)	1,109	840	1,375	2,302	1,096	945	1,958	1,709
雇用 (39)	90	5	174	41	63	310	163	545
間接労働費 (40)	84	116	53	64	46	56	82	74
家族 (41)	82	116	49	64	45	45	82	63
雇用 (42)	2	-	4	-	1	11	-	11
費用合計 (43)	8,428	8,487	8,364	10,177	6,349	7,943	10,576	12,542
購入（支払） (44)	5,868	6,360	5,376	6,201	3,887	5,788	6,537	8,968
自給 (45)	1,249	987	1,510	2,435	1,222	994	2,276	1,773
償却 (46)	1,311	1,140	1,478	1,541	1,240	1,161	1,763	1,801
副産物価額 (47)	140	254	24	44	21	6	11	30
生産費（副産物価額差引） (48)	8,288	8,233	8,340	10,133	6,328	7,937	10,565	12,512
支払利子 (49)	43	71	14	19	7	10	6	10
支払地代 (50)	629	289	969	1,766	932	956	959	835
支払利子・地代算入生産費 (51)	8,960	8,593	9,323	11,918	7,267	8,903	11,530	13,357
自己資本利子 (52)	280	220	340	365	267	290	451	478
自作地地代 (53)	914	1,630	200	1,756	144	45	193	527
資本利子・地代全額算入生産費（全算入生産費） (54)	10,154	10,443	9,863	14,039	7,678	9,238	12,174	14,362

麦類生産費・小麦・全国農業地域別（田作・畑作）

単位：円

		畑				作				
四国	九州	全国	北海道	都府県	東北	関東・東山	東海	四国	九州	
(9)	(10)	(11)	(12)	(13)	(14)	(15)	(16)	(17)	(18)	
8,120	7,900	7,226	7,251	5,507	x	5,121	-	x	x	(1)
512	644	387	384	675	x	636	-	x	x	(2)
493	492	386	384	620	x	577	-	x	x	(3)
19	152	1	-	55	x	59	-	x	x	(4)
1,348	1,825	1,501	1,507	1,145	x	1,104	-	x	x	(5)
1,348	1,817	1,482	1,488	1,143	x	1,103	-	x	x	(6)
-	8	19	19	2	x	1	-	x	x	(7)
848	740	788	793	381	x	395	-	x	x	(8)
345	359	227	225	320	x	325	-	x	x	(9)
345	359	227	225	320	x	325	-	x	x	(10)
-	-	-	-	-	x	-	-	x	x	(11)
1	0	69	70	1	x	1	-	x	x	(12)
1	0	69	70	1	x	1	-	x	x	(13)
-	-	-	-	-	x	-	-	x	x	(14)
17	44	30	29	77	x	67	-	x	x	(15)
1,003	1,519	2,414	2,432	1,015	x	988	-	x	x	(16)
206	150	208	210	140	x	121	-	x	x	(17)
293	226	129	129	104	x	108	-	x	x	(18)
287	147	96	96	77	x	78	-	x	x	(19)
6	79	33	33	27	x	30	-	x	x	(20)
6	79	33	33	27	x	30	-	x	x	(21)
-	-	-	-	-	x	-	-	x	x	(22)
377	147	185	184	260	x	127	-	x	x	(23)
209	52	74	74	78	x	35	-	x	x	(24)
168	95	111	110	182	x	92	-	x	x	(25)
168	95	111	110	182	x	92	-	x	x	(26)
-	-	-	-	-	x	-	-	x	x	(27)
3,160	2,220	1,240	1,239	1,374	x	1,232	-	x	x	(28)
2,729	1,619	768	767	885	x	953	-	x	x	(29)
431	601	472	472	489	x	279	-	x	x	(30)
431	601	472	472	489	x	279	-	x	x	(31)
-	-	-	-	-	x	-	-	x	x	(32)
10	26	48	49	15	x	17	-	x	x	(33)
2	0	0	0	-	x	-	-	x	x	(34)
8	26	48	49	15	x	17	-	x	x	(35)
2,150	2,064	641	624	1,722	x	1,684	-	x	x	(36)
2,110	2,015	577	560	1,668	x	1,639	-	x	x	(37)
2,090	1,859	562	547	1,556	x	1,516	-	x	x	(38)
20	156	15	13	112	x	123	-	x	x	(39)
40	49	64	64	54	x	45	-	x	x	(40)
40	48	64	64	54	x	45	-	x	x	(41)
-	1	0	0	-	x	-	-	x	x	(42)
10,270	9,964	7,867	7,875	7,229	x	6,805	-	x	x	(43)
4,894	6,079	6,283	6,308	4,522	x	4,118	-	x	x	(44)
2,149	2,067	646	630	1,667	x	1,621	-	x	x	(45)
3,227	1,818	938	937	1,040	x	1,066	-	x	x	(46)
39	49	562	569	41	x	43	-	x	x	(47)
10,231	9,915	7,305	7,306	7,188	x	6,762	-	x	x	(48)
13	27	29	29	-	x	-	-	x	x	(49)
670	994	317	307	1,166	x	1,198	-	x	x	(50)
10,914	10,936	7,651	7,642	8,354	x	7,960	-	x	x	(51)
756	394	258	258	294	x	294	-	x	x	(52)
65	311	854	862	227	x	165	-	x	x	(53)
11,735	11,641	8,763	8,762	8,875	x	8,419	-	x	x	(54)

麦類生産費・小麦・全国農業地域別（田作・畑作）

(1) 小麦の全国・全国農業地域別生産費（続き）
イ 田畑別（続き）
(エ) 小麦の作業別労働時間

区分		田作							
		全国	北海道	都府県	東北	関東・東山	東海	近畿	中国
		(1)	(2)	(3)	(4)	(5)	(6)	(7)	(8)
投下労働時間（10a当たり）	(1)	5.00	4.25	5.49	6.86	4.98	4.70	5.62	5.45
家族	(2)	4.59	4.23	4.82	6.70	4.61	3.48	5.08	4.18
雇用	(3)	0.41	0.02	0.67	0.16	0.37	1.22	0.54	1.27
直接労働時間	(4)	4.68	3.74	5.32	6.67	4.79	4.52	5.41	5.27
家族	(5)	4.28	3.72	4.66	6.51	4.43	3.33	4.87	4.02
男	(6)	3.78	3.36	4.08	5.33	3.85	2.99	4.22	3.29
女	(7)	0.50	0.36	0.58	1.18	0.58	0.34	0.65	0.73
雇用	(8)	0.40	0.02	0.66	0.16	0.36	1.19	0.54	1.25
男	(9)	0.40	0.02	0.65	0.16	0.35	1.16	0.53	1.18
女	(10)	0.00	-	0.01	0.00	0.01	0.03	0.01	0.07
間接労働時間	(11)	0.32	0.51	0.17	0.19	0.19	0.18	0.21	0.18
男	(12)	0.30	0.48	0.16	0.18	0.18	0.17	0.20	0.17
女	(13)	0.02	0.03	0.01	0.01	0.01	0.01	0.01	0.01
投下労働時間（60kg当たり）	(14)	0.78	0.57	1.03	1.70	0.76	0.70	1.32	1.51
家族	(15)	0.73	0.57	0.92	1.67	0.73	0.52	1.20	1.15
雇用	(16)	0.05	0.00	0.11	0.03	0.03	0.18	0.12	0.36
直接労働時間	(17)	0.73	0.50	1.00	1.66	0.73	0.68	1.27	1.46
家族	(18)	0.68	0.50	0.89	1.63	0.70	0.50	1.15	1.11
男	(19)	0.61	0.45	0.77	1.34	0.61	0.45	1.00	0.91
女	(20)	0.07	0.05	0.12	0.29	0.09	0.05	0.15	0.20
雇用	(21)	0.05	0.00	0.11	0.03	0.03	0.18	0.12	0.35
男	(22)	0.05	0.00	0.11	0.03	0.03	0.18	0.12	0.33
女	(23)	0.00	-	0.00	0.00	0.00	0.00	0.00	0.02
間接労働時間	(24)	0.05	0.07	0.03	0.04	0.03	0.02	0.05	0.05
男	(25)	0.05	0.07	0.03	0.04	0.03	0.02	0.05	0.05
女	(26)	0.00	0.00	0.00	0.00	0.00	0.00	0.00	0.00
作業別直接労働時間（10a当たり）合計	(27)	4.68	3.74	5.32	6.67	4.79	4.52	5.41	5.27
種子予措	(28)	0.05	0.02	0.07	0.03	0.05	0.05	0.11	0.04
耕起整地	(29)	0.78	0.68	0.86	1.41	0.91	0.69	1.08	0.89
基肥	(30)	0.35	0.19	0.46	0.51	0.46	0.45	0.41	0.47
は種	(31)	0.42	0.23	0.53	0.64	0.54	0.51	0.53	0.52
追肥	(32)	0.33	0.34	0.33	0.42	0.18	0.33	0.27	0.34
中耕除草	(33)	0.50	0.33	0.61	1.08	0.42	0.35	0.47	0.70
麦踏み	(34)	0.15	0.00	0.25	0.02	0.34	0.01	-	0.17
管理	(35)	0.75	0.53	0.91	1.27	0.55	0.98	1.49	0.90
防除	(36)	0.33	0.50	0.19	0.22	0.12	0.14	0.15	0.25
刈取脱穀	(37)	0.69	0.49	0.84	0.83	0.84	0.81	0.77	0.73
乾燥	(38)	0.19	0.25	0.15	0.10	0.29	0.03	0.03	0.15
生産管理	(39)	0.14	0.18	0.12	0.14	0.09	0.17	0.10	0.11
うち家族									
種子予措	(40)	0.05	0.02	0.06	0.03	0.05	0.04	0.11	0.04
耕起整地	(41)	0.71	0.67	0.75	1.41	0.85	0.51	0.92	0.59
基肥	(42)	0.31	0.19	0.40	0.50	0.43	0.30	0.38	0.34
は種	(43)	0.37	0.22	0.46	0.63	0.51	0.36	0.48	0.43
追肥	(44)	0.31	0.34	0.29	0.42	0.17	0.23	0.26	0.25
中耕除草	(45)	0.47	0.33	0.56	1.08	0.39	0.28	0.38	0.58
麦踏み	(46)	0.14	0.00	0.24	0.02	0.32	0.01	-	0.17
管理	(47)	0.68	0.53	0.79	1.18	0.50	0.74	1.40	0.63
防除	(48)	0.31	0.50	0.16	0.21	0.09	0.09	0.14	0.23
刈取脱穀	(49)	0.61	0.49	0.70	0.79	0.76	0.58	0.67	0.54
乾燥	(50)	0.18	0.25	0.13	0.10	0.27	0.02	0.03	0.11
生産管理	(51)	0.14	0.18	0.12	0.14	0.09	0.17	0.10	0.11

麦類生産費・小麦・全国農業地域別（田作・畑作）

単位：時間

		畑				作				
四国	九州	全国	北海道	都府県	東北	関東・東山	東海	四国	九州	
(9)	(10)	(11)	(12)	(13)	(14)	(15)	(16)	(17)	(18)	
7.52	6.22	2.81	2.70	5.17	x	5.17	-	x	x	(1)
7.44	5.67	2.73	2.65	4.70	x	4.64	-	x	x	(2)
0.08	0.55	0.08	0.05	0.47	x	0.53	-	x	x	(3)
7.38	6.08	2.52	2.41	5.01	x	5.04	-	x	x	(4)
7.30	5.53	2.44	2.36	4.54	x	4.51	-	x	x	(5)
6.22	4.87	2.24	2.19	3.84	x	3.79	-	x	x	(6)
1.08	0.66	0.20	0.17	0.70	x	0.72	-	x	x	(7)
0.08	0.55	0.08	0.05	0.47	x	0.53	-	x	x	(8)
0.08	0.55	0.07	0.04	0.32	x	0.36	-	x	x	(9)
-	0.00	0.01	0.01	0.15	x	0.17	-	x	x	(10)
0.14	0.14	0.29	0.29	0.16	x	0.13	-	x	x	(11)
0.13	0.14	0.27	0.27	0.14	x	0.12	-	x	x	(12)
0.01	0.00	0.02	0.02	0.02	x	0.01	-	x	x	(13)
1.35	1.41	0.36	0.36	1.08	x	1.06	-	x	x	(14)
1.33	1.29	0.36	0.36	0.99	x	0.95	-	x	x	(15)
0.02	0.12	0.00	0.00	0.09	x	0.11	-	x	x	(16)
1.33	1.38	0.32	0.32	1.05	x	1.03	-	x	x	(17)
1.31	1.26	0.32	0.32	0.96	x	0.92	-	x	x	(18)
1.12	1.11	0.31	0.31	0.82	x	0.79	-	x	x	(19)
0.19	0.15	0.01	0.01	0.14	x	0.13	-	x	x	(20)
0.02	0.12	0.00	0.00	0.09	x	0.11	-	x	x	(21)
0.02	0.12	0.00	0.00	0.06	x	0.07	-	x	x	(22)
-	0.00	0.00	0.00	0.03	x	0.04	-	x	x	(23)
0.02	0.03	0.04	0.04	0.03	x	0.03	-	x	x	(24)
0.02	0.03	0.04	0.04	0.03	x	0.03	-	x	x	(25)
0.00	0.00	0.00	0.00	0.00	x	0.00	-	x	x	(26)
7.38	6.08	2.52	2.41	5.01	x	5.04	-	x	x	(27)
0.01	0.10	0.00	0.00	0.05	x	0.05	-	x	x	(28)
0.92	0.85	0.48	0.46	1.00	x	1.03	-	x	x	(29)
0.54	0.47	0.18	0.17	0.52	x	0.52	-	x	x	(30)
0.54	0.57	0.20	0.19	0.63	x	0.61	-	x	x	(31)
0.60	0.42	0.22	0.22	0.09	x	0.07	-	x	x	(32)
1.38	0.89	0.20	0.17	0.79	x	0.83	-	x	x	(33)
0.13	0.45	0.02	0.01	0.35	x	0.39	-	x	x	(34)
1.40	0.91	0.31	0.30	0.51	x	0.44	-	x	x	(35)
0.31	0.30	0.38	0.38	0.05	x	0.05	-	x	x	(36)
1.27	0.85	0.30	0.28	0.78	x	0.81	-	x	x	(37)
0.14	0.16	0.02	0.02	0.11	x	0.13	-	x	x	(38)
0.14	0.11	0.21	0.21	0.13	x	0.11	-	x	x	(39)
0.01	0.09	0.00	0.00	0.05	x	0.05	-	x	x	(40)
0.92	0.77	0.46	0.45	0.89	x	0.90	-	x	x	(41)
0.54	0.43	0.18	0.17	0.50	x	0.50	-	x	x	(42)
0.54	0.51	0.20	0.19	0.62	x	0.60	-	x	x	(43)
0.60	0.39	0.21	0.21	0.09	x	0.07	-	x	x	(44)
1.37	0.84	0.19	0.17	0.56	x	0.57	-	x	x	(45)
0.13	0.43	0.02	0.01	0.35	x	0.39	-	x	x	(46)
1.37	0.82	0.31	0.30	0.46	x	0.39	-	x	x	(47)
0.30	0.28	0.36	0.36	0.05	x	0.05	-	x	x	(48)
1.24	0.72	0.28	0.27	0.73	x	0.75	-	x	x	(49)
0.14	0.14	0.02	0.02	0.11	x	0.13	-	x	x	(50)
0.14	0.11	0.21	0.21	0.13	x	0.11	-	x	x	(51)

麦類生産費・小麦・全国農業地域別（田作・畑作）

(1)　小麦の全国・全国農業地域別生産費（続き）
イ　田畑別（続き）
(ｵ)　原単位量〔10ａ当たり〕

区分		単位	田作							
			全国	北海道	都府県	東北	関東・東山	東海	近畿	中国
			(1)	(2)	(3)	(4)	(5)	(6)	(7)	(8)
種苗費	(1)	－	－	－	－	－	－	－	－	－
種子　購入	(2)	kg	8.2	9.4	7.3	9.5	7.4	9.1	5.0	7.7
種子　自給	(3)	〃	1.8	1.6	1.9	0.8	1.9	0.2	4.7	0.1
肥料費	(4)	－	－	－	－	－	－	－	－	－
窒素質　硫安	(5)	kg	12.5	19.0	7.7	6.5	6.8	9.2	7.0	6.8
窒素質　尿素	(6)	〃	2.8	4.4	1.6	5.0	0.4	3.1	1.6	3.4
窒素質　石灰窒素	(7)	〃	2.5	5.5	0.2	－	0.1	0.7	－	1.1
りん酸質　過りん酸石灰	(8)	〃	0.5	0.8	0.3	－	0.3	－	3.3	－
りん酸質　よう成りん肥	(9)	〃	0.1	0.0	0.1	－	0.3	－	1.0	－
りん酸質　重焼りん肥	(10)	〃	－	－	－	－	－	－	－	－
カリ質　塩化カリ	(11)	〃	－	－	－	－	－	－	－	－
カリ質　硫酸カリ	(12)	〃	－	－	－	－	－	－	－	－
けいカル	(13)	〃	0.9	－	1.6	－	2.0	0.8	－	0.1
炭酸カルシウム（石灰を含む。）	(14)	〃	19.0	10.4	25.3	6.1	11.3	38.7	30.7	0.4
けい酸石灰	(15)	〃	0.3	－	0.4	－	0.0	－	－	2.1
複合肥料　高成分化成	(16)	〃	39.0	26.8	48.0	31.1	52.1	52.0	53.5	45.7
複合肥料　低成分化成	(17)	〃	1.4	2.0	1.0	－	0.6	0.8	0.0	－
複合肥料　配合肥料	(18)	〃	29.5	56.1	9.8	2.3	5.6	7.9	0.1	－
複合肥料　固形肥料	(19)	〃	－	－	－	－	－	－	－	－
土壌改良資材	(20)	－	－	－	－	－	－	－	－	－
たい肥・きゅう肥	(21)	kg	52.8	82.3	31.0	170.4	15.2	51.7	－	112.5
その他	(22)	－	－	－	－	－	－	－	－	－
自給肥料　たい肥	(23)	kg	32.2	56.3	14.4	34.3	32.7	－	－	－
自給肥料　きゅう肥	(24)	〃	0.2	－	0.4	－	－	－	－	－
自給肥料　稲・麦わら	(25)	〃	－	－	－	－	－	－	－	－
自給肥料　その他	(26)	－	－	－	－	－	－	－	－	－
農業薬剤費	(27)	－	－	－	－	－	－	－	－	－
殺虫剤	(28)	－	－	－	－	－	－	－	－	－
殺菌剤	(29)	－	－	－	－	－	－	－	－	－
殺虫殺菌剤	(30)	－	－	－	－	－	－	－	－	－
除草剤	(31)	－	－	－	－	－	－	－	－	－
その他	(32)	－	－	－	－	－	－	－	－	－
光熱動力費	(33)	－	－	－	－	－	－	－	－	－
動力燃料　重油	(34)	L	－	－	－	－	－	－	－	－
動力燃料　軽油	(35)	〃	14.0	17.4	11.5	11.4	12.2	11.3	8.9	10.7
動力燃料　灯油	(36)	〃	3.1	4.8	1.8	0.8	4.3	0.9	1.4	0.8
動力燃料　ガソリン	(37)	〃	2.3	2.7	1.9	1.9	1.5	2.1	1.9	1.8
動力燃料　潤滑油	(38)	〃	0.2	0.3	0.2	0.2	0.3	0.1	0.1	0.1
動力燃料　混合油	(39)	〃	0.1	－	0.2	0.4	0.1	0.1	0.5	0.3
電力料	(40)	－	－	－	－	－	－	－	－	－
その他	(41)	－	－	－	－	－	－	－	－	－
自給	(42)	－	－	－	－	－	－	－	－	－

麦類生産費・小麦・全国農業地域別（田作・畑作）

四国	九州	畑作 全国	北海道	都府県	東北	関東・東山	東海	四国	九州	
(9)	(10)	(11)	(12)	(13)	(14)	(15)	(16)	(17)	(18)	
–	–	–	–	–	–	–	–	–	–	(1)
7.9	6.1	10.2	10.2	8.4	x	7.7	–	x	x	(2)
0.6	2.9	0.0	–	1.1	x	1.2	–	x	x	(3)
–	–	–	–	–	–	–	–	–	–	(4)
0.1	8.2	36.5	37.2	2.8	x	0.8	–	x	x	(5)
–	1.2	8.9	9.1	0.2	x	0.2	–	x	x	(6)
0.4	0.0	0.3	0.3	0.0	x	0.0	–	x	x	(7)
–	–	–	–	–	x	–	–	x	x	(8)
–	–	0.3	0.3	0.1	x	0.1	–	x	x	(9)
–	–	–	–	–	x	–	–	x	x	(10)
–	–	0.0	0.0	–	x	–	–	x	x	(11)
–	–	–	–	–	x	–	–	x	x	(12)
3.4	2.4	–	–	–	x	–	–	x	x	(13)
8.5	28.0	20.2	20.0	33.2	x	34.2	–	x	x	(14)
–	1.2	–	–	–	x	–	–	x	x	(15)
75.6	39.9	9.2	8.6	42.9	x	43.6	–	x	x	(16)
–	1.9	2.4	2.5	0.0	x	0.0	–	x	x	(17)
–	18.6	58.4	59.5	0.8	x	0.9	–	x	x	(18)
–	–	–	–	–	x	–	–	x	x	(19)
–	–	–	–	–	–	–	–	–	–	(20)
2.6	20.1	234.0	237.4	60.2	x	53.8	–	x	x	(21)
–	–	–	–	–	–	–	–	–	–	(22)
–	15.8	20.2	20.6	–	x	–	–	x	x	(23)
–	1.0	10.3	10.5	–	x	–	–	x	x	(24)
–	–	–	–	–	x	–	–	x	x	(25)
–	–	–	–	–	–	–	–	–	–	(26)
–	–	–	–	–	–	–	–	–	–	(27)
–	–	–	–	–	–	–	–	–	–	(28)
–	–	–	–	–	–	–	–	–	–	(29)
–	–	–	–	–	–	–	–	–	–	(30)
–	–	–	–	–	–	–	–	–	–	(31)
–	–	–	–	–	–	–	–	–	–	(32)
–	–	–	–	–	–	–	–	–	–	(33)
–	–	–	–	–	x	–	–	x	x	(34)
13.0	11.6	13.9	14.0	9.5	x	9.8	–	x	x	(35)
2.6	1.0	0.9	0.9	3.0	x	3.4	–	x	x	(36)
2.8	2.0	1.1	1.1	1.5	x	1.5	–	x	x	(37)
0.3	0.2	0.3	0.3	0.2	x	0.3	–	x	x	(38)
0.2	0.3	0.0	0.0	0.1	x	0.1	–	x	x	(39)
–	–	–	–	–	–	–	–	–	–	(40)
–	–	–	–	–	–	–	–	–	–	(41)
–	–	–	–	–	–	–	–	–	–	(42)

麦類生産費・小麦・全国農業地域別（田作・畑作）

(1) 小麦の全国・全国農業地域別生産費（続き）
イ 田畑別（続き）
(オ) 原単位量〔10a当たり〕（続き）

区分	単位	田作							
		全国	北海道	都府県	東北	関東・東山	東海	近畿	中国
		(1)	(2)	(3)	(4)	(5)	(6)	(7)	(8)
その他の諸材料費 (43)	-	-	-	-	-	-	-	-	-
ビニールシート (44)	㎡	-	-	-	-	-	-	-	-
ポリエチレン (45)	〃	-	-	-	-	-	-	-	-
なわ (46)	kg	-	-	-	-	-	-	-	-
融雪剤 (47)	〃	14.5	34.1	-	-	-	-	-	-
その他 (48)	-	-	-	-	-	-	-	-	-
自給 (49)	-	-	-	-	-	-	-	-	-
土地改良及び水利費 (50)	-	-	-	-	-	-	-	-	-
土地改良区費 維持負担金 (51)	-	-	-	-	-	-	-	-	-
償還金 (52)	-	-	-	-	-	-	-	-	-
その他 (53)	-	-	-	-	-	-	-	-	-
賃借料及び料金 (54)	-	-	-	-	-	-	-	-	-
共同負担金 薬剤散布 (55)	-	-	-	-	-	-	-	-	-
共同施設負担 (56)	-	-	-	-	-	-	-	-	-
農機具借料 (57)	-	-	-	-	-	-	-	-	-
航空防除費 (58)	a	3.4	3.6	3.2	-	2.7	4.5	4.4	5.8
賃耕料 (59)	〃	0.0	-	0.0	0.4	0.1	-	-	-
は種・定植 (60)	〃	1.0	2.4	0.0	0.4	0.1	-	0.0	0.0
収穫請負わせ賃 (61)	〃	1.8	3.6	0.5	0.7	0.9	0.1	0.3	0.4
ライスセンター費 (62)	kg	169.8	306.0	69.1	38.1	117.1	46.4	8.6	92.8
カントリーエレベータ費 (63)	〃	205.5	199.1	210.2	159.6	159.1	316.0	258.6	91.4
その他 (64)	-	-	-	-	-	-	-	-	-

麦類生産費・小麦・全国農業地域別（田作・畑作）

		畑　　　　　　　　　　　　　作								
四　国	九　州	全　国	北海道	都府県	東　北	関東・東山	東　海	四　国	九　州	
(9)	(10)	(11)	(12)	(13)	(14)	(15)	(16)	(17)	(18)	
-	-	-	-	-	-	-	-	-	-	(43)
-	-	-	-	-	x	-	-	x	x	(44)
-	-	-	-	-	x	-	-	x	x	(45)
-	-	-	-	-	x	-	-	x	x	(46)
-	-	21.8	22.3	-	x	-	-	x	x	(47)
-	-	-	-	-	-	-	-	-	-	(48)
-	-	-	-	-	-	-	-	-	-	(49)
-	-	-	-	-	-	-	-	-	-	(50)
-	-	-	-	-	-	-	-	-	-	(51)
-	-	-	-	-	-	-	-	-	-	(52)
-	-	-	-	-	-	-	-	-	-	(53)
-	-	-	-	-	-	-	-	-	-	(54)
-	-	-	-	-	-	-	-	-	-	(55)
-	-	-	-	-	-	-	-	-	-	(56)
-	-	-	-	-	-	-	-	-	-	(57)
0.4	2.8	0.8	0.8	0.5	x	0.6	-	x	x	(58)
0.1	-	0.3	0.3	0.0	x	0.1	-	x	x	(59)
0.2	-	0.3	0.3	-	x	-	-	x	x	(60)
0.3	0.6	7.0	7.2	0.0	x	0.0	-	x	x	(61)
0.8	73.8	53.8	53.1	94.3	x	107.3	-	x	x	(62)
276.3	156.6	471.1	478.6	85.5	x	66.9	-	x	x	(63)
-	-	-	-	-	-	-	-	-	-	(64)

麦類生産費・小麦・全国農業地域別（田作・畑作）

(1) 小麦の全国・全国農業地域別生産費（続き）
イ 田畑別（続き）
(カ) 原単位評価額〔10a当たり〕

区分		田作							
		全国	北海道	都府県	東北	関東・東山	東海	近畿	中国
		(1)	(2)	(3)	(4)	(5)	(6)	(7)	(8)
種苗費	(1)	3,096	3,133	3,069	2,909	3,184	3,409	2,943	2,998
種子									
購入	(2)	2,826	3,074	2,643	2,699	2,742	3,383	1,922	2,995
自給	(3)	270	59	426	210	442	26	1,021	3
肥料費	(4)	9,417	11,195	8,103	5,979	6,532	9,606	9,662	9,443
窒素質									
硫安	(5)	702	1,054	442	608	370	494	414	411
尿素	(6)	252	336	191	464	36	438	149	498
石灰窒素	(7)	121	233	39	-	9	121	-	167
りん酸質									
過リン酸石灰	(8)	36	56	21	-	27	-	189	-
よう成リン肥	(9)	6	1	9	-	13	-	80	-
重焼リン肥	(10)	-	-	-	-	-	-	-	-
カリ質									
塩化カリ	(11)								
硫酸カリ	(12)								
けい カル	(13)	29	-	50	-	65	20	-	4
炭酸カルシウム（石灰を含む。）	(14)	554	294	746	177	387	1,154	754	16
けい酸石灰	(15)	6	-	11	-	2	-	-	100
複合肥料									
高成分化成	(16)	3,974	2,888	4,777	3,232	4,429	5,079	7,695	6,912
低成分化成	(17)	127	146	113	-	50	70	5	-
配合肥料	(18)	2,652	4,701	1,137	259	707	1,370	5	-
固形肥料	(19)	-	-	-	-	-	-	-	-
土壌改良資材	(20)	332	354	315	152	207	719	371	842
たい肥・きゅう肥	(21)	189	275	125	252	135	120	-	493
その他	(22)	348	688	97	766	27	21	-	-
自給肥料									
たい肥	(23)	80	148	30	69	68	-	-	-
きゅう肥	(24)	0	-	0	-	-	-	-	-
稲・麦わら	(25)	-	-	-	-	-	-	-	-
その他	(26)	9	21	-	-	-	-	-	-
農業薬剤費	(27)	4,170	6,146	2,711	2,326	2,081	2,456	2,562	4,164
殺虫剤	(28)	172	375	22	54	24	-	-	-
殺菌剤	(29)	1,407	2,494	604	495	377	619	558	1,344
殺虫殺菌剤	(30)	13	13	14	-	56	-	-	-
除草剤	(31)	2,304	2,711	2,003	1,774	1,623	1,829	1,866	2,795
その他	(32)	274	553	68	3	1	8	138	25
光熱動力費	(33)	2,072	2,619	1,668	1,601	1,945	1,625	1,370	1,377
動力燃料									
重油	(34)	-	-	-	-	-	-	-	-
軽油	(35)	1,169	1,316	1,060	1,003	1,169	1,118	817	926
灯油	(36)	199	293	129	41	294	65	116	59
ガソリン	(37)	265	315	229	237	175	254	239	217
潤滑油	(38)	127	141	117	115	135	113	88	37
混合油	(39)	21	-	36	79	15	18	81	48
電力料	(40)	282	542	91	126	152	50	29	71
その他	(41)	9	12	6	-	5	7	-	19
自給	(42)	-	-	-	-	-	-	-	-

麦類生産費・小麦・全国農業地域別（田作・畑作）

単位：円

		畑				作				
四国	九州	全国	北海道	都府県	東北	関東・東山	東海	四国	九州	
(9)	(10)	(11)	(12)	(13)	(14)	(15)	(16)	(17)	(18)	
2,820	2,789	2,772	2,764	3,149	x	3,047	-	x	x	(1)
2,717	2,132	2,767	2,764	2,892	x	2,766	-	x	x	(2)
103	657	5	-	257	x	281	-	x	x	(3)
7,425	7,915	10,756	10,861	5,332	x	5,286	-	x	x	(4)
5	486	1,916	1,950	138	x	42	-	x	x	(5)
-	99	664	676	17	x	18	-	x	x	(6)
55	2	31	32	3	x	3	-	x	x	(7)
-	-	-	-	-	x	-	-	x	x	(8)
-	-	20	20	11	x	13	-	x	x	(9)
-	-	-	-	-	x	-	-	x	x	(10)
-	-	0	0	-	x	-	-	x	x	(11)
-	-	-	-	-	x	-	-	x	x	(12)
165	70	-	-	-	x	-	-	x	x	(13)
243	810	383	371	1,011	x	1,011	-	x	x	(14)
-	28	-	-	-	x	-	-	x	x	(15)
6,947	3,990	883	829	3,672	x	3,690	-	x	x	(16)
-	241	203	207	4	x	4	-	x	x	(17)
-	1,751	5,205	5,303	134	x	153	-	x	x	(18)
-	-	-	-	-	x	-	-	x	x	(19)
-	88	3	2	60	x	68	-	x	x	(20)
10	136	310	311	262	x	266	-	x	x	(21)
-	180	1,005	1,024	10	x	11	-	x	x	(22)
-	34	25	26	-	x	-	-	x	x	(23)
-	0	41	42	-	x	-	-	x	x	(24)
-	-	-	-	-	x	-	-	x	x	(25)
-	-	67	68	10	x	7	-	x	x	(26)
4,670	3,206	5,641	5,716	1,773	x	1,889	-	x	x	(27)
5	42	171	174	2	x	3	-	x	x	(28)
411	767	2,892	2,945	130	x	138	-	x	x	(29)
4	-	-	-	-	x	-	-	x	x	(30)
4,238	2,237	2,103	2,112	1,641	x	1,748	-	x	x	(31)
12	160	475	485	0	x	0	-	x	x	(32)
1,905	1,562	1,626	1,629	1,490	x	1,558	-	x	x	(33)
-	-	-	-	-	x	-	-	x	x	(34)
1,057	1,002	1,092	1,096	888	x	917	-	x	x	(35)
170	70	57	54	202	x	230	-	x	x	(36)
335	235	126	125	185	x	179	-	x	x	(37)
140	113	122	122	113	x	128	-	x	x	(38)
23	52	1	1	18	x	9	-	x	x	(39)
161	84	176	178	83	x	94	-	x	x	(40)
19	6	52	53	1	x	1	-	x	x	(41)
-	-	-	-	-	x	-	-	x	x	(42)

麦類生産費・小麦・全国農業地域別（田作・畑作）

(1) 小麦の全国・全国農業地域別生産費（続き）
イ　田畑別（続き）
(カ) 原単位評価額〔10a当たり〕（続き）

区分	田作							
	全国	北海道	都府県	東北	関東・東山	東海	近畿	中国
	(1)	(2)	(3)	(4)	(5)	(6)	(7)	(8)
その他の諸材料費 (43)	398	929	6	-	19	-	-	60
ビニールシート (44)	-	-	-	-	-	-	-	-
ポリエチレン (45)	-	-	-	-	-	-	-	-
なわ (46)	-	-	-	-	-	-	-	-
融雪剤 (47)	355	836	-	-	-	-	-	-
その他 (48)	43	93	6	-	19	-	-	60
自給 (49)	-	-	-	-	-	-	-	-
土地改良及び水利費 (50)	1,839	3,758	420	1,674	593	444	457	153
土地改良区費								
維持負担金 (51)	1,472	2,929	395	1,466	589	430	434	111
償還金 (52)	348	799	15	208	2	1	19	26
その他 (53)	19	30	10	-	2	13	4	16
賃借料及び料金 (54)	9,087	11,232	7,500	5,544	6,791	9,497	8,266	8,492
共同負担金								
薬剤散布 (55)	27	-	47	109	13	-	-	-
共同施設負担 (56)	49	3	82	-	90	-	51	27
農機具借料 (57)	919	901	932	210	1,101	1,286	218	471
航空防除費 (58)	658	604	699	-	489	1,039	1,079	1,126
賃耕料 (59)	9	-	15	109	35	-	-	-
は種・定植 (60)	191	426	17	65	45	-	35	8
収穫請負わせ賃 (61)	995	1,844	367	493	715	67	337	294
ライスセンター費 (62)	2,594	4,372	1,279	995	1,951	948	215	2,192
カントリーエレベータ費 (63)	3,207	2,225	3,933	3,557	2,243	6,048	6,319	2,123
その他 (64)	438	857	129	6	109	109	12	2,251
物件税及び公課諸負担 (65)	1,134	1,784	654	1,174	597	614	609	669
物件税 (66)	461	677	302	449	272	334	261	279
公課諸負担 (67)	673	1,107	352	725	325	280	348	390
建物費 (68)	1,105	1,243	1,006	1,737	840	942	1,381	711
償却								
住家 (69)	5	-	10	10	3	6	0	12
納屋・倉庫 (70)	572	687	488	53	251	431	789	552
用水路 (71)	2	4	-	-	-	-	-	-
暗きょ排水施設 (72)	76	176	2	-	-	-	-	-
コンクリートけい畔 (73)	2	-	3	-	-	-	1	-
客土 (74)	0	1	-	-	-	-	-	-
たい肥盤 (75)	-	-	-	-	-	-	-	-
その他 (76)	219	184	246	273	422	321	489	107
修繕費及び購入補充費 (77)	229	191	257	1,401	164	184	102	40

麦類生産費・小麦・全国農業地域別（田作・畑作）

単位：円

		畑 作								
四 国	九 州	全 国	北海道	都府県	東 北	関東・東山	東 海	四 国	九 州	
(9)	(10)	(11)	(12)	(13)	(14)	(15)	(16)	(17)	(18)	
4	0	489	498	4	x	4	-	x	x	(43)
-	-	-	-	-	x	-	-	x	x	(44)
-	-	-	-	-	x	-	-	x	x	(45)
-	-	-	-	-	x	-	-	x	x	(46)
-	-	485	494	-	x	-	-	x	x	(47)
4	0	4	4	4	x	4	-	x	x	(48)
-	-	-	-	-	x	-	-	x	x	(49)
96	193	216	215	360	x	324	-	x	x	(50)
96	158	156	153	341	x	318	-	x	x	(51)
-	18	44	45	19	x	6	-	x	x	(52)
-	17	16	17	-	x	-	-	x	x	(53)
5,526	6,592	17,294	17,536	4,729	x	4,734	-	x	x	(54)
-	119	56	57	-	x	-	-	x	x	(55)
-	166	897	914	-	x	-	-	x	x	(56)
318	834	1,335	1,346	761	x	865	-	x	x	(57)
135	595	153	154	79	x	90	-	x	x	(58)
99	-	61	61	49	x	56	-	x	x	(59)
41	-	23	23	-	x	-	-	x	x	(60)
127	369	3,192	3,252	87	x	99	-	x	x	(61)
14	1,397	985	962	2,179	x	2,478	-	x	x	(62)
4,729	2,991	9,723	9,881	1,561	x	1,131	-	x	x	(63)
63	121	869	886	13	x	15	-	x	x	(64)
1,130	648	1,492	1,508	648	x	590	-	x	x	(65)
642	266	503	507	271	x	267	-	x	x	(66)
488	382	989	1,001	377	x	323	-	x	x	(67)
1,615	980	920	928	484	x	521	-	x	x	(68)
24	18	62	62	43	x	49	-	x	x	(69)
1,543	577	327	330	139	x	153	-	x	x	(70)
-	-	2	2	-	x	-	-	x	x	(71)
-	7	193	197	-	x	-	-	x	x	(72)
14	7	-	-	-	x	-	-	x	x	(73)
-	-	2	2	-	x	-	-	x	x	(74)
-	-	1	1	-	x	-	-	x	x	(75)
-	28	99	98	175	x	175	-	x	x	(76)
34	343	234	236	127	x	144	-	x	x	(77)

麦類生産費・小麦・全国農業地域別（田作・畑作）

(1) 小麦の全国・全国農業地域別生産費（続き）
イ 田畑別（続き）
(カ) 原単位評価額〔10a当たり〕（続き）

区　　　　分		田作							
		全国	北海道	都府県	東北	関東・東山	東海	近畿	中国
		(1)	(2)	(3)	(4)	(5)	(6)	(7)	(8)
自　動　車　費	(78)	1,198	1,550	939	965	1,021	1,199	632	1,041
償　　　却									
四　輪　自　動　車	(79)	411	447	385	114	518	442	270	378
そ　　の　　他	(80)	-	-	-	-	-	-	-	-
修繕費及び購入補充費	(81)	787	1,103	554	851	503	757	362	663
農　機　具　費	(82)	10,193	10,489	9,972	7,400	8,872	11,525	8,156	7,682
償　　　却									
乗用型トラクタ									
20　馬　力　未　満	(83)	30	46	17	-	1	3	-	-
20　～　50	(84)	526	65	867	453	543	536	1,285	315
50　馬　力　以　上	(85)	1,771	2,205	1,451	2,151	1,775	1,389	968	705
歩　行　型　トラクタ	(86)	1	-	1	-	-	1	5	-
た　い　肥　等　散　布　機	(87)	4	-	8	-	11	-	-	-
総　合　は　種　機	(88)	147	11	247	452	245	254	166	379
移　　　植　　　機	(89)	-	-	-	-	-	-	-	-
中　耕　除　草　機	(90)	33	1	56	-	5	91	-	-
肥　料　散　布　機	(91)	100	90	108	1	32	197	39	41
動　力　噴　霧　機	(92)	197	342	90	137	39	134	0	0
動　力　散　粉　機	(93)	2	-	3	-	-	3	12	-
自脱型コンバイン									
3　条　以　下	(94)	123	-	214	-	124	120	315	300
4　条　以　上	(95)	1,322	362	2,031	849	1,992	1,534	2,394	2,750
普通型コンバイン	(96)	361	456	290	-	466	370	-	-
脱　　穀　　機	(97)	-	-	-	-	-	-	-	-
乾　　燥　　機	(98)	481	908	166	-	408	6	94	75
ト　レ　ー　ラ　ー	(99)	14	1	23	-	21	-	2	-
そ　　の　　他	(100)	1,655	2,243	1,221	1,736	979	1,459	790	859
修繕費及び購入補充費	(101)	3,426	3,759	3,179	1,621	2,231	5,428	2,086	2,258
生　産　管　理　費	(102)	258	375	171	134	60	375	132	146
償　　　却　　　費	(103)	12	24	3	0	1	5	1	34
購　　入　　費	(104)	246	351	168	134	59	370	131	112

麦類生産費・小麦・全国農業地域別（田作・畑作）

単位：円

		畑				作				
四国	九州	全国	北海道	都府県	東北	関東・東山	東海	四国	九州	
(9)	(10)	(11)	(12)	(13)	(14)	(15)	(16)	(17)	(18)	
2,074	638	1,321	1,324	1,211	x	609	-	x	x	(78)
1,150	227	527	531	364	x	170	-	x	x	(79)
-	-	-	-	-	x	-	-	x	x	(80)
924	411	794	793	847	x	439	-	x	x	(81)
17,421	9,625	8,873	8,921	6,404	x	5,904	-	x	x	(82)
34	44	0	-	0	x	0	-	x	x	(83)
1,424	1,276	9	1	414	x	469	-	x	x	(84)
2,756	1,223	2,863	2,903	770	x	876	-	x	x	(85)
3	2	-	-	-	x	-	-	x	x	(86)
-	14	28	28	-	x	-	-	x	x	(87)
449	221	465	473	22	x	15	-	x	x	(88)
-	-	-	-	-	x	-	-	x	x	(89)
-	90	8	8	2	x	2	-	x	x	(90)
167	115	298	304	8	x	8	-	x	x	(91)
487	77	352	358	37	x	42	-	x	x	(92)
-	3	-	-	-	x	-	-	x	x	(93)
1,796	205	4	-	193	x	186	-	x	x	(94)
5,744	2,112	21	-	1,098	x	1,248	-	x	x	(95)
-	229	272	260	940	x	1,069	-	x	x	(96)
-	-	-	-	-	x	-	-	x	x	(97)
187	150	90	92	21	x	22	-	x	x	(98)
-	53	1	1	38	x	43	-	x	x	(99)
2,000	1,206	1,084	1,094	582	x	585	-	x	x	(100)
2,374	2,605	3,378	3,399	2,279	x	1,339	-	x	x	(101)
56	114	348	353	71	x	80	-	x	x	(102)
13	0	3	3	-	x	-	-	x	x	(103)
43	114	345	350	71	x	80	-	x	x	(104)

麦類生産費・小麦・全国（田畑計）

(2) 小麦の作付規模別生産費
ア 全国・田畑計
(ア) 調査対象経営体の生産概要・経営概況

区分	単位	平均	0.5ha未満	0.5 ～ 1.0	1.0 ～ 2.0	2.0 ～ 3.0	3.0 ～ 5.0
		(1)	(2)	(3)	(4)	(5)	(6)
集計経営体数 (1)	経営体	530	40	36	62	46	99
労働力（1経営体当たり）							
世帯員数 (2)	人	4.3	4.2	3.8	3.2	2.9	4.0
男 (3)	〃	2.2	2.2	1.7	1.6	1.6	1.9
女 (4)	〃	2.1	2.0	2.1	1.6	1.3	2.1
家族員数 (5)	〃	4.3	4.2	3.8	3.2	2.9	4.0
男 (6)	〃	2.2	2.2	1.7	1.6	1.6	1.9
女 (7)	〃	2.1	2.0	2.1	1.6	1.3	2.1
農業就業者 (8)	〃	2.4	1.6	1.8	1.7	1.9	2.3
男 (9)	〃	1.5	1.0	1.1	1.1	1.3	1.4
女 (10)	〃	0.9	0.6	0.7	0.6	0.6	0.9
農業専従者 (11)	〃	1.8	0.9	0.9	1.3	0.8	1.9
男 (12)	〃	1.2	0.6	0.6	0.9	0.6	1.2
女 (13)	〃	0.6	0.3	0.3	0.4	0.2	0.7
土地（1経営体当たり）							
経営耕地面積 (14)	a	2,412	405	431	965	912	1,732
田 (15)	〃	857	355	403	946	703	879
畑 (16)	〃	1,547	50	28	19	209	852
普通畑 (17)	〃	1,546	50	21	18	209	851
樹園地 (18)	〃	1	0	7	1	0	1
牧草地 (19)	〃	8	-	-	-	-	1
耕地以外の土地 (20)	〃	510	57	33	32	60	1,186
小麦							
使用地面積（1経営体当たり）							
作付地 (21)	〃	758.5	29.8	70.2	146.4	259.9	387.4
自作地 (22)	〃	458.0	23.9	55.8	92.8	130.6	239.7
小作地 (23)	〃	300.5	5.9	14.4	53.6	129.3	147.7
作付地以外 (24)	〃	4.7	2.4	2.5	1.6	3.3	3.1
所有地 (25)	〃	4.5	2.4	2.5	1.6	3.3	3.0
借入地 (26)	〃	0.2	-	-	-	0.0	0.1
作付地の実勢地代（10a当たり）(27)	円	9,797	10,281	13,296	12,375	10,787	10,648
自作地 (28)	〃	9,850	10,717	13,823	13,268	13,568	10,286
小作地 (29)	〃	9,716	8,407	11,187	10,840	7,888	11,241
投下資本額（10a当たり）(30)	〃	55,052	75,543	52,041	63,136	44,115	56,675
借入資本額 (31)	〃	10,047	4,389	3,996	3,318	5,633	7,885
自己資本額 (32)	〃	45,005	71,154	48,045	59,818	38,482	48,790
固定資本額 (33)	〃	31,346	47,326	24,804	40,304	18,883	33,002
建物・構築物 (34)	〃	7,334	15,233	3,549	20,777	4,578	8,143
土地改良設備 (35)	〃	832	302	644	1	44	942
自動車 (36)	〃	1,077	1,573	4,501	1,155	736	703
農機具 (37)	〃	22,103	30,218	16,110	18,371	13,525	23,214
流動資本額 (38)	〃	20,792	18,066	17,936	18,156	20,363	19,931
労賃資本額 (39)	〃	2,914	10,151	9,301	4,676	4,869	3,742

5.0ha以上							
		7.0ha以上					
				10.0ha以上			
平均	5.0 ～ 7.0	平均	7.0 ～ 10.0	平均	10.0 ～ 15.0	15.0ha 以上	
(7)	(8)	(9)	(10)	(11)	(12)	(13)	
247	59	188	65	123	63	60	(1)
4.7	4.7	4.7	4.5	4.8	4.9	4.8	(2)
2.5	2.5	2.5	2.4	2.6	2.5	2.7	(3)
2.2	2.2	2.2	2.1	2.2	2.4	2.1	(4)
4.7	4.7	4.7	4.5	4.8	4.9	4.8	(5)
2.5	2.5	2.5	2.4	2.6	2.5	2.7	(6)
2.2	2.2	2.2	2.1	2.2	2.4	2.1	(7)
2.7	2.6	2.8	2.7	2.9	2.8	3.0	(8)
1.7	1.6	1.7	1.6	1.8	1.7	2.0	(9)
1.0	1.0	1.1	1.1	1.1	1.1	1.0	(10)
2.1	2.0	2.1	1.8	2.2	2.2	2.3	(11)
1.5	1.4	1.5	1.3	1.5	1.5	1.6	(12)
0.6	0.6	0.6	0.5	0.7	0.7	0.7	(13)
3,310	2,242	3,616	2,737	4,100	3,587	4,798	(14)
900	996	873	838	891	525	1,390	(15)
2,398	1,233	2,730	1,882	3,198	3,044	3,408	(16)
2,398	1,233	2,730	1,882	3,198	3,044	3,408	(17)
0	0	0	0	-	-	-	(18)
12	13	13	17	11	18	0	(19)
445	423	451	455	448	408	504	(20)
1,138.4	584.8	1,295.8	847.2	1,544.1	1,218.6	1,987.9	(21)
687.3	337.6	786.7	585.4	898.2	717.5	1,144.5	(22)
451.1	247.2	509.1	261.8	645.9	501.1	843.4	(23)
6.1	3.3	6.9	5.5	7.8	6.2	9.9	(24)
5.9	3.3	6.6	5.3	7.4	6.2	9.0	(25)
0.2	-	0.3	0.2	0.4	-	0.9	(26)
9,580	**10,037**	**9,521**	**9,797**	**9,436**	**9,639**	**9,269**	(27)
9,582	10,519	9,467	9,738	9,369	9,738	9,060	(28)
9,577	9,378	9,605	9,926	9,531	9,499	9,557	(29)
55,036	**46,996**	**56,067**	**54,427**	**56,565**	**56,314**	**56,774**	(30)
10,646	14,694	10,125	10,329	10,063	9,319	10,684	(31)
44,390	32,302	45,942	44,098	46,502	46,995	46,090	(32)
31,376	24,261	32,288	30,435	32,851	31,973	33,584	(33)
7,046	6,215	7,153	8,131	6,856	6,920	6,802	(34)
863	49	967	1,124	919	1,131	742	(35)
1,120	957	1,140	1,030	1,174	673	1,593	(36)
22,347	17,040	23,028	20,150	23,902	23,249	24,447	(37)
20,988	19,410	21,190	21,125	21,210	21,870	20,658	(38)
2,672	3,325	2,589	2,867	2,504	2,471	2,532	(39)

麦類生産費・小麦・全国（田畑計）

(2) 小麦の作付規模別生産費（続き）
　　ア　全国・田畑計（続き）
　　　(ア)　調査対象経営体の生産概要・経営概況（続き）

区　　　　　分	単位	平均	0.5ha未満	0.5 ～ 1.0	1.0 ～ 2.0	2.0 ～ 3.0	3.0 ～ 5.0
		(1)	(2)	(3)	(4)	(5)	(6)
自動車所有台数（10経営体当たり）							
四　輪　自　動　車　(40)	台	43.5	20.2	23.0	24.5	28.9	41.3
農機具所有台数（10経営体当たり）							
乗　用　型　ト　ラ　ク　タ							
20　馬　力　未　満　(41)	〃	2.7	1.0	3.5	2.6	0.8	3.0
20 ～ 50 馬力未満　(42)	〃	9.9	10.7	16.0	8.7	12.0	9.6
50　馬　力　以　上　(43)	〃	28.0	1.0	1.3	6.3	11.5	24.7
歩　行　型　ト　ラ　ク　タ　(44)	〃	2.6	2.9	1.9	1.3	2.7	1.7
た　い　肥　等　散　布　機　(45)	〃	3.3	-	0.2	0.1	0.2	3.5
総　合　は　種　機　(46)	〃	16.4	2.8	7.3	4.1	9.5	13.9
移　　　植　　　機　(47)	〃	5.0	-	0.1	0.3	0.0	6.4
中　耕　除　草　機　(48)	〃	12.8	1.0	1.7	0.9	3.5	8.8
肥　料　散　布　機　(49)	〃	12.6	1.5	2.8	7.0	6.1	11.6
動　力　噴　霧　機　(50)	〃	12.2	10.3	8.4	6.0	9.1	10.5
動　力　散　粉　機　(51)	〃	0.8	0.9	1.2	1.0	0.8	1.0
自　脱　型　コ　ン　バ　イ　ン							
3　条　以　下　(52)	〃	0.9	3.6	2.9	4.0	1.2	0.6
4　条　以　上　(53)	〃	4.9	3.3	2.7	5.9	5.7	6.1
普　通　型　コ　ン　バ　イ　ン　(54)	〃	2.2	0.4	-	0.2	0.1	0.6
脱　　穀　　機　(55)	〃	2.2	1.3	0.2	-	1.5	1.3
乾　　燥　　機　(56)	〃	11.0	7.5	2.4	8.8	7.9	12.0
ト　レ　ー　ラ　ー　(57)	〃	2.0	0.6	-	0.4	0.5	1.8
小　　　　　麦							
10 a 当たり主産物数量　(58)	kg	408	235	261	269	361	418
粗　　収　　益							
10　a　当　た　り　(59)	円	15,897	11,190	7,453	9,320	14,537	15,809
主　　産　　物　(60)	〃	13,071	10,943	6,987	8,655	13,138	13,917
副　　産　　物　(61)	〃	2,826	247	466	665	1,399	1,892
60　kg　当　た　り　(62)	〃	2,345	2,851	1,715	2,085	2,416	2,265
主　　産　　物　(63)	〃	1,928	2,788	1,607	1,936	2,184	1,994
副　　産　　物　(64)	〃	417	63	108	149	232	271
所　　　　　得							
10　a　当　た　り　(65)	〃	△ 36,287	△ 38,501	△ 38,201	△ 37,753	△ 33,933	△ 35,416
1　日　当　た　り　(66)	〃	-	-	-	-	-	-
家　族　労　働　報　酬							
10　a　当　た　り　(67)	〃	△ 44,014	△ 48,821	△ 49,772	△ 48,035	△ 41,789	△ 43,439
1　日　当　た　り　(68)	〃	-	-	-	-	-	-
（参考1）経営所得安定対策等							
受取金（10 a 当たり）(69)	〃	56,874	35,698	51,878	69,905	58,930	67,281
（参考2）経営所得安定対策等							
の交付金を加えた場合							
粗　　収　　益							
10　a　当　た　り　(70)	〃	72,771	46,888	59,331	79,225	73,467	83,090
60　kg　当　た　り　(71)	〃	10,734	11,947	13,651	17,721	12,210	11,901
所　　　得							
10　a　当　た　り　(72)	〃	20,587	△ 2,803	13,677	32,152	24,997	31,865
1　日　当　た　り　(73)	〃	48,583	-	9,360	41,960	30,908	55,297
家　族　労　働　報　酬							
10　a　当　た　り　(74)	〃	12,860	△ 13,123	2,106	21,870	17,141	23,842
1　日　当　た　り　(75)	〃	30,348	-	1,441	28,542	21,194	41,374

5.0ha以上							
		7.0ha以上					
				10.0ha以上			
平　均	5.0 ～ 7.0	平　均	7.0 ～ 10.0	平　均	10.0 ～ 15.0	15.0ha 以 上	
(7)	(8)	(9)	(10)	(11)	(12)	(13)	
51.7	45.1	53.6	45.9	57.8	54.6	62.2	(40)
2.8	3.0	2.7	2.8	2.7	1.9	3.7	(41)
9.5	9.2	9.6	9.5	9.6	11.5	7.1	(42)
37.7	26.2	41.0	35.3	44.2	42.6	46.3	(43)
3.1	5.9	2.3	3.0	1.9	3.0	0.5	(44)
4.5	5.8	4.2	2.1	5.3	6.6	3.7	(45)
21.3	14.9	23.2	24.2	22.6	25.6	18.5	(46)
6.4	5.1	6.8	5.1	7.7	10.8	3.5	(47)
18.7	11.8	20.7	18.3	22.0	22.3	21.5	(48)
15.7	14.9	16.0	17.6	15.0	16.4	13.2	(49)
14.7	16.1	14.3	14.3	14.3	14.3	14.2	(50)
0.6	0.8	0.5	0.8	0.4	0.4	0.3	(51)
0.2	0.4	0.2	0.3	0.1	0.2	-	(52)
4.3	7.1	3.5	5.0	2.7	2.3	3.2	(53)
3.6	2.0	4.1	2.4	5.0	3.6	7.0	(54)
3.1	3.4	3.0	2.7	3.2	3.4	2.9	(55)
12.1	12.2	12.1	10.9	12.7	10.7	15.4	(56)
2.7	2.4	2.8	3.3	2.4	3.0	1.6	(57)
410	**450**	**405**	**416**	**401**	**395**	**406**	**(58)**
16,133	17,012	16,023	16,769	15,793	15,802	15,787	(59)
13,082	14,433	12,909	13,808	12,635	12,469	12,774	(60)
3,051	2,579	3,114	2,961	3,158	3,333	3,013	(61)
2,357	2,263	2,371	2,416	2,357	2,393	2,329	(62)
1,912	1,920	1,911	1,989	1,888	1,889	1,884	(63)
445	343	460	427	469	504	445	(64)
△ 36,449	△ 30,683	△ 37,187	△ 35,006	△ 37,843	△ 38,282	△ 37,476	(65)
-	-	-	-	-	-	-	(66)
△ 44,062	△ 37,932	△ 44,847	△ 43,512	△ 45,245	△ 45,917	△ 44,685	(67)
-	-	-	-	-	-	-	(68)
55,227	65,323	53,930	59,942	52,104	48,641	54,998	(69)
71,360	82,335	69,953	76,711	67,897	64,443	70,785	(70)
10,430	10,955	10,356	11,052	10,139	9,767	10,441	(71)
18,778	34,640	16,743	24,936	14,261	10,359	17,522	(72)
49,093	69,454	45,405	56,997	41,187	28,875	52,500	(73)
11,165	27,391	9,083	16,430	6,859	2,724	10,313	(74)
29,190	54,919	24,632	37,554	19,809	7,593	30,900	(75)

麦類生産費・小麦・全国（田畑計）

(2) 小麦の作付規模別生産費（続き）
ア 全国・田畑計（続き）
(イ) 生産費〔10a当たり〕

区分		平均	0.5ha未満	0.5～1.0	1.0～2.0	2.0～3.0	3.0～5.0
		(1)	(2)	(3)	(4)	(5)	(6)
物財費	(1)	48,802	48,010	43,497	44,459	45,817	47,740
種苗費	(2)	2,894	3,533	3,348	4,077	2,467	3,137
購入	(3)	2,789	3,154	3,287	3,855	2,330	2,894
自給	(4)	105	379	61	222	137	243
肥料費	(5)	10,249	8,094	8,244	8,702	11,181	9,408
購入	(6)	10,132	7,879	8,244	8,702	11,145	9,333
自給	(7)	117	215	-	-	36	75
農業薬剤費（購入）	(8)	5,085	2,303	3,539	4,640	4,383	4,395
光熱動力費	(9)	1,794	2,101	2,244	1,963	2,512	2,189
購入	(10)	1,794	2,101	2,244	1,963	2,512	2,189
自給	(11)	-	-	-	-	-	-
その他の諸材料費	(12)	455	56	336	561	330	394
購入	(13)	455	56	336	561	330	394
自給	(14)	-	-	-	-	-	-
土地改良及び水利費	(15)	829	767	2,207	1,602	1,635	1,265
賃借料及び料金	(16)	14,191	12,398	11,827	8,241	13,203	12,829
物件税及び公課諸負担	(17)	1,356	1,854	1,115	1,904	1,215	1,515
建物費	(18)	991	1,698	619	2,020	598	1,071
償却費	(19)	759	1,641	538	1,383	482	924
修繕費及び購入補充費	(20)	232	57	81	637	116	147
購入	(21)	232	57	81	637	116	147
自給	(22)	-	-	-	-	-	-
自動車費	(23)	1,275	2,995	2,886	2,314	1,502	1,219
償却費	(24)	484	979	1,841	571	282	368
修繕費及び購入補充費	(25)	791	2,016	1,045	1,743	1,220	851
購入	(26)	791	2,016	1,045	1,743	1,220	851
自給	(27)	-	-	-	-	-	-
農機具費	(28)	9,370	12,048	6,997	8,168	6,508	9,992
償却費	(29)	5,974	9,259	5,246	6,193	4,259	6,576
修繕費及び購入補充費	(30)	3,396	2,789	1,751	1,975	2,249	3,416
購入	(31)	3,396	2,789	1,751	1,975	2,249	3,416
自給	(32)	-	-	-	-	-	-
生産管理費	(33)	313	163	135	267	283	326
償却費	(34)	6	-	1	-	69	8
購入・支払	(35)	307	163	134	267	214	318
労働費	(36)	5,828	20,301	18,603	9,352	9,737	7,483
直接労働費	(37)	5,346	18,658	17,046	8,818	9,217	6,868
家族	(38)	5,075	18,635	17,016	8,640	9,116	6,667
雇用	(39)	271	23	30	178	101	201
間接労働費	(40)	482	1,643	1,557	534	520	615
家族	(41)	477	1,643	1,557	534	520	615
雇用	(42)	5	-	-	-	-	0
費用合計	(43)	54,630	68,311	62,100	53,811	55,554	55,223
購入（支払）	(44)	41,633	35,560	35,840	36,268	40,653	39,747
自給	(45)	5,774	20,872	18,634	9,396	9,809	7,600
償却	(46)	7,223	11,879	7,626	8,147	5,092	7,876
副産物価額	(47)	2,826	247	466	665	1,399	1,892
生産費（副産物価額差引）	(48)	51,804	68,064	61,634	53,146	54,155	53,331
支払利子	(49)	229	79	64	41	105	273
支払地代	(50)	2,877	1,579	2,063	2,395	2,447	3,011
支払利子・地代算入生産費	(51)	54,910	69,722	63,761	55,582	56,707	56,615
自己資本利子	(52)	1,800	2,846	1,922	2,393	1,539	1,952
自作地地代	(53)	5,927	7,474	9,649	7,889	6,317	6,071
資本利子・地代全額算入生産費（全算入生産費）	(54)	62,637	80,042	75,332	65,864	64,563	64,638

単位：円

5.0ha以上							
		7.0ha以上					
				10.0ha以上			
平　均	5.0 ～ 7.0	平　均	7.0 ～ 10.0	平　均	10.0 ～ 15.0	15.0ha 以 上	
(7)	(8)	(9)	(10)	(11)	(12)	(13)	
49,165	**44,420**	**49,775**	**49,133**	**49,961**	**50,491**	**49,521**	(1)
2,850	2,911	2,842	2,737	2,874	2,890	2,860	(2)
2,766	2,830	2,758	2,565	2,816	2,820	2,813	(3)
84	81	84	172	58	70	47	(4)
10,371	8,689	10,588	10,152	10,717	11,031	10,459	(5)
10,242	8,571	10,458	10,152	10,549	10,660	10,459	(6)
129	118	130	0	168	371	-	(7)
5,216	4,738	5,277	5,115	5,325	5,693	5,020	(8)
1,715	1,727	1,712	2,017	1,620	1,550	1,676	(9)
1,715	1,727	1,712	2,017	1,620	1,550	1,676	(10)
-	-	-	-	-	-	-	(11)
465	342	481	468	485	475	494	(12)
465	342	481	468	485	475	494	(13)
-	-	-	-	-	-	-	(14)
725	1,064	681	1,059	566	468	648	(15)
14,539	14,389	14,559	13,652	14,833	15,876	13,960	(16)
1,330	1,465	1,312	1,486	1,259	1,416	1,126	(17)
973	639	1,017	1,089	993	946	1,033	(18)
734	479	767	820	749	727	769	(19)
239	160	250	269	244	219	264	(20)
239	160	250	269	244	219	264	(21)
-	-	-	-	-	-	-	(22)
1,244	1,115	1,261	1,225	1,272	1,139	1,382	(23)
497	443	504	304	565	324	766	(24)
747	672	757	921	707	815	616	(25)
747	672	757	921	707	815	616	(26)
-	-	-	-	-	-	-	(27)
9,422	7,035	9,729	9,793	9,707	8,644	10,598	(28)
5,952	4,665	6,118	5,759	6,225	5,696	6,669	(29)
3,470	2,370	3,611	4,034	3,482	2,948	3,929	(30)
3,470	2,370	3,611	4,034	3,482	2,948	3,929	(31)
-	-	-	-	-	-	-	(32)
315	306	316	340	310	363	265	(33)
4	13	3	1	4	4	4	(34)
311	293	313	339	306	359	261	(35)
5,346	**6,650**	**5,178**	**5,735**	**5,010**	**4,943**	**5,064**	(36)
4,888	6,308	4,706	5,258	4,539	4,467	4,597	(37)
4,599	6,083	4,408	5,161	4,180	4,325	4,058	(38)
289	225	298	97	359	142	539	(39)
458	342	472	477	471	476	467	(40)
452	341	466	476	463	475	453	(41)
6	1	6	1	8	1	14	(42)
54,511	**51,070**	**54,953**	**54,868**	**54,971**	**55,434**	**54,585**	(43)
42,060	38,847	42,473	42,175	42,559	43,442	41,819	(44)
5,264	6,623	5,088	5,809	4,869	5,241	4,558	(45)
7,187	5,600	7,392	6,884	7,543	6,751	8,208	(46)
3,051	2,579	3,114	2,961	3,158	3,333	3,013	(47)
51,460	**48,491**	**51,839**	**51,907**	**51,813**	**52,101**	**51,572**	(48)
232	341	218	195	225	204	242	(49)
2,890	2,708	2,913	2,349	3,083	3,246	2,947	(50)
54,582	**51,540**	**54,970**	**54,451**	**55,121**	**55,551**	**54,761**	(51)
1,776	1,292	1,838	1,764	1,860	1,880	1,844	(52)
5,837	5,957	5,822	6,742	5,542	5,755	5,365	(53)
62,195	**58,789**	**62,630**	**62,957**	**62,523**	**63,186**	**61,970**	(54)

麦類生産費・小麦・全国（田畑計）

(2) 小麦の作付規模別生産費（続き）
　ア　全国・田畑計（続き）
　　(ｳ) 生産費〔60kg当たり〕

区分	平均	0.5ha未満	0.5～1.0	1.0～2.0	2.0～3.0	3.0～5.0
	(1)	(2)	(3)	(4)	(5)	(6)
物財費 (1)	7,199	12,239	10,010	9,940	7,612	6,831
種苗費 (2)	427	900	770	912	410	449
購入 (3)	411	804	756	862	387	414
自給 (4)	16	96	14	50	23	35
肥料費 (5)	1,514	2,063	1,896	1,946	1,858	1,345
購入 (6)	1,496	2,008	1,896	1,946	1,852	1,335
自給 (7)	18	55	-	-	6	10
農業薬剤費（購入） (8)	750	588	814	1,037	728	629
光熱動力費 (9)	263	536	516	439	417	313
購入 (10)	263	536	516	439	417	313
自給 (11)	-	-	-	-	-	-
その他の諸材料費 (12)	67	14	77	125	55	56
購入 (13)	67	14	77	125	55	56
自給 (14)	-	-	-	-	-	-
土地改良及び水利費 (15)	122	196	507	359	272	181
賃借料及び料金 (16)	2,094	3,160	2,722	1,843	2,193	1,836
物件税及び公課諸負担 (17)	200	473	258	424	202	217
建物費 (18)	145	433	144	451	99	153
償却費 (19)	111	418	125	309	80	132
修繕費及び購入補充費 (20)	34	15	19	142	19	21
購入 (21)	34	15	19	142	19	21
自給 (22)	-	-	-	-	-	-
自動車費 (23)	188	763	664	518	250	175
償却費 (24)	71	249	424	128	47	53
修繕費及び購入補充費 (25)	117	514	240	390	203	122
購入 (26)	117	514	240	390	203	122
自給 (27)	-	-	-	-	-	-
農機具費 (28)	1,383	3,071	1,611	1,826	1,081	1,431
償却費 (29)	882	2,360	1,208	1,384	707	942
修繕費及び購入補充費 (30)	501	711	403	442	374	489
購入 (31)	501	711	403	442	374	489
自給 (32)	-	-	-	-	-	-
生産管理費 (33)	46	42	31	60	47	46
償却費 (34)	1	-	0	-	11	1
購入・支払 (35)	45	42	31	60	36	45
労働費 (36)	861	5,173	4,281	2,093	1,619	1,071
直接労働費 (37)	790	4,754	3,923	1,974	1,533	983
家族 (38)	750	4,748	3,916	1,934	1,516	954
雇用 (39)	40	6	7	40	17	29
間接労働費 (40)	71	419	358	119	86	88
家族 (41)	70	419	358	119	86	88
雇用 (42)	1	-	-	-	-	0
費用合計 (43)	8,060	17,412	14,291	12,033	9,231	7,902
購入（支払） (44)	6,141	9,067	8,246	8,109	6,755	5,687
自給 (45)	854	5,318	4,288	2,103	1,631	1,087
償却 (46)	1,065	3,027	1,757	1,821	845	1,128
副産物価額 (47)	417	63	108	149	232	271
生産費（副産物価額差引） (48)	7,643	17,349	14,183	11,884	8,999	7,631
支払利子 (49)	34	20	15	9	17	39
支払地代 (50)	425	402	475	536	407	431
支払利子・地代算入生産費 (51)	8,102	17,771	14,673	12,429	9,423	8,101
自己資本利子 (52)	266	725	442	535	256	280
自作地地代 (53)	874	1,905	2,220	1,765	1,050	870
資本利子・地代全額算入生産費（全算入生産費） (54)	9,242	20,401	17,335	14,729	10,729	9,251

単位：円

5.0ha以上							
		7.0ha以上					
				10.0ha以上			
平　均	5.0 ～ 7.0	平　均	7.0 ～ 10.0	平　均	10.0 ～ 15.0	15.0ha 以 上	
(7)	(8)	(9)	(10)	(11)	(12)	(13)	
7,182	**5,909**	**7,365**	**7,080**	**7,463**	**7,647**	**7,308**	(1)
416	388	420	395	430	438	422	(2)
404	377	408	370	421	427	415	(3)
12	11	12	25	9	11	7	(4)
1,514	1,156	1,566	1,463	1,600	1,671	1,543	(5)
1,496	1,140	1,547	1,463	1,575	1,615	1,543	(6)
18	16	19	0	25	56	-	(7)
764	630	782	736	795	863	740	(8)
250	230	254	290	243	234	247	(9)
250	230	254	290	243	234	247	(10)
-	-	-	-	-	-	-	(11)
68	45	71	68	72	72	73	(12)
68	45	71	68	72	72	73	(13)
-	-	-	-	-	-	-	(14)
106	142	101	153	84	70	96	(15)
2,125	1,915	2,154	1,968	2,216	2,406	2,061	(16)
194	195	193	213	189	213	168	(17)
142	84	151	157	148	143	153	(18)
107	63	114	118	112	110	114	(19)
35	21	37	39	36	33	39	(20)
35	21	37	39	36	33	39	(21)
-	-	-	-	-	-	-	(22)
182	148	187	177	190	173	204	(23)
73	59	75	44	84	49	113	(24)
109	89	112	133	106	124	91	(25)
109	89	112	133	106	124	91	(26)
-	-	-	-	-	-	-	(27)
1,375	935	1,440	1,411	1,449	1,309	1,562	(28)
868	620	905	830	929	862	983	(29)
507	315	535	581	520	447	579	(30)
507	315	535	581	520	447	579	(31)
-	-	-	-	-	-	-	(32)
46	41	46	49	47	55	39	(33)
1	2	0	0	1	1	1	(34)
45	39	46	49	46	54	38	(35)
780	**886**	**767**	**827**	**748**	**749**	**747**	(36)
713	841	697	758	678	677	678	(37)
671	810	653	744	624	655	598	(38)
42	31	44	14	54	22	80	(39)
67	45	70	69	70	72	69	(40)
66	45	69	69	69	72	67	(41)
1	0	1	0	1	0	2	(42)
7,962	**6,795**	**8,132**	**7,907**	**8,211**	**8,396**	**8,055**	(43)
6,146	5,169	6,285	6,077	6,358	6,580	6,172	(44)
767	882	753	838	727	794	672	(45)
1,049	744	1,094	992	1,126	1,022	1,211	(46)
445	343	460	427	469	504	445	(47)
7,517	**6,452**	**7,672**	**7,480**	**7,742**	**7,892**	**7,610**	(48)
34	45	32	28	34	31	36	(49)
422	360	431	338	461	492	435	(50)
7,973	**6,857**	**8,135**	**7,846**	**8,237**	**8,415**	**8,081**	(51)
260	172	272	254	278	285	272	(52)
854	792	862	972	828	872	791	(53)
9,087	**7,821**	**9,269**	**9,072**	**9,343**	**9,572**	**9,144**	(54)

麦類生産費・小麦・全国（田畑計）

(2) 小麦の作付規模別生産費（続き）
ア 全国・田畑計（続き）
(エ) 小麦の作業別労働時間

区分		平均	0.5ha未満	0.5～1.0	1.0～2.0	2.0～3.0	3.0～5.0
		(1)	(2)	(3)	(4)	(5)	(6)
投下労働時間（10a当たり）	(1)	3.57	12.77	11.72	6.26	6.58	4.77
家族	(2)	3.39	12.76	11.69	6.13	6.47	4.61
雇用	(3)	0.18	0.01	0.03	0.13	0.11	0.16
直接労働時間	(4)	3.27	11.73	10.79	5.89	6.24	4.39
家族	(5)	3.09	11.72	10.76	5.76	6.13	4.23
男	(6)	2.80	9.77	10.22	5.09	5.23	3.84
女	(7)	0.29	1.95	0.54	0.67	0.90	0.39
雇用	(8)	0.18	0.01	0.03	0.13	0.11	0.16
男	(9)	0.17	-	0.00	0.12	0.11	0.16
女	(10)	0.01	0.01	0.03	0.01	-	0.00
間接労働時間	(11)	0.30	1.04	0.93	0.37	0.34	0.38
男	(12)	0.28	0.84	0.93	0.37	0.34	0.36
女	(13)	0.02	0.20	0.00	0.00	0.00	0.02
投下労働時間（60kg当たり）	(14)	0.51	3.26	2.69	1.34	1.07	0.68
家族	(15)	0.50	3.26	2.69	1.33	1.07	0.66
雇用	(16)	0.01	0.00	0.00	0.01	0.00	0.02
直接労働時間	(17)	0.47	3.00	2.48	1.26	1.01	0.63
家族	(18)	0.46	3.00	2.48	1.25	1.01	0.61
男	(19)	0.42	2.49	2.36	1.12	0.87	0.56
女	(20)	0.04	0.51	0.12	0.13	0.14	0.05
雇用	(21)	0.01	0.00	0.00	0.01	0.00	0.02
男	(22)	0.01	-	0.00	0.01	0.00	0.02
女	(23)	0.00	0.00	0.00	0.00	-	0.00
間接労働時間	(24)	0.04	0.26	0.21	0.08	0.06	0.05
男	(25)	0.04	0.21	0.21	0.08	0.06	0.05
女	(26)	0.00	0.05	0.00	0.00	0.00	0.00
作業別直接労働時間（10a当たり）合計	(27)	3.27	11.73	10.79	5.89	6.24	4.39
種子予措	(28)	0.01	0.10	0.10	0.06	0.05	0.04
耕起整地	(29)	0.60	1.83	2.41	1.09	1.12	0.73
基肥	(30)	0.23	0.92	0.77	0.42	0.45	0.31
は種	(31)	0.28	1.40	0.72	0.57	0.50	0.38
追肥	(32)	0.25	0.51	0.50	0.35	0.52	0.40
中耕除草	(33)	0.30	1.94	1.54	0.75	1.15	0.45
麦踏み	(34)	0.06	0.45	0.41	0.19	0.13	0.10
管理	(35)	0.48	2.02	2.41	0.87	1.02	0.58
防除	(36)	0.36	0.36	0.70	0.61	0.52	0.34
刈取脱穀	(37)	0.44	1.37	0.86	0.73	0.55	0.65
乾燥	(38)	0.08	0.34	0.01	0.08	0.08	0.15
生産管理	(39)	0.18	0.49	0.36	0.17	0.15	0.26
うち家族 種子予措	(40)	0.01	0.10	0.10	0.06	0.05	0.04
耕起整地	(41)	0.56	1.83	2.40	1.07	1.10	0.68
基肥	(42)	0.22	0.92	0.77	0.40	0.44	0.30
は種	(43)	0.26	1.40	0.72	0.56	0.49	0.37
追肥	(44)	0.24	0.51	0.50	0.35	0.51	0.40
中耕除草	(45)	0.29	1.94	1.53	0.73	1.14	0.43
麦踏み	(46)	0.06	0.45	0.41	0.18	0.13	0.10
管理	(47)	0.45	2.02	2.41	0.86	1.01	0.55
防除	(48)	0.34	0.36	0.70	0.60	0.51	0.34
刈取脱穀	(49)	0.40	1.36	0.85	0.70	0.52	0.61
乾燥	(50)	0.08	0.34	0.01	0.08	0.08	0.15
生産管理	(51)	0.18	0.49	0.36	0.17	0.15	0.26

単位：時間

5.0ha以上							
		7.0ha以上					
				10.0ha以上			
平　均	5.0 ～ 7.0	平　均	7.0 ～ 10.0	平　均	10.0 ～ 15.0	15.0ha 以 上	
(7)	(8)	(9)	(10)	(11)	(12)	(13)	
3.25	**4.18**	**3.13**	**3.56**	**2.99**	**2.98**	**3.01**	(1)
3.06	3.99	2.95	3.50	2.77	2.87	2.67	(2)
0.19	0.19	0.18	0.06	0.22	0.11	0.34	(3)
2.97	3.97	2.84	3.26	2.71	2.70	2.72	(4)
2.78	3.78	2.66	3.20	2.49	2.59	2.39	(5)
2.52	3.45	2.40	2.81	2.28	2.36	2.22	(6)
0.26	0.33	0.26	0.39	0.21	0.23	0.17	(7)
0.19	0.19	0.18	0.06	0.22	0.11	0.33	(8)
0.18	0.14	0.18	0.05	0.22	0.11	0.33	(9)
0.01	0.05	0.00	0.01	0.00	0.00	0.00	(10)
0.28	0.21	0.29	0.30	0.28	0.28	0.29	(11)
0.26	0.20	0.27	0.28	0.26	0.27	0.27	(12)
0.02	0.01	0.02	0.02	0.02	0.01	0.02	(13)
0.46	**0.53**	**0.44**	**0.49**	**0.44**	**0.44**	**0.44**	(14)
0.45	0.53	0.43	0.49	0.42	0.43	0.39	(15)
0.01	0.00	0.01	0.00	0.02	0.01	0.05	(16)
0.42	0.50	0.40	0.45	0.40	0.40	0.40	(17)
0.41	0.50	0.39	0.45	0.38	0.39	0.35	(18)
0.38	0.45	0.36	0.39	0.35	0.35	0.34	(19)
0.03	0.05	0.03	0.06	0.03	0.04	0.01	(20)
0.01	0.00	0.01	0.00	0.02	0.01	0.05	(21)
0.01	0.00	0.01	0.00	0.02	0.01	0.05	(22)
0.00	0.00	0.00	0.00	0.00	0.00	0.00	(23)
0.04	0.03	0.04	0.04	0.04	0.04	0.04	(24)
0.04	0.03	0.04	0.04	0.04	0.04	0.04	(25)
0.00	0.00	0.00	0.00	0.00	0.00	0.00	(26)
2.97	**3.97**	**2.84**	**3.26**	**2.71**	**2.70**	**2.72**	(27)
0.01	0.03	0.01	0.02	0.01	0.01	0.01	(28)
0.55	0.59	0.54	0.63	0.51	0.53	0.50	(29)
0.22	0.23	0.22	0.21	0.21	0.22	0.21	(30)
0.25	0.27	0.25	0.29	0.23	0.23	0.23	(31)
0.22	0.36	0.21	0.27	0.19	0.17	0.20	(32)
0.24	0.36	0.23	0.27	0.22	0.24	0.20	(33)
0.05	0.10	0.04	0.08	0.03	0.03	0.05	(34)
0.43	0.64	0.40	0.41	0.39	0.36	0.42	(35)
0.34	0.40	0.33	0.36	0.32	0.35	0.30	(36)
0.41	0.60	0.37	0.40	0.37	0.36	0.38	(37)
0.08	0.18	0.07	0.13	0.06	0.06	0.04	(38)
0.17	0.21	0.17	0.19	0.17	0.14	0.18	(39)
0.01	0.03	0.01	0.02	0.01	0.01	0.01	(40)
0.51	0.53	0.51	0.61	0.48	0.51	0.45	(41)
0.20	0.22	0.20	0.21	0.19	0.21	0.18	(42)
0.23	0.26	0.23	0.28	0.21	0.22	0.19	(43)
0.21	0.35	0.20	0.27	0.17	0.17	0.17	(44)
0.23	0.32	0.22	0.27	0.20	0.23	0.18	(45)
0.05	0.10	0.04	0.08	0.03	0.03	0.04	(46)
0.40	0.61	0.37	0.39	0.36	0.34	0.38	(47)
0.32	0.40	0.31	0.36	0.30	0.35	0.26	(48)
0.37	0.57	0.33	0.39	0.32	0.32	0.32	(49)
0.08	0.18	0.07	0.13	0.05	0.06	0.03	(50)
0.17	0.21	0.17	0.19	0.17	0.14	0.18	(51)

(2)　小麦の作付規模別生産費（続き）
ア　全国・田畑計（続き）
(オ)　原単位量〔10ａ当たり〕

区分		単位	平均 (1)	0.5ha 未満 (2)	0.5 ～ 1.0 (3)	1.0 ～ 2.0 (4)	2.0 ～ 3.0 (5)	3.0 ～ 5.0 (6)
種苗費	(1)	−	−	−	−	−	−	−
種子								
購入	(2)	kg	9.4	9.2	9.8	10.3	7.3	9.3
自給	(3)	〃	0.7	1.5	0.3	1.0	1.7	1.6
肥料費	(4)	−	−	−	−	−	−	−
窒素質								
硫安	(5)	kg	27.5	3.0	13.3	4.2	16.1	25.4
尿素	(6)	〃	6.6	0.7	1.5	1.1	1.0	4.4
石灰窒素	(7)	〃	1.1	1.5	−	0.0	0.2	0.0
りん酸質								
過リン酸石灰	(8)	〃	0.2	−	−	−	0.2	1.7
ようりん肥	(9)	〃	0.2	4.7	−	0.8	0.0	0.0
重焼リン肥	(10)	〃	−	−	−	−	−	−
カリ質								
塩化カリ	(11)	〃	0.0	−	−	−	−	−
硫酸カリ	(12)	〃	−	−	−	−	−	−
けいカル	(13)	〃	0.3	0.7	2.0	1.8	0.4	2.0
炭酸カルシウム（石灰を含む。）	(14)	〃	19.8	15.6	25.9	17.1	22.0	10.2
けい酸石灰	(15)	〃	0.1	−	4.4	−	−	0.0
複合肥料								
高成分化成	(16)	〃	20.5	48.7	26.8	39.2	16.4	20.5
低成分化成	(17)	〃	2.0	0.8	0.2	0.3	0.0	0.0
配合肥料	(18)	〃	47.5	5.2	29.6	33.9	71.1	46.5
固形肥料	(19)	〃	−	−	−	−	−	−
土壌改良資材	(20)	−	−	−	−	−	−	−
たい肥・きゅう肥	(21)	kg	165.5	69.3	49.4	33.0	647.2	3.6
その他	(22)	−	−	−	−	−	−	−
自給肥料								
たい肥	(23)	kg	24.8	−	−	−	15.6	18.7
きゅう肥	(24)	〃	6.5	−	−	−	−	−
稲・麦わら	(25)	〃	−	−	−	−	−	−
その他	(26)	−	−	−	−	−	−	−
農業薬剤費	(27)	−	−	−	−	−	−	−
殺虫剤	(28)	−	−	−	−	−	−	−
殺菌剤	(29)	−	−	−	−	−	−	−
殺虫殺菌剤	(30)	−	−	−	−	−	−	−
除草剤	(31)	−	−	−	−	−	−	−
その他	(32)	−	−	−	−	−	−	−
光熱動力費	(33)	−	−	−	−	−	−	−
動力燃料								
重油	(34)	L	−	−	−	−	−	−
軽油	(35)	〃	13.9	11.8	17.4	13.7	15.6	14.1
灯油	(36)	〃	1.7	0.8	0.1	0.7	2.5	3.1
ガソリン	(37)	〃	1.5	3.1	4.2	2.3	5.6	2.0
潤滑油	(38)	〃	0.3	0.4	0.3	0.4	0.3	0.3
混合油	(39)	〃	0.1	0.8	0.4	0.3	0.1	0.1
電力料	(40)	−	−	−	−	−	−	−
その他	(41)	−	−	−	−	−	−	−
自給	(42)	−	−	−	−	−	−	−

5.0ha以上							
		7.0ha以上					
				10.0ha以上			
平　　均	5.0 ～ 7.0	平　　均	7.0 ～ 10.0	平　　均	10.0 ～ 15.0	15.0ha 以 上	
(7)	(8)	(9)	(10)	(11)	(12)	(13)	
-	-	-	-	-	-	-	(1)
9.5	9.2	9.5	8.8	9.8	9.9	9.6	(2)
0.5	0.8	0.5	1.3	0.3	0.3	0.2	(3)
-	-	-	-	-	-	-	(4)
28.7	24.1	29.3	26.1	30.2	39.7	22.3	(5)
7.2	1.7	7.9	6.5	8.4	5.6	10.6	(6)
1.3	-	1.5	0.2	1.8	3.5	0.4	(7)
0.0	-	0.0	0.1	-	-	-	(8)
0.2	0.1	0.2	1.0	0.0	0.0	-	(9)
-	-	-	-	-	-	-	(10)
0.0	-	0.0	-	0.0	-	0.0	(11)
-	-	-	-	-	-	-	(12)
0.1	0.6	0.0	0.1	0.0	0.0	-	(13)
20.9	8.0	22.6	16.9	24.3	24.7	24.0	(14)
0.1	0.2	0.1	-	0.1	0.2	0.0	(15)
20.2	13.4	21.0	34.8	16.9	14.5	18.8	(16)
2.4	7.2	1.8	3.4	1.3	2.5	0.4	(17)
47.2	47.6	47.2	36.3	50.5	48.0	52.5	(18)
-	-	-	-	-	-	-	(19)
-	-	-	-	-	-	-	(20)
173.6	19.7	193.4	143.1	208.7	122.2	280.9	(21)
-	-	-	-	-	-	-	(22)
26.5	7.0	29.0	-	37.8	83.1	-	(23)
7.7	-	8.7	0.4	11.3	24.7	-	(24)
-	-	-	-	-	-	-	(25)
-	-	-	-	-	-	-	(26)
-	-	-	-	-	-	-	(27)
-	-	-	-	-	-	-	(28)
-	-	-	-	-	-	-	(29)
-	-	-	-	-	-	-	(30)
-	-	-	-	-	-	-	(31)
-	-	-	-	-	-	-	(32)
-	-	-	-	-	-	-	(33)
-	-	-	-	-	-	-	(34)
13.9	14.2	13.8	14.5	13.6	13.7	13.5	(35)
1.6	1.4	1.6	2.7	1.3	0.9	1.6	(36)
1.3	1.7	1.2	1.5	1.2	1.1	1.2	(37)
0.3	0.2	0.3	0.3	0.2	0.2	0.3	(38)
0.0	0.1	0.0	0.1	0.0	0.0	0.0	(39)
-	-	-	-	-	-	-	(40)
-	-	-	-	-	-	-	(41)
-	-	-	-	-	-	-	(42)

(2) 小麦の作付規模別生産費（続き）
ア 全国・田畑計（続き）
(ｵ) 原単位量〔10ａ当たり〕（続き）

区分	単位	平均	0.5ha 未満	0.5 ～ 1.0	1.0 ～ 2.0	2.0 ～ 3.0	3.0 ～ 5.0
		(1)	(2)	(3)	(4)	(5)	(6)
その他の諸材料費 (43)	-	-	-	-	-	-	-
ビニールシート (44)	m²	-	-	-	-	-	-
ポリエチレン (45)	〃	-	-	-	-	-	-
なわ (46)	kg	-	-	-	-	-	-
融雪剤 (47)	〃	19.1	-	5.6	22.7	7.2	16.7
その他 (48)	-	-	-	-	-	-	-
自給 (49)	-	-	-	-	-	-	-
土地改良及び水利費 (50)	-	-	-	-	-	-	-
土地改良区費							
維持負担金 (51)	-	-	-	-	-	-	-
償還金 (52)	-	-	-	-	-	-	-
その他 (53)	-	-	-	-	-	-	-
賃借料及び料金 (54)	-	-	-	-	-	-	-
共同負担金							
薬剤散布 (55)	-	-	-	-	-	-	-
共同施設負担 (56)	-	-	-	-	-	-	-
農機具借料 (57)	-	-	-	-	-	-	-
航空防除費 (58)	a	1.8	2.9	5.8	1.1	5.7	3.7
賃耕料 (59)	〃	0.2	1.1	0.3	0.1	-	0.0
は種・定植 (60)	〃	0.6	0.6	0.6	0.2	0.4	1.5
収穫請負わせ賃 (61)	〃	5.1	3.5	4.0	2.6	5.0	5.1
ライスセンター費 (62)	kg	97.6	45.9	108.7	147.9	189.8	111.9
カントリーエレベータ費 (63)	〃	370.8	127.9	174.9	135.9	219.5	336.4
その他 (64)	-	-	-	-	-	-	-

5.0ha以上							
			7.0ha以上				
				10.0ha以上			
平　均	5.0 ～ 7.0	平　均	7.0 ～ 10.0	平　均	10.0 ～ 15.0	15.0ha 以 上	
(7)	(8)	(9)	(10)	(11)	(12)	(13)	
-	-	-	-	-	-	-	(43)
-	-	-	-	-	-	-	(44)
-	-	-	-	-	-	-	(45)
-	-	-	-	-	-	-	(46)
19.8	14.3	20.4	19.0	20.9	23.2	19.0	(47)
-	-	-	-	-	-	-	(48)
-	-	-	-	-	-	-	(49)
-	-	-	-	-	-	-	(50)
-	-	-	-	-	-	-	(51)
-	-	-	-	-	-	-	(52)
-	-	-	-	-	-	-	(53)
-	-	-	-	-	-	-	(54)
-	-	-	-	-	-	-	(55)
-	-	-	-	-	-	-	(56)
-	-	-	-	-	-	-	(57)
1.4	2.0	1.3	2.1	1.1	0.5	1.6	(58)
0.2	-	0.2	-	0.3	-	0.6	(59)
0.5	1.5	0.4	0.5	0.3	-	0.6	(60)
5.1	5.0	5.1	5.2	5.1	6.0	4.4	(61)
91.6	152.9	83.8	89.9	81.9	41.4	115.8	(62)
386.2	358.2	389.8	394.7	388.4	435.2	349.3	(63)
-	-	-	-	-	-	-	(64)

麦類生産費・小麦・全国（田畑計）

(2) 小麦の作付規模別生産費（続き）
ア 全国・田畑計（続き）
(カ) 原単位評価額〔10a当たり〕

区分	平均	0.5ha未満	0.5～1.0	1.0～2.0	2.0～3.0	3.0～5.0
	(1)	(2)	(3)	(4)	(5)	(6)
種苗費 (1)	2,894	3,533	3,348	4,077	2,467	3,137
種子						
購入 (2)	2,789	3,154	3,287	3,855	2,330	2,894
自給 (3)	105	379	61	222	137	243
肥料費 (4)	10,249	8,094	8,244	8,702	11,181	9,408
窒素質						
硫安 (5)	1,457	200	693	244	874	1,382
尿素 (6)	508	69	123	100	84	373
石灰窒素 (7)	65	200	-	7	25	6
りん酸質						
過リン酸石灰 (8)	14	-	-	-	12	112
よう成リン肥 (9)	14	240	-	68	4	2
重焼リン肥 (10)	-	-	-	-	-	-
カリ質						
塩化カリ (11)	0	-	-	-	-	-
硫酸カリ (12)	-	-	-	-	-	-
けいカル (13)	11	22	56	63	20	59
炭酸カルシウム（石灰を含む。）(14)	448	530	806	490	619	265
けい酸石灰 (15)	2	-	156	-	-	1
複合肥料						
高成分化成 (16)	2,051	5,627	2,824	4,141	1,758	2,090
低成分化成 (17)	174	81	23	24	2	1
配合肥料 (18)	4,240	509	3,073	3,149	6,094	4,023
固形肥料 (19)	-	-	-	-	-	-
土壌改良資材 (20)	127	4	116	276	447	210
たい肥・きゅう肥 (21)	264	397	212	138	1,076	62
その他 (22)	757	-	162	2	130	747
自給肥料						
たい肥 (23)	46	-	-	-	36	44
きゅう肥 (24)	26	-	-	-	-	-
稲・麦わら (25)	-	-	-	-	-	-
その他 (26)	45	215	-	-	-	31
農業薬剤費 (27)	5,085	2,303	3,539	4,640	4,383	4,395
殺虫剤 (28)	171	61	101	261	60	148
殺菌剤 (29)	2,331	557	944	980	2,072	1,731
殺虫殺菌剤 (30)	5	-	-	-	1	-
除草剤 (31)	2,179	1,671	2,462	3,390	2,200	2,167
その他 (32)	399	14	32	9	50	349
光熱動力費 (33)	1,794	2,101	2,244	1,963	2,512	2,189
動力燃料						
重油 (34)	-	-	-	-	-	-
軽油 (35)	1,121	1,189	1,380	1,149	1,289	1,135
灯油 (36)	110	54	5	49	157	196
ガソリン (37)	179	387	495	265	643	235
潤滑油 (38)	124	243	149	177	115	157
混合油 (39)	9	138	71	46	25	16
電力料 (40)	216	88	142	272	247	436
その他 (41)	35	2	2	5	36	14
自給 (42)	-	-	-	-	-	-

単位：円

5.0ha以上							
		7.0ha以上					
				10.0ha以上			
平　均	5.0 ～ 7.0	平　均	7.0 ～ 10.0	平　均	10.0 ～ 15.0	15.0ha 以 上	
(7)	(8)	(9)	(10)	(11)	(12)	(13)	
2,850	2,911	2,842	2,737	2,874	2,890	2,860	(1)
2,766	2,830	2,758	2,565	2,816	2,820	2,813	(2)
84	81	84	172	58	70	47	(3)
10,371	8,689	10,588	10,152	10,717	11,031	10,459	(4)
1,517	1,311	1,543	1,408	1,584	2,067	1,181	(5)
550	137	604	493	637	437	804	(6)
76	-	85	38	100	161	49	(7)
1	-	2	7	-	-	-	(8)
15	5	16	69	0	0	-	(9)
-	-	-	-	-	-	-	(10)
0	-	0	-	0	-	1	(11)
-	-	-	-	-	-	-	(12)
3	16	1	5	0	1	-	(13)
463	247	490	439	506	604	424	(14)
2	4	2	-	2	4	1	(15)
2,005	1,271	2,100	3,454	1,688	1,490	1,854	(16)
206	515	167	354	110	196	38	(17)
4,237	4,002	4,267	3,098	4,622	4,410	4,799	(18)
-	-	-	-	-	-	-	(19)
103	277	81	89	78	8	137	(20)
266	54	293	254	305	283	323	(21)
798	732	807	444	917	999	848	(22)
48	8	53	-	69	152	-	(23)
31	-	35	0	45	99	-	(24)
-	-	-	-	-	-	-	(25)
50	110	42	-	54	120	-	(26)
5,216	4,738	5,277	5,115	5,325	5,693	5,020	(27)
176	203	173	184	170	168	171	(28)
2,453	2,029	2,507	2,430	2,530	2,872	2,245	(29)
6	-	7	12	5	-	10	(30)
2,153	2,106	2,159	2,125	2,169	2,129	2,203	(31)
428	400	431	364	451	524	391	(32)
1,715	1,727	1,712	2,017	1,620	1,550	1,676	(33)
-	-	-	-	-	-	-	(34)
1,112	1,123	1,110	1,159	1,095	1,097	1,093	(35)
100	89	101	168	81	55	102	(36)
153	205	146	172	138	133	142	(37)
119	94	122	177	105	83	123	(38)
6	11	5	10	4	1	6	(39)
186	163	189	283	161	135	183	(40)
39	42	39	48	36	46	27	(41)
-	-	-	-	-	-	-	(42)

麦類生産費・小麦・全国（田畑計）

(2) 小麦の作付規模別生産費（続き）
ア 全国・田畑計（続き）
(カ) 原単位評価額〔10a当たり〕（続き）

区分	平均	0.5ha未満	0.5～1.0	1.0～2.0	2.0～3.0	3.0～5.0
	(1)	(2)	(3)	(4)	(5)	(6)
その他の諸材料費 (43)	455	56	336	561	330	394
ビニールシート (44)	-	-	-	-	-	-
ポリエチレン (45)	-	-	-	-	-	-
なわ (46)	-	-	-	-	-	-
融雪剤 (47)	436	-	105	561	330	392
その他 (48)	19	56	231	-	0	2
自給 (49)	-	-	-	-	-	-
土地改良及び水利費 (50)	829	767	2,207	1,602	1,635	1,265
土地改良区費						
維持負担金 (51)	653	667	1,978	871	1,503	970
償還金 (52)	159	100	228	731	101	196
その他 (53)	17	-	1	-	31	99
賃借料及び料金 (54)	14,191	12,398	11,827	8,241	13,203	12,829
共同負担金						
薬剤散布 (55)	45	-	32	80	62	36
共同施設負担 (56)	576	-	163	81	80	22
農機具借料 (57)	1,178	887	549	872	1,789	1,357
航空防除費 (58)	344	924	1,099	264	985	687
賃耕料 (59)	41	1,079	181	40	-	17
は種・定植 (60)	86	1,144	220	28	41	224
収穫請負わせ賃 (61)	2,362	3,821	2,598	1,466	3,059	2,348
ライスセンター費 (62)	1,592	1,047	2,646	2,395	2,087	2,130
カントリーエレベータ費 (63)	7,261	3,111	3,906	2,988	4,243	5,586
その他 (64)	706	385	433	27	857	422
物件税及び公課諸負担 (65)	1,356	1,854	1,115	1,904	1,215	1,515
物件税 (66)	486	957	463	996	415	485
公課諸負担 (67)	870	897	652	908	800	1,030
建物費 (68)	991	1,698	619	2,020	598	1,071
償却						
住家 (69)	41	70	78	6	20	1
納屋・倉庫 (70)	420	1,161	242	1,288	396	517
用水路 (71)	2	-	-	-	-	7
暗きょ排水施設 (72)	149	-	-	-	4	172
コンクリートけい畔 (73)	1	17	90	0	2	-
客土 (74)	1	-	-	-	-	-
たい肥盤 (75)	0	-	-	-	-	-
その他 (76)	145	393	128	89	60	227
修繕費及び購入補充費 (77)	232	57	81	637	116	147

麦類生産費・小麦・全国（田畑計）

単位：円

平　均	5.0ha以上		7.0ha以上			10.0ha以上		
	5.0～7.0	平　均	7.0～10.0	平　均	10.0～15.0	15.0ha 以上		
(7)	(8)	(9)	(10)	(11)	(12)	(13)		
465	342	481	468	485	475	494	(43)
-	-	-	-	-	-	-	(44)
-	-	-	-	-	-	-	(45)
-	-	-	-	-	-	-	(46)
444	339	458	456	458	469	449	(47)
21	3	23	12	27	6	45	(48)
-	-	-	-	-	-	-	(49)
725	1,064	681	1,059	566	468	648	(50)
574	913	530	824	441	384	489	(51)
144	137	145	221	122	81	156	(52)
7	14	6	14	3	3	3	(53)
14,539	14,389	14,559	13,652	14,833	15,876	13,960	(54)
45	-	50	13	62	-	113	(55)
677	1,119	620	308	715	1,018	461	(56)
1,144	269	1,256	559	1,468	1,709	1,266	(57)
276	437	256	399	212	105	302	(58)
44	-	50	-	65	-	119	(59)
70	310	40	90	24	-	44	(60)
2,357	2,652	2,320	2,371	2,304	2,605	2,053	(61)
1,486	2,461	1,360	1,380	1,354	793	1,824	(62)
7,686	6,433	7,847	7,819	7,855	8,636	7,202	(63)
754	708	760	713	774	1,010	576	(64)
1,330	1,465	1,312	1,486	1,259	1,416	1,126	(65)
478	501	475	535	457	520	404	(66)
852	964	837	951	802	896	722	(67)
973	639	1,017	1,089	993	946	1,033	(68)
47	4	53	11	65	1	119	(69)
389	279	404	499	375	420	337	(70)
2	-	2	-	2	5	-	(71)
155	11	173	202	164	167	162	(72)
0	2	0	0	-	-	-	(73)
2	-	2	1	2	5	-	(74)
1	-	1	1	1	-	1	(75)
138	183	132	106	140	129	150	(76)
239	160	250	269	244	219	264	(77)

麦類生産費・小麦・全国（田畑計）

(2) 小麦の作付規模別生産費（続き）
  ア　全国・田畑計（続き）
   (カ)　原単位評価額〔10a当たり〕（続き）

区　　　　　分	平　均	0.5ha未満	0.5～1.0	1.0～2.0	2.0～3.0	3.0～5.0
	(1)	(2)	(3)	(4)	(5)	(6)
自　動　車　費　(78)	1,275	2,995	2,886	2,314	1,502	1,219
償　却						
四　輪　自　動　車　(79)	484	979	1,841	571	282	368
そ　　の　　他　(80)	-	-	-	-	-	-
修繕費及び購入補充費　(81)	791	2,016	1,045	1,743	1,220	851
農　機　具　費　(82)	9,370	12,048	6,997	8,168	6,508	9,992
償　却						
乗用型トラクタ						
20馬力未満　(83)	11	5	28	14	99	69
20　～　50　(84)	204	5,583	1,815	1,570	799	599
50馬力以上　(85)	2,450	851	458	754	886	2,297
歩行型トラクタ　(86)	0	159	-	1	2	1
たい肥等散布機　(87)	19	-	-	-	-	3
総　合　は　種　機　(88)	345	302	116	193	123	218
移　　植　　機　(89)	-	-	-	-	-	-
中　耕　除　草　機　(90)	17	-	4	18	31	74
肥　料　散　布　機　(91)	223	36	41	65	59	75
動　力　噴　霧　機　(92)	293	48	16	35	120	133
動　力　散　粉　機　(93)	1	-	-	6	5	-
自脱型コンバイン						
3　条　以　下　(94)	49	1,588	1,300	824	653	16
4　条　以　上　(95)	512	321	1,080	2,140	739	1,149
普通型コンバイン　(96)	306	-	-	2	-	157
脱　　穀　　機　(97)	-	-	-	-	-	-
乾　　燥　　機　(98)	238	58	11	104	33	535
ト　レ　ー　ラ　ー　(99)	6	28	-	-	11	△ 5
そ　　の　　他　(100)	1,300	280	377	467	699	1,255
修繕費及び購入補充費　(101)	3,396	2,789	1,751	1,975	2,249	3,416
生　産　管　理　費　(102)	313	163	135	267	283	326
償　　却　　費　(103)	6	-	1	-	69	8
購　　入　　費　(104)	307	163	134	267	214	318

麦類生産費・小麦・全国（田畑計）

単位：円

平　均	5.0ha以上			7.0ha以上			
	5.0～7.0	平　均	7.0～10.0	平　均	10.0ha以上		
					10.0～15.0	15.0ha 以上	
(7)	(8)	(9)	(10)	(11)	(12)	(13)	
1,244	1,115	1,261	1,225	1,272	1,139	1,382	(78)
497	443	504	304	565	324	766	(79)
-	-	-	-	-	-	-	(80)
747	672	757	921	707	815	616	(81)
9,422	7,035	9,729	9,793	9,707	8,644	10,598	(82)
1	-	1	-	1	2	-	(83)
94	279	71	101	61	60	62	(84)
2,568	1,331	2,727	2,177	2,894	2,598	3,141	(85)
-	-	-	-	-	-	-	(86)
22	-	25	-	32	41	25	(87)
373	97	408	137	490	491	489	(88)
-	-	-	-	-	-	-	(89)
10	9	10	1	13	20	7	(90)
252	277	249	198	265	227	296	(91)
327	186	345	278	365	400	335	(92)
0	1	0	-	0	-	1	(93)
10	2	11	47	-	-	-	(94)
386	625	355	622	274	308	246	(95)
343	68	379	343	389	7	709	(96)
-	-	-	-	-	-	-	(97)
211	100	225	552	126	212	54	(98)
7	7	7	3	9	9	9	(99)
1,348	1,683	1,305	1,300	1,306	1,321	1,295	(100)
3,470	2,370	3,611	4,034	3,482	2,948	3,929	(101)
315	306	316	340	310	363	265	(102)
4	13	3	1	4	4	4	(103)
311	293	313	339	306	359	261	(104)

(2) 小麦の作付規模別生産費（続き）
イ 全国・田畑別
(ア) 調査対象経営体の生産概要・経営概況

区分	単位	田作										
								5.0ha以上				
										7.0ha以上		
		平均	0.5ha未満	0.5～1.0	1.0～2.0	2.0～3.0	3.0～5.0	平均	5.0～7.0	平均	7.0～10.0	平均
		(1)	(2)	(3)	(4)	(5)	(6)	(7)	(8)	(9)	(10)	(11)
集計経営体数 (1)	経営体	413	29	33	58	42	84	167	47	120	42	78
労働力（1経営体当たり）												
世帯員数 (2)	人	3.9	4.1	3.7	3.2	2.8	3.5	4.6	4.9	4.5	4.3	4.7
男 (3)	〃	2.0	1.9	1.7	1.6	1.4	1.8	2.4	2.4	2.4	2.4	2.4
女 (4)	〃	1.9	2.2	2.0	1.6	1.4	1.7	2.2	2.5	2.1	1.9	2.3
家族員数 (5)	〃	3.9	4.1	3.7	3.2	2.8	3.5	4.6	4.9	4.5	4.3	4.7
男 (6)	〃	2.0	1.9	1.7	1.6	1.4	1.8	2.4	2.4	2.4	2.4	2.4
女 (7)	〃	1.9	2.2	2.0	1.6	1.4	1.7	2.2	2.5	2.1	1.9	2.3
農業就業者 (8)	〃	2.1	1.3	1.6	1.6	1.5	1.9	2.6	2.7	2.6	2.6	2.5
男 (9)	〃	1.4	0.8	1.0	1.1	1.0	1.3	1.7	1.8	1.7	1.7	1.7
女 (10)	〃	0.7	0.5	0.6	0.5	0.5	0.6	0.9	0.9	0.9	0.9	0.8
農業専従者 (11)	〃	1.5	0.9	0.7	1.3	0.6	1.5	1.9	2.1	1.8	1.6	2.1
男 (12)	〃	1.1	0.6	0.5	0.9	0.4	1.1	1.4	1.6	1.3	1.2	1.5
女 (13)	〃	0.4	0.3	0.2	0.4	0.2	0.4	0.5	0.5	0.5	0.4	0.6
土地（1経営体当たり）												
経営耕地面積 (14)	a	1,593	495	446	984	727	1,550	2,372	1,822	2,621	2,071	3,134
田 (15)	〃	1,481	485	421	974	700	1,380	2,207	1,780	2,401	1,842	2,921
畑 (16)	〃	112	10	25	10	27	169	165	42	220	229	213
普通畑 (17)	〃	111	10	16	9	27	167	165	42	220	227	213
樹園地 (18)	〃	1	-	9	1	0	2	0	0	0	2	-
牧草地 (19)	〃	0	-	-	-	-	1	-	-	-	-	-
耕地以外の土地 (20)	〃	94	34	22	28	25	108	149	90	175	38	304
小麦												
使用地面積（1経営体当たり）												
作付地 (21)	〃	554.1	32.6	70.1	147.2	261.5	391.1	1,021.1	565.4	1,227.6	848.0	1,581.5
自作地 (22)	〃	236.9	25.2	56.1	94.0	170.3	195.6	384.7	291.2	427.0	388.7	462.8
小作地 (23)	〃	317.2	7.4	14.0	53.2	91.2	195.5	636.4	274.2	800.6	459.3	1,118.7
作付地以外 (24)	〃	4.4	1.6	2.6	1.6	3.4	4.2	6.5	4.1	7.6	3.9	11.1
所有地 (25)	〃	4.3	1.6	2.6	1.6	3.4	4.0	6.4	4.1	7.4	3.5	11.1
借入地 (26)	〃	0.1	-	-	-	0.0	0.2	0.1	-	0.2	0.4	0.0
作付地の実勢地代（10a当たり） (27)	円	12,090	10,865	13,898	12,618	13,307	12,505	11,855	12,855	11,646	11,672	11,633
自作地 (28)	〃	13,506	11,404	14,467	13,470	14,419	13,378	13,423	13,887	13,282	13,171	13,367
小作地 (29)	〃	11,013	9,002	11,586	11,122	11,176	11,623	10,886	11,756	10,750	10,414	10,883
投下資本額（10a当たり） (30)	〃	57,768	79,830	52,366	63,013	52,944	63,161	56,523	55,057	56,828	60,374	55,054
借入資本額 (31)	〃	14,712	5,720	4,351	3,437	8,529	7,094	17,787	15,608	18,240	16,272	19,223
自己資本額 (32)	〃	43,056	74,110	48,015	59,576	44,415	56,067	38,736	39,449	38,588	44,102	35,831
固定資本額 (33)	〃	35,874	54,278	24,697	39,854	26,369	41,106	35,139	33,827	35,412	38,047	34,094
建物・構築物 (34)	〃	10,723	17,348	3,864	21,530	6,563	7,936	11,050	9,359	11,403	13,597	10,306
土地改良設備 (35)	〃	467	394	701	1	67	1,422	296	83	340	321	350
自動車 (36)	〃	875	1,493	4,899	1,142	854	925	798	1,401	672	344	835
農機具 (37)	〃	23,809	35,043	15,233	17,181	18,885	30,823	22,995	22,984	22,997	23,785	22,603
流動資本額 (38)	〃	17,950	17,421	18,039	18,491	21,418	17,694	17,741	17,204	17,853	18,779	17,390
労賃資本額 (39)	〃	3,944	8,131	9,630	4,668	5,157	4,361	3,643	4,026	3,563	3,548	3,570

10.0ha以上		畑						作							
								5.0ha以上							
										7.0ha以上					
												10.0ha以上			
10.0～15.0	15.0ha以上	平均	0.5ha未満	0.5～1.0	1.0～2.0	2.0～3.0	3.0～5.0	平均	5.0～7.0	平均	7.0～10.0	平均	10.0～15.0	15.0ha以上	
(12)	(13)	(14)	(15)	(16)	(17)	(18)	(19)	(20)	(21)	(22)	(23)	(24)	(25)	(26)	
37	41	117	11	3	4	4	15	80	12	68	23	45	26	19	(1)
4.6	4.8	4.6	4.7	5.8	3.7	3.1	4.6	4.8	4.5	4.9	4.7	4.9	5.0	4.8	(2)
2.1	2.6	2.4	3.0	2.9	1.7	2.0	1.9	2.6	2.5	2.6	2.4	2.7	2.6	2.8	(3)
2.5	2.2	2.2	1.7	2.9	2.0	1.1	2.7	2.2	2.0	2.3	2.3	2.2	2.4	2.0	(4)
4.6	4.8	4.6	4.7	5.8	3.7	3.1	4.6	4.8	4.5	4.9	4.7	4.9	5.0	4.8	(5)
2.1	2.6	2.4	3.0	2.9	1.7	2.0	1.9	2.6	2.5	2.6	2.4	2.7	2.6	2.8	(6)
2.5	2.2	2.2	1.7	2.9	2.0	1.1	2.7	2.2	2.0	2.3	2.3	2.2	2.4	2.0	(7)
2.5	2.6	2.9	2.5	3.2	2.7	2.6	2.9	2.8	2.4	2.9	2.8	2.9	2.8	3.3	(8)
1.6	1.8	1.7	1.5	1.7	1.5	1.7	1.5	1.7	1.4	1.7	1.5	1.8	1.7	2.1	(9)
0.9	0.8	1.2	1.0	1.5	1.2	0.9	1.4	1.1	1.0	1.2	1.3	1.1	1.1	1.2	(10)
1.9	2.3	2.2	0.8	3.2	2.2	1.1	2.7	2.2	1.9	2.2	2.0	2.3	2.4	2.3	(11)
1.3	1.7	1.4	0.5	1.7	1.5	0.9	1.5	1.5	1.2	1.5	1.4	1.6	1.6	1.6	(12)
0.6	0.6	0.8	0.3	1.5	0.7	0.2	1.2	0.7	0.7	0.7	0.6	0.7	0.8	0.7	(13)
2,429	3,768	3,285	198	272	507	1,269	1,993	3,843	2,679	4,083	3,250	4,435	3,898	5,283	(14)
2,137	3,626	188	53	199	253	711	150	156	178	152	69	187	93	336	(15)
292	142	3,081	145	73	254	558	1,843	3,667	2,474	3,912	3,150	4,234	3,782	4,947	(16)
292	142	3,081	144	73	254	558	1,843	3,667	2,474	3,912	3,150	4,234	3,782	4,947	(17)
-	-	0	1	-	-	-	-	-	-	-	-	-	-	-	(18)
-	-	16	-	-	-	-	-	20	27	19	31	14	23	0	(19)
488	139	956	112	156	128	128	2,750	612	770	580	774	499	386	676	(20)
1,187.0	1,936.1	977.2	23.1	72.0	129.8	257.0	382.0	1,205.0	604.9	1,328.0	846.5	1,531.2	1,227.0	2,012.3	(21)
298.9	610.0	694.7	20.9	52.4	64.2	54.7	303.8	859.2	385.8	956.2	735.9	1,049.2	829.6	1,396.4	(22)
888.1	1,326.1	282.5	2.2	19.6	65.6	202.3	78.2	345.8	219.1	371.8	110.6	482.0	397.4	615.9	(23)
9.3	12.7	4.9	4.0	2.2	1.2	3.1	1.5	5.9	2.5	6.7	6.7	6.6	5.3	8.7	(24)
9.3	12.7	4.7	4.0	2.2	1.2	3.1	1.5	5.6	2.5	6.3	6.7	6.1	5.3	7.3	(25)
-	0.0	0.2	-	-	-	-	-	0.3	-	0.4	-	0.5	-	1.4	(26)
10,346	**12,342**	**8,361**	**8,506**	**7,325**	**5,472**	**5,691**	**7,859**	**8,449**	**7,203**	**8,565**	**8,299**	**8,627**	**9,450**	**7,838**	(27)
11,474	14,160	8,462	8,956	7,223	5,892	8,277	7,365	8,560	7,787	8,624	8,298	8,720	9,565	7,934	(28)
9,968	11,447	8,112	3,448	7,679	5,059	4,988	9,822	8,169	6,169	8,411	8,305	8,421	9,208	7,618	(29)
56,335	**54,348**	**53,403**	**61,416**	**48,383**	**66,489**	**26,936**	**47,038**	**54,319**	**39,146**	**55,738**	**49,864**	**57,105**	**56,310**	**57,874**	(30)
18,876	19,414	7,215	-	-	-	-	9,059	7,206	13,805	6,593	5,769	6,781	6,843	6,724	(31)
37,459	34,934	46,188	61,416	48,383	66,489	26,936	37,979	47,113	25,341	49,145	44,095	50,324	49,467	51,150	(32)
34,880	33,662	28,597	24,421	26,014	52,678	4,319	20,964	29,563	14,943	30,929	24,594	32,405	31,221	33,549	(33)
9,582	10,706	5,277	8,266	-	39	715	8,451	5,118	3,152	5,302	3,938	5,620	6,231	5,031	(34)
1	542	1,053	-	-	-	-	229	1,135	15	1,240	1,740	1,123	1,424	833	(35)
873	815	1,200	1,837	-	1,501	508	374	1,275	525	1,345	1,555	1,295	621	1,946	(36)
24,424	21,599	21,067	14,318	26,014	51,138	3,096	11,910	22,035	11,251	23,042	17,361	24,367	22,945	25,739	(37)
17,621	17,262	22,518	20,191	16,776	8,928	18,310	23,253	22,551	21,560	22,644	22,925	22,578	22,971	22,198	(38)
3,834	3,424	2,288	16,804	5,593	4,883	4,307	2,821	2,205	2,643	2,165	2,345	2,122	2,118	2,127	(39)

(2) 小麦の作付規模別生産費（続き）
イ 全国・田畑別（続き）
(ｱ) 調査対象経営体の生産概要・経営概況（続き）

区分		単位	田作										
									5.0ha以上				
											7.0ha以上		
			平均	0.5ha未満	0.5～1.0	1.0～2.0	2.0～3.0	3.0～5.0	平均	5.0～7.0	平均	7.0～10.0	平均
			(1)	(2)	(3)	(4)	(5)	(6)	(7)	(8)	(9)	(10)	(11)
自動車所有台数（10経営体当たり）													
四輪自動車	(40)	台	34.6	18.3	23.5	24.3	25.3	35.3	43.9	46.4	42.8	38.3	47.0
農機具所有台数（10経営体当たり）													
乗用型トラクタ													
20馬力未満	(41)	〃	2.1	1.0	3.8	2.6	1.3	1.8	1.9	3.0	1.4	1.4	1.4
20～50馬力未満	(42)	〃	12.5	11.1	15.9	8.8	9.4	13.5	13.8	11.2	15.0	15.5	14.5
50馬力以上	(43)	〃	15.5	1.5	1.4	6.4	8.7	17.1	23.5	18.6	25.8	20.2	31.0
歩行型トラクタ	(44)	〃	3.4	1.1	1.5	1.3	4.1	2.8	4.9	9.4	2.9	4.2	1.7
たい肥等散布機	(45)	〃	1.3	-	0.1	0.1	0.3	1.5	2.3	5.3	0.9	-	1.7
総合は種機	(46)	〃	10.6	3.4	7.4	4.0	10.6	10.5	14.4	10.9	15.9	14.6	17.2
移植機	(47)	〃	1.0	-	0.1	0.3	0.0	1.3	1.7	3.1	1.0	0.9	1.1
中耕除草機	(48)	〃	5.2	0.9	1.8	0.9	5.4	5.5	7.6	10.4	6.3	8.1	4.7
肥料散布機	(49)	〃	8.5	1.9	2.4	7.2	5.0	7.2	12.1	14.4	11.1	11.0	11.1
動力噴霧機	(50)	〃	10.2	5.0	7.9	5.9	8.6	9.6	13.6	19.7	10.8	12.9	8.8
動力散粉機	(51)	〃	1.4	1.2	1.3	1.0	1.2	1.6	1.7	1.6	1.7	1.8	1.6
自脱型コンバイン													
3条以下	(52)	〃	1.6	3.4	2.5	4.1	1.5	1.0	0.6	0.8	0.5	0.6	0.4
4条以上	(53)	〃	8.8	4.7	2.8	5.8	8.0	9.1	11.5	12.9	10.9	11.5	10.2
普通型コンバイン	(54)	〃	1.9	0.5	-	0.2	0.2	0.9	4.0	3.6	4.2	3.7	4.8
脱穀機	(55)	〃	0.4	-	0.2	-	2.3	0.1	0.3	-	0.4	-	0.7
乾燥機	(56)	〃	15.7	5.6	2.6	8.6	11.1	17.5	21.8	19.7	22.7	21.6	23.7
トレーラー	(57)	〃	2.2	0.9	-	0.4	0.5	2.9	3.4	2.6	3.7	4.9	2.7
小麦													
10a当たり主産物数量	**(58)**	**kg**	**369**	**212**	**249**	**266**	**377**	**376**	**376**	**389**	**373**	**369**	**376**
粗収益													
10a当たり	(59)	円	12,516	6,698	6,681	8,492	15,355	13,250	12,485	13,131	12,351	13,135	11,958
主産物	(60)	〃	11,659	6,629	6,180	7,803	14,026	12,338	11,657	11,645	11,661	12,049	11,465
副産物	(61)	〃	857	69	501	689	1,329	912	828	1,486	690	1,086	493
60kg当たり	(62)	〃	2,035	1,886	1,609	1,912	2,447	2,121	1,996	2,032	1,987	2,139	1,911
主産物	(63)	〃	1,895	1,866	1,489	1,757	2,235	1,975	1,863	1,802	1,875	1,962	1,832
副産物	(64)	〃	140	20	120	155	212	146	133	230	112	177	79
所得													
10a当たり	(65)	〃	△36,148	△42,592	△39,396	△38,952	△36,519	△36,125	△35,899	△33,679	△36,361	△37,929	△35,576
1日当たり	(66)	〃	-	-	-	-	-	-	-	-	-	-	-
家族労働報酬													
10a当たり	(67)	〃	△43,497	△52,455	△51,236	△49,419	△46,885	△44,458	△42,553	△42,158	△42,636	△45,706	△41,099
1日当たり	(68)	〃	-	-	-	-	-	-	-	-	-	-	-
（参考1）経営所得安定対策等受取金（10a当たり）	(69)	〃	73,496	42,447	52,630	71,685	69,676	75,009	73,812	75,205	73,521	73,449	73,557
（参考2）経営所得安定対策等の交付金を加えた場合													
粗収益													
10a当たり	(70)	〃	86,012	49,145	59,311	80,177	85,031	88,259	86,297	88,336	85,872	86,584	85,515
60kg当たり	(71)	〃	13,980	13,838	14,288	18,054	13,548	14,135	13,786	13,666	13,811	14,102	13,666
所得													
10a当たり	(72)	〃	37,348	△145	13,234	32,733	33,157	38,884	37,913	41,526	37,160	35,520	37,981
1日当たり	(73)	〃	65,095	-	8,750	42,718	38,111	57,499	75,637	68,638	77,619	66,704	82,792
家族労働報酬													
10a当たり	(74)	〃	29,999	△10,008	1,394	22,266	22,791	30,551	31,259	33,047	30,885	27,743	32,458
1日当たり	(75)	〃	52,286	-	922	29,058	26,197	45,177	62,362	54,623	64,512	52,100	70,753

10.0ha以上		畑						作							
								5.0ha以上							
										7.0ha以上					
												10.0ha以上			
10.0～15.0	15.0ha以上	平均	0.5ha未満	0.5～1.0	1.0～2.0	2.0～3.0	3.0～5.0	平均	5.0～7.0	平均	7.0～10.0	平均	10.0～15.0	15.0ha以上	
(12)	(13)	(14)	(15)	(16)	(17)	(18)	(19)	(20)	(21)	(22)	(23)	(24)	(25)	(26)	
44.8	48.9	53.1	24.6	17.0	30.0	35.8	50.0	56.1	43.8	58.6	51.6	61.6	57.3	68.4	(40)
2.2	0.7	3.3	0.8	-	1.6	-	4.7	3.3	3.0	3.4	4.0	3.1	1.8	5.2	(41)
15.4	13.6	7.2	9.8	17.0	8.0	16.9	3.9	7.1	7.2	7.0	4.8	8.0	10.5	4.0	(42)
25.4	36.0	41.3	-	-	5.2	16.9	35.8	45.8	34.1	48.2	46.8	48.8	47.2	51.2	(43)
2.1	1.4	1.7	7.2	7.0	-	-	-	2.1	2.3	2.1	2.2	2.0	3.3	0.0	(44)
2.5	1.0	5.5	-	2.4	-	-	6.4	5.8	6.3	5.7	3.7	6.6	7.7	4.9	(45)
19.6	15.0	22.6	1.5	5.4	4.8	7.4	18.8	25.3	19.1	26.6	31.5	24.5	27.2	20.1	(46)
1.9	0.5	9.2	-	-	-	-	13.8	9.1	7.2	9.5	8.3	10.0	13.2	4.9	(47)
6.2	3.3	21.0	1.4	-	-	-	13.5	25.0	13.3	27.4	26.2	28.0	26.7	30.0	(48)
9.7	12.4	17.0	0.4	7.0	1.6	8.3	18.2	17.8	15.4	18.3	22.7	16.4	18.2	13.6	(49)
8.0	9.6	14.3	22.7	14.0	6.8	10.0	11.7	15.3	12.2	15.9	15.4	16.1	16.0	16.4	(50)
2.1	1.1	0.0	-	-	1.6	-	-	-	-	-	-	-	-	-	(51)
0.9	-	0.2	4.1	7.6	1.6	0.4	0.1	0.0	-	0.0	0.1	0.0	0.0	-	(52)
11.1	9.4	0.7	-	2.4	8.4	1.2	1.8	0.2	1.1	0.1	-	0.1	0.0	0.2	(53)
4.1	5.3	2.5	-	-	0.5	-	0.1	3.4	0.4	4.0	1.4	5.1	3.4	7.8	(54)
1.5	-	4.1	4.3	-	-	-	3.1	4.7	6.9	4.3	4.8	4.1	3.9	4.3	(55)
24.9	22.7	5.9	12.0	-	14.8	1.7	4.1	6.6	4.4	7.0	2.7	8.9	6.9	12.0	(56)
3.3	2.1	1.8	-	-	1.6	0.4	0.1	2.3	2.3	2.3	2.2	2.3	3.0	1.4	(57)
341	**395**	**429**	**308**	**394**	**319**	**331**	**485**	**427**	**512**	**419**	**454**	**412**	**410**	**413**	(58)
11,405	12,264	17,950	25,983	16,155	32,130	12,945	19,611	17,890	20,790	17,619	19,557	17,167	16,939	17,387	(59)
10,961	11,744	13,928	25,152	16,093	32,125	11,410	16,263	13,767	17,146	13,451	15,156	13,054	12,859	13,242	(60)
444	520	4,022	831	62	5	1,535	3,348	4,123	3,644	4,168	4,401	4,113	4,080	4,145	(61)
2,004	1,867	2,507	5,041	2,464	6,052	2,348	2,427	2,511	2,434	2,521	2,590	2,503	2,480	2,528	(62)
1,925	1,788	1,945	4,880	2,455	6,051	2,070	2,013	1,933	2,007	1,925	2,007	1,904	1,882	1,925	(63)
79	79	562	161	9	1	278	414	578	427	596	583	599	598	603	(64)
△35,581	△35,585	△36,382	△25,037	△24,771	△ 4,713	△28,909	△34,357	△36,705	△27,764	△37,539	△32,762	△38,651	△38,983	△38,336	(65)
-	-	-	-	-	-	-	-	-	-	-	-	-	-	-	(66)
△39,825	△41,813	△44,341	△36,866	△33,304	△ 9,884	△31,881	△41,916	△44,779	△33,816	△45,802	△41,827	△46,726	△47,497	△45,989	(67)
-	-	-	-	-	-	-	-	-	-	-	-	-	-	-	(68)
68,162	76,529	46,782	13,458	43,392	20,941	38,019	55,800	46,277	55,697	45,398	49,580	44,420	43,582	45,232	(69)
79,567	88,793	64,732	39,441	59,547	53,071	50,964	75,411	64,167	76,487	63,017	69,137	61,587	60,521	62,619	(70)
13,980	13,518	9,041	7,652	9,085	9,996	9,246	9,335	9,011	8,957	9,018	9,152	8,983	8,858	9,106	(71)
32,581	40,944	10,400	△11,579	18,621	16,228	9,110	21,443	9,572	27,933	7,859	16,818	5,769	4,599	6,896	(72)
59,104	101,096	30,476	-	21,558	19,912	13,061	50,753	29,566	71,394	24,851	46,394	18,838	14,717	22,797	(73)
28,337	34,716	2,441	△23,408	10,088	11,057	6,138	13,884	1,498	21,881	△ 404	7,753	△ 2,306	△ 3,915	△ 757	(74)
51,405	85,719	7,153	-	11,679	13,567	8,800	32,862	4,627	55,926	-	21,388	-	-	-	(75)

麦類生産費・小麦・全国（田作・畑作）

(2) 小麦の作付規模別生産費（続き）
イ 全国・田畑別（続き）
(イ) 生産費〔10a当たり〕

区分		田						作				
											5.0ha以上	
												7.0ha以上
		平均	0.5ha未満	0.5〜1.0	1.0〜2.0	2.0〜3.0	3.0〜5.0	平均	5.0〜7.0	平均	7.0〜10.0	平均
		(1)	(2)	(3)	(4)	(5)	(6)	(7)	(8)	(9)	(10)	(11)
物財費	(1)	43,967	47,227	43,908	44,814	49,879	45,016	43,257	42,944	43,324	46,621	41,674
種苗費	(2)	3,096	3,640	3,395	4,109	2,427	3,200	3,049	3,107	3,037	2,839	3,135
購入	(3)	2,826	3,455	3,356	3,889	2,219	2,794	2,800	2,942	2,771	2,475	2,918
自給	(4)	270	185	39	220	208	406	249	165	266	364	217
肥料費	(5)	9,417	7,755	8,252	8,885	12,527	8,619	9,445	8,823	9,575	10,256	9,232
購入	(6)	9,328	7,755	8,252	8,885	12,473	8,494	9,355	8,805	9,470	10,256	9,075
自給	(7)	89	-	-	-	54	125	90	18	105	0	157
農業薬剤費（購入）	(8)	4,170	2,574	3,606	4,790	4,652	3,770	4,203	4,607	4,119	4,590	3,882
光熱動力費	(9)	2,072	2,107	2,317	1,975	2,678	2,435	1,948	1,799	1,979	2,099	1,919
購入	(10)	2,072	2,107	2,317	1,975	2,678	2,435	1,948	1,799	1,979	2,099	1,919
自給	(11)	-	-	-	-	-	-	-	-	-	-	-
その他の諸材料費	(12)	398	2	367	581	108	376	412	293	438	495	408
購入	(13)	398	2	367	581	108	376	412	293	438	495	408
自給	(14)	-	-	-	-	-	-	-	-	-	-	-
土地改良及び水利費	(15)	1,839	1,000	2,343	1,655	2,428	1,976	1,773	2,138	1,697	2,190	1,450
賃借料及び料金	(16)	9,087	11,320	12,128	8,360	12,952	9,490	8,735	8,674	8,747	7,846	9,196
物件税及び公課諸負担	(17)	1,134	2,114	1,149	1,913	1,235	1,228	1,052	1,487	963	1,244	824
建物費	(18)	1,105	1,766	668	2,090	834	1,124	1,061	1,080	1,057	1,316	929
償却費	(19)	876	1,729	586	1,434	664	1,028	822	815	823	1,010	731
修繕費及び購入補充費	(20)	229	37	82	656	170	96	239	265	234	306	198
購入	(21)	229	37	82	656	170	96	239	265	234	306	198
自給	(22)	-	-	-	-	-	-	-	-	-	-	-
自動車費	(23)	1,198	3,129	2,892	2,311	1,606	1,221	1,071	1,394	1,003	1,158	926
償却費	(24)	411	982	2,004	537	296	487	373	689	307	219	351
修繕費及び購入補充費	(25)	787	2,147	888	1,774	1,310	734	698	705	696	939	575
購入	(26)	787	2,147	888	1,774	1,310	734	698	705	696	939	575
自給	(27)	-	-	-	-	-	-	-	-	-	-	-
農機具費	(28)	10,193	11,694	6,686	7,870	8,112	11,350	10,246	9,287	10,446	12,316	9,515
償却費	(29)	6,767	9,672	5,238	5,860	5,979	8,099	6,576	7,033	6,480	7,833	5,807
修繕費及び購入補充費	(30)	3,426	2,022	1,448	2,010	2,133	3,251	3,670	2,254	3,966	4,483	3,708
購入	(31)	3,426	2,022	1,448	2,010	2,133	3,251	3,670	2,254	3,966	4,483	3,708
自給	(32)	-	-	-	-	-	-	-	-	-	-	-
生産管理費	(33)	258	126	105	275	320	227	262	255	263	272	258
償却費	(34)	12	-	1	-	104	14	6	0	7	1	10
購入・支払	(35)	246	126	104	275	216	213	256	255	256	271	248
労働費	(36)	7,887	16,264	19,258	9,336	10,314	8,723	7,285	8,051	7,125	7,098	7,140
直接労働費	(37)	7,370	15,310	17,621	8,795	9,636	8,015	6,839	7,751	6,649	6,650	6,650
家族	(38)	6,819	15,310	17,589	8,620	9,483	7,679	6,179	7,471	5,910	6,460	5,636
雇用	(39)	551	-	32	175	153	336	660	280	739	190	1,014
間接労働費	(40)	517	954	1,637	541	678	708	446	300	476	448	490
家族	(41)	505	954	1,637	541	678	708	429	299	456	447	461
雇用	(42)	12	-	-	-	-	0	17	1	20	1	29
費用合計	(43)	51,854	63,491	63,166	54,150	60,193	53,739	50,542	50,995	50,449	53,719	48,814
購入（支払）	(44)	36,105	34,659	36,072	36,938	42,727	35,193	35,818	34,505	36,095	37,385	35,444
自給	(45)	7,683	16,449	19,265	9,381	10,423	8,918	6,947	7,953	6,737	7,271	6,471
償却	(46)	8,066	12,383	7,829	7,831	7,043	9,628	7,777	8,537	7,617	9,063	6,899
副産物価額	(47)	857	69	501	689	1,329	912	828	1,486	690	1,086	493
生産費（副産物価額差引）	(48)	50,997	63,422	62,665	53,461	58,864	52,827	49,714	49,509	49,759	52,633	48,321
支払利子	(49)	262	103	70	42	154	245	290	273	293	249	315
支払地代	(50)	3,872	1,960	2,067	2,413	1,688	3,778	4,160	3,312	4,336	4,003	4,502
支払利子・地代算入生産費	(51)	55,131	65,485	64,802	55,916	60,706	56,850	54,164	53,094	54,388	56,885	53,138
自己資本利子	(52)	1,722	2,964	1,921	2,383	1,777	2,243	1,549	1,578	1,544	1,764	1,433
自作地地代	(53)	5,627	6,899	9,919	8,084	8,589	6,090	5,105	6,901	4,731	6,013	4,090
資本利子・地代全額算入生産費（全算入生産費）	(54)	62,480	75,348	76,642	66,383	71,072	65,183	60,818	61,573	60,663	64,662	58,661

単位:円

		畑作													
								5.0ha以上							
										7.0ha以上					
10.0ha以上												10.0ha以上			
10.0～15.0	15.0ha以上	平均	0.5ha未満	0.5～1.0	1.0～2.0	2.0～3.0	3.0～5.0	平均	5.0～7.0	平均	7.0～10.0	平均	10.0～15.0	15.0ha以上	
(12)	(13)	(14)	(15)	(16)	(17)	(18)	(19)	(20)	(21)	(22)	(23)	(24)	(25)	(26)	
41,681	**41,680**	**51,748**	**50,595**	**38,905**	**34,711**	**37,919**	**51,781**	**52,003**	**45,853**	**52,575**	**51,058**	**52,928**	**52,773**	**53,080**	(1)
3,164	3,119	2,772	3,182	2,817	3,184	2,546	3,042	2,755	2,721	2,757	2,659	2,780	2,820	2,742	(2)
2,826	2,969	2,767	2,164	2,504	2,924	2,546	3,042	2,750	2,721	2,752	2,634	2,780	2,819	2,742	(3)
338	150	5	1,018	313	260	-	-	5	-	5	25	0	1	-	(4)
9,460	9,110	10,756	9,218	8,159	3,667	8,559	10,578	10,816	8,556	11,026	10,074	11,249	11,435	11,072	(5)
9,017	9,110	10,623	8,293	8,159	3,667	8,559	10,578	10,670	8,339	10,886	10,074	11,077	11,083	11,072	(6)
443	-	133	925	-	-	-	-	146	217	140	-	172	352	-	(7)
4,471	3,558	5,641	1,406	2,790	544	3,859	5,324	5,703	4,868	5,781	5,514	5,843	6,010	5,683	(8)
1,798	1,987	1,626	2,073	1,437	1,646	2,190	1,824	1,601	1,655	1,597	1,956	1,512	1,488	1,534	(9)
1,798	1,987	1,626	2,073	1,437	1,646	2,190	1,824	1,601	1,655	1,597	1,956	1,512	1,488	1,534	(10)
-	-	-	-	-	-	-	-	-	-	-	-	-	-	-	(11)
195	526	489	235	-	-	763	420	491	388	500	447	512	547	480	(12)
195	526	489	235	-	-	763	420	491	388	500	447	512	547	480	(13)
-	-	-	-	-	-	-	-	-	-	-	-	-	-	-	(14)
1,671	1,329	216	-	664	159	94	211	220	19	239	191	249	154	340	(15)
8,442	9,615	17,294	15,951	8,430	4,993	13,692	17,789	17,334	19,955	17,088	18,104	16,852	17,804	15,932	(16)
980	737	1,492	1,004	739	1,604	1,179	1,939	1,462	1,443	1,465	1,673	1,415	1,529	1,305	(17)
755	1,028	920	1,478	63	111	140	993	929	208	996	914	1,016	995	1,035	(18)
674	765	686	1,354	-	4	130	771	690	151	740	673	756	740	770	(19)
81	263	234	124	63	107	10	222	239	57	256	241	260	255	265	(20)
81	263	234	124	63	107	10	222	239	57	256	241	260	255	265	(21)
-	-	-	-	-	-	-	-	-	-	-	-	-	-	-	(22)
958	910	1,321	2,553	2,821	2,393	1,300	1,214	1,328	844	1,373	1,277	1,395	1,187	1,597	(23)
333	362	527	968	-	1,501	254	190	557	204	590	370	641	322	949	(24)
625	548	794	1,585	2,821	892	1,046	1,024	771	640	783	907	754	865	648	(25)
625	548	794	1,585	2,821	892	1,046	1,024	771	640	783	907	754	865	648	(26)
-	-	-	-	-	-	-	-	-	-	-	-	-	-	-	(27)
9,585	9,473	8,873	13,210	10,514	16,365	3,388	7,974	9,023	4,840	9,414	7,859	9,777	8,399	11,106	(28)
5,412	6,021	5,495	7,895	5,351	15,352	913	4,314	5,650	2,356	5,958	4,169	6,376	5,769	6,961	(29)
4,173	3,452	3,378	5,315	5,163	1,013	2,475	3,660	3,373	2,484	3,456	3,690	3,401	2,630	4,145	(30)
4,173	3,452	3,378	5,315	5,163	1,013	2,475	3,660	3,373	2,484	3,456	3,690	3,401	2,630	4,145	(31)
-	-	-	-	-	-	-	-	-	-	-	-	-	-	-	(32)
202	288	348	285	471	45	209	473	341	356	339	390	328	405	254	(33)
21	3	3	-	-	-	-	-	3	25	1	-	2	-	4	(34)
181	285	345	285	471	45	209	473	338	331	338	390	326	405	250	(35)
7,670	**6,849**	**4,575**	**33,607**	**11,185**	**9,765**	**8,614**	**5,642**	**4,410**	**5,286**	**4,328**	**4,689**	**4,244**	**4,235**	**4,254**	(36)
6,947	6,487	4,115	29,693	10,532	9,434	8,401	5,165	3,947	4,904	3,858	4,191	3,781	3,823	3,740	(37)
6,362	5,235	4,013	29,593	10,532	9,188	8,401	5,165	3,836	4,731	3,753	4,164	3,658	3,796	3,524	(38)
585	1,252	102	100	-	246	-	-	111	173	105	27	123	27	216	(39)
723	362	460	3,914	653	331	213	477	463	382	470	498	463	412	514	(40)
721	318	460	3,914	653	331	213	477	463	382	470	498	463	411	514	(41)
2	44	0	-	-	-	-	-	0	-	0	-	0	1	-	(42)
49,351	**48,529**	**56,323**	**84,202**	**50,090**	**44,476**	**46,533**	**57,423**	**56,413**	**51,139**	**56,903**	**55,747**	**57,172**	**57,008**	**57,334**	(43)
35,047	35,675	45,001	38,535	33,241	17,840	36,622	46,506	45,063	43,073	45,246	45,848	45,104	45,617	44,612	(44)
7,864	5,703	4,611	35,450	11,498	9,779	8,614	5,642	4,450	5,330	4,368	4,687	4,293	4,560	4,038	(45)
6,440	7,151	6,711	10,217	5,351	16,857	1,297	5,275	6,900	2,736	7,289	5,212	7,775	6,831	8,684	(46)
444	520	4,022	831	62	5	1,535	3,348	4,123	3,644	4,168	4,401	4,113	4,080	4,145	(47)
48,907	**48,009**	**52,301**	**83,371**	**50,028**	**44,471**	**44,998**	**54,075**	**52,290**	**47,495**	**52,735**	**51,346**	**53,059**	**52,928**	**53,189**	(48)
454	238	209	-	-	-	8	315	204	408	185	153	193	139	244	(49)
4,264	4,635	2,273	325	2,021	1,886	3,927	1,872	2,277	2,120	2,293	1,081	2,574	2,982	2,183	(50)
53,625	**52,882**	**54,783**	**83,696**	**52,049**	**46,357**	**48,933**	**56,262**	**54,771**	**50,023**	**55,213**	**52,580**	**55,826**	**56,049**	**55,616**	(51)
1,498	1,397	1,848	2,457	1,935	2,660	1,077	1,519	1,885	1,014	1,966	1,764	2,013	1,979	2,046	(52)
2,746	4,831	6,111	9,372	6,598	2,511	1,895	6,040	6,189	5,038	6,297	7,301	6,062	6,535	5,607	(53)
57,869	**59,110**	**62,742**	**95,525**	**60,582**	**51,528**	**51,905**	**63,821**	**62,845**	**56,075**	**63,476**	**61,645**	**63,901**	**64,563**	**63,269**	(54)

(2) 小麦の作付規模別生産費（続き）
イ 全国・田畑別（続き）
(ウ) 生産費〔60kg当たり〕

区分		田作										
								5.0ha以上				
										7.0ha以上		
		平均	0.5ha未満	0.5～1.0	1.0～2.0	2.0～3.0	3.0～5.0	平均	5.0～7.0	平均	7.0～10.0	平均
		(1)	(2)	(3)	(4)	(5)	(6)	(7)	(8)	(9)	(10)	(11)
物財費	(1)	**7,145**	**13,300**	**10,576**	**10,095**	**7,949**	**7,209**	**6,910**	**6,644**	**6,972**	**7,588**	**6,657**
種苗費	(2)	503	1,025	818	926	386	512	487	481	489	462	501
購入	(3)	459	973	809	876	353	447	447	455	446	403	466
自給	(4)	44	52	9	50	33	65	40	26	43	59	35
肥料費	(5)	1,532	2,185	1,989	2,002	1,997	1,381	1,508	1,367	1,541	1,670	1,474
購入	(6)	1,518	2,185	1,989	2,002	1,988	1,361	1,494	1,364	1,524	1,670	1,449
自給	(7)	14	－	－	－	9	20	14	3	17	0	25
農業薬剤費（購入）	(8)	678	725	867	1,079	742	603	672	712	663	747	619
光熱動力費	(9)	336	594	558	445	426	390	312	279	319	341	306
購入	(10)	336	594	558	445	426	390	312	279	319	341	306
自給	(11)	－	－	－	－	－	－	－	－	－	－	－
その他の諸材料費	(12)	65	0	89	131	17	60	66	46	71	81	66
購入	(13)	65	0	89	131	17	60	66	46	71	81	66
自給	(14)	－	－	－	－	－	－	－	－	－	－	－
土地改良及び水利費	(15)	299	282	564	373	387	316	283	330	273	357	231
賃借料及び料金	(16)	1,475	3,187	2,922	1,883	2,063	1,520	1,396	1,341	1,405	1,278	1,470
物件税及び公課諸負担	(17)	184	595	276	431	198	196	168	229	155	201	131
建物費	(18)	179	497	161	471	133	179	170	167	171	213	149
償却費	(19)	142	487	141	323	106	164	132	126	133	163	117
修繕費及び購入補充費	(20)	37	10	20	148	27	15	38	41	38	50	32
購入	(21)	37	10	20	148	27	15	38	41	38	50	32
自給	(22)	－	－	－	－	－	－	－	－	－	－	－
自動車費	(23)	195	882	697	521	256	196	171	216	161	189	148
償却費	(24)	67	277	483	121	47	78	60	107	49	36	56
修繕費及び購入補充費	(25)	128	605	214	400	209	118	111	109	112	153	92
購入	(26)	128	605	214	400	209	118	111	109	112	153	92
自給	(27)	－	－	－	－	－	－	－	－	－	－	－
農機具費	(28)	1,657	3,293	1,610	1,771	1,293	1,820	1,635	1,437	1,682	2,005	1,520
償却費	(29)	1,100	2,723	1,261	1,318	953	1,299	1,049	1,088	1,044	1,275	927
修繕費及び購入補充費	(30)	557	570	349	453	340	521	586	349	638	730	593
購入	(31)	557	570	349	453	340	521	586	349	638	730	593
自給	(32)	－	－	－	－	－	－	－	－	－	－	－
生産管理費	(33)	42	35	25	62	51	36	42	39	42	44	42
償却費	(34)	2	－	0	－	17	2	1	0	1	0	2
購入・支払	(35)	40	35	25	62	34	34	41	39	41	44	40
労働費	(36)	**1,283**	**4,579**	**4,639**	**2,103**	**1,644**	**1,398**	**1,164**	**1,248**	**1,145**	**1,156**	**1,141**
直接労働費	(37)	1,199	4,310	4,245	1,981	1,536	1,285	1,092	1,202	1,069	1,083	1,062
家族	(38)	1,109	4,310	4,237	1,941	1,512	1,231	987	1,158	950	1,052	900
雇用	(39)	90	－	8	40	24	54	105	44	119	31	162
間接労働費	(40)	84	269	394	122	108	113	72	46	76	73	79
家族	(41)	82	269	394	122	108	113	69	46	73	73	74
雇用	(42)	2	－	－	－	－	0	3	0	3	0	5
費用合計	(43)	**8,428**	**17,879**	**15,215**	**12,198**	**9,593**	**8,607**	**8,074**	**7,892**	**8,117**	**8,744**	**7,798**
購入（支払）	(44)	5,868	9,761	8,690	8,323	6,808	5,635	5,722	5,338	5,807	6,086	5,662
自給	(45)	1,249	4,631	4,640	2,113	1,662	1,429	1,110	1,233	1,083	1,184	1,034
償却	(46)	1,311	3,487	1,885	1,762	1,123	1,543	1,242	1,321	1,227	1,474	1,102
副産物価額	(47)	140	20	120	155	212	146	133	230	112	177	79
生産費（副産物価額差引）	(48)	**8,288**	**17,859**	**15,095**	**12,043**	**9,381**	**8,461**	**7,941**	**7,662**	**8,005**	**8,567**	**7,719**
支払利子	(49)	43	29	17	10	25	39	46	42	47	41	50
支払地代	(50)	629	552	498	543	269	605	664	512	697	652	720
支払利子・地代算入生産費	(51)	**8,960**	**18,440**	**15,610**	**12,596**	**9,675**	**9,105**	**8,651**	**8,216**	**8,749**	**9,260**	**8,489**
自己資本利子	(52)	280	835	463	537	283	359	248	244	248	287	229
自作地地代	(53)	914	1,942	2,390	1,821	1,369	975	816	1,067	761	979	654
資本利子・地代全額算入生産費（全算入生産費）	(54)	**10,154**	**21,217**	**18,463**	**14,954**	**11,327**	**10,439**	**9,715**	**9,527**	**9,758**	**10,526**	**9,372**

単位:円

	10.0ha以上		畑作						5.0ha以上		7.0ha以上		10.0ha以上			
	10.0～15.0	15.0ha以上	平均	0.5ha未満	0.5～1.0	1.0～2.0	2.0～3.0	3.0～5.0	平均	5.0～7.0	平均	7.0～10.0	平均	10.0～15.0	15.0ha以上	
	(12)	(13)	(14)	(15)	(16)	(17)	(18)	(19)	(20)	(21)	(22)	(23)	(24)	(25)	(26)	
	7,321	6,343	7,226	9,818	5,936	6,536	6,880	6,408	7,299	5,371	7,527	6,759	7,720	7,724	7,722	(1)
	555	475	387	617	430	600	462	377	387	319	395	352	406	413	399	(2)
	496	452	386	420	382	551	462	377	386	319	394	349	406	413	399	(3)
	59	23	1	197	48	49	-	-	1	-	1	3	0	0	-	(4)
	1,661	1,386	1,501	1,791	1,245	690	1,553	1,309	1,517	1,002	1,578	1,333	1,641	1,673	1,611	(5)
	1,583	1,386	1,482	1,611	1,245	690	1,553	1,309	1,497	977	1,558	1,333	1,616	1,622	1,611	(6)
	78	-	19	180	-	-	-	-	20	25	20	-	25	51	-	(7)
	786	543	788	273	426	102	701	660	802	571	828	730	852	879	826	(8)
	315	302	227	402	219	309	397	225	225	193	230	259	222	218	224	(9)
	315	302	227	402	219	309	397	225	225	193	230	259	222	218	224	(10)
	-	-	-	-	-	-	-	-	-	-	-	-	-	-	-	(11)
	34	80	69	46	-	-	138	52	69	45	72	60	75	80	70	(12)
	34	80	69	46	-	-	138	52	69	45	72	60	75	80	70	(13)
	-	-	-	-	-	-	-	-	-	-	-	-	-	-	-	(14)
	294	203	30	-	101	30	17	26	31	2	35	25	36	23	50	(15)
	1,483	1,463	2,414	3,094	1,286	941	2,484	2,202	2,433	2,337	2,447	2,397	2,458	2,606	2,317	(16)
	172	113	208	197	113	302	214	240	206	169	210	220	206	225	190	(17)
	133	156	129	286	10	21	26	122	129	25	142	121	147	146	152	(18)
	119	116	96	262	-	1	24	95	95	18	105	89	109	109	113	(19)
	14	40	33	24	10	20	2	27	34	7	37	32	38	37	39	(20)
	14	40	33	24	10	20	2	27	34	7	37	32	38	37	39	(21)
	-	-	-	-	-	-	-	-	-	-	-	-	-	-	-	(22)
	169	138	185	495	430	451	236	150	186	99	196	169	204	174	232	(23)
	59	55	74	188	-	283	46	23	78	24	84	49	94	47	138	(24)
	110	83	111	307	430	168	190	127	108	75	112	120	110	127	94	(25)
	110	83	111	307	430	168	190	127	108	75	112	120	110	127	94	(26)
	-	-	-	-	-	-	-	-	-	-	-	-	-	-	-	(27)
	1,683	1,441	1,240	2,562	1,604	3,082	614	986	1,267	567	1,346	1,041	1,425	1,228	1,614	(28)
	950	916	768	1,531	816	2,891	165	533	793	276	851	552	929	843	1,011	(29)
	733	525	472	1,031	788	191	449	453	474	291	495	489	496	385	603	(30)
	733	525	472	1,031	788	191	449	453	474	291	495	489	496	385	603	(31)
	-	-	-	-	-	-	-	-	-	-	-	-	-	-	-	(32)
	36	43	48	55	72	8	38	59	47	42	48	52	48	59	37	(33)
	4	0	0	-	-	-	-	-	0	3	0	-	0	-	1	(34)
	32	43	48	55	72	8	38	59	47	39	48	52	48	59	36	(35)
	1,349	1,043	641	6,520	1,706	1,839	1,562	698	621	620	619	622	619	619	618	(36)
	1,222	988	577	5,761	1,606	1,777	1,523	639	556	575	552	556	551	559	543	(37)
	1,119	798	562	5,742	1,606	1,731	1,523	639	540	555	537	552	533	555	512	(38)
	103	190	15	19	-	46	-	-	16	20	15	4	18	4	31	(39)
	127	55	64	759	100	62	39	59	65	45	67	66	68	60	75	(40)
	127	48	64	759	100	62	39	59	65	45	67	66	68	60	75	(41)
	0	7	0	-	-	-	-	-	0	-	0	-	0	0	-	(42)
	8,670	7,386	7,867	16,338	7,642	8,375	8,442	7,106	7,920	5,991	8,146	7,381	8,339	8,343	8,340	(43)
	6,155	5,430	6,283	7,479	5,072	3,358	6,645	5,757	6,328	5,045	6,481	6,070	6,581	6,678	6,490	(44)
	1,383	869	646	6,878	1,754	1,842	1,562	698	626	625	625	621	626	666	587	(45)
	1,132	1,087	938	1,981	816	3,175	235	651	966	321	1,040	690	1,132	999	1,263	(46)
	79	79	562	161	9	1	278	414	578	427	596	583	599	598	603	(47)
	8,591	7,307	7,305	16,177	7,633	8,374	8,164	6,692	7,342	5,564	7,550	6,798	7,740	7,745	7,737	(48)
	80	36	29	-	-	-	1	39	29	48	27	20	28	20	36	(49)
	749	705	317	63	308	355	712	232	319	248	329	143	376	436	317	(50)
	9,420	8,048	7,651	16,240	7,941	8,729	8,877	6,963	7,690	5,860	7,906	6,961	8,144	8,201	8,090	(51)
	263	213	258	477	295	501	195	188	265	119	281	233	294	290	298	(52)
	483	736	854	1,818	1,007	473	344	748	869	590	901	967	885	956	816	(53)
	10,166	8,997	8,763	18,535	9,243	9,703	9,416	7,899	8,824	6,569	9,088	8,161	9,323	9,447	9,204	(54)

麦類生産費・小麦・全国（田作・畑作）

(2) 小麦の作付規模別生産費（続き）
　イ　全国・田畑別（続き）
　　(エ) 小麦の作業別労働時間

区分		田作 平均	0.5ha未満	0.5～1.0	1.0～2.0	2.0～3.0	3.0～5.0	作 平均	5.0～7.0	5.0ha以上 平均	7.0～10.0	7.0ha以上 平均
		(1)	(2)	(3)	(4)	(5)	(6)	(7)	(8)	(9)	(10)	(11)
投下労働時間（10a当たり）	(1)	5.00	10.57	12.13	6.26	7.11	5.71	4.46	5.03	4.34	4.40	4.37
家　　　　族	(2)	4.59	10.57	12.10	6.13	6.96	5.41	4.01	4.84	3.83	4.26	3.67
雇　　　　用	(3)	0.41	-	0.03	0.13	0.15	0.30	0.45	0.19	0.51	0.14	0.70
直接労働時間	(4)	4.68	9.97	11.16	5.88	6.66	5.28	4.19	4.85	4.06	4.13	4.08
家　　　　族	(5)	4.28	9.97	11.13	5.75	6.51	4.98	3.75	4.66	3.56	3.99	3.39
男	(6)	3.78	8.89	10.55	5.10	5.46	4.45	3.33	4.22	3.14	3.50	3.00
女	(7)	0.50	1.08	0.58	0.65	1.05	0.53	0.42	0.44	0.42	0.49	0.39
雇　　　　用	(8)	0.40	-	0.03	0.13	0.15	0.30	0.44	0.19	0.50	0.14	0.69
男	(9)	0.40	-	0.00	0.12	0.15	0.29	0.44	0.19	0.50	0.14	0.67
女	(10)	0.00	-	0.03	0.01	-	0.01	0.00	0.00	0.00	0.00	0.02
間接労働時間	(11)	0.32	0.60	0.97	0.38	0.45	0.43	0.27	0.18	0.28	0.27	0.29
男	(12)	0.30	0.56	0.97	0.38	0.45	0.42	0.25	0.18	0.26	0.25	0.26
女	(13)	0.02	0.04	0.00	0.00	0.00	0.01	0.02	0.00	0.02	0.02	0.03
投下労働時間（60kg当たり）	(14)	0.78	2.98	2.91	1.37	1.11	0.91	0.70	0.80	0.69	0.70	0.69
家　　　　族	(15)	0.73	2.98	2.91	1.36	1.10	0.87	0.65	0.77	0.61	0.69	0.59
雇　　　　用	(16)	0.05	-	0.00	0.01	0.01	0.04	0.05	0.03	0.08	0.01	0.10
直接労働時間	(17)	0.73	2.81	2.68	1.28	1.04	0.84	0.66	0.77	0.65	0.66	0.65
家　　　　族	(18)	0.68	2.81	2.68	1.27	1.03	0.80	0.61	0.74	0.57	0.65	0.55
男	(19)	0.61	2.51	2.54	1.14	0.87	0.71	0.54	0.67	0.51	0.56	0.48
女	(20)	0.07	0.30	0.14	0.13	0.16	0.09	0.07	0.07	0.06	0.09	0.07
雇　　　　用	(21)	0.05	-	0.00	0.01	0.01	0.04	0.05	0.03	0.08	0.01	0.10
男	(22)	0.05	-	0.00	0.01	0.01	0.04	0.05	0.03	0.08	0.01	0.10
女	(23)	0.00	-	0.00	0.00	-	0.00	0.00	0.00	0.00	0.00	0.00
間接労働時間	(24)	0.05	0.17	0.23	0.09	0.07	0.07	0.04	0.03	0.04	0.04	0.04
男	(25)	0.05	0.16	0.23	0.09	0.07	0.07	0.04	0.03	0.04	0.04	0.04
女	(26)	0.00	0.01	0.00	0.00	0.00	0.00	0.00	0.00	0.00	0.00	0.00
作業別直接労働時間（10a当たり） 合計	(27)	4.68	9.97	11.16	5.88	6.66	5.28	4.19	4.85	4.06	4.13	4.08
種子予措	(28)	0.05	0.08	0.10	0.06	0.08	0.05	0.04	0.06	0.05	0.05	0.05
耕起整地	(29)	0.78	1.89	2.54	1.08	1.26	0.86	0.69	0.59	0.72	0.74	0.69
基肥	(30)	0.35	0.82	0.79	0.42	0.52	0.38	0.30	0.30	0.31	0.24	0.35
は種	(31)	0.42	0.91	0.73	0.58	0.47	0.46	0.38	0.34	0.38	0.34	0.41
追肥	(32)	0.33	0.49	0.52	0.37	0.55	0.36	0.31	0.43	0.28	0.33	0.26
中耕除草	(33)	0.50	1.63	1.59	0.76	1.04	0.62	0.39	0.46	0.38	0.39	0.38
麦踏み	(34)	0.15	0.34	0.37	0.18	0.19	0.16	0.13	0.18	0.11	0.14	0.10
管理	(35)	0.75	2.00	2.55	0.87	1.11	0.79	0.69	0.82	0.66	0.59	0.71
防除	(36)	0.33	0.32	0.74	0.62	0.44	0.34	0.29	0.31	0.28	0.34	0.27
刈取脱穀	(37)	0.69	0.98	0.83	0.71	0.72	0.80	0.66	0.97	0.59	0.62	0.58
乾燥	(38)	0.19	0.07	0.01	0.06	0.12	0.24	0.19	0.29	0.18	0.23	0.15
生産管理	(39)	0.14	0.44	0.39	0.17	0.16	0.22	0.12	0.10	0.12	0.12	0.13
うち家族												
種子予措	(40)	0.05	0.08	0.10	0.06	0.08	0.05	0.04	0.06	0.04	0.05	0.04
耕起整地	(41)	0.71	1.89	2.53	1.06	1.23	0.78	0.62	0.56	0.64	0.73	0.58
基肥	(42)	0.31	0.82	0.79	0.40	0.51	0.36	0.26	0.28	0.26	0.23	0.28
は種	(43)	0.37	0.91	0.73	0.57	0.46	0.44	0.32	0.32	0.32	0.31	0.33
追肥	(44)	0.31	0.49	0.52	0.37	0.54	0.35	0.28	0.42	0.25	0.33	0.21
中耕除草	(45)	0.47	1.63	1.58	0.74	1.03	0.59	0.36	0.44	0.35	0.38	0.34
麦踏み	(46)	0.14	0.34	0.37	0.17	0.19	0.16	0.12	0.17	0.10	0.14	0.09
管理	(47)	0.68	2.00	2.55	0.86	1.09	0.73	0.61	0.78	0.57	0.55	0.58
防除	(48)	0.31	0.32	0.74	0.61	0.42	0.33	0.27	0.31	0.26	0.33	0.24
刈取脱穀	(49)	0.61	0.98	0.82	0.68	0.68	0.73	0.57	0.93	0.49	0.59	0.44
乾燥	(50)	0.18	0.07	0.01	0.06	0.12	0.24	0.18	0.29	0.16	0.23	0.13
生産管理	(51)	0.14	0.44	0.39	0.17	0.16	0.22	0.12	0.10	0.12	0.12	0.13

単位:時間

10.0ha以上		畑作													
								5.0ha以上							
										7.0ha以上					
												10.0ha以上			
10.0～15.0	15.0ha以上	平均	0.5ha未満	0.5～1.0	1.0～2.0	2.0～3.0	3.0～5.0	平均	5.0～7.0	平均	7.0～10.0	平均	10.0～15.0	15.0ha以上	
(12)	(13)	(14)	(15)	(16)	(17)	(18)	(19)	(20)	(21)	(22)	(23)	(24)	(25)	(26)	
4.87	**4.07**	**2.81**	**20.23**	**6.91**	**6.70**	**5.58**	**3.38**	**2.67**	**3.31**	**2.59**	**2.92**	**2.52**	**2.51**	**2.53**	(1)
4.41	3.24	2.73	20.19	6.91	6.52	5.58	3.38	2.59	3.13	2.53	2.90	2.45	2.50	2.42	(2)
0.46	0.83	0.08	0.04	-	0.18	-	-	0.08	0.18	0.06	0.02	0.07	0.01	0.11	(3)
4.43	3.87	2.52	17.74	6.50	6.48	5.45	3.08	2.38	3.08	2.30	2.59	2.24	2.26	2.21	(4)
3.97	3.06	2.44	17.70	6.50	6.30	5.45	3.08	2.30	2.90	2.24	2.57	2.17	2.25	2.10	(5)
3.41	2.77	2.24	12.75	6.43	4.91	4.76	2.92	2.12	2.69	2.07	2.28	2.01	2.08	1.96	(6)
0.56	0.29	0.20	4.95	0.07	1.39	0.69	0.16	0.18	0.21	0.17	0.29	0.16	0.17	0.14	(7)
0.46	0.81	0.08	0.04	-	0.18	-	-	0.08	0.18	0.06	0.02	0.07	0.01	0.11	(8)
0.44	0.78	0.07	-	-	0.18	-	-	0.07	0.08	0.06	-	0.07	0.01	0.11	(9)
0.02	0.03	0.01	0.04	-	-	-	-	0.01	0.10	0.00	0.02	-	-	-	(10)
0.44	0.20	0.29	2.49	0.41	0.22	0.13	0.30	0.29	0.23	0.29	0.33	0.28	0.25	0.32	(11)
0.39	0.19	0.27	1.75	0.41	0.20	0.13	0.27	0.27	0.22	0.27	0.30	0.27	0.24	0.30	(12)
0.05	0.01	0.02	0.74	-	0.02	0.00	0.03	0.02	0.01	0.02	0.03	0.01	0.01	0.02	(13)
0.86	**0.59**	**0.36**	**3.90**	**1.06**	**1.27**	**1.01**	**0.40**	**0.34**	**0.38**	**0.35**	**0.36**	**0.35**	**0.34**	**0.35**	(14)
0.78	0.48	0.36	3.89	1.06	1.24	1.01	0.40	0.34	0.37	0.35	0.36	0.35	0.34	0.34	(15)
0.08	0.11	0.00	0.01	-	0.03	-	-	0.00	0.01	0.00	0.00	0.00	0.00	0.01	(16)
0.78	0.56	0.32	3.42	1.00	1.23	0.99	0.37	0.30	0.35	0.31	0.32	0.31	0.30	0.31	(17)
0.70	0.45	0.32	3.41	1.00	1.20	0.99	0.37	0.30	0.34	0.31	0.32	0.31	0.30	0.30	(18)
0.61	0.42	0.31	2.46	0.99	0.93	0.86	0.36	0.29	0.32	0.30	0.30	0.30	0.29	0.29	(19)
0.09	0.03	0.01	0.95	0.01	0.27	0.13	0.01	0.01	0.02	0.01	0.02	0.01	0.01	0.01	(20)
0.08	0.11	0.00	0.01	-	0.03	-	-	0.00	0.01	0.00	0.00	0.00	0.00	0.01	(21)
0.08	0.11	0.00	-	-	0.03	-	-	0.00	0.00	0.00	-	0.00	0.00	0.01	(22)
0.00	0.00	0.00	0.01	-	-	-	-	0.00	0.01	0.00	0.00	-	-	-	(23)
0.08	0.03	0.04	0.48	0.06	0.04	0.02	0.03	0.04	0.03	0.04	0.04	0.04	0.04	0.04	(24)
0.07	0.03	0.04	0.34	0.06	0.04	0.02	0.03	0.04	0.03	0.04	0.04	0.04	0.04	0.04	(25)
0.01	0.00	0.00	0.14	-	0.00	0.00	0.00	0.00	0.00	0.00	0.00	0.00	0.00	0.00	(26)
4.43	**3.87**	**2.52**	**17.74**	**6.50**	**6.48**	**5.45**	**3.08**	**2.38**	**3.08**	**2.30**	**2.59**	**2.24**	**2.26**	**2.21**	(27)
0.05	0.04	0.00	0.19	0.05	0.21	0.00	0.02	0.00	0.00	0.00	0.00	0.00	0.00	0.00	(28)
0.79	0.65	0.48	1.64	0.93	1.06	0.85	0.53	0.47	0.58	0.45	0.53	0.44	0.45	0.42	(29)
0.34	0.35	0.18	1.30	0.45	0.44	0.33	0.22	0.17	0.16	0.17	0.20	0.16	0.18	0.15	(30)
0.39	0.42	0.20	3.04	0.62	0.66	0.56	0.26	0.18	0.21	0.18	0.26	0.17	0.20	0.15	(31)
0.25	0.26	0.22	0.62	0.23	0.11	0.46	0.47	0.19	0.26	0.18	0.22	0.17	0.16	0.17	(32)
0.53	0.29	0.20	2.99	0.95	0.73	1.36	0.18	0.17	0.25	0.16	0.18	0.17	0.16	0.16	(33)
0.10	0.11	0.02	0.80	0.83	0.39	0.02	0.01	0.02	0.02	0.02	0.04	0.01	0.01	0.01	(34)
0.80	0.65	0.31	2.10	0.80	0.76	0.84	0.28	0.30	0.46	0.28	0.27	0.28	0.25	0.32	(35)
0.25	0.28	0.38	0.52	0.33	0.30	0.68	0.37	0.37	0.50	0.36	0.38	0.35	0.38	0.31	(36)
0.64	0.55	0.30	2.63	1.15	1.09	0.21	0.43	0.29	0.26	0.29	0.24	0.30	0.29	0.31	(37)
0.21	0.12	0.02	1.26	-	0.52	-	0.01	0.02	0.08	0.02	0.04	0.02	0.02	0.01	(38)
0.08	0.15	0.21	0.65	0.16	0.21	0.14	0.30	0.20	0.30	0.19	0.23	0.17	0.16	0.20	(39)
0.05	0.03	0.00	0.19	0.05	0.21	0.00	0.02	0.00	0.00	0.00	0.00	0.00	0.00	0.00	(40)
0.72	0.52	0.46	1.64	0.93	1.06	0.85	0.53	0.45	0.49	0.44	0.51	0.43	0.45	0.41	(41)
0.31	0.26	0.18	1.30	0.45	0.39	0.33	0.22	0.17	0.16	0.17	0.20	0.16	0.18	0.15	(42)
0.34	0.32	0.20	3.04	0.62	0.53	0.56	0.26	0.18	0.21	0.18	0.26	0.17	0.20	0.14	(43)
0.24	0.19	0.21	0.62	0.23	0.11	0.46	0.47	0.18	0.26	0.17	0.22	0.16	0.16	0.16	(44)
0.49	0.24	0.19	2.99	0.95	0.73	1.36	0.18	0.16	0.20	0.16	0.18	0.16	0.16	0.15	(45)
0.10	0.09	0.02	0.80	0.83	0.39	0.02	0.01	0.02	0.02	0.02	0.04	0.01	0.01	0.01	(46)
0.73	0.50	0.31	2.10	0.80	0.76	0.84	0.28	0.30	0.44	0.28	0.27	0.28	0.25	0.32	(47)
0.22	0.25	0.36	0.52	0.33	0.30	0.68	0.37	0.35	0.50	0.34	0.38	0.33	0.38	0.27	(48)
0.49	0.42	0.28	2.59	1.15	1.09	0.21	0.43	0.27	0.24	0.27	0.24	0.28	0.28	0.28	(49)
0.20	0.09	0.02	1.26	-	0.52	-	0.01	0.02	0.08	0.02	0.04	0.02	0.02	0.01	(50)
0.08	0.15	0.21	0.65	0.16	0.21	0.14	0.30	0.20	0.30	0.19	0.23	0.17	0.16	0.20	(51)

麦類生産費・小麦・全国（田作・畑作）

(2)　小麦の作付規模別生産費（続き）
　イ　全国・田畑別（続き）
　　(ｵ)　原単位量〔10 a 当たり〕

区分		単位	田作										
			平均	0.5ha未満	0.5～1.0	1.0～2.0	2.0～3.0	3.0～5.0	5.0ha以上				
									平均	5.0～7.0	7.0ha以上		
											平均	7.0～10.0	平均
			(1)	(2)	(3)	(4)	(5)	(6)	(7)	(8)	(9)	(10)	(11)
種苗費	(1)	–	–	–	–	–	–	–	–	–	–	–	–
種子													
購入	(2)	kg	8.2	10.2	10.1	10.4	6.6	8.3	8.1	8.7	8.0	7.0	8.4
自給	(3)	〃	1.8	0.6	0.2	1.0	2.6	2.7	1.6	1.6	1.6	2.9	1.0
肥料費	(4)	–	–	–	–	–	–	–	–	–	–	–	–
窒素質													
硫安	(5)	kg	12.5	3.6	14.5	4.1	17.4	18.1	11.4	9.3	11.8	8.0	13.7
尿素	(6)	〃	2.8	0.5	0.9	1.2	0.4	2.0	3.3	1.0	3.8	6.1	2.7
石灰窒素	(7)	〃	2.5	1.3	–	0.1	0.3	0.1	3.4	–	4.1	0.5	5.8
りん酸質													
過リン酸石灰	(8)	〃	0.5	–	–	–	0.4	2.9	0.0	–	0.1	0.2	–
よう成リン肥	(9)	〃	0.1	5.8	–	0.8	–	0.1	0.0	0.2	0.0	–	0.0
重焼リン肥	(10)	〃	–	–	–	–	–	–	–	–	–	–	–
カリ質													
塩化カリ	(11)	〃	–	–	–	–	–	–	–	–	–	–	–
硫酸カリ	(12)	〃	–	–	–	–	–	–	–	–	–	–	–
けいカル	(13)	〃	0.9	0.9	2.2	1.8	0.5	3.3	0.3	1.1	0.1	0.3	0.1
炭酸ｶﾙｼｳﾑ（石灰を含む。）	(14)	〃	19.0	19.0	28.2	17.6	31.3	16.5	18.7	11.8	20.1	19.3	20.6
けい酸石灰	(15)	〃	0.3	–	4.8	–	–	0.0	0.3	0.4	0.3	–	0.4
複合肥料													
高成分化成	(16)	〃	39.0	48.9	28.2	39.9	21.1	32.1	41.9	24.8	45.5	59.4	38.5
低成分化成	(17)	〃	1.4	0.0	0.2	0.3	0.0	0.0	1.9	7.6	0.8	0.6	0.9
配合肥料	(18)	〃	29.5	6.8	29.2	35.1	67.4	27.7	27.0	40.5	24.2	24.1	24.2
固形肥料	(19)	〃	–	–	–	–	–	–	–	–	–	–	–
土壌改良資材	(20)	–	–	–	–	–	–	–	–	–	–	–	–
たい肥・きゅう肥	(21)	kg	52.8	7.4	12.9	34.0	697.3	6.0	21.8	39.9	18.0	15.8	19.1
その他	(22)	–	–	–	–	–	–	–	–	–	–	–	–
自給肥料													
たい肥	(23)	kg	32.2	–	–	–	23.7	31.3	35.5	14.2	40.0	–	59.9
きゅう肥	(24)	〃	0.2	–	–	–	–	–	0.3	–	0.3	1.0	–
稲・麦わら	(25)	〃	–	–	–	–	–	–	–	–	–	–	–
その他	(26)	–	–	–	–	–	–	–	–	–	–	–	–
農業薬剤費	(27)	–	–	–	–	–	–	–	–	–	–	–	–
殺虫剤	(28)	–	–	–	–	–	–	–	–	–	–	–	–
殺菌剤	(29)	–	–	–	–	–	–	–	–	–	–	–	–
殺虫殺菌剤	(30)	–	–	–	–	–	–	–	–	–	–	–	–
除草剤	(31)	–	–	–	–	–	–	–	–	–	–	–	–
その他	(32)	–	–	–	–	–	–	–	–	–	–	–	–
光熱動力費	(33)	–	–	–	–	–	–	–	–	–	–	–	–
動力燃料													
重油	(34)	L	–	–	–	–	–	–	–	–	–	–	–
軽油	(35)	〃	14.0	13.3	17.8	13.8	14.1	14.0	14.0	12.6	14.3	15.2	13.8
灯油	(36)	〃	3.1	0.1	0.1	0.6	3.7	5.2	2.8	2.8	2.8	3.5	2.4
ガソリン	(37)	〃	2.3	2.6	4.4	2.3	7.3	2.6	1.8	1.8	1.8	1.7	1.8
潤滑油	(38)	〃	0.2	0.4	0.3	0.4	0.2	0.3	0.2	0.2	0.2	0.3	0.2
混合油	(39)	〃	0.1	0.9	0.4	0.3	0.2	0.2	0.1	0.1	0.1	0.1	0.1
電力料	(40)	–	–	–	–	–	–	–	–	–	–	–	–
その他	(41)	–	–	–	–	–	–	–	–	–	–	–	–
自給	(42)	–	–	–	–	–	–	–	–	–	–	–	–

		畑						作							
								5.0ha以上							
										7.0ha以上					
10.0ha以上												10.0ha以上			
10.0～15.0	15.0ha以上	平 均	0.5ha未満	0.5～1.0	1.0～2.0	2.0～3.0	3.0～5.0	平 均	5.0～7.0	平 均	7.0～10.0	平 均	10.0～15.0	15.0ha以上	
(12)	(13)	(14)	(15)	(16)	(17)	(18)	(19)	(20)	(21)	(22)	(23)	(24)	(25)	(26)	
–	–	–	–	–	–	–	–	–	–	–	–	–	–	–	(1)
8.0	8.7	10.2	6.0	6.3	7.4	8.8	10.7	10.2	9.7	10.2	10.1	10.2	10.4	10.1	(2)
1.5	0.7	0.0	4.6	1.4	0.7	–	–	0.0	–	0.0	0.1	0.0	0.0	–	(3)
–	–	–	–	–	–	–	–	–	–	–	–	–	–	–	(4)
9.1	16.3	36.5	1.1	–	7.0	13.7	36.4	37.0	38.4	36.9	39.9	36.2	47.7	25.0	(5)
3.9	2.0	8.9	1.5	7.8	–	2.2	7.9	9.1	2.5	9.7	6.8	10.4	6.1	14.6	(6)
16.4	0.0	0.3	2.1	–	–	–	–	0.3	–	0.3	–	0.4	0.2	0.6	(7)
–	–	–	–	–	–	–	–	–	–	–	–	–	–	–	(8)
0.0	–	0.3	1.2	–	–	0.1	–	0.3	–	0.3	1.7	–	–	–	(9)
–	–	–	–	–	–	–	–	–	–	–	–	–	–	–	(10)
–	–	0.0	–	–	–	–	–	0.0	–	0.0	–	0.0	–	0.0	(11)
–	–	–	–	–	–	–	–	–	–	–	–	–	–	–	(12)
0.1	–	–	–	–	–	–	–	–	–	–	–	–	–	–	(13)
22.8	19.3	20.2	4.6	–	4.9	4.0	0.8	22.0	4.3	23.7	15.1	25.7	25.2	26.2	(14)
1.0	0.1	–	–	–	–	–	–	–	–	–	–	–	–	–	(15)
39.9	37.8	9.2	48.1	11.2	19.0	7.2	3.2	9.7	2.3	10.4	15.9	9.1	7.9	10.2	(16)
0.3	1.2	2.4	3.5	–	–	–	–	2.7	6.7	2.3	5.5	1.5	3.1	–	(17)
20.0	26.6	58.4	–	33.0	–	78.2	74.5	57.0	54.6	57.2	45.7	59.9	55.3	64.3	(18)
–	–	–	–	–	–	–	–	–	–	–	–	–	–	–	(19)
–	–	–	–	–	–	–	–	–	–	–	–	–	–	–	(20)
16.4	20.5	234.0	273.3	461.8	5.5	549.8	–	246.7	–	269.8	240.7	276.6	149.6	399.0	(21)
–	–	–	–	–	–	–	–	–	–	–	–	–	–	–	(22)
168.7	–	20.2	–	–	–	–	–	22.2	–	24.2	–	29.9	60.8	–	(23)
–	–	10.3	–	–	–	–	–	11.3	–	12.4	–	15.3	31.1	–	(24)
–	–	–	–	–	–	–	–	–	–	–	–	–	–	–	(25)
–	–	–	–	–	–	–	–	–	–	–	–	–	–	–	(26)
–	–	–	–	–	–	–	–	–	–	–	–	–	–	–	(27)
–	–	–	–	–	–	–	–	–	–	–	–	–	–	–	(28)
–	–	–	–	–	–	–	–	–	–	–	–	–	–	–	(29)
–	–	–	–	–	–	–	–	–	–	–	–	–	–	–	(30)
–	–	–	–	–	–	–	–	–	–	–	–	–	–	–	(31)
–	–	–	–	–	–	–	–	–	–	–	–	–	–	–	(32)
–	–	–	–	–	–	–	–	–	–	–	–	–	–	–	(33)
–	–	–	–	–	–	–	–	–	–	–	–	–	–	–	(34)
13.5	14.0	13.9	7.0	13.0	10.5	18.6	14.4	13.8	15.7	13.6	14.1	13.5	13.8	13.2	(35)
2.4	2.5	0.9	3.0	–	4.1	–	0.2	1.0	0.0	1.1	2.1	0.9	0.5	1.2	(36)
1.6	1.9	1.1	4.9	2.2	1.0	2.2	1.1	1.0	1.6	1.0	1.4	0.9	1.0	0.8	(37)
0.2	0.2	0.3	0.3	0.3	0.2	0.3	0.3	0.3	0.2	0.3	0.4	0.2	0.1	0.3	(38)
0.0	0.1	0.0	0.3	0.2	0.3	0.1	0.0	0.0	0.0	0.0	0.0	0.0	0.0	0.0	(39)
–	–	–	–	–	–	–	–	–	–	–	–	–	–	–	(40)
–	–	–	–	–	–	–	–	–	–	–	–	–	–	–	(41)
–	–	–	–	–	–	–	–	–	–	–	–	–	–	–	(42)

(2) 小麦の作付規模別生産費（続き）
イ 全国・田畑別（続き）
(オ) 原単位量〔10ａ当たり〕（続き）

区分	単位	田作										
		平均	0.5ha未満	0.5～1.0	1.0～2.0	2.0～3.0	3.0～5.0	5.0ha以上				
								平均	5.0～7.0	7.0ha以上		
										平均	7.0～10.0	平均
		(1)	(2)	(3)	(4)	(5)	(6)	(7)	(8)	(9)	(10)	(11)
その他の諸材料費 (43)	-	-	-	-	-	-	-	-	-	-	-	-
ビニールシート (44)	m²	-	-	-	-	-	-	-	-	-	-	-
ポリエチレン (45)	〃	-	-	-	-	-	-	-	-	-	-	-
なわ (46)	kg	-	-	-	-	-	-	-	-	-	-	-
融雪剤 (47)	〃	14.5	-	6.1	23.5	4.0	16.3	14.3	13.0	14.6	17.8	13.0
その他 (48)	-	-	-	-	-	-	-	-	-	-	-	-
自給 (49)	-	-	-	-	-	-	-	-	-	-	-	-
土地改良及び水利費 (50)	-	-	-	-	-	-	-	-	-	-	-	-
土地改良区費												
維持負担金 (51)	-	-	-	-	-	-	-	-	-	-	-	-
償還金 (52)	-	-	-	-	-	-	-	-	-	-	-	-
その他 (53)	-	-	-	-	-	-	-	-	-	-	-	-
賃借料及び料金 (54)	-	-	-	-	-	-	-	-	-	-	-	-
共同負担金												
薬剤散布 (55)	-	-	-	-	-	-	-	-	-	-	-	-
共同施設負担 (56)	-	-	-	-	-	-	-	-	-	-	-	-
農機具借料 (57)	-	-	-	-	-	-	-	-	-	-	-	-
航空防除費 (58)	a	3.4	3.8	6.3	1.1	8.7	4.0	3.0	2.1	3.1	2.0	3.7
賃耕料 (59)	〃	0.0	-	0.3	0.1	-	0.0	-	-	-	-	-
は種・定植 (60)	〃	1.0	0.7	0.7	0.2	-	2.5	0.8	2.5	0.4	1.1	0.1
収穫請負わせ賃 (61)	〃	1.8	3.5	4.3	2.7	3.3	3.1	1.3	0.4	1.5	1.0	1.8
ライスセンター費 (62)	kg	169.8	47.3	118.4	146.1	277.6	101.0	181.0	247.3	167.1	182.8	159.3
カントリーエレベータ費 (63)	〃	205.5	161.9	154.7	139.9	144.7	275.1	198.0	175.6	202.7	211.5	198.3
その他 (64)	-	-	-	-	-	-	-	-	-	-	-	-

10.0ha以上		畑作													
								5.0ha以上							
										7.0ha以上					
												10.0ha以上			
10.0～15.0	15.0ha以上	平均	0.5ha未満	0.5～1.0	1.0～2.0	2.0～3.0	3.0～5.0	平均	5.0～7.0	平均	7.0～10.0	平均	10.0～15.0	15.0ha以上	
(12)	(13)	(14)	(15)	(16)	(17)	(18)	(19)	(20)	(21)	(22)	(23)	(24)	(25)	(26)	
–	–	–	–	–	–	–	–	–	–	–	–	–	–	–	(43)
–	–	–	–	–	–	–	–	–	–	–	–	–	–	–	(44)
–	–	–	–	–	–	–	–	–	–	–	–	–	–	–	(45)
–	–	–	–	–	–	–	–	–	–	–	–	–	–	–	(46)
9.3	15.0	21.8	–	–	–	13.5	17.3	22.4	15.6	23.0	19.9	23.7	26.8	20.7	(47)
–	–	–	–	–	–	–	–	–	–	–	–	–	–	–	(48)
–	–	–	–	–	–	–	–	–	–	–	–	–	–	–	(49)
–	–	–	–	–	–	–	–	–	–	–	–	–	–	–	(50)
–	–	–	–	–	–	–	–	–	–	–	–	–	–	–	(51)
–	–	–	–	–	–	–	–	–	–	–	–	–	–	–	(52)
–	–	–	–	–	–	–	–	–	–	–	–	–	–	–	(53)
–	–	–	–	–	–	–	–	–	–	–	–	–	–	–	(54)
–	–	–	–	–	–	–	–	–	–	–	–	–	–	–	(55)
–	–	–	–	–	–	–	–	–	–	–	–	–	–	–	(56)
–	–	–	–	–	–	–	–	–	–	–	–	–	–	–	(57)
2.3	4.5	0.8	–	–	–	–	3.3	0.6	2.0	0.5	2.1	0.1	–	0.2	(58)
–	–	0.3	4.5	–	–	–	–	0.3	–	0.3	–	0.4	–	0.8	(59)
–	0.2	0.3	–	–	–	1.2	–	0.4	0.6	0.3	–	0.4	–	0.8	(60)
–	2.7	7.0	3.5	–	–	8.2	8.2	6.9	9.5	6.7	8.4	6.3	7.5	5.1	(61)
115.1	183.7	53.8	41.4	–	198.1	18.9	128.0	48.6	61.0	47.5	18.6	54.2	22.3	84.9	(62)
216.6	188.2	471.1	15.9	403.1	26.1	365.0	427.4	476.9	536.1	471.3	535.2	456.5	491.8	422.4	(63)
–	–	–	–	–	–	–	–	–	–	–	–	–	–	–	(64)

麦類生産費・小麦・全国（田作・畑作）

(2) 小麦の作付規模別生産費（続き）
　イ　全国・田畑別（続き）
　　(カ) 原単位評価額〔10a当たり〕

区　　　　分	田						作		5.0ha以上		
	平　均	0.5ha未満	0.5〜1.0	1.0〜2.0	2.0〜3.0	3.0〜5.0	平　均	5.0〜7.0	平　均	7.0〜10.0	7.0ha以上 平　均
	(1)	(2)	(3)	(4)	(5)	(6)	(7)	(8)	(9)	(10)	(11)
種　　苗　　費 (1)	3,096	3,640	3,395	4,109	2,427	3,200	3,049	3,107	3,037	2,839	3,135
種　　　　子											
購　　　入 (2)	2,826	3,455	3,356	3,889	2,219	2,794	2,800	2,942	2,771	2,475	2,918
自　　　給 (3)	270	185	39	220	208	406	249	165	266	364	217
肥　　料　　費 (4)	9,417	7,755	8,252	8,885	12,527	8,619	9,445	8,823	9,575	10,256	9,232
窒　素　質											
硫　　　安 (5)	702	237	755	239	974	1,004	642	556	660	467	757
尿　　　素 (6)	252	42	78	104	38	221	286	89	327	468	257
石　灰　窒　素 (7)	121	177	-	7	38	10	162	-	196	87	250
り　ん　酸　質											
過リン酸石灰 (8)	36	-	-	-	18	187	4	-	5	16	-
よう成リン肥 (9)	6	290	-	71	-	3	2	10	1	-	1
重焼リン肥 (10)	-	-	-	-	-	-	-	-	-	-	-
カ　リ　質											
塩　化　カ　リ (11)	-	-	-	-	-	-	-	-	-	-	-
硫　酸　カ　リ (12)	-	-	-	-	-	-	-	-	-	-	-
け　い　カ　ル (13)	29	28	61	66	31	99	9	32	5	10	2
炭酸カルシウム（石灰を含む。）(14)	554	662	877	502	857	427	563	392	598	554	620
け　い　酸　石　灰 (15)	6	-	170	-	-	1	7	8	6	-	9
複　合　肥　料											
高成分化成 (16)	3,974	5,521	2,979	4,205	2,335	3,294	4,241	2,376	4,631	6,004	3,944
低成分化成 (17)	127	1	25	25	3	1	173	594	85	68	93
配　合　肥　料 (18)	2,652	664	2,863	3,263	5,776	2,365	2,469	3,224	2,311	1,852	2,540
固　形　肥　料 (19)	-	-	-	-	-	-	-	-	-	-	-
土壌改良資材 (20)	332	6	126	260	677	350	312	533	265	205	295
たい肥・きゅう肥 (21)	189	127	149	141	1,530	103	121	110	124	46	163
そ　　の　　他 (22)	348	-	169	2	196	429	364	881	256	479	144
自　給　肥　料											
た　　い　　肥 (23)	80	-	-	-	54	74	90	17	105	-	157
き　ゅ　う　肥 (24)	0	-	-	-	-	-	0	-	0	0	-
稲・麦わら (25)	-	-	-	-	-	-	-	-	-	-	-
そ　　の　　他 (26)	9	-	-	-	-	51	0	1	-	-	-
農業薬剤費 (27)	4,170	2,574	3,606	4,790	4,652	3,770	4,203	4,607	4,119	4,590	3,882
殺　　虫　　剤 (28)	172	9	110	271	91	146	179	149	185	201	177
殺　　菌　　剤 (29)	1,407	577	894	1,011	1,982	1,059	1,483	1,486	1,483	1,665	1,391
殺　虫　殺　菌　剤 (30)	13	-	-	-	2	-	19	-	22	27	20
除　　草　　剤 (31)	2,304	1,969	2,567	3,498	2,552	2,176	2,238	2,361	2,213	2,290	2,174
そ　　の　　他 (32)	274	19	35	10	25	389	284	611	216	407	120
光熱動力費 (33)	2,072	2,107	2,317	1,975	2,678	2,435	1,948	1,799	1,979	2,099	1,919
動　力　燃　料											
重　　　　油 (34)	-	-	-	-	-	-	-	-	-	-	-
軽　　　　油 (35)	1,169	1,330	1,415	1,154	1,152	1,155	1,171	1,015	1,204	1,230	1,190
灯　　　　油 (36)	199	7	5	40	238	322	180	180	180	218	161
ガ　ソ　リ　ン (37)	265	327	517	270	844	306	213	220	211	192	221
潤　　滑　　油 (38)	127	240	148	181	118	146	119	114	120	135	113
混　　合　　油 (39)	21	168	75	46	32	27	16	17	16	23	12
電　　力　　料 (40)	282	33	155	279	255	467	243	248	242	299	213
そ　　の　　他 (41)	9	2	2	5	39	12	6	5	6	2	9
自　　　　　給 (42)	-	-	-	-	-	-	-	-	-	-	-

単位:円

		畑						作							
								5.0ha以上							
										7.0ha以上					
10.0ha以上		平　均	0.5ha未満	0.5～1.0	1.0～2.0	2.0～3.0	3.0～5.0	平　均	5.0～7.0	平　均	7.0～10.0	10.0ha以上			
10.0～15.0	15.0ha以上											平　均	10.0～15.0	15.0ha以上	
(12)	(13)	(14)	(15)	(16)	(17)	(18)	(19)	(20)	(21)	(22)	(23)	(24)	(25)	(26)	
3,164	3,119	2,772	3,182	2,817	3,184	2,546	3,042	2,755	2,721	2,757	2,659	2,780	2,820	2,742	(1)
2,826	2,969	2,767	2,164	2,504	2,924	2,546	3,042	2,750	2,721	2,752	2,634	2,780	2,819	2,742	(2)
338	150	5	1,018	313	260	–	–	5	–	5	25	0	1	–	(3)
9,460	9,110	10,756	9,218	8,159	3,667	8,559	10,578	10,816	8,556	11,026	10,074	11,249	11,435	11,072	(4)
505	896	1,916	80	–	371	678	1,944	1,938	2,046	1,927	2,129	1,880	2,472	1,310	(5)
406	175	664	158	639	–	172	599	678	184	724	513	773	445	1,090	(6)
697	3	31	276	–	–	–	–	34	–	37	–	46	22	69	(7)
–	–	–	–	–	–	–	–	–	–	–	–	–	–	–	(8)
2	–	20	75	–	–	13	–	21	–	23	123	–	–	–	(9)
–	–	–	–	–	–	–	–	–	–	–	–	–	–	–	(10)
–	–	0	–	–	–	–	–	0	–	0	–	1	–	1	(11)
–	–	–	–	–	–	–	–	–	–	–	–	–	–	–	(12)
4	–	–	–	–	–	–	–	–	–	–	–	–	–	–	(13)
707	573	383	97	–	148	155	24	415	105	444	351	465	577	357	(14)
21	3	–	–	–	–	–	–	–	–	–	–	–	–	–	(15)
4,032	3,896	883	5,976	1,067	2,390	637	303	929	194	997	1,498	880	831	928	(16)
42	122	203	344	–	–	–	–	222	438	202	574	116	235	–	(17)
2,012	2,832	5,205	–	5,446	–	6,712	6,487	5,088	4,759	5,119	4,054	5,367	5,031	5,692	(18)
–	–	–	–	–	–	–	–	–	–	–	–	–	–	–	(19)
32	440	3	–	–	703	–	2	3	27	1	1	1	1	–	(20)
332	70	310	1,287	924	55	192	–	335	–	366	414	355	270	437	(21)
225	100	1,005	–	83	–	–	1,219	1,007	586	1,046	417	1,193	1,199	1,188	(22)
443	–	25	–	–	–	–	–	28	–	30	–	37	76	–	(23)
–	–	41	–	–	–	–	–	45	–	50	–	61	125	–	(24)
–	–	–	–	–	–	–	–	–	–	–	–	–	–	–	(25)
–	–	67	925	–	–	–	–	73	217	60	–	74	151	–	(26)
4,471	3,558	5,641	1,406	2,790	544	3,859	5,324	5,703	4,868	5,781	5,514	5,843	6,010	5,683	(27)
176	177	171	231	–	–	–	151	175	257	168	170	167	166	168	(28)
1,491	1,337	2,892	489	1,505	124	2,247	2,729	2,919	2,558	2,953	3,016	2,938	3,230	2,657	(29)
–	31	–	–	–	–	–	–	–	–	–	–	–	–	–	(30)
2,715	1,876	2,103	686	1,285	420	1,514	2,154	2,112	1,858	2,135	1,997	2,168	1,977	2,352	(31)
89	137	475	0	–	–	98	290	497	195	525	331	570	637	506	(32)
1,798	1,987	1,626	2,073	1,437	1,646	2,190	1,824	1,601	1,655	1,597	1,956	1,512	1,488	1,534	(33)
–	–	–	–	–	–	–	–	–	–	–	–	–	–	–	(34)
1,142	1,217	1,092	722	987	1,032	1,556	1,106	1,083	1,230	1,069	1,104	1,061	1,086	1,037	(35)
157	164	57	206	–	305	–	9	61	0	67	131	52	29	74	(36)
196	235	126	586	258	119	253	129	124	191	118	157	109	117	100	(37)
98	121	122	251	161	68	109	172	118	74	122	209	102	79	124	(38)
7	15	1	38	31	46	12	1	1	4	1	0	1	0	1	(39)
185	229	176	270	–	76	231	389	159	79	167	271	142	122	162	(40)
13	6	52	–	–	–	29	18	55	77	53	84	45	55	36	(41)
–	–	–	–	–	–	–	–	–	–	–	–	–	–	–	(42)

麦類生産費・小麦・全国（田作・畑作）

(2)　小麦の作付規模別生産費（続き）
　イ　全国・田畑別（続き）
　　(ｶ)　原単位評価額〔10ａ当たり〕（続き）

区　分	田						作				
							5.0ha以上				
									7.0ha以上		
	平　均	0.5ha未満	0.5～1.0	1.0～2.0	2.0～3.0	3.0～5.0	平　均	5.0～7.0	平　均	7.0～10.0	平　均
	(1)	(2)	(3)	(4)	(5)	(6)	(7)	(8)	(9)	(10)	(11)
その他の諸材料費 (43)	398	2	367	581	108	376	412	293	438	495	408
ビニールシート (44)	-	-	-	-	-	-	-	-	-	-	-
ポリエチレン (45)	-	-	-	-	-	-	-	-	-	-	-
なわ (46)	-	-	-	-	-	-	-	-	-	-	-
融雪剤 (47)	355	-	115	581	108	373	357	288	372	483	316
その他 (48)	43	2	252	-	0	3	55	5	66	12	92
自給 (49)	-	-	-	-	-	-	-	-	-	-	-
土地改良及び水利費 (50)	1,839	1,000	2,343	1,655	2,428	1,976	1,773	2,138	1,697	2,190	1,450
土地改良区費											
維持負担金 (51)	1,472	869	2,112	897	2,236	1,592	1,421	1,831	1,335	1,724	1,141
償還金 (52)	348	131	230	758	144	325	343	278	357	466	302
その他 (53)	19	-	1	-	48	59	9	29	5	-	7
賃借料及び料金 (54)	9,087	11,320	12,128	8,360	12,952	9,490	8,735	8,674	8,747	7,846	9,196
共同負担金											
薬剤散布 (55)	27	-	35	83	94	60	11	-	13	31	4
共同施設負担 (56)	49	-	177	83	121	1	51	85	44	49	42
農機具借料 (57)	919	878	597	869	2,708	753	844	435	929	913	937
航空防除費 (58)	658	1,204	1,196	274	1,492	764	594	441	626	420	729
賃耕料 (59)	9	-	197	42	-	29	-	-	-	-	-
は種・定植 (60)	191	1,491	240	29	-	375	168	562	86	207	25
収穫請負わせ賃 (61)	995	2,494	2,828	1,520	1,998	1,595	727	269	823	535	967
ライスセンター費 (62)	2,594	1,143	2,880	2,354	2,925	1,752	2,784	4,191	2,490	2,685	2,392
カントリーエレベータ費 (63)	3,207	3,984	3,506	3,078	2,747	3,779	3,107	2,517	3,230	2,781	3,454
その他 (64)	438	126	472	28	867	382	449	174	506	225	646
物件税及び公課諸負担 (65)	1,134	2,114	1,149	1,913	1,235	1,228	1,052	1,487	963	1,244	824
物件税 (66)	461	1,058	478	1,016	417	452	429	635	387	514	324
公課諸負担 (67)	673	1,056	671	897	818	776	623	852	576	730	500
建物費 (68)	1,105	1,766	668	2,090	834	1,124	1,061	1,080	1,057	1,316	929
償却											
住家 (69)	5	91	85	6	3	2	5	7	5	1	8
納屋・倉庫 (70)	572	1,165	263	1,335	575	495	545	436	567	819	441
用水路 (71)	2	-	-	-	-	11	-	-	-	-	-
暗きょ排水施設 (72)	76	-	-	-	7	265	42	13	48	52	46
コンクリートけい畔 (73)	2	23	98	0	3	-	1	4	0	0	-
客土 (74)	0	-	-	-	-	-	0	-	0	1	-
たい肥盤 (75)	-	-	-	-	-	-	-	-	-	-	-
その他 (76)	219	450	140	93	76	255	229	355	203	137	236
修繕費及び購入補充費 (77)	229	37	82	656	170	96	239	265	234	306	198

単位:円

10.0ha以上		畑						作						
								5.0ha以上							
										7.0ha以上					
												10.0ha以上			
10.0～15.0	15.0ha以上	平均	0.5ha未満	0.5～1.0	1.0～2.0	2.0～3.0	3.0～5.0	平均	5.0～7.0	平均	7.0～10.0	平均	10.0～15.0	15.0ha以上	
(12)	(13)	(14)	(15)	(16)	(17)	(18)	(19)	(20)	(21)	(22)	(23)	(24)	(25)	(26)	
195	526	489	235	-	-	763	420	491	388	500	447	512	547	480	(43)
-	-	-	-	-	-	-	-	-	-	-	-	-	-	-	(44)
-	-	-	-	-	-	-	-	-	-	-	-	-	-	-	(45)
-	-	-	-	-	-	-	-	-	-	-	-	-	-	-	(46)
195	383	485	-	-	-	763	420	486	388	495	435	509	540	480	(47)
0	143	4	235	-	-	-	-	5	-	5	12	3	7	0	(48)
-	-	-	-	-	-	-	-	-	-	-	-	-	-	-	(49)
1,671	1,329	216	-	664	159	94	211	220	19	239	191	249	154	340	(50)
1,376	1,012	156	-	465	159	76	48	166	19	180	133	190	126	252	(51)
295	306	44	-	199	-	18	3	48	-	53	33	57	25	88	(52)
-	11	16	-	-	-	-	160	6	-	6	25	2	3	-	(53)
8,442	9,615	17,294	15,951	8,430	4,993	13,692	17,789	17,334	19,955	17,088	18,104	16,852	17,804	15,932	(54)
-	7	56	-	-	-	-	-	61	-	67	-	82	-	162	(55)
52	37	897	-	-	-	-	52	978	2,127	871	507	956	1,268	654	(56)
892	962	1,335	918	-	960	-	2,255	1,288	107	1,398	288	1,658	1,921	1,403	(57)
509	850	153	-	-	-	-	573	124	433	95	383	27	-	54	(58)
-	-	61	4,635	-	-	-	-	65	-	72	-	88	-	173	(59)
-	39	23	-	-	-	121	-	23	64	19	-	24	-	47	(60)
-	1,500	3,192	8,193	-	-	5,125	3,466	3,142	4,972	2,971	3,779	2,783	3,280	2,303	(61)
2,086	2,561	985	729	-	3,514	455	2,692	861	777	868	378	983	458	1,489	(62)
3,713	3,312	9,723	237	8,430	519	7,154	8,270	9,891	10,247	9,857	11,683	9,431	9,913	8,967	(63)
1,190	347	869	1,239	-	-	837	481	901	1,228	870	1,086	820	964	680	(64)
980	737	1,492	1,004	739	1,604	1,179	1,939	1,462	1,443	1,465	1,673	1,415	1,529	1,305	(65)
433	265	503	627	307	440	410	534	501	371	514	551	505	543	468	(66)
547	472	989	377	432	1,164	769	1,405	961	1,072	951	1,122	910	986	837	(67)
755	1,028	920	1,478	63	111	140	993	929	208	996	914	1,016	995	1,035	(68)
4	10	62	-	-	-	54	-	67	1	73	18	86	-	169	(69)
414	457	327	1,147	-	4	47	550	315	126	332	254	351	422	282	(70)
-	-	2	-	-	-	-	-	2	-	3	-	3	6	-	(71)
1	72	193	-	-	-	-	35	209	8	228	317	207	210	203	(72)
-	-	-	-	-	-	-	-	-	-	-	-	-	-	-	(73)
-	-	2	-	-	-	-	-	2	-	2	-	3	6	-	(74)
-	-	1	-	-	-	-	-	1	-	1	2	1	-	1	(75)
255	226	99	207	-	-	29	186	94	16	101	82	105	96	115	(76)
81	263	234	124	63	107	10	222	239	57	256	241	260	255	265	(77)

(2) 小麦の作付規模別生産費（続き）
イ 全国・田畑別（続き）
(ｶ) 原単位評価額〔10ａ当たり〕（続き）

区分		田作										
										5.0ha以上		
											7.0ha以上	
		平均	0.5ha未満	0.5～1.0	1.0～2.0	2.0～3.0	3.0～5.0	平均	5.0～7.0	平均	7.0～10.0	平均
		(1)	(2)	(3)	(4)	(5)	(6)	(7)	(8)	(9)	(10)	(11)
自動車費	(78)	1,198	3,129	2,892	2,311	1,606	1,221	1,071	1,394	1,003	1,158	926
償却												
四輪自動車	(79)	411	982	2,004	537	296	487	373	689	307	219	351
その他	(80)	-	-	-	-	-	-	-	-	-	-	-
修繕費及び購入補充費	(81)	787	2,147	888	1,774	1,310	734	698	705	696	939	575
農機具費	(82)	10,193	11,694	6,686	7,870	8,112	11,350	10,246	9,287	10,446	12,316	9,515
償却												
乗用型トラクタ												
20馬力未満	(83)	30	-	31	14	150	116	2	-	2	-	4
20～50	(84)	526	6,574	1,533	1,542	1,178	1,003	284	548	229	232	227
50馬力以上	(85)	1,771	1,109	498	691	1,271	1,736	1,899	1,922	1,894	2,195	1,743
歩行型トラクタ	(86)	1	207	-	1	3	2	-	-	-	-	-
たい肥等散布機	(87)	4	-	-	-	-	5	5	-	6	-	9
総合は種機	(88)	147	394	96	198	185	155	139	194	128	39	172
移植機	(89)	-	-	-	-	-	-	-	-	-	-	-
中耕除草機	(90)	33	-	5	18	48	47	29	17	32	1	47
肥料散布機	(91)	100	28	44	68	90	60	113	65	123	155	108
動力噴霧機	(92)	197	26	18	35	172	159	220	19	262	356	216
動力散粉機	(93)	2	-	-	6	8	-	1	2	1	-	1
自脱型コンバイン												
3条以下	(94)	123	696	1,415	755	988	27	30	4	36	108	-
4条以上	(95)	1,322	419	1,176	1,942	1,118	1,796	1,187	1,268	1,170	1,433	1,039
普通型コンバイン	(96)	361	-	-	2	-	217	447	-	540	763	429
脱穀機	(97)	-	-	-	-	-	-	-	-	-	-	-
乾燥機	(98)	481	13	12	104	50	893	444	202	494	1,272	106
トレーラー	(99)	14	-	-	-	17	8	20	5	23	2	34
その他	(100)	1,655	206	410	484	701	1,891	1,756	2,787	1,540	1,277	1,672
修繕費及び購入補充費	(101)	3,426	2,022	1,448	2,010	2,133	3,251	3,670	2,254	3,966	4,483	3,708
生産管理費	(102)	258	126	105	275	320	227	262	255	263	272	258
償却費	(103)	12	-	1	-	104	14	6	0	7	1	10
購入費	(104)	246	126	104	275	216	213	256	255	256	271	248

単位:円

10.0ha以上		畑						作							
								5.0ha以上							
										7.0ha以上					
												10.0ha以上			
10.0～15.0	15.0ha以上	平均	0.5ha未満	0.5～1.0	1.0～2.0	2.0～3.0	3.0～5.0	平均	5.0～7.0	平均	7.0～10.0	平均	10.0～15.0	15.0ha以上	
(12)	(13)	(14)	(15)	(16)	(17)	(18)	(19)	(20)	(21)	(22)	(23)	(24)	(25)	(26)	
958	910	1,321	2,553	2,821	2,393	1,300	1,214	1,328	844	1,373	1,277	1,395	1,187	1,597	(78)
333	362	527	968	-	1,501	254	190	557	204	590	370	641	322	949	(79)
-	-	-	-	-	-	-	-	-	-	-	-	-	-	-	(80)
625	548	794	1,585	2,821	892	1,046	1,024	771	640	783	907	754	865	648	(81)
9,585	9,473	8,873	13,210	10,514	16,365	3,388	7,974	9,023	4,840	9,414	7,859	9,777	8,399	11,106	(82)
10	-	0	22	-	-	-	-	-	-	-	-	-	-	-	(83)
283	196	9	2,316	5,005	2,363	62	-	3	16	2	-	2	3	2	(84)
1,380	1,943	2,863	-	-	2,500	139	3,131	2,890	755	3,090	2,164	3,306	2,914	3,684	(85)
-	-	-	-	-	-	-	-	-	-	-	-	-	-	-	(86)
11	7	28	-	-	-	-	-	30	-	33	-	41	49	33	(87)
126	197	465	-	346	43	-	311	485	3	530	213	604	585	622	(88)
-	-	-	-	-	-	-	-	-	-	-	-	-	-	-	(89)
97	20	8	-	-	-	-	114	0	0	0	-	0	-	1	(90)
104	110	298	66	-	-	-	97	319	483	304	231	321	259	380	(91)
34	316	352	119	-	21	17	94	378	348	380	218	418	495	344	(92)
-	2	-	-	-	-	-	-	-	-	-	-	-	-	-	(93)
-	-	4	4,527	-	2,713	-	-	-	-	-	-	-	-	-	(94)
1,495	788	21	-	-	7,604	-	187	0	0	-	-	-	-	-	(95)
△ 265	811	272	-	-	-	-	67	293	133	308	21	375	77	662	(96)
-	-	-	-	-	-	-	-	-	-	-	-	-	-	-	(97)
49	136	90	204	-	108	-	3	99	0	108	-	133	254	16	(98)
42	29	1	119	-	-	-	-	1	9	1	4	-	-	-	(99)
2,046	1,466	1,084	522	-	-	695	310	1,152	609	1,202	1,318	1,176	1,133	1,217	(100)
4,173	3,452	3,378	5,315	5,163	1,013	2,475	3,660	3,373	2,484	3,456	3,690	3,401	2,630	4,145	(101)
202	288	348	285	471	45	209	473	341	356	339	390	328	405	254	(102)
21	3	3	-	-	-	-	-	3	25	1	-	2	-	4	(103)
181	285	345	285	471	45	209	473	338	331	338	390	326	405	250	(104)

麦類生産費・小麦・北海道・都府県（田畑計）

(2) 小麦の作付規模別生産費（続き）
　ウ　北海道・都府県
　　(ｱ)　調査対象経営体の生産概要・経営概況

区　　　分	単位	北　　海　　道									5.0ha以上	
		平均	0.5ha未満	0.5～1.0	1.0～2.0	2.0～3.0	3.0～5.0	平均	5.0～7.0	平均	7.0～10.0	7.0ha以上 平均
		(1)	(2)	(3)	(4)	(5)	(6)	(7)	(8)	(9)	(10)	(11)
集　計　経　営　体　数 (1)	経営体	117	-	1	2	5	18	91	12	79	28	51
労働力（1経営体当たり）												
世　帯　員　数 (2)	人	4.4	-	x	x	2.4	4.3	4.8	4.7	4.8	4.7	4.8
男 (3)	〃	2.3	-	x	x	1.4	2.0	2.6	2.5	2.6	2.5	2.6
女 (4)	〃	2.1	-	x	x	1.0	2.3	2.2	2.2	2.2	2.2	2.2
家　族　員　数 (5)	〃	4.4	-	x	x	2.4	4.3	4.8	4.7	4.8	4.7	4.8
男 (6)	〃	2.3	-	x	x	1.4	2.0	2.6	2.5	2.6	2.5	2.6
女 (7)	〃	2.1	-	x	x	1.0	2.3	2.2	2.2	2.2	2.2	2.2
農　業　就　業　者 (8)	〃	2.6	-	x	x	2.1	2.6	2.8	2.7	2.8	2.7	2.9
男 (9)	〃	1.6	-	x	x	1.4	1.5	1.7	1.7	1.7	1.6	1.8
女 (10)	〃	1.0	-	x	x	0.7	1.1	1.1	1.0	1.1	1.1	1.1
農　業　専　従　者 (11)	〃	1.9	-	x	x	0.4	2.3	2.1	2.1	2.1	1.8	2.3
男 (12)	〃	1.3	-	x	x	0.4	1.4	1.5	1.5	1.5	1.3	1.6
女 (13)	〃	0.6	-	x	x	-	0.9	0.6	0.6	0.6	0.5	0.7
土地（1経営体当たり）												
経　営　耕　地　面　積 (14)	a	2,892	-	x	x	908	2,073	3,565	2,508	3,826	3,009	4,257
田 (15)	〃	682	-	x	x	610	843	580	823	521	651	452
畑 (16)	〃	2,200	-	x	x	298	1,230	2,969	1,666	3,289	2,336	3,793
普　通　畑 (17)	〃	2,200	-	x	x	298	1,230	2,969	1,666	3,289	2,336	3,793
樹　園　地 (18)	〃	-	-	x	x	-	-	-	-	-	-	-
牧　草　地 (19)	〃	10	-	x	x	-	-	16	19	16	22	12
耕地以外の土地 (20)	〃	722	-	x	x	85	1,745	546	573	539	558	529
小　麦												
使用地面積（1経営体当たり）												
作　付　地 (21)	〃	850.7	-	x	x	265.1	379.6	1,148.5	587.7	1,286.1	846.8	1,518.3
自　作　地 (22)	〃	629.5	-	x	x	160.4	309.6	840.8	438.7	939.5	709.2	1,061.2
小　作　地 (23)	〃	221.2	-	x	x	104.7	70.0	307.7	149.0	346.6	137.6	457.1
作付地以外 (24)	〃	4.8	-	x	x	3.4	2.9	5.9	2.4	6.8	5.9	7.3
所　有　地 (25)	〃	4.6	-	x	x	3.4	2.9	5.7	2.4	6.5	5.9	6.8
借　入　地 (26)	〃	0.2	-	x	x	-	-	0.2	-	0.3	-	0.5
作付地の実勢地代（10a当たり）(27)	円	9,341	-	x	x	10,401	10,204	9,165	9,439	9,134	9,654	8,980
自　作　地 (28)	〃	9,684	-	x	x	14,007	9,929	9,490	10,251	9,403	9,657	9,313
小　作　地 (29)	〃	8,356	-	x	x	4,615	11,435	8,267	7,022	8,399	9,639	8,199
投下資本額（10a当たり）(30)	〃	55,847	-	x	x	31,392	52,813	56,748	43,924	58,186	57,771	58,308
借　入　資　本　額 (31)	〃	10,812	-	x	x	3,602	10,553	11,154	17,633	10,429	11,190	10,205
自　己　資　本　額 (32)	〃	45,035	-	x	x	27,790	42,260	45,594	26,291	47,757	46,581	48,103
固　定　資　本　額 (33)	〃	30,514	-	x	x	2,824	26,092	31,652	19,210	33,047	31,712	33,440
建　物　・　構　築　物 (34)	〃	6,796	-	x	x	113	6,899	6,657	4,300	6,921	8,497	6,457
土　地　改　良　設　備 (35)	〃	1,069	-	x	x	21	1,427	1,071	27	1,188	1,405	1,123
自　動　車 (36)	〃	1,121	-	x	x	-	656	1,191	1,133	1,198	1,188	1,201
農　機　具 (37)	〃	21,528	-	x	x	2,690	17,110	22,733	13,750	23,740	20,622	24,659
流　動　資　本　額 (38)	〃	22,824	-	x	x	23,834	23,577	22,732	21,821	22,834	23,432	22,658
労　賃　資　本　額 (39)	〃	2,509	-	x	x	4,734	3,144	2,364	2,893	2,305	2,627	2,210

10.0ha以上		都府県													
								5.0ha以上							
										7.0ha以上					
												10.0ha以上			
10.0～15.0	15.0ha以上	平均	0.5ha未満	0.5～1.0	1.0～2.0	2.0～3.0	3.0～5.0	平均	5.0～7.0	平均	7.0～10.0	平均	10.0～15.0	15.0ha以上	
(12)	(13)	(14)	(15)	(16)	(17)	(18)	(19)	(20)	(21)	(22)	(23)	(24)	(25)	(26)	
29	22	413	40	35	60	41	81	156	47	109	37	72	34	38	(1)
5.0	4.7	3.9	4.2	4.2	3.3	3.6	3.4	4.5	4.6	4.4	3.8	4.9	4.8	5.1	(2)
2.6	2.7	1.9	2.2	2.1	1.6	1.9	1.6	2.3	2.3	2.2	1.9	2.5	2.3	2.7	(3)
2.4	2.0	2.0	2.0	2.1	1.7	1.7	1.8	2.2	2.3	2.2	1.9	2.4	2.5	2.4	(4)
5.0	4.7	3.9	4.2	4.2	3.3	3.6	3.4	4.5	4.6	4.4	3.8	4.9	4.8	5.1	(5)
2.6	2.7	1.9	2.2	2.1	1.6	1.9	1.6	2.3	2.3	2.2	1.9	2.5	2.3	2.7	(6)
2.4	2.0	2.0	2.0	2.1	1.7	1.7	1.8	2.2	2.3	2.2	1.9	2.4	2.5	2.4	(7)
2.8	3.1	1.9	1.6	1.6	1.7	1.7	1.5	2.3	2.3	2.4	2.4	2.4	2.3	2.6	(8)
1.7	2.0	1.3	1.0	1.1	1.1	1.1	1.1	1.5	1.5	1.6	1.5	1.6	1.6	1.7	(9)
1.1	1.1	0.6	0.6	0.5	0.6	0.6	0.4	0.8	0.8	0.8	0.9	0.8	0.7	0.9	(10)
2.3	2.2	1.4	0.9	1.3	1.2	1.3	1.2	2.0	1.7	2.0	1.8	2.1	1.9	2.5	(11)
1.5	1.6	1.0	0.6	0.9	0.8	0.8	0.9	1.4	1.2	1.4	1.3	1.5	1.4	1.7	(12)
0.8	0.6	0.4	0.3	0.4	0.4	0.5	0.3	0.6	0.5	0.6	0.5	0.6	0.5	0.8	(13)
3,791	4,936	1,347	405	357	664	920	1,028	2,325	1,605	2,659	1,687	3,315	2,394	4,240	(14)
227	780	1,239	355	318	633	837	952	2,130	1,410	2,463	1,563	3,070	2,273	3,870	(15)
3,543	4,156	108	50	39	31	83	74	195	195	196	124	245	121	370	(16)
3,543	4,156	106	50	28	29	82	70	195	195	195	121	245	121	370	(17)
－	－	2	0	11	2	1	4	0	0	1	3	－	－	－	(18)
21	0	0	－	－	－	－	2	－	－	－	－	－	－	－	(19)
472	612	43	57	41	41	26	33	53	62	50	51	48	30	66	(20)
1,226.0	1,942.4	555.5	29.8	74.2	148.6	252.7	403.5	1,099.1	577.9	1,340.2	848.5	1,672.5	1,174.4	2,172.4	(21)
825.0	1,403.9	81.0	23.9	53.1	56.8	87.9	95.6	94.7	94.6	94.8	104.0	88.6	86.0	91.1	(22)
401.0	538.5	474.5	5.9	21.1	91.8	164.8	307.9	1,004.4	483.3	1,245.4	744.5	1,583.9	1,088.4	2,081.3	(23)
5.7	9.6	4.5	2.4	3.6	1.9	3.0	3.5	6.9	5.5	7.6	3.8	10.2	8.9	11.5	(24)
5.7	8.4	4.3	2.4	3.6	1.9	3.0	3.2	6.7	5.5	7.3	3.1	10.2	8.9	11.4	(25)
－	1.2	0.2	－	－	－	0.0	0.3	0.2	－	0.3	0.7	0.0	－	0.1	(26)
9,505	**8,507**	**11,310**	**10,281**	**13,221**	**11,376**	**11,372**	**11,510**	**11,230**	**11,471**	**11,181**	**10,334**	**11,480**	**10,428**	**12,071**	(27)
9,680	9,007	12,631	10,717	13,991	12,250	12,400	12,649	12,666	13,440	12,302	11,870	12,646	12,944	12,360	(28)
9,146	7,183	11,082	8,407	11,187	10,840	10,818	11,151	11,094	11,081	11,096	10,125	11,414	10,231	12,058	(29)
57,160	**59,359**	**52,372**	**75,543**	**53,883**	**65,251**	**63,304**	**64,167**	**48,129**	**54,501**	**46,858**	**41,456**	**48,711**	**51,139**	**47,392**	(30)
9,747	10,623	7,468	4,389	5,540	5,599	8,698	2,707	8,590	7,513	8,804	6,987	9,428	6,703	10,906	(31)
47,413	48,736	44,904	71,154	48,343	59,652	54,606	61,460	39,539	46,988	38,054	34,469	39,283	44,436	36,486	(32)
31,719	35,016	34,143	47,326	28,857	44,009	43,106	46,408	30,259	36,601	28,994	25,479	30,200	33,534	28,388	(33)
6,967	5,989	9,146	15,233	4,920	11,054	11,312	10,557	8,614	10,893	8,160	6,711	8,657	6,634	9,754	(34)
1,316	947	32	302	893	2	80	－	24	102	8	33	－	－	－	(35)
576	1,773	927	1,573	713	1,949	1,847	794	831	528	891	413	1,055	1,268	939	(36)
22,860	26,307	24,038	30,218	22,331	31,004	29,867	35,057	20,790	25,078	19,935	18,322	20,488	25,632	17,695	(37)
23,137	22,219	13,953	18,066	16,688	15,582	15,127	12,857	13,955	13,520	14,042	12,177	14,681	14,108	14,993	(38)
2,304	2,124	4,276	10,151	8,338	5,660	5,071	4,902	3,915	4,380	3,822	3,800	3,830	3,497	4,011	(39)

麦類生産費・小麦・北海道・都府県（田畑計）

(2) 小麦の作付規模別生産費（続き）
　ウ　北海道・都府県（続き）
　　(ｱ) 調査対象経営体の生産概要・経営概況（続き）

区　　　　分	単位	北　　海　　道									
										5.0ha以上	
											7.0ha以上
		平均	0.5ha未満	0.5〜1.0	1.0〜2.0	2.0〜3.0	3.0〜5.0	平均	5.0〜7.0	平均	7.0〜10.0	平均
		(1)	(2)	(3)	(4)	(5)	(6)	(7)	(8)	(9)	(10)	(11)
自動車所有台数（10経営体当たり）												
四　輪　自　動　車　(40)	台	49.6	-	x	x	29.9	48.6	54.7	48.2	56.3	49.8	59.8
農機具所有台数（10経営体当たり）												
乗　用　型　ト　ラ　ク　タ												
20　馬　力　未　満　(41)	〃	3.4	-	x	x	0.0	4.3	3.1	3.9	3.0	3.3	2.8
20〜50馬力未満　(42)	〃	7.7	-	x	x	11.5	6.4	7.6	7.0	7.7	7.2	8.0
50　馬　力　以　上　(43)	〃	36.1	-	x	x	16.6	32.9	42.6	33.4	44.8	40.6	47.1
歩　行　型　ト　ラ　ク　タ　(44)	〃	2.5	-	x	x	2.6	1.2	3.2	7.0	2.3	3.0	2.0
た　い　肥　等　散　布　機　(45)	〃	4.6	-	x	x	-	4.8	5.5	8.0	4.9	2.6	6.1
総　合　は　種　機　(46)	〃	18.8	-	x	x	9.2	15.1	22.8	15.1	24.7	26.9	23.5
移　　　植　　　機　(47)	〃	7.1	-	x	x	-	9.5	7.9	6.8	8.2	6.4	9.1
中　耕　除　草　機　(48)	〃	17.0	-	x	x	2.6	11.2	22.3	14.1	24.3	22.1	25.5
肥　料　散　布　機　(49)	〃	15.1	-	x	x	4.9	14.8	17.1	16.7	17.2	20.0	15.8
動　力　噴　霧　機　(50)	〃	13.7	-	x	x	7.4	11.5	15.9	18.5	15.2	15.6	15.0
動　力　散　粉　機　(51)	〃	0.2	-	x	x	0.0	0.5	0.1	-	0.2	0.5	-
自　脱　型　コ　ン　バ　イ　ン												
3　条　以　下　(52)	〃	0.3	-	x	x	-	-	-	-	-	-	-
4　条　以　上　(53)	〃	3.1	-	x	x	5.2	4.6	2.2	5.9	1.3	3.4	0.2
普　通　型　コ　ン　バ　イ　ン　(54)	〃	2.4	-	x	x	-	-	3.7	2.3	4.1	2.5	5.0
脱　　　穀　　　機　(55)	〃	3.1	-	x	x	2.6	1.9	3.9	4.8	3.7	3.4	3.9
乾　　　燥　　　機　(56)	〃	9.0	-	x	x	7.7	10.2	8.9	7.5	9.2	9.2	9.2
ト　レ　ー　ラ　ー　(57)	〃	2.1	-	x	x	-	1.9	2.7	2.2	2.8	3.5	2.4
小　　　　　　　　　麦												
10 a 当たり主産物数量　(58)	kg	433	-	x	x	402	492	429	505	421	449	413
粗　　　　収　　　　益												
10　a　当　た　り　(59)	円	18,071	-	x	x	17,152	20,272	17,956	20,502	17,671	19,133	17,238
主　　　産　　　物　(60)	〃	14,446	-	x	x	14,922	17,468	14,180	16,942	13,871	15,455	13,403
副　　　産　　　物　(61)	〃	3,625	-	x	x	2,230	2,804	3,776	3,560	3,800	3,678	3,835
60　kg　当　た　り　(62)	〃	2,504	-	x	x	2,562	2,470	2,507	2,436	2,516	2,559	2,502
主　　　産　　　物　(63)	〃	2,002	-	x	x	2,229	2,129	1,980	2,013	1,975	2,067	1,946
副　　　産　　　物　(64)	〃	502	-	x	x	333	341	527	423	541	492	556
所　　　　　　　　　得												
10　a　当　た　り　(65)	〃	△37,184	-	x	x	△34,224	△36,149	△37,378	△30,193	△38,186	△36,697	△38,629
1　日　当　た　り　(66)	〃	-	-	x	x	-	-	-	-	-	-	-
家　族　労　働　報　酬												
10　a　当　た　り　(67)	〃	△46,355	-	x	x	△44,498	△46,296	△46,322	△39,114	△47,132	△46,833	△47,224
1　日　当　た　り　(68)	〃	-	-	x	x	-	-	-	-	-	-	-
(参考1) 経営所得安定対策等 　受取金（10a当たり）　(69)	〃	56,031	-	x	x	65,310	73,331	53,610	69,439	51,836	61,084	49,108
(参考2) 経営所得安定対策等 　の交付金を加えた場合												
粗　　　収　　　益												
10　a　当　た　り　(70)	〃	74,102	-	x	x	82,462	93,603	71,566	89,941	69,507	80,217	66,346
60　kg　当　た　り　(71)	〃	10,272	-	x	x	12,318	11,408	9,991	10,686	9,898	10,729	9,633
所　　　　　得												
10　a　当　た　り　(72)	〃	18,847	-	x	x	31,086	37,182	16,232	39,246	13,650	24,387	10,479
1　日　当　た　り　(73)	〃	50,596	-	x	x	39,102	78,072	46,711	90,481	40,147	61,544	32,875
家　族　労　働　報　酬												
10　a　当　た　り　(74)	〃	9,676	-	x	x	20,812	27,035	7,288	30,325	4,704	14,251	1,884
1　日　当　た　り　(75)	〃	25,976	-	x	x	26,179	56,766	20,973	69,914	13,835	35,965	5,911

10.0ha以上		都府県													
								5.0ha以上							
										7.0ha以上					
												10.0ha以上			
10.0～15.0	15.0ha以上	平均	0.5ha未満	0.5～1.0	1.0～2.0	2.0～3.0	3.0～5.0	平均	5.0～7.0	平均	7.0～10.0	平均	10.0～15.0	15.0ha以上	
(12)	(13)	(14)	(15)	(16)	(17)	(18)	(19)	(20)	(21)	(22)	(23)	(24)	(25)	(26)	
56.3	64.7	30.3	20.2	19.7	24.2	27.5	26.2	40.0	37.7	41.1	30.6	48.2	44.6	51.7	(40)
1.7	4.4	1.1	1.0	0.5	0.9	2.0	0.3	1.4	0.9	1.7	1.0	2.1	3.1	1.1	(41)
10.1	4.9	14.8	10.7	14.1	11.4	12.8	16.2	16.9	14.7	17.9	18.1	17.8	20.0	15.7	(42)
45.9	48.8	10.0	1.0	1.8	3.7	4.2	7.9	18.9	8.8	23.6	14.6	29.7	23.0	36.5	(43)
3.0	0.4	2.6	2.9	2.8	2.1	2.9	2.6	2.7	3.3	2.4	3.1	1.9	3.0	0.7	(44)
7.5	4.2	0.6	-	0.4	0.1	0.5	0.9	0.8	0.4	1.0	0.2	1.5	1.4	1.6	(45)
27.0	18.5	11.2	2.8	6.0	7.0	9.9	11.3	15.6	14.3	16.2	13.7	17.9	17.3	18.5	(46)
12.6	4.1	0.3	-	0.2	0.4	0.0	0.1	0.6	1.1	0.4	-	0.6	0.5	0.7	(47)
25.4	25.7	3.6	1.0	2.5	1.5	4.9	3.7	4.8	6.3	4.1	3.9	4.3	4.4	4.2	(48)
17.2	13.6	7.0	1.5	4.0	4.9	7.9	5.2	10.3	10.4	10.2	8.3	11.5	11.5	11.4	(49)
15.2	14.8	8.8	10.3	7.7	5.6	11.4	8.2	10.0	10.1	10.0	9.3	10.5	9.0	11.9	(50)
-	-	2.0	0.9	1.8	1.7	1.9	1.9	2.4	2.7	2.2	2.0	2.4	3.1	1.7	(51)
-	-	2.2	3.6	4.3	3.3	2.8	1.9	1.1	1.4	1.0	1.4	0.7	1.4	-	(52)
0.4	0.0	8.9	3.3	4.0	6.5	6.4	9.3	12.3	10.0	13.4	11.2	15.0	13.9	16.1	(53)
3.6	7.0	1.7	0.4	-	0.3	0.3	1.9	3.2	1.4	4.0	2.1	5.3	3.6	7.0	(54)
4.0	3.6	0.1	1.3	0.3	-	-	0.2	-	-	-	-	-	-	-	(55)
7.5	11.6	15.4	7.5	3.5	8.0	8.1	15.7	24.5	23.5	25.0	17.6	30.0	29.2	30.8	(56)
3.1	1.4	1.6	0.6	-	0.7	1.2	1.5	2.7	2.9	2.6	2.7	2.5	2.5	2.6	(57)
412	414	320	235	270	292	299	277	334	318	334	291	351	297	379	(58)
16,874	17,575	8,580	11,190	6,642	8,431	10,594	7,152	8,788	8,485	8,850	7,596	9,281	9,234	9,306	(59)
13,022	13,754	8,446	10,943	6,507	8,311	10,450	7,027	8,652	8,302	8,723	7,411	9,173	9,084	9,222	(60)
3,852	3,821	134	247	135	120	144	125	136	183	127	185	108	150	84	(61)
2,458	2,544	1,611	2,851	1,473	1,732	2,120	1,551	1,584	1,599	1,583	1,564	1,588	1,863	1,472	(62)
1,896	1,991	1,587	2,788	1,443	1,707	2,092	1,524	1,561	1,564	1,560	1,526	1,570	1,833	1,458	(63)
562	553	24	63	30	25	28	27	23	35	23	38	18	30	14	(64)
△39,127	△38,173	△33,297	△38,501	△38,434	△39,261	△33,506	△33,984	△32,659	△31,900	△32,807	△28,467	△34,297	△33,077	△34,955	(65)
-	-	-	-	-	-	-	-	-	-	-	-	-	-	-	(66)
△47,628	△46,854	△36,165	△48,821	△48,173	△44,834	△37,717	△37,882	△34,908	△35,069	△34,873	△30,650	△36,322	△35,403	△36,816	(67)
-	-	-	-	-	-	-	-	-	-	-	-	-	-	-	(68)
46,760	51,260	59,713	35,698	48,799	57,028	49,309	55,542	61,743	55,265	63,033	55,514	65,613	60,170	68,568	(69)
63,634	68,835	68,293	46,888	55,441	65,459	59,903	62,694	70,531	63,750	71,883	63,110	74,894	69,404	77,874	(70)
9,269	9,966	12,835	11,947	12,293	13,451	11,990	13,596	12,722	12,002	12,859	12,992	12,822	13,997	12,322	(71)
7,633	13,087	26,416	△ 2,803	10,365	17,767	15,803	21,558	29,084	23,365	30,226	27,047	31,316	27,093	33,613	(72)
22,450	42,733	43,753	-	7,628	19,079	18,897	28,043	56,337	36,225	61,529	46,333	68,264	56,006	74,904	(73)
△ 868	4,406	23,548	△13,123	626	12,194	11,592	17,660	26,835	20,196	28,160	24,864	29,291	24,767	31,752	(74)
-	14,387	39,003	-	461	13,094	13,862	22,972	51,981	31,312	57,323	42,594	63,850	51,198	70,757	(75)

(2)　小麦の作付規模別生産費（続き）
ウ　北海道・都府県（続き）
(ｲ)　生産費〔10ａ当たり〕

区分		北海道										
										5.0ha以上		
											7.0ha以上	
		平均	0.5ha未満	0.5～1.0	1.0～2.0	2.0～3.0	3.0～5.0	平均	5.0～7.0	平均	7.0～10.0	平均
		(1)	(2)	(3)	(4)	(5)	(6)	(7)	(8)	(9)	(10)	(11)
物財費	(1)	**52,711**	**-**	**x**	**x**	**49,528**	**53,868**	**52,742**	**48,411**	**53,230**	**53,967**	**53,015**
種苗費	(2)	2,841	-	x	x	2,048	3,206	2,791	2,843	2,785	2,655	2,823
購入	(3)	2,829	-	x	x	1,965	3,173	2,782	2,819	2,778	2,625	2,823
自給	(4)	12	-	x	x	83	33	9	24	7	30	-
肥料費	(5)	10,931	-	x	x	13,063	10,087	10,991	9,130	11,197	11,015	11,252
購入	(6)	10,789	-	x	x	13,063	10,041	10,832	8,975	11,039	11,015	11,046
自給	(7)	142	-	x	x	-	46	159	155	158	-	206
農業薬剤費（購入）	(8)	5,806	-	x	x	5,389	5,359	5,847	5,557	5,879	5,730	5,924
光熱動力費	(9)	1,835	-	x	x	3,120	2,412	1,737	1,830	1,726	2,130	1,607
購入	(10)	1,835	-	x	x	3,120	2,412	1,737	1,830	1,726	2,130	1,607
自給	(11)	-	-	x	x	-	-	-	-	-	-	-
その他の諸材料費	(12)	589	-	x	x	549	594	580	480	591	586	593
購入	(13)	589	-	x	x	549	594	580	480	591	586	593
自給	(14)	-	-	x	x	-	-	-	-	-	-	-
土地改良及び水利費	(15)	952	-	x	x	2,481	1,788	796	1,338	735	1,276	577
賃借料及び料金	(16)	16,222	-	x	x	16,302	16,362	16,296	17,082	16,209	15,494	16,419
物件税及び公課諸負担	(17)	1,564	-	x	x	1,457	1,935	1,512	1,771	1,485	1,734	1,411
建物費	(18)	996	-	x	x	40	1,009	1,002	500	1,060	1,153	1,032
償却費	(19)	769	-	x	x	35	865	758	351	805	878	783
修繕費及び購入補充費	(20)	227	-	x	x	5	144	244	149	255	275	249
購入	(21)	227	-	x	x	5	144	244	149	255	275	249
自給	(22)	-	-	x	x	-	-	-	-	-	-	-
自動車費	(23)	1,370	-	x	x	1,374	1,426	1,341	1,300	1,347	1,383	1,336
償却費	(24)	513	-	x	x	-	389	538	537	539	328	601
修繕費及び購入補充費	(25)	857	-	x	x	1,374	1,037	803	763	808	1,055	735
購入	(26)	857	-	x	x	1,374	1,037	803	763	808	1,055	735
自給	(27)	-	-	x	x	-	-	-	-	-	-	-
農機具費	(28)	9,247	-	x	x	3,294	9,247	9,504	6,196	9,874	10,416	9,715
償却費	(29)	5,773	-	x	x	1,708	5,449	5,980	3,859	6,217	5,893	6,313
修繕費及び購入補充費	(30)	3,474	-	x	x	1,586	3,798	3,524	2,337	3,657	4,523	3,402
購入	(31)	3,474	-	x	x	1,586	3,798	3,524	2,337	3,657	4,523	3,402
自給	(32)	-	-	x	x	-	-	-	-	-	-	-
生産管理費	(33)	358	-	x	x	411	443	345	384	342	395	326
償却費	(34)	8	-	x	x	113	12	4	18	3	-	4
購入・支払	(35)	350	-	x	x	298	431	341	366	339	395	322
労働費	(36)	**5,018**	**-**	**x**	**x**	**9,469**	**6,288**	**4,729**	**5,787**	**4,610**	**5,254**	**4,421**
直接労働費	(37)	4,476	-	x	x	8,764	5,494	4,222	5,416	4,087	4,708	3,905
家族	(38)	4,395	-	x	x	8,764	5,458	4,133	5,377	3,992	4,669	3,794
雇用	(39)	81	-	x	x	-	36	89	39	95	39	111
間接労働費	(40)	542	-	x	x	705	794	507	371	523	546	516
家族	(41)	542	-	x	x	705	794	507	371	523	546	516
雇用	(42)	0	-	x	x	-	-	0	-	0	-	0
費用合計	(43)	**57,729**	**-**	**x**	**x**	**58,997**	**60,156**	**57,471**	**54,198**	**57,840**	**59,221**	**57,436**
購入（支払）	(44)	45,575	-	x	x	47,589	47,110	45,383	43,506	45,596	46,877	45,219
自給	(45)	5,091	-	x	x	9,552	6,331	4,808	5,927	4,680	5,245	4,516
償却	(46)	7,063	-	x	x	1,856	6,715	7,280	4,765	7,564	7,099	7,701
副産物価額	(47)	3,625	-	x	x	2,230	2,804	3,776	3,560	3,800	3,678	3,835
生産費（副産物価額差引）	(48)	**54,104**	**-**	**x**	**x**	**56,767**	**57,352**	**53,695**	**50,638**	**54,040**	**55,543**	**53,601**
支払利子	(49)	276	-	x	x	25	381	274	455	254	234	260
支払地代	(50)	2,187	-	x	x	1,823	2,136	2,229	1,790	2,278	1,590	2,481
支払利子・地代算入生産費	(51)	**56,567**	**-**	**x**	**x**	**58,615**	**59,869**	**56,198**	**52,883**	**56,572**	**57,367**	**56,342**
自己資本利子	(52)	1,801	-	x	x	1,112	1,690	1,824	1,052	1,910	1,863	1,924
自作地地代	(53)	7,370	-	x	x	9,162	8,457	7,120	7,869	7,036	8,273	6,671
資本利子・地代全額算入生産費（全算入生産費）	(54)	**65,738**	**-**	**x**	**x**	**68,889**	**70,016**	**65,142**	**61,804**	**65,518**	**67,503**	**64,937**

単位:円

10.0ha以上		都府県													
		平均	0.5ha未満	0.5～1.0	1.0～2.0	2.0～3.0	3.0～5.0	5.0ha以上							
								平均	5.0～7.0	7.0ha以上					
										平均	7.0～10.0	10.0ha以上			
10.0～15.0	15.0ha以上											平均	10.0～15.0	15.0ha以上	
(12)	(13)	(14)	(15)	(16)	(17)	(18)	(19)	(20)	(21)	(22)	(23)	(24)	(25)	(26)	
52,759	**53,253**	**35,675**	**48,010**	**42,105**	**43,281**	**40,232**	**35,840**	**34,710**	**34,684**	**34,713**	**30,400**	**36,195**	**36,571**	**35,986**	(1)
2,856	2,792	3,073	3,533	3,217	2,964	3,098	3,002	3,091	3,081	3,093	3,056	3,106	3,100	3,107	(2)
2,856	2,792	2,656	3,154	3,132	2,590	2,879	2,353	2,703	2,858	2,672	2,334	2,788	2,598	2,890	(3)
-	-	417	379	85	374	219	649	388	223	421	722	318	502	217	(4)
11,524	11,005	7,962	8,094	8,320	8,370	8,345	8,088	7,876	7,611	7,928	6,822	8,308	7,989	8,480	(5)
11,094	11,005	7,932	7,879	8,320	8,370	8,255	7,958	7,871	7,582	7,928	6,821	8,308	7,989	8,480	(6)
430	-	30	215	-	-	90	130	5	29	0	1	-	-	-	(7)
6,116	5,748	2,662	2,303	3,024	2,712	2,867	2,526	2,671	2,743	2,658	2,729	2,633	3,103	2,378	(8)
1,562	1,649	1,657	2,101	2,131	1,830	1,596	1,757	1,622	1,475	1,652	1,586	1,674	1,488	1,774	(9)
1,562	1,649	1,657	2,101	2,131	1,830	1,596	1,757	1,622	1,475	1,652	1,586	1,674	1,488	1,774	(10)
-	-	-	-	-	-	-	-	-	-	-	-	-	-	-	(11)
552	630	6	56	321	-	0	5	1	1	1	6	0	0	0	(12)
552	630	6	56	321	-	0	5	1	1	1	6	0	0	0	(13)
-	-	-	-	-	-	-	-	-	-	-	-	-	-	-	(14)
454	687	417	767	790	653	360	252	435	396	443	219	520	544	506	(15)
17,304	15,609	7,358	12,398	10,391	8,447	8,530	5,974	7,451	7,809	7,379	6,507	7,678	7,122	7,980	(16)
1,543	1,291	653	1,854	1,250	1,164	855	696	588	719	559	526	570	636	536	(17)
1,005	1,057	979	1,698	858	1,774	1,441	1,191	849	980	822	839	818	581	946	(18)
767	798	728	1,641	746	699	1,159	1,038	629	793	595	594	597	477	662	(19)
238	259	251	57	112	1,075	282	153	220	187	227	245	221	104	284	(20)
238	259	251	57	112	1,075	282	153	220	187	227	245	221	104	284	(21)
-	-	-	-	-	-	-	-	-	-	-	-	-	-	-	(22)
1,159	1,498	953	2,995	2,138	1,845	1,695	816	851	665	888	611	983	1,019	965	(23)
299	877	384	979	713	964	706	326	331	215	354	211	403	476	364	(24)
860	621	569	2,016	1,425	881	989	490	520	450	534	400	580	543	601	(25)
860	621	569	2,016	1,425	881	989	490	520	450	534	400	580	543	601	(26)
-	-	-	-	-	-	-	-	-	-	-	-	-	-	-	(27)
8,286	11,026	9,790	12,048	9,512	13,440	11,356	11,436	9,084	9,086	9,084	7,375	9,671	10,832	9,038	(28)
5,417	7,136	6,657	9,259	7,271	10,451	8,107	8,761	5,835	6,633	5,676	5,236	5,827	7,403	4,969	(29)
2,869	3,890	3,133	2,789	2,241	2,989	3,249	2,675	3,249	2,453	3,408	2,139	3,844	3,429	4,069	(30)
2,869	3,890	3,133	2,789	2,241	2,989	3,249	2,675	3,249	2,453	3,408	2,139	3,844	3,429	4,069	(31)
-	-	-	-	-	-	-	-	-	-	-	-	-	-	-	(32)
398	261	165	163	153	82	89	97	191	118	206	124	234	157	276	(33)
5	3	2	-	1	-	2	-	3	1	4	3	4	3	5	(34)
393	258	163	163	152	82	87	97	188	117	202	121	230	154	271	(35)
4,607	**4,249**	**8,552**	**20,301**	**16,677**	**11,320**	**10,142**	**9,804**	**7,829**	**8,759**	**7,645**	**7,601**	**7,660**	**6,994**	**8,024**	(36)
4,079	3,744	8,272	18,658	14,894	11,004	9,902	9,535	7,574	8,489	7,393	7,396	7,392	6,833	7,699	(37)
4,053	3,555	7,360	18,635	14,853	10,703	9,648	9,014	6,476	7,807	6,212	7,073	5,917	5,979	5,886	(38)
26	189	912	23	41	301	254	521	1,098	682	1,181	323	1,475	854	1,813	(39)
528	505	280	1,643	1,783	316	240	269	255	270	252	205	268	161	325	(40)
527	505	260	1,643	1,783	316	240	268	228	268	220	202	226	158	262	(41)
1	-	20	-	-	-	-	1	27	2	32	3	42	3	63	(42)
57,366	**57,502**	**44,227**	**68,311**	**58,782**	**54,601**	**50,374**	**45,644**	**42,539**	**43,443**	**42,358**	**38,001**	**43,855**	**43,565**	**44,010**	(43)
45,868	44,628	28,389	35,560	33,330	31,094	30,203	25,458	28,644	27,474	28,876	23,959	30,563	28,567	31,645	(44)
5,010	4,060	8,067	20,872	16,721	11,393	10,197	10,061	7,097	8,327	6,853	7,998	6,461	6,639	6,365	(45)
6,488	8,814	7,771	11,879	8,731	12,114	9,974	10,125	6,798	7,642	6,629	6,044	6,831	8,359	6,000	(46)
3,852	3,821	134	247	135	120	144	125	136	183	127	185	108	150	84	(47)
53,514	**53,681**	**44,093**	**68,064**	**58,647**	**54,481**	**50,230**	**45,519**	**42,403**	**43,260**	**42,231**	**37,816**	**43,747**	**43,415**	**43,926**	(48)
224	293	70	79	70	69	225	65	61	65	60	44	65	80	58	(49)
2,991	2,013	5,200	1,579	2,860	4,041	3,389	4,709	5,551	4,952	5,671	5,293	5,801	4,803	6,341	(50)
56,729	**55,987**	**49,363**	**69,722**	**61,577**	**58,591**	**53,844**	**50,293**	**48,015**	**48,277**	**47,962**	**43,153**	**49,613**	**48,298**	**50,325**	(51)
1,897	1,949	1,796	2,846	1,934	2,386	2,184	2,458	1,582	1,880	1,522	1,379	1,571	1,777	1,459	(52)
6,604	6,732	1,072	7,474	7,805	3,187	2,027	1,440	667	1,289	544	804	454	549	402	(53)
65,230	**64,668**	**52,231**	**80,042**	**71,316**	**64,164**	**58,055**	**54,191**	**50,264**	**51,446**	**50,028**	**45,336**	**51,638**	**50,624**	**52,186**	(54)

(2)　小麦の作付規模別生産費（続き）
ウ　北海道・都府県（続き）
(ウ)　生産費〔60kg当たり〕

区分		北海道										
								5.0ha以上				
										7.0ha以上		
		平均	0.5ha未満	0.5～1.0	1.0～2.0	2.0～3.0	3.0～5.0	平均	5.0～7.0	平均	7.0～10.0	平均
		(1)	(2)	(3)	(4)	(5)	(6)	(7)	(8)	(9)	(10)	(11)
物財費	(1)	**7,302**	-	x	x	**7,396**	**6,564**	**7,362**	**5,753**	**7,579**	**7,220**	**7,697**
種苗費	(2)	394	-	x	x	306	391	389	338	397	355	410
購入	(3)	392	-	x	x	294	387	388	335	396	351	410
自給	(4)	2	-	x	x	12	4	1	3	1	4	-
肥料費	(5)	1,515	-	x	x	1,952	1,229	1,534	1,086	1,595	1,473	1,633
購入	(6)	1,495	-	x	x	1,952	1,223	1,512	1,068	1,573	1,473	1,603
自給	(7)	20	-	x	x	-	6	22	18	22	-	30
農業薬剤費（購入）	(8)	804	-	x	x	804	654	816	660	837	767	860
光熱動力費	(9)	253	-	x	x	466	293	243	218	246	285	233
購入	(10)	253	-	x	x	466	293	243	218	246	285	233
自給	(11)	-	-	x	x	-	-	-	-	-	-	-
その他の諸材料費	(12)	81	-	x	x	82	72	81	57	84	79	86
購入	(13)	81	-	x	x	82	72	81	57	84	79	86
自給	(14)	-	-	x	x	-	-	-	-	-	-	-
土地改良及び水利費	(15)	132	-	x	x	371	218	111	159	105	170	85
賃借料及び料金	(16)	2,249	-	x	x	2,434	1,993	2,276	2,029	2,309	2,073	2,385
物件税及び公課諸負担	(17)	216	-	x	x	216	236	210	210	212	232	205
建物費	(18)	137	-	x	x	6	123	140	60	149	154	149
償却費	(19)	106	-	x	x	5	105	106	42	113	117	113
修繕費及び購入補充費	(20)	31	-	x	x	1	18	34	18	36	37	36
購入	(21)	31	-	x	x	1	18	34	18	36	37	36
自給	(22)	-	-	x	x	-	-	-	-	-	-	-
自動車費	(23)	190	-	x	x	205	173	187	155	192	185	194
償却費	(24)	71	-	x	x	-	47	75	64	77	44	87
修繕費及び購入補充費	(25)	119	-	x	x	205	126	112	91	115	141	107
購入	(26)	119	-	x	x	205	126	112	91	115	141	107
自給	(27)	-	-	x	x	-	-	-	-	-	-	-
農機具費	(28)	1,281	-	x	x	493	1,127	1,326	736	1,405	1,394	1,409
償却費	(29)	799	-	x	x	256	664	834	458	884	789	915
修繕費及び購入補充費	(30)	482	-	x	x	237	463	492	278	521	605	494
購入	(31)	482	-	x	x	237	463	492	278	521	605	494
自給	(32)	-	-	x	x	-	-	-	-	-	-	-
生産管理費	(33)	50	-	x	x	61	55	49	45	48	53	48
償却費	(34)	1	-	x	x	17	2	1	2	0	-	1
購入・支払	(35)	49	-	x	x	44	53	48	43	48	53	47
労働費	(36)	**695**	-	x	x	**1,415**	**766**	**660**	**688**	**658**	**702**	**643**
直接労働費	(37)	620	-	x	x	1,310	669	589	644	584	629	568
家族	(38)	609	-	x	x	1,310	665	577	639	570	623	552
雇用	(39)	11	-	x	x	-	4	12	5	14	6	16
間接労働費	(40)	75	-	x	x	105	97	71	44	74	73	75
家族	(41)	75	-	x	x	105	97	71	44	74	73	75
雇用	(42)	0	-	x	x	-	-	0	-	0	-	0
費用合計	(43)	**7,997**	-	x	x	**8,811**	**7,330**	**8,022**	**6,441**	**8,237**	**7,922**	**8,340**
購入（支払）	(44)	6,314	-	x	x	7,106	5,740	6,335	5,171	6,496	6,272	6,567
自給	(45)	706	-	x	x	1,427	772	671	704	667	700	657
償却	(46)	977	-	x	x	278	818	1,016	566	1,074	950	1,116
副産物価額	(47)	502	-	x	x	333	341	527	423	541	492	556
生産費（副産物価額差引）	(48)	**7,495**	-	x	x	**8,478**	**6,989**	**7,495**	**6,018**	**7,696**	**7,430**	**7,784**
支払利子	(49)	38	-	x	x	4	46	38	54	36	31	38
支払地代	(50)	303	-	x	x	272	260	311	213	324	213	361
支払利子・地代算入生産費	(51)	**7,836**	-	x	x	**8,754**	**7,295**	**7,844**	**6,285**	**8,056**	**7,674**	**8,183**
自己資本利子	(52)	250	-	x	x	166	206	255	125	272	249	279
自作地地代	(53)	1,022	-	x	x	1,369	1,030	995	935	1,002	1,106	969
資本利子・地代全額算入生産費（全算入生産費）	(54)	**9,108**	-	x	x	**10,289**	**8,531**	**9,094**	**7,345**	**9,330**	**9,029**	**9,431**

単位:円

10.0ha以上		都			府					県					
								5.0ha以上							
										7.0ha以上					
												10.0ha以上			
10.0～15.0	15.0ha以上	平　均	0.5ha未満	0.5～1.0	1.0～2.0	2.0～3.0	3.0～5.0	平　均	5.0～7.0	平　均	7.0～10.0	平　均	10.0～15.0	15.0ha以上	
(12)	(13)	(14)	(15)	(16)	(17)	(18)	(19)	(20)	(21)	(22)	(23)	(24)	(25)	(26)	
7,685	7,706	6,703	12,239	9,333	8,896	8,050	7,771	6,263	6,528	6,215	6,259	6,198	7,374	5,694	(1)
416	404	577	900	713	609	620	651	558	580	553	629	531	625	491	(2)
416	404	499	804	694	532	576	510	488	538	478	480	477	524	457	(3)
-	-	78	96	19	77	44	141	70	42	75	149	54	101	34	(4)
1,678	1,594	1,496	2,063	1,844	1,722	1,670	1,754	1,422	1,429	1,419	1,406	1,423	1,612	1,343	(5)
1,615	1,594	1,491	2,008	1,844	1,722	1,652	1,726	1,421	1,424	1,419	1,406	1,423	1,612	1,343	(6)
63	-	5	55	-	-	18	28	1	5	0	0	-	-	-	(7)
891	832	500	588	670	556	574	547	481	516	475	562	451	625	376	(8)
227	239	313	536	472	376	319	381	293	278	296	327	287	302	280	(9)
227	239	313	536	472	376	319	381	293	278	296	327	287	302	280	(10)
-	-	-	-	-	-	-	-	-	-	-	-	-	-	-	(11)
81	91	1	14	71	-	0	1	0	0	0	1	0	0	0	(12)
81	91	1	14	71	-	0	1	0	0	0	1	0	0	0	(13)
-	-	-	-	-	-	-	-	-	-	-	-	-	-	-	(14)
65	100	79	196	175	134	72	54	78	74	80	45	89	110	80	(15)
2,521	2,259	1,382	3,160	2,304	1,736	1,707	1,295	1,344	1,470	1,321	1,339	1,315	1,435	1,264	(16)
225	186	124	473	277	239	170	151	106	138	102	108	96	127	84	(17)
147	152	183	433	190	365	287	259	153	184	148	172	141	117	150	(18)
112	115	136	418	165	144	231	226	113	149	107	122	103	96	105	(19)
35	37	47	15	25	221	56	33	40	35	41	50	38	21	45	(20)
35	37	47	15	25	221	56	33	40	35	41	50	38	21	45	(21)
-	-	-	-	-	-	-	-	-	-	-	-	-	-	-	(22)
169	217	179	763	474	379	339	177	154	126	159	125	168	205	153	(23)
44	127	72	249	158	198	141	71	60	41	63	43	69	96	58	(24)
125	90	107	514	316	181	198	106	94	85	96	82	99	109	95	(25)
125	90	107	514	316	181	198	106	94	85	96	82	99	109	95	(26)
-	-	-	-	-	-	-	-	-	-	-	-	-	-	-	(27)
1,207	1,595	1,838	3,071	2,109	2,763	2,275	2,480	1,639	1,711	1,625	1,519	1,657	2,184	1,429	(28)
789	1,032	1,249	2,360	1,612	2,149	1,625	1,900	1,053	1,249	1,015	1,079	999	1,492	785	(29)
418	563	589	711	497	614	650	580	586	462	610	440	658	692	644	(30)
418	563	589	711	497	614	650	580	586	462	610	440	658	692	644	(31)
-	-	-	-	-	-	-	-	-	-	-	-	-	-	-	(32)
58	37	31	42	34	17	17	21	35	22	37	26	40	32	44	(33)
1	0	0	-	0	-	0	-	1	0	1	1	1	1	1	(34)
57	37	31	42	34	17	17	21	34	22	36	25	39	31	43	(35)
671	614	1,607	5,173	3,697	2,326	2,031	2,126	1,412	1,647	1,366	1,565	1,311	1,410	1,271	(36)
594	541	1,554	4,754	3,302	2,261	1,983	2,068	1,366	1,597	1,321	1,522	1,265	1,377	1,220	(37)
590	514	1,383	4,748	3,293	2,200	1,932	1,955	1,168	1,469	1,110	1,456	1,012	1,205	933	(38)
4	27	171	6	9	61	51	113	198	128	211	66	253	172	287	(39)
77	73	53	419	395	65	48	58	46	50	45	43	46	33	51	(40)
77	73	49	419	395	65	48	58	41	50	39	42	39	32	41	(41)
0	-	4	-	-	-	-	0	5	0	6	1	7	1	10	(42)
8,356	8,320	8,310	17,412	13,030	11,222	10,081	9,897	7,675	8,175	7,581	7,824	7,509	8,784	6,965	(43)
6,680	6,459	5,338	9,067	7,388	6,389	6,042	5,518	5,168	5,170	5,171	4,932	5,232	5,761	5,008	(44)
730	587	1,515	5,318	3,707	2,342	2,042	2,182	1,280	1,566	1,224	1,647	1,105	1,338	1,008	(45)
946	1,274	1,457	3,027	1,935	2,491	1,997	2,197	1,227	1,439	1,186	1,245	1,172	1,685	949	(46)
562	553	24	63	30	25	28	27	23	35	23	38	18	30	14	(47)
7,794	7,767	8,286	17,349	13,000	11,197	10,053	9,870	7,652	8,140	7,558	7,786	7,491	8,754	6,951	(48)
33	42	13	20	15	14	45	14	11	12	11	9	11	16	9	(49)
436	291	978	402	634	830	678	1,021	1,001	932	1,014	1,090	993	969	1,003	(50)
8,263	8,100	9,277	17,771	13,649	12,041	10,776	10,905	8,664	9,084	8,583	8,885	8,495	9,739	7,963	(51)
276	282	338	725	429	490	437	533	285	354	272	284	269	358	231	(52)
962	975	202	1,905	1,730	655	406	312	120	243	98	165	78	110	64	(53)
9,501	9,357	9,817	20,401	15,808	13,186	11,619	11,750	9,069	9,681	8,953	9,334	8,842	10,207	8,258	(54)

(2)　小麦の作付規模別生産費（続き）
ウ　北海道・都府県（続き）
(ｴ)　小麦の作業別労働時間

区分		北海道										
								5.0ha以上				
										7.0ha以上		
		平均	0.5ha未満	0.5～1.0	1.0～2.0	2.0～3.0	3.0～5.0	平均	5.0～7.0	平均	7.0～10.0	平均
		(1)	(2)	(3)	(4)	(5)	(6)	(7)	(8)	(9)	(10)	(11)
投下労働時間（10a当たり）	(1)	**3.02**	**-**	**x**	**x**	**6.36**	**3.85**	**2.81**	**3.52**	**2.77**	**3.20**	**2.62**
家族	(2)	2.98	-	x	x	6.36	3.81	2.78	3.47	2.72	3.17	2.55
雇用	(3)	0.04	-	x	x	-	0.04	0.03	0.05	0.05	0.03	0.07
直接労働時間	(4)	2.69	-	x	x	5.89	3.37	2.50	3.30	2.45	2.85	2.31
家族	(5)	2.65	-	x	x	5.89	3.33	2.47	3.25	2.40	2.82	2.24
男	(6)	2.43	-	x	x	4.98	3.11	2.27	3.09	2.19	2.51	2.07
女	(7)	0.22	-	x	x	0.91	0.22	0.20	0.16	0.21	0.31	0.17
雇用	(8)	0.04	-	x	x	-	0.04	0.03	0.05	0.05	0.03	0.07
男	(9)	0.03	-	x	x	-	0.04	0.02	0.01	0.05	0.01	0.07
女	(10)	0.01	-	x	x	-	-	0.01	0.04	0.00	0.02	-
間接労働時間	(11)	0.33	-	x	x	0.47	0.48	0.31	0.22	0.32	0.35	0.31
男	(12)	0.31	-	x	x	0.47	0.46	0.29	0.21	0.30	0.32	0.29
女	(13)	0.02	-	x	x	-	0.02	0.02	0.01	0.02	0.03	0.02
投下労働時間（60kg当たり）	(14)	**0.39**	**-**	**x**	**x**	**0.96**	**0.45**	**0.37**	**0.41**	**0.36**	**0.40**	**0.35**
家族	(15)	0.39	-	x	x	0.96	0.45	0.37	0.41	0.36	0.40	0.35
雇用	(16)	0.00	-	x	x	-	0.00	0.00	0.00	0.00	0.00	0.00
直接労働時間	(17)	0.35	-	x	x	0.89	0.39	0.33	0.38	0.32	0.36	0.31
家族	(18)	0.35	-	x	x	0.89	0.39	0.33	0.38	0.32	0.36	0.31
男	(19)	0.34	-	x	x	0.76	0.37	0.32	0.37	0.31	0.33	0.30
女	(20)	0.01	-	x	x	0.13	0.02	0.01	0.01	0.01	0.03	0.01
雇用	(21)	0.00	-	x	x	-	0.00	0.00	0.00	0.00	0.00	0.00
男	(22)	0.00	-	x	x	-	0.00	0.00	0.00	0.00	0.00	0.00
女	(23)	0.00	-	x	x	-	-	0.00	0.00	0.00	0.00	-
間接労働時間	(24)	0.04	-	x	x	0.07	0.06	0.04	0.03	0.04	0.04	0.04
男	(25)	0.04	-	x	x	0.07	0.06	0.04	0.03	0.04	0.04	0.04
女	(26)	0.00	-	x	x	-	0.00	0.00	0.00	0.00	0.00	0.00
作業別直接労働時間（10a当たり） 合計	(27)	**2.69**	**-**	**x**	**x**	**5.89**	**3.37**	**2.50**	**3.30**	**2.45**	**2.85**	**2.31**
種子予措	(28)	0.01	-	x	x	0.02	0.01	0.00	0.02	0.00	0.01	-
耕起整地	(29)	0.52	-	x	x	1.09	0.58	0.48	0.46	0.48	0.58	0.46
基肥	(30)	0.17	-	x	x	0.32	0.21	0.17	0.12	0.17	0.18	0.16
は種	(31)	0.19	-	x	x	0.37	0.27	0.18	0.16	0.19	0.23	0.17
追肥	(32)	0.23	-	x	x	0.64	0.41	0.20	0.38	0.20	0.27	0.17
中耕除草	(33)	0.21	-	x	x	1.28	0.24	0.17	0.17	0.17	0.21	0.17
麦踏み	(34)	0.01	-	x	x	-	-	0.01	0.01	0.01	0.02	0.01
管理	(35)	0.35	-	x	x	0.87	0.33	0.34	0.54	0.32	0.32	0.31
防除	(36)	0.40	-	x	x	0.71	0.45	0.38	0.51	0.37	0.41	0.36
刈取脱穀	(37)	0.32	-	x	x	0.32	0.45	0.31	0.49	0.29	0.30	0.29
乾燥	(38)	0.08	-	x	x	0.10	0.11	0.07	0.20	0.06	0.11	0.04
生産管理	(39)	0.20	-	x	x	0.17	0.31	0.19	0.24	0.19	0.21	0.17
うち家族												
種子予措	(40)	0.01	-	x	x	0.02	0.01	0.00	0.02	0.00	0.01	-
耕起整地	(41)	0.50	-	x	x	1.09	0.55	0.47	0.42	0.48	0.56	0.45
基肥	(42)	0.17	-	x	x	0.32	0.21	0.17	0.12	0.17	0.18	0.16
は種	(43)	0.19	-	x	x	0.37	0.27	0.18	0.16	0.18	0.22	0.17
追肥	(44)	0.23	-	x	x	0.64	0.41	0.20	0.38	0.19	0.27	0.16
中耕除草	(45)	0.21	-	x	x	1.28	0.24	0.17	0.17	0.17	0.21	0.16
麦踏み	(46)	0.01	-	x	x	-	-	0.01	0.01	0.01	0.02	0.01
管理	(47)	0.35	-	x	x	0.87	0.32	0.34	0.54	0.32	0.32	0.31
防除	(48)	0.39	-	x	x	0.71	0.45	0.37	0.51	0.35	0.41	0.34
刈取脱穀	(49)	0.31	-	x	x	0.32	0.45	0.30	0.48	0.28	0.30	0.27
乾燥	(50)	0.08	-	x	x	0.10	0.11	0.07	0.20	0.06	0.11	0.04
生産管理	(51)	0.20	-	x	x	0.17	0.31	0.19	0.24	0.19	0.21	0.17

単位:時間

10.0ha以上		都府県													
								5.0ha以上							
										7.0ha以上					
												10.0ha以上			
10.0～15.0	15.0ha以上	平均	0.5ha未満	0.5～1.0	1.0～2.0	2.0～3.0	3.0～5.0	平均	5.0～7.0	平均	7.0～10.0	平均	10.0～15.0	15.0ha以上	
(12)	(13)	(14)	(15)	(16)	(17)	(18)	(19)	(20)	(21)	(22)	(23)	(24)	(25)	(26)	
2.73	**2.55**	**5.51**	**12.77**	**10.91**	**7.65**	**6.95**	**6.57**	**4.89**	**5.70**	**4.75**	**4.92**	**4.69**	**4.57**	**4.78**	(1)
2.72	2.45	4.83	12.76	10.87	7.45	6.69	6.15	4.13	5.16	3.93	4.67	3.67	3.87	3.59	(2)
0.01	0.10	0.68	0.01	0.04	0.20	0.26	0.42	0.76	0.54	0.82	0.25	1.02	0.70	1.19	(3)
2.41	2.24	5.34	11.73	9.84	7.44	6.78	6.39	4.74	5.54	4.60	4.80	4.54	4.47	4.60	(4)
2.40	2.14	4.67	11.72	9.80	7.24	6.52	5.97	3.99	5.00	3.80	4.55	3.54	3.77	3.44	(5)
2.19	2.00	4.07	9.77	9.05	6.20	5.59	5.23	3.49	4.31	3.35	3.96	3.13	3.30	3.05	(6)
0.21	0.14	0.60	1.95	0.75	1.04	0.93	0.74	0.50	0.69	0.45	0.59	0.41	0.47	0.39	(7)
0.01	0.10	0.67	0.01	0.04	0.20	0.26	0.42	0.75	0.54	0.80	0.25	1.00	0.70	1.16	(8)
0.01	0.10	0.64	-	0.00	0.19	0.26	0.41	0.72	0.47	0.78	0.25	0.97	0.68	1.13	(9)
-	-	0.03	0.01	0.04	0.01	-	0.01	0.03	0.07	0.02	0.00	0.03	0.02	0.03	(10)
0.32	0.31	0.17	1.04	1.07	0.21	0.17	0.18	0.15	0.16	0.15	0.12	0.15	0.10	0.18	(11)
0.30	0.29	0.16	0.84	1.07	0.20	0.16	0.17	0.14	0.15	0.14	0.12	0.14	0.09	0.17	(12)
0.02	0.02	0.01	0.20	0.00	0.01	0.01	0.01	0.01	0.01	0.01	0.00	0.01	0.01	0.01	(13)
0.39	**0.36**	**1.02**	**3.26**	**2.39**	**1.57**	**1.37**	**1.43**	**0.85**	**1.04**	**0.81**	**1.01**	**0.77**	**0.91**	**0.74**	(14)
0.39	0.35	0.92	3.26	2.39	1.53	1.33	1.34	0.73	0.94	0.67	0.97	0.60	0.78	0.56	(15)
0.00	0.01	0.10	0.00	0.00	0.04	0.04	0.09	0.12	0.10	0.14	0.04	0.17	0.13	0.18	(16)
0.35	0.32	0.99	3.00	2.15	1.53	1.34	1.39	0.83	1.01	0.79	0.99	0.75	0.89	0.72	(17)
0.35	0.31	0.89	3.00	2.15	1.49	1.30	1.30	0.71	0.91	0.65	0.95	0.58	0.76	0.54	(18)
0.32	0.30	0.77	2.49	2.00	1.28	1.11	1.14	0.65	0.80	0.59	0.83	0.53	0.67	0.49	(19)
0.03	0.01	0.12	0.51	0.15	0.21	0.19	0.16	0.06	0.11	0.06	0.12	0.05	0.09	0.05	(20)
0.00	0.01	0.10	0.00	0.00	0.04	0.04	0.09	0.12	0.10	0.14	0.04	0.17	0.13	0.18	(21)
0.00	0.01	0.10	-	0.00	0.04	0.04	0.09	0.12	0.09	0.14	0.04	0.17	0.13	0.18	(22)
-	-	0.00	0.00	0.00	0.00	-	0.00	0.00	0.01	0.00	0.00	0.00	0.00	0.00	(23)
0.04	0.04	0.03	0.26	0.24	0.04	0.03	0.04	0.02	0.03	0.02	0.02	0.02	0.02	0.02	(24)
0.04	0.04	0.03	0.21	0.24	0.04	0.03	0.04	0.02	0.03	0.02	0.02	0.02	0.02	0.02	(25)
0.00	0.00	0.00	0.05	0.00	0.00	0.00	0.00	0.00	0.00	0.00	0.00	0.00	0.00	0.00	(26)
2.41	**2.24**	**5.34**	**11.73**	**9.84**	**7.44**	**6.78**	**6.39**	**4.74**	**5.54**	**4.60**	**4.80**	**4.54**	**4.47**	**4.60**	(27)
-	-	0.07	0.10	0.13	0.07	0.10	0.08	0.06	0.05	0.06	0.06	0.07	0.08	0.06	(28)
0.49	0.43	0.87	1.83	1.93	1.31	1.15	1.01	0.77	0.90	0.74	0.80	0.73	0.74	0.73	(29)
0.19	0.15	0.46	0.92	0.74	0.59	0.66	0.51	0.42	0.49	0.40	0.33	0.43	0.38	0.45	(30)
0.19	0.16	0.55	1.40	0.78	0.65	0.70	0.60	0.51	0.55	0.50	0.52	0.50	0.47	0.51	(31)
0.16	0.17	0.32	0.51	0.56	0.44	0.35	0.39	0.29	0.28	0.29	0.29	0.29	0.26	0.31	(32)
0.18	0.16	0.63	1.94	1.20	1.07	0.93	0.84	0.51	0.81	0.46	0.53	0.44	0.54	0.39	(33)
0.01	0.00	0.25	0.45	0.58	0.32	0.33	0.30	0.22	0.31	0.22	0.30	0.18	0.15	0.19	(34)
0.31	0.32	0.89	2.02	2.21	1.34	1.26	1.08	0.77	0.87	0.75	0.76	0.75	0.68	0.78	(35)
0.38	0.34	0.19	0.36	0.26	0.34	0.24	0.16	0.17	0.13	0.19	0.17	0.18	0.20	0.19	(36)
0.30	0.29	0.84	1.37	1.19	1.02	0.87	1.05	0.78	0.89	0.75	0.80	0.73	0.77	0.71	(37)
0.05	0.02	0.15	0.34	0.01	0.13	0.06	0.22	0.13	0.14	0.13	0.14	0.14	0.13	0.15	(38)
0.15	0.20	0.12	0.49	0.25	0.16	0.13	0.15	0.11	0.12	0.11	0.10	0.10	0.07	0.13	(39)
-	-	0.06	0.10	0.13	0.07	0.10	0.08	0.05	0.05	0.05	0.05	0.06	0.07	0.05	(40)
0.49	0.42	0.76	1.83	1.92	1.27	1.10	0.93	0.65	0.78	0.62	0.77	0.57	0.64	0.54	(41)
0.19	0.15	0.40	0.92	0.74	0.56	0.64	0.48	0.35	0.46	0.32	0.32	0.33	0.33	0.32	(42)
0.19	0.15	0.48	1.40	0.78	0.63	0.68	0.56	0.43	0.51	0.41	0.51	0.38	0.39	0.37	(43)
0.16	0.16	0.28	0.51	0.56	0.44	0.33	0.38	0.24	0.26	0.24	0.28	0.22	0.25	0.21	(44)
0.18	0.15	0.57	1.94	1.18	1.04	0.91	0.78	0.45	0.69	0.41	0.51	0.37	0.48	0.32	(45)
0.01	0.00	0.24	0.45	0.58	0.31	0.33	0.30	0.21	0.30	0.20	0.29	0.16	0.15	0.16	(46)
0.31	0.32	0.77	2.02	2.21	1.32	1.22	1.00	0.63	0.77	0.60	0.68	0.57	0.57	0.57	(47)
0.38	0.30	0.16	0.36	0.26	0.33	0.21	0.15	0.14	0.13	0.15	0.16	0.14	0.16	0.14	(48)
0.29	0.27	0.70	1.36	1.18	0.98	0.81	0.94	0.62	0.80	0.58	0.74	0.53	0.55	0.52	(49)
0.05	0.02	0.13	0.34	0.01	0.13	0.06	0.22	0.11	0.13	0.11	0.14	0.11	0.11	0.11	(50)
0.15	0.20	0.12	0.49	0.25	0.16	0.13	0.15	0.11	0.12	0.11	0.10	0.10	0.07	0.13	(51)

麦類生産費・小麦・関東・東山・九州（田畑計）

(2) 小麦の作付規模別生産費（続き）
　エ　関東・東山・九州
　　(ｱ)　調査対象経営体の生産概要・経営概況

区　分		単位	関　東　・　東　山										
												5.0ha以上	
													7.0ha以上
			平均	0.5ha未満	0.5～1.0	1.0～2.0	2.0～3.0	3.0～5.0	平均	5.0～7.0	平均	7.0～10.0	平均
			(1)	(2)	(3)	(4)	(5)	(6)	(7)	(8)	(9)	(10)	(11)
集計経営体数	(1)	経営体	143	14	10	12	17	31	59	21	38	17	21
労働力（1経営体当たり）													
世帯員数	(2)	人	4.1	4.8	4.8	3.2	3.0	3.6	4.4	4.5	4.3	4.5	4.1
男	(3)	〃	2.0	2.9	2.1	1.4	1.6	1.8	2.1	2.0	2.2	2.2	2.2
女	(4)	〃	2.1	1.9	2.7	1.8	1.4	1.8	2.3	2.5	2.1	2.3	1.9
家族員数	(5)	〃	4.1	4.8	4.8	3.2	3.0	3.6	4.4	4.5	4.3	4.5	4.1
男	(6)	〃	2.0	2.9	2.1	1.4	1.6	1.8	2.1	2.0	2.2	2.2	2.2
女	(7)	〃	2.1	1.9	2.7	1.8	1.4	1.8	2.3	2.5	2.1	2.3	1.9
農業就業者	(8)	〃	2.2	2.4	1.9	1.8	2.1	1.8	2.4	2.3	2.5	2.9	2.1
男	(9)	〃	1.4	1.5	1.2	1.2	1.4	1.2	1.5	1.5	1.5	1.6	1.4
女	(10)	〃	0.8	0.9	0.7	0.6	0.7	0.6	0.9	0.8	1.0	1.3	0.7
農業専従者	(11)	〃	1.8	1.0	1.8	1.6	2.0	1.6	2.0	1.8	2.2	2.4	2.0
男	(12)	〃	1.2	0.7	1.2	1.1	1.3	1.1	1.3	1.2	1.4	1.5	1.3
女	(13)	〃	0.6	0.3	0.6	0.5	0.7	0.5	0.7	0.6	0.8	0.9	0.7
土地（1経営体当たり）													
経営耕地面積	(14)	a	1,514	314	402	590	802	1,289	2,520	2,251	2,669	1,808	3,714
田	(15)	〃	1,211	183	342	481	657	1,053	2,001	1,771	2,129	1,550	2,831
畑	(16)	〃	302	131	60	109	145	228	519	480	540	258	883
普通畑	(17)	〃	301	130	60	109	145	226	518	480	539	256	883
樹園地	(18)	〃	1	1	-	-	-	2	1	-	1	2	-
牧草地	(19)	〃	1	-	-	-	-	8	-	-	-	-	-
耕地以外の土地	(20)	〃	56	109	56	56	36	36	63	126	28	26	32
小麦													
使用地面積（1経営体当たり）													
作付地	(21)	〃	561.4	26.1	78.3	139.0	241.1	395.7	1,044.4	599.1	1,291.5	849.2	1,827.8
自作地	(22)	〃	61.7	22.8	57.0	44.1	72.5	67.4	68.8	66.4	70.1	80.2	58.0
小作地	(23)	〃	499.7	3.3	21.3	94.9	168.6	328.3	975.6	532.7	1,221.4	769.0	1,769.8
作付地以外	(24)	〃	4.9	5.0	6.8	2.0	6.1	3.1	6.1	9.5	4.4	3.4	5.5
所有地	(25)	〃	4.9	5.0	6.8	2.0	6.1	3.1	6.1	9.5	4.3	3.4	5.4
借入地	(26)	〃	0.0	-	-	-	-	-	0.0	-	0.1	-	0.1
作付地の実勢地代（10a当たり）	(27)	円	10,501	9,217	11,654	7,528	9,460	12,023	10,373	9,658	10,555	10,320	10,686
自作地	(28)	〃	10,304	9,286	12,395	7,976	9,483	11,219	10,068	10,363	9,911	9,268	11,017
小作地	(29)	〃	10,525	8,694	9,567	7,342	9,449	12,191	10,394	9,569	10,591	10,429	10,675
投下資本額（10a当たり）	(30)	〃	46,454	56,790	47,091	81,480	68,024	68,572	39,554	51,147	36,572	43,035	32,929
借入資本額	(31)	〃	5,441	-	-	11,502	394	971	6,398	5,595	6,606	8,277	5,663
自己資本額	(32)	〃	41,013	56,790	47,091	69,978	67,630	67,601	33,156	45,552	29,966	34,758	27,266
固定資本額	(33)	〃	30,689	23,715	18,779	59,999	49,399	51,540	24,719	33,176	22,544	29,480	18,635
建物・構築物	(34)	〃	7,788	13,093	4,861	7,855	10,467	11,110	7,054	13,963	5,276	6,652	4,500
土地改良設備	(35)	〃	-	-	-	-	-	-	-	-	-	-	-
自動車	(36)	〃	1,082	1,014	656	5,523	1,508	950	901	678	959	502	1,216
農機具	(37)	〃	21,819	9,608	13,262	46,621	37,424	39,480	16,764	18,535	16,309	22,326	12,919
流動資本額	(38)	〃	11,921	20,219	17,427	15,682	14,082	12,654	11,380	13,430	10,853	10,205	11,217
労賃資本額	(39)	〃	3,844	12,856	10,885	5,799	4,543	4,378	3,455	4,541	3,175	3,350	3,077

10.0ha以上		九州													
								5.0ha以上							
										7.0ha以上					
												10.0ha以上			
10.0～15.0	15.0ha以上	平均	0.5ha未満	0.5～1.0	1.0～2.0	2.0～3.0	3.0～5.0	平均	5.0～7.0	平均	7.0～10.0	平均	10.0～15.0	15.0ha以上	
(12)	(13)	(14)	(15)	(16)	(17)	(18)	(19)	(20)	(21)	(22)	(23)	(24)	(25)	(26)	
10	11	122	3	10	21	11	22	55	19	36	12	24	14	10	(1)
3.1	4.9	3.7	4.0	3.9	3.6	3.7	3.6	4.0	4.1	3.9	3.2	4.6	4.7	4.3	(2)
1.5	2.8	1.8	2.0	2.1	1.8	1.9	1.6	1.9	1.9	1.9	1.7	2.2	2.0	2.4	(3)
1.6	2.1	1.9	2.0	1.8	1.8	1.8	2.0	2.1	2.2	2.0	1.5	2.4	2.7	1.9	(4)
3.1	4.9	3.7	4.0	3.9	3.6	3.7	3.6	4.0	4.1	3.9	3.2	4.6	4.7	4.3	(5)
1.5	2.8	1.8	2.0	2.1	1.8	1.9	1.6	1.9	1.9	1.9	1.7	2.2	2.0	2.4	(6)
1.6	2.1	1.9	2.0	1.8	1.8	1.8	2.0	2.1	2.2	2.0	1.5	2.4	2.7	1.9	(7)
1.6	2.5	1.8	1.8	1.2	1.6	1.6	1.7	2.2	2.3	2.0	1.8	2.3	2.3	2.2	(8)
1.1	1.6	1.2	1.0	0.9	1.0	1.1	1.2	1.4	1.4	1.3	1.2	1.5	1.5	1.5	(9)
0.5	0.9	0.6	0.8	0.3	0.6	0.5	0.5	0.8	0.9	0.7	0.6	0.8	0.8	0.7	(10)
1.5	2.4	1.3	1.0	0.6	1.3	1.1	1.2	1.5	1.7	1.5	1.1	1.9	1.7	2.1	(11)
1.0	1.6	1.0	0.5	0.6	0.8	0.7	1.0	1.1	1.1	1.2	0.9	1.4	1.3	1.5	(12)
0.5	0.8	0.3	0.5	-	0.5	0.4	0.2	0.4	0.6	0.3	0.2	0.5	0.4	0.6	(13)
2,620	4,751	897	137	326	426	541	810	1,382	1,048	1,571	1,197	1,909	1,701	2,360	(14)
2,275	3,358	865	110	275	414	529	793	1,331	1,019	1,509	1,159	1,824	1,592	2,326	(15)
345	1,393	32	27	51	12	12	17	51	29	62	38	85	109	34	(16)
345	1,393	26	27	14	5	12	11	50	29	61	35	85	109	34	(17)
-	-	6	-	37	7	-	6	1	-	1	3	-	-	-	(18)
-	-	-	-	-	-	-	-	-	-	-	-	-	-	-	(19)
40	23	30	4	27	36	15	32	32	26	34	41	29	25	37	(20)
1,247.7	2,377.4	534.9	35.2	75.2	151.5	270.0	405.6	954.4	571.0	1,172.6	848.3	1,464.3	1,155.7	2,127.9	(21)
65.3	51.1	118.3	29.5	60.0	75.7	110.6	131.2	144.2	129.4	152.6	141.5	162.6	115.8	263.1	(22)
1,182.4	2,326.3	416.6	5.7	15.2	75.8	159.4	274.4	810.2	441.6	1,020.0	706.8	1,301.7	1,039.9	1,864.8	(23)
6.9	4.2	3.8	0.7	3.3	2.5	2.9	4.4	4.5	4.0	4.7	5.4	4.0	3.8	4.4	(24)
6.9	3.9	3.4	0.7	3.3	2.5	2.9	3.6	3.9	4.0	3.8	3.5	4.0	3.8	4.4	(25)
-	0.3	0.4	-	-	-	-	0.8	0.6	-	0.9	1.9	-	-	-	(26)
8,931	11,656	12,848	10,584	14,133	13,392	16,032	13,523	12,358	14,690	11,706	11,455	11,838	11,745	11,947	(27)
9,097	13,354	15,224	11,714	16,013	14,209	18,171	15,427	14,657	16,049	13,972	14,312	13,708	14,351	13,091	(28)
8,923	11,619	12,170	3,182	7,403	12,565	14,555	12,610	11,947	14,287	11,368	10,890	11,603	11,452	11,785	(29)
29,090	34,840	50,041	139,387	71,024	69,444	60,227	56,314	45,852	47,820	45,305	38,860	48,667	50,191	46,886	(30)
6,822	5,088	7,341	12,618	17,898	8,512	12,965	5,549	7,109	11,119	5,996	8,098	4,904	6,523	3,012	(31)
22,268	29,752	42,700	126,769	53,126	60,932	47,262	50,765	38,743	36,701	39,309	30,762	43,763	43,668	43,874	(32)
16,280	19,807	32,371	111,609	47,436	49,594	39,690	38,840	28,612	29,937	28,244	21,992	31,504	32,958	29,805	(33)
3,935	4,781	7,406	52,450	7,705	16,453	14,000	6,301	6,490	9,362	5,694	5,616	5,735	3,434	8,422	(34)
-	-	94	-	3,054	-	210	-	73	230	29	85	-	-	-	(35)
982	1,333	563	3,511	1,505	429	194	669	558	226	650	92	941	1,441	357	(36)
11,363	13,693	24,308	55,648	35,172	32,712	25,286	31,870	21,491	20,119	21,871	16,199	24,828	28,083	21,026	(37)
9,822	11,912	13,189	15,810	15,560	14,404	15,908	12,356	13,064	13,591	12,917	12,625	13,070	13,459	12,615	(38)
2,988	3,121	4,481	11,968	8,028	5,446	4,629	5,118	4,176	4,292	4,144	4,243	4,093	3,774	4,466	(39)

(2)　小麦の作付規模別生産費（続き）
エ　関東・東山・九州（続き）
(ｱ)　調査対象経営体の生産概要・経営概況（続き）

区分	単位	関東・東山										
								5.0ha以上				
										7.0ha以上		
		平均	0.5ha未満	0.5～1.0	1.0～2.0	2.0～3.0	3.0～5.0	平均	5.0～7.0	平均	7.0～10.0	平均
		(1)	(2)	(3)	(4)	(5)	(6)	(7)	(8)	(9)	(10)	(11)
自動車所有台数（10経営体当たり）												
四輪自動車 (40)	台	29.5	27.1	17.7	21.9	35.3	27.6	35.3	33.0	36.6	28.2	46.9
農機具所有台数（10経営体当たり）												
乗用型トラクタ												
20馬力未満 (41)	〃	1.4	0.7	0.8	2.0	1.4	0.3	2.1	2.2	1.9	1.9	2.0
20～50馬力未満 (42)	〃	12.6	9.4	18.3	9.9	11.1	14.2	11.9	11.2	12.2	11.2	13.5
50馬力以上 (43)	〃	13.6	1.2	4.7	5.8	9.0	16.4	19.5	10.9	24.3	20.0	29.5
歩行型トラクタ (44)	〃	3.0	6.5	6.5	0.7	4.6	2.8	2.1	2.8	1.7	1.9	1.5
たい肥等散布機 (45)	〃	0.6	-	-	-	1.2	1.2	0.7	-	1.0	0.5	1.6
総合は種機 (46)	〃	8.7	2.5	4.8	4.5	9.1	9.9	11.3	10.1	11.9	11.8	12.0
移植機 (47)	〃	0.2	-	-	-	0.2	0.3	0.2	0.6	-	-	-
中耕除草機 (48)	〃	1.3	1.2	0.4	-	0.5	0.6	2.6	3.9	1.9	2.5	1.1
肥料散布機 (49)	〃	6.8	0.6	7.2	7.9	5.8	6.3	7.5	8.0	7.3	7.2	7.4
動力噴霧機 (50)	〃	7.5	21.3	11.1	4.9	7.4	8.0	5.5	4.6	6.0	3.4	9.0
動力散粉機 (51)	〃	0.4	0.2	-	1.2	-	0.3	0.3	0.5	0.2	-	0.3
自脱型コンバイン												
3条以下 (52)	〃	2.4	3.5	5.4	2.5	3.5	1.3	1.9	2.4	1.6	2.5	0.5
4条以上 (53)	〃	9.0	0.8	4.2	7.5	5.5	10.0	11.9	10.6	12.7	11.8	13.7
普通型コンバイン (54)	〃	2.4	-	-	0.2	-	3.7	3.9	2.1	4.9	3.7	6.3
脱穀機 (55)	〃	0.4	3.9	0.8	-	-	0.6	-	-	-	-	-
乾燥機 (56)	〃	21.4	11.5	3.6	12.1	10.3	22.6	31.9	38.2	28.4	22.6	35.3
トレーラー (57)	〃	2.5	0.6	-	3.0	2.3	2.5	3.3	3.7	3.1	3.7	2.4
小麦												
10a当たり主産物数量 (58)	kg	**364**	**284**	**368**	**396**	**415**	**365**	**360**	**349**	**362**	**351**	**370**
粗収益												
10a当たり (59)	円	9,913	18,922	10,140	18,113	11,346	10,240	9,388	8,979	9,494	9,225	9,646
主産物 (60)	〃	9,768	18,231	9,943	18,078	11,219	10,111	9,237	8,866	9,333	9,171	9,425
副産物 (61)	〃	145	691	197	35	127	129	151	113	161	54	221
60kg当たり (62)	〃	1,631	3,983	1,654	2,745	1,640	1,683	1,561	1,539	1,567	1,574	1,563
主産物 (63)	〃	1,607	3,837	1,622	2,740	1,622	1,661	1,536	1,520	1,540	1,565	1,527
副産物 (64)	〃	24	146	32	5	18	22	25	19	27	9	36
所得												
10a当たり (65)	〃	△27,662	△31,592	△32,497	△35,725	△32,808	△34,516	△25,622	△30,840	△24,283	△24,906	△23,927
1日当たり (66)	〃	-	-	-	-	-	-	-	-	-	-	-
家族労働報酬												
10a当たり (67)	〃	△30,191	△42,907	△44,429	△40,428	△37,713	△38,418	△27,468	△33,519	△25,915	△26,954	△25,323
1日当たり (68)	〃	-	-	-	-	-	-	-	-	-	-	-
(参考1) 経営所得安定対策等受取金（10a当たり） (69)	〃	58,452	19,052	55,733	60,853	65,074	61,039	57,725	60,569	56,992	60,156	55,210
(参考2) 経営所得安定対策等の交付金を加えた場合												
粗収益												
10a当たり (70)	〃	68,365	37,974	65,873	78,966	76,420	71,279	67,113	69,548	66,486	69,381	64,856
60kg当たり (71)	〃	11,253	7,991	10,749	11,969	11,045	11,700	11,160	11,931	10,971	11,835	10,506
所得												
10a当たり (72)	〃	30,790	△12,540	23,236	25,128	32,266	26,523	32,103	29,729	32,709	35,250	31,283
1日当たり (73)	〃	53,316	-	14,365	26,006	42,455	38,720	63,570	47,471	69,043	64,384	72,331
家族労働報酬												
10a当たり (74)	〃	28,261	△23,855	11,304	20,425	27,361	22,621	30,257	27,050	31,077	33,202	29,887
1日当たり (75)	〃	48,937	-	6,989	21,138	36,001	33,023	59,915	43,194	65,598	60,643	69,103

麦類生産費・小麦・関東・東山・九州（田畑計）

九州															
								5.0ha以上							
										7.0ha以上					
10.0ha以上												10.0ha以上			
10.0～15.0	15.0ha以上	平均	0.5ha未満	0.5～1.0	1.0～2.0	2.0～3.0	3.0～5.0	平均	5.0～7.0	平均	7.0～10.0	平均	10.0～15.0	15.0ha以上	
(12)	(13)	(14)	(15)	(16)	(17)	(18)	(19)	(20)	(21)	(22)	(23)	(24)	(25)	(26)	
45.3	48.3	28.8	14.9	24.5	21.4	31.3	26.1	34.1	35.7	33.2	29.0	37.1	34.7	42.0	(40)
1.0	3.0	0.8	-	0.7	0.5	2.4	0.3	0.7	0.3	0.9	-	1.6	2.0	0.8	(41)
17.8	9.5	15.6	12.5	13.4	13.1	13.7	15.1	18.0	16.5	18.8	22.2	15.7	18.3	10.2	(42)
22.8	36.0	5.5	2.5	0.7	0.8	3.8	4.5	9.6	5.7	11.8	8.6	14.7	13.5	17.2	(43)
3.2	-	4.1	2.6	1.8	4.9	2.2	4.5	4.5	4.7	4.5	5.7	3.3	3.1	3.7	(44)
-	3.2	0.7	-	1.0	0.4	0.8	1.0	0.6	0.8	0.5	-	1.0	0.6	1.9	(45)
9.1	14.8	15.3	2.6	11.3	9.7	17.3	15.2	18.3	18.9	18.0	15.6	20.2	19.4	21.9	(46)
-	-	0.7	-	0.5	1.4	-	-	1.0	2.1	0.4	-	0.7	0.6	0.8	(47)
0.9	1.4	8.0	-	6.8	3.4	13.5	7.9	8.8	10.7	7.8	6.6	8.9	7.4	12.0	(48)
6.1	8.6	8.3	-	4.9	4.1	14.7	5.0	11.1	14.6	9.1	7.5	10.6	10.3	11.1	(49)
7.2	10.8	11.2	2.5	10.2	7.0	18.7	10.5	11.6	13.9	10.3	12.8	8.0	8.6	6.9	(50)
-	0.7	3.7	-	4.4	1.8	5.2	4.1	3.7	6.3	2.2	2.6	1.8	2.3	0.8	(51)
1.0	-	1.8	2.6	4.1	3.3	-	2.3	0.8	1.3	0.6	1.2	-	-	-	(52)
13.8	13.6	6.8	-	3.2	3.4	5.3	7.6	9.0	7.4	9.9	7.2	12.3	10.1	17.0	(53)
5.4	7.1	0.8	-	-	0.9	-	0.8	1.2	0.4	1.6	-	3.0	3.3	2.2	(54)
-	-	-	-	-	-	-	-	-	-	-	-	-	-	-	(55)
33.9	36.7	9.4	2.6	4.7	6.0	6.2	12.5	11.0	10.0	11.6	7.2	15.6	16.0	14.8	(56)
0.9	3.8	1.6	-	-	0.3	0.8	0.2	3.5	3.9	3.2	2.8	3.6	3.9	2.8	(57)
288	**412**	**261**	**280**	**213**	**263**	**253**	**239**	**268**	**294**	**260**	**253**	**262**	**263**	**262**	(58)
11,152	8,895	7,502	28,513	5,134	6,771	14,942	5,962	7,354	9,193	6,843	6,761	6,886	6,868	6,907	(59)
10,929	8,676	7,289	28,460	4,999	6,651	14,652	5,780	7,128	9,013	6,607	6,369	6,730	6,698	6,768	(60)
223	219	213	53	135	120	290	182	226	180	236	392	156	170	139	(61)
2,323	1,298	1,731	6,097	1,452	1,542	3,542	1,502	1,655	1,873	1,584	1,604	1,575	1,570	1,579	(62)
2,277	1,266	1,682	6,086	1,414	1,515	3,473	1,456	1,604	1,836	1,530	1,511	1,540	1,531	1,547	(63)
46	32	49	11	38	27	69	46	51	37	54	93	35	39	32	(64)
△19,359	△26,203	△31,864	△24,652	△41,082	△37,242	△29,305	△31,038	△31,810	△30,128	△32,271	△29,221	△33,859	△34,693	△32,886	(65)
-	-	-	-	-	-	-	-	-	-	-	-	-	-	-	(66)
△20,670	△27,642	△34,927	△32,374	△47,030	△42,458	△33,526	△34,825	△34,398	△33,048	△34,765	△31,482	△36,476	△37,072	△35,781	(67)
-	-	-	-	-	-	-	-	-	-	-	-	-	-	-	(68)
53,088	56,266	44,881	12,513	28,275	38,868	29,685	42,852	47,348	46,431	47,602	44,415	49,263	48,794	49,810	(69)
64,240	65,161	52,383	41,026	33,409	45,639	44,627	48,814	54,702	55,624	54,445	51,176	56,149	55,662	56,717	(70)
13,379	9,505	12,087	8,773	9,450	10,390	10,579	12,299	12,303	11,335	12,604	12,137	12,841	12,729	12,969	(71)
33,729	30,063	13,017	△12,139	△12,807	1,626	380	11,814	15,538	16,303	15,331	15,194	15,404	14,101	16,924	(72)
83,539	67,557	18,334	-	-	1,721	479	13,293	24,713	24,843	24,878	23,557	25,673	24,577	26,863	(73)
32,418	28,624	9,954	△19,861	△18,755	△3,590	△3,841	8,027	12,950	13,383	12,837	12,933	12,787	11,722	14,029	(74)
80,292	64,324	14,020	-	-	-	-	9,032	20,596	20,393	20,831	20,051	21,312	20,431	22,268	(75)

(2) 小麦の作付規模別生産費（続き）
エ 関東・東山・九州（続き）
(ｲ) 生産費〔10ａ当たり〕

区分		関東・東山										
								5.0ha以上				
										7.0ha以上		
		平均	0.5ha未満	0.5～1.0	1.0～2.0	2.0～3.0	3.0～5.0	平均	5.0～7.0	平均	7.0～10.0	平均
		(1)	(2)	(3)	(4)	(5)	(6)	(7)	(8)	(9)	(10)	(11)
物財費	(1)	**31,231**	**49,365**	**40,123**	**48,908**	**39,787**	**37,652**	**28,574**	**33,553**	**27,297**	**28,416**	**26,662**
種苗費	(2)	3,162	3,267	3,283	3,461	3,353	3,160	3,137	3,514	3,041	2,933	3,100
購入	(3)	2,746	2,525	3,283	3,385	2,929	2,820	2,685	3,264	2,536	2,147	2,754
自給	(4)	416	742	-	76	424	340	452	250	505	786	346
肥料費	(5)	6,326	8,630	8,644	7,433	7,454	7,054	6,032	7,121	5,751	5,513	5,887
購入	(6)	6,268	8,183	8,644	7,433	6,984	6,783	6,032	7,121	5,751	5,513	5,887
自給	(7)	58	447	-	-	470	271	-	-	-	-	-
農業薬剤費（購入）	(8)	2,050	1,288	2,609	1,500	2,573	1,530	2,145	1,805	2,232	1,860	2,442
光熱動力費	(9)	1,882	1,945	2,577	2,159	1,667	1,975	1,847	1,476	1,943	1,836	2,003
購入	(10)	1,882	1,945	2,577	2,159	1,667	1,975	1,847	1,476	1,943	1,836	2,003
自給	(11)	-	-	-	-	-	-	-	-	-	-	-
その他の諸材料費	(12)	17	192	856	-	1	16	2	4	1	3	0
購入	(13)	17	192	856	-	1	16	2	4	1	3	0
自給	(14)	-	-	-	-	-	-	-	-	-	-	-
土地改良及び水利費	(15)	550	363	499	166	43	270	646	390	711	381	897
賃借料及び料金	(16)	6,458	14,545	11,934	10,177	8,303	6,890	5,991	8,547	5,334	4,691	5,696
物件税及び公課諸負担	(17)	595	1,135	820	1,122	820	745	527	563	520	490	535
建物費	(18)	788	1,782	817	567	2,031	1,305	637	1,212	491	626	414
償却費	(19)	627	1,615	737	450	1,383	979	527	963	416	536	348
修繕費及び購入補充費	(20)	161	167	80	117	648	326	110	249	75	90	66
購入	(21)	161	167	80	117	648	326	110	249	75	90	66
自給	(22)	-	-	-	-	-	-	-	-	-	-	-
自動車費	(23)	954	2,724	1,504	3,583	1,280	1,058	786	580	840	634	954
償却費	(24)	461	547	656	2,968	601	454	341	266	361	267	413
修繕費及び購入補充費	(25)	493	2,177	848	615	679	604	445	314	479	367	541
購入	(26)	493	2,177	848	615	679	604	445	314	479	367	541
自給	(27)	-	-	-	-	-	-	-	-	-	-	-
農機具費	(28)	8,386	13,140	6,322	18,688	12,150	13,604	6,764	8,238	6,384	9,420	4,674
償却費	(29)	6,301	6,766	3,872	14,125	9,626	10,914	4,948	5,465	4,814	7,202	3,469
修繕費及び購入補充費	(30)	2,085	6,374	2,450	4,563	2,524	2,690	1,816	2,773	1,570	2,218	1,205
購入	(31)	2,085	6,374	2,450	4,563	2,524	2,690	1,816	2,773	1,570	2,218	1,205
自給	(32)	-	-	-	-	-	-	-	-	-	-	-
生産管理費	(33)	63	354	258	52	112	45	60	103	49	29	60
償却費	(34)	0	-	-	-	12	-	0	-	0	0	-
購入・支払	(35)	63	354	258	52	100	45	60	103	49	29	60
労働費	(36)	**7,688**	**25,711**	**21,769**	**11,597**	**9,084**	**8,756**	**6,910**	**9,083**	**6,350**	**6,701**	**6,153**
直接労働費	(37)	7,407	24,410	17,859	11,296	8,864	8,524	6,693	8,859	6,134	6,499	5,929
家族	(38)	6,975	24,410	17,833	11,039	8,758	8,283	6,191	7,811	5,773	6,467	5,383
雇用	(39)	432	-	26	257	106	241	502	1,048	361	32	546
間接労働費	(40)	281	1,301	3,910	301	220	232	217	224	216	202	224
家族	(41)	276	1,301	3,910	301	220	232	211	220	209	202	213
雇用	(42)	5	-	-	-	-	-	6	4	7	-	11
費用合計	(43)	**38,919**	**75,076**	**61,892**	**60,505**	**48,871**	**46,408**	**35,484**	**42,636**	**33,647**	**35,117**	**32,815**
購入（支払）	(44)	23,805	39,248	34,884	31,546	27,377	24,935	22,814	27,661	21,569	19,657	22,643
自給	(45)	7,725	26,900	21,743	11,416	9,872	9,126	6,854	8,281	6,487	7,455	5,942
償却	(46)	7,389	8,928	5,265	17,543	11,622	12,347	5,816	6,694	5,591	8,005	4,230
副産物価額	(47)	145	691	197	35	127	129	151	113	161	54	221
生産費（副産物価額差引）	(48)	**38,774**	**74,385**	**61,695**	**60,470**	**48,744**	**46,279**	**35,333**	**42,523**	**33,486**	**35,063**	**32,594**
支払利子	(49)	37	-	-	131	5	4	41	15	48	21	63
支払地代	(50)	5,870	1,149	2,488	4,542	4,256	6,859	5,887	5,199	6,064	5,662	6,291
支払利子・地代算入生産費	(51)	**44,681**	**75,534**	**64,183**	**65,143**	**53,005**	**53,142**	**41,261**	**47,737**	**39,598**	**40,746**	**38,948**
自己資本利子	(52)	1,641	2,272	1,884	2,799	2,705	2,704	1,326	1,822	1,199	1,390	1,091
自作地地代	(53)	888	9,043	10,048	1,904	2,200	1,198	520	857	433	658	305
資本利子・地代全額算入生産費（全算入生産費）	(54)	**47,210**	**86,849**	**76,115**	**69,846**	**57,910**	**57,044**	**43,107**	**50,416**	**41,230**	**42,794**	**40,344**

単位：円

10.0ha以上		九州													
								5.0ha以上							
										7.0ha以上					
												10.0ha以上			
10.0～15.0	15.0ha以上	平均	0.5ha未満	0.5～1.0	1.0～2.0	2.0～3.0	3.0～5.0	平均	5.0～7.0	平均	7.0～10.0	平均	10.0～15.0	15.0ha以上	
(12)	(13)	(14)	(15)	(16)	(17)	(18)	(19)	(20)	(21)	(22)	(23)	(24)	(25)	(26)	
23,551	**28,211**	**34,260**	**52,397**	**45,291**	**40,991**	**41,010**	**33,245**	**33,346**	**33,759**	**33,225**	**30,627**	**34,576**	**36,026**	**32,886**	(1)
2,689	3,305	2,787	3,351	2,873	2,752	3,022	2,711	2,789	2,653	2,826	3,080	2,694	2,879	2,476	(2)
1,941	3,159	2,129	3,056	2,582	2,341	3,022	1,611	2,170	2,323	2,127	2,205	2,087	2,505	1,598	(3)
748	146	658	295	291	411	-	1,100	619	330	699	875	607	374	878	(4)
5,128	6,265	7,916	7,729	8,614	7,991	10,228	8,364	7,594	8,215	7,422	6,810	7,740	8,514	6,839	(5)
5,128	6,265	7,881	6,988	8,614	7,991	10,228	8,237	7,577	8,143	7,421	6,808	7,740	8,514	6,839	(6)
-	-	35	741	-	-	-	127	17	72	1	2	-	-	-	(7)
2,493	2,416	3,205	1,453	3,528	3,328	2,801	3,025	3,276	3,304	3,267	3,174	3,316	3,301	3,335	(8)
1,779	2,114	1,563	2,307	2,083	2,060	1,793	1,807	1,440	1,404	1,449	1,419	1,463	1,315	1,639	(9)
1,779	2,114	1,563	2,307	2,083	2,060	1,793	1,807	1,440	1,404	1,449	1,419	1,463	1,315	1,639	(10)
-	-	-	-	-	-	-	-	-	-	-	-	-	-	-	(11)
0	-	0	-	16	-	-	-	0	-	0	0	0	-	1	(12)
0	-	0	-	16	-	-	-	0	-	0	0	0	-	1	(13)
-	-	-	-	-	-	-	-	-	-	-	-	-	-	-	(14)
1,200	747	192	74	375	178	164	270	173	282	142	66	182	155	214	(15)
3,214	6,931	6,588	12,387	8,081	7,163	8,932	3,918	7,027	8,125	6,723	7,365	6,387	6,771	5,936	(16)
603	500	648	2,105	1,250	1,039	869	781	560	659	532	507	546	524	569	(17)
358	442	980	4,161	1,282	1,524	1,303	914	926	730	980	899	1,021	327	1,832	(18)
319	362	637	4,161	1,261	902	1,175	768	527	600	507	543	487	289	719	(19)
39	80	343	-	21	622	128	146	399	130	473	356	534	38	1,113	(20)
39	80	343	-	21	622	128	146	399	130	473	356	534	38	1,113	(21)
-	-	-	-	-	-	-	-	-	-	-	-	-	-	-	(22)
843	1,010	642	3,732	3,353	1,016	748	609	574	489	598	300	753	827	666	(23)
345	447	228	1,756	1,505	181	194	173	228	146	251	46	358	538	147	(24)
498	563	414	1,976	1,848	835	554	436	346	343	347	254	395	289	519	(25)
498	563	414	1,976	1,848	835	554	436	346	343	347	254	395	289	519	(26)
-	-	-	-	-	-	-	-	-	-	-	-	-	-	-	(27)
5,175	4,425	9,625	14,936	13,681	13,837	11,025	10,686	8,885	7,802	9,182	6,845	10,401	11,369	9,272	(28)
3,245	3,580	7,020	14,861	11,408	11,100	7,824	7,590	6,459	5,829	6,631	4,789	7,592	8,280	6,789	(29)
1,930	845	2,605	75	2,273	2,737	3,201	3,096	2,426	1,973	2,551	2,056	2,809	3,089	2,483	(30)
1,930	845	2,605	75	2,273	2,737	3,201	3,096	2,426	1,973	2,551	2,056	2,809	3,089	2,483	(31)
-	-	-	-	-	-	-	-	-	-	-	-	-	-	-	(32)
69	56	114	162	155	103	125	160	102	96	104	162	73	44	107	(33)
-	-	0	-	-	-	-	-	0	1	-	-	-	-	-	(34)
69	56	114	162	155	103	125	160	102	95	104	162	73	44	107	(35)
5,977	**6,242**	**8,962**	**23,936**	**16,056**	**10,891**	**9,257**	**10,237**	**8,354**	**8,585**	**8,288**	**8,487**	**8,186**	**7,549**	**8,931**	(36)
5,743	6,023	8,745	18,760	15,497	10,665	8,983	9,980	8,164	8,348	8,110	8,305	8,012	7,435	8,686	(37)
4,907	5,619	8,067	18,760	15,497	10,157	8,922	9,803	7,282	7,670	7,172	7,697	6,900	6,661	7,181	(38)
836	404	678	-	-	508	61	177	882	678	938	608	1,112	774	1,505	(39)
234	219	217	5,176	559	226	274	257	190	237	178	182	174	114	245	(40)
234	203	213	5,176	559	226	274	257	184	237	170	176	166	106	237	(41)
-	16	4	-	-	-	-	-	6	-	8	6	8	8	8	(42)
29,528	**34,453**	**43,222**	**76,333**	**61,347**	**51,882**	**50,267**	**43,482**	**41,700**	**42,344**	**41,513**	**39,114**	**42,762**	**43,575**	**41,817**	(43)
19,730	24,096	26,364	30,583	30,826	28,905	31,878	23,664	26,384	27,459	26,082	24,986	26,652	27,327	25,866	(44)
5,889	5,968	8,973	24,972	16,347	10,794	9,196	11,287	8,102	8,309	8,042	8,750	7,673	7,141	8,296	(45)
3,909	4,389	7,885	20,778	14,174	12,183	9,193	8,531	7,214	6,576	7,389	5,378	8,437	9,107	7,655	(46)
223	219	213	53	135	120	290	182	226	180	236	392	156	170	139	(47)
29,305	**34,234**	**43,009**	**76,280**	**61,212**	**51,762**	**49,977**	**43,300**	**41,474**	**42,164**	**41,277**	**38,722**	**42,606**	**43,405**	**41,678**	(48)
85	51	117	252	204	121	458	160	76	118	64	81	56	76	31	(49)
6,039	6,416	4,307	516	721	2,393	2,718	3,418	4,854	4,766	4,879	4,660	4,993	4,677	5,363	(50)
35,429	**40,701**	**47,433**	**77,048**	**62,137**	**54,276**	**53,153**	**46,878**	**46,404**	**47,048**	**46,220**	**43,463**	**47,655**	**48,158**	**47,072**	(51)
891	1,190	1,708	5,071	2,125	2,437	1,890	2,031	1,550	1,468	1,572	1,230	1,751	1,747	1,755	(52)
420	249	1,355	2,651	3,823	2,779	2,331	1,756	1,038	1,452	922	1,031	866	632	1,140	(53)
36,740	**42,140**	**50,496**	**84,770**	**68,085**	**59,492**	**57,374**	**50,665**	**48,992**	**49,968**	**48,714**	**45,724**	**50,272**	**50,537**	**49,967**	(54)

麦類生産費・小麦・関東・東山・九州（田畑計）

(2) 小麦の作付規模別生産費（続き）

エ 関東・東山・九州（続き）

(ｳ) 生産費〔60kg当たり〕

区分		関東・東山									
								5.0ha以上			
										7.0ha以上		
		平均	0.5ha未満	0.5～1.0	1.0～2.0	2.0～3.0	3.0～5.0	平均	5.0～7.0	平均	7.0～10.0	平均
		(1)	(2)	(3)	(4)	(5)	(6)	(7)	(8)	(9)	(10)	(11)
物財費	(1)	**5,138**	**10,388**	**6,548**	**7,416**	**5,752**	**6,181**	**4,745**	**5,756**	**4,500**	**4,847**	**4,316**
種苗費	(2)	520	687	536	525	484	519	521	603	501	500	502
購入	(3)	452	531	536	513	423	463	446	560	418	366	446
自給	(4)	68	156	−	12	61	56	75	43	83	134	56
肥料費	(5)	1,040	1,816	1,411	1,127	1,078	1,160	1,002	1,222	950	940	953
購入	(6)	1,031	1,722	1,411	1,127	1,010	1,115	1,002	1,222	950	940	953
自給	(7)	9	94	−	−	68	45	−	−	−	−	−
農業薬剤費（購入）	(8)	338	271	426	228	372	251	356	309	368	318	396
光熱動力費	(9)	310	409	422	327	241	325	307	253	320	313	324
購入	(10)	310	409	422	327	241	325	307	253	320	313	324
自給	(11)	−	−	−	−	−	−	−	−	−	−	−
その他の諸材料費	(12)	3	40	140	−	0	3	0	1	0	0	0
購入	(13)	3	40	140	−	0	3	0	1	0	0	0
自給	(14)	−	−	−	−	−	−	−	−	−	−	−
土地改良及び水利費	(15)	90	76	81	25	6	44	107	67	117	65	145
賃借料及び料金	(16)	1,061	3,061	1,948	1,543	1,199	1,130	996	1,466	880	800	921
物件税及び公課諸負担	(17)	98	241	132	171	119	123	86	97	85	84	86
建物費	(18)	130	375	133	87	295	214	105	208	81	107	67
償却費	(19)	104	340	120	69	201	161	87	165	69	92	56
修繕費及び購入補充費	(20)	26	35	13	18	94	53	18	43	12	15	11
購入	(21)	26	35	13	18	94	53	18	43	12	15	11
自給	(22)	−	−	−	−	−	−	−	−	−	−	−
自動車費	(23)	157	573	245	543	185	173	131	100	138	109	155
償却費	(24)	76	115	107	450	87	74	57	46	59	46	67
修繕費及び購入補充費	(25)	81	458	138	93	98	99	74	54	79	63	88
購入	(26)	81	458	138	93	98	99	74	54	79	63	88
自給	(27)	−	−	−	−	−	−	−	−	−	−	−
農機具費	(28)	1,381	2,765	1,032	2,832	1,757	2,232	1,124	1,412	1,052	1,606	757
償却費	(29)	1,038	1,424	632	2,140	1,392	1,790	822	936	793	1,228	562
修繕費及び購入補充費	(30)	343	1,341	400	692	365	442	302	476	259	378	195
購入	(31)	343	1,341	400	692	365	442	302	476	259	378	195
自給	(32)	−	−	−	−	−	−	−	−	−	−	−
生産管理費	(33)	10	74	42	8	16	7	10	18	8	5	10
償却費	(34)	0	−	−	−	2	−	0	−	0	0	−
購入・支払	(35)	10	74	42	8	14	7	10	18	8	5	10
労働費	(36)	**1,266**	**5,409**	**3,551**	**1,758**	**1,312**	**1,437**	**1,149**	**1,558**	**1,045**	**1,141**	**997**
直接労働費	(37)	1,220	5,135	2,913	1,712	1,280	1,399	1,113	1,519	1,010	1,107	961
家族	(38)	1,149	5,135	2,909	1,673	1,265	1,359	1,029	1,340	951	1,102	872
雇用	(39)	71	−	4	39	15	40	84	179	59	5	89
間接労働費	(40)	46	274	638	46	32	38	36	39	35	34	36
家族	(41)	45	274	638	46	32	38	35	38	34	34	34
雇用	(42)	1	−	−	−	−	−	1	1	1	−	2
費用合計	(43)	**6,404**	**15,797**	**10,099**	**9,174**	**7,064**	**7,618**	**5,894**	**7,314**	**5,545**	**5,988**	**5,313**
購入（支払）	(44)	3,915	8,259	5,693	4,784	3,956	4,095	3,789	4,746	3,556	3,352	3,666
自給	(45)	1,271	5,659	3,547	1,731	1,426	1,498	1,139	1,421	1,068	1,270	962
償却	(46)	1,218	1,879	859	2,659	1,682	2,025	966	1,147	921	1,366	685
副産物価額	(47)	24	146	32	5	18	22	25	19	27	9	36
生産費（副産物価額差引）	(48)	**6,380**	**15,651**	**10,067**	**9,169**	**7,046**	**7,596**	**5,869**	**7,295**	**5,518**	**5,979**	**5,277**
支払利子	(49)	6	−	−	20	1	1	7	3	8	4	10
支払地代	(50)	966	242	406	689	615	1,126	979	892	1,000	966	1,019
支払利子・地代算入生産費	(51)	**7,352**	**15,893**	**10,473**	**9,878**	**7,662**	**8,723**	**6,855**	**8,190**	**6,526**	**6,949**	**6,306**
自己資本利子	(52)	270	478	307	424	391	444	221	313	198	237	177
自作地地代	(53)	146	1,903	1,640	288	318	196	87	147	72	112	50
資本利子・地代全額算入生産費（全算入生産費）	(54)	**7,768**	**18,274**	**12,420**	**10,590**	**8,371**	**9,363**	**7,163**	**8,650**	**6,796**	**7,298**	**6,533**

単位：円

10.0ha以上		九州													
								5.0ha以上							
										7.0ha以上					
												10.0ha以上			
10.0～15.0	15.0ha以上	平均	0.5ha未満	0.5～1.0	1.0～2.0	2.0～3.0	3.0～5.0	平均	5.0～7.0	平均	7.0～10.0	平均	10.0～15.0	15.0ha以上	
(12)	(13)	(14)	(15)	(16)	(17)	(18)	(19)	(20)	(21)	(22)	(23)	(24)	(25)	(26)	
4,904	4,118	7,903	11,204	12,813	9,336	9,720	8,379	7,498	6,880	7,688	7,264	7,905	8,241	7,522	(1)
560	482	643	717	812	627	716	683	627	540	654	731	616	659	566	(2)
404	461	491	654	730	533	716	406	488	473	492	523	477	573	365	(3)
156	21	152	63	82	94	-	277	139	67	162	208	139	86	201	(4)
1,068	914	1,826	1,651	2,438	1,821	2,425	2,107	1,708	1,677	1,717	1,615	1,770	1,948	1,564	(5)
1,068	914	1,818	1,493	2,438	1,821	2,425	2,075	1,704	1,662	1,717	1,614	1,770	1,948	1,564	(6)
-	-	8	158	-	-	-	32	4	15	0	1	-	-	-	(7)
520	353	740	311	997	758	664	763	737	673	757	752	759	754	763	(8)
370	308	359	493	590	470	424	455	323	286	335	337	335	301	374	(9)
370	308	359	493	590	470	424	455	323	286	335	337	335	301	374	(10)
-	-	-	-	-	-	-	-	-	-	-	-	-	-	-	(11)
0	-	0	-	4	-	-	-	0	-	0	0	0	-	0	(12)
0	-	0	-	4	-	-	-	0	-	0	0	0	-	0	(13)
-	-	-	-	-	-	-	-	-	-	-	-	-	-	-	(14)
250	109	44	16	106	41	39	68	39	57	33	16	41	36	49	(15)
669	1,011	1,519	2,648	2,287	1,631	2,117	987	1,579	1,654	1,555	1,745	1,460	1,549	1,357	(16)
125	75	150	451	355	237	207	198	126	135	122	120	123	121	131	(17)
74	64	226	890	362	347	308	231	208	149	227	214	233	75	420	(18)
66	52	147	890	356	205	278	194	118	123	117	129	111	66	165	(19)
8	12	79	-	6	142	30	37	90	26	110	85	122	9	255	(20)
8	12	79	-	6	142	30	37	90	26	110	85	122	9	255	(21)
-	-	-	-	-	-	-	-	-	-	-	-	-	-	-	(22)
176	147	149	798	949	231	177	154	129	100	138	71	172	189	153	(23)
72	65	53	375	426	41	46	44	51	30	58	11	82	123	34	(24)
104	82	96	423	523	190	131	110	78	70	80	60	90	66	119	(25)
104	82	96	423	523	190	131	110	78	70	80	60	90	66	119	(26)
-	-	-	-	-	-	-	-	-	-	-	-	-	-	-	(27)
1,078	647	2,221	3,194	3,869	3,149	2,613	2,693	1,999	1,590	2,126	1,625	2,379	2,599	2,121	(28)
676	524	1,620	3,178	3,226	2,526	1,854	1,913	1,453	1,188	1,535	1,137	1,737	1,893	1,553	(29)
402	123	601	16	643	623	759	780	546	402	591	488	642	706	568	(30)
402	123	601	16	643	623	759	780	546	402	591	488	642	706	568	(31)
-	-	-	-	-	-	-	-	-	-	-	-	-	-	-	(32)
14	8	26	35	44	24	30	40	23	19	24	38	17	10	24	(33)
-	-	0	-	-	-	-	-	0	0	-	-	-	-	-	(34)
14	8	26	35	44	24	30	40	23	19	24	38	17	10	24	(35)
1,244	910	2,067	5,118	4,541	2,481	2,195	2,580	1,879	1,750	1,918	2,012	1,871	1,726	2,042	(36)
1,195	878	2,017	4,011	4,383	2,430	2,130	2,515	1,837	1,702	1,877	1,968	1,831	1,700	1,986	(37)
1,021	819	1,861	4,011	4,383	2,314	2,115	2,470	1,638	1,564	1,660	1,825	1,577	1,523	1,642	(38)
174	59	156	-	-	116	15	45	199	138	217	143	254	177	344	(39)
49	32	50	1,107	158	51	65	65	42	48	41	44	40	26	56	(40)
49	30	49	1,107	158	51	65	65	41	48	39	42	38	24	54	(41)
-	2	1	-	-	-	-	-	1	-	2	2	2	2	2	(42)
6,148	5,028	9,970	16,322	17,354	11,817	11,915	10,959	9,377	8,630	9,606	9,276	9,776	9,967	9,564	(43)
4,108	3,517	6,080	6,540	8,723	6,586	7,557	5,964	5,933	5,595	6,035	5,923	6,092	6,252	5,915	(44)
1,226	870	2,070	5,339	4,623	2,459	2,180	2,844	1,822	1,694	1,861	2,076	1,754	1,633	1,897	(45)
814	641	1,820	4,443	4,008	2,772	2,178	2,151	1,622	1,341	1,710	1,277	1,930	2,082	1,752	(46)
46	32	49	11	38	27	69	46	51	37	54	93	35	39	32	(47)
6,102	4,996	9,921	16,311	17,316	11,790	11,846	10,913	9,326	8,593	9,552	9,183	9,741	9,928	9,532	(48)
18	8	27	54	58	28	108	40	17	24	15	19	13	17	7	(49)
1,258	935	993	110	204	545	644	861	1,092	971	1,130	1,105	1,142	1,070	1,226	(50)
7,378	5,939	10,941	16,475	17,578	12,363	12,598	11,814	10,435	9,588	10,697	10,307	10,896	11,015	10,765	(51)
185	174	394	1,084	601	555	448	512	349	299	364	292	400	399	401	(52)
87	36	312	567	1,081	633	552	443	234	296	214	245	198	144	260	(53)
7,650	6,149	11,647	18,126	19,260	13,551	13,598	12,769	11,018	10,183	11,275	10,844	11,494	11,558	11,426	(54)

麦類生産費・小麦・関東・東山・九州（田畑計）

(2) 小麦の作付規模別生産費（続き）
　エ　関東・東山・九州（続き）
　　(エ) 小麦の作業別労働時間

区　分		関　東　・　東　山								5.0ha以上	
		平均	0.5ha未満	0.5～1.0	1.0～2.0	2.0～3.0	3.0～5.0	平均	5.0～7.0	平均	7.0～10.0	平均（7.0ha以上）
		(1)	(2)	(3)	(4)	(5)	(6)	(7)	(8)	(9)	(10)	(11)
投下労働時間（10a当たり）	(1)	5.01	15.79	12.97	7.89	6.18	5.74	4.51	5.93	4.12	4.40	3.98
家　　　　族	(2)	4.62	15.79	12.94	7.73	6.08	5.48	4.04	5.01	3.79	4.38	3.46
雇　　　　用	(3)	0.39	-	0.03	0.16	0.10	0.26	0.47	0.92	0.33	0.02	0.52
直接労働時間	(4)	4.84	15.04	10.74	7.68	6.03	5.59	4.36	5.79	3.97	4.27	3.83
家　　　　族	(5)	4.45	15.04	10.71	7.52	5.93	5.33	3.90	4.87	3.65	4.25	3.32
男	(6)	3.85	11.33	9.88	6.46	4.79	4.80	3.35	4.11	3.16	3.42	3.01
女	(7)	0.60	3.71	0.83	1.06	1.14	0.53	0.55	0.76	0.49	0.83	0.31
雇　　　　用	(8)	0.39	-	0.03	0.16	0.10	0.26	0.46	0.92	0.32	0.02	0.51
男	(9)	0.35	-	-	0.16	0.10	0.26	0.40	0.74	0.30	0.02	0.45
女	(10)	0.04	-	0.03	-	-	-	0.06	0.18	0.02	-	0.06
間接労働時間	(11)	0.17	0.75	2.23	0.21	0.15	0.15	0.15	0.14	0.15	0.13	0.15
男	(12)	0.16	0.69	2.23	0.20	0.13	0.14	0.14	0.13	0.14	0.13	0.14
女	(13)	0.01	0.06	-	0.01	0.02	0.01	0.01	0.01	0.01	0.00	0.01
投下労働時間（60kg当たり）	(14)	0.79	3.33	2.09	1.18	0.87	0.93	0.73	0.99	0.64	0.76	0.63
家　　　　族	(15)	0.75	3.33	2.09	1.16	0.86	0.89	0.68	0.84	0.62	0.76	0.55
雇　　　　用	(16)	0.04	-	0.00	0.02	0.01	0.04	0.05	0.15	0.02	0.00	0.08
直接労働時間	(17)	0.76	3.17	1.73	1.15	0.85	0.91	0.71	0.97	0.62	0.74	0.61
家　　　　族	(18)	0.72	3.17	1.73	1.13	0.84	0.87	0.66	0.82	0.60	0.74	0.53
男	(19)	0.63	2.38	1.60	0.98	0.69	0.80	0.57	0.70	0.53	0.60	0.48
女	(20)	0.09	0.79	0.13	0.15	0.15	0.07	0.09	0.12	0.07	0.14	0.05
雇　　　　用	(21)	0.04	-	0.00	0.02	0.01	0.04	0.05	0.15	0.02	0.00	0.08
男	(22)	0.04	-	-	0.02	0.01	0.04	0.04	0.12	0.02	0.00	0.08
女	(23)	0.00	-	0.00	-	-	-	0.01	0.03	0.00	-	0.00
間接労働時間	(24)	0.03	0.16	0.36	0.03	0.02	0.02	0.02	0.02	0.02	0.02	0.02
男	(25)	0.03	0.15	0.36	0.03	0.02	0.02	0.02	0.02	0.02	0.02	0.02
女	(26)	0.00	0.01	-	0.00	0.00	0.00	0.00	0.00	0.00	0.00	0.00
作業別直接労働時間（10a当たり）合計	(27)	4.84	15.04	10.74	7.68	6.03	5.59	4.36	5.79	3.97	4.27	3.83
種子予措	(28)	0.05	0.17	0.22	0.10	0.09	0.06	0.04	0.05	0.05	0.06	0.05
耕起整地	(29)	0.93	1.64	2.62	1.21	1.17	1.06	0.84	1.00	0.80	0.75	0.83
基　肥	(30)	0.47	1.12	0.79	0.64	0.79	0.54	0.43	0.63	0.36	0.36	0.37
は　種	(31)	0.55	2.69	0.85	0.65	0.74	0.67	0.50	0.67	0.46	0.50	0.44
追　肥	(32)	0.17	0.46	0.48	0.25	0.12	0.19	0.15	0.13	0.15	0.16	0.16
中耕除草	(33)	0.50	2.33	0.86	0.82	0.63	0.51	0.46	0.84	0.35	0.35	0.37
麦踏み	(34)	0.35	0.85	0.85	0.70	0.41	0.38	0.31	0.30	0.31	0.41	0.25
管　理	(35)	0.54	1.75	2.43	0.99	0.52	0.58	0.47	0.90	0.36	0.47	0.28
防　除	(36)	0.08	0.31	0.07	0.34	0.07	0.06	0.10	0.03	0.11	0.09	0.12
刈取脱穀	(37)	0.83	2.03	1.28	1.44	1.24	1.14	0.72	1.08	0.62	0.71	0.57
乾　燥	(38)	0.27	1.12	0.00	0.34	0.16	0.25	0.27	0.09	0.33	0.34	0.31
生産管理	(39)	0.10	0.57	0.29	0.20	0.09	0.15	0.07	0.07	0.07	0.07	0.08
うち家族												
種子予措	(40)	0.05	0.17	0.22	0.10	0.09	0.06	0.04	0.05	0.04	0.06	0.04
耕起整地	(41)	0.86	1.64	2.62	1.21	1.17	1.05	0.75	0.80	0.74	0.74	0.74
基　肥	(42)	0.44	1.12	0.79	0.63	0.79	0.51	0.40	0.59	0.34	0.36	0.33
は　種	(43)	0.52	2.69	0.85	0.61	0.74	0.65	0.47	0.63	0.43	0.50	0.39
追　肥	(44)	0.16	0.46	0.48	0.24	0.12	0.18	0.14	0.13	0.14	0.16	0.14
中耕除草	(45)	0.43	2.33	0.84	0.80	0.61	0.47	0.38	0.56	0.33	0.35	0.32
麦踏み	(46)	0.34	0.85	0.85	0.64	0.41	0.38	0.30	0.28	0.30	0.41	0.23
管　理	(47)	0.48	1.75	2.43	0.99	0.49	0.54	0.40	0.70	0.33	0.47	0.23
防　除	(48)	0.07	0.31	0.07	0.33	0.06	0.06	0.07	0.03	0.08	0.09	0.08
刈取脱穀	(49)	0.75	2.03	1.27	1.43	1.20	1.04	0.63	0.94	0.55	0.70	0.47
乾　燥	(50)	0.25	1.12	0.00	0.34	0.16	0.24	0.25	0.09	0.30	0.34	0.27
生産管理	(51)	0.10	0.57	0.29	0.20	0.09	0.15	0.07	0.07	0.07	0.07	0.08

単位：時間

10.0ha以上		九州													
								5.0ha以上							
										7.0ha以上					
												10.0ha以上			
10.0～15.0	15.0ha以上	平均	0.5ha未満	0.5～1.0	1.0～2.0	2.0～3.0	3.0～5.0	平均	5.0～7.0	平均	7.0～10.0	平均	10.0～15.0	15.0ha以上	
(12)	(13)	(14)	(15)	(16)	(17)	(18)	(19)	(20)	(21)	(22)	(23)	(24)	(25)	(26)	
4.09	**3.92**	**6.23**	**15.96**	**11.48**	**7.90**	**6.41**	**7.29**	**5.73**	**5.68**	**5.73**	**5.59**	**5.76**	**5.20**	**6.45**	(1)
3.23	3.56	5.68	15.96	11.48	7.56	6.34	7.11	5.03	5.25	4.93	5.16	4.80	4.59	5.04	(2)
0.86	0.36	0.55	-	-	0.34	0.07	0.18	0.70	0.43	0.80	0.43	0.96	0.61	1.41	(3)
3.94	3.78	6.08	12.46	11.09	7.74	6.22	7.11	5.61	5.53	5.61	5.48	5.64	5.12	6.28	(4)
3.08	3.43	5.53	12.46	11.09	7.40	6.15	6.93	4.91	5.10	4.82	5.05	4.69	4.52	4.88	(5)
2.65	3.18	4.87	11.43	9.97	6.74	5.30	6.00	4.35	4.45	4.30	4.52	4.18	4.08	4.30	(6)
0.43	0.25	0.66	1.03	1.12	0.66	0.85	0.93	0.56	0.65	0.52	0.53	0.51	0.44	0.58	(7)
0.86	0.35	0.55	-	-	0.34	0.07	0.18	0.70	0.43	0.79	0.43	0.95	0.60	1.40	(8)
0.71	0.34	0.55	-	-	0.33	0.07	0.17	0.70	0.41	0.79	0.42	0.95	0.60	1.38	(9)
0.15	0.01	0.00	-	-	0.01	-	0.01	0.00	0.02	0.00	0.01	0.00	0.00	0.02	(10)
0.15	0.14	0.15	3.50	0.39	0.16	0.19	0.18	0.12	0.15	0.12	0.11	0.12	0.08	0.17	(11)
0.14	0.13	0.14	2.17	0.38	0.16	0.19	0.17	0.12	0.15	0.12	0.10	0.12	0.08	0.17	(12)
0.01	0.01	0.01	1.33	0.01	0.00	0.00	0.01	0.00	0.00	0.00	0.01	0.00	-	0.00	(13)
0.84	**0.54**	**1.41**	**3.42**	**3.25**	**1.81**	**1.52**	**1.83**	**1.28**	**1.13**	**1.31**	**1.32**	**1.31**	**1.18**	**1.46**	(14)
0.67	0.51	1.29	3.42	3.25	1.73	1.51	1.79	1.11	1.05	1.12	1.21	1.10	1.05	1.14	(15)
0.17	0.03	0.12	-	-	0.08	0.01	0.04	0.17	0.08	0.19	0.11	0.21	0.13	0.32	(16)
0.81	0.52	1.38	2.68	3.14	1.77	1.47	1.79	1.25	1.10	1.28	1.30	1.28	1.16	1.42	(17)
0.64	0.49	1.26	2.68	3.14	1.69	1.46	1.75	1.08	1.02	1.09	1.19	1.07	1.03	1.10	(18)
0.55	0.46	1.11	2.46	2.83	1.53	1.26	1.52	0.97	0.90	0.98	1.07	0.95	0.92	0.97	(19)
0.09	0.03	0.15	0.22	0.31	0.16	0.20	0.23	0.11	0.12	0.11	0.12	0.12	0.11	0.13	(20)
0.17	0.03	0.12	-	-	0.08	0.01	0.04	0.17	0.08	0.19	0.11	0.21	0.13	0.32	(21)
0.15	0.03	0.12	-	-	0.08	0.01	0.04	0.17	0.08	0.19	0.11	0.21	0.13	0.32	(22)
0.02	0.00	0.00	-	-	0.00	-	0.00	0.00	0.00	0.00	0.00	0.00	0.00	0.00	(23)
0.03	0.02	0.03	0.74	0.11	0.04	0.05	0.04	0.03	0.03	0.03	0.02	0.03	0.02	0.04	(24)
0.03	0.02	0.03	0.46	0.11	0.04	0.05	0.04	0.03	0.03	0.03	0.02	0.03	0.02	0.04	(25)
0.00	0.00	0.00	0.28	0.00	0.00	0.00	0.00	0.00	0.00	0.00	0.00	0.00	-	0.00	(26)
3.94	**3.78**	**6.08**	**12.46**	**11.09**	**7.74**	**6.22**	**7.11**	**5.61**	**5.53**	**5.61**	**5.48**	**5.64**	**5.12**	**6.28**	(27)
0.06	0.05	0.10	0.07	0.12	0.08	0.16	0.13	0.08	0.07	0.08	0.08	0.09	0.09	0.08	(28)
0.82	0.83	0.85	2.47	1.26	1.29	0.88	0.88	0.81	0.87	0.79	0.79	0.78	0.77	0.82	(29)
0.26	0.43	0.47	1.07	0.87	0.74	0.54	0.48	0.44	0.40	0.44	0.37	0.48	0.40	0.55	(30)
0.38	0.47	0.57	0.99	0.80	0.61	0.70	0.59	0.54	0.52	0.55	0.53	0.56	0.46	0.67	(31)
0.17	0.15	0.42	0.65	0.63	0.55	0.30	0.42	0.42	0.38	0.43	0.45	0.41	0.33	0.50	(32)
0.36	0.36	0.89	1.45	2.26	1.25	1.05	1.16	0.77	0.79	0.75	0.66	0.80	0.77	0.85	(33)
0.12	0.32	0.45	1.57	0.88	0.45	0.47	0.50	0.43	0.50	0.41	0.34	0.43	0.32	0.57	(34)
0.34	0.27	0.91	1.99	2.00	1.33	1.11	1.13	0.79	0.88	0.77	0.96	0.66	0.72	0.61	(35)
0.26	0.05	0.30	0.58	0.67	0.35	0.29	0.26	0.30	0.18	0.32	0.27	0.36	0.23	0.50	(36)
0.67	0.52	0.85	1.15	1.39	0.79	0.58	0.98	0.83	0.71	0.88	0.93	0.83	0.89	0.77	(37)
0.42	0.26	0.16	0.12	-	0.16	0.02	0.43	0.11	0.11	0.11	0.02	0.14	0.06	0.25	(38)
0.08	0.07	0.11	0.35	0.21	0.14	0.12	0.15	0.09	0.12	0.08	0.08	0.10	0.08	0.11	(39)
0.05	0.04	0.09	0.07	0.12	0.08	0.16	0.13	0.07	0.06	0.07	0.06	0.08	0.08	0.07	(40)
0.67	0.77	0.77	2.47	1.26	1.17	0.88	0.88	0.71	0.80	0.67	0.76	0.62	0.72	0.53	(41)
0.20	0.40	0.43	1.07	0.87	0.65	0.54	0.48	0.39	0.36	0.39	0.35	0.41	0.39	0.42	(42)
0.30	0.44	0.51	0.99	0.80	0.58	0.70	0.58	0.47	0.46	0.47	0.51	0.45	0.40	0.50	(43)
0.15	0.13	0.39	0.65	0.63	0.55	0.30	0.42	0.38	0.34	0.39	0.44	0.36	0.30	0.42	(44)
0.32	0.31	0.84	1.45	2.26	1.19	1.05	1.16	0.70	0.73	0.68	0.63	0.71	0.71	0.71	(45)
0.12	0.29	0.43	1.57	0.88	0.45	0.47	0.50	0.40	0.50	0.37	0.32	0.39	0.32	0.48	(46)
0.24	0.24	0.82	1.99	2.00	1.33	1.11	1.08	0.67	0.83	0.63	0.81	0.53	0.63	0.42	(47)
0.14	0.04	0.28	0.58	0.67	0.32	0.28	0.25	0.27	0.18	0.29	0.25	0.32	0.20	0.45	(48)
0.49	0.46	0.72	1.15	1.39	0.78	0.52	0.87	0.68	0.61	0.71	0.82	0.64	0.63	0.65	(49)
0.32	0.24	0.14	0.12	-	0.16	0.02	0.43	0.08	0.11	0.07	0.02	0.08	0.06	0.12	(50)
0.08	0.07	0.11	0.35	0.21	0.14	0.12	0.15	0.09	0.12	0.08	0.08	0.10	0.08	0.11	(51)

麦類生産費・二条大麦・六条大麦・はだか麦・全国

(3) 二条大麦・六条大麦・はだか麦の生産費
ア 調査対象経営体の生産概要・経営概況

区分	単位	二条大麦（全国平均）	六条大麦（全国平均）	はだか麦（全国平均）
集計経営体数	経営体	74	44	36
労働力（1経営体当たり）				
世帯員数	人	3.9	3.8	3.1
男	〃	2.1	2.1	1.5
女	〃	1.8	1.7	1.6
家族員数	〃	3.9	3.8	3.1
男	〃	2.1	2.1	1.5
女	〃	1.8	1.7	1.6
農業就業者	〃	2.0	2.1	1.7
男	〃	1.3	1.3	1.2
女	〃	0.7	0.8	0.5
農業専従者	〃	1.5	1.4	1.0
男	〃	1.0	1.0	0.7
女	〃	0.5	0.4	0.3
土地（1経営体当たり）				
経営耕地面積	a	1,258	1,580	714
田	〃	835	1,425	697
畑	〃	423	155	17
普通畑	〃	422	154	17
樹園地	〃	1	1	0
牧草地	〃	-	-	-
耕地以外の土地	〃	147	43	33
調査該当麦				
使用地面積（1経営体当たり）				
作付地	〃	304.6	405.9	389.9
自作地	〃	100.0	47.1	39.6
小作地	〃	204.6	358.8	350.3
作付地以外	〃	2.9	8.8	3.2
所有地	〃	2.9	8.8	3.2
借入地	〃	0.0	0.0	-
作付地の実勢地代（10a当たり）	円	12,852	11,163	9,346
自作地	〃	13,445	10,703	10,821
小作地	〃	12,559	11,223	9,177
投下資本額（10a当たり）	〃	54,314	50,584	68,375
借入資本額	〃	7,763	2,765	6,653
自己資本額	〃	46,551	47,819	61,722
固定資本額	〃	36,125	34,990	51,982
建物・構築物	〃	8,914	7,081	14,988
土地改良設備	〃	82	21	37
自動車	〃	781	1,071	1,582
農機具	〃	26,348	26,817	35,375
流動資本額	〃	13,920	12,011	10,616
労賃資本額	〃	4,269	3,583	5,777

麦類生産費・二条大麦・六条大麦・はだか麦・全国

区　分	単位	二条大麦 （全国平均）	六条大麦 （全国平均）	はだか麦 （全国平均）
自動車所有台数（10経営体当たり）				
四　輪　自　動　車	台	31.4	32.0	20.2
農機具所有台数（10経営体当たり）				
乗　用　型　ト　ラ　ク　タ				
20　馬　力　未　満	〃	1.5	1.3	2.9
20〜50　馬　力　未　満	〃	13.6	17.3	15.6
50　馬　力　以　上	〃	9.9	9.5	5.1
歩　行　型　ト　ラ　ク　タ	〃	3.3	2.8	3.2
た　い　肥　等　散　布　機	〃	1.4	0.1	0.0
総　合　は　種　機	〃	11.1	11.7	6.7
移　植　機	〃	2.0	0.4	-
中　耕　除　草　機	〃	4.1	4.0	2.2
肥　料　散　布　機	〃	10.1	4.8	7.4
動　力　噴　霧　機	〃	8.0	5.4	3.7
動　力　散　粉　機	〃	1.1	3.6	2.3
自　脱　型　コ　ン　バ　イ　ン				
3　条　以　下	〃	3.2	1.7	4.6
4　条　以　上	〃	6.0	12.9	6.8
普　通　型　コ　ン　バ　イ　ン	〃	1.1	3.0	0.6
脱　穀　機	〃	0.3	-	-
乾　燥　機	〃	12.6	21.2	16.4
ト　レ　ー　ラ　ー	〃	1.9	2.9	0.4
調　査　該　当　麦				
10 a 当たり主産物数量	kg	322	320	225
粗　収　益				
10　a　当　た　り	円	34,071	14,043	9,564
主　産　物	〃	33,774	13,895	9,090
副　産　物	〃	297	148	474
単　位　数　量　当　た　り	〃	5,303	2,197	2,552
主　産　物	〃	5,257	2,173	2,425
副　産　物	〃	46	24	127
所　得				
10　a　当　た　り	〃	△ 7,266	△ 23,704	△ 26,773
1　日　当　た　り	〃	-	-	-
家　族　労　働　報　酬				
10　a　当　た　り	〃	△ 11,884	△ 26,312	△ 29,944
1　日　当　た　り	〃	-	-	-
（参考1）経営所得安定対策等 　受取金（10 a 当たり）	〃	30,689	55,068	44,361
（参考2）経営所得安定対策等 　の交付金を加えた場合				
粗　収　益				
10　a　当　た　り		64,760	69,111	53,925
単　位　数　量　当　た　り		10,080	10,811	14,386
所　得				
10　a　当　た　り	〃	23,423	31,364	17,588
1　日　当　た　り	〃	35,091	66,029	21,190
家　族　労　働　報　酬				
10　a　当　た　り	〃	18,805	28,756	14,417
1　日　当　た　り	〃	28,172	60,539	17,370

注：1　単位数量は、二条大麦及び六条大麦は50kg、はだか麦は60kgである（以下270ページまで同じ。）。

麦類生産費・二条大麦・六条大麦・はだか麦・全国

(3) 二条大麦・六条大麦・はだか麦の生産費（続き）
イ 生産費〔10a当たり〕

単位：円

区　分	二条大麦 （全国平均）	六条大麦 （全国平均）	はだか麦 （全国平均）
物財費	36,518	32,042	31,031
種苗費	3,078	2,518	2,414
購入	2,962	2,382	1,447
自給	116	136	967
肥料費	7,738	8,945	7,262
購入	7,700	8,945	7,262
自給	38	-	-
農業薬剤費（購入）	2,328	2,184	3,078
光熱動力費	1,573	1,413	1,994
購入	1,573	1,413	1,994
自給	-	-	-
その他の諸材料費	56	0	1
購入	56	0	-
自給	-	-	1
土地改良及び水利費	441	504	20
賃借料及び料金	8,022	5,696	2,920
物件税及び公課諸負担	868	621	780
建物費	1,023	778	1,078
償却費	841	626	1,021
修繕費及び購入補充費	182	152	57
購入	182	152	57
自給	-	-	-
自動車費	1,004	872	1,369
償却費	299	466	651
修繕費及び購入補充費	705	406	718
購入	705	406	718
自給	-	-	-
農機具費	10,232	8,397	10,032
償却費	7,542	6,930	8,127
修繕費及び購入補充費	2,690	1,467	1,905
購入	2,690	1,467	1,905
自給	-	-	-
生産管理費	155	114	83
償却費	-	1	-
購入・支払	155	113	83
労働費	8,536	7,166	11,555
直接労働費	8,231	6,983	11,014
家族	7,841	5,901	9,563
雇用	390	1,082	1,451
間接労働費	305	183	541
家族	304	163	435
雇用	1	20	106
費用合計	45,054	39,208	42,586
購入（支払）	28,073	24,985	21,821
自給	8,299	6,200	10,966
償却	8,682	8,023	9,799
副産物価額	297	148	474
生産費（副産物価額差引）	44,757	39,060	42,112
支払利子	103	12	141
支払地代	4,325	4,591	3,608
支払利子・地代算入生産費	49,185	43,663	45,861
自己資本利子	1,862	1,913	2,469
自作地地代	2,756	695	702
資本利子・地代全額算入生産費 （全算入生産費）	53,803	46,271	49,032

麦類生産費・二条大麦・六条大麦・はだか麦・全国

ウ 生産費〔単位数量当たり〕

単位：円

区　　　　　分	二条大麦 （全国平均）	六条大麦 （全国平均）	はだか麦 （全国平均）
物　　財　　費	5,686	5,013	8,274
種　　苗　　費	479	394	644
購　　入	461	373	386
自　　給	18	21	258
肥　　料　　費	1,207	1,398	1,936
購　　入	1,201	1,398	1,936
自　　給	6	-	-
農業薬剤費（購入）	362	342	820
光　熱　動　力　費	246	221	531
購　　入	246	221	531
自　　給	-	-	-
その他の諸材料費	9	0	0
購　　入	9	0	-
自　　給	-	-	0
土地改良及び水利費	69	79	5
賃借料及び料金	1,248	892	778
物件税及び公課諸負担	134	97	208
建　　物　　費	157	122	288
償　却　費	129	98	273
修繕費及び購入補充費	28	24	15
購　　入	28	24	15
自　　給	-	-	-
自　動　車　費	157	136	366
償　却　費	47	73	174
修繕費及び購入補充費	110	63	192
購　　入	110	63	192
自　　給	-	-	-
農　機　具　費	1,594	1,314	2,676
償　却　費	1,175	1,084	2,168
修繕費及び購入補充費	419	230	508
購　　入	419	230	508
自　　給	-	-	-
生　産　管　理　費	24	18	22
償　却　費	-	0	-
購入・支払	24	18	22
労　　働　　費	1,328	1,121	3,082
直　接　労　働　費	1,281	1,092	2,938
家　　族	1,220	922	2,551
雇　　用	61	170	387
間　接　労　働　費	47	29	144
家　　族	47	26	116
雇　　用	0	3	28
費　用　合　計	7,014	6,134	11,356
購　入（支払）	4,372	3,910	5,816
自　　給	1,291	969	2,925
償　　却	1,351	1,255	2,615
副　産　物　価　額	46	24	127
生産費（副産物価額差引）	6,968	6,110	11,229
支　払　利　子	16	2	37
支　払　地　代	673	718	963
支払利子・地代算入生産費	7,657	6,830	12,229
自　己　資　本　利　子	290	299	659
自　作　地　地　代	429	109	187
資本利子・地代全額算入生産費 （全算入生産費）	8,376	7,238	13,075

麦類生産費・二条大麦・六条大麦・はだか麦・全国

(3) 二条大麦・六条大麦・はだか麦の生産費（続き）
エ 麦類の作業別労働時間

単位：時間

区　分	二 条 大 麦 （全 国 平 均）	六 条 大 麦 （全 国 平 均）	は だ か 麦 （全 国 平 均）
投下労働時間（10a当たり）	5.65	4.59	7.96
家　　　　　　　　族	5.34	3.80	6.64
雇　　　　　　　　用	0.31	0.79	1.32
直　接　労　働　時　間	5.46	4.47	7.53
家　　　　　　　族	5.15	3.70	6.35
男	4.24	3.09	5.71
女	0.91	0.61	0.64
雇　　　　　　　用	0.31	0.77	1.18
男	0.26	0.74	1.18
女	0.05	0.03	-
間　接　労　働　時　間	0.19	0.12	0.43
男	0.18	0.12	0.41
女	0.01	0.00	0.02
投下労働時間（単位数量当たり）	0.87	0.71	2.12
家　　　　　　　　族	0.84	0.60	1.76
雇　　　　　　　　用	0.03	0.11	0.36
直　接　労　働　時　間	0.84	0.69	2.01
家　　　　　　　族	0.81	0.58	1.68
男	0.66	0.49	1.51
女	0.15	0.09	0.17
雇　　　　　　　用	0.03	0.11	0.33
男	0.03	0.11	0.33
女	0.00	0.00	-
間　接　労　働　時　間	0.03	0.02	0.11
男	0.03	0.02	0.11
女	0.00	0.00	0.00
作業別直接労働時間（10a当たり）	5.46	4.47	7.53
合　　　　　　　　計			
種　　子　　予　　措	0.04	0.01	0.02
耕　　起　　整　　地	0.91	0.78	1.06
基　　　　肥	0.52	0.43	0.49
は　　　　種	0.60	0.47	0.68
追　　　　肥	0.22	0.11	0.43
中　　耕　　除　　草	0.71	0.44	1.29
麦　　　踏　　　み	0.31	0.13	0.60
管　　　　理	0.66	0.76	0.90
防　　　　除	0.21	0.22	0.24
刈　　取　　脱　　穀	0.97	0.79	1.35
乾　　　　燥	0.18	0.25	0.37
生　　産　　管　　理	0.13	0.08	0.10
うち　家　　　　　　族			
種　　子　　予　　措	0.04	0.01	0.02
耕　　起　　整　　地	0.88	0.63	0.92
基　　　　肥	0.51	0.37	0.44
は　　　　種	0.58	0.38	0.58
追　　　　肥	0.21	0.09	0.33
中　　耕　　除　　草	0.67	0.41	1.23
麦　　　踏　　　み	0.30	0.13	0.49
管　　　　理	0.62	0.57	0.77
防　　　　除	0.20	0.17	0.21
刈　　取　　脱　　穀	0.85	0.65	1.02
乾　　　　燥	0.16	0.21	0.24
生　　産　　管　　理	0.13	0.08	0.10

麦類生産費・二条大麦・六条大麦・はだか麦・全国

オ　原単位量〔10 a 当たり〕

区分	単位	二条大麦（全国平均）	六条大麦（全国平均）	はだか麦（全国平均）
種苗費	-	-	-	-
種子				
購入	kg	9.0	6.9	4.1
自給	〃	0.5	0.6	8.0
肥料費	-	-	-	-
窒素質				
硫安	kg	1.9	2.0	3.4
尿素	〃	0.2	1.2	0.3
石灰窒素	〃	0.5	0.6	7.8
りん酸質				
過リン酸石灰	〃	-	3.5	-
よう성リン肥	〃	1.8	0.3	-
重焼リン肥	〃	-	0.0	-
カリ質				
塩化カリ	〃	-	-	-
硫酸カリ	〃	-	-	-
けいカル	〃	0.4	0.2	-
炭酸ｶﾙｼｳﾑ（石灰を含む。）	〃	37.2	19.2	30.1
けい酸石灰	〃	0.4	1.7	-
複合肥料				
高成分化成	〃	31.9	32.1	56.8
低成分化成	〃	0.1	0.6	0.3
配合肥料	〃	22.9	8.1	0.2
固形肥料	〃	-	-	-
土壌改良資材	-	-	-	-
たい肥・きゅう肥	kg	122.3	66.9	1.1
その他	-	-	-	-
自給肥料				
たい肥	kg	16.5	-	-
きゅう肥	〃	1.2	-	-
稲・麦わら	〃	-	-	-
その他	-	-	-	-
農業薬剤費	-	-	-	-
殺虫剤	-	-	-	-
殺菌剤	-	-	-	-
殺虫殺菌剤	-	-	-	-
除草剤	-	-	-	-
その他	-	-	-	-
光熱動力費	-	-	-	-
動力燃料				
重油	L	-	-	-
軽油	〃	12.1	9.6	12.4
灯油	〃	1.8	3.4	3.1
ガソリン	〃	2.1	1.4	1.8
潤滑油	〃	0.3	0.1	0.2
混合油	〃	0.1	0.1	0.2
電力料	-	-	-	-
その他	-	-	-	-
自給	-	-	-	-

麦類生産費・二条大麦・六条大麦・はだか麦・全国

(3) 二条大麦・六条大麦・はだか麦の生産費（続き）
オ 原単位量〔10 a 当たり〕（続き）

区分	単位	二条大麦（全国平均）	六条大麦（全国平均）	はだか麦（全国平均）
その他の諸材料費	-	-	-	-
ビニールシート	m²	-	-	-
ポリエチレン	〃	-	-	-
なわ	kg	-	-	-
融雪剤	〃	2.5	-	-
その他	-	-	-	-
自給	-	-	-	-
土地改良及び水利費	-	-	-	-
土地改良区費				
維持負担金	-	-	-	-
償還金	-	-	-	-
その他	-	-	-	-
賃借料及び料金	-	-	-	-
共同負担金				
薬剤散布	-	-	-	-
共同施設負担	-	-	-	-
農機具借料	-	-	-	-
航空防除費	a	3.0	5.0	0.7
賃耕料	〃	0.1	-	-
は種・定植	〃	0.2	0.2	-
収穫請負わせ賃	〃	1.2	0.3	0.3
ライスセンター費	kg	104.1	50.6	62.2
カントリーエレベータ費	〃	177.7	152.2	44.2
その他	-	-	-	-

麦類生産費・二条大麦・六条大麦・はだか麦・全国

カ　原単位評価額〔10 a 当たり〕

単位：円

区分	二条大麦（全国平均）	六条大麦（全国平均）	はだか麦（全国平均）
種苗費	3,078	2,518	2,414
種子			
購入	2,962	2,382	1,447
自給	116	136	967
肥料費	7,738	8,945	7,262
窒素質			
硫安	104	99	203
尿素	20	104	24
石灰窒素	71	76	1,137
りん酸質			
過リン酸石灰	–	319	–
よう成リン肥	126	17	–
重焼リン肥	–	0	–
カリ質			
塩化カリ	–	–	–
硫酸カリ	–	–	–
けいカル	12	4	–
炭酸カルシウム（石灰を含む。）	1,078	585	753
けい酸石灰	10	61	–
複合肥料			
高成分化成	3,082	4,429	5,003
低成分化成	13	54	26
配合肥料	2,304	1,304	20
固形肥料	–	–	–
土壌改良資材	292	840	95
たい肥・きゅう肥	231	99	1
その他	357	954	–
自給肥料			
たい肥	38	–	–
きゅう肥	0	–	–
稲・麦わら	–	–	–
その他	–	–	–
農業薬剤費	2,328	2,184	3,078
殺虫剤	22	4	5
殺菌剤	499	540	304
殺虫殺菌剤	0	–	–
除草剤	1,729	1,640	2,767
その他	78	–	2
光熱動力費	1,573	1,413	1,994
動力燃料			
重油	–	–	–
軽油	970	822	1,217
灯油	122	233	223
ガソリン	260	165	224
潤滑油	119	77	166
混合油	24	18	31
電力料	75	95	128
その他	3	3	5
自給	–	–	–

麦類生産費・二条大麦・六条大麦・はだか麦・全国

(3) 二条大麦・六条大麦・はだか麦の生産費（続き）
　　カ　原単位評価額〔10a当たり〕（続き）

単位：円

区　　　　　分	二　条　大　麦 （全国平均）	六　条　大　麦 （全国平均）	は　だ　か　麦 （全国平均）
その他の諸材料費	56	0	1
ビニールシート	-	-	-
ポリエチレン	-	-	-
な　　　　わ	-	-	-
融　雪　剤	56	-	-
そ　の　他	0	0	-
自　　　給	-	-	1
土地改良及び水利費	441	504	20
土地改良区費			
維持負担金	410	491	20
償　還　金	31	13	-
そ　の　他	0	-	-
賃借料及び料金	8,022	5,696	2,920
共同負担金			
薬剤散布	7	29	177
共同施設負担	219	-	10
農機具借料	709	367	226
航空防除費	574	824	185
賃　耕　料	34	-	-
は種・定植	51	171	-
収穫請負わせ賃	968	207	166
ライスセンター費	2,201	1,245	1,086
カントリーエレベータ費	3,201	2,849	810
そ　の　他	58	4	260
物件税及び公課諸負担	868	621	780
物　件　税	347	257	360
公課諸負担	521	364	420
建　物　費	1,023	778	1,078
償　却			
住　　家	3	-	-
納屋・倉庫	723	248	524
用　水　路	1	-	-
暗きょ排水施設	15	2	1
コンクリートけい畔	-	2	6
客　　　土	0	-	-
たい肥盤	-	-	-
そ　の　他	99	374	490
修繕費及び購入補充費	182	152	57

麦類生産費・二条大麦・六条大麦・はだか麦・全国

単位：円

区　　　　　分	二　条　大　麦 （　全　国　平　均　）	六　条　大　麦 （　全　国　平　均　）	は　だ　か　麦 （　全　国　平　均　）
自　動　車　費	1,004	872	1,369
償　　　　　　　却			
四　輪　自　動　車	299	466	651
そ　　の　　　　他	-	-	-
修繕費及び購入補充費	705	406	718
農　機　具　費	10,232	8,397	10,032
償　　　　　　　却			
乗　用　型　ト　ラ　ク　タ			
20　馬　力　未　満	6	2	3
20　　～　　50	940	1,343	1,662
50　馬　力　以　上	1,227	965	2,132
歩　行　型　ト　ラ　ク　タ	-	-	-
た　い　肥　等　散　布　機	16	-	-
総　合　は　種　機	429	367	385
移　　植　　機	-	-	-
中　耕　除　草　機	102	-	8
肥　料　散　布　機	100	29	142
動　力　噴　霧　機	111	86	19
動　力　散　粉　機	1	5	1
自　脱　型　コ　ン　バ　イ　ン			
3　条　以　下	34	-	254
4　条　以　上	2,235	2,503	1,190
普　通　型　コ　ン　バ　イ　ン	180	145	1,121
脱　　穀　　機	-	-	-
乾　　燥　　機	347	700	237
ト　レ　ー　ラ　ー	5	22	-
そ　　の　　　　他	1,809	763	973
修繕費及び購入補充費	2,690	1,467	1,905
生　産　管　理　費	155	114	83
償　　却　　費	-	1	-
購　　入　　費	155	113	83

累年統計表

1　米生産費の累年統計

米生産費・累年

(1) 米生産費の全国累年統計
ア 調査対象農家の生産概要・経営概況

区分		単位	昭和26年産	27	28	29	30	31	32
			(1)	(2)	(3)	(4)	(5)	(6)	(7)
経営耕地面積（1戸当たり）	(1)	a	143	137	144	132	136	125	129
うち水田	(2)	〃	108	100	…	99	98	94	98
水稲作付実面積（1戸当たり）	(3)	〃	103.1	95.5	102.9	95.5	93.7	89.9	94.0
資本額（10a当たり）	(4)	円	…	…	…	…	…	…	…
うち固定資本額	(5)	〃	…	…	…	…	…	…	…
家族員数	(6)	人	6.8	6.3	6.7	6.5	6.7	6.3	6.3
農業就業者	(7)	〃	4.0	4.2	…	3.7	3.7	3.5	3.3
労働時間（10a当たり）	(8)	時間	200.7	195.1	187.0	185.9	190.4	186.3	180.2
男	(9)	〃	110.4	108.1	102.7	102.6	102.9	101.8	95.7
女	(10)	〃	90.3	87.0	84.3	83.3	87.5	84.5	84.5
直接労働時間	(11)	〃	200.7	195.1	187.0	185.9	190.4	186.3	180.2
家族	(12)	〃	176.9	168.8	162.9	162.6	166.7	165.2	159.7
男	(13)	〃	99.7	96.2	92.1	92.3	93.1	93.3	88.4
女	(14)	〃	77.2	72.6	70.8	70.3	73.6	71.9	71.3
雇用	(15)	〃	23.8	26.3	24.1	23.3	23.7	21.1	20.5
男	(16)	〃	10.7	11.9	10.6	10.3	9.8	8.5	7.3
女	(17)	〃	13.1	14.4	13.5	13.0	13.9	12.6	13.2
うち生産管理	(18)	〃	…	…	…	…	…	…	…
間接労働時間	(19)	〃	…	34.4	…	…	36.5	43.6	35.7
作業別直接労働時間（10a当たり）	(20)	〃	…	…	…	186.6	…	184.7	…
種子予措	(21)	〃	…	…	…	0.7	…	0.6	…
育苗	(22)	〃	…	…	…	9.1	…	8.7	…
耕起整地	(23)	〃	…	…	…	26.7	…	23.2	…
基肥	(24)	〃	…	…	…	7.6	…	7.1	…
直まき	(25)	〃	…	…	…	…	…	…	…
田植	(26)	〃	…	…	…	27.7	…	26.6	…
追肥	(27)	〃	…	…	…	1.9	…	2.0	…
除草	(28)	〃	…	…	…	31.3	…	31.6	…
管理	(29)	〃	…	…	…	18.6	…	20.7	…
防除	(30)	〃	…	…	…	…	…	…	…
刈取脱穀	(31)	〃	…	…	…	57.2	…	58.2	…
乾燥	(32)	〃	…	…	…	5.8	…	6.0	…
生産管理	(33)	〃	…	…	…	…	…	…	…
（参考）									
間接労働費（10a当たり）	(34)	円	…	1,091	…	…	1,506	1,665	1,591
動力運転時間（10a当たり）	(35)	時間	3.6	3.9	…	4.2	4.6	5.3	5.2
畜力使役時間（10a当たり）	(36)	〃	14.4	13.8	13.5	12.7	12.3	11.9	11.2
主産物数量（10a当たり）	(37)	kg	426	366	322	361	422	405	408
粗収益									
10a当たり	(38)	円	18,214	20,429	19,731	23,857	30,021	28,137	29,162
主産物	(39)	〃	16,460	18,403	17,619	21,692	27,734	25,904	26,961
副産物	(40)	〃	1,754	2,026	2,112	2,165	2,287	2,233	2,201
60kg当たり	(41)	〃	2,773	3,348	3,681	3,964	4,265	4,163	4,288
所得									
10a当たり	(42)	〃	12,076	13,090	12,007	15,658	21,390	19,243	20,019
1日当たり	(43)	〃	546	620	590	770	1,027	932	1,003
家族労働報酬									
10a当たり	(44)	〃	11,100	11,890	10,683	14,292	19,535	17,314	18,083
1日当たり	(45)	〃	502	564	525	703	937	838	906
（参考）奨励金を加えた場合									
粗収益									
10a当たり	(46)	円	…	…	…	…	…	…	…
60kg当たり	(47)	〃	…	…	…	…	…	…	…
所得									
10a当たり	(48)	〃	…	…	…	…	…	…	…
1日当たり	(49)	〃	…	…	…	…	…	…	…
家族労働報酬									
10a当たり	(50)	〃	…	…	…	…	…	…	…
1日当たり	(51)	〃	…	…	…	…	…	…	…
（参考）経営安定対策等									
拠出金（10a当たり）	(52)	〃	-	-	-	-	-	-	-
受取金（10a当たり）	(53)	〃	-	-	-	-	-	-	-

注：1 収益性の取扱いについては、「3 調査結果の取りまとめと統計表の編成」の(1)エ及びオ（12ページ）を参照されたい（以下319ページまで同じ。）。
　　2 昭和38年産までは、1反当たり生産費を10a当たり換算（1反×1.008）したものであり、各年の年報の最小項目から積み上げたものである（以下322ページまで同じ。）。

米生産費・累年

33	34	35	36	37	38	39	40	41	42	
(8)	(9)	(10)	(11)	(12)	(13)	(14)	(15)	(16)	(17)	
131	132	132	134	134	134	128	134	130	136	(1)
100	100	98	99	100	99	95	99	97	102	(2)
95.9	96.5	96.1	96.8	97.1	94.7	90.3	93.7	92.5	97.1	(3)
…	…	…	…	…	…	44,474	46,788	51,429	58,088	(4)
…	…	…	…	…	…	22,043	22,807	25,205	28,693	(5)
6.2	6.3	6.2	6.2	6.0	5.9	…	…	…	5.7	(6)
3.3	3.3	3.1	3.1	3.0	2.7	2.7	2.8	2.8	2.8	(7)
183.5	177.4	172.9	167.0	153.2	146.3	147.2	141.0	140.0	139.4	(8)
97.7	93.4	90.7	85.8	77.9	74.3	75.0	71.3	70.6	70.5	(9)
85.8	84.0	82.2	81.2	75.3	72.0	72.2	69.7	69.4	68.9	(10)
183.5	177.4	172.9	167.0	153.2	146.3	147.2	141.0	140.0	139.4	(11)
161.5	155.8	151.3	147.0	136.1	130.3	132.2	126.1	125.9	125.0	(12)
89.6	85.7	83.2	79.4	72.8	69.7	70.8	67.2	66.9	67.0	(13)
71.9	70.1	68.1	67.6	63.3	60.6	61.4	58.9	59.0	58.0	(14)
22.0	21.6	21.6	19.9	17.1	16.0	15.0	14.9	14.1	14.4	(15)
8.1	7.7	7.5	6.4	5.1	4.6	4.2	4.1	3.7	3.5	(16)
13.9	13.9	14.1	13.5	12.0	11.4	10.8	10.8	10.4	10.9	(17)
…	…	…	…	…	…	…	…	…	…	(18)
34.1	24.0	21.9	19.8	16.9	14.3	12.9	11.6	10.9	10.0	(19)
183.4	…	173.9	…	152.9	…	146.3	141.2	139.3	139.0	(20)
0.7	…	0.7	…	0.6	…	0.6	0.6	0.5	0.5	(21)
9.2	…	9.2	…	8.1	…	7.4	7.8	7.4	7.2	(22)
19.6	…	17.0	…	13.1	…	14.8	14.4	13.9	13.1	(23)
6.9	…	6.8	…	6.1	…	5.7	5.6	5.5	5.3	(24)
0.0	…	0.0	…	0.0	…	0.2	0.2	0.1	0.2	(25)
26.3	…	26.6	…	25.1	…	24.7	24.4	24.0	23.9	(26)
2.1	…	1.7	…	1.3	…	1.3	1.1	1.4	1.5	(27)
31.0	…	26.7	…	20.8	…	17.6	17.4	16.4	17.0	(28)
22.4	…	22.0	…	19.9	…	13.3	12.0	12.4	13.5	(29)
…	…	…	…	…	…	3.3	3.4	3.6	3.5	(30)
59.2	…	57.4	…	52.5	…	50.3	47.9	47.4	46.8	(31)
6.0	…	5.8	…	5.4	…	7.2	6.5	6.7	6.5	(32)
…	…	…	…	…	…	…	…	…	…	(33)
1,552	1,104	1,084	1,116	1,135	1,115	1,151	1,171	1,206	1,256	(34)
6.3	6.6	7.5	8.6	9.9	11.5	13.6	14.4	15.6	17.6	(35)
10.5	9.7	8.3	6.7	4.8	3.2	2.2	1.5	0.9	0.7	(36)
422	439	448	439	450	446	446	445	455	502	(37)
30,240	31,416	32,056	33,027	37,384	40,102	45,404	49,167	55,277	66,440	(38)
28,009	29,242	29,853	30,819	35,135	37,847	43,178	47,011	53,036	64,034	(39)
2,231	2,174	2,203	2,208	2,249	2,255	2,226	2,156	2,241	2,406	(40)
4,292	4,292	4,300	4,508	4,993	5,398	6,108	6,624	7,282	7,949	(41)
20,838	21,994	22,060	22,160	25,973	27,849	31,988	34,744	39,533	48,701	(42)
1,032	1,129	1,166	1,206	1,527	1,710	1,936	2,204	2,512	3,117	(43)
18,872	20,032	19,919	20,000	23,699	25,313	29,059	31,649	36,216	41,053	(44)
935	1,029	1,053	1,088	1,393	1,554	1,758	2,008	2,301	2,627	(45)
…	…	…	…	…	…	…	…	…	…	(46)
…	…	…	…	…	…	…	…	…	…	(47)
…	…	…	…	…	…	…	…	…	…	(48)
…	…	…	…	…	…	…	…	…	…	(49)
…	…	…	…	…	…	…	…	…	…	(50)
…	…	…	…	…	…	…	…	…	…	(51)
-	-	-	-	-	-	-	-	-	-	(52)
-	-	-	-	-	-	-	-	-	-	(53)

3　作業別直接労働時間は、昭和42年産までは、米生産費調査農家のうち、半数の調査結果であることから、作業別直接労働時間の計と直接労働時間は一致しない（以下322ページまで同じ。）。

米生産費・累年

(1) 米生産費の全国累年統計（続き）
ア 調査対象農家の生産概要・経営概況（続き）

区分		単位	昭和43年産	44	45	46	47	48	49
			(18)	(19)	(20)	(21)	(22)	(23)	(24)
経営耕地面積（1戸当たり）	(1)	a	137	129	135	130	138	139	133
うち 水 田	(2)	〃	104	96	102	97	104	106	102
水稲作付実面積（1戸当たり）	(3)	〃	98.9	92.5	90.4	82.9	87.4	89.9	91.3
資本額（10a当たり）	(4)	円	66,085	82,061	89,597	95,598	95,444	100,963	127,163
うち 固 定 資 本 額	(5)	〃	34,285	47,605	54,675	59,484	58,445	59,875	73,137
家 族 員 数	(6)	人	5.6	5.3	5.2	5.2	5.1	5.1	4.9
農 業 就 業 者	(7)	〃	2.7	2.6	2.6	2.5	2.6	2.6	2.4
労働時間（10a当たり）	(8)	時間	132.7	128.1	117.8	110.3	99.0	92.7	87.1
男	(9)	〃	66.6	64.2	59.1	55.9	50.2	48.5	46.8
女	(10)	〃	66.1	63.9	58.7	54.4	48.8	44.2	40.3
直 接 労 働 時 間	(11)	〃	132.7	128.1	117.8	110.3	99.0	92.7	87.1
家 族	(12)	〃	117.8	113.9	104.6	99.1	89.6	85.6	81.0
男	(13)	〃	63.0	60.8	56.0	53.0	48.0	46.6	45.0
女	(14)	〃	54.8	53.1	48.6	46.1	41.6	39.0	36.0
雇 用	(15)	〃	14.9	14.2	13.2	11.2	9.4	7.1	6.1
男	(16)	〃	3.6	3.4	3.1	2.9	2.2	1.9	1.8
女	(17)	〃	11.3	10.8	10.1	8.3	7.2	5.2	4.3
うち 生 産 管 理	(18)	〃	…	…	…	…	…	…	…
間 接 労 働 時 間	(19)	〃	8.2	7.7	6.8	6.0	4.7	4.4	3.8
作業別直接労働時間（10a当たり）	(20)	〃	132.7	128.1	117.8	110.3	99.0	92.7	87.1
種 子 予 措	(21)	〃	0.6	0.7	0.7	0.6	0.6	0.5	0.5
育 苗	(22)	〃	7.1	7.4	7.4	7.3	6.9	6.6	6.6
耕 起 整 地	(23)	〃	12.6	12.2	11.4	11.3	10.2	9.7	9.6
基 肥	(24)	〃	5.6	5.8	5.2	4.8	4.2	4.0	3.7
直 ま き	(25)	〃	0.2	0.2	0.2	0.3	0.2	0.3	0.3
田 植	(26)	〃	24.4	24.7	23.2	21.3	18.9	16.2	14.1
追 肥	(27)	〃	1.8	1.7	1.4	1.3	1.2	1.3	1.3
除 草	(28)	〃	15.4	14.6	13.0	11.3	10.3	9.8	9.0
管 理	(29)	〃	11.4	11.4	10.8	10.4	10.1	10.5	10.0
防 除	(30)	〃	3.3	3.5	3.0	2.8	2.4	2.4	2.5
刈 取 脱 穀	(31)	〃	43.6	39.6	35.5	33.0	28.4	26.0	24.3
乾 燥	(32)	〃	6.7	6.3	6.0	5.9	5.6	5.4	5.2
生 産 管 理	(33)	〃	…	…	…	…	…	…	…
（参考）									
間接労働費（10a当たり）	(34)	円	1,172	1,230	1,195	1,151	1,026	1,112	1,270
動力運転時間（10a当たり）	(35)	時間	18.1	18.9	18.5	18.4	18.2	18.3	16.8
畜力使役時間（10a当たり）	(36)	〃	0.4	0.3	0.2	0.0	0.0	0.0	0.0
主産物数量（10a当たり）	(37)	kg	497	484	487	464	495	511	503
粗 収 益									
10 a 当 た り	(38)	円	69,673	67,778	67,859	66,204	74,592	89,605	116,980
主 産 物	(39)	〃	67,213	65,332	65,892	64,274	72,626	87,196	113,946
副 産 物	(40)	〃	2,460	2,446	1,967	1,930	1,966	2,409	3,034
60 kg 当 た り	(41)	〃	8,408	8,400	8,364	8,552	9,040	10,513	13,962
所 得									
10 a 当 た り	(42)	〃	49,605	44,539	43,102	39,997	46,186	57,967	76,753
1 日 当 た り	(43)	〃	3,369	3,128	3,297	3,229	4,124	5,417	7,581
家 族 労 働 報 酬									
10 a 当 た り	(44)	〃	41,138	34,744	32,592	28,589	33,644	43,701	57,460
1 日 当 た り	(45)	〃	2,794	2,440	2,493	2,308	3,004	4,034	5,675
（参考）奨励金を加えた場合									
粗 収 益									
10 a 当 た り	(46)	円	…	…	…	…	…	…	…
60 kg 当 た り	(47)	〃	…	…	…	…	…	…	…
所 得									
10 a 当 た り	(48)	〃	…	…	…	…	…	…	…
1 日 当 た り	(49)	〃	…	…	…	…	…	…	…
家 族 労 働 報 酬									
10 a 当 た り	(50)	〃	…	…	…	…	…	…	…
1 日 当 た り	(51)	〃	…	…	…	…	…	…	…
（参考）経営安定対策等									
拠 出 金（10a当たり）	(52)	〃	-	-	-	-	-	-	-
受 取 金（10a当たり）	(53)	〃	-	-	-	-	-	-	-

米生産費・累年

	50	51	52	53	54	55	56	57	58	59	
	(25)	(26)	(27)	(28)	(29)	(30)	(31)	(32)	(33)	(34)	
	134	125	131	131	131	127	131	138	131	140	(1)
	102	94	100	100	100	98	98	106	100	107	(2)
	93.6	87.3	90.4	85.2	83.7	80.3	75.8	81.7	78.5	85.5	(3)
	146,128	175,779	190,037	206,748	217,085	231,431	236,789	234,338	239,247	238,771	(4)
	84,039	98,846	110,196	122,456	129,795	139,804	139,745	136,933	138,672	139,303	(5)
	4.9	4.9	4.9	5.0	4.9	4.9	4.9	4.9	4.9	4.9	(6)
	2.4	2.2	2.3	2.1	1.9	1.9	1.4	1.4	1.3	1.4	(7)
	81.5	79.7	73.8	71.7	69.4	64.4	63.9	60.4	61.2	56.5	(8)
	44.9	44.8	41.7	41.5	40.5	38.6	38.2	36.6	37.6	34.9	(9)
	36.6	34.9	32.1	30.2	28.9	25.8	25.7	23.8	23.6	21.6	(10)
	81.5	79.7	73.8	71.7	69.4	64.4	63.9	60.4	61.2	56.5	(11)
	77.1	76.3	71.0	69.4	67.3	62.7	62.4	59.1	59.9	55.2	(12)
	43.6	43.7	40.8	40.7	39.7	37.9	37.6	36.1	37.0	34.3	(13)
	33.5	32.6	30.2	28.7	27.6	24.8	24.8	23.0	22.9	20.9	(14)
	4.4	3.4	2.8	2.3	2.1	1.7	1.5	1.3	1.3	1.3	(15)
	1.3	1.1	0.9	0.8	0.8	0.7	0.6	0.5	0.6	0.6	(16)
	3.1	2.3	1.9	1.5	1.3	1.0	0.9	0.8	0.7	0.7	(17)
	...	...	...	...	...	...	...	...	...	...	(18)
	3.5	3.4	3.1	3.1	3.0	2.8	3.0	2.6	2.7	2.5	(19)
	81.5	79.7	73.8	71.7	69.4	64.4	63.9	60.4	61.2	56.5	(20)
	0.5	0.6	0.6	0.6	0.6	0.6	0.6	0.6	0.6	0.5	(21)
	6.6	6.7	6.7	6.8	6.6	6.5	6.4	6.5	6.4	6.3	(22)
	9.2	9.3	8.6	8.5	8.3	8.1	8.1	7.3	7.5	7.0	(23)
	3.5	3.5	3.3	3.1	3.0	2.7	2.6	2.5	2.5	2.3	(24)
	0.3	0.3	0.2	0.2	0.1	0.1	0.1	0.1	0.1	0.1	(25)
	12.2	10.9	10.0	9.6	9.0	8.4	8.4	8.0	7.9	7.5	(26)
	1.3	1.5	1.5	1.4	1.4	1.4	1.4	1.4	1.5	1.4	(27)
	8.4	7.8	7.5	7.0	6.6	5.9	5.7	5.7	5.3	4.7	(28)
	9.9	10.3	10.1	10.6	10.2	9.5	9.6	9.7	9.9	9.2	(29)
	2.7	2.7	2.5	2.3	2.3	2.3	2.3	2.0	2.3	2.0	(30)
	21.8	21.1	18.2	17.1	16.9	14.7	14.5	12.9	13.5	12.1	(31)
	5.1	5.0	4.6	4.5	4.4	4.2	4.2	3.7	3.7	3.4	(32)
	...	...	...	...	...	...	...	...	...	...	(33)
	1,476	2,165	2,201	2,409	2,411	2,557	2,844	2,652	2,721	2,664	(34)
	17.9	17.8	14.7	14.9	14.8	14.2	15.2	14.6	15.5	15.0	(35)
	0.0	0.0	0.0	0.0	0.0	0.0	0.0	-	-	-	(36)
	525	486	512	533	516	489	489	495	488	544	(37)
	138,385	136,413	150,063	157,096	151,804	150,733	154,709	155,690	157,890	177,096	(38)
	135,255	132,044	145,656	152,413	147,138	145,519	148,498	150,382	151,761	170,731	(39)
	3,130	4,369	4,407	4,683	4,666	5,214	6,211	5,308	6,129	6,365	(40)
	15,836	16,861	17,567	17,670	17,639	18,495	18,994	18,869	19,417	19,539	(41)
	91,534	82,589	91,266	92,049	81,924	73,885	72,821	71,509	70,896	88,595	(42)
	9,498	8,659	10,283	10,611	9,738	9,427	9,336	9,680	9,469	12,840	(43)
	67,006	55,542	62,915	59,405	48,307	38,971	36,456	33,394	32,377	49,950	(44)
	6,953	5,824	7,089	6,848	5,742	4,972	4,674	4,520	4,324	7,239	(45)
	139,507	137,944	152,433	160,570	154,986	154,347	158,648	159,850	162,258	181,345	(46)
	15,964	17,050	17,844	18,061	18,009	18,938	19,478	19,373	19,954	20,008	(47)
	92,656	84,120	93,636	95,523	85,106	77,499	76,760	75,669	75,264	92,844	(48)
	9,614	8,820	10,551	11,011	10,117	9,888	9,841	10,243	10,052	13,456	(49)
	68,128	57,073	65,285	62,879	51,489	42,585	40,395	37,554	36,745	54,199	(50)
	7,069	5,984	7,356	7,248	6,121	5,433	5,179	5,083	4,908	7,855	(51)
	-	-	-	-	-	-	-	-	-	-	(52)
	-	-	-	-	-	-	-	-	-	-	(53)

米生産費・累年

(1) 米生産費の全国累年統計（続き）
ア　調査対象農家の生産概要・経営概況（続き）

区分		単位	昭和60年産(旧)	60(新)	61	62	63	平成元年産	2
			(35)	(36)	(37)	(38)	(39)	(40)	(41)
経営耕地面積（1戸当たり）	(1)	a	141	149	146	151	150	155	159
うち水田	(2)	〃	108	115	113	117	119	122	125
水稲作付実面積（1戸当たり）	(3)	〃	87.7	93.4	92.4	89.6	88.2	90.9	94.4
資本額（10a当たり）	(4)	円	241,705	240,340	250,834	253,789	257,939	252,984	252,474
うち固定資本額	(5)	〃	141,228	140,655	152,164	156,931	162,594	156,899	154,961
家族員数	(6)	人	4.9	5.0	4.9	4.9	4.9	5.0	5.1
農業就業者	(7)	〃	1.3	1.3	1.3	1.3	1.3	1.3	1.3
労働時間（10a当たり）	(8)	時間	55.1	54.5	52.2	50.4	48.1	46.1	43.8
男	(9)	〃	34.3	33.9	32.9	32.0	30.8	29.8	28.6
女	(10)	〃	20.8	20.6	19.3	18.4	17.3	16.3	15.2
直接労働時間	(11)	〃	55.1	54.5	52.2	50.4	48.1	46.1	43.8
家族	(12)	〃	53.9	53.3	51.1	49.3	47.1	45.2	42.9
男	(13)	〃	33.8	33.4	32.4	31.5	30.3	29.4	28.2
女	(14)	〃	20.1	19.9	18.7	17.8	16.8	15.8	14.7
雇用	(15)	〃	1.2	1.2	1.1	1.1	1.0	0.9	0.9
男	(16)	〃	0.5	0.5	0.5	0.5	0.5	0.4	0.4
女	(17)	〃	0.7	0.7	0.6	0.6	0.5	0.5	0.5
うち生産管理	(18)	〃	…	…	…	…	…	…	…
間接労働時間	(19)	〃	2.4	2.4	2.3	2.0	1.9	1.9	1.8
作業別直接労働時間（10a当たり）	(20)	〃	55.1	54.5	52.2	50.4	48.1	46.1	43.8
種子予措	(21)	〃	0.5	0.5	0.5	0.5	0.5	0.5	0.5
育苗	(22)	〃	6.1	6.1	6.0	6.0	5.7	5.7	5.5
耕起整地	(23)	〃	6.9	6.8	6.5	6.2	6.1	5.7	5.5
基肥	(24)	〃	2.3	2.3	2.1	2.0	1.9	1.8	1.7
直まき	(25)	〃	0.1	0.0	0.1	0.0	0.0	0.0	0.0
田植	(26)	〃	7.4	7.3	7.1	6.9	6.6	6.4	6.2
追肥	(27)	〃	1.5	1.5	1.5	1.4	1.4	1.3	1.1
除草	(28)	〃	4.3	4.3	3.8	3.5	3.2	2.8	2.4
管理	(29)	〃	9.3	9.2	8.9	8.7	8.4	8.4	8.2
防除	(30)	〃	2.0	2.0	1.9	1.9	1.8	1.5	1.4
刈取脱穀	(31)	〃	11.4	11.2	10.6	10.3	9.5	9.4	8.9
乾燥	(32)	〃	3.3	3.3	3.2	3.0	3.0	2.6	2.4
生産管理	(33)	〃	…	…	…	…	…	…	…
（参考）									
間接労働費（10a当たり）	(34)	円	2,546	2,520	2,365	2,288	2,149	2,180	2,165
動力運転時間（10a当たり）	(35)	時間	14.5	14.5	14.3	14.6	14.4	14.3	14.0
畜力使役時間（10a当たり）	(36)	〃	-	-	-	-	-	-	-
主産物数量（10a当たり）	(37)	kg	527	529	540	526	517	519	533
粗収益									
10a当たり	(38)	円	170,435	170,802	173,877	160,569	155,390	160,401	159,858
主産物	(39)	〃	164,675	165,103	168,933	155,787	151,008	155,808	155,596
副産物	(40)	〃	5,760	5,699	4,944	4,782	4,382	4,593	4,262
60kg当たり	(41)	〃	19,393	19,384	19,312	18,323	18,027	18,545	18,010
所得									
10a当たり	(42)	〃	80,388	81,363	82,511	68,962	65,142	71,585	69,796
1日当たり	(43)	〃	11,931	12,212	12,918	11,191	11,064	12,670	13,016
家族労働報酬									
10a当たり	(44)	〃	41,323	42,162	42,684	28,968	25,560	32,314	31,215
1日当たり	(45)	〃	6,133	6,328	6,682	4,701	4,341	5,719	5,821
（参考）奨励金を加えた場合									
粗収益									
10a当たり	(46)	円	174,437	174,859	177,533	164,559	159,472	165,331	165,049
60kg当たり	(47)	〃	19,848	19,844	19,718	18,778	18,501	19,115	18,595
所得									
10a当たり	(48)	〃	84,390	85,420	86,167	72,952	69,224	76,515	74,987
1日当たり	(49)	〃	12,525	12,821	13,490	11,838	11,758	13,542	13,984
家族労働報酬									
10a当たり	(50)	〃	45,325	46,219	46,340	32,958	29,642	37,244	36,406
1日当たり	(51)	〃	6,727	6,937	7,255	5,348	5,035	6,592	6,789
（参考）経営安定対策等									
拠出金（10a当たり）	(52)	〃	-	-	-	-	-	-	-
受取金（10a当たり）	(53)	〃	-	-	-	-	-	-	-

注：1　集計対象農家の下限基準について、昭和60年産まで「玄米を1俵（60kg）以上販売した農家」としていたが、61年産から「玄米を10俵（600kg）以上販売した農家」に改定した。したがって、60年産（旧）以前の生産費及び関係費目に関する数値はそれぞれ接続しないので、利用に当たっては十分留意されたい（以下322ページまで同じ。）。
　　　2　平成3年産から調査項目の一部改正を行ったため、3年産（旧）以前の数値とは接続しない項目があるので、利用に当たっては十分留意されたい（以下322ページまで同じ。）。

3 (旧)	3 (新)	4	5	6 (旧)	6 (新)	7	8	9	10	
(42)	(43)	(44)	(45)	(46)	(47)	(48)	(49)	(50)	(51)	
166	166	168	144	169	179	163	164	167	171	(1)
133	133	136	118	136	143	130	134	138	143	(2)
94.4	**94.4**	**97.9**	**92.7**	**108.9**	**113.6**	**105.2**	**101.8**	**104.3**	**100.8**	(3)
258,975	211,937	207,731	234,429	200,305	198,550	214,912	224,661	225,492	235,059	(4)
158,575	157,491	152,965	177,384	144,878	143,863	158,839	168,545	170,020	178,851	(5)
4.5	4.5	4.6	4.6	4.8	4.8	4.5	4.5	4.3	4.3	(6)
1.3	1.3	1.3	1.2	1.3	1.3	0.9	0.9	0.9	0.8	(7)
41.3	**43.1**	**41.1**	**39.6**	**39.04**	**37.89**	**39.09**	**38.19**	**36.79**	**36.12**	(8)
27.3	29.0	27.8	27.6	26.81	26.02	25.48	25.14	24.45	24.07	(9)
14.0	14.1	13.3	12.0	12.23	11.87	13.61	13.05	12.34	12.05	(10)
41.3	43.1	41.1	39.6	39.04	37.89	37.98	37.07	35.68	34.95	(11)
40.6	42.4	40.3	39.1	38.23	37.07	37.07	36.04	34.53	33.65	(12)
27.0	28.7	27.4	27.3	26.35	25.56	24.05	23.62	22.86	22.33	(13)
13.6	13.7	12.9	11.8	11.88	11.51	13.02	12.42	11.67	11.32	(14)
0.7	0.7	0.8	0.5	0.81	0.82	0.91	1.03	1.15	1.30	(15)
0.3	0.3	0.4	0.3	0.46	0.46	0.55	0.62	0.71	0.82	(16)
0.4	0.4	0.4	0.2	0.35	0.36	0.36	0.41	0.44	0.48	(17)
…	1.1	1.0	1.0	0.85	0.82	0.83	0.87	0.85	0.84	(18)
1.6	1.6	1.5	1.5	1.40	1.40	1.11	1.12	1.11	1.17	(19)
41.3	43.1	41.1	39.6	39.04	37.89	37.98	37.07	35.68	34.95	(20)
0.5	0.5	0.5	0.4	0.46	0.44	0.49	0.47	0.44	0.44	(21)
5.1	5.2	5.2	4.5	4.76	4.69	4.44	4.42	4.31	4.23	(22)
5.4	5.4	5.1	5.5	4.98	4.86	4.98	4.81	4.68	4.48	(23)
1.6	1.6	1.5	1.4	1.29	1.23	1.26	1.26	1.21	1.16	(24)
0.0	0.0	0.0	0.0	0.03	0.03	0.01	0.00	0.01	0.01	(25)
6.0	6.1	5.9	5.8	5.54	5.49	5.65	5.50	5.26	4.98	(26)
1.0	1.1	1.1	1.2	0.92	0.92	0.94	0.90	0.84	0.82	(27)
2.1	2.2	2.0	1.9	1.87	1.83	2.00	2.03	1.88	1.90	(28)
7.7	7.8	7.7	7.4	8.01	7.66	7.69	7.54	7.32	7.33	(29)
1.5	1.5	1.2	1.5	1.10	1.02	1.13	1.08	1.03	1.03	(30)
8.0	8.2	7.6	6.7	7.01	6.69	6.60	6.29	6.02	5.92	(31)
2.4	2.4	2.3	2.3	2.22	2.21	1.96	1.90	1.83	1.81	(32)
…	1.1	1.0	1.0	0.85	0.82	0.83	0.87	0.85	0.84	(33)
2,135	2,339	2,265	2,333	2,312	2,165	1,711	1,778	1,777	1,826	(34)
13.7	13.7	12.8	13.1	12.80	12.50	…	…	…	…	(35)
…	…	…	…	…	…	…	…	…	…	(36)
500	**500**	**515**	**475**	**554**	**543**	**515**	**534**	**520**	**510**	(37)
154,194	154,194	165,038	170,396	167,021	165,055	149,630	156,105	136,395	141,339	(38)
149,808	149,808	159,801	164,147	164,268	162,554	146,518	152,795	133,443	137,966	(39)
4,386	4,386	5,237	6,249	2,753	2,501	3,112	3,310	2,952	3,373	(40)
18,495	18,495	19,235	21,539	18,095	18,226	17,473	17,521	15,729	16,620	(41)
61,891	70,424	80,815	81,321	83,431	81,207	65,390	70,307	50,122	53,269	(42)
12,195	13,288	16,043	16,639	17,472	17,525	13,701	15,136	11,254	12,242	(43)
23,750	37,311	48,042	49,480	52,568	50,031	33,500	39,345	19,884	23,074	(44)
4,680	7,040	9,537	10,124	11,009	10,797	7,019	8,470	4,465	5,303	(45)
159,299	159,299	170,599	176,446	173,406	171,552	154,870	160,917	141,017	-	(46)
19,107	19,107	19,883	22,304	18,787	18,943	18,085	18,061	16,262	-	(47)
66,996	75,529	86,376	87,371	89,816	87,704	70,630	75,119	54,744	-	(48)
13,201	14,251	17,147	17,876	18,810	18,927	14,799	16,172	12,292	-	(49)
28,855	42,416	53,603	55,530	58,953	56,528	38,740	44,157	24,506	-	(50)
5,686	8,003	10,641	11,362	12,346	12,199	8,117	9,506	5,502	-	(51)
-	-	-	-	-	-	-	-	-	1,981	(52)
-	-	-	-	-	-	-	-	-	2,034	(53)

3　平成６年産から集計対象の改定を行い、「平年作に対する調査年の収量の増収が20%以上」の経営体も集計対象から除外することとした。したがって、６年産（旧）以前の数値とは接続しないので、利用に当たっては十分留意されたい（以下322ページまで同じ。）。

4　労働時間は、平成６年産までは間接労働時間が含まれていないため、７年産以降とは接続しないので、利用に当たっては十分留意されたい（以下319ページまで同じ。）。

(1) 米生産費の全国累年統計（続き）
ア 調査対象農家の生産概要・経営概況（続き）

区分		単位	平成11年産	12	13	14	15	16	17	18
			(52)	(53)	(54)	(55)	(56)	(57)	(58)	(59)
経営耕地面積（1戸（経営体）当たり）	(1)	a	174	178	180	182	177	187	188	189
うち水田	(2)	〃	144	148	152	154	147	159	162	163
水稲作付実面積（1戸（経営体）当たり）	(3)	〃	103.3	105.0	103.4	105.7	101.0	111.5	115.8	118.1
資本額（10a当たり）	(4)	円	231,201	224,802	223,558	219,384	226,511	205,876	206,401	198,446
うち固定資本額	(5)	〃	176,380	171,121	170,611	168,124	176,001	155,793	157,490	150,126
家族員数	(6)	人	4.1	4.1	4.1	4.0	3.9	4.0	4.0	3.9
農業就業者	(7)	〃	0.7	0.9	0.9	0.9	0.8	1.1	1.1	1.1
労働時間（10a当たり）	(8)	時間	**35.13**	**34.16**	**33.75**	**32.39**	**31.55**	**31.02**	**30.02**	**29.16**
男	(9)	〃	23.88	23.40	23.21	22.64	22.61	22.38	21.72	21.41
女	(10)	〃	11.25	10.76	10.54	9.75	8.94	8.64	8.30	7.75
直接労働時間	(11)	〃	33.96	33.00	32.58	31.25	30.56	29.89	28.86	27.96
家族	(12)	〃	32.52	31.59	31.12	29.79	29.22	28.31	27.31	26.46
男	(13)	〃	22.03	21.55	21.26	20.73	20.82	20.42	19.73	19.39
女	(14)	〃	10.49	10.04	9.86	9.06	8.40	7.89	7.58	7.07
雇用	(15)	〃	1.44	1.41	1.46	1.46	1.34	1.58	1.55	1.50
男	(16)	〃	0.94	0.95	1.03	1.01	0.98	1.07	1.07	1.07
女	(17)	〃	0.50	0.46	0.43	0.45	0.36	0.51	0.48	0.43
うち生産管理	(18)	〃	0.79	0.76	0.76	0.74	0.69	0.71	0.66	0.66
間接労働時間	(19)	〃	1.17	1.16	1.17	1.14	0.99	1.13	1.16	1.20
作業別直接労働時間（10a当たり）	(20)	〃	33.96	33.00	32.58	31.25	30.56	29.89	28.86	27.96
種子予措	(21)	〃	0.43	0.42	0.40	0.38	0.36	0.38	0.36	0.35
育苗	(22)	〃	4.14	4.08	3.96	3.86	3.36	3.62	3.48	3.47
耕起整地	(23)	〃	4.36	4.17	4.28	4.18	4.20	3.97	3.93	3.77
基肥	(24)	〃	1.13	1.10	1.12	1.05	1.05	1.03	0.99	0.96
直まき	(25)	〃	0.01	0.01	0.01	0.01	0.01	0.02	0.01	0.02
田植	(26)	〃	4.85	4.69	4.65	4.55	4.38	4.19	4.12	3.88
追肥	(27)	〃	0.76	0.74	0.68	0.63	0.67	0.57	0.53	0.48
除草	(28)	〃	1.82	1.77	1.76	1.69	1.76	1.57	1.57	1.49
管理	(29)	〃	7.07	7.04	7.08	6.93	6.90	6.92	6.81	6.76
防除	(30)	〃	0.92	0.90	0.87	0.77	0.85	0.75	0.69	0.71
刈取脱穀	(31)	〃	5.94	5.58	5.34	4.90	4.78	4.68	4.29	4.06
乾燥	(32)	〃	1.74	1.74	1.67	1.56	1.55	1.48	1.42	1.35
生産管理	(33)	〃	0.79	0.76	0.76	0.74	0.69	0.71	0.66	0.66
（参考）										
間接労働費（10a当たり）	(34)	円	1,845	1,812	1,818	1,696	1,474	1,648	1,663	1,669
動力運転時間（10a当たり）	(35)	時間	…	…	…	…	…	…	…	…
畜力使役時間（10a当たり）	(36)	〃	…	…	…	…	…	…	…	…
主産物数量（10a当たり）	(37)	kg	**524**	**539**	**533**	**532**	**489**	**517**	**524**	**511**
粗収益										
10a当たり	(38)	円	132,026	128,637	129,199	126,194	151,992	118,504	116,382	113,036
主産物	(39)	〃	128,762	125,447	125,532	123,249	148,660	115,616	114,261	110,656
副産物	(40)	〃	3,264	3,190	3,667	2,945	3,332	2,888	2,121	2,380
60kg当たり	(41)	〃	15,100	14,291	14,524	14,244	18,651	13,764	13,289	13,252
所得										
10a当たり	(42)	〃	44,732	42,915	43,887	41,563	66,687	34,629	32,810	29,463
1日当たり	(43)	〃	10,625	10,486	10,877	10,754	17,665	9,423	9,223	8,534
家族労働報酬										
10a当たり	(44)	〃	16,136	15,561	17,322	15,862	41,700	10,876	9,407	7,063
1日当たり	(45)	〃	3,833	3,802	4,293	4,104	11,046	2,959	2,647	2,046
（参考）奨励金を加えた場合										
粗収益										
10a当たり	(46)	円	–	–	–	–	–	–	–	–
60kg当たり	(47)	〃	–	–	–	–	–	–	–	–
所得										
10a当たり	(48)	〃	–	–	–	–	–	–	–	–
1日当たり	(49)	〃	–	–	–	–	–	–	–	–
家族労働報酬										
10a当たり	(50)	〃	–	–	–	–	–	–	–	–
1日当たり	(51)	〃	–	–	–	–	–	–	–	–
（参考）経営安定対策等										
拠出金（10a当たり）	(52)	〃	1,895	1,757	2,150	2,397	1,798	3,463	3,501	2,809
受取金（10a当たり）	(53)	〃	7,159	9,379	7,824	9,558	90	5,680	6,359	5,413

注：1　調査対象は、平成19年産までは「販売農家」、平成20年産からは「世帯による農業経営を行う経営体」である。

19 (旧)	19 (新)	20	21	22	23	24	25	26	27	28	
(60)	(61)	(62)	(63)	(64)	(65)	(66)	(67)	(68)	(69)	(70)	
198	198	219	225	229	241	239	246	252	264	272	(1)
171	171	184	191	195	206	207	212	217	231	238	(2)
122.8	**122.8**	**128.9**	**132.9**	**137.7**	**141.8**	**146.9**	**154.1**	**156.8**	**160.3**	**164.6**	(3)
192,530	192,530	204,208	187,962	179,748	167,066	157,439	147,668	148,574	147,821	141,797	(4)
145,580	145,580	157,525	141,488	134,226	121,726	111,149	101,357	102,036	102,402	97,186	(5)
4.0	4.0	4.0	3.9	3.8	3.7	3.8	3.8	3.7	3.6	3.5	(6)
1.1	1.1	0.6	0.8	0.8	0.8	0.8	0.8	0.8	0.7	0.7	(7)
28.49	**28.49**	**27.25**	**26.95**	**26.39**	**26.11**	**25.80**	**25.56**	**24.82**	**24.20**	**23.76**	(8)
21.25	21.25	20.27	20.10	19.87	19.81	19.98	19.90	19.54	19.05	18.93	(9)
7.24	7.24	6.98	6.85	6.52	6.30	5.82	5.66	5.28	5.15	4.83	(10)
27.39	27.39	26.06	25.68	25.12	24.87	24.45	24.23	23.54	23.00	22.61	(11)
25.78	25.78	24.46	23.98	23.33	23.21	22.80	22.49	21.84	21.19	20.85	(12)
19.20	19.20	18.13	17.81	17.53	17.56	17.62	17.49	17.18	16.63	16.57	(13)
6.58	6.58	6.33	6.17	5.80	5.65	5.18	5.00	4.66	4.56	4.28	(14)
1.61	1.61	1.60	1.70	1.79	1.66	1.65	1.74	1.70	1.81	1.76	(15)
1.17	1.17	1.17	1.27	1.31	1.23	1.24	1.30	1.26	1.39	1.36	(16)
0.44	0.44	0.43	0.43	0.48	0.43	0.41	0.44	0.44	0.42	0.40	(17)
0.64	0.64	0.53	0.52	0.51	0.51	0.52	0.54	0.52	0.49	0.47	(18)
1.10	1.10	1.19	1.27	1.27	1.24	1.35	1.33	1.28	1.20	1.15	(19)
27.39	27.39	26.06	25.68	25.12	24.87	24.45	24.23	23.54	23.00	22.61	(20)
0.36	0.36	0.31	0.32	0.29	0.28	0.26	0.24	0.23	0.23	0.22	(21)
3.34	3.34	3.30	3.21	3.22	3.22	3.23	3.14	3.05	2.90	2.83	(22)
3.74	3.74	3.62	3.65	3.53	3.50	3.45	3.41	3.35	3.28	3.26	(23)
0.91	0.91	0.82	0.79	0.80	0.79	0.75	0.76	0.70	0.73	0.69	(24)
0.02	0.02	0.02	0.02	0.01	0.01	0.03	0.02	0.01	0.04	0.02	(25)
3.82	3.82	3.49	3.39	3.36	3.33	3.23	3.27	3.16	3.06	2.98	(26)
0.48	0.48	0.44	0.40	0.37	0.36	0.36	0.33	0.31	0.28	0.30	(27)
1.45	1.45	1.38	1.37	1.35	1.28	1.37	1.31	1.30	1.29	1.24	(28)
6.74	6.74	6.43	6.48	6.27	6.24	6.39	6.26	6.14	6.03	6.01	(29)
0.68	0.68	0.58	0.57	0.58	0.54	0.49	0.50	0.47	0.47	0.45	(30)
3.87	3.87	3.84	3.67	3.57	3.54	3.16	3.24	3.08	3.01	2.93	(31)
1.34	1.34	1.30	1.29	1.26	1.27	1.21	1.21	1.22	1.19	1.21	(32)
0.64	0.64	0.53	0.52	0.51	0.51	0.52	0.54	0.52	0.49	0.47	(33)
1,564	1,564	1,680	1,752	1,770	1,705	1,856	1,845	1,835	1,701	1,648	(34)
…	…	…	…	…	…	…	…	…	…	…	(35)
…	…	…	…	…	…	…	…	…	…	…	(36)
511	**511**	**533**	**514**	**511**	**523**	**529**	**528**	**526**	**519**	**533**	(37)
108,781	108,781	121,634	115,430	96,977	118,721	129,339	113,522	93,624	100,643	113,134	(38)
106,418	106,418	118,414	112,609	94,792	115,951	126,464	111,149	92,562	99,320	110,953	(39)
2,363	2,363	3,220	2,821	2,185	2,770	2,875	2,373	1,062	1,323	2,181	(40)
12,746	12,746	13,673	13,463	11,369	13,599	14,647	12,902	10,674	11,613	12,735	(41)
26,639	26,485	29,101	24,170	6,557	28,765	36,453	27,177	6,476	13,558	28,245	(42)
7,937	7,891	9,094	7,673	2,137	9,431	12,101	9,147	2,244	4,851	10,285	(43)
4,954	4,800	8,312	4,464	△ 12,356	10,584	19,658	10,834	△ 9,424	△ 1,677	13,547	(44)
1,476	1,430	2,598	1,417	-	3,470	6,525	3,646	-	-	4,933	(45)
-	-	-	-	-	131,336	143,369	126,494	101,071	108,173	121,051	(46)
-	-	-	-	-	15,044	16,236	14,376	11,523	12,482	13,626	(47)
-	-	-	-	-	41,380	50,483	40,149	13,923	21,088	36,162	(48)
-	-	-	-	-	13,567	16,758	13,512	4,824	7,545	13,168	(49)
-	-	-	-	-	23,199	33,688	23,806	△ 1,977	5,853	21,464	(50)
-	-	-	-	-	7,606	11,183	8,012	-	2,094	7,816	(51)
-	-	-	-	-	-	-	-	-	-	-	(52)
-	-	-	-	-	-	-	-	-	-	-	(53)

2　平成23年産以降の粗収益等には、農業者戸別所得補償制度及び経営所得安定対策等の交付金は含めていない。
　なお、「（参考）奨励金を加えた場合」については、23年産及び24年産は農業者戸別所得補償制度の交付金（米の戸別所得補償交付金及び水田活用の所得補償交付金（戦略作物助成、二毛作及び産地資金））、25年産から28年産は経営所得安定対策等の交付金（米の直接支払交付金及び水田活用の直接支払交付金（戦略作物助成、二毛作及び産地交付金（25年産は産地資金）））を加えた収益性を参考表章しているので、利用に当たっては留意されたい（以下319ページまで同じ。）。

(1) 米生産費の全国累年統計（続き）
イ 10a当たり生産費

区分	昭和26年産	27	28	29	30	31	32
	(1)	(2)	(3)	(4)	(5)	(6)	(7)
物財費 (1)	5,504	6,566	6,921	7,329	7,696	8,051	8,255
種苗費 (2)	161	201	187	190	221	234	239
購入 (3)	17	22	28	33	43	37	46
自給 (4)	144	179	159	157	178	197	193
肥料費 (5)	2,382	3,075	3,085	3,144	3,218	3,313	3,329
購入 (6)	1,271	1,843	1,864	1,798	1,930	2,048	2,065
自給 (7)	1,111	1,232	1,221	1,346	1,288	1,265	1,264
土地改良及び水利費 (8)	228	261	296	309	360	389	430
建物費 (9)	302	306	397	440	540	496	544
償却費 (10)	261	264	351	386	459	423	456
修繕費 (11)	41	42	46	54	81	73	88
購入 (12)	30	31	33	40	59	47	64
自給 (13)	11	11	13	14	22	26	24
自動車費 (14)	…	…	…	…	…	…	…
償却費 (15)	…	…	…	…	…	…	…
修繕費及び購入補充費 (16)	…	…	…	…	…	…	…
購入 (17)	…	…	…	…	…	…	…
自給 (18)	…	…	…	…	…	…	…
農機具費 (19)	638	718	818	962	990	1,112	1,197
償却費 (20)	422	474	608	726	808	904	1,006
修繕費及び購入補充費 (21)	216	244	210	236	182	208	191
購入 (22)	175	195	161	179	145	158	151
自給 (23)	41	49	49	57	37	50	40
その他の物財費 (24)	1,793	2,005	2,138	2,284	2,367	2,507	2,516
購入 (25)	417	526	610	740	820	910	1,022
自給 (26)	1,376	1,479	1,528	1,544	1,547	1,597	1,494
償却 (27)	-	-	-	-	-	-	-
労働費 (28)	5,781	6,251	6,701	7,284	7,776	7,882	7,952
家族 (29)	5,146	5,478	5,898	6,414	6,841	7,041	7,064
雇用 (30)	635	773	803	870	935	841	888
費用合計 (31)	11,285	12,817	13,622	14,613	15,472	15,933	16,207
購入（支払）(32)	2,773	3,651	3,795	3,969	4,292	4,430	4,666
自給 (33)	7,829	8,428	8,868	9,532	9,913	10,176	10,079
償却 (34)	683	738	959	1,112	1,267	1,327	1,462
副産物価額 (35)	1,754	2,026	2,112	2,165	2,287	2,233	2,201
生産費（副産物価額差引）(36)	9,531	10,791	11,510	12,448	13,185	13,700	14,006
支払利子 (37)	…	…	…	…	…	…	…
支払地代 (38)	…	…	…	…	…	…	…
支払利子・地代算入生産費 (39)	…	…	…	…	…	…	…
自己資本利子 (40)	467	522	620	689	737	794	793
自作地地代 (41)	509	678	704	677	1,118	1,135	1,143
資本利子・地代全額算入生産費（全算入生産費）(42)	10,507	11,991	12,834	13,814	15,040	15,629	15,942
60kg当たり							
費用合計 (43)	1,900	2,101	2,542	2,428	2,199	2,358	2,384
購入（支払）(44)	466	599	708	660	610	656	686
自給 (45)	1,319	1,382	1,655	1,584	1,409	1,506	1,482
償却 (46)	115	121	179	185	180	196	215
副産物価額 (47)	296	332	394	360	325	330	324
生産費（副産物価額差引）(48)	1,605	1,769	2,148	2,068	1,874	2,028	2,060
支払利子・地代算入生産費 (49)	…	…	…	…	…	…	…
資本利子・地代全額算入生産費（全算入生産費）(50)	1,770	1,966	2,395	2,295	2,138	2,314	2,345

注：1　自己資本利子及び自作地地代は、平成３年産（旧）及び２年産以前の「自己資本利子」には資本利子（自己＋借入）、「自作地地代」には地代（自作地＋借入地）を表章した（以下319ページまで同じ。）。

単位:円

33	34	35	36	37	38	39	40	41	42	
(8)	(9)	(10)	(11)	(12)	(13)	(14)	(15)	(16)	(17)	
8,418	8,416	8,881	9,659	10,112	10,807	11,887	12,668	13,900	15,560	(1)
218	214	255	264	277	309	335	380	416	471	(2)
42	39	49	47	49	55	69	80	89	106	(3)
176	175	206	217	228	254	266	300	327	365	(4)
3,333	3,226	3,300	3,374	3,425	3,483	3,654	3,744	4,074	4,334	(5)
2,088	1,980	2,066	2,059	2,037	2,083	2,188	2,234	2,456	2,686	(6)
1,245	1,246	1,234	1,315	1,388	1,400	1,466	1,510	1,618	1,648	(7)
449	475	535	570	622	641	676	763	854	1,029	(8)
540	530	558	592	583	639	709	779	846	986	(9)
454	448	465	496	490	543	605	666	728	856	(10)
86	82	93	96	93	96	104	113	118	130	(11)
61	57	65	62	61	56	69	73	77	85	(12)
25	25	28	34	32	40	35	40	41	45	(13)
…	…	…	…	…	…	…	…	…	…	(14)
…	…	…	…	…	…	…	…	…	…	(15)
…	…	…	…	…	…	…	…	…	…	(16)
…	…	…	…	…	…	…	…	…	…	(17)
…	…	…	…	…	…	…	…	…	…	(18)
1,336	1,442	1,625	2,194	2,510	2,924	3,625	3,963	4,459	5,198	(19)
1,147	1,253	1,437	2,026	2,319	2,706	3,350	3,647	4,105	4,818	(20)
189	189	188	168	191	218	275	316	354	380	(21)
159	163	161	149	176	201	258	294	331	351	(22)
30	26	27	19	15	17	17	22	23	29	(23)
2,542	2,529	2,608	2,665	2,695	2,811	2,888	3,039	3,251	3,542	(24)
1,117	1,198	1,370	1,542	1,725	2,018	2,207	2,443	2,733	3,055	(25)
1,425	1,331	1,238	1,123	970	793	681	596	518	487	(26)
-	-	-	-	-	-	-	-	-	-	(27)
8,356	8,317	8,879	9,973	11,141	12,608	14,501	15,626	17,157	19,509	(28)
7,372	7,311	7,764	8,765	9,842	11,162	12,972	13,871	15,313	17,330	(29)
984	1,006	1,115	1,208	1,299	1,446	1,529	1,755	1,844	2,179	(30)
16,774	16,733	17,760	19,632	21,253	23,415	26,388	28,294	31,057	35,069	(31)
4,900	4,918	5,361	5,637	5,969	6,500	6,996	7,642	8,384	9,491	(32)
10,273	10,114	10,497	11,473	12,475	13,666	15,437	16,339	17,840	19,904	(33)
1,601	1,701	1,902	2,522	2,809	3,249	3,955	4,313	4,833	5,674	(34)
2,231	2,174	2,203	2,208	2,249	2,255	2,226	2,156	2,241	2,406	(35)
14,543	14,559	15,557	17,424	19,004	21,160	24,162	26,138	28,816	32,663	(36)
…	…	…	…	…	…	…	…	…	…	(37)
…	…	…	…	…	…	…	…	…	…	(38)
…	…	…	…	…	…	…	…	…	…	(39)
800	799	875	879	903	1,024	1,212	1,264	1,392	1,576	(40)
1,166	1,163	1,266	1,281	1,371	1,512	1,717	1,831	1,925	6,072	(41)
16,509	16,521	17,698	19,584	21,278	23,696	27,091	29,233	32,133	40,311	(42)
2,381	2,286	2,383	2,680	2,838	3,152	3,550	3,812	4,092	4,196	(43)
696	672	719	770	797	875	941	1,030	1,104	1,136	(44)
1,458	1,382	1,408	1,566	1,666	1,839	2,077	2,202	2,350	2,382	(45)
227	232	255	344	375	438	532	581	637	679	(46)
317	297	296	301	300	304	300	290	295	288	(47)
2,064	1,989	2,087	2,378	2,538	2,848	3,250	3,522	3,796	3,908	(48)
…	…	…	…	…	…	…	…	…	…	(49)
2,344	2,257	2,374	2,673	2,842	3,190	3,645	3,939	4,233	4,823	(50)

2　60kg当たり生産費は、昭和47年産までは１石及び150kg当たりの各項目を60kg当たりに換算（１石及び150kg×0.4）したものであり、積み上げしたものでないため四捨五入の関係で計と内訳は必ずしも一致しない（以下319ページまで同じ。）。

(1) 米生産費の全国累年統計（続き）

イ 10 a 当たり生産費（続き）

区分	昭和43年産	44	45	46	47	48	49
	(18)	(19)	(20)	(21)	(22)	(23)	(24)
物財費 (1)	**17,528**	**20,577**	**22,028**	**23,688**	**26,002**	**29,499**	**37,772**
種苗費 (2)	529	602	627	684	756	922	1,206
購入 (3)	135	161	196	215	268	383	578
自給 (4)	394	441	431	469	488	539	628
肥料費 (5)	4,608	4,822	4,543	4,297	4,286	4,611	6,104
購入 (6)	2,929	3,119	3,093	3,051	3,095	3,365	4,706
自給 (7)	1,679	1,703	1,450	1,246	1,191	1,246	1,398
土地改良及び水利費 (8)	1,370	1,446	1,489	1,630	1,755	2,021	2,484
建物費 (9)	1,188	1,479	1,745	1,701	1,730	1,724	2,369
償却費 (10)	1,046	1,333	1,605	1,583	1,617	1,568	2,101
修繕費 (11)	142	146	140	118	113	156	268
購入 (12)	100	99	93	74	76	118	203
自給 (13)	42	47	47	44	37	38	65
自動車費 (14)	…	…	…	…	…	…	…
償却費 (15)	…	…	…	…	…	…	…
修繕費及び購入補充費 (16)	…	…	…	…	…	…	…
購入 (17)	…	…	…	…	…	…	…
自給 (18)	…	…	…	…	…	…	…
農機具費 (19)	6,070	7,732	8,874	10,189	11,828	13,482	15,476
償却費 (20)	5,687	7,281	8,376	9,660	11,217	12,698	14,165
修繕費及び購入補充費 (21)	383	451	498	529	611	784	1,311
購入 (22)	356	417	458	486	566	725	1,207
自給 (23)	27	34	40	43	45	59	104
その他の物財費 (24)	3,763	4,496	4,750	5,187	5,647	6,739	10,133
購入 (25)	3,344	4,105	4,415	4,893	5,383	6,504	9,893
自給 (26)	419	391	335	294	264	235	240
償却 (27)	-	-	-	-	-	-	-
労働費 (28)	**21,007**	**22,493**	**22,875**	**23,669**	**23,831**	**25,855**	**32,520**
家族 (29)	18,467	19,831	20,146	21,150	21,427	23,716	30,065
雇用 (30)	2,540	2,662	2,729	2,519	2,404	2,139	2,455
費用合計 (31)	**38,535**	**43,070**	**44,903**	**47,357**	**49,833**	**55,354**	**70,292**
購入（支払）(32)	10,774	12,009	12,473	12,868	13,547	15,255	21,526
自給 (33)	21,028	22,447	22,449	23,246	23,452	25,833	32,500
償却 (34)	6,733	8,614	9,981	11,243	12,834	14,266	16,266
副産物価額 (35)	2,460	2,446	1,967	1,930	1,966	2,409	3,034
生産費（副産物価額差引）(36)	**36,075**	**40,624**	**42,936**	**45,427**	**47,867**	**52,945**	**67,258**
支払利子 (37)	…	…	…	…	…	…	…
支払地代 (38)	…	…	…	…	…	…	…
支払利子・地代算入生産費 (39)	…	…	…	…	…	…	…
自己資本利子 (40)	2,007	2,593	2,886	3,102	3,078	3,217	4,007
自作地地代 (41)	6,460	7,202	7,624	8,306	9,464	11,049	15,286
資本利子・地代全額算入生産費（全算入生産費）(42)	**44,542**	**50,419**	**53,446**	**56,835**	**60,409**	**67,211**	**86,551**
60kg当たり							
費用合計 (43)	**4,650**	**5,338**	**5,534**	**6,118**	**6,040**	**6,493**	**8,389**
購入（支払）(44)	1,300	1,489	1,537	1,662	1,642	1,790	2,568
自給 (45)	2,538	2,782	2,766	3,003	2,842	3,029	3,879
償却 (46)	813	1,068	1,230	1,452	1,556	1,674	1,942
副産物価額 (47)	297	303	242	249	238	283	362
生産費（副産物価額差引）(48)	**4,353**	**5,035**	**5,292**	**5,869**	**5,801**	**6,210**	**8,027**
支払利子・地代算入生産費 (49)	…	…	…	…	…	…	…
資本利子・地代全額算入生産費（全算入生産費）(50)	**5,375**	**6,249**	**6,587**	**7,343**	**7,321**	**7,883**	**10,329**

注：家族労働の評価は、昭和50年産まで評価標準として農業臨時雇賃金を採用してきたが、51年産から調査農家の所在するその地方の農村雇用賃金により評価することに改定した。
また、平成３年産から、「農業労働評価賃金」による評価に改定した。したがって、昭和50年産以前、51年産～平成２年産、３年産以降の生産費及び関係費目に関する数値はそれぞれ接続しないので、利用に当たっては十分留意されたい（以下319ページまで同じ。）。

米生産費・累年

単位:円

50	51(旧)	51(新)	52	53	54	55	56	57	58	
(25)	(26)	(27)	(28)	(29)	(30)	(31)	(32)	(33)	(34)	
44,802	51,388	52,013	57,220	63,667	68,483	75,654	80,762	83,086	85,898	(1)
1,624	1,920	1,923	2,160	2,320	2,400	2,553	2,619	2,708	2,858	(2)
812	973	974	1,171	1,242	1,324	1,532	1,580	1,676	1,848	(3)
812	947	949	989	1,078	1,076	1,021	1,039	1,032	1,010	(4)
7,755	8,476	8,740	9,145	9,682	9,270	9,464	10,816	11,316	11,136	(5)
6,174	6,821	6,828	7,162	7,587	7,301	7,809	8,895	9,387	9,383	(6)
1,581	1,655	1,912	1,983	2,095	1,969	1,655	1,921	1,929	1,753	(7)
2,851	3,218	3,386	3,704	4,174	4,393	4,995	4,911	5,213	5,359	(8)
2,534	2,632	2,663	2,924	3,201	3,490	3,779	4,008	4,080	3,889	(9)
2,213	2,333	2,333	2,474	2,734	2,975	3,222	3,374	3,474	3,387	(10)
321	299	330	450	467	515	557	634	606	502	(11)
236	206	206	309	313	366	376	366	394	331	(12)
85	93	124	141	154	149	181	268	212	171	(13)
…	…	…	…	…	…	…	…	…	…	(14)
…	…	…	…	…	…	…	…	…	…	(15)
…	…	…	…	…	…	…	…	…	…	(16)
…	…	…	…	…	…	…	…	…	…	(17)
…	…	…	…	…	…	…	…	…	…	(18)
18,069	21,616	21,686	24,834	28,907	32,019	36,242	38,080	38,900	40,970	(19)
16,584	20,093	20,093	22,697	26,643	29,550	33,486	35,419	36,143	38,217	(20)
1,485	1,523	1,593	2,137	2,264	2,469	2,756	2,661	2,757	2,753	(21)
1,342	1,361	1,364	1,867	1,976	2,140	2,360	2,226	2,330	2,312	(22)
143	162	229	270	288	329	396	435	427	441	(23)
11,969	13,526	13,615	14,453	15,383	16,911	18,621	20,328	20,869	21,686	(24)
11,747	13,291	13,318	14,166	15,090	16,503	18,116	19,775	20,339	21,130	(25)
222	235	297	287	293	408	505	553	530	556	(26)
-	-	-	-	-	-	-	-	-	-	(27)
36,084	39,021	47,346	47,792	50,002	51,332	52,681	55,075	53,936	56,281	(28)
34,035	37,216	45,535	46,215	48,622	49,935	51,487	53,949	52,841	55,185	(29)
2,049	1,805	1,811	1,577	1,380	1,397	1,194	1,126	1,095	1,096	(30)
80,886	90,409	99,359	105,012	113,669	119,815	128,335	135,837	137,022	142,179	(31)
25,211	27,675	27,887	29,956	31,762	33,424	36,382	38,879	40,434	41,459	(32)
36,878	40,308	49,046	49,885	52,530	53,866	55,245	58,165	56,971	59,116	(33)
18,797	22,426	22,426	25,171	29,377	32,525	36,708	38,793	39,617	41,604	(34)
3,130	4,369	4,369	4,407	4,683	4,666	5,214	6,211	5,308	6,129	(35)
77,756	86,040	94,990	100,605	108,986	115,149	123,121	129,626	131,714	136,050	(36)
…	…	…	…	…	…	…	…	…	…	(37)
…	…	…	…	…	…	…	…	…	…	(38)
…	…	…	…	…	…	…	…	…	…	(39)
4,603	5,307	5,493	6,005	6,587	6,937	7,425	7,530	7,425	7,558	(40)
19,925	21,546	21,554	22,346	26,057	26,680	27,489	28,835	30,690	30,961	(41)
102,284	112,893	122,037	128,956	141,630	148,766	158,035	165,991	169,829	174,569	(42)
9,257	11,172	12,279	12,295	12,784	13,921	15,747	16,676	16,607	17,484	(43)
2,886	3,419	3,447	3,508	3,571	3,883	4,465	4,773	4,901	5,098	(44)
4,220	4,981	6,060	5,840	5,908	6,258	6,778	7,141	6,905	7,269	(45)
2,151	2,772	2,772	2,947	3,305	3,780	4,504	4,762	4,801	5,117	(46)
358	540	540	516	527	542	640	763	643	754	(47)
8,899	10,632	11,739	11,779	12,257	13,379	15,107	15,913	15,964	16,730	(48)
…	…	…	…	…	…	…	…	…	…	(49)
11,706	13,951	15,082	15,098	15,929	17,285	19,391	20,378	20,584	21,466	(50)

(1) 米生産費の全国累年統計（続き）
イ 10 a 当たり生産費（続き）

区分	昭和59年産	60 (旧)	60 (新)	61	62	63	平成元年産	2
	(35)	(36)	(37)	(38)	(39)	(40)	(41)	(42)
物財費 (1)	87,508	89,035	88,451	90,364	90,647	89,321	87,903	89,174
種苗費 (2)	2,764	2,803	2,771	2,822	2,815	2,832	2,745	2,907
購入 (3)	1,851	1,862	1,829	1,966	2,038	2,129	2,108	2,280
自給 (4)	913	941	942	856	777	703	637	627
肥料費 (5)	10,912	10,960	10,947	10,990	10,163	9,323	9,087	8,977
購入 (6)	9,329	9,551	9,552	9,671	8,986	8,374	7,965	8,006
自給 (7)	1,583	1,409	1,395	1,319	1,177	949	1,122	971
土地改良及び水利費 (8)	5,637	5,850	5,868	5,851	6,102	6,114	6,461	6,604
建物費 (9)	4,284	4,334	4,307	4,425	4,556	4,679	4,607	4,621
償却費 (10)	3,583	3,608	3,583	3,660	3,885	4,002	3,894	3,885
修繕費 (11)	701	726	724	765	671	677	713	736
購入 (12)	438	446	442	491	435	434	486	462
自給 (13)	263	280	282	274	236	243	227	274
自動車費 (14)	…	…	…	…	…	…	…	…
償却費 (15)	…	…	…	…	…	…	…	…
修繕費及び購入補充費 (16)	…	…	…	…	…	…	…	…
購入 (17)	…	…	…	…	…	…	…	…
自給 (18)	…	…	…	…	…	…	…	…
農機具費 (19)	41,600	42,656	42,305	43,874	44,779	44,675	42,537	42,831
償却費 (20)	38,671	39,289	38,936	40,489	41,365	41,020	38,862	39,174
修繕費及び購入補充費 (21)	2,929	3,367	3,369	3,385	3,414	3,655	3,675	3,657
購入 (22)	2,502	2,902	2,907	2,914	2,942	3,170	3,218	3,177
自給 (23)	427	465	462	471	472	485	457	480
その他の物財費 (24)	22,311	22,432	22,253	22,402	22,232	21,698	22,466	23,234
購入 (25)	21,748	21,859	21,685	21,867	21,729	21,252	21,994	22,786
自給 (26)	563	573	568	535	503	446	472	448
償却 (27)	−	−	−	−	−	−	−	−
労働費 (28)	54,214	54,339	53,753	52,455	51,461	51,046	50,938	51,398
家族 (29)	53,221	53,327	52,765	51,453	50,501	50,119	50,025	50,510
雇用 (30)	993	1,012	988	1,002	960	927	913	888
費用合計 (31)	141,722	143,374	142,204	142,819	142,108	140,367	138,841	140,572
購入（支払）(32)	42,498	43,482	43,271	43,762	43,192	42,400	43,145	44,203
自給 (33)	56,970	56,995	56,414	54,908	53,666	52,945	52,940	53,310
償却 (34)	42,254	42,897	42,519	44,149	45,250	45,022	42,756	43,059
副産物価額 (35)	6,365	5,760	5,699	4,944	4,782	4,382	4,593	4,262
生産費（副産物価額差引）(36)	135,357	137,614	136,505	137,875	137,326	135,985	134,248	136,310
支払利子 (37)	…	…	…	…	…	…	…	…
支払地代 (38)	…	…	…	…	…	…	…	…
支払利子・地代算入生産費 (39)	…	…	…	…	…	…	…	…
自己資本利子 (40)	7,561	7,659	7,620	8,060	8,214	8,411	8,198	8,149
自作地地代 (41)	31,084	31,406	31,581	31,767	31,780	31,171	31,073	30,432
資本利子・地代全額算入生産費（全算入生産費）(42)	174,002	176,679	175,706	177,702	177,320	175,567	173,519	174,891
60kg当たり								
費用合計 (43)	15,636	16,313	16,137	15,861	16,215	16,283	16,053	15,839
購入（支払）(44)	4,688	4,947	4,910	4,861	4,928	4,918	4,988	4,981
自給 (45)	6,286	6,485	6,401	6,097	6,124	6,142	6,122	6,006
償却 (46)	4,662	4,881	4,826	4,903	5,163	5,223	4,943	4,852
副産物価額 (47)	702	655	647	549	546	508	531	480
生産費（副産物価額差引）(48)	14,934	15,658	15,490	15,312	15,669	15,775	15,522	15,359
支払利子・地代算入生産費 (49)	…	…	…	…	…	…	…	…
資本利子・地代全額算入生産費（全算入生産費）(50)	19,198	20,103	19,939	19,735	20,232	20,367	20,063	19,706

注：1　平成７年産から農産物の生産に係る直接的な労働以外の労働（購入附帯労働及び建物・農機具等の修繕労働等）を間接労働として関係費目から分離し、労働費に含め計上することとした。
また、平成10年産から、家族労働評価をそれまでの男女別評価から男女同一評価に改正した（以下319ページまで同じ。）。

米生産費・累年

単位：円

3(旧)	3(新)	4	5	6(旧)	6(新)	7	8	9	10	
(43)	(44)	(45)	(46)	(47)	(48)	(49)	(50)	(51)	(52)	
91,492	77,514	77,710	82,722	77,003	76,878	78,372	79,664	79,729	81,064	(1)
3,091	3,091	3,105	3,566	3,334	3,450	3,392	3,437	3,438	3,570	(2)
2,488	2,488	2,565	3,055	2,830	2,964	2,874	2,968	2,995	3,147	(3)
603	603	540	511	504	486	518	469	443	423	(4)
8,946	8,996	9,152	8,886	8,625	8,602	8,383	8,271	8,281	8,297	(5)
8,053	8,053	8,231	8,298	7,963	8,011	8,033	7,924	8,001	8,042	(6)
893	943	921	588	662	591	350	347	280	255	(7)
6,712	8,277	8,338	8,909	8,434	8,893	8,522	8,293	7,950	7,913	(8)
4,746	3,891	4,079	4,371	3,989	3,958	3,974	4,061	4,203	4,558	(9)
3,954	3,080	3,001	3,494	2,825	2,833	3,116	3,317	3,356	3,703	(10)
792	811	1,078	877	1,164	1,125	858	744	847	855	(11)
510	510	702	534	709	674	849	739	843	854	(12)
282	301	376	343	455	451	9	5	4	1	(13)
…	…	…	…	…	…	…	…	…	…	(14)
…	…	…	…	…	…	…	…	…	…	(15)
…	…	…	…	…	…	…	…	…	…	(16)
…	…	…	…	…	…	…	…	…	…	(17)
…	…	…	…	…	…	…	…	…	…	(18)
44,775	27,417	26,663	29,387	25,420	25,295	26,625	27,694	27,868	28,754	(19)
40,619	22,147	21,315	23,797	19,920	19,835	20,104	21,080	21,227	21,907	(20)
4,156	5,270	5,348	5,590	5,500	5,460	6,521	6,614	6,641	6,847	(21)
3,670	4,753	4,866	5,003	5,029	4,981	6,507	6,612	6,638	6,845	(22)
486	517	482	587	471	479	14	2	3	2	(23)
23,222	25,842	26,373	27,603	27,201	26,680	27,476	27,908	27,989	27,972	(24)
22,814	25,385	25,960	27,255	26,839	26,327	27,318	27,762	27,846	27,850	(25)
408	434	395	341	348	337	135	120	113	98	(26)
-	23	18	7	14	16	23	26	30	24	(27)
53,481	56,628	56,156	58,665	56,610	55,180	57,016	56,992	55,832	56,986	(28)
52,670	55,814	55,270	57,966	55,684	54,276	55,911	55,754	54,334	55,135	(29)
811	814	886	699	926	904	1,105	1,238	1,498	1,851	(30)
144,973	134,142	133,866	141,387	133,613	132,058	135,388	136,656	135,561	138,050	(31)
45,058	50,280	51,548	53,753	52,730	52,754	55,208	55,536	55,771	56,502	(32)
55,342	58,612	57,984	60,336	58,124	56,620	56,937	56,697	55,177	55,914	(33)
44,573	25,250	24,334	27,298	22,759	22,684	23,243	24,423	24,613	25,634	(34)
4,386	4,386	5,237	6,249	2,753	2,501	3,112	3,310	2,952	3,373	(35)
140,587	129,756	128,629	135,138	130,860	129,557	132,276	133,346	132,609	134,677	(36)
…	1,055	911	625	705	748	703	716	751	839	(37)
…	4,387	4,716	5,029	4,956	5,318	4,060	4,180	4,295	4,316	(38)
…	135,198	134,256	140,792	136,521	135,623	137,039	138,242	137,655	139,832	(39)
8,351	7,710	7,572	8,766	7,396	7,286	7,872	8,226	8,173	8,430	(40)
29,790	25,403	25,201	23,075	23,467	23,890	24,018	22,736	22,065	21,765	(41)
178,728	168,311	167,029	172,633	167,384	166,799	168,929	169,204	167,893	170,027	(42)
17,387	16,091	15,602	17,868	14,479	14,582	15,811	15,337	15,633	16,231	(43)
5,403	6,032	6,008	6,791	5,716	5,824	6,446	6,233	6,431	6,643	(44)
6,638	7,030	6,758	7,626	6,298	6,253	6,650	6,363	6,364	6,574	(45)
5,346	3,029	2,836	3,451	2,465	2,505	2,715	2,741	2,838	3,014	(46)
526	526	610	790	298	276	363	372	340	397	(47)
16,861	15,565	14,992	17,078	14,181	14,306	15,448	14,965	15,293	15,834	(48)
…	16,217	15,648	17,792	14,794	14,977	16,004	15,514	15,875	16,441	(49)
21,436	20,189	19,468	21,818	18,137	18,419	19,728	18,989	19,363	19,991	(50)

米生産費・累年

(1) 米生産費の全国累年統計（続き）
イ 10a当たり生産費（続き）

区分	平成11年産	12	13	14	15	16	17	18
	(53)	(54)	(55)	(56)	(57)	(58)	(59)	(60)
物財費 (1)	80,528	79,116	78,759	77,950	78,526	77,038	76,831	76,610
種苗費 (2)	3,639	3,554	3,579	3,533	3,830	3,801	3,704	3,851
購入 (3)	3,234	3,168	3,230	3,200	3,497	3,557	3,537	3,735
自給 (4)	405	386	349	333	333	244	167	116
肥料費 (5)	8,331	8,074	7,827	7,705	7,861	7,747	7,802	7,987
購入 (6)	8,111	7,854	7,638	7,533	7,706	7,588	7,674	7,831
自給 (7)	220	220	189	172	155	159	128	156
土地改良及び水利費 (8)	7,589	7,224	6,944	6,852	6,398	5,991	5,821	5,847
建物費 (9)	4,524	4,361	4,428	4,408	4,544	5,033	4,845	4,307
償却費 (10)	3,718	3,654	3,636	3,535	3,820	3,804	3,907	3,404
修繕費 (11)	806	707	792	873	724	1,229	938	903
購入 (12)	806	707	792	873	724	1,229	934	896
自給 (13)	-	0	-	-	-	-	4	7
自動車費 (14)	…	…	…	…	…	3,094	3,140	3,144
償却費 (15)	…	…	…	…	…	1,524	1,470	1,455
修繕費及び購入補充費 (16)	…	…	…	…	…	1,570	1,670	1,689
購入 (17)	…	…	…	…	…	1,570	1,670	1,689
自給 (18)	…	…	…	…	…	-	-	-
農機具費 (19)	28,480	27,528	27,513	26,707	27,037	22,521	22,385	22,258
償却費 (20)	21,943	21,168	20,946	20,043	20,385	16,916	17,496	17,084
修繕費及び購入補充費 (21)	6,537	6,360	6,567	6,664	6,652	5,605	4,889	5,174
購入 (22)	6,535	6,360	6,567	6,664	6,652	5,601	4,885	5,164
自給 (23)	2	0	-	-	-	4	4	10
その他の物財費 (24)	27,965	28,375	28,468	28,745	28,856	28,851	29,134	29,216
購入 (25)	27,845	28,240	28,350	28,621	28,738	28,746	29,052	29,141
自給 (26)	86	99	83	75	70	69	59	56
償却 (27)	34	36	35	49	48	36	23	19
労働費 (28)	54,810	53,103	51,754	48,205	46,749	45,408	43,884	41,995
家族 (29)	52,896	51,195	49,843	46,205	44,941	43,421	41,833	39,945
雇用 (30)	1,914	1,908	1,911	2,000	1,808	1,987	2,051	2,050
費用合計 (31)	135,338	132,219	130,513	126,155	125,275	122,446	120,715	118,605
購入（支払） (32)	56,034	55,461	55,432	55,743	55,523	56,269	55,624	56,353
自給 (33)	53,609	51,900	50,464	46,785	45,499	43,897	42,195	40,290
償却 (34)	25,695	24,858	24,617	23,627	24,253	22,280	22,896	21,962
副産物価額 (35)	3,264	3,190	3,667	2,945	3,332	2,888	2,121	2,380
生産費（副産物価額差引） (36)	132,074	129,029	126,846	123,210	121,943	119,558	118,594	116,225
支払利子 (37)	770	684	576	546	404	456	450	466
支払地代 (38)	4,082	4,014	4,066	4,135	4,567	4,394	4,240	4,447
支払利子・地代算入生産費 (39)	136,926	133,727	131,488	127,891	126,914	124,408	123,284	121,138
自己資本利子 (40)	8,302	8,154	8,160	8,043	8,439	7,543	7,601	7,268
自作地地代 (41)	20,294	19,200	18,405	17,658	16,548	16,210	15,802	15,132
資本利子・地代全額算入生産費（全算入生産費） (42)	165,522	161,081	158,053	153,592	151,901	148,161	146,687	143,538
60kg当たり								
費用合計 (43)	15,479	14,691	14,670	14,241	15,372	14,219	13,785	13,902
購入（支払） (44)	6,410	6,163	6,230	6,292	6,813	6,534	6,354	6,606
自給 (45)	6,130	5,766	5,672	5,281	5,583	5,098	4,819	4,725
償却 (46)	2,939	2,762	2,768	2,668	2,976	2,587	2,612	2,571
副産物価額 (47)	373	354	412	332	409	336	242	280
生産費（副産物価額差引） (48)	15,106	14,337	14,258	13,909	14,963	13,883	13,543	13,622
支払利子・地代算入生産費 (49)	15,661	14,859	14,780	14,438	15,573	14,447	14,078	14,198
資本利子・地代全額算入生産費（全算入生産費） (50)	18,932	17,898	17,766	17,339	18,640	17,205	16,750	16,824

注： 1 自動車及び農機具費は、平成15年産まで農機具費として調査・表章していたが、16年産から自動車費と農機具費に分割して調査・表章した（以下318ページまで同じ。）。
　　 2 平成19年産は、平成19年度税制改正における減価償却計算の見直しに伴い、税制改正前（旧）と税制改正後を表章した。

単位：円

19 (旧)	19 (新)	20	21	22	23	24	25	26	27	28	
(61)	(62)	(63)	(64)	(65)	(66)	(67)	(68)	(69)	(70)	(71)	
75, 029	75, 183	85, 500	84, 097	83, 261	82, 753	85, 445	79, 061	79, 934	79, 311	77, 127	(1)
3, 591	3, 591	3, 514	3, 547	3, 396	3, 389	3, 523	3, 704	3, 693	3, 691	3, 695	(2)
3, 489	3, 489	3, 419	3, 461	3, 327	3, 340	3, 472	3, 662	3, 659	3, 657	3, 661	(3)
102	102	95	86	69	49	51	42	34	34	34	(4)
8, 034	8, 034	8, 738	10, 310	9, 388	8, 895	9, 339	9, 500	9, 520	9, 318	9, 313	(5)
7, 930	7, 930	8, 651	10, 228	9, 292	8, 826	9, 286	9, 459	9, 479	9, 277	9, 277	(6)
104	104	87	82	96	69	53	41	41	41	36	(7)
5, 565	5, 565	5, 493	5, 126	4, 853	4, 684	4, 583	4, 442	4, 444	4, 468	4, 313	(8)
4, 353	4, 363	7, 036	7, 010	6, 852	7, 045	7, 319	4, 802	4, 502	4, 170	4, 146	(9)
3, 429	3, 439	6, 112	5, 972	5, 789	5, 882	5, 814	3, 507	3, 353	3, 145	3, 150	(10)
924	924	924	1, 038	1, 063	1, 163	1, 505	1, 295	1, 149	1, 025	996	(11)
924	924	924	1, 038	1, 063	1, 163	1, 505	1, 295	1, 149	1, 024	996	(12)
-	-	-	-	-	-	-	-	-	1	-	(13)
3, 070	3, 079	3, 817	4, 016	3, 823	4, 009	4, 359	3, 847	3, 833	3, 914	3, 862	(14)
1, 277	1, 286	1, 916	2, 059	2, 038	2, 081	2, 339	1, 790	1, 818	1, 889	1, 915	(15)
1, 793	1, 793	1, 901	1, 957	1, 785	1, 928	2, 020	2, 057	2, 015	2, 025	1, 947	(16)
1, 793	1, 793	1, 901	1, 957	1, 785	1, 928	2, 020	2, 057	2, 015	2, 025	1, 944	(17)
-	-	-	-	-	-	-	-	-	-	3	(18)
21, 911	22, 045	28, 309	26, 579	27, 218	26, 705	27, 676	23, 683	24, 114	24, 898	23, 872	(19)
16, 944	17, 078	22, 731	20, 536	21, 076	20, 688	20, 972	17, 014	17, 073	18, 150	17, 348	(20)
4, 967	4, 967	5, 578	6, 043	6, 142	6, 017	6, 704	6, 669	7, 041	6, 748	6, 524	(21)
4, 967	4, 967	5, 578	6, 043	6, 142	6, 017	6, 704	6, 669	7, 041	6, 748	6, 524	(22)
-	-	-	-	-	-	-	-	-	-	0	(23)
28, 505	28, 506	28, 593	27, 509	27, 731	28, 026	28, 646	29, 083	29, 828	28, 852	27, 926	(24)
28, 461	28, 461	28, 529	27, 437	27, 694	27, 981	28, 610	29, 051	29, 793	28, 819	27, 894	(25)
28	28	38	36	18	23	22	22	15	11	12	(26)
16	17	26	36	19	22	14	10	20	22	20	(27)
40, 538	40, 538	38, 654	37, 456	36, 707	36, 602	36, 276	35, 884	35, 396	34, 731	34, 525	(28)
38, 412	38, 412	36, 652	35, 289	34, 378	34, 354	34, 151	33, 726	33, 199	32, 297	32, 179	(29)
2, 126	2, 126	2, 002	2, 167	2, 329	2, 248	2, 125	2, 158	2, 197	2, 434	2, 346	(30)
115, 567	115, 721	124, 154	121, 553	119, 968	119, 355	121, 721	114, 945	115, 330	114, 042	111, 652	(31)
55, 255	55, 255	56, 497	57, 457	56, 485	56, 187	58, 305	58, 793	59, 777	58, 452	56, 955	(32)
38, 646	38, 646	36, 872	35, 493	34, 561	34, 495	34, 277	33, 831	33, 289	32, 384	32, 264	(33)
21, 666	21, 820	30, 785	28, 603	28, 922	28, 673	29, 139	22, 321	22, 264	23, 206	22, 433	(34)
2, 363	2, 363	3, 220	2, 821	2, 185	2, 770	2, 875	2, 373	1, 062	1, 323	2, 181	(35)
113, 204	113, 358	120, 934	118, 732	117, 783	116, 585	118, 846	112, 572	114, 268	112, 719	109, 471	(36)
424	424	413	373	301	302	331	294	307	306	288	(37)
4, 563	4, 563	4, 618	4, 623	4, 529	4, 653	4, 985	4, 832	4, 710	5, 034	5, 128	(38)
118, 191	118, 345	125, 965	123, 728	122, 613	121, 540	124, 162	117, 698	119, 285	118, 059	114, 887	(39)
7, 093	7, 093	7, 560	6, 942	6, 663	6, 217	5, 699	5, 369	5, 319	5, 166	4, 992	(40)
14, 592	14, 592	13, 229	12, 764	12, 250	11, 964	11, 096	10, 974	10, 581	10, 069	9, 706	(41)
139, 876	140, 030	146, 754	143, 434	141, 526	139, 721	140, 957	134, 041	135, 185	133, 294	129, 585	(42)
13, 545	13, 564	13, 956	14, 178	14, 066	13, 669	13, 780	13, 060	13, 155	13, 167	12, 567	(43)
6, 476	6, 476	6, 348	6, 702	6, 622	6, 433	6, 598	6, 679	6, 821	6, 751	6, 411	(44)
4, 528	4, 528	4, 145	4, 140	4, 052	3, 951	3, 881	3, 845	3, 794	3, 737	3, 631	(45)
2, 541	2, 560	3, 463	3, 336	3, 392	3, 285	3, 301	2, 536	2, 540	2, 679	2, 525	(46)
277	277	361	326	255	318	326	270	123	151	246	(47)
13, 268	13, 287	13, 595	13, 852	13, 811	13, 351	13, 454	12, 790	13, 032	13, 016	12, 321	(48)
13, 853	13, 872	14, 160	14, 434	14, 377	13, 919	14, 055	13, 372	13, 603	13, 632	12, 930	(49)
16, 393	16, 412	16, 497	16, 733	16, 594	16, 001	15, 957	15, 229	15, 416	15, 390	14, 584	(50)

(2)　米生産費の全国作付規模別・年次別比較〔10 a 当たり〕

区　分	種苗費	肥料費	農業薬剤費	光熱動力費	その他の諸材料費	土地改良及び水利費	賃借料及び料金	物件税及び公課諸負担	建物費	自動車費	農機具費
	(1)	(2)	(3)	(4)	(5)	(6)	(7)	(8)	(9)	(10)	(11)
	円	円	円	円	円	円	円	円	円	円	円
昭和35年産 (1)	**255**	**3,300**	**-**	**1,516**	**-**	**535**	**-**	**…**	**558**	**…**	**1,625**
30 a 未満 (2)	275	3,174	-	2,320	-	473	-	…	634	…	1,280
30 ～ 50 (3)	252	3,137	-	1,924	-	478	-	…	572	…	1,521
50 ～ 100 (4)	247	3,195	-	1,599	-	474	-	…	552	…	1,574
100 ～ 150 (5)	250	3,318	-	1,463	-	470	-	…	489	…	1,592
150 ～ 200 (6)	260	3,396	-	1,435	-	585	-	…	520	…	1,699
200 ～ 300 (7)	271	3,532	-	1,384	-	712	-	…	662	…	1,880
300 a 以上 (8)	285	3,365	-	1,174	-	803	-	…	784	…	1,558
うち500 a 以上 (9)	…	…	-	…	-	…	-	…	…	…	…
昭和40年産 (10)	**380**	**3,744**	**-**	**2,693**	**-**	**763**	**-**	**…**	**779**	**…**	**3,963**
30 a 未満 (11)	424	3,558	-	4,367	-	782	-	…	939	…	3,035
30 ～ 50 (12)	396	3,556	-	3,711	-	749	-	…	891	…	3,923
50 ～ 100 (13)	375	3,672	-	2,865	-	677	-	…	735	…	4,157
100 ～ 150 (14)	377	3,703	-	2,528	-	710	-	…	672	…	4,039
150 ～ 200 (15)	372	3,938	-	2,450	-	811	-	…	696	…	3,947
200 ～ 300 (16)	383	3,988	-	2,312	-	885	-	…	812	…	3,619
300 a 以上 (17)	408	3,664	-	2,072	-	1,103	-	…	1,403	…	3,534
うち500 a 以上 (18)	…	…	-	…	-	…	-	…	…	…	…
昭和45年産 (19)	**627**	**4,543**	**1,480**	**874**	**803**	**1,489**	**1,521**	**…**	**1,745**	**…**	**8,874**
30 a 未満 (20)	659	4,444	1,582	682	657	1,483	4,629	…	2,490	…	9,762
30 ～ 50 (21)	642	4,321	1,540	767	696	1,309	2,945	…	1,985	…	9,967
50 ～ 100 (22)	634	4,506	1,515	845	728	1,287	1,767	…	1,686	…	9,774
100 ～ 150 (23)	621	4,394	1,554	899	793	1,282	1,323	…	1,436	…	9,120
150 ～ 200 (24)	628	4,647	1,469	907	913	1,548	1,046	…	1,635	…	8,264
200 ～ 300 (25)	602	4,897	1,520	954	956	1,885	974	…	1,761	…	8,049
300 a 以上 (26)	620	4,667	1,209	927	894	1,998	482	…	2,093	…	6,821
うち500 a 以上 (27)	605	4,216	1,137	826	850	2,480	417	…	2,116	…	6,427
昭和50年産 (28)	**1,624**	**7,755**	**4,106**	**2,004**	**1,475**	**2,851**	**4,380**	**…**	**2,534**	**…**	**18,069**
30 a 未満 (29)	1,960	7,844	4,401	1,689	1,686	2,793	11,661	…	4,023	…	18,963
30 ～ 50 (30)	1,898	7,813	4,274	1,761	1,812	2,473	8,294	…	3,106	…	19,160
50 ～ 100 (31)	1,612	7,886	4,147	1,928	1,769	2,400	5,029	…	2,551	…	19,514
100 ～ 150 (32)	1,588	7,795	3,994	1,966	1,600	2,630	4,450	…	2,284	…	17,779
150 ～ 200 (33)	1,583	7,809	4,590	2,107	1,244	2,871	2,956	…	2,063	…	18,340
200 ～ 300 (34)	1,562	7,730	4,073	2,216	1,136	3,267	2,293	…	2,274	…	17,430
300 a 以上 (35)	1,541	7,368	3,608	2,143	996	3,890	2,226	…	2,858	…	15,179
うち500 a 以上 (36)	1,456	6,622	3,493	2,326	1,224	4,206	2,246	…	4,032	…	15,280
昭和55年産 (37)	**2,553**	**9,464**	**6,082**	**3,719**	**1,975**	**4,995**	**6,843**	**…**	**3,779**	**…**	**36,242**
30 a 未満 (38)	3,998	9,982	6,351	3,394	2,575	4,958	16,434	…	5,570	…	42,560
30 ～ 50 (39)	2,958	9,853	6,413	3,167	2,288	4,290	11,820	…	4,418	…	43,372
50 ～ 100 (40)	2,698	9,374	5,941	3,568	2,258	4,836	7,839	…	3,705	…	38,601
100 ～ 150 (41)	2,551	9,408	6,310	3,889	1,953	4,699	5,444	…	3,403	…	36,473
150 ～ 200 (42)	2,235	9,237	6,496	3,893	1,588	5,348	3,731	…	3,129	…	33,367
200 ～ 300 (43)	1,877	9,997	6,170	4,058	1,423	5,212	2,570	…	3,358	…	30,546
300 a 以上 (44)	2,083	8,909	5,192	4,118	1,499	6,124	4,197	…	4,275	…	27,107
うち500 a 以上 (45)	1,666	8,143	3,927	4,325	1,920	6,396	3,545	…	5,422	…	25,188
昭和60年産 (46)	**2,771**	**10,947**	**7,563**	**4,006**	**2,233**	**5,868**	**8,451**	**…**	**4,307**	**…**	**42,305**
30 a 未満 (47)	5,591	11,492	8,608	3,335	3,224	5,928	21,812	…	7,080	…	53,755
30 ～ 50 (48)	3,650	11,596	8,346	3,701	2,893	5,137	14,886	…	5,706	…	51,750
50 ～ 100 (49)	3,201	10,882	7,899	3,921	2,481	5,454	10,020	…	4,316	…	48,128
100 ～ 150 (50)	2,543	11,124	7,524	3,913	2,292	6,036	8,607	…	3,643	…	42,339
150 ～ 200 (51)	2,330	11,125	7,182	4,075	1,977	5,909	6,665	…	3,329	…	38,605
200 ～ 300 (52)	2,118	10,532	7,518	4,114	1,942	6,251	4,804	…	3,375	…	35,026
300 a 以上 (53)	2,073	10,558	6,600	4,436	1,532	6,599	3,298	…	5,204	…	31,797
うち500 a 以上 (54)	1,825	10,089	6,237	4,611	1,833	6,710	2,567	…	6,251	…	30,752
平成2年産 (55)	**2,907**	**8,977**	**7,530**	**3,192**	**2,219**	**6,604**	**10,293**	**…**	**4,621**	**…**	**42,831**
30 a 未満 (56)	5,132	10,218	8,574	3,111	2,703	6,406	22,912	…	6,487	…	53,200
30 ～ 50 (57)	4,741	9,852	7,846	3,128	2,621	5,837	17,313	…	6,275	…	51,447
50 ～ 100 (58)	3,587	9,405	7,835	3,078	2,450	6,265	13,814	…	4,997	…	48,427
100 ～ 150 (59)	2,612	8,740	7,366	3,180	2,258	6,600	8,583	…	4,140	…	42,878
150 ～ 200 (60)	2,210	8,531	7,428	3,300	1,869	6,258	7,738	…	3,854	…	42,166
200 ～ 300 (61)	1,851	9,044	7,532	3,271	1,796	7,886	6,225	…	3,570	…	38,768
300 a 以上 (62)	1,987	8,129	6,968	3,295	2,054	6,908	5,316	…	4,562	…	31,071
うち500 a 以上 (63)	1,770	7,752	6,541	3,261	2,426	6,447	4,616	…	5,060	…	28,395

注：　昭和35年産及び40年産結果は、旧費目分類のため、現行費目分類のうち農業薬剤費、光熱動力費、その他の諸材料費、賃借料及び料金の4費目については、継続させることができないので注意されたい（以下318ページまで同じ。）。

米生産費・累年

償却費	生産管理費	畜力費	労働費	家族	費用合計	生産費(副産物価額差引)	支払利子	支払地代	支払利子・地代算入生産費	自己資本利子	自作地地代	資本利子・地代全額算入生産費	
(12)	(13)	(14)	(15)	(16)	(17)	(18)	(19)	(20)	(21)	(22)	(23)	(24)	
円	円	円	円	円	円	円	円	円	円	円	円	円	
1,437	…	1,092	8,879	7,764	17,760	15,557	…	…	…	875	1,266	17,698	(1)
1,109	…	648	9,751	8,826	18,555	16,195	…	…	…	926	1,273	18,394	(2)
1,372	…	985	9,964	9,024	18,833	16,514	…	…	…	927	1,283	18,724	(3)
1,402	…	1,225	9,300	8,438	18,166	15,903	…	…	…	909	1,278	18,090	(4)
1,409	…	1,171	8,709	7,732	17,462	15,241	…	…	…	855	1,243	17,339	(5)
1,501	…	979	8,480	7,284	17,354	15,193	…	…	…	850	1,287	17,329	(6)
1,639	…	861	8,363	6,784	17,665	15,576	…	…	…	868	1,281	17,725	(7)
1,350	…	853	7,788	5,436	16,610	14,656	…	…	…	772	1,204	16,632	(8)
…	…	…	…	…	…	…	…	…	…	…	…	…	(9)
3,647	…	346	15,626	13,871	28,294	26,138	…	…	…	1,264	1,831	29,233	(10)
2,824	…	287	17,220	15,534	30,612	28,068	…	…	…	1,541	2,008	31,617	(11)
3,712	…	437	16,935	15,359	30,598	28,167	…	…	…	1,492	1,877	31,536	(12)
3,916	…	438	16,056	14,686	28,975	26,711	…	…	…	1,328	1,797	29,836	(13)
3,731	…	288	15,304	13,678	27,621	25,466	…	…	…	1,230	1,947	28,643	(14)
3,556	…	177	15,152	13,304	27,543	25,488	…	…	…	1,180	1,797	28,465	(15)
3,188	…	282	14,756	12,527	27,037	25,086	…	…	…	1,135	1,725	27,946	(16)
3,028	…	511	15,352	11,876	28,047	26,287	…	…	…	1,138	1,732	29,157	(17)
…	…	…	…	…	…	…	…	…	…	…	…	…	(18)
8,376	…	72	22,875	20,146	44,903	42,936	…	…	…	2,886	7,624	53,446	(19)
9,412	…	73	27,370	24,781	53,831	51,429	…	…	…	3,804	6,537	61,770	(20)
9,571	…	71	26,481	24,067	50,724	48,507	…	…	…	3,276	6,522	58,305	(21)
9,333	…	26	24,738	22,412	47,506	45,267	…	…	…	2,988	6,583	54,838	(22)
8,664	…	22	22,724	20,150	44,168	42,205	…	…	…	2,807	7,053	52,065	(23)
7,783	…	26	21,235	18,591	42,318	40,564	…	…	…	2,904	7,673	51,141	(24)
7,480	…	109	20,013	17,013	41,720	40,145	…	…	…	2,801	8,864	51,810	(25)
6,082	…	252	19,347	15,399	39,310	37,690	…	…	…	2,382	10,706	50,778	(26)
5,687	…	270	19,242	14,400	38,595	37,021	…	…	…	2,267	10,168	49,456	(27)
16,584	…	4	36,084	34,035	80,886	77,756	…	…	…	4,603	19,925	102,284	(28)
17,740	…	14	49,841	46,785	104,875	101,024	…	…	…	5,522	16,876	123,422	(29)
17,998	…	2	45,984	43,012	96,577	92,752	…	…	…	5,063	16,680	114,495	(30)
18,180	…	4	41,207	38,978	88,047	84,258	…	…	…	4,810	16,988	106,056	(31)
16,394	…	3	37,146	35,199	81,235	78,009	…	…	…	4,557	19,080	101,646	(32)
16,745	…	0	31,792	30,519	75,355	72,879	…	…	…	4,577	21,174	98,630	(33)
15,660	…	0	28,978	27,272	70,959	68,368	…	…	…	4,408	24,868	97,644	(34)
13,357	…	11	25,968	23,892	65,788	63,560	…	…	…	3,994	23,845	91,399	(35)
13,381	…	0	24,202	22,140	65,087	63,240	…	…	…	4,297	20,589	88,126	(36)
33,486	…	2	52,681	51,487	128,335	123,121	…	…	…	7,425	27,489	158,035	(37)
40,121	…	-	72,959	70,626	168,781	161,046	…	…	…	8,949	22,031	192,026	(38)
41,221	…	17	66,412	64,562	155,008	148,664	…	…	…	8,992	21,520	179,176	(39)
35,988	…	-	58,169	56,702	136,989	130,790	…	…	…	8,009	24,432	163,231	(40)
33,826	…	-	50,931	50,182	125,061	119,937	…	…	…	7,372	27,710	155,019	(41)
29,945	…	-	44,326	43,772	113,350	109,140	…	…	…	6,290	30,076	145,506	(42)
27,762	…	-	41,251	40,145	106,462	102,963	…	…	…	6,383	33,801	143,147	(43)
23,688	…	-	35,532	34,913	99,036	96,239	…	…	…	5,625	36,218	138,082	(44)
21,604	…	-	29,520	29,335	92,052	89,131	…	…	…	5,539	32,293	126,963	(45)
38,936	…	-	53,753	52,765	142,204	136,505	…	…	…	7,620	31,581	175,706	(46)
50,759	…	-	76,540	74,973	197,365	188,835	…	…	…	10,180	28,009	227,024	(47)
48,675	…	-	72,103	70,621	179,768	172,325	…	…	…	9,339	26,025	207,689	(48)
44,838	…	-	62,219	61,167	158,521	152,039	…	…	…	8,555	27,336	187,930	(49)
39,127	…	-	52,200	51,532	140,221	134,828	…	…	…	7,593	30,943	173,364	(50)
35,307	…	-	47,134	46,375	128,331	123,553	…	…	…	6,668	33,174	163,395	(51)
31,610	…	-	42,244	41,324	117,924	113,581	…	…	…	6,533	38,421	158,535	(52)
27,830	…	-	38,044	36,992	110,141	105,375	…	…	…	5,925	37,914	149,214	(53)
26,506	…	-	33,767	32,475	104,642	99,819	…	…	…	6,050	34,137	140,006	(54)
39,174	…	-	51,398	50,510	140,572	136,310	…	…	…	8,149	30,432	174,891	(55)
48,279	…	-	74,454	72,751	193,197	187,236	…	…	…	10,105	25,811	223,152	(56)
47,369	…	-	70,284	69,473	179,344	174,214	…	…	…	11,087	25,668	210,969	(57)
44,805	…	-	60,550	59,754	160,408	155,475	…	…	…	9,584	26,916	191,975	(58)
39,001	…	-	50,735	49,903	137,092	132,589	…	…	…	7,286	29,517	169,392	(59)
38,823	…	-	45,849	44,861	129,203	125,935	…	…	…	7,562	32,812	166,309	(60)
35,755	…	-	41,339	40,575	121,282	117,567	…	…	…	7,022	35,413	160,002	(61)
27,401	…	-	34,480	33,467	104,770	101,497	…	…	…	6,114	35,025	142,636	(62)
24,737	…	-	30,824	29,860	97,092	93,982	…	…	…	5,727	32,353	132,062	(63)

米生産費・累年

(2) 米生産費の全国作付規模別・年次別比較〔10a当たり〕（続き）

区　分	主産物数量	粗収益 計	主産物	副産物	投下労働時間	家族	生産管理
	(25)	(26)	(27)	(28)	(29)	(30)	(31)
	kg	円	円	円	時間	時間	時間
昭和35年産　(1)	448	32,056	29,853	2,203	172.9	151.3	…
30 a 未満　(2)	454	31,881	29,521	2,360	198.5	180.7	…
30 ～ 50　(3)	435	30,974	28,655	2,319	199.2	180.7	…
50 ～ 100　(4)	433	31,096	28,833	2,263	182.7	166.4	…
100 ～ 150　(5)	445	31,948	29,727	2,221	170.5	151.8	…
150 ～ 200　(6)	463	33,259	31,098	2,161	164.9	141.4	…
200 ～ 300　(7)	472	33,723	31,634	2,089	156.8	126.4	…
300 a 以上　(8)	469	33,349	31,395	1,954	142.5	95.7	…
うち500 a 以上　(9)	…	…	…	…	…	…	…
昭和40年産　(10)	445	49,167	47,011	2,156	141.0	126.1	…
30 a 未満　(11)	440	48,324	45,780	2,544	164.8	149.7	…
30 ～ 50　(12)	430	47,369	44,938	2,431	158.8	144.4	…
50 ～ 100　(13)	429	47,384	45,120	2,264	147.9	135.9	…
100 ～ 150　(14)	450	49,701	47,546	2,155	138.5	124.6	…
150 ～ 200　(15)	467	51,665	49,610	2,055	136.5	120.5	…
200 ～ 300　(16)	474	52,259	50,308	1,951	130.1	110.7	…
300 a 以上　(17)	434	47,302	45,542	1,760	117.8	93.1	…
うち500 a 以上　(18)	…	…	…	…	…	…	…
昭和45年産　(19)	487	67,859	65,892	1,967	117.8	104.6	…
30 a 未満　(20)	465	65,156	62,754	2,402	150.1	136.1	…
30 ～ 50　(21)	460	64,345	62,128	2,217	141.6	129.2	…
50 ～ 100　(22)	472	66,110	63,870	2,240	129.5	117.8	…
100 ～ 150　(23)	487	68,061	66,098	1,963	115.8	103.7	…
150 ～ 200　(24)	518	71,837	70,083	1,754	111.9	98.6	…
200 ～ 300　(25)	535	73,812	72,237	1,575	102.6	87.7	…
300 a 以上　(26)	489	67,556	65,936	1,620	88.8	71.9	…
うち500 a 以上　(27)	466	64,185	62,610	1,575	82.2	62.8	…
昭和50年産　(28)	525	138,385	135,255	3,130	81.5	77.1	…
30 a 未満　(29)	504	133,453	129,602	3,851	115.7	108.9	…
30 ～ 50　(30)	500	132,517	128,692	3,825	107.8	101.0	…
50 ～ 100　(31)	505	134,189	130,400	3,789	94.6	89.6	…
100 ～ 150　(32)	524	138,238	135,012	3,226	82.7	78.5	…
150 ～ 200　(33)	544	142,744	140,268	2,476	70.0	67.2	…
200 ～ 300　(34)	563	148,127	145,536	2,591	65.9	62.1	…
300 a 以上　(35)	530	138,609	136,381	2,228	55.4	51.5	…
うち500 a 以上　(36)	481	126,090	124,243	1,847	46.7	43.1	…
昭和55年産　(37)	489	150,733	145,519	5,214	64.4	62.7	…
30 a 未満　(38)	460	144,169	136,434	7,735	87.6	84.7	…
30 ～ 50　(39)	456	141,754	135,410	6,344	81.7	79.2	…
50 ～ 100　(40)	473	147,471	141,272	6,199	70.5	68.3	…
100 ～ 150　(41)	486	150,557	145,433	5,124	62.0	61.0	…
150 ～ 200　(42)	509	156,963	152,753	4,210	54.1	53.2	…
200 ～ 300　(43)	520	159,358	155,859	3,499	52.8	51.3	…
300 a 以上　(44)	538	158,234	155,437	2,797	44.4	43.5	…
うち500 a 以上　(45)	502	139,924	137,003	2,921	31.8	31.7	…
昭和60年産　(46)	529	170,802	165,103	5,699	54.5	53.3	…
30 a 未満　(47)	535	176,523	167,993	8,530	75.3	73.7	…
30 ～ 50　(48)	500	164,337	156,894	7,443	72.7	71.0	…
50 ～ 100　(49)	511	166,602	160,120	6,482	63.3	61.9	…
100 ～ 150　(50)	528	170,954	165,561	5,393	52.9	51.9	…
150 ～ 200　(51)	549	177,234	172,456	4,778	47.8	46.4	…
200 ～ 300　(52)	562	181,785	177,442	4,343	44.9	43.8	…
300 a 以上　(53)	540	168,418	163,652	4,766	38.5	37.2	…
うち500 a 以上　(54)	523	157,997	153,174	4,823	32.1	30.6	…
平成2年産　(55)	533	159,858	155,596	4,262	43.8	42.9	…
30 a 未満　(56)	533	158,890	152,929	5,961	61.6	60.0	…
30 ～ 50　(57)	508	151,648	146,518	5,130	57.7	56.9	…
50 ～ 100　(58)	512	154,737	149,804	4,933	51.0	50.3	…
100 ～ 150　(59)	528	160,671	156,168	4,503	43.8	42.9	…
150 ～ 200　(60)	545	166,184	162,916	3,268	40.4	39.4	…
200 ～ 300　(61)	557	171,447	167,732	3,715	37.3	36.5	…
300 a 以上　(62)	556	158,950	155,677	3,273	30.1	29.0	…
うち500 a 以上　(63)	550	148,436	145,326	3,110	26.7	25.6	…

米生産費・累年

畜力使役時間	動力運転時間	10a当たり所得	1日当たり所得	1日当たり家族労働報酬	
(32)	(33)	(34)	(35)	(36)	
時間	時間	円	円	円	
8.3	7.5	22,060	1,166	1,053	(1)
5.5	3.7	22,152	981	883	(2)
7.8	5.4	21,165	937	839	(3)
9.4	6.9	21,368	1,027	922	(4)
8.8	7.7	22,218	1,171	1,060	(5)
7.2	8.6	23,189	1,312	1,191	(6)
6.1	8.3	22,842	1,446	1,310	(7)
5.9	8.5	22,175	1,854	1,689	(8)
…	…	…	…	…	(9)
1.5	14.4	34,744	2,204	2,008	(10)
1.4	7.8	33,246	1,777	1,587	(11)
1.9	12.1	32,130	1,780	1,593	(12)
1.7	14.1	33,095	1,948	1,764	(13)
1.2	15.8	35,758	2,296	2,092	(14)
0.8	16.1	37,426	2,485	2,287	(15)
1.2	14.3	37,749	2,728	2,521	(16)
2.3	12.8	31,131	2,675	2,428	(17)
…	…	…	…	…	(18)
0.2	18.5	43,102	3,297	2,493	(19)
0.2	14.4	36,106	2,122	1,514	(20)
0.2	17.4	37,688	2,334	1,727	(21)
0.1	20.1	41,016	2,785	2,136	(22)
0.1	20.3	44,043	3,398	2,637	(23)
0.1	18.4	48,110	3,903	3,045	(24)
0.2	17.9	49,105	4,479	3,424	(25)
0.7	14.6	43,645	4,856	3,400	(26)
0.7	13.2	39,990	5,094	3,510	(27)
0.0	17.9	91,534	9,498	6,953	(28)
0.0	15.8	75,363	5,536	3,891	(29)
0.0	18.5	78,952	6,254	4,531	(30)
0.0	19.9	85,120	7,600	5,654	(31)
0.0	19.1	92,202	9,396	6,988	(32)
0.0	18.0	97,908	11,656	8,590	(33)
0.0	16.4	104,440	13,454	9,683	(34)
0.0	12.1	96,713	15,023	10,699	(35)
0.0	9.6	83,143	15,433	10,813	(36)
0.0	14.2	73,885	9,427	4,972	(37)
-	15.8	46,014	4,346	1,420	(38)
0.0	16.6	51,308	5,183	2,101	(39)
-	15.4	67,184	7,869	4,069	(40)
-	14.0	75,678	9,925	5,324	(41)
-	12.7	87,385	13,141	7,672	(42)
-	12.4	93,041	14,509	8,243	(43)
-	10.9	94,111	17,308	9,612	(44)
-	9.4	77,207	19,484	9,937	(45)
-	14.5	81,363	12,212	6,328	(46)
-	15.3	54,131	5,876	1,730	(47)
-	17.5	55,190	6,219	2,234	(48)
-	16.2	69,248	8,950	4,311	(49)
-	14.7	82,265	12,681	6,740	(50)
-	13.6	95,278	16,427	9,558	(51)
-	13.2	105,185	19,212	11,001	(52)
-	11.0	95,269	20,488	11,060	(53)
-	9.3	85,830	22,439	11,933	(54)
-	14.0	69,796	13,016	5,821	(55)
-	16.1	38,444	5,126	337	(56)
-	17.5	41,777	5,874	706	(57)
-	15.5	54,083	8,602	2,796	(58)
-	13.8	73,482	13,703	6,840	(59)
-	13.4	81,842	16,618	8,420	(60)
-	12.7	90,740	19,888	10,587	(61)
-	11.0	87,647	24,178	12,830	(62)
-	9.9	81,204	25,376	13,476	(63)

米生産費・累年

(2) 米生産費の全国作付規模別・年次別比較〔10a当たり〕（続き）

区分	種苗費 (1)	肥料費 (2)	農業薬剤費 (3)	光熱動力費 (4)	その他の諸材料費 (5)	土地改良及び水利費 (6)	賃借料及び料金 (7)	物件税及び公課諸負担 (8)	建物費 (9)	自動車費 (10)	農機具費 (11)
	円	円	円	円	円	円	円	円	円	円	円
平成 7 年産 (64)	3,392	8,383	7,615	3,097	2,382	8,522	11,883	2,326	3,974	…	26,625
50 a 未満 (65)	5,004	9,740	8,195	3,126	2,800	6,842	22,054	3,336	5,178	…	31,600
50 ～ 100 (66)	4,720	8,988	7,913	2,982	2,680	8,191	15,947	2,743	4,702	…	28,132
100 ～ 150 (67)	3,326	8,269	7,829	3,078	2,386	9,361	12,611	2,201	3,835	…	26,655
150 ～ 200 (68)	2,657	7,752	7,067	3,056	2,190	9,048	9,626	1,911	3,734	…	26,339
200 ～ 250 (69)	2,425	7,755	7,867	3,113	2,079	8,507	7,304	1,965	3,227	…	27,850
250 ～ 300 (70)	2,407	7,787	7,482	3,120	2,185	8,976	6,615	1,998	2,603	…	25,662
300 a 以上 (71)	2,264	7,882	7,091	3,229	2,115	8,646	6,052	1,923	3,464	…	22,482
うち500a以上 (72)	2,116	7,682	7,085	3,291	2,304	8,421	5,974	1,923	3,960	…	21,318
平成 12 年産 (73)	3,554	8,074	7,514	3,040	2,192	7,224	12,902	2,472	4,361	…	27,528
50 a 未満 (74)	6,497	9,563	8,392	3,052	2,374	6,282	23,658	3,919	7,077	…	35,262
50 ～ 100 (75)	4,542	8,489	8,072	3,083	2,336	6,880	17,767	2,814	4,747	…	31,127
100 ～ 150 (76)	3,290	8,126	7,505	2,988	2,206	7,423	14,519	2,484	4,562	…	28,761
150 ～ 200 (77)	3,134	7,519	7,445	3,092	1,890	7,808	9,754	2,090	3,560	…	26,841
200 ～ 250 (78)	2,462	7,905	7,718	2,961	2,109	7,783	8,638	1,948	3,288	…	26,529
250 ～ 300 (79)	2,712	7,858	7,635	2,986	1,849	7,292	6,552	1,701	3,571	…	25,764
300 a 以上 (80)	2,132	7,302	6,588	3,041	2,165	7,451	6,297	1,942	3,432	…	21,040
うち500a以上 (81)	2,023	7,262	6,446	3,026	2,211	7,244	5,882	1,824	3,641	…	19,673
平成 17 年産 (82)	3,704	7,802	7,016	3,455	2,050	5,821	13,655	2,666	4,845	3,140	22,385
50 a 未満 (83)	6,974	8,953	7,464	3,287	2,248	5,232	26,239	4,430	7,678	5,797	25,247
50 ～ 100 (84)	5,193	8,064	7,293	3,471	2,224	5,739	20,254	3,391	6,743	4,532	28,446
100 ～ 200 (85)	3,636	7,956	7,009	3,513	2,068	5,622	14,350	2,667	4,922	2,901	23,715
200 ～ 300 (86)	2,382	7,381	6,755	3,282	1,848	5,842	8,227	1,725	3,349	2,133	20,042
300 a 以上 (87)	2,187	7,272	6,792	3,526	1,932	6,247	6,506	1,971	3,139	1,917	17,016
うち500a以上 (88)	1,934	7,096	6,726	3,586	2,073	6,036	6,276	1,840	3,162	1,725	14,784
平成 22 年産 (89)	3,396	9,388	7,413	4,059	1,924	4,853	11,623	2,360	6,852	3,823	27,218
50 a 未満 (90)	6,692	11,268	8,469	4,308	2,125	3,660	25,416	4,373	16,207	8,724	45,717
50 ～ 100 (91)	5,569	11,070	8,152	4,183	1,872	3,922	18,936	3,356	11,031	6,197	37,176
100 ～ 200 (92)	3,467	9,170	7,683	4,171	1,992	5,121	12,409	2,616	7,511	3,983	29,148
200 ～ 300 (93)	2,531	10,100	7,250	4,288	2,026	4,806	7,834	1,919	4,873	3,367	23,866
300 a 以上 (94)	2,178	8,287	6,838	3,828	1,831	5,312	6,962	1,595	3,719	2,025	19,914
うち500a以上 (95)	2,045	8,245	6,644	3,940	1,886	5,550	5,968	1,542	3,830	1,765	19,166
平成 25 年産 (96)	3,704	9,500	7,555	4,782	1,820	4,442	12,078	2,424	4,802	3,847	23,683
50 a 未満 (97)	8,027	11,230	8,376	5,172	1,802	3,040	24,455	5,118	9,439	9,466	38,148
50 ～ 100 (98)	6,421	10,492	7,812	5,058	1,680	4,302	20,279	3,246	7,745	5,465	25,680
100 ～ 200 (99)	3,852	9,704	7,881	4,639	1,904	4,693	14,858	2,503	4,642	4,273	26,887
200 ～ 300 (100)	2,698	9,012	7,415	4,580	1,853	4,857	10,012	2,118	4,913	2,906	20,490
300 a 以上 (101)	2,496	8,993	7,242	4,770	1,812	4,446	7,117	1,840	3,318	2,614	20,331
うち500a以上 (102)	2,327	9,007	7,331	4,735	1,836	4,258	6,027	1,746	3,148	2,508	19,339
平成 26 年産 (103)	3,693	9,520	7,630	5,095	1,819	4,444	12,576	2,316	4,502	3,833	24,114
50 a 未満 (104)	7,859	11,420	8,527	5,610	1,848	2,772	26,312	4,381	9,316	8,660	37,645
50 ～ 100 (105)	6,217	10,273	8,170	5,361	1,709	4,189	20,044	3,461	6,666	6,699	26,168
100 ～ 200 (106)	4,240	9,539	7,791	4,975	1,790	4,415	15,988	2,395	4,393	4,102	26,335
200 ～ 300 (107)	2,700	9,181	7,539	4,753	1,752	4,870	12,169	1,883	5,160	2,761	20,718
300 a 以上 (108)	2,456	9,147	7,310	5,100	1,882	4,629	7,244	1,803	3,107	2,553	21,734
うち500a以上 (109)	2,207	9,219	7,303	5,101	1,967	4,454	5,483	1,755	3,158	2,249	20,535
平成 27 年産 (110)	3,691	9,318	7,640	4,362	1,939	4,468	12,200	2,297	4,170	3,914	24,898
50 a 未満 (111)	7,820	10,751	8,627	5,074	1,794	2,794	23,765	5,247	6,584	11,630	38,955
50 ～ 100 (112)	5,892	10,314	8,295	4,762	1,921	4,090	21,136	3,384	6,377	7,304	28,189
100 ～ 200 (113)	4,047	9,718	7,936	4,281	1,867	4,042	16,205	2,472	3,765	3,996	26,858
200 ～ 300 (114)	3,245	8,467	7,246	4,263	1,785	5,001	11,603	1,891	5,023	3,209	25,342
300 a 以上 (115)	2,598	8,956	7,339	4,236	2,032	4,794	6,999	1,702	3,233	2,267	21,434
うち500a以上 (116)	2,448	8,913	6,938	4,185	2,105	4,436	5,250	1,679	3,112	2,092	20,222
平成 28 年産 (117)	3,695	9,313	7,464	3,844	1,942	4,313	11,953	2,297	4,146	3,862	23,872
50 a 未満 (118)	7,549	10,353	8,465	4,638	1,618	3,002	24,154	4,780	7,352	11,254	35,449
50 ～ 100 (119)	5,831	9,926	8,138	4,358	1,987	4,050	20,313	3,677	6,198	8,458	27,317
100 ～ 200 (120)	4,633	9,382	7,803	3,864	1,841	3,756	16,067	2,558	4,430	3,798	26,774
200 ～ 300 (121)	3,038	8,268	7,082	3,737	1,860	4,519	10,616	2,005	4,246	2,636	23,199
300 a 以上 (122)	2,495	9,328	7,145	3,644	2,035	4,710	7,014	1,635	3,098	2,223	20,606
うち500a以上 (123)	2,389	9,305	6,878	3,630	2,048	4,436	5,846	1,632	2,727	2,076	19,532

償却費	生産管理費	畜力費	労働費	家族	費用合計	生産費(副産物価額差引)	支払利子	支払地代	支払利子・地代算入生産費	自己資本利子	自作地地代	資本利子・地代全額算入生産費	
(12)	(13)	(14)	(15)	(16)	(17)	(18)	(19)	(20)	(21)	(22)	(23)	(24)	
円	円	円	円	円	円	円	円	円	円	円	円	円	
20,104	**173**	**-**	**57,016**	**55,911**	**135,388**	**132,276**	**703**	**4,060**	**137,039**	**7,872**	**24,018**	**168,929**	**(64)**
23,168	171	-	84,174	82,058	182,220	178,564	205	1,715	180,484	11,724	21,878	214,086	(65)
20,601	117	-	69,856	68,671	156,971	153,701	274	1,823	155,798	9,777	22,688	188,263	(66)
20,701	104	-	58,364	57,349	138,019	135,135	487	2,291	137,913	8,420	24,391	170,724	(67)
20,778	143	-	51,389	50,584	124,912	122,090	608	3,591	126,289	7,212	25,590	159,091	(68)
22,669	129	-	48,715	48,005	120,936	118,131	565	5,342	124,038	7,022	25,878	156,938	(69)
19,575	131	-	45,388	44,669	114,354	111,639	1,350	5,473	118,462	5,592	29,597	153,651	(70)
16,396	324	-	37,791	36,824	103,263	100,038	1,508	8,416	109,962	4,732	23,293	137,987	(71)
15,167	397	-	33,744	32,861	98,215	95,116	1,589	8,266	104,971	4,471	21,840	131,282	(72)
21,168	**255**	**-**	**53,103**	**51,195**	**132,219**	**129,029**	**684**	**4,014**	**133,727**	**8,154**	**19,200**	**161,081**	**(73)**
27,245	163	-	79,533	76,340	185,772	182,195	139	1,083	183,417	13,406	18,930	215,753	(74)
24,265	189	-	64,968	62,650	155,014	151,737	341	1,816	153,894	10,459	19,330	183,683	(75)
22,707	180	-	53,473	51,681	135,517	132,618	653	1,926	135,197	9,033	21,624	165,854	(76)
20,721	216	-	48,479	47,105	121,828	118,748	768	4,357	123,873	6,920	20,222	151,015	(77)
20,534	120	-	45,669	44,655	117,130	114,378	701	5,122	120,201	6,959	21,153	148,313	(78)
20,154	343	-	45,446	43,476	113,709	111,060	497	5,910	117,467	6,637	18,882	142,986	(79)
15,355	435	-	35,776	34,304	97,601	94,239	1,242	7,735	103,216	4,320	16,930	124,466	(80)
13,851	501	-	33,215	31,919	92,948	89,369	1,391	7,739	98,499	3,762	15,611	117,872	(81)
17,496	**292**	**-**	**43,884**	**41,833**	**120,715**	**118,594**	**450**	**4,240**	**123,284**	**7,601**	**15,802**	**146,687**	**(82)**
19,236	387	-	69,534	65,792	173,470	171,150	76	1,345	172,571	12,268	15,803	200,642	(83)
22,582	267	-	54,551	52,339	150,168	148,005	281	1,953	150,239	10,634	16,728	177,601	(84)
18,714	207	-	45,784	43,756	124,350	122,525	312	2,073	124,910	8,081	17,386	150,377	(85)
15,785	302	-	36,885	35,309	100,153	97,725	236	5,251	103,212	5,693	16,428	125,333	(86)
13,013	347	-	29,043	27,455	87,895	85,747	914	8,315	94,976	4,294	13,470	112,740	(87)
10,351	325	-	26,863	25,200	82,426	80,272	897	9,591	90,760	3,518	11,962	106,240	(88)
21,076	**352**	**-**	**36,707**	**34,378**	**119,968**	**117,783**	**301**	**4,529**	**122,613**	**6,663**	**12,250**	**141,526**	**(89)**
37,283	431	-	62,821	59,448	200,211	198,081	7	850	198,938	12,965	14,887	226,790	(90)
30,513	270	-	47,287	44,668	159,021	156,690	153	1,231	158,074	10,109	13,648	181,831	(91)
22,336	288	-	39,287	36,434	126,846	124,806	129	2,206	127,141	7,837	14,054	149,032	(92)
17,639	365	-	35,169	33,028	108,394	106,544	177	3,305	110,026	5,325	13,695	129,046	(93)
14,801	396	-	26,702	24,903	89,587	87,262	543	8,070	95,875	3,948	9,811	109,634	(94)
13,907	446	-	25,354	23,129	86,381	84,131	615	8,505	93,251	3,647	9,510	106,408	(95)
17,014	**424**	**-**	**35,884**	**33,726**	**114,945**	**112,572**	**294**	**4,832**	**117,698**	**5,369**	**10,974**	**134,041**	**(96)**
30,236	421	-	61,113	58,688	185,807	183,529	34	1,348	184,911	10,420	11,495	206,826	(97)
18,100	354	-	49,305	46,201	147,839	145,576	60	1,578	147,214	7,300	12,588	167,102	(98)
19,066	383	-	39,694	37,495	125,913	123,507	213	2,504	126,224	6,037	11,987	144,248	(99)
15,492	430	-	34,783	33,299	106,067	103,597	206	3,749	107,552	4,923	14,342	126,817	(100)
14,200	463	-	26,754	24,743	92,196	89,819	465	7,730	98,014	3,873	8,983	110,870	(101)
13,531	481	-	25,304	23,334	88,047	85,707	525	8,006	94,238	3,554	8,680	106,472	(102)
17,073	**392**	**-**	**35,396**	**33,199**	**115,330**	**114,268**	**307**	**4,710**	**119,285**	**5,319**	**10,581**	**135,185**	**(103)**
28,585	411	-	62,849	60,884	187,610	186,367	52	1,120	187,539	10,037	11,830	209,406	(104)
17,933	365	-	48,733	45,515	148,055	146,951	70	1,369	148,390	7,508	12,317	168,215	(105)
18,753	359	-	37,934	35,756	124,256	123,227	135	2,460	125,822	6,058	11,657	143,537	(106)
15,129	283	-	34,435	32,578	108,204	107,296	184	3,564	111,044	5,014	13,869	129,927	(107)
15,131	442	-	27,101	25,065	94,508	93,423	517	7,446	101,386	3,830	8,527	113,743	(108)
14,283	472	-	25,045	23,022	88,948	87,823	539	7,758	96,120	3,571	8,279	107,970	(109)
18,150	**414**	**-**	**34,731**	**32,297**	**114,042**	**112,719**	**306**	**5,034**	**118,059**	**5,166**	**10,069**	**133,294**	**(110)**
30,455	561	-	62,774	59,983	186,376	185,011	173	1,212	186,396	8,917	11,558	206,871	(111)
19,347	437	-	49,315	45,861	151,416	150,088	73	1,209	151,370	7,754	12,881	172,005	(112)
20,281	335	-	39,282	36,823	124,804	123,549	129	2,718	126,396	5,970	11,230	143,596	(113)
18,864	319	-	31,922	30,064	109,316	108,287	140	4,262	112,689	5,836	13,435	131,960	(114)
15,298	449	-	26,464	24,190	92,503	91,077	502	7,659	99,238	3,525	7,746	110,509	(115)
14,174	458	-	24,748	22,622	86,586	85,245	494	8,124	93,863	3,311	7,325	104,499	(116)
17,348	**426**	**-**	**34,525**	**32,179**	**111,652**	**109,471**	**288**	**5,128**	**114,887**	**4,992**	**9,706**	**129,585**	**(117)**
26,145	492	-	61,602	59,208	180,708	179,036	157	985	180,178	8,154	12,247	200,579	(118)
19,990	367	-	50,593	46,930	151,213	149,225	99	1,389	150,713	7,386	12,430	170,529	(119)
19,791	323	-	39,573	37,723	124,802	122,862	113	2,786	125,761	6,136	10,661	142,558	(120)
17,637	413	-	31,920	30,049	103,539	101,243	194	4,150	105,587	5,144	12,513	123,244	(121)
14,513	482	-	25,863	23,504	90,278	87,920	456	7,885	96,261	3,467	7,435	107,163	(122)
13,402	493	-	24,716	22,427	85,708	83,334	406	8,342	92,082	3,231	7,322	102,635	(123)

米生産費・累年

(2) 米生産費の全国作付規模別・年次別比較〔10a当たり〕（続き）

区　分	主産物数量	粗収益 計	粗収益 主産物	粗収益 副産物	投下労働時間	投下労働時間 家族	投下労働時間 生産管理
	(25)	(26)	(27)	(28)	(29)	(30)	(31)
	kg	円	円	円	時間	時間	時間
平成 7 年産　(64)	515	149,630	146,518	3,112	39.09	38.18	0.83
50 a 未満　(65)	507	148,524	144,868	3,656	57.59	56.14	1.47
50 ～ 100　(66)	507	149,460	146,190	3,270	46.70	45.79	0.99
100 ～ 150　(67)	513	150,469	147,585	2,884	40.47	39.62	0.67
150 ～ 200　(68)	509	149,851	147,029	2,822	35.22	34.53	0.70
200 ～ 250　(69)	515	150,383	147,578	2,805	34.46	33.75	0.54
250 ～ 300　(70)	517	151,904	149,189	2,715	31.21	30.56	0.65
300 a 以上　(71)	524	148,762	145,537	3,225	26.44	25.47	0.71
うち500 a 以上　(72)	520	145,157	142,058	3,099	23.47	22.54	0.79
平成 12 年産　(73)	539	128,637	125,447	3,190	34.16	32.74	0.76
50 a 未満　(74)	521	127,920	124,343	3,577	51.40	49.35	1.20
50 ～ 100　(75)	532	130,758	127,481	3,277	42.00	40.40	0.93
100 ～ 150　(76)	542	130,833	127,934	2,899	34.23	33.02	0.70
150 ～ 200　(77)	534	126,514	123,434	3,080	31.64	30.65	0.69
200 ～ 250　(78)	549	129,491	126,739	2,752	29.47	28.63	0.56
250 ～ 300　(79)	563	132,686	130,037	2,649	28.91	27.41	0.53
300 a 以上　(80)	549	125,612	122,250	3,362	22.74	21.34	0.62
うち500 a 以上　(81)	546	123,502	119,923	3,579	20.96	19.75	0.65
平成 17 年産　(82)	524	116,382	114,261	2,121	30.02	28.43	0.66
50 a 未満　(83)	518	117,775	115,455	2,320	48.04	45.49	0.96
50 ～ 100　(84)	511	117,313	115,150	2,163	37.53	35.91	0.90
100 ～ 200　(85)	519	118,082	116,257	1,825	31.03	29.52	0.69
200 ～ 300　(86)	524	113,667	111,239	2,428	25.73	24.46	0.47
300 a 以上　(87)	542	114,923	112,775	2,148	19.59	18.15	0.43
うち500 a 以上　(88)	549	113,190	111,036	2,154	18.02	16.44	0.41
平成 22 年産　(89)	511	96,977	94,792	2,185	26.39	24.55	0.51
50 a 未満　(90)	504	103,261	101,131	2,130	46.34	43.55	0.96
50 ～ 100　(91)	494	95,482	93,151	2,331	34.15	32.26	0.66
100 ～ 200　(92)	509	95,773	93,733	2,040	28.84	26.80	0.56
200 ～ 300　(93)	530	97,537	95,687	1,850	25.78	24.10	0.43
300 a 以上　(94)	514	96,686	94,361	2,325	18.47	16.91	0.37
うち500 a 以上　(95)	515	96,808	94,558	2,250	17.16	15.27	0.37
平成 25 年産　(96)	528	113,522	111,149	2,373	25.56	23.77	0.54
50 a 未満　(97)	498	110,981	108,703	2,278	44.44	42.55	0.76
50 ～ 100　(98)	500	110,200	107,937	2,263	34.87	32.56	0.76
100 ～ 200　(99)	527	113,028	110,622	2,406	28.54	26.97	0.65
200 ～ 300　(100)	535	112,085	109,615	2,470	25.00	23.72	0.61
300 a 以上　(101)	539	115,508	113,131	2,377	18.72	16.93	0.36
うち500 a 以上　(102)	541	115,610	113,270	2,340	17.24	15.47	0.32
平成 26 年産　(103)	526	93,624	92,562	1,062	24.82	23.09	0.52
50 a 未満　(104)	493	92,466	91,223	1,243	45.42	43.82	0.82
50 ～ 100　(105)	496	90,237	89,133	1,104	33.70	31.45	0.70
100 ～ 200　(106)	519	92,235	91,206	1,029	27.14	25.64	0.67
200 ～ 300　(107)	537	91,108	90,200	908	24.34	22.88	0.57
300 a 以上　(108)	540	96,067	94,982	1,085	18.75	16.98	0.34
うち500 a 以上　(109)	544	97,153	96,028	1,125	16.78	15.05	0.32
平成 27 年産　(110)	519	100,643	99,320	1,323	24.20	22.36	0.49
50 a 未満　(111)	485	98,708	97,343	1,365	44.32	42.15	0.84
50 ～ 100　(112)	495	96,783	95,455	1,328	34.05	31.76	0.75
100 ～ 200　(113)	515	99,905	98,650	1,255	28.21	26.55	0.64
200 ～ 300　(114)	530	100,384	99,355	1,029	22.08	20.72	0.44
300 a 以上　(115)	529	102,259	100,833	1,426	18.11	16.25	0.35
うち500 a 以上　(116)	535	103,768	102,427	1,341	16.49	14.71	0.31
平成 28 年産　(117)	533	113,134	110,953	2,181	23.76	21.97	0.47
50 a 未満　(118)	485	104,140	102,468	1,672	42.69	41.10	0.74
50 ～ 100　(119)	504	106,468	104,480	1,988	34.48	32.01	0.70
100 ～ 200　(120)	525	111,704	109,764	1,940	27.82	26.52	0.63
200 ～ 300　(121)	536	111,891	109,595	2,296	22.26	20.73	0.41
300 a 以上　(122)	549	116,894	114,536	2,358	17.46	15.55	0.32
うち500 a 以上　(123)	552	117,906	115,532	2,374	16.30	14.45	0.31

米生産費・累年

畜力使役時間	動力運転時間	10a当たり所得	1日当たり所得	1日当たり家族労働報酬	
(32)	(33)	(34)	(35)	(36)	
時間	時間	円	円	円	
…	…	65,390	13,701	7,019	(64)
…	…	46,442	6,618	1,830	(65)
…	…	59,063	10,319	4,647	(66)
…	…	67,021	13,533	6,908	(67)
…	…	71,324	16,525	8,925	(68)
…	…	71,545	16,959	9,160	(69)
…	…	75,396	19,737	10,525	(70)
…	…	72,399	22,740	13,938	(71)
…	…	69,948	24,826	15,488	(72)
…	…	42,915	10,486	3,802	(73)
…	…	17,266	2,799	-	(74)
…	…	36,237	7,176	1,277	(75)
…	…	44,418	10,761	3,334	(76)
…	…	46,666	12,180	5,096	(77)
…	…	51,193	14,305	6,449	(78)
…	…	56,046	16,358	8,910	(79)
…	…	53,338	19,996	12,029	(80)
…	…	53,343	21,607	13,760	(81)
…	…	32,810	9,233	2,647	(82)
…	…	8,676	1,526	-	(83)
…	…	17,250	3,843	-	(84)
…	…	35,103	9,513	2,611	(85)
…	…	43,336	14,174	6,939	(86)
…	…	45,254	19,947	12,117	(87)
…	…	45,476	22,129	14,597	(88)
…	…	6,557	2,137	-	(89)
…	…	△ 38,359	-	-	(90)
…	…	△ 20,255	-	-	(91)
…	…	3,026	903	-	(92)
…	…	18,689	6,204	-	(93)
…	…	23,389	11,065	4,556	(94)
…	…	24,436	12,802	5,909	(95)
…	…	27,177	9,147	3,646	(96)
…	…	△ 17,520	-	-	(97)
…	…	6,924	1,701	-	(98)
…	…	21,893	6,494	1,148	(99)
…	…	35,362	11,926	5,429	(100)
…	…	39,860	18,835	12,760	(101)
…	…	42,366	21,909	15,582	(102)
…	…	6,476	2,244	-	(103)
…	…	△ 35,432	-	-	(104)
…	…	△ 13,742	-	-	(105)
…	…	1,140	356	-	(106)
…	…	11,734	4,103	-	(107)
…	…	18,661	8,792	2,970	(108)
…	…	22,930	12,189	5,890	(109)
…	…	13,558	4,851	-	(110)
…	…	△ 29,070	-	-	(111)
…	…	△ 10,054	-	-	(112)
…	…	9,077	2,735	-	(113)
…	…	16,730	6,459	-	(114)
…	…	25,785	12,694	7,145	(115)
…	…	31,186	16,960	11,176	(116)
…	…	28,245	10,285	4,933	(117)
…	…	△ 18,502	-	-	(118)
…	…	697	174	-	(119)
…	…	21,726	6,554	1,487	(120)
…	…	34,057	13,143	6,329	(121)
…	…	41,779	21,494	15,885	(122)
…	…	45,877	25,399	19,557	(123)

米生産費・累年

(3) 米生産費の全国農業地域別・年次別比較
ア 10a当たり生産費

区分		種苗費	肥料費	農業薬剤費	光熱動力費	その他の諸材料費	土地改良及び水利費	賃借料及び料金	物件税及び公課諸負担	建物費	自動車費	農機具費
		(1)	(2)	(3)	(4)	(5)	(6)	(7)	(8)	(9)	(10)	(11)
		円	円	円	円	円	円	円	円	円	円	円
全国												
昭和35年産	(1)	255	3,300	-	1,516	-	535	-	…	558	…	1,625
40	(2)	380	3,744	-	2,693	-	763	-	…	779	…	3,963
45	(3)	627	4,543	1,480	874	803	1,489	1,521	…	1,745	…	8,874
50	(4)	1,624	7,755	4,106	2,004	1,475	2,851	4,380	…	2,534	…	18,069
55	(5)	2,553	9,464	6,082	3,719	1,975	4,995	6,843	…	3,779	…	36,242
60	(6)	2,771	10,947	7,563	4,006	2,233	5,868	8,451	…	4,307	…	42,305
平成2	(7)	2,907	8,977	7,530	3,192	2,219	6,604	10,293	…	4,621	…	42,831
7	(8)	3,392	8,383	7,615	3,097	2,382	8,522	11,883	2,326	3,974	…	26,625
12	(9)	3,554	8,074	7,514	3,040	2,192	7,224	12,902	2,472	4,361	…	27,528
17	(10)	3,704	7,802	7,016	3,455	2,050	5,821	13,655	2,666	4,845	3,140	22,385
22	(11)	3,396	9,388	7,413	4,059	1,924	4,853	11,623	2,360	6,852	3,823	27,218
25	(12)	3,704	9,500	7,555	4,782	1,820	4,442	12,078	2,424	4,802	3,847	23,683
26	(13)	3,693	9,520	7,630	5,095	1,819	4,444	12,576	2,316	4,502	3,833	24,114
27	(14)	3,691	9,318	7,640	4,362	1,939	4,468	12,200	2,297	4,170	3,914	24,898
28	(15)	3,695	9,313	7,464	3,844	1,942	4,313	11,953	2,297	4,146	3,862	23,872
北海道												
昭和35年産	(16)	238	2,940	-	1,135	-	643	-	…	1,158	…	1,268
40	(17)	383	3,325	-	2,043	-	1,048	-	…	1,896	…	3,265
45	(18)	598	4,231	1,017	823	857	2,100	617	…	2,437	…	6,579
50	(19)	1,438	7,106	3,138	2,101	1,206	3,998	3,385	…	3,631	…	14,960
55	(20)	1,941	9,241	4,063	4,101	1,908	6,348	7,064	…	5,721	…	28,278
60	(21)	1,921	9,948	6,068	4,479	1,639	6,698	4,051	…	6,915	…	34,239
平成2	(22)	1,612	7,047	6,543	3,421	2,453	6,205	6,666	…	5,773	…	28,498
7	(23)	1,608	6,835	6,833	3,627	2,830	7,769	7,938	2,273	4,334	…	19,617
12	(24)	1,565	6,907	6,599	3,238	3,382	6,488	8,843	2,355	3,891	…	19,107
17	(25)	1,476	6,657	6,481	4,241	3,217	5,908	8,721	2,320	4,457	1,705	15,027
22	(26)	1,421	8,245	7,449	4,436	2,885	5,678	8,943	2,186	5,210	1,935	18,393
25	(27)	1,439	8,188	7,951	5,334	3,069	5,367	9,261	2,586	3,800	2,118	17,658
26	(28)	1,464	8,400	8,063	6,089	3,359	5,454	9,294	2,597	3,942	2,118	18,330
27	(29)	1,588	8,659	7,270	4,535	3,308	5,537	9,554	2,718	3,637	2,089	19,071
28	(30)	1,545	8,942	7,238	3,919	3,353	5,134	9,520	2,457	3,372	2,122	19,203
都府県												
昭和35年産	(31)	…	…	-	…	-	…	-	…	…	…	…
40	(32)	…	…	-	…	-	…	-	…	…	…	…
45	(33)	631	4,588	1,542	881	800	1,407	1,643	…	1,653	…	9,191
50	(34)	1,642	7,822	4,206	1,994	1,503	2,734	4,482	…	2,422	…	18,389
55	(35)	2,596	9,479	6,223	3,692	1,979	4,900	6,827	…	3,643	…	36,801
60	(36)	2,853	11,044	7,708	3,959	2,291	5,787	8,879	…	4,053	…	43,088
平成2	(37)	3,035	9,167	7,627	3,170	2,197	6,643	10,649	…	4,508	…	44,240
7	(38)	3,558	8,528	7,691	3,049	2,338	8,592	12,249	2,331	3,940	…	27,282
12	(39)	3,752	8,191	7,605	3,020	2,072	7,299	13,311	2,483	4,408	…	28,375
17	(40)	3,879	7,892	7,058	3,393	1,959	5,813	14,043	2,695	4,877	3,253	22,958
22	(41)	3,581	9,499	7,408	4,023	1,832	4,776	11,872	2,377	7,005	4,000	28,045
25	(42)	3,899	9,612	7,520	4,733	1,713	4,362	12,321	2,408	4,888	3,994	24,200
26	(43)	3,887	9,621	7,592	5,009	1,685	4,357	12,862	2,292	4,552	3,983	24,621
27	(44)	3,874	9,377	7,672	4,348	1,819	4,375	12,432	2,262	4,215	4,074	25,410
28	(45)	3,872	9,346	7,482	3,838	1,825	4,245	12,153	2,286	4,210	4,004	24,259
東北												
昭和35年産	(46)	329	3,913	-	1,490	-	484	-	…	516	…	1,471
40	(47)	452	4,526	-	2,724	-	807	-	…	699	…	3,525
45	(48)	699	5,144	1,251	829	1,047	1,588	1,967	…	1,814	…	7,451
50	(49)	1,889	8,786	3,692	1,851	1,638	3,173	5,730	…	2,108	…	15,371
55	(50)	2,663	10,511	6,079	3,847	1,781	6,677	8,313	…	3,494	…	32,656
60	(51)	2,625	12,218	6,874	3,940	2,106	7,272	11,113	…	3,605	…	37,588
平成2	(52)	2,613	9,960	7,264	3,148	1,959	8,073	12,309	…	3,858	…	36,820
7	(53)	3,006	9,013	7,697	3,029	2,055	10,387	12,771	1,998	3,391	…	23,007
12	(54)	2,959	8,452	7,653	2,955	1,919	8,973	13,676	2,196	3,645	…	24,891
17	(55)	2,974	8,110	7,253	3,283	1,750	6,973	13,965	2,491	3,998	2,754	16,171
22	(56)	2,758	9,859	7,771	3,886	1,716	5,864	11,213	2,192	4,625	3,464	21,987
25	(57)	2,815	10,018	8,200	4,671	1,684	4,726	12,109	2,162	3,377	3,373	19,517
26	(58)	2,745	10,303	8,263	4,905	1,700	4,608	12,724	1,884	3,018	3,127	19,828
27	(59)	2,842	9,896	8,220	4,238	1,897	4,615	11,849	2,001	2,906	3,469	20,195
28	(60)	2,831	9,835	7,982	3,669	1,797	4,506	11,902	1,921	2,901	3,297	18,916

償却費	生産管理費	畜力費	労働費	家族	費用合計	生産費（副産物価額差引）	支払利子	支払地代	支払利子・地代算入生産費	自己資本利子	自作地地代	資本利子・地代全額算入生産費	
(12)	(13)	(14)	(15)	(16)	(17)	(18)	(19)	(20)	(21)	(22)	(23)	(24)	
円	円	円	円	円	円	円	円	円	円	円	円	円	
1,437	…	1,092	8,879	7,764	17,760	15,557	…	…	…	875	1,266	17,698	(1)
3,647	…	346	15,626	13,871	28,294	26,138	…	…	…	1,264	1,831	29,233	(2)
8,376	…	72	22,875	20,146	44,903	42,936	…	…	…	2,886	7,624	53,446	(3)
16,584	…	4	36,084	34,035	80,886	77,756	…	…	…	4,603	19,925	102,284	(4)
33,486	…	2	52,681	51,487	128,335	123,121	…	…	…	7,425	27,489	158,035	(5)
38,936	…	−	53,753	52,765	142,204	136,505	…	…	…	7,620	31,581	175,706	(6)
39,174	…	−	51,398	50,510	140,572	136,310	…	…	…	8,149	30,432	174,891	(7)
20,104	173	−	57,016	55,911	135,388	132,276	703	4,060	137,039	7,872	24,018	168,929	(8)
21,168	255	−	53,103	51,195	132,219	129,029	684	4,014	133,727	8,154	19,200	161,081	(9)
17,496	292	−	43,884	41,833	120,715	118,594	450	4,240	123,284	7,601	15,802	146,687	(10)
21,076	352	−	36,707	34,378	119,968	117,783	301	4,529	122,613	6,663	12,250	141,526	(11)
17,014	424	−	35,884	33,726	114,945	112,572	294	4,832	117,698	5,369	10,974	134,041	(12)
17,073	392	−	35,396	33,199	115,330	114,268	307	4,710	119,285	5,319	10,581	135,185	(13)
18,150	414	−	34,731	32,297	114,042	112,719	306	5,034	118,059	5,166	10,069	133,294	(14)
17,348	**426**	**−**	**34,525**	**32,179**	**111,652**	**109,471**	**288**	**5,128**	**114,887**	**4,992**	**9,706**	**129,585**	**(15)**
1,065	…	1,140	8,969	7,136	17,489	15,893	…	…	…	760	1,321	17,974	(16)
2,878	…	813	16,433	13,438	29,206	27,588	…	…	…	1,168	2,230	30,986	(17)
5,899	…	442	20,506	16,261	40,207	38,220	…	…	…	2,251	12,148	52,619	(18)
13,077	…	36	29,503	26,442	70,502	67,955	…	…	…	4,124	20,555	92,634	(19)
25,245	…	29	37,086	36,135	105,780	102,162	…	…	…	5,931	29,570	137,663	(20)
29,786	…	−	38,142	36,663	114,100	108,834	…	…	…	6,282	31,715	146,831	(21)
24,538	…	−	33,583	32,414	101,801	98,129	…	…	…	5,405	28,182	131,716	(22)
12,983	286	−	37,496	36,597	101,446	97,058	1,530	2,572	101,160	4,350	23,193	128,703	(23)
12,999	530	−	37,596	36,176	100,501	95,203	1,512	3,322	100,037	3,617	16,462	120,116	(24)
9,928	362	−	31,869	30,320	92,441	89,170	1,142	3,125	93,437	4,095	13,465	110,997	(25)
11,454	469	−	31,061	29,808	98,311	95,594	507	2,500	98,601	3,840	12,467	114,908	(26)
10,645	515	−	30,599	29,049	97,885	95,217	613	2,544	98,374	3,246	11,785	113,405	(27)
10,531	464	−	29,823	28,105	99,397	97,249	603	2,716	100,568	3,368	11,463	115,399	(28)
11,489	477	−	28,417	26,758	96,860	94,871	629	2,958	98,458	3,221	11,207	112,886	(29)
11,577	**532**	**−**	**27,886**	**26,132**	**95,223**	**92,273**	**539**	**2,740**	**95,552**	**3,345**	**11,121**	**110,018**	**(30)**
…	…	…	…	…	…	…	…	…	…	…	…	…	(31)
…	…	…	…	…	…	…	…	…	…	…	…	…	(32)
8,718	…	22	23,211	20,687	45,569	43,604	…	…	…	2,974	7,015	53,593	(33)
16,944	…	1	36,759	34,813	81,954	78,764	…	…	…	4,653	19,861	103,278	(34)
34,065	…	−	53,776	52,565	129,916	124,590	…	…	…	7,530	27,343	159,463	(35)
39,825	…	−	55,272	54,331	144,934	139,193	…	…	…	7,750	31,568	178,511	(36)
40,612	…	−	53,148	52,287	144,384	140,064	…	…	…	8,418	30,653	179,135	(37)
20,771	162	−	58,837	57,713	138,557	135,565	626	4,198	140,389	8,201	24,096	172,686	(38)
21,990	228	−	54,662	52,706	135,406	132,429	601	4,083	137,113	8,610	19,475	165,198	(39)
18,086	286	−	44,824	42,734	122,930	120,901	396	4,328	125,625	7,875	15,985	149,485	(40)
21,977	342	−	37,234	34,805	121,994	119,859	282	4,719	124,860	6,926	12,230	144,016	(41)
17,560	417	−	36,338	34,128	116,405	114,056	267	5,029	119,352	5,552	10,904	135,808	(42)
17,646	386	−	35,886	33,646	116,733	115,766	281	4,884	120,931	5,489	10,504	136,924	(43)
18,734	408	−	35,282	32,780	115,548	114,284	278	5,216	119,778	5,336	9,970	135,084	(44)
17,826	**417**	**−**	**35,070**	**32,675**	**113,007**	**110,890**	**267**	**5,325**	**116,482**	**5,128**	**9,589**	**131,199**	**(45)**
1,288	…	1,335	7,618	6,101	17,156	14,681	…	…	…	792	1,265	16,738	(46)
3,128	…	281	14,414	11,930	27,428	25,158	…	…	…	1,166	1,600	27,924	(47)
6,961	…	12	21,321	17,978	43,123	41,370	…	…	…	2,847	6,147	50,364	(48)
14,072	…	0	31,480	29,021	75,718	72,689	…	…	…	4,335	23,723	100,747	(49)
29,590	…	−	43,632	42,252	119,653	114,660	…	…	…	6,810	39,329	160,799	(50)
34,439	…	−	48,056	46,802	135,397	129,108	…	…	…	6,610	40,857	176,575	(51)
33,380	…	−	44,803	43,792	130,807	126,101	…	…	…	6,665	38,620	171,386	(52)
16,840	290	−	48,215	47,036	124,859	121,151	828	4,491	126,470	6,307	32,049	164,826	(53)
18,525	333	−	46,322	44,598	123,974	120,410	856	4,010	125,276	6,629	24,574	156,479	(54)
11,938	300	−	37,332	35,682	107,354	105,090	503	4,248	109,841	5,443	19,463	134,747	(55)
16,569	398	−	32,044	29,778	107,777	105,461	481	4,560	110,502	4,616	14,832	129,950	(56)
13,648	372	−	30,990	28,850	104,014	101,628	359	4,551	106,538	4,073	13,394	124,005	(57)
13,458	372	−	31,398	29,471	104,875	103,989	333	4,286	108,608	3,964	12,915	125,487	(58)
14,233	406	−	30,788	28,569	103,322	101,989	363	4,552	106,904	3,906	11,880	122,690	(59)
13,048	**441**	**−**	**30,097**	**27,920**	**100,095**	**97,814**	**374**	**4,807**	**102,995**	**3,606**	**11,357**	**117,958**	**(60)**

(3) 米生産費の全国農業地域別・年次別比較（続き）
ア 10a当たり生産費（続き）

区分		主産物数量	粗収益 計	粗収益 主産物	粗収益 副産物	投下労働時間	投下労働時間 家族	投下労働時間 家族 生産管理
		(25)	(26)	(27)	(28)	(29)	(30)	(31)
		kg	円	円	円	時間	時間	時間
全国								
昭和35年産	(1)	448	32,056	29,853	2,203	172.9	151.3	…
40	(2)	445	49,167	47,011	2,156	141.0	126.1	…
45	(3)	487	67,859	65,892	1,967	117.8	104.6	…
50	(4)	525	138,385	135,255	3,130	81.5	77.1	…
55	(5)	489	150,733	145,519	5,214	64.4	62.7	…
60	(6)	529	170,802	165,103	5,699	54.5	53.3	…
平成2	(7)	533	159,858	155,596	4,262	43.8	42.9	…
7	(8)	515	149,630	146,518	3,112	39.09	38.18	0.83
12	(9)	539	128,637	125,447	3,190	34.16	32.74	0.76
17	(10)	524	116,382	114,261	2,121	30.02	28.43	0.66
22	(11)	511	96,977	94,792	2,185	26.39	24.55	0.51
25	(12)	528	113,522	111,149	2,373	25.56	23.77	0.54
26	(13)	526	93,624	92,562	1,062	24.82	23.09	0.52
27	(14)	519	100,643	99,320	1,323	24.20	22.36	0.49
28	**(15)**	**533**	**113,134**	**110,953**	**2,181**	**23.76**	**21.97**	**0.47**
北海道								
昭和35年産	(16)	423	29,661	28,065	1,596	143.6	113.6	…
40	(17)	388	41,761	40,143	1,618	118.2	97.9	…
45	(18)	472	65,391	63,404	1,987	90.9	73.3	…
50	(19)	472	123,875	123,328	2,547	56.5	50.9	…
55	(20)	503	140,035	136,417	3,618	43.3	42.0	…
60	(21)	502	148,444	143,178	5,266	36.2	34.4	…
平成2	(22)	544	136,103	132,431	3,672	28.7	27.4	…
7	(23)	518	132,076	127,688	4,388	26.32	25.32	0.92
12	(24)	522	108,948	103,650	5,298	23.07	21.77	0.93
17	(25)	552	94,650	91,379	3,271	20.66	18.95	0.53
22	(26)	520	95,221	92,504	2,717	19.39	18.19	0.47
25	(27)	563	119,812	117,144	2,668	19.11	17.66	0.45
26	(28)	578	110,075	107,927	2,148	18.42	16.94	0.42
27	(29)	570	108,610	106,621	1,989	17.55	16.09	0.41
28	**(30)**	**552**	**120,161**	**117,211**	**2,950**	**17.33**	**15.86**	**0.37**
都府県								
昭和35年産	(31)	…	…	…	…	…	…	…
40	(32)	…	…	…	…	…	…	…
45	(33)	490	68,393	66,424	1,969	121.5	108.9	…
50	(34)	529	139,873	136,683	3,190	83.7	79.5	…
55	(35)	488	151,484	146,158	5,326	66.4	64.5	…
60	(36)	531	172,977	167,236	5,741	56.5	55.5	…
平成2	(37)	531	162,192	157,872	4,320	45.6	44.7	…
7	(38)	514	151,268	148,276	2,992	40.29	39.38	0.82
12	(39)	542	130,614	127,637	2,977	35.29	33.84	0.75
17	(40)	523	118,080	116,051	2,029	30.72	29.17	0.67
22	(41)	511	97,142	95,007	2,135	27.09	25.17	0.52
25	(42)	525	112,983	110,634	2,349	26.07	24.28	0.54
26	(43)	522	92,189	91,222	967	25.41	23.66	0.52
27	(44)	515	99,947	98,683	1,264	24.78	22.91	0.51
28	**(45)**	**531**	**112,555**	**110,438**	**2,117**	**24.26**	**22.46**	**0.48**
東北								
昭和35年産	(46)	492	35,125	32,650	2,475	174.9	140.9	…
40	(47)	499	54,936	52,666	2,270	146.3	122.7	…
45	(48)	566	78,074	76,320	1,754	124.2	105.9	…
50	(49)	586	154,088	151,059	3,029	80.0	74.2	…
55	(50)	565	174,892	169,899	4,993	62.5	60.3	…
60	(51)	588	191,853	185,564	6,289	56.9	55.3	…
平成2	(52)	572	176,490	171,784	4,706	44.3	43.0	…
7	(53)	518	152,215	148,507	3,708	37.69	36.58	0.86
12	(54)	568	130,349	126,785	3,564	32.10	30.61	0.85
17	(55)	543	113,355	111,091	2,264	27.43	26.02	0.70
22	(56)	540	89,429	87,113	2,316	24.51	22.56	0.57
25	(57)	551	110,953	108,567	2,386	23.86	21.88	0.54
26	(58)	563	86,239	85,353	886	23.50	21.79	0.53
27	(59)	554	97,410	96,077	1,333	22.66	20.70	0.47
28	**(60)**	**559**	**109,523**	**107,242**	**2,281**	**21.72**	**19.83**	**0.47**

米生産費・累年

畜力使役時間	動力運転時間	10a当たり所得	1日当たり所得	1日当たり家族労働報酬	
(32)	(33)	(34)	(35)	(36)	
時間	時間	円	円	円	
8.3	7.6	22,060	1,166	1,053	(1)
1.5	14.4	34,744	2,204	2,008	(2)
0.2	18.5	43,102	3,297	2,493	(3)
0.0	17.9	91,534	9,498	6,953	(4)
0.0	14.2	73,885	9,427	4,972	(5)
-	14.5	81,363	12,212	6,328	(6)
-	14.0	69,796	13,016	5,821	(7)
…	…	65,390	13,701	7,019	(8)
…	…	42,915	10,486	3,802	(9)
…	…	32,810	9,233	2,647	(10)
…	…	6,557	2,137	-	(11)
…	…	27,177	9,147	3,646	(12)
…	…	6,476	2,244	-	(13)
…	…	13,558	4,851	-	(14)
…	…	28,245	10,285	4,933	(15)
8.5	4.2	19,308	1,360	1,213	(16)
3.4	10.3	25,993	2,124	1,846	(17)
1.1	12.8	41,445	4,523	2,952	(18)
0.0	10.7	79,815	12,545	8,666	(19)
0.0	9.7	70,390	13,408	6,646	(20)
-	9.6	71,007	16,513	7,677	(21)
-	9.6	66,716	19,479	9,673	(22)
…	…	63,125	19,945	11,242	(23)
…	…	39,789	14,622	7,243	(24)
…	…	28,262	11,931	4,518	(25)
…	…	23,711	10,428	3,256	(26)
…	…	47,819	21,662	14,853	(27)
…	…	35,464	16,748	9,744	(28)
…	…	34,921	17,363	10,189	(29)
…	…	47,791	24,106	16,810	(30)
…	…	…	…	…	(31)
…	…	…	…	…	(32)
0.1	19.3	43,511	3,196	2,462	(33)
0.0	18.4	92,732	9,332	6,865	(34)
-	14.4	74,133	9,195	4,869	(35)
-	14.9	82,374	11,874	6,206	(36)
-	14.4	70,095	12,545	5,552	(37)
…	…	65,600	13,327	6,765	(38)
…	…	43,230	10,220	3,580	(39)
…	…	33,160	9,094	2,551	(40)
…	…	4,952	1,574	-	(41)
…	…	25,410	8,372	2,950	(42)
…	…	3,937	1,331	-	(43)
…	…	11,685	4,080	-	(44)
…	…	26,631	9,486	4,244	(45)
9.2	7.2	24,070	1,367	1,250	(46)
1.3	11.4	39,438	2,571	2,391	(47)
0.0	14.1	52,929	3,998	3,319	(48)
0.0	13.9	107,391	11,579	8,553	(49)
-	13.6	97,491	12,934	6,813	(50)
-	14.5	103,258	14,938	8,071	(51)
-	13.7	89,475	16,646	8,221	(52)
…	…	69,073	15,106	6,718	(53)
…	…	46,107	12,050	3,895	(54)
…	…	36,932	11,355	3,697	(55)
…	…	6,389	2,266	-	(56)
…	…	30,879	11,290	4,904	(57)
…	…	6,216	2,282	-	(58)
…	…	17,742	6,857	756	(59)
…	…	32,167	12,977	6,941	(60)

(3) 米生産費の全国農業地域別・年次別比較（続き）
ア 10 a 当たり生産費（続き）

区分		種苗費	肥料費	農業薬剤費	光熱動力費	その他の諸材料費	土地改良及び水利費	賃借料及び料金	物件税及び公課諸負担	建物費	自動車費	農機具費
		(1)	(2)	(3)	(4)	(5)	(6)	(7)	(8)	(9)	(10)	(11)
		円	円	円	円	円	円	円	円	円	円	円
北陸												
昭和35年産	(61)	194	3,462	−	2,077	−	879	−	…	802	…	2,196
40	(62)	278	3,461	−	3,100	−	989	−	…	1,059	…	4,449
45	(63)	457	4,288	1,727	1,045	792	1,872	1,366	…	2,451	…	9,652
50	(64)	1,651	6,632	4,437	2,139	1,180	3,789	3,020	…	3,358	…	18,782
55	(65)	3,591	8,652	6,544	3,955	1,786	5,879	6,206	…	4,733	…	36,764
60	(66)	4,317	9,471	7,698	4,314	2,011	6,867	7,502	…	5,898	…	45,037
平成2	(67)	4,665	8,167	7,725	3,293	1,869	8,644	9,421	…	5,954	…	46,537
7	(68)	5,451	7,553	7,978	3,058	1,915	11,857	11,552	3,166	4,817	…	29,655
12	(69)	6,013	7,503	7,945	2,857	1,619	9,847	14,049	3,121	5,434	…	27,409
17	(70)	5,640	7,348	7,346	3,197	1,630	8,038	13,931	3,080	5,035	3,052	23,238
22	(71)	5,232	8,619	6,813	3,752	1,733	6,980	10,830	2,490	7,740	3,294	25,389
25	(72)	5,457	9,227	7,255	4,393	1,474	6,726	11,992	2,664	6,063	2,987	22,456
26	(73)	5,258	9,331	7,567	4,533	1,501	6,944	13,608	2,411	5,242	2,942	24,473
27	(74)	4,933	9,312	7,779	3,994	1,662	7,162	13,207	2,303	4,772	2,838	24,099
28	**(75)**	**4,881**	**9,211**	**7,384**	**3,532**	**1,782**	**7,156**	**12,388**	**2,333**	**5,341**	**2,507**	**24,286**
関東・東山												
昭和35年産	(76)	266	3,102	−	1,458	−	607	−	…	471	…	1,630
40	(77)	368	3,479	−	2,558	−	804	−	…	599	…	3,781
45	(78)	591	4,302	955	955	789	1,233	1,619	…	1,343	…	8,462
50	(79)	1,460	6,836	2,794	1,996	1,495	2,319	4,368	…	1,799	…	17,363
55	(80)	2,096	8,520	4,380	3,495	2,230	4,506	6,389	…	2,628	…	32,730
60	(81)	2,554	9,820	5,847	3,956	2,728	6,156	8,140	…	3,033	…	38,944
平成2	(82)	2,780	7,605	5,967	3,254	2,778	6,379	8,587	…	3,892	…	43,494
7	(83)	2,950	7,542	5,898	3,119	3,028	8,441	11,134	2,209	3,444	…	26,164
12	(84)	3,500	7,044	5,294	3,124	2,491	6,850	12,390	2,460	4,252	…	24,647
17	(85)	2,967	6,504	5,282	3,412	2,482	5,379	13,133	2,470	4,713	3,587	21,942
22	(86)	2,831	8,434	5,785	4,404	2,111	4,023	8,999	2,422	9,647	5,489	31,132
25	(87)	3,432	7,813	5,808	4,927	1,824	3,908	9,815	2,579	4,465	4,991	25,410
26	(88)	3,392	7,934	5,839	5,404	1,778	4,007	9,798	2,195	4,438	5,013	27,132
27	(89)	3,284	7,757	5,881	4,613	1,925	3,815	10,241	2,215	3,974	5,506	27,870
28	**(90)**	**3,387**	**8,115**	**6,125**	**4,086**	**1,848**	**3,759**	**9,851**	**2,233**	**3,850**	**5,038**	**25,594**
東海												
昭和35年産	(91)	209	2,895	−	1,215	−	463	−	…	348	…	1,658
40	(92)	304	3,185	−	2,494	−	632	−	…	457	…	4,172
45	(93)	550	3,918	1,497	794	588	1,511	1,871	…	1,208	…	10,688
50	(94)	1,565	7,743	3,415	1,805	1,478	2,518	5,386	…	2,257	…	19,911
55	(95)	3,046	9,112	4,846	3,080	1,742	4,143	10,003	…	3,636	…	37,299
60	(96)	2,866	10,805	6,824	3,424	2,379	3,719	11,910	…	3,722	…	44,750
平成2	(97)	3,412	9,574	7,816	2,677	2,828	3,822	14,416	…	4,754	…	47,068
7	(98)	3,748	8,512	6,894	2,814	2,615	4,971	15,657	2,258	3,971	…	30,875
12	(99)	4,520	8,924	7,441	3,100	2,901	3,883	14,793	2,664	5,707	…	37,429
17	(100)	5,730	8,653	6,610	3,208	2,267	2,437	18,551	2,802	5,303	5,796	26,153
22	(101)	4,752	9,874	7,110	3,855	2,049	2,224	18,990	2,531	10,478	4,853	30,641
25	(102)	4,790	12,098	6,462	5,324	1,982	2,537	16,548	2,580	6,386	5,941	32,057
26	(103)	4,805	11,336	6,871	5,808	2,019	2,561	16,387	3,054	7,245	6,479	31,204
27	(104)	4,456	10,803	6,903	4,759	1,990	2,508	15,461	2,585	6,150	6,209	29,084
28	**(105)**	**4,309**	**10,629**	**7,087**	**4,435**	**2,052**	**2,135**	**14,623**	**2,600**	**6,012**	**6,880**	**29,458**
近畿												
昭和35年産	(106)	200	3,134	−	1,247	−	395	−	…	626	…	1,821
40	(107)	323	3,686	−	2,524	−	695	−	…	815	…	5,360
45	(108)	560	4,837	1,406	946	739	1,238	1,270	…	1,630	…	13,026
50	(109)	1,524	8,682	3,334	2,228	1,621	2,728	3,898	…	2,516	…	24,144
55	(110)	2,544	10,632	5,374	3,826	2,197	3,492	5,587	…	3,414	…	48,259
60	(111)	2,720	12,686	7,456	3,970	3,273	4,606	9,716	…	4,645	…	56,078
平成2	(112)	3,159	10,607	7,353	3,071	2,756	4,911	11,127	…	5,724	…	59,725
7	(113)	4,854	10,325	7,299	2,935	2,737	7,110	12,536	3,075	5,478	…	33,511
12	(114)	4,371	10,874	7,677	3,380	2,495	5,313	10,085	3,552	5,559	…	39,326
17	(115)	5,643	9,735	6,873	3,579	2,448	4,943	12,284	3,956	4,550	3,407	32,494
22	(116)	5,309	11,427	6,768	4,470	1,556	3,167	12,116	3,583	8,752	4,471	41,527
25	(117)	5,172	12,086	7,068	5,434	1,434	3,337	8,462	3,062	8,892	4,727	36,858
26	(118)	5,261	11,245	6,632	5,783	1,423	3,442	9,838	2,924	6,948	4,758	31,708
27	(119)	5,767	10,745	7,022	5,104	1,576	3,599	10,000	2,773	6,540	5,298	32,380
28	**(120)**	**5,743**	**10,936**	**6,975**	**4,638**	**1,519**	**2,999**	**9,576**	**2,798**	**5,344**	**6,079**	**34,814**

米生産費・累年

償却費	生産管理費	畜力費	労働費	家族	費用合計	生産費(副産物価額差引)	支払利子	支払地代	支払利子・地代算入生産費	自己資本利子	自作地地代	資本利子・地代全額算入生産費	
(12)	(13)	(14)	(15)	(16)	(17)	(18)	(19)	(20)	(21)	(22)	(23)	(24)	
円	円	円	円	円	円	円	円	円	円	円	円	円	
1,856	…	515	10,497	9,487	20,622	18,828	…	…	…	1,204	1,425	21,457	(61)
3,971	…	24	17,826	16,272	31,186	29,755	…	…	…	1,555	1,768	33,078	(62)
8,843	…	1	25,082	23,046	48,733	47,530	…	…	…	3,701	10,413	61,644	(63)
16,859	…	0	34,658	32,865	76,645	77,880	…	…	…	4,591	24,640	107,111	(64)
33,061	…	-	52,810	51,839	130,920	128,264	…	…	…	7,681	34,305	170,250	(65)
40,434	…	-	53,873	53,229	146,988	145,007	…	…	…	8,430	39,703	193,140	(66)
41,746	…	-	52,435	51,769	148,710	146,869	…	…	…	8,954	35,746	191,569	(67)
22,013	119	-	54,580	53,783	141,701	140,381	826	5,850	147,057	8,291	27,149	182,497	(68)
21,247	191	-	49,735	48,426	135,723	134,198	728	5,662	140,588	8,304	20,355	169,247	(69)
17,789	346	-	41,116	39,386	122,997	121,721	515	5,666	127,902	7,801	18,383	154,086	(70)
18,140	352	-	33,574	31,905	116,798	115,153	176	7,156	122,485	6,490	12,520	141,495	(71)
15,263	525	-	32,774	31,129	113,993	111,673	314	7,639	119,626	5,379	11,945	136,950	(72)
17,196	455	-	32,092	30,427	116,357	115,425	409	7,592	123,426	5,202	11,547	140,175	(73)
17,404	455	-	30,628	28,733	113,144	111,901	436	8,093	120,430	4,751	10,614	135,795	(74)
17,284	496	-	31,902	30,238	113,199	111,113	387	7,862	119,362	4,804	10,572	134,738	(75)
1,482	…	944	8,936	7,918	17,414	15,234	…	…	…	791	1,142	17,167	(76)
3,562	…	98	16,693	15,232	28,380	26,387	…	…	…	1,130	1,257	28,774	(77)
8,102	…	-	24,627	22,538	44,876	43,017	…	…	…	2,505	5,286	50,808	(78)
16,213	…	0	39,921	37,939	80,351	76,822	…	…	…	4,359	15,022	96,203	(79)
30,751	…	-	52,981	51,845	119,955	113,468	…	…	…	6,516	19,977	139,961	(80)
36,526	…	-	56,398	55,581	137,576	131,085	…	…	…	6,787	24,372	162,244	(81)
40,458	…	-	58,738	58,042	143,474	138,534	…	…	…	8,094	24,460	171,088	(82)
21,555	116	-	63,988	62,645	138,033	135,757	274	3,736	139,767	8,313	20,530	168,610	(83)
19,451	119	-	59,249	57,694	131,420	128,801	312	4,647	133,760	8,375	18,214	160,349	(84)
17,981	189	-	49,680	47,566	121,740	120,069	127	5,077	125,273	8,302	14,470	148,045	(85)
24,699	340	-	41,339	38,307	126,956	125,094	107	5,148	130,349	8,087	12,262	150,698	(86)
19,436	305	-	40,099	37,845	115,376	113,565	131	5,326	119,022	6,097	11,162	136,281	(87)
20,581	314	-	39,510	37,170	116,754	116,105	125	4,993	121,223	6,237	11,166	138,626	(88)
21,473	328	-	37,233	34,797	114,642	113,787	62	5,181	119,030	5,935	10,946	135,911	(89)
19,978	333	-	37,256	34,777	111,475	109,516	53	5,510	115,079	5,664	9,872	130,615	(90)
1,504	…	940	9,779	9,084	17,507	14,979	…	…	…	821	1,274	17,074	(91)
3,940	…	162	15,337	14,347	26,743	24,581	…	…	…	1,157	1,721	27,459	(92)
10,232	…	8	24,622	22,547	47,255	45,167	…	…	…	2,779	5,598	53,544	(93)
18,473	…	-	37,254	35,739	83,332	79,628	…	…	…	4,343	11,409	95,380	(94)
34,783	…	-	58,000	57,464	134,907	130,433	…	…	…	7,266	17,629	155,328	(95)
41,516	…	-	60,558	60,266	151,007	145,237	…	…	…	7,777	20,377	173,391	(96)
43,136	…	-	62,041	61,499	158,408	154,726	…	…	…	9,920	20,081	184,727	(97)
23,194	170	-	64,730	63,684	147,215	145,429	396	3,013	148,838	9,662	16,340	174,840	(98)
28,741	357	-	63,136	61,418	154,855	152,877	331	3,198	156,406	10,942	13,323	180,671	(99)
22,145	402	-	50,346	48,722	138,258	136,671	465	3,634	140,770	10,526	10,340	161,636	(100)
22,930	291	-	39,176	37,830	136,824	135,664	164	3,894	139,722	9,878	8,208	157,808	(101)
23,541	561	-	42,058	38,671	139,324	138,039	119	5,650	143,808	7,250	5,824	156,882	(102)
21,600	634	-	44,256	40,697	142,659	142,058	127	5,243	147,428	7,038	5,438	159,904	(103)
20,722	673	-	42,709	39,275	134,290	133,541	44	5,486	139,071	7,418	5,394	151,883	(104)
20,847	743	-	41,454	37,929	132,417	131,133	57	5,510	136,700	6,386	5,313	148,399	(105)
1,638	…	1,584	10,415	9,753	19,422	17,265	…	…	…	1,043	1,238	19,546	(106)
5,009	…	511	17,491	16,328	31,405	29,159	…	…	…	1,504	2,162	32,825	(107)
12,491	…	38	26,542	24,478	52,232	49,914	…	…	…	3,407	6,461	59,782	(108)
21,990	…	-	48,541	46,932	99,226	97,021	…	…	…	5,400	15,566	117,987	(109)
45,642	…	-	70,148	69,256	155,473	151,576	…	…	…	9,324	19,708	180,608	(110)
52,393	…	-	69,660	69,116	174,810	170,701	…	…	…	10,386	22,673	203,760	(111)
55,245	…	-	66,135	65,784	174,568	171,811	…	…	…	12,077	22,228	206,116	(112)
26,523	124	-	79,031	78,566	169,015	166,986	522	3,764	171,272	11,484	15,814	198,570	(113)
32,806	114	-	68,418	66,828	161,164	158,903	153	3,459	162,515	13,497	13,049	189,061	(114)
26,052	342	-	54,959	53,581	145,213	142,863	76	3,808	146,747	11,376	10,251	168,374	(115)
35,356	505	-	44,864	42,170	148,515	147,056	6	3,729	150,791	11,367	6,572	168,730	(116)
27,096	651	-	48,064	45,640	145,247	142,564	152	4,492	147,208	9,043	5,288	161,539	(117)
23,636	326	-	43,556	41,101	133,844	132,441	128	4,195	136,764	8,201	5,376	150,341	(118)
25,217	372	-	44,616	41,786	135,792	134,398	191	4,611	139,200	8,444	5,372	153,016	(119)
27,199	392	-	45,010	41,430	136,823	134,622	156	4,712	139,490	7,666	5,429	152,585	(120)

(3) 米生産費の全国農業地域別・年次別比較（続き）
ア 10 a 当たり生産費（続き）

区分		主産物数量	粗収益 計	粗収益 主産物	粗収益 副産物	投下労働時間	投下労働時間 家族	投下労働時間 家族 生産管理
		(25)	(26)	(27)	(28)	(29)	(30)	(31)
		kg	円	円	円	時間	時間	時間
北陸								
昭和35年産	(61)	474	34,044	32,250	1,794	186.7	168.7	…
40	(62)	484	53,441	52,010	1,431	154.9	141.8	…
45	(63)	507	70,072	68,869	1,203	128.1	118.3	…
50	(64)	553	145,158	143,393	1,765	79.5	75.6	…
55	(65)	508	159,132	156,476	2,656	61.5	60.3	…
60	(66)	556	182,652	180,671	1,981	50.9	50.3	…
平成2	(67)	543	183,370	181,529	1,841	41.6	41.0	…
7	(68)	513	158,199	156,879	1,320	36.57	35.95	0.81
12	(69)	539	141,525	140,000	1,525	31.07	30.15	0.80
17	(70)	528	139,644	138,368	1,276	27.83	26.63	0.97
22	(71)	512	110,953	109,308	1,645	23.84	22.68	0.54
25	(72)	532	123,314	120,994	2,320	22.90	21.55	0.69
26	(73)	523	106,755	105,823	932	22.45	21.07	0.69
27	(74)	514	111,287	110,044	1,243	21.99	20.57	0.69
28	**(75)**	**565**	**130,942**	**128,856**	**2,086**	**22.31**	**21.07**	**0.66**
関東・東山								
昭和35年産	(76)	458	32,800	30,620	2,180	171.1	152.7	…
40	(77)	426	47,272	45,279	1,993	140.8	128.9	…
45	(78)	466	65,466	63,606	1,860	113.2	104.2	…
50	(79)	508	134,618	131,089	3,529	78.2	74.6	…
55	(80)	467	146,244	139,757	6,487	61.6	60.1	…
60	(81)	503	162,514	156,023	6,491	51.5	50.7	…
平成2	(82)	514	150,986	146,046	4,940	43.7	43.1	…
7	(83)	509	151,268	148,992	2,276	39.70	38.74	0.56
12	(84)	541	131,565	128,946	2,619	35.77	34.75	0.53
17	(85)	535	117,733	116,062	1,671	32.00	30.48	0.43
22	(86)	513	100,343	98,481	1,862	28.61	26.28	0.46
25	(87)	528	111,936	110,125	1,811	26.99	25.29	0.47
26	(88)	526	88,534	87,885	649	26.33	24.61	0.43
27	(89)	510	94,933	94,078	855	24.56	22.81	0.40
28	**(90)**	**516**	**107,427**	**105,468**	**1,959**	**24.30**	**22.64**	**0.36**
東海								
昭和35年産	(91)	416	30,337	27,809	2,528	166.6	155.9	…
40	(92)	394	43,469	41,307	2,162	132.8	125.2	…
45	(93)	421	59,099	57,011	2,088	116.5	108.0	…
50	(94)	460	122,128	118,424	3,704	77.7	75.1	…
55	(95)	450	137,634	133,160	4,474	60.9	60.4	…
60	(96)	495	159,230	153,460	5,770	50.9	50.8	…
平成2	(97)	483	140,109	136,427	3,682	42.8	42.5	…
7	(98)	507	144,286	142,500	1,786	38.44	37.80	0.80
12	(99)	509	124,384	122,406	1,978	37.09	36.01	0.81
17	(100)	497	110,501	108,914	1,587	32.85	31.59	0.83
22	(101)	482	93,538	92,378	1,160	25.76	24.69	0.57
25	(102)	513	117,895	116,610	1,285	26.73	24.71	0.57
26	(103)	485	99,324	98,723	601	28.16	25.99	0.55
27	(104)	480	97,222	96,473	749	26.69	24.76	0.53
28	**(105)**	**497**	**109,394**	**108,110**	**1,284**	**25.90**	**23.68**	**0.49**
近畿								
昭和35年産	(106)	430	31,252	29,095	2,157	176.1	166.4	…
40	(107)	410	45,243	42,997	2,246	141.3	133.0	…
45	(108)	467	66,133	63,815	2,318	126.9	118.2	…
50	(109)	483	126,257	124,052	2,205	94.1	91.5	…
55	(110)	461	139,848	135,951	3,897	73.7	72.8	…
60	(111)	498	162,012	157,903	4,109	60.8	60.4	…
平成2	(112)	508	150,023	147,266	2,757	46.3	46.1	…
7	(113)	523	153,970	151,941	2,029	42.97	42.70	0.86
12	(114)	541	133,034	130,773	2,261	38.71	37.38	0.55
17	(115)	523	126,322	123,972	2,350	33.03	32.19	0.71
22	(116)	482	107,324	105,865	1,459	29.93	28.25	0.72
25	(117)	497	116,628	113,945	2,683	31.73	30.04	0.55
26	(118)	482	99,601	98,198	1,403	28.82	27.17	0.48
27	(119)	486	106,683	105,289	1,394	29.15	27.53	0.55
28	**(120)**	**496**	**113,615**	**111,414**	**2,201**	**29.03**	**26.98**	**0.53**

米生産費・累年

畜力使役時間	動力運転時間	10 a 当たり所得	1 日当たり所得	1 日当たり家族労働報酬	
(32)	(33)	(34)	(35)	(36)	
時間	時間	円	円	円	
3.2	10.1	22,909	1,036	962	(61)
0.1	14.3	38,527	2,174	1,986	(62)
0.0	19.7	44,385	3,002	2,047	(63)
0.0	15.3	98,378	10,410	7,317	(64)
-	12.4	80,051	10,620	5,050	(65)
-	14.0	88,893	14,138	6,483	(66)
-	13.3	86,429	16,864	8,142	(67)
…	…	63,605	14,154	6,268	(68)
…	…	47,838	12,693	5,089	(69)
…	…	49,852	14,976	7,110	(70)
…	…	18,728	6,606	-	(71)
…	…	32,497	12,064	5,633	(72)
…	…	12,824	4,869	-	(73)
…	…	18,347	7,135	1,160	(74)
…	…	39,732	15,086	9,248	(75)
7.1	10.2	23,304	1,221	1,120	(76)
0.3	19.8	34,124	2,118	1,970	(77)
-	22.5	43,128	3,311	2,713	(78)
0.0	23.9	92,206	9,888	7,810	(79)
-	13.4	78,134	10,401	6,874	(80)
-	13.3	80,519	12,705	7,789	(81)
-	13.9	65,554	12,168	6,125	(82)
…	…	71,870	14,842	8,885	(83)
…	…	52,880	12,174	6,053	(84)
…	…	38,355	10,067	4,090	(85)
…	…	6,439	1,960	-	(86)
…	…	28,948	9,157	3,698	(87)
…	…	3,832	1,246	-	(88)
…	…	9,845	3,453	-	(89)
…	…	25,166	8,893	3,403	(90)
6.4	6.5	21,914	1,125	1,017	(91)
0.7	15.3	31,073	1,985	1,802	(92)
0.0	21.5	34,391	2,547	1,927	(93)
-	15.0	74,535	7,940	6,262	(94)
-	14.7	60,191	7,972	4,675	(95)
-	15.3	68,489	10,786	6,352	(96)
-	15.4	43,200	8,132	2,484	(97)
…	…	57,346	12,137	6,634	(98)
…	…	27,418	6,091	700	(99)
…	…	16,866	4,271	-	(100)
…	…	△ 9,514	-	-	(101)
…	…	11,473	3,714	-	(102)
…	…	△ 8,008	-	-	(103)
…	…	△ 3,323	-	-	(104)
…	…	9,339	3,155	-	(105)
10.4	7.3	21,583	1,038	928	(106)
1.6	16.5	30,166	1,814	1,594	(107)
0.1	24.1	38,379	2,598	1,930	(108)
-	25.1	73,963	6,467	4,634	(109)
-	16.7	53,631	5,894	2,703	(110)
-	18.0	56,318	7,459	3,081	(111)
-	15.6	41,239	7,156	1,203	(112)
…	…	59,235	11,098	5,984	(113)
…	…	35,086	7,509	1,828	(114)
…	…	30,806	7,656	2,281	(115)
…	…	△ 2,756	-	-	(116)
…	…	12,377	3,296	-	(117)
…	…	2,535	746	-	(118)
…	…	7,875	2,288	-	(119)
…	…	13,354	3,960	77	(120)

米生産費・累年

(3) 米生産費の全国農業地域別・年次別比較（続き）
ア 10a当たり生産費（続き）

区分		種苗費	肥料費	農業薬剤費	光熱動力費	その他の諸材料費	土地改良及び水利費	賃借料及び料金	物件税及び公課諸負担	建物費	自動車費	農機具費
		(1)	(2)	(3)	(4)	(5)	(6)	(7)	(8)	(9)	(10)	(11)
		円	円	円	円	円	円	円	円	円	円	円
中国												
昭和35年産	(121)	228	3,656	-	1,575	-	252	-	…	446	…	1,613
40	(122)	411	4,398	-	2,666	-	406	-	…	671	…	4,479
45	(123)	690	5,858	2,057	768	781	725	1,274	…	1,631	…	11,136
50	(124)	1,611	9,664	5,868	1,885	1,704	1,358	3,765	…	2,901	…	22,135
55	(125)	2,169	11,781	8,657	3,610	2,452	2,327	4,189	…	4,553	…	48,868
60	(126)	2,561	13,519	10,693	3,605	2,738	2,448	7,210	…	4,892	…	52,325
平成2	(127)	2,680	11,681	9,789	3,022	2,695	2,959	10,198	…	4,828	…	54,216
7	(128)	2,492	11,149	9,393	3,271	3,437	4,963	12,621	1,978	4,635	…	32,538
12	(129)	3,435	9,551	9,961	2,902	2,584	3,977	13,844	2,374	4,807	…	34,258
17	(130)	4,750	9,364	9,568	3,875	2,367	4,085	15,348	2,601	7,393	3,600	35,107
22	(131)	2,768	11,502	9,605	4,543	2,754	2,078	13,535	2,292	9,317	3,795	35,833
25	(132)	3,708	10,680	9,410	4,901	2,668	2,317	13,824	2,217	4,442	4,339	33,130
26	(133)	3,681	10,301	9,763	5,171	2,547	2,020	13,568	2,905	4,110	5,072	31,577
27	(134)	3,779	10,156	9,611	4,765	2,399	1,531	14,681	2,302	3,970	4,718	38,542
28	(135)	3,650	10,088	9,324	4,265	2,662	1,343	13,872	2,634	3,573	4,998	32,640
四国												
昭和35年産	(136)	227	3,301	-	1,723	-	632	-	…	464	…	1,824
40	(137)	387	4,078	-	3,018	-	963	-	…	877	…	4,673
45	(138)	645	4,563	2,175	828	613	1,756	985	…	1,669	…	10,542
50	(139)	1,811	7,634	4,906	2,236	1,538	3,267	2,527	…	3,374	…	22,927
55	(140)	2,832	9,437	7,191	4,196	1,372	5,047	5,658	…	5,226	…	45,345
60	(141)	3,445	10,304	8,479	4,441	1,549	5,813	4,972	…	5,949	…	53,363
平成2	(142)	3,725	10,018	8,667	3,680	1,455	6,644	5,581	…	7,856	…	64,821
7	(143)	4,335	7,918	8,132	3,234	1,881	5,991	9,377	1,676	5,997	…	33,884
12	(144)	4,054	8,120	7,785	3,109	1,816	5,766	11,376	1,870	6,390	…	36,670
17	(145)	4,204	8,960	6,607	4,815	1,602	3,141	8,717	2,616	8,793	3,156	48,008
22	(146)	6,400	9,486	9,022	4,851	1,574	2,434	14,560	2,593	11,915	6,421	38,975
25	(147)	6,493	8,801	7,656	6,013	1,285	3,034	13,128	2,541	9,470	5,336	40,128
26	(148)	7,012	9,011	6,952	6,303	977	3,053	13,874	2,884	8,113	5,156	40,831
27	(149)	6,931	9,115	7,315	5,671	1,017	3,126	12,224	3,495	7,952	4,596	42,262
28	(150)	7,421	8,487	7,358	4,619	1,600	3,247	12,664	4,075	7,565	5,603	35,329
九州												
昭和35年産	(151)	293	2,737	-	1,521	-	413	-	…	371	…	1,232
40	(152)	443	3,194	-	2,863	-	583	-	…	562	…	3,314
45	(153)	792	3,750	2,329	795	604	1,235	1,917	…	1,280	…	8,144
50	(154)	1,501	7,198	6,427	2,077	1,440	2,165	4,880	…	2,250	…	17,393
55	(155)	1,868	9,133	9,536	3,695	2,102	4,137	6,299	…	3,388	…	34,440
60	(156)	2,133	10,056	10,865	3,960	1,745	4,701	6,931	…	3,038	…	41,613
平成2	(157)	2,264	8,147	9,478	3,219	1,647	5,239	10,145	…	3,624	…	42,072
7	(158)	2,974	7,334	9,387	2,988	1,626	5,774	12,079	2,264	2,955	…	25,891
12	(159)	2,918	7,182	8,884	3,102	1,638	4,604	13,974	2,062	3,512	…	29,235
17	(160)	3,136	7,435	7,567	3,365	1,699	2,761	15,572	2,353	5,423	3,375	26,362
22	(161)	2,964	8,913	8,483	3,660	1,521	2,549	15,599	1,974	4,597	3,686	32,410
25	(162)	3,497	8,623	8,115	4,091	1,656	2,086	17,208	2,077	4,331	4,599	20,274
26	(163)	3,641	8,384	8,125	4,211	1,490	1,878	16,658	2,228	4,892	4,550	19,400
27	(164)	3,629	8,214	8,435	3,597	1,632	1,796	15,327	2,229	4,334	3,831	21,726
28	(165)	3,532	7,998	7,810	3,238	1,600	1,749	15,855	2,230	4,414	3,799	21,046

米生産費・累年

償却費	生産管理費	畜力費	労働費	家族	費用合計	生産費(副産物価額差引)	支払利子	支払地代	支払利子・地代算入生産費	自己資本利子	自作地地代	資本利子・地代全額算入生産費	
(12)	(13)	(14)	(15)	(16)	(17)	(18)	(19)	(20)	(21)	(22)	(23)	(24)	
円	円	円	円	円	円	円	円	円	円	円	円	円	
1,463	…	1,300	8,579	7,706	17,649	15,494	…	…	…	843	1,132	17,469	(121)
4,192	…	661	14,261	12,961	27,953	25,412	…	…	…	1,274	1,325	28,011	(122)
10,724	…	53	22,928	20,858	47,901	45,591	…	…	…	3,045	6,173	54,809	(123)
20,717	…	-	45,223	43,085	96,114	93,232	…	…	…	5,620	15,678	114,530	(124)
45,878	…	-	68,562	66,729	157,168	152,423	…	…	…	10,244	21,396	184,063	(125)
48,622	…	-	68,328	66,875	168,319	162,608	…	…	…	9,752	23,691	196,051	(126)
50,224	…	-	66,672	65,222	168,740	164,172	…	…	…	10,075	22,129	196,376	(127)
24,540	68	-	75,525	73,697	162,070	158,016	607	2,489	161,112	10,208	16,771	188,091	(128)
25,701	146	-	70,860	67,232	158,699	155,419	663	2,591	158,673	10,404	12,898	181,975	(129)
27,827	264	-	59,869	54,966	158,191	156,021	455	2,391	158,867	11,996	9,970	180,833	(130)
30,440	204	-	54,003	51,390	152,229	149,333	386	2,352	152,071	9,970	8,918	170,959	(131)
24,602	438	-	50,566	47,193	142,640	139,821	330	2,125	142,276	6,939	7,673	156,888	(132)
23,522	372	-	48,902	45,145	139,989	138,475	303	1,865	140,643	6,661	7,287	154,591	(133)
29,613	432	-	51,238	47,063	148,124	146,510	327	1,620	148,457	7,257	7,297	163,011	(134)
24,682	217	-	49,898	47,489	139,164	136,936	307	1,930	139,173	7,360	7,028	153,561	(135)
1,662	…	875	8,091	7,276	17,137	14,798	…	…	…	955	1,463	17,216	(136)
4,391	…	106	15,387	13,669	29,489	26,480	…	…	…	1,573	3,503	31,556	(137)
10,098	…	-	25,159	22,089	48,935	46,140	…	…	…	3,498	7,058	56,696	(138)
21,439	…	-	39,105	37,288	89,325	84,281	…	…	…	6,043	16,887	107,211	(139)
42,502	…	-	53,149	51,738	139,453	130,961	…	…	…	9,388	25,161	165,510	(140)
50,121	…	-	57,662	57,184	155,977	148,945	…	…	…	11,044	26,274	186,263	(141)
60,417	…	-	64,524	64,021	176,971	172,398	…	…	…	12,969	23,919	209,286	(142)
25,240	66	-	68,056	66,767	150,547	147,994	599	2,787	151,380	12,425	19,863	183,668	(143)
31,012	91	-	60,443	56,544	147,490	144,945	377	1,848	147,170	13,315	17,922	178,407	(144)
40,986	165	-	66,960	60,151	167,744	165,607	234	1,687	167,528	12,531	15,301	195,360	(145)
34,686	284	-	47,796	46,057	156,311	154,899	-	2,108	157,007	12,702	10,324	180,033	(146)
32,676	317	-	44,539	42,334	148,741	147,112	130	2,501	149,743	10,154	8,108	168,005	(147)
31,241	307	-	44,942	42,732	149,415	148,824	203	2,447	151,474	9,565	8,399	169,438	(148)
32,754	320	-	44,816	41,481	148,840	148,126	104	2,966	151,196	9,046	8,248	168,490	(149)
28,231	310	-	40,735	37,487	139,013	137,581	42	2,958	140,581	8,643	8,398	157,622	(150)
1,099	…	1,170	7,855	6,668	15,590	13,203	…	…	…	750	1,298	15,251	(151)
3,134	…	768	13,593	11,842	25,320	22,650	…	…	…	1,194	2,694	26,538	(152)
7,855	…	77	19,402	16,540	40,325	37,790	…	…	…	2,798	9,307	49,895	(153)
16,165	…	5	31,881	30,460	77,217	72,688	…	…	…	4,445	24,339	101,472	(154)
32,090	…	-	52,213	50,482	126,811	118,637	…	…	…	7,409	28,174	154,220	(155)
38,879	…	-	50,791	49,582	135,833	127,574	…	…	…	7,021	30,904	165,499	(156)
39,495	…	-	46,178	45,040	132,013	125,608	…	…	…	8,158	28,872	162,638	(157)
19,598	60	-	55,048	54,001	128,380	123,330	564	4,350	128,244	7,516	19,937	155,697	(158)
23,098	212	-	56,085	53,245	133,408	128,903	469	3,715	133,087	9,081	15,602	157,770	(159)
21,451	257	-	44,685	42,814	123,990	121,162	459	3,833	125,454	8,517	12,938	146,909	(160)
26,705	157	-	36,855	33,062	123,368	120,029	269	3,295	123,593	6,696	10,253	140,542	(161)
15,308	327	-	34,990	32,943	111,874	108,361	210	3,360	111,931	5,066	8,124	125,121	(162)
13,963	345	-	32,309	29,750	108,111	106,525	286	3,954	110,765	5,570	7,295	123,630	(163)
15,758	328	-	34,264	31,332	109,342	107,354	212	4,256	111,822	4,930	7,982	124,734	(164)
15,808	297	-	33,678	30,731	107,246	104,779	238	4,245	109,262	5,183	8,008	122,453	(165)

米生産費・累年

(3) 米生産費の全国農業地域別・年次別比較（続き）
ア 10a当たり生産費（続き）

区分		主産物数量	粗収益 計	粗収益 主産物	粗収益 副産物	投下労働時間	投下労働時間 家族	投下労働時間 生産管理
		(25)	(26)	(27)	(28)	(29)	(30)	(31)
		kg	円	円	円	時間	時間	時間
中国								
昭和35年産	(121)	396	28,413	26,258	2,155	177.1	160.6	…
40	(122)	397	44,311	41,770	2,541	146.7	134.5	…
45	(123)	447	63,122	60,812	2,310	133.4	121.8	…
50	(124)	502	133,006	130,124	2,882	104.8	100.2	…
55	(125)	443	134,394	129,649	4,745	81.1	78.7	…
60	(126)	498	160,042	154,331	5,711	68.2	66.7	…
平成2	(127)	513	147,712	143,144	4,568	57.9	56.3	…
7	(128)	520	148,226	144,172	4,054	51.83	50.57	0.91
12	(129)	519	124,756	121,476	3,280	45.42	43.33	0.65
17	(130)	501	109,862	107,692	2,170	39.71	36.68	0.55
22	(131)	495	92,980	90,084	2,896	38.66	36.96	0.40
25	(132)	501	106,515	103,696	2,819	37.46	34.99	0.57
26	(133)	486	83,939	82,425	1,514	35.37	32.71	0.58
27	(134)	500	91,027	89,413	1,614	36.32	33.54	0.57
28	(135)	504	102,487	100,259	2,228	35.42	33.38	0.45
四国								
昭和35年産	(136)	411	29,545	27,206	2,339	172.6	155.8	…
40	(137)	427	47,810	44,801	3,099	134.4	120.9	…
45	(138)	441	62,025	59,230	2,795	121.4	108.0	…
50	(139)	479	128,810	123,766	5,044	91.9	88.0	…
55	(140)	443	139,218	130,726	8,492	72.2	70.3	…
60	(141)	529	172,029	164,997	7,032	61.4	60.9	…
平成2	(142)	477	138,576	134,003	4,573	57.4	57.0	…
7	(143)	513	147,331	144,778	2,553	48.80	47.81	0.93
12	(144)	517	124,954	122,409	2,545	41.71	39.29	0.76
17	(145)	501	117,750	115,613	2,137	47.26	42.65	0.37
22	(146)	494	107,112	105,700	1,412	37.33	35.99	0.45
25	(147)	503	104,761	103,132	1,629	34.78	33.08	0.34
26	(148)	475	84,762	84,171	591	35.15	33.27	0.32
27	(149)	463	91,752	91,038	714	34.24	31.69	0.32
28	(150)	477	100,792	99,360	1,432	31.32	28.69	0.31
九州								
昭和35年産	(151)	424	30,322	27,935	2,387	171.4	145.7	…
40	(152)	462	50,974	48,304	2,670	131.6	116.7	…
45	(153)	462	64,463	61,929	2,534	113.9	98.3	…
50	(154)	522	138,929	134,400	4,529	86.0	82.2	…
55	(155)	459	143,573	135,399	8,174	76.4	73.3	…
60	(156)	482	158,591	150,332	8,259	60.3	58.7	…
平成2	(157)	497	146,585	140,180	6,405	46.8	45.8	…
7	(158)	507	144,710	139,660	5,050	42.20	41.23	1.07
12	(159)	505	121,899	117,394	4,505	38.64	36.64	0.85
17	(160)	458	104,655	101,827	2,828	32.77	30.98	0.48
22	(161)	451	89,946	86,607	3,339	28.10	25.19	0.27
25	(162)	447	101,796	98,283	3,513	25.48	23.84	0.36
26	(163)	437	87,020	85,434	1,586	23.51	21.52	0.33
27	(164)	452	96,741	94,753	1,988	24.43	22.26	0.37
28	(165)	463	101,165	98,698	2,467	23.87	21.58	0.32

米生産費・累年

畜　力　使　役　時　間	動　力　運　転　時　間	10 a 当たり所　　得	1 日 当 た り 所 得	1 日 当 た り 家族労働報酬	
(32)	(33)	(34)	(35)	(36)	
時間	時間	円	円	円	
10.9	6.4	18,470	920	822	(121)
2.7	13.7	29,319	1,744	1,589	(122)
0.2	19.3	36,079	2,370	1,764	(123)
-	18.0	79,977	6,385	4,685	(124)
-	17.5	43,955	4,468	1,252	(125)
-	16.7	58,598	7,028	3,017	(126)
-	17.3	44,194	6,280	1,704	(127)
…	…	56,757	8,979	4,711	(128)
…	…	30,035	5,545	1,243	(129)
…	…	3,791	827	-	(130)
…	…	△ 10,597	-	-	(131)
…	…	8,613	1,969	-	(132)
…	…	△ 13,073	-	-	(133)
…	…	△ 11,981	-	-	(134)
…	…	8,575	2,055	-	(135)
6.2	6.1	19,684	1,011	887	(136)
0.3	13.2	31,990	2,117	1,781	(137)
	19.5	35,179	2,606	1,824	(138)
-	16.7	76,773	6,979	4,895	(139)
-	16.6	51,503	5,861	1,929	(140)
-	16.4	73,236	9,620	4,718	(141)
-	17.3	25,626	3,597	-	(142)
…	…	60,165	10,067	4,665	(143)
…	…	31,783	6,471	111	(144)
…	…	8,236	1,545	-	(145)
…	…	△ 5,250	-	-	(146)
…	…	△ 4,277	-	-	(147)
…	…	△ 24,571	-	-	(148)
…	…	△ 18,677	-	-	(149)
…	…	△ 3,734	-	-	(150)
11.9	5.0	21,400	1,175	1,063	(151)
3.7	13.3	37,496	2,570	2,304	(152)
0.2	19.1	40,678	3,311	2,325	(153)
-	22.1	92,172	8,971	6,169	(154)
-	17.6	67,244	7,339	3,456	(155)
-	16.0	72,340	9,859	4,690	(156)
-	15.6	59,612	10,413	3,944	(157)
…	…	65,417	12,693	7,366	(158)
…	…	37,552	8,199	2,810	(159)
…	…	19,187	4,955	-	(160)
…	…	△ 3,924	-	-	(161)
…	…	19,295	6,475	2,049	(162)
…	…	4,419	1,643	-	(163)
…	…	14,263	5,126	486	(164)
…	…	20,167	7,476	2,586	(165)

(3) 米生産費の全国農業地域別・年次別比較（続き）
イ 60kg当たり生産費

区分		種苗費	肥料費	農業薬剤費	光熱動力費	その他の諸材料費	土地改良及び水利費	賃借料及び料金	物件税及び公課諸負担	建物費	自動車費	農機具費	償却費	生産管理費	畜力費
		(1)	(2)	(3)	(4)	(5)	(6)	(7)	(8)	(9)	(10)	(11)	(12)	(13)	(14)
		円	円	円	円	円	円	円	円	円	円	円	円	円	円
全国															
昭和35年産	(1)	34	443	–	203	–	72	–	…	75	…	218	193	…	146
40	(2)	51	504	–	363	–	103	–	…	105	…	534	491	…	47
45	(3)	77	560	182	108	100	184	187	…	215	…	1, 094	1, 032	…	9
50	(4)	186	888	470	229	169	326	501	…	290	…	2, 068	1, 898	…	0
55	(5)	313	1, 161	746	456	243	613	840	…	463	…	4, 448	4, 109	…	0
60	(6)	315	1, 242	858	454	253	666	959	…	489	…	4, 801	4, 419	…	–
平成2	(7)	328	1, 011	848	360	250	744	1, 160	…	521	…	4, 826	4, 414	…	–
7	(8)	397	979	889	362	278	995	1, 387	272	464	…	3, 110	2, 348	20	–
12	(9)	395	896	835	338	244	803	1, 433	275	485	…	3, 059	2, 352	28	–
17	(10)	423	892	801	394	233	664	1, 561	306	552	359	2, 554	1, 996	34	–
22	(11)	398	1, 101	869	475	226	568	1, 364	277	804	448	3, 192	2, 472	41	–
25	(12)	421	1, 079	859	545	206	504	1, 372	274	546	437	2, 691	1, 933	48	–
26	(13)	421	1, 087	870	582	207	508	1, 436	263	513	438	2, 751	1, 948	44	–
27	(14)	426	1, 075	882	504	224	516	1, 407	269	481	452	2, 874	2, 095	48	–
28	**(15)**	**416**	**1, 047**	**840**	**433**	**218**	**485**	**1, 347**	**259**	**467**	**434**	**2, 687**	**1, 953**	**48**	–
北海道															
昭和35年産	(16)	34	417	–	161	–	91	–	…	164	…	179	151	…	161
40	(17)	59	515	–	316	–	162	–	…	294	…	506	446	…	126
45	(18)	76	538	129	105	109	267	78	…	310	…	837	750	…	56
50	(19)	183	903	399	267	154	508	430	…	461	…	1, 901	1, 662	…	4
55	(20)	232	1, 103	485	490	227	758	844	…	683	…	3, 377	3, 015	…	3
60	(21)	230	1, 188	725	535	195	800	484	…	826	…	4, 089	3, 557	…	–
平成2	(22)	178	777	722	377	271	684	735	…	637	…	3, 142	2, 706	…	–
7	(23)	187	793	793	421	329	902	921	264	503	…	2, 277	1, 507	33	–
12	(24)	180	794	759	373	389	746	1, 017	271	448	…	2, 198	1, 495	61	–
17	(25)	160	722	704	460	349	641	948	251	484	185	1, 630	1, 077	39	–
22	(26)	164	953	859	512	334	655	1, 032	253	602	223	2, 123	1, 322	54	–
25	(27)	154	872	846	567	328	572	987	277	405	226	1, 881	1, 134	55	–
26	(28)	152	870	835	632	348	565	962	268	409	219	1, 900	1, 092	48	–
27	(29)	167	909	764	478	349	582	1, 004	286	381	220	2, 005	1, 208	51	–
28	**(30)**	**168**	**972**	**788**	**427**	**365**	**558**	**1, 035**	**267**	**368**	**231**	**2, 088**	**1, 259**	**58**	–
都府県															
昭和35年産	(31)	…	…	–	…	–	…	–	…	…	…	…	…	…	…
40	(32)	…	…	–	…	–	…	–	…	…	…	…	…	…	…
45	(33)	77	561	189	108	98	172	201	…	202	…	1, 125	1, 067	…	3
50	(34)	186	886	476	226	171	310	508	…	275	…	2, 083	1, 919	…	–
55	(35)	319	1, 165	765	454	244	602	839	…	448	…	4, 525	4, 188	…	–
60	(36)	322	1, 247	871	447	259	654	1, 003	…	457	…	4, 866	4, 498	…	–
平成2	(37)	343	1, 035	861	358	248	750	1, 202	…	509	…	4, 995	4, 585	…	–
7	(38)	416	997	898	356	273	1, 004	1, 431	272	461	…	3, 188	2, 427	19	–
12	(39)	415	907	842	334	229	808	1, 474	275	488	…	3, 141	2, 434	25	–
17	(40)	445	904	809	390	225	667	1, 610	306	559	373	2, 634	2, 076	32	–
22	(41)	421	1, 115	869	472	216	560	1, 395	278	822	469	3, 293	2, 581	40	–
25	(42)	446	1, 098	860	541	197	498	1, 407	277	558	456	2, 765	2, 006	48	–
26	(43)	447	1, 107	872	576	193	501	1, 480	263	524	458	2, 829	2, 027	44	–
27	(44)	451	1, 089	893	507	212	509	1, 447	263	491	474	2, 956	2, 179	47	–
28	**(45)**	**437**	**1, 056**	**845**	**434**	**206**	**480**	**1, 373**	**259**	**474**	**452**	**2, 737**	**2, 011**	**47**	–
東北															
昭和35年産	(46)	40	478	–	182	–	59	–	…	63	…	180	157	…	163
40	(47)	54	544	–	327	–	97	–	…	84	…	424	376	…	34
45	(48)	74	546	132	88	111	168	209	…	192	…	791	739	…	1
50	(49)	193	899	378	189	168	325	586	…	215	…	1, 573	1, 440	…	0
55	(50)	282	1, 116	645	408	189	709	882	…	371	…	3, 467	3, 141	…	–
60	(51)	267	1, 246	701	402	215	742	1, 134	…	369	…	3, 836	3, 514	…	–
平成2	(52)	274	1, 045	762	330	205	847	1, 291	…	405	…	3, 861	3, 500	…	–
7	(53)	349	1, 046	893	351	239	1, 205	1, 482	232	393	…	2, 670	1, 954	33	–
12	(54)	313	894	809	312	203	948	1, 446	232	385	…	2, 631	1, 958	35	–
17	(55)	329	899	800	363	193	769	1, 542	275	441	305	1, 784	1, 317	33	–
22	(56)	307	1, 096	863	433	191	652	1, 246	244	513	385	2, 444	1, 842	44	–
25	(57)	307	1, 087	893	507	183	514	1, 316	235	367	367	2, 124	1, 485	41	–
26	(58)	292	1, 094	880	521	181	491	1, 354	200	321	333	2, 111	1, 433	40	–
27	(59)	308	1, 074	891	460	206	499	1, 283	216	315	376	2, 187	1, 542	44	–
28	**(60)**	**304**	**1, 055**	**857**	**394**	**193**	**483**	**1, 276**	**205**	**311**	**355**	**2, 029**	**1, 399**	**48**	–

労働費	家族	費用合計	生産費(副産物価額差引)	支払利子	支払地代	支払利子・地代算入生産費	自己資本利子	自作地地代	資本利子・地代全額算入生産費	粗収益 計	粗収益 主産物	粗収益 副産物	投下労働時間	投下労働時間 家族	投下労働時間 生産管理	
(15)	(16)	(17)	(18)	(19)	(20)	(21)	(22)	(23)	(24)	(25)	(26)	(27)	(28)	(29)	(30)	
円	円	円	円	円	円	円	円	円	円	円	円	円	時間	時間	時間	
1,191	1,042	2,383	2,087	…	…	…	117	170	2,374	4,300	4,004	296	23.2	20.3	…	(1)
2,105	1,869	3,812	3,522	…	…	…	170	247	3,939	6,624	6,334	290	18.9	17.0	…	(2)
2,819	2,483	5,534	5,292	…	…	…	356	940	6,587	8,364	8,121	242	14.5	12.9	…	(3)
4,130	3,895	9,257	8,899	…	…	…	527	2,280	11,706	15,836	15,478	358	9.0	8.5	…	(4)
6,464	6,317	15,747	15,107	…	…	…	911	3,373	19,391	18,495	17,855	640	7.6	7.5	…	(5)
6,100	5,988	16,137	15,490	…	…	…	865	3,584	19,939	19,384	18,737	647	6.0	6.0	…	(6)
5,791	5,691	15,839	15,359	…	…	…	918	3,429	19,706	18,010	17,530	480	4.9	4.9	…	(7)
6,658	6,529	15,811	15,448	82	474	16,004	919	2,805	19,728	17,473	17,110	363	4.57	4.47	0.10	(8)
5,900	5,688	14,691	14,337	76	446	14,859	906	2,133	17,898	14,291	13,937	354	3.79	3.63	0.09	(9)
5,012	4,778	13,785	13,543	51	484	14,078	868	1,804	16,750	13,289	13,047	242	3.42	3.26	0.07	(10)
4,303	4,030	14,066	13,811	35	531	14,377	781	1,436	16,594	11,369	11,114	255	3.11	2.91	0.06	(11)
4,078	3,833	13,060	12,790	33	549	13,372	610	1,247	15,229	12,902	12,632	270	2.83	2.65	0.06	(12)
4,035	3,784	13,155	13,032	35	536	13,603	606	1,207	15,416	10,674	10,551	123	2.78	2.60	0.06	(13)
4,009	3,728	13,167	13,016	35	581	13,632	596	1,162	15,390	11,613	11,462	151	2.80	2.60	0.06	(14)
3,886	**3,622**	**12,567**	**12,321**	**32**	**577**	**12,930**	**562**	**1,092**	**14,584**	**12,735**	**12,489**	**246**	**2.65**	**2.47**	**0.06**	**(15)**
1,270	1,010	2,476	2,250	…	…	…	108	187	2,545	4,199	3,973	226	20.4	16.1	…	(16)
2,544	2,080	4,523	4,272	…	…	…	181	345	4,798	6,465	6,215	250	18.3	15.2	…	(17)
2,609	2,069	5,114	4,862	…	…	…	286	1,545	6,693	8,318	8,065	253	11.6	9.3	…	(18)
3,750	3,361	8,960	8,636	…	…	…	524	2,613	11,773	15,745	15,421	324	6.8	6.2	…	(19)
4,429	4,315	12,631	12,199	…	…	…	708	3,531	16,438	16,723	16,291	432	5.0	4.9	…	(20)
4,555	4,378	13,627	12,998	…	…	…	750	3,787	17,535	17,726	17,097	629	4.2	4.1	…	(21)
3,704	3,575	11,227	10,822	…	…	…	596	3,108	14,526	15,012	14,607	405	3.0	2.9	…	(22)
4,351	4,247	11,774	11,264	178	298	11,740	505	2,692	14,937	15,330	14,820	510	3.08	2.96	0.11	(23)
4,325	4,162	11,561	10,952	174	382	11,508	416	1,894	13,818	12,532	11,923	609	2.65	2.50	0.10	(24)
3,458	3,290	10,031	9,676	124	339	10,139	444	1,461	12,044	10,270	9,915	355	2.23	2.06	0.05	(25)
3,587	3,442	11,351	11,037	59	289	11,385	444	1,440	13,269	10,999	10,685	314	2.23	2.10	0.05	(26)
3,262	3,096	10,432	10,148	65	271	10,484	346	1,255	12,085	12,766	12,482	284	1.99	1.85	0.04	(27)
3,091	2,913	10,299	10,077	62	281	10,420	349	1,188	11,957	11,403	11,181	222	1.88	1.74	0.04	(28)
2,987	2,812	10,183	9,974	66	311	10,351	339	1,178	11,868	11,414	11,205	209	1.85	1.70	0.04	(29)
3,033	**2,842**	**10,358**	**10,038**	**59**	**298**	**10,395**	**364**	**1,210**	**11,969**	**13,068**	**12,748**	**320**	**1.87**	**1.72**	**0.04**	**(30)**
…	…	…	…	…	…	…	…	…	…	…	…	…	…	…	…	(31)
…	…	…	…	…	…	…	…	…	…	…	…	…	…	…	…	(32)
2,840	2,537	5,577	5,336	…	…	…	364	858	6,558	8,370	8,129	241	14.9	13.3	…	(33)
4,163	3,943	9,284	8,923	…	…	…	527	2,250	11,700	15,844	15,483	361	9.3	8.8	…	(34)
6,611	6,462	15,972	15,317	…	…	…	926	3,361	19,604	18,623	17,968	655	7.9	7.8	…	(35)
6,242	6,136	16,368	15,720	…	…	…	875	3,565	20,160	19,536	18,888	648	6.1	6.1	…	(36)
6,000	5,903	16,301	15,813	…	…	…	950	3,461	20,224	18,312	17,824	488	4.9	4.9	…	(37)
6,876	6,744	16,191	15,842	73	491	16,406	958	2,815	20,179	17,675	17,326	349	4.71	4.60	0.10	(38)
6,051	5,835	14,989	14,659	67	452	15,178	953	2,156	18,287	14,462	14,132	330	3.90	3.74	0.08	(39)
5,140	4,900	14,094	13,860	45	497	14,402	903	1,833	17,138	13,540	13,306	234	3.50	3.33	0.07	(40)
4,371	4,086	14,321	14,071	33	554	14,658	813	1,436	16,907	11,404	11,154	250	3.18	2.97	0.06	(41)
4,153	3,900	13,304	13,037	30	574	13,641	635	1,247	15,523	12,913	12,646	267	2.94	2.76	0.06	(42)
4,127	3,869	13,421	13,310	32	561	13,903	631	1,208	15,742	10,603	10,492	111	2.89	2.71	0.06	(43)
4,106	3,815	13,445	13,298	32	607	13,937	621	1,160	15,718	11,634	11,487	147	2.86	2.66	0.06	(44)
3,958	**3,688**	**12,758**	**12,519**	**30**	**601**	**13,150**	**579**	**1,082**	**14,811**	**12,706**	**12,467**	**239**	**2.76**	**2.57**	**0.06**	**(45)**
930	745	2,095	1,793	…	…	…	97	154	2,044	4,287	3,985	302	21.4	17.2	…	(46)
1,732	1,434	3,296	3,024	…	…	…	140	192	3,356	6,601	6,328	273	17.5	14.7	…	(47)
2,262	1,907	4,575	4,389	…	…	…	302	652	5,344	8,283	8,097	186	13.2	11.2	…	(48)
3,222	2,970	7,748	7,438	…	…	…	444	2,428	10,310	15,768	15,458	310	8.1	7.6	…	(49)
4,631	4,485	12,700	12,170	…	…	…	723	4,175	17,068	18,564	18,034	530	6.5	6.4	…	(50)
4,904	4,776	13,816	13,174	…	…	…	675	4,169	18,018	19,578	18,936	642	5.5	5.5	…	(51)
4,698	4,592	13,718	13,225	…	…	…	699	4,050	17,974	18,506	18,013	493	4.7	4.7	…	(52)
5,594	5,457	14,487	14,056	96	521	14,673	732	3,719	19,124	17,662	17,231	431	4.37	4.23	0.10	(53)
4,896	4,714	13,104	12,727	90	424	13,241	701	2,598	16,540	13,780	13,403	377	3.40	3.24	0.09	(54)
4,122	3,940	11,855	11,603	56	469	12,128	601	2,149	14,878	12,519	12,267	252	3.01	2.87	0.08	(55)
3,562	3,310	11,980	11,724	53	506	12,283	513	1,649	14,445	9,940	9,684	256	2.72	2.50	0.06	(56)
3,373	3,140	11,314	11,055	39	496	11,590	443	1,457	13,490	12,074	11,815	259	2.58	2.36	0.06	(57)
3,342	3,137	11,160	11,065	35	456	11,556	422	1,376	13,354	9,184	9,089	95	2.50	2.34	0.06	(58)
3,333	3,093	11,192	11,048	39	492	11,579	423	1,286	13,288	10,544	10,400	144	2.43	2.23	0.05	(59)
3,229	**2,996**	**10,739**	**10,494**	**40**	**516**	**11,050**	**387**	**1,219**	**12,656**	**11,758**	**11,513**	**245**	**2.31**	**2.13**	**0.05**	**(60)**

(3) 米生産費の全国農業地域別・年次別比較（続き）
イ 60kg当たり生産費（続き）

区分		種苗費	肥料費	農業薬剤費	光熱動力費	その他の諸材料費	土地改良及び水利費	賃借料及び料金	物件税及び公課諸負担	建物費	自動車費	農機具費	償却費	生産管理費	畜力費
		(1)	(2)	(3)	(4)	(5)	(6)	(7)	(8)	(9)	(10)	(11)	(12)	(13)	(14)
		円	円	円	円	円	円	円	円	円	円	円	円	円	円
北陸															
昭和35年産	(61)	24	438	-	262	-	111	-	…	102	…	278	235	…	66
40	(62)	35	429	-	384	-	123	-	…	131	…	552	492	…	3
45	(63)	54	500	201	122	92	218	159	…	286	…	1, 126	1, 031	…	0
50	(64)	179	719	481	232	128	411	328	…	364	…	2, 037	1, 829	…	0
55	(65)	423	1, 021	772	467	211	694	733	…	559	…	4, 340	3, 902	…	-
60	(66)	466	1, 022	831	466	217	741	810	…	637	…	4, 861	4, 365	…	-
平成２	(67)	516	902	853	364	206	955	1, 040	…	657	…	5, 139	4, 610	…	-
7	(68)	638	883	933	358	224	1, 387	1, 351	370	564	…	3, 469	2, 575	14	-
12	(69)	670	836	885	318	181	1, 097	1, 565	348	606	…	3, 053	2, 367	21	-
17	(70)	640	833	833	361	185	912	1, 582	349	570	347	2, 638	2, 019	39	-
22	(71)	614	1, 010	799	442	203	819	1, 271	291	910	386	2, 976	2, 125	41	-
25	(72)	615	1, 040	818	494	167	759	1, 353	301	683	337	2, 532	1, 721	59	-
26	(73)	603	1, 069	867	519	172	796	1, 558	276	602	337	2, 805	1, 971	53	-
27	(74)	575	1, 086	907	465	193	836	1, 539	267	556	331	2, 810	2, 029	53	-
28	(75)	518	976	783	374	189	759	1, 315	246	567	266	2, 576	1, 833	53	-
関東・東山															
昭和35年産	(76)	35	406	-	191	-	80	-	…	62	…	213	194	…	124
40	(77)	52	490	-	360	-	113	-	…	84	…	532	501	…	14
45	(78)	76	554	123	123	102	159	208	…	172	…	1, 089	1, 042	…	-
50	(79)	172	808	330	236	177	274	516	…	212	…	2, 051	1, 915	…	-
55	(80)	270	1, 095	563	449	287	579	821	…	338	…	4, 206	3, 952	…	-
60	(81)	305	1, 171	697	471	326	734	971	…	362	…	4, 644	4, 356	…	-
平成２	(82)	324	887	696	380	324	744	1, 002	…	454	…	5, 076	4, 721	…	-
7	(83)	348	891	697	368	357	997	1, 315	261	407	…	3, 090	2, 546	14	-
12	(84)	388	781	587	346	276	759	1, 374	273	471	…	2, 733	2, 157	14	-
17	(85)	333	731	593	383	278	603	1, 473	276	528	403	2, 461	2, 017	21	-
22	(86)	331	985	676	513	247	470	1, 054	283	1, 126	642	3, 638	2, 886	40	-
25	(87)	390	886	660	560	207	443	1, 116	292	506	567	2, 883	2, 205	35	-
26	(88)	386	903	665	616	203	457	1, 116	251	506	571	3, 089	2, 343	36	-
27	(89)	386	912	691	544	225	448	1, 204	259	466	647	3, 275	2, 523	39	-
28	(90)	394	943	711	474	215	436	1, 146	260	447	585	2, 973	2, 321	39	-
東海															
昭和35年産	(91)	30	417	-	175	-	66	-	…	50	…	238	216	…	135
40	(92)	46	485	-	380	-	96	-	…	69	…	636	600	…	25
45	(93)	78	558	213	113	84	215	266	…	172	…	1, 523	1, 458	…	1
50	(94)	205	1, 011	446	236	193	329	703	…	294	…	2, 599	2, 412	…	0
55	(95)	406	1, 216	647	411	232	553	1, 335	…	485	…	4, 977	4, 642	…	-
60	(96)	347	1, 309	827	415	288	451	1, 443	…	456	…	5, 422	5, 030	…	-
平成２	(97)	425	1, 190	972	333	352	475	1, 793	…	590	…	5, 852	5, 364	…	-
7	(98)	443	1, 007	816	333	309	588	1, 852	267	470	…	3, 653	2, 744	20	-
12	(99)	531	1, 050	876	365	342	457	1, 741	313	671	…	4, 404	3, 382	42	-
17	(100)	691	1, 047	797	389	274	295	2, 242	338	640	700	3, 159	2, 675	49	-
22	(101)	591	1, 227	885	479	254	277	2, 363	316	1, 305	605	3, 816	2, 856	36	-
25	(102)	561	1, 414	756	623	232	296	1, 934	303	746	695	3, 746	2, 750	65	-
26	(103)	594	1, 402	849	718	249	317	2, 026	378	896	802	3, 860	2, 672	78	-
27	(104)	558	1, 352	865	596	249	313	1, 937	324	769	777	3, 643	2, 596	84	-
28	(105)	521	1, 285	857	537	248	258	1, 766	316	727	831	3, 559	2, 519	90	-
近畿															
昭和35年産	(106)	28	436	-	173	-	55	-	…	87	…	254	228	…	221
40	(107)	47	540	-	369	-	102	-	…	120	…	785	733	…	75
45	(108)	72	621	180	122	95	159	163	…	209	…	1, 672	1, 603	…	5
50	(109)	190	1, 079	414	277	201	340	484	…	313	…	3, 000	2, 732	…	0
55	(110)	330	1, 382	698	497	286	454	726	…	444	…	6, 271	5, 931	…	-
60	(111)	328	1, 528	898	478	394	555	1, 170	…	560	…	6, 755	6, 311	…	-
平成２	(112)	373	1, 254	869	363	326	580	1, 315	…	676	…	7, 058	6, 529	…	-
7	(113)	557	1, 184	837	337	314	816	1, 438	353	628	…	3, 843	3, 042	15	-
12	(114)	485	1, 207	852	375	277	589	1, 119	394	617	…	4, 363	3, 640	13	-
17	(115)	647	1, 119	789	410	280	568	1, 410	454	524	391	3, 730	2, 990	40	-
22	(116)	660	1, 423	843	556	194	394	1, 507	446	1, 088	556	5, 169	4, 401	63	-
25	(117)	624	1, 456	852	656	172	403	1, 020	370	1, 072	570	4, 446	3, 268	79	-
26	(118)	653	1, 397	825	719	176	427	1, 223	364	864	591	3, 940	2, 937	41	-
27	(119)	711	1, 324	866	630	194	444	1, 234	342	807	654	3, 991	3, 108	46	-
28	(120)	695	1, 324	844	561	184	363	1, 157	338	646	736	4, 212	3, 291	47	-

労働費	家族	費用合計	生産費(副産物価額差引)	支払利子	支払地代	支払利子・地代算入生産費	自己資本利子	自作地地代	資本利子・地代全額算入生産費	粗収益 計	粗収益 主産物	粗収益 副産物	投下労働時間	投下労働時間 家族	投下労働時間 家族 生産管理	
(15)	(16)	(17)	(18)	(19)	(20)	(21)	(22)	(23)	(24)	(25)	(26)	(27)	(28)	(29)	(30)	
円	円	円	円	円	円	円	円	円	円	円	円	円	時間	時間	時間	
1,329	1,202	2,612	2,384	…	…	…	152	180	2,717	4,311	4,084	227	23.7	21.4	…	(61)
2,210	2,018	3,868	3,690	…	…	…	193	219	4,102	6,627	6,449	178	19.2	17.6	…	(62)
2,925	2,688	5,684	5,544	…	…	…	432	1,214	7,190	8,300	8,160	140	15.0	13.8	…	(63)
3,759	3,565	8,638	8,447	…	…	…	498	2,673	11,618	15,745	15,554	191	8.4	8.1	…	(64)
6,234	6,119	15,454	15,140	…	…	…	907	4,049	20,096	18,784	18,470	314	7.5	7.4	…	(65)
5,815	5,746	15,866	15,652	…	…	…	910	4,286	20,848	19,717	19,503	214	5.5	5.5	…	(66)
5,791	5,717	16,423	16,220	…	…	…	989	3,947	21,156	20,249	20,046	203	4.4	4.4	…	(67)
6,385	6,291	16,576	16,422	97	684	17,203	970	3,176	21,349	18,504	18,350	154	4.29	4.22	0.09	(68)
5,540	5,394	15,120	14,950	81	631	15,662	925	2,267	18,854	15,765	15,595	170	3.46	3.35	0.09	(69)
4,666	4,470	13,955	13,810	58	643	14,511	885	2,087	17,483	15,849	15,704	145	3.14	3.03	0.11	(70)
3,940	3,744	13,702	13,509	21	839	14,369	762	1,469	16,600	13,018	12,825	193	2.81	2.68	0.06	(71)
3,696	3,510	12,854	12,592	35	861	13,488	606	1,346	15,440	13,900	13,638	262	2.58	2.43	0.08	(72)
3,679	3,488	13,336	13,230	47	870	14,147	596	1,323	16,066	12,236	12,130	106	2.57	2.42	0.08	(73)
3,572	3,351	13,190	13,044	51	944	14,039	554	1,238	15,831	12,980	12,834	146	2.57	2.39	0.08	(74)
3,385	**3,208**	**12,007**	**11,786**	**41**	**835**	**12,662**	**510**	**1,122**	**14,294**	**13,897**	**13,676**	**221**	**2.34**	**2.22**	**0.07**	**(75)**
1,171	1,037	2,282	1,996	…	…	…	104	150	2,249	4,296	4,011	286	22.5	20.0	…	(76)
2,349	2,144	3,993	3,713	…	…	…	159	177	4,049	6,653	6,372	280	19.7	18.1	…	(77)
3,167	2,899	5,772	5,533	…	…	…	322	680	6,535	8,420	8,181	239	14.6	13.4	…	(78)
4,716	4,482	9,492	9,075	…	…	…	515	1,775	11,365	15,903	15,486	417	9.0	8.6	…	(79)
6,808	6,662	15,416	14,582	…	…	…	837	2,567	17,986	18,793	17,959	834	7.5	7.4	…	(80)
6,726	6,629	16,407	15,633	…	…	…	809	2,907	19,349	19,382	18,608	774	6.1	6.1	…	(81)
6,854	6,773	16,741	16,164	…	…	…	945	2,854	19,963	17,620	17,043	577	4.9	4.9	…	(82)
7,559	7,400	16,304	16,035	32	441	16,508	982	2,425	19,915	17,869	17,600	269	4.69	4.58	0.07	(83)
6,570	6,397	14,572	14,281	35	515	14,831	929	2,020	17,780	14,588	14,297	291	3.97	3.86	0.06	(84)
5,572	5,335	13,655	13,467	14	569	14,050	931	1,623	16,604	13,205	13,017	188	3.58	3.41	0.05	(85)
4,831	4,477	14,836	14,618	12	602	15,232	945	1,433	17,610	11,727	11,509	218	3.34	3.08	0.06	(86)
4,551	4,295	13,096	12,890	15	605	13,510	692	1,268	15,470	12,706	12,500	206	3.06	2.88	0.06	(87)
4,502	4,235	13,301	13,227	14	569	13,810	710	1,271	15,791	10,083	10,009	74	2.99	2.81	0.05	(88)
4,376	4,090	13,472	13,372	7	609	13,988	698	1,287	15,973	11,160	11,060	100	2.87	2.67	0.04	(89)
4,328	**4,040**	**12,951**	**12,723**	**6**	**640**	**13,369**	**658**	**1,147**	**15,174**	**12,482**	**12,254**	**228**	**2.81**	**2.63**	**0.04**	**(90)**
1,408	1,308	2,520	2,156	…	…	…	118	184	2,458	4,369	4,005	364	24.0	22.4	…	(91)
2,335	2,184	4,072	3,743	…	…	…	176	262	4,181	6,619	6,290	329	20.2	19.1	…	(92)
3,510	3,214	6,735	6,437	…	…	…	396	798	7,631	8,422	8,125	298	16.6	15.4	…	(93)
4,864	4,666	10,880	10,396	…	…	…	567	1,490	12,453	15,946	15,462	484	9.8	9.6	…	(94)
7,739	7,668	18,001	17,404	…	…	…	970	2,353	20,727	18,367	17,770	597	7.9	7.9	…	(95)
7,336	7,301	18,294	17,595	…	…	…	942	2,469	21,006	19,290	18,591	699	6.1	6.1	…	(96)
7,714	7,647	19,696	19,238	…	…	…	1,233	2,497	22,968	17,422	16,964	458	5.1	5.1	…	(97)
7,658	7,534	17,416	17,205	47	356	17,608	1,143	1,933	20,684	17,070	16,859	211	4.55	4.48	0.10	(98)
7,430	7,228	18,222	17,989	39	376	18,404	1,288	1,568	21,260	14,638	14,405	233	4.38	4.25	0.10	(99)
6,079	5,883	16,700	16,509	56	439	17,004	1,271	1,248	19,523	13,343	13,152	191	3.95	3.82	0.11	(100)
4,879	4,711	17,033	16,888	20	484	17,392	1,230	1,022	19,644	11,647	11,502	145	3.16	3.06	0.07	(101)
4,917	4,521	16,288	16,138	14	660	16,812	848	681	18,341	13,782	13,632	150	3.11	2.88	0.07	(102)
5,473	5,033	17,642	17,568	16	648	18,232	870	672	19,774	12,282	12,208	74	3.46	3.21	0.07	(103)
5,347	4,917	16,814	16,720	5	687	17,412	929	675	19,016	12,172	12,078	94	3.31	3.09	0.07	(104)
5,009	**4,583**	**16,004**	**15,849**	**7**	**666**	**16,522**	**772**	**642**	**17,936**	**13,216**	**13,061**	**155**	**3.11**	**2.85**	**0.06**	**(105)**
1,451	1,358	2,706	2,405	…	…	…	145	172	2,723	4,352	4,052	300	24.5	23.2	…	(106)
2,561	2,390	4,598	4,270	…	…	…	220	316	4,806	6,624	6,295	320	20.7	19.5	…	(107)
3,408	3,142	6,705	6,407	…	…	…	437	830	7,674	8,489	8,192	298	16.3	15.2	…	(108)
6,031	5,831	12,329	12,055	…	…	…	671	1,934	14,660	15,686	15,412	274	11.5	11.3	…	(109)
9,116	9,000	20,204	19,698	…	…	…	1,212	2,561	23,471	18,172	17,666	506	9.5	9.4	…	(110)
8,391	8,325	21,057	20,562	…	…	…	1,251	2,731	24,544	19,514	19,019	495	7.4	7.4	…	(111)
7,816	7,775	20,630	20,304	…	…	…	1,427	2,627	24,358	17,730	17,404	326	5.4	5.4	…	(112)
9,064	9,011	19,386	19,153	60	432	19,645	1,317	1,814	22,776	17,660	17,427	233	4.93	4.90	0.10	(113)
7,591	7,415	17,882	17,631	17	384	18,032	1,498	1,448	20,978	14,762	14,511	251	4.29	4.14	0.05	(114)
6,309	6,151	16,671	16,401	9	437	16,847	1,306	1,177	19,330	14,503	14,233	270	3.78	3.70	0.08	(115)
5,582	5,247	18,481	18,300	1	464	18,765	1,414	817	20,996	13,354	13,173	181	3.69	3.51	0.09	(116)
5,798	5,506	17,518	17,194	18	542	17,754	1,091	638	19,483	14,069	13,745	324	3.81	3.61	0.06	(117)
5,411	5,106	16,631	16,456	16	521	16,993	1,019	668	18,680	12,377	12,202	175	3.56	3.37	0.06	(118)
5,500	5,151	16,743	16,571	23	569	17,163	1,041	662	18,866	13,153	12,981	172	3.59	3.40	0.07	(119)
5,446	**5,013**	**16,553**	**16,287**	**19**	**570**	**16,876**	**927**	**657**	**18,460**	**13,744**	**13,478**	**266**	**3.47**	**3.25**	**0.06**	**(120)**

米生産費・累年

(3) 米生産費の全国農業地域別・年次別比較（続き）
イ 60kg当たり生産費（続き）

区分		種苗費	肥料費	農業薬剤費	光熱動力費	その他の諸材料費	土地改良及び水利費	賃借料及び料金	物件税及び公課諸負担	建物費	自動車費	農機具費	償却費	生産管理費	畜力費
		(1)	(2)	(3)	(4)	(5)	(6)	(7)	(8)	(9)	(10)	(11)	(12)	(13)	(14)
		円	円	円	円	円	円	円	円	円	円	円	円	円	円
中国															
昭和35年産	(121)	34	553	-	238	-	38	-	…	68	…	244	222	…	196
40	(122)	62	666	-	404	-	62	-	…	102	…	678	634	…	100
45	(123)	92	786	276	103	105	97	171	…	219	…	1,495	1,440	…	7
50	(124)	192	1,154	701	225	203	162	450	…	347	…	2,644	2,474	…	0
55	(125)	294	1,594	1,172	489	332	315	567	…	616	…	6,614	6,210	…	-
60	(126)	309	1,630	1,289	435	330	295	869	…	590	…	6,310	5,863	…	-
平成2	(127)	313	1,366	1,145	353	315	346	1,193	…	566	…	6,341	5,874	…	-
7	(128)	287	1,285	1,083	377	396	572	1,455	228	534	…	3,752	2,830	8	-
12	(129)	397	1,104	1,152	335	299	460	1,600	274	556	…	3,960	2,971	17	-
17	(130)	570	1,125	1,147	464	284	490	1,842	312	887	432	4,214	3,340	32	-
22	(131)	335	1,394	1,165	551	334	252	1,641	279	1,129	460	4,344	3,690	24	-
25	(132)	445	1,277	1,127	588	319	278	1,656	267	531	519	3,968	2,947	53	-
26	(133)	454	1,269	1,201	637	313	248	1,670	358	506	624	3,889	2,897	45	-
27	(134)	455	1,221	1,154	574	288	184	1,764	277	476	567	4,633	3,560	52	-
28	(135)	436	1,202	1,111	508	317	160	1,652	314	425	596	3,888	2,940	26	-
四国															
昭和35年産	(136)	33	482	-	251	-	92	-	…	68	…	266	242	…	128
40	(137)	54	572	-	424	-	135	-	…	123	…	656	617	…	15
45	(138)	88	621	296	113	84	239	134	…	227	…	1,435	1,374	…	-
50	(139)	226	957	615	280	193	409	316	…	424	…	2,871	2,685	…	-
55	(140)	383	1,277	973	568	185	683	765	…	707	…	6,134	5,750	…	-
60	(141)	391	1,169	962	504	175	659	564	…	675	…	6,952	5,685	…	-
平成2	(142)	468	1,260	1,090	463	183	835	702	…	987	…	8,151	7,597	…	-
7	(143)	506	925	950	378	220	700	1,095	196	701	…	3,958	2,948	8	-
12	(144)	470	942	903	361	210	669	1,319	217	742	…	4,253	3,597	11	-
17	(145)	504	1,072	792	577	191	376	1,044	313	1,053	378	5,752	4,911	20	-
22	(146)	779	1,152	1,096	590	191	296	1,771	314	1,450	781	4,740	4,218	34	-
25	(147)	773	1,049	913	717	153	361	1,566	302	1,129	636	4,782	3,894	38	-
26	(148)	886	1,139	879	797	123	386	1,756	365	1,025	652	5,163	3,950	39	-
27	(149)	898	1,182	948	735	132	405	1,585	454	1,031	595	5,477	4,244	41	-
28	(150)	932	1,068	924	581	201	408	1,591	513	950	703	4,436	3,545	39	-
九州															
昭和35年産	(151)	41	387	-	215	-	58	-	…	52	…	174	155	…	166
40	(152)	58	415	-	372	-	76	-	…	73	…	430	407	…	100
45	(153)	103	487	302	103	78	160	249	…	166	…	1,058	1,020	…	10
50	(154)	173	827	739	239	165	249	561	…	258	…	1,999	1,858	…	1
55	(155)	245	1,195	1,248	483	275	541	824	…	443	…	4,505	4,198	…	-
60	(156)	266	1,253	1,354	493	218	586	864	…	379	…	5,185	4,844	…	-
平成2	(157)	274	984	1,144	389	199	633	1,225	…	437	…	5,079	4,768	…	-
7	(158)	353	870	1,114	354	193	685	1,433	268	351	…	3,072	2,325	7	-
12	(159)	347	854	1,057	369	195	548	1,662	245	418	…	3,477	2,747	25	-
17	(160)	410	975	992	442	222	361	2,039	309	710	442	3,452	2,809	34	-
22	(161)	394	1,187	1,129	488	202	339	2,076	261	612	491	4,312	3,553	21	-
25	(162)	468	1,156	1,088	547	222	279	2,305	278	579	616	2,717	2,052	44	-
26	(163)	499	1,148	1,114	577	204	257	2,282	304	669	623	2,660	1,915	47	-
27	(164)	483	1,091	1,121	478	218	238	2,037	295	576	509	2,887	2,094	44	-
28	(165)	457	1,035	1,012	419	208	227	2,054	288	573	493	2,728	2,049	39	-

労働費	家族	費用合計	生産費（副産物価額差引）	支払利子	支払地代	支払利子・地代算入生産費	自己資本利子	自作地地代	資本利子・地代全額算入生産費	粗収益 計	粗収益 主産物	粗収益 副産物	投下労働時間	投下労働時間 家族	投下労働時間 家族 生産管理	
(15)	(16)	(17)	(18)	(19)	(20)	(21)	(22)	(23)	(24)	(25)	(26)	(27)	(28)	(29)	(30)	
円	円	円	円	円	円	円	円	円	円	円	円	円	時間	時間	時間	
1, 298	1, 166	2, 671	2, 345	…	…	…	128	171	2, 644	4, 300	3, 974	326	26. 8	24. 3	…	(121)
2, 158	1, 961	4, 231	3, 846	…	…	…	193	200	4, 240	6, 705	6, 320	384	22. 2	20. 4	…	(122)
3, 079	2, 800	6, 432	6, 122	…	…	…	409	829	7, 359	8, 475	8, 165	310	17. 9	16. 4	…	(123)
5, 401	5, 146	11, 479	11, 135	…	…	…	671	1, 872	13, 678	15, 885	15, 541	344	12. 4	12. 0	…	(124)
9, 280	9, 032	21, 273	20, 631	…	…	…	1, 387	2, 896	24, 914	18, 191	17, 549	642	10. 9	10. 7	…	(125)
8, 239	8, 064	20, 296	19, 607	…	…	…	1, 176	2, 857	24, 640	19, 299	18, 610	689	8. 0	7. 9	…	(126)
7, 798	7, 628	19, 736	19, 202	…	…	…	1, 178	2, 588	22, 968	17, 275	16, 741	534	6. 8	6. 7	…	(127)
8, 709	8, 498	18, 686	18, 218	70	287	18, 575	1, 177	1, 934	21, 686	17, 092	16, 624	468	5. 98	5. 83	0. 10	(128)
8, 191	7, 772	18, 345	17, 966	77	300	18, 343	1, 203	1, 491	21, 037	14, 424	14, 045	379	5. 26	5. 02	0. 08	(129)
7, 185	6, 597	18, 984	18, 724	55	287	19, 066	1, 439	1, 196	21, 701	13, 182	12, 922	260	4. 76	4. 40	0. 06	(130)
6, 546	6, 229	18, 454	18, 104	47	285	18, 436	1, 208	1, 081	20, 725	11, 268	10, 918	350	4. 71	4. 50	0. 05	(131)
6, 058	5, 654	17, 086	16, 747	40	255	17, 042	831	919	18, 792	12, 759	12, 420	339	4. 49	4. 21	0. 07	(132)
6, 020	5, 557	17, 234	17, 047	37	230	17, 314	820	897	19, 031	10, 335	10, 148	187	4. 31	4. 01	0. 07	(133)
6, 158	5, 656	17, 803	17, 609	39	195	17, 843	872	877	19, 592	10, 938	10, 744	194	4. 36	4. 01	0. 06	(134)
5, 947	**5, 660**	**16, 582**	**16, 317**	**37**	**230**	**16, 584**	**877**	**837**	**18, 298**	**12, 214**	**11, 949**	**265**	**4. 19**	**3. 97**	**0. 05**	**(135)**
1, 180	1, 602	2, 500	2, 159	…	…	…	139	214	2, 512	4, 311	3, 970	341	25. 2	22. 7	…	(136)
2, 161	1, 920	4, 141	3, 719	…	…	…	221	492	4, 432	6, 714	6, 292	422	18. 8	17. 0	…	(137)
3, 425	3, 007	6, 661	6, 281	…	…	…	476	960	7, 718	8, 443	8, 063	380	16. 5	14. 7	…	(138)
4, 898	4, 670	11, 189	10, 557	…	…	…	757	2, 115	13, 429	16, 134	15, 502	632	11. 5	11. 1	…	(139)
7, 190	6, 999	18, 865	17, 716	…	…	…	1, 270	3, 404	22, 390	18, 833	17, 684	1, 149	9. 7	9. 4	…	(140)
6, 540	6, 486	17, 691	16, 893	…	…	…	1, 253	2, 980	21, 126	19, 512	18, 714	798	6. 8	6. 8	…	(141)
8, 113	8, 050	22, 252	21, 677	…	…	…	1, 631	3, 008	26, 316	17, 425	16, 850	575	7. 0	7. 0	…	(142)
7, 948	7, 798	17, 585	17, 287	70	326	17, 683	1, 451	2, 320	21, 454	17, 208	16, 910	298	5. 68	5. 56	0. 11	(143)
7, 010	6, 558	17, 107	16, 812	44	214	17, 070	1, 544	2, 079	20, 693	14, 493	14, 198	295	4. 84	4. 56	0. 09	(144)
8, 024	7, 208	20, 096	19, 840	28	202	20, 070	1, 501	1, 833	23, 404	14, 107	13, 851	256	5. 64	5. 10	0. 04	(145)
5, 816	5, 605	19, 010	18, 839	–	256	19, 095	1, 545	1, 256	21, 896	13, 031	12, 860	171	4. 53	4. 37	0. 05	(146)
5, 309	5, 047	17, 728	17, 534	15	298	17, 847	1, 210	966	20, 023	12, 488	12, 294	194	4. 09	3. 92	0. 04	(147)
5, 681	5, 402	18, 891	18, 816	26	309	19, 151	1, 209	1, 062	21, 422	10, 717	10, 642	75	4. 45	4. 22	0. 05	(148)
5, 809	5, 376	19, 292	19, 200	14	384	19, 598	1, 173	1, 070	21, 841	11, 893	11, 801	92	4. 46	4. 12	0. 04	(149)
5, 116	**4, 708**	**17, 462**	**17, 283**	**5**	**372**	**17, 660**	**1, 086**	**1, 055**	**19, 801**	**12, 659**	**12, 480**	**179**	**3. 90**	**3. 60**	**0. 04**	**(150)**
1, 110	942	2, 203	1, 866	…	…	…	106	184	2, 155	4, 286	3, 949	337	24. 2	20. 6	…	(151)
1, 765	1, 538	3, 288	2, 941	…	…	…	155	350	3, 446	6, 619	6, 272	347	17. 1	15. 2	…	(152)
2, 520	2, 148	5, 238	4, 908	…	…	…	363	1, 209	6, 481	8, 373	8, 044	329	14. 8	12. 8	…	(153)
3, 664	3, 501	8, 875	8, 355	…	…	…	511	2, 797	11, 663	15, 967	15, 447	520	9. 8	9. 4	…	(154)
6, 830	6, 604	16, 589	15, 520	…	…	…	969	3, 686	29, 175	18, 782	17, 713	1, 069	9. 8	9. 5	…	(155)
6, 328	6, 177	16, 926	15, 897	…	…	…	875	3, 850	20, 622	19, 759	18, 730	1, 029	7. 1	7. 1	…	(156)
5, 575	5, 438	15, 939	15, 166	…	…	…	985	3, 486	19, 637	17, 698	16, 925	773	5. 2	5. 2	…	(157)
6, 531	6, 406	15, 231	14, 632	67	516	15, 215	892	2, 365	18, 472	17, 166	16, 567	599	5. 01	4. 90	0. 13	(158)
6, 671	6, 333	15, 868	15, 332	56	442	15, 830	1, 080	1, 856	18, 766	14, 499	13, 963	536	4. 59	4. 35	0. 10	(159)
5, 854	5, 609	16, 242	15, 872	60	502	16, 434	1, 116	1, 695	19, 245	13, 711	13, 341	370	4. 30	4. 07	0. 07	(160)
4, 905	4, 400	16, 417	15, 973	36	439	16, 448	891	1, 364	18, 703	11, 971	11, 527	444	3. 71	3. 33	0. 03	(161)
4, 688	4, 414	14, 987	14, 516	28	450	14, 994	679	1, 089	16, 762	13, 640	13, 169	471	3. 39	3. 20	0. 05	(162)
4, 428	4, 077	14, 812	14, 595	39	542	15, 176	763	1, 000	16, 939	11, 926	11, 709	217	3. 18	2. 92	0. 04	(163)
4, 554	4, 164	14, 531	14, 266	28	566	14, 860	655	1, 060	16, 575	12, 857	12, 592	265	3. 23	2. 95	0. 05	(164)
4, 366	**3, 984**	**13, 899**	**13, 579**	**31**	**550**	**14, 160**	**672**	**1, 038**	**15, 870**	**13, 117**	**12, 797**	**320**	**3. 09**	**2. 80**	**0. 05**	**(165)**

(4)　米の作業別労働時間の全国農業地域別・年次別比較〔10ａ当たり〕

単位：時間

区　分		直接労働時間	種子予措	苗代一切	本田耕起及び整地	基肥	直まき	田植	追肥	除草	かん排水管理	防除	稲刈り及び脱穀	乾燥及びもみすり	生産管理
		(1)	(2)	(3)	(4)	(5)	(6)	(7)	(8)	(9)	(10)	(11)	(12)	(13)	(14)
全国															
昭和35年産	(1)	173.9	0.7	9.2	17.0	6.8	0.0	26.6	1.7	26.7	22.0	…	57.4	5.8	…
40	(2)	141.2	0.6	7.8	14.4	5.6	0.2	24.3	1.1	17.4	12.0	3.4	47.9	6.5	…
45	(3)	117.8	0.7	7.4	11.4	5.2	0.2	23.2	1.4	13.0	10.8	3.0	35.5	6.0	…
50	(4)	81.5	0.5	6.6	9.2	3.5	0.3	12.2	1.3	8.4	9.9	2.7	21.8	5.1	…
55	(5)	64.4	0.6	6.5	8.1	2.7	0.1	8.4	1.4	5.9	9.5	2.3	14.7	4.2	…
60	(6)	54.5	0.5	6.1	6.8	2.3	0.0	7.3	1.5	4.3	9.2	2.0	11.2	3.3	…
平成２	(7)	43.8	0.5	5.5	5.5	1.7	0.0	6.2	1.1	2.4	8.2	1.4	8.9	2.4	…
7	(8)	37.98	0.49	4.44	4.98	1.26	0.01	5.65	0.94	2.00	7.69	1.13	6.60	1.96	0.83
12	(9)	33.00	0.42	4.08	4.17	1.10	0.01	4.69	0.74	1.77	7.04	0.90	5.58	1.74	0.76
17	(10)	28.86	0.36	3.48	3.93	0.99	0.01	4.12	0.53	1.57	6.81	0.69	4.29	1.42	0.66
22	(11)	25.12	0.29	3.22	3.53	0.80	0.01	3.36	0.37	1.35	6.27	0.58	3.57	1.26	0.51
25	(12)	24.23	0.24	3.14	3.41	0.76	0.02	3.27	0.33	1.31	6.26	0.50	3.24	1.21	0.54
26	(13)	23.54	0.23	3.05	3.35	0.70	0.01	3.16	0.31	1.30	6.14	0.47	3.08	1.22	0.52
27	(14)	23.00	0.23	2.90	3.28	0.73	0.04	3.06	0.28	1.29	6.03	0.47	3.01	1.19	0.49
28	**(15)**	**22.61**	**0.22**	**2.83**	**3.26**	**0.69**	**0.02**	**2.98**	**0.30**	**1.24**	**6.01**	**0.45**	**2.93**	**1.21**	**0.47**
北海道															
昭和35年産	(16)	146.3	0.4	9.7	9.6	5.8	0.2	26.4	0.1	33.9	11.3	…	45.9	3.0	…
40	(17)	119.5	0.4	7.5	7.4	4.4	1.2	22.1	0.1	24.4	9.1	1.2	38.5	3.1	…
45	(18)	90.9	0.5	7.1	5.3	3.9	-	20.7	0.2	16.4	7.7	1.6	23.5	4.0	…
50	(19)	56.5	0.4	7.5	3.3	1.8	0.0	10.4	0.2	9.4	6.5	1.2	12.5	3.3	…
55	(20)	43.3	0.5	8.1	2.7	1.0	-	7.0	0.3	5.8	7.0	1.4	6.6	2.9	…
60	(21)	36.2	0.3	7.3	3.0	1.0	-	6.4	0.3	3.4	5.4	1.5	5.1	2.5	…
平成２	(22)	28.7	0.3	6.7	2.7	0.6	-	5.3	0.1	1.5	5.1	0.8	3.9	1.7	…
7	(23)	24.88	0.27	5.75	2.51	0.43	0.00	4.28	0.06	1.09	4.29	0.59	2.92	1.77	0.92
12	(24)	21.35	0.23	5.44	2.25	0.38	0.01	3.38	0.02	0.73	3.72	0.52	2.52	1.22	0.93
17	(25)	19.13	0.22	5.37	2.09	0.44	0.02	2.95	0.01	0.59	3.36	0.39	1.93	1.23	0.53
22	(26)	18.00	0.19	5.13	2.06	0.39	0.00	2.77	0.01	0.52	3.54	0.33	1.65	0.94	0.47
25	(27)	18.00	0.17	5.67	1.78	0.44	0.02	2.58	0.02	0.47	3.52	0.25	1.73	0.90	0.45
26	(28)	17.39	0.19	5.54	1.78	0.38	0.01	2.53	0.02	0.39	3.30	0.20	1.73	0.90	0.42
27	(29)	16.49	0.18	5.28	1.72	0.41	0.02	2.45	0.01	0.42	2.94	0.20	1.63	0.82	0.41
28	**(30)**	**16.33**	**0.20**	**5.34**	**1.75**	**0.37**	**0.01**	**2.37**	**0.02**	**0.41**	**2.94**	**0.20**	**1.55**	**0.80**	**0.37**
都府県															
昭和35年産	(31)	…	…	…	…	…	…	…	…	…	…	…	…	…	…
40	(32)	…	…	…	…	…	…	…	…	…	…	…	…	…	…
45	(33)	121.5	0.7	7.5	12.1	5.5	0.2	23.5	1.6	12.6	11.3	3.1	37.1	6.3	…
50	(34)	83.7	0.5	6.4	9.8	3.7	0.3	12.2	1.4	8.4	10.2	2.8	22.8	5.2	…
55	(35)	66.4	0.6	6.3	8.6	2.9	0.1	8.6	1.5	5.9	9.7	2.5	15.4	4.3	…
60	(36)	56.5	0.5	6.1	7.2	2.4	0.1	7.3	1.5	4.3	9.6	2.2	11.8	3.5	…
平成２	(37)	45.6	0.5	5.4	5.8	1.8	0.0	6.4	1.3	2.5	8.6	1.5	9.3	2.5	…
7	(38)	39.21	0.50	4.32	5.21	1.34	0.01	5.77	1.02	2.09	8.01	1.19	6.95	1.98	0.82
12	(39)	34.19	0.44	3.93	4.37	1.18	0.01	4.82	0.82	1.87	7.37	0.95	5.89	1.79	0.75
17	(40)	29.60	0.38	3.33	4.06	1.03	0.01	4.21	0.58	1.64	7.08	0.71	4.46	1.44	0.67
22	(41)	25.82	0.30	3.05	3.68	0.84	0.01	3.41	0.40	1.43	6.52	0.62	3.75	1.29	0.52
25	(42)	24.72	0.24	2.91	3.55	0.78	0.02	3.32	0.36	1.37	6.50	0.53	3.36	1.24	0.54
26	(43)	24.10	0.24	2.84	3.49	0.73	0.01	3.21	0.34	1.39	6.39	0.50	3.19	1.25	0.52
27	(44)	23.57	0.23	2.71	3.41	0.75	0.04	3.11	0.30	1.37	6.30	0.49	3.13	1.22	0.51
28	**(45)**	**23.10**	**0.22**	**2.62**	**3.37**	**0.72**	**0.02**	**3.03**	**0.33**	**1.30**	**6.26**	**0.47**	**3.04**	**1.24**	**0.48**
東北															
昭和35年産	(46)	176.4	1.2	10.8	15.7	9.6	-	26.2	1.6	29.5	17.5	…	58.4	5.9	…
40	(47)	145.4	1.0	9.2	11.2	7.1	0.0	24.5	0.6	22.9	11.2	2.1	51.0	4.8	…
45	(48)	124.2	1.1	8.8	9.3	6.0	-	24.8	1.3	16.7	11.5	1.5	38.6	4.6	…
50	(49)	80.0	0.8	7.6	7.1	3.6	0.0	11.7	1.2	9.4	10.6	1.6	22.2	4.2	…
55	(50)	62.5	0.8	7.8	5.5	3.1	-	7.9	1.3	5.8	10.4	1.5	14.4	4.0	…
60	(51)	56.9	0.8	8.0	5.2	2.4	-	7.6	1.2	4.4	9.9	1.2	13.4	2.8	…
平成２	(52)	44.3	0.6	6.6	4.3	1.8	-	6.2	0.9	2.1	9.0	0.9	9.6	2.3	…
7	(53)	36.31	0.62	5.23	3.58	1.33	0.00	5.38	0.73	1.55	7.83	0.98	6.41	1.81	0.86
12	(54)	30.69	0.45	4.66	3.02	1.05	0.00	4.55	0.56	1.38	6.91	0.70	5.10	1.46	0.85
17	(55)	26.15	0.41	3.97	2.90	0.86	0.02	3.78	0.39	1.17	6.74	0.56	3.35	1.30	0.70
22	(56)	23.10	0.32	3.74	2.71	0.71	0.02	3.37	0.30	1.06	5.68	0.49	2.96	1.17	0.57
25	(57)	22.44	0.29	3.65	2.71	0.64	0.02	3.31	0.32	1.15	5.74	0.42	2.61	1.04	0.54
26	(58)	22.22	0.32	3.62	2.71	0.63	0.02	3.24	0.28	1.15	5.67	0.37	2.63	1.05	0.53
27	(59)	21.58	0.28	3.43	2.63	0.60	0.05	3.20	0.23	1.08	5.60	0.35	2.59	1.07	0.47
28	**(60)**	**20.71**	**0.27**	**3.19**	**2.59**	**0.60**	**0.04**	**3.11**	**0.24**	**1.05**	**5.36**	**0.32**	**2.48**	**0.99**	**0.47**

米生産費・累年

単位：時間

区　分		直接労働時間	種子予措	苗代一切	本田耕起及び整地	基肥	直まき	田植	追肥	除草	かん排水管理	防除	稲刈り及び脱穀	もみ乾燥及びもみすり	生産管理
		(1)	(2)	(3)	(4)	(5)	(6)	(7)	(8)	(9)	(10)	(11)	(12)	(13)	(14)
北陸															
昭和35年産	(61)	186.8	0.8	8.5	18.5	7.3	-	22.3	1.8	29.5	26.3	…	64.6	7.2	…
40	(62)	152.3	0.5	7.1	17.6	5.9	-	21.3	1.0	21.8	13.0	3.6	53.8	6.6	…
45	(63)	128.1	0.7	7.3	14.7	5.6	-	21.2	1.6	15.9	11.9	2.7	40.0	6.5	…
50	(64)	79.5	0.5	6.4	10.6	2.8	0.0	13.3	1.7	8.1	9.0	2.3	19.5	5.3	…
55	(65)	61.5	0.5	6.0	8.2	2.3	-	8.8	1.9	6.1	9.1	1.8	12.9	3.9	…
60	(66)	50.9	0.4	5.2	6.8	1.7	-	7.3	2.1	4.4	8.7	1.5	9.2	3.6	…
平成2	(67)	41.6	0.4	4.5	5.9	1.3	-	6.6	1.8	2.6	7.9	1.0	7.2	2.4	…
7	(68)	35.35	0.31	3.59	4.93	0.85	-	5.80	1.25	1.75	7.67	0.82	5.72	1.85	0.81
12	(69)	29.72	0.24	2.88	4.00	0.79	0.00	4.61	0.92	1.62	7.16	0.73	4.41	1.56	0.80
17	(70)	26.12	0.21	2.55	3.39	0.76	0.03	3.97	0.78	1.56	6.56	0.48	3.62	1.24	0.97
22	(71)	22.13	0.16	2.15	3.01	0.53	0.03	3.02	0.47	1.43	6.08	0.44	2.98	1.29	0.54
25	(72)	21.29	0.13	1.92	2.90	0.55	0.03	2.90	0.44	1.11	5.86	0.26	3.24	1.26	0.69
26	(73)	20.76	0.13	2.00	2.84	0.51	0.02	2.79	0.44	1.21	5.96	0.23	2.75	1.19	0.69
27	(74)	20.35	0.12	1.99	2.91	0.61	0.04	2.66	0.41	1.27	5.58	0.21	2.70	1.16	0.69
28	(75)	20.54	0.16	2.00	2.88	0.55	0.01	2.75	0.47	1.17	5.63	0.21	2.80	1.25	0.66
関東・東山															
昭和35年産	(76)	172.3	0.6	11.0	16.3	6.1	-	27.9	0.8	23.7	18.9	…	60.2	7.1	…
40	(77)	139.8	0.5	9.4	15.9	4.5	0.1	25.5	0.5	15.3	9.6	2.2	49.0	7.4	…
45	(78)	113.2	0.6	8.2	12.4	4.5	0.3	23.1	1.0	10.4	10.0	2.1	34.3	6.3	…
50	(79)	78.2	0.4	6.3	9.9	2.9	0.4	12.4	1.0	7.3	8.6	2.0	21.8	5.2	…
55	(80)	61.6	0.5	6.3	8.9	2.5	0.0	8.5	1.1	5.6	8.1	1.7	14.4	4.0	…
60	(81)	51.5	0.4	5.5	7.3	2.0	0.0	7.2	1.0	4.1	8.2	1.8	10.6	3.4	…
平成2	(82)	43.7	0.4	5.0	6.3	1.7	0.0	6.1	0.8	2.7	7.7	1.2	9.1	2.7	…
7	(83)	38.87	0.45	4.26	5.62	1.34	0.01	5.56	0.79	2.39	7.67	1.01	7.02	2.19	0.56
12	(84)	35.00	0.46	3.99	4.93	1.18	0.03	4.84	0.74	2.09	7.24	0.79	6.22	1.96	0.53
17	(85)	31.19	0.50	3.46	4.71	1.05	0.01	4.49	0.50	1.92	6.81	0.62	5.01	1.68	0.43
22	(86)	27.66	0.36	3.15	3.93	0.90	0.00	3.54	0.38	1.84	6.21	0.52	4.85	1.52	0.46
25	(87)	25.78	0.32	2.89	3.97	0.85	0.00	3.23	0.22	1.75	6.56	0.35	3.71	1.46	0.47
26	(88)	25.18	0.28	2.83	3.89	0.82	0.00	3.12	0.21	1.80	6.42	0.34	3.59	1.45	0.43
27	(89)	23.50	0.27	2.60	3.70	0.82	0.00	2.89	0.19	1.63	6.12	0.34	3.32	1.22	0.40
28	(90)	23.33	0.27	2.65	3.70	0.80	0.00	2.75	0.22	1.52	6.15	0.35	3.25	1.31	0.36
東海															
昭和35年産	(91)	172.4	0.4	8.6	19.4	6.0	-	28.5	1.8	21.6	22.9	…	57.1	6.1	…
40	(92)	136.0	0.4	7.3	16.7	5.4	0.5	25.9	1.6	11.7	10.5	4.2	44.8	6.9	…
45	(93)	116.5	0.6	6.7	13.1	5.8	0.1	23.1	1.8	9.2	11.4	3.7	34.3	6.7	…
50	(94)	77.7	0.5	5.3	10.2	3.6	0.1	11.1	1.5	6.7	10.7	2.6	20.1	5.3	…
55	(95)	60.9	0.6	5.2	8.8	2.6	0.1	7.7	1.5	6.2	8.9	2.2	13.3	3.8	…
60	(96)	50.9	0.5	4.7	7.3	2.4	0.1	6.2	1.6	4.1	9.4	2.2	9.6	2.8	…
平成2	(97)	42.8	0.5	4.1	6.3	1.7	0.0	5.6	1.4	2.6	7.6	2.0	8.5	2.5	…
7	(98)	37.92	0.68	3.45	5.74	1.52	0.02	5.24	1.24	2.57	7.08	1.54	6.14	1.90	0.80
12	(99)	36.44	0.46	3.38	5.60	1.32	0.08	4.99	1.21	2.64	7.06	1.29	5.73	1.87	0.81
17	(100)	32.00	0.34	2.72	5.17	1.35	0.04	4.69	0.70	1.92	7.60	0.64	4.46	1.54	0.83
22	(101)	24.95	0.21	2.32	4.71	1.09	0.07	3.05	0.34	1.09	6.96	0.62	3.02	0.90	0.57
25	(102)	25.25	0.17	2.31	4.24	0.89	0.04	2.91	0.43	1.26	7.39	0.73	3.05	1.26	0.57
26	(103)	26.13	0.23	2.37	4.23	0.84	0.03	2.73	0.44	1.43	7.46	1.12	3.21	1.49	0.55
27	(104)	25.22	0.23	2.36	4.08	0.91	0.04	2.74	0.32	1.34	7.19	0.94	3.06	1.48	0.53
28	(105)	25.05	0.22	2.41	4.06	0.90	0.04	2.70	0.32	1.38	6.89	0.96	3.19	1.49	0.49
近畿															
昭和35年産	(106)	176.6	0.5	6.7	22.3	5.5	-	23.8	2.7	24.5	26.9	…	58.3	5.4	…
40	(107)	143.6	0.5	6.2	16.5	6.1	0.1	23.1	1.7	12.8	15.4	3.4	50.9	7.1	…
45	(108)	126.9	0.6	6.9	14.8	6.7	0.0	23.0	1.8	10.5	12.9	3.6	38.3	7.8	…
50	(109)	94.1	0.6	6.8	12.4	4.5	0.2	13.4	1.7	8.0	12.3	2.3	25.0	6.9	…
55	(110)	73.7	0.5	6.9	11.2	3.0	-	9.4	1.8	5.3	12.1	2.2	16.2	5.1	…
60	(111)	60.8	0.5	5.9	9.3	2.5	0.0	7.9	1.9	3.8	11.4	2.3	11.4	4.1	…
平成2	(112)	46.3	0.5	4.9	6.8	1.9	0.0	6.2	1.5	1.9	9.4	1.7	8.6	2.9	…
7	(113)	42.49	0.47	3.88	6.34	1.43	-	6.52	1.37	2.08	8.56	1.29	7.43	2.26	0.86
12	(114)	38.23	0.63	3.41	5.46	1.38	0.00	5.29	1.28	2.13	7.86	1.30	6.28	2.66	0.55
17	(115)	32.30	0.36	2.53	5.11	1.25	0.02	4.29	0.89	1.71	7.13	0.96	5.39	1.95	0.71
22	(116)	28.96	0.25	2.33	5.14	1.13	0.01	3.51	0.77	1.98	6.54	0.68	4.10	1.80	0.72
25	(117)	30.40	0.17	2.54	4.84	1.04	0.06	3.73	0.48	1.71	7.99	0.77	4.47	2.05	0.55
26	(118)	27.76	0.16	2.30	4.38	0.95	0.03	3.44	0.44	1.51	7.60	0.63	3.80	2.04	0.48
27	(119)	28.14	0.17	2.24	4.54	0.85	0.03	3.64	0.43	1.54	7.36	0.72	3.97	2.10	0.55
28	(120)	28.01	0.18	2.23	4.40	0.74	0.02	3.40	0.48	1.32	8.03	0.66	3.85	2.17	0.53

(4) 米の作業別労働時間の全国農業地域別・年次別比較〔10 a 当たり〕 (続き)

単位：時間

区分		直接労働時間	種子予措	苗代一切	本田耕起及び整地	基肥	直まき	田植	追肥	除草	かんがい排水管理	防除	稲刈り及び脱穀	乾燥及びもみすり	生産管理
		(1)	(2)	(3)	(4)	(5)	(6)	(7)	(8)	(9)	(10)	(11)	(12)	(13)	(14)
中国															
昭和35年産	(121)	175.1	6.4	-	28.0	2.5	9.0	12.6	8.0	22.1	25.6	…	55.6	5.3	…
40	(122)	149.9	0.5	7.4	17.8	7.1	0.2	25.3	1.9	14.1	17.1	3.8	47.4	7.4	…
45	(123)	133.4	0.6	6.9	14.1	7.8	0.8	22.9	2.4	11.5	13.7	3.9	41.2	7.6	…
50	(124)	104.9	0.5	6.0	11.7	7.1	1.7	11.6	2.4	10.7	13.3	3.9	29.5	6.4	…
55	(125)	81.1	0.7	6.1	11.4	4.6	0.8	9.0	2.0	6.6	11.2	3.3	20.1	5.3	…
60	(126)	68.2	0.6	5.4	9.8	3.7	0.6	7.4	2.2	4.7	11.1	3.1	15.4	4.2	…
平成2	(127)	57.9	0.6	5.0	8.9	2.8	0.0	7.0	1.7	2.8	10.1	1.8	13.9	3.3	…
7	(128)	50.82	0.61	4.20	7.46	2.02	0.06	6.72	1.56	2.98	10.14	1.52	10.23	2.41	0.91
12	(129)	44.43	0.48	3.84	6.28	1.63	0.07	5.56	1.13	2.83	9.25	1.39	9.09	2.23	0.65
17	(130)	38.96	0.42	3.12	5.91	1.58	0.03	4.91	0.72	2.47	9.61	1.04	7.22	1.38	0.55
22	(131)	37.61	0.48	3.33	5.54	1.21	0.02	4.11	0.49	2.08	10.38	1.13	6.74	1.70	0.40
25	(132)	36.23	0.25	3.46	5.21	1.38	0.03	4.07	0.44	2.23	10.36	1.15	5.65	1.43	0.57
26	(133)	34.11	0.23	3.26	4.93	1.08	0.01	4.03	0.42	2.38	9.68	1.07	5.00	1.44	0.58
27	(134)	35.18	0.24	2.87	4.89	1.13	0.05	3.57	0.36	3.00	10.88	1.12	4.99	1.51	0.57
28	**(135)**	**34.29**	**0.24**	**2.85**	**5.00**	**1.18**	**0.05**	**3.37**	**0.35**	**2.54**	**10.96**	**1.20**	**4.48**	**1.62**	**0.45**
四国															
昭和35年産	(136)	171.5	0.7	6.4	15.1	6.4	-	28.7	5.0	25.8	27.5	…	50.6	5.3	…
40	(137)	134.1	0.4	6.3	11.7	4.9	0.1	24.5	3.0	12.3	15.1	8.7	39.8	7.3	…
45	(138)	121.4	0.6	5.7	13.0	5.1	-	23.8	2.3	9.9	12.2	6.1	35.3	7.4	…
50	(139)	91.9	0.4	5.7	11.5	4.0	0.2	11.4	1.6	6.8	12.1	4.8	27.3	6.1	…
55	(140)	72.2	0.5	5.6	10.1	3.1	0.0	8.3	1.2	5.1	11.7	3.8	17.5	5.3	…
60	(141)	61.4	0.5	5.0	9.9	2.5	0.2	7.8	1.5	4.4	11.3	3.2	10.3	4.8	…
平成2	(142)	57.4	0.5	4.9	9.4	2.4	-	7.2	1.5	2.8	11.9	2.6	9.6	4.6	…
7	(143)	47.68	0.41	3.34	8.39	1.44	-	6.98	1.29	2.77	10.33	1.81	7.47	2.52	0.93
12	(144)	40.18	0.51	3.46	6.63	1.40	0.04	5.54	1.19	2.15	8.08	1.14	6.61	2.67	0.76
17	(145)	45.11	0.50	3.30	7.76	1.28	-	5.96	0.56	2.33	10.30	0.93	8.54	3.28	0.37
22	(146)	36.10	0.24	1.95	6.63	1.16	-	4.59	0.40	1.73	10.77	0.93	5.65	1.60	0.45
25	(147)	33.40	0.19	2.09	6.73	1.22	-	4.40	0.40	1.74	8.94	1.21	4.29	1.85	0.34
26	(148)	33.49	0.17	1.93	7.08	1.15	-	4.25	0.40	1.43	9.27	0.89	4.66	1.94	0.32
27	(149)	32.72	0.13	1.77	6.77	0.99	0.01	4.06	0.32	1.30	9.10	1.04	4.99	1.92	0.32
28	**(150)**	**29.92**	**0.12**	**1.65**	**6.21**	**0.88**	**0.04**	**3.75**	**0.41**	**1.11**	**8.46**	**0.92**	**4.38**	**1.68**	**0.31**
九州															
昭和35年産	(151)	174.5	0.6	7.7	16.3	4.4	-	29.1	2.2	28.1	27.1	…	54.2	4.8	…
40	(152)	132.3	0.5	6.0	12.6	3.8	0.2	26.0	1.9	13.7	11.6	5.4	42.6	8.1	…
45	(153)	113.9	0.6	5.9	10.3	4.0	0.3	25.1	2.0	9.7	9.4	6.0	33.9	6.7	…
50	(154)	86.0	0.5	5.4	10.1	2.8	0.8	12.0	1.9	8.3	10.1	5.7	23.0	5.4	…
55	(155)	76.4	0.6	5.8	9.5	2.9	0.3	9.5	1.5	6.2	9.9	5.7	20.3	4.2	…
60	(156)	60.3	0.5	5.1	7.8	2.5	0.2	7.6	1.6	4.6	9.3	4.6	13.2	3.3	…
平成2	(157)	46.8	0.5	4.6	6.1	1.9	0.2	6.3	1.4	3.1	8.2	2.9	9.5	2.1	…
7	(158)	41.02	0.42	4.06	5.80	1.39	-	5.91	1.12	2.51	7.48	1.83	7.69	1.74	1.07
12	(159)	37.78	0.41	3.79	5.07	1.47	0.00	4.94	0.83	2.16	7.69	1.51	7.34	1.72	0.85
17	(160)	32.23	0.36	3.14	4.89	1.39	0.00	4.53	0.68	2.06	6.83	1.41	5.39	1.07	0.48
22	(161)	27.19	0.32	2.91	4.52	1.15	-	3.39	0.43	1.34	7.02	1.00	3.98	0.86	0.27
25	(162)	24.71	0.27	2.79	4.11	0.97	-	3.63	0.38	1.28	5.77	1.00	3.51	0.64	0.36
26	(163)	22.94	0.19	2.46	3.86	0.90	-	3.46	0.29	1.06	5.37	0.86	3.46	0.70	0.33
27	(164)	23.62	0.24	2.67	3.66	1.00	-	3.54	0.30	1.01	5.61	0.92	3.57	0.73	0.37
28	**(165)**	**23.14**	**0.23**	**2.47**	**3.68**	**0.95**	**0.01**	**3.42**	**0.31**	**1.36**	**5.64**	**0.88**	**3.18**	**0.69**	**0.32**

2　麦類生産費の累年統計

麦類生産費・累年

(1) 小麦生産費の累年統計
ア 小麦生産費の全国累年統計
(ア) 調査対象農家の生産概要・経営概況

区　分	単位	昭和30年産	31	32	33	34	35	36
		(1)	(2)	(3)	(4)	(5)	(6)	(7)
経営耕地面積（1戸当たり）(1)	a	126	125	126	129	131	132	158
うち　水　田　(2)	〃	61	60	61	61	63	64	69
小麦作付面積（1戸当たり）(3)	〃	22.8	22.0	21.2	21.8	21.9	22.9	30.1
資本額（10a当たり）(4)	円	…	…	…	…	…	…	…
うち　固定資本額　(5)	〃	…	…	…	…	…	…	…
家族員数　(6)	人	6.5	6.4	6.4	6.3	6.2	6.2	6.4
農業就業者　(7)	〃	3.4	3.4	3.3	3.1	3.1	3.0	3.3
労働時間（10a当たり）(8)	時間	126.4	122.1	115.9	117.3	110.0	109.6	101.7
男　(9)	〃	65.5	63.7	59.9	59.0	54.8	54.2	51.4
女　(10)	〃	60.9	58.4	56.0	58.3	55.2	55.4	50.3
直接労働時間　(11)	〃	126.4	122.1	115.9	117.3	110.0	109.6	101.7
家族　(12)	〃	118.7	114.7	109.8	110.8	103.4	102.2	96.0
男　(13)	〃	61.8	60.0	57.0	55.9	51.9	51.2	49.5
女　(14)	〃	56.9	54.7	52.8	54.9	51.5	51.0	46.5
雇用　(15)	〃	7.6	7.4	6.1	6.5	6.6	7.4	5.7
男　(16)	〃	3.7	3.7	2.9	3.1	2.9	3.0	1.9
女　(17)	〃	3.9	3.7	3.2	3.4	3.7	4.4	3.8
うち生産管理労働時間　(18)	〃	…	…	…	…	…	…	…
間接労働時間　(19)	〃	28.7	32.3	33.8	31.1	…	…	…
作業別直接労働時間（10a当たり）(20)	〃	123.4	…	114.3	…	109.8	…	…
種子予措　(21)	〃	0.3	…	0.4	…	0.4	…	…
耕起整地　(22)	〃	16.9	…	14.0	…	12.7	…	…
基肥　(23)	〃	7.5	…	7.5	…	7.7	…	…
は種　(24)	〃	13.8	…	13.4	…	12.4	…	…
追肥　(25)	〃	4.8	…	5.6	…	4.9	…	…
中耕除草　(26)	〃	31.0	…	26.7	…	25.3	…	…
麦踏み　(27)	〃	3.5	…	3.3	…	2.6	…	…
管理　(28)	〃	0.5	…	1.6	…	2.1	…	…
刈取脱穀　(29)	〃	45.2	…	41.8	…	41.7	…	…
生産管理　(30)	〃	…	…	…	…	…	…	…
動力運転時間（10a当たり）(31)	〃	2.9	3.0	3.2	3.3	3.3	3.9	4.9
畜力使役時間（10a当たり）(32)	〃	7.6	7.2	6.5	6.2	6.2	5.7	4.4
主産物数量（10a当たり）(33)	kg	289	275	274	248	268	285	303
粗収益（10a当たり）(34)	円	9,638	8,811	9,335	9,211	9,846	10,616	11,772
主産物　(35)	〃	8,956	8,126	8,688	8,572	9,267	9,952	11,158
副産物　(36)	〃	682	685	647	639	579	664	614
所得（10a当たり）(37)	〃	4,174	3,265	3,917	3,663	4,347	4,925	6,287
所得（1日当たり）(38)	〃	281	228	285	264	336	386	524
家族労働報酬（10a当たり）(39)	〃	3,356	2,362	2,991	2,716	3,423	3,993	5,314
家族労働報酬（1日当たり）(40)	〃	226	165	218	196	265	313	443
(参考) 奨励金を加えた場合								
粗収益（10a当たり）(41)	〃	…	…	…	…	…	…	…
所得（10a当たり）(42)	〃	…	…	…	…	…	…	…
所得（1日当たり）(43)	〃	…	…	…	…	…	…	…
家族労働報酬（10a当たり）(44)	〃	…	…	…	…	…	…	…
家族労働報酬（1日当たり）(45)	〃	…	…	…	…	…	…	…

注：1　収益性の取扱いについては、「3　調査結果の取りまとめと統計表の編成」の(1)エ及びオ（12ページ）を参照されたい（以下349ページまで同じ。）。
　　2　昭和38年産までは、1反当たり生産費を10a当たり換算（1反×1.008）したものであり、各年の年報の最小項目から積み上げたものである（以下352ページまで同じ。）。

	37	38	39	40	41	42	43	44	45
	(8)	(9)	(10)	(11)	(12)	(13)	(14)	(15)	(16)
(1)	168	170	145	146	159	162	182	187	177
(2)	70	…	75	77	75	77	74	77	78
(3)	**31.5**	**35.5**	**32.9**	**33.1**	**32.5**	**32.0**	**41.1**	**38.8**	**38.2**
(4)	…	…	22,796	25,539	…	27,715	36,880	37,805	42,094
(5)	…	…	11,102	13,085	12,837	14,315	21,904	23,061	26,334
(6)	6.4	6.3	…	…	…	5.8	5.8	5.8	5.8
(7)	3.2	3.1	3.1	3.0	3.1	3.0	3.0	3.0	2.9
(8)	**93.7**	**84.4**	**79.2**	**78.2**	**71.0**	**68.3**	**62.0**	**57.0**	**57.9**
(9)	45.1	…	40.3	39.8	36.1	34.0	31.5	29.6	30.3
(10)	48.6	…	38.9	38.4	34.9	34.3	30.5	27.4	27.6
(11)	93.7	84.4	79.2	78.2	71.0	68.3	62.0	57.0	57.9
(12)	88.6	80.7	76.8	75.6	68.6	65.7	59.7	55.6	56.6
(13)	44.6	…	39.4	38.9	35.4	33.1	30.7	29.0	29.9
(14)	44.0	…	37.4	36.7	33.2	32.6	29.0	26.6	26.7
(15)	5.1	3.7	2.4	2.6	2.4	2.6	2.3	1.4	1.3
(16)	1.5	…	0.9	0.9	0.7	0.9	0.8	0.6	0.4
(17)	3.6	…	1.5	1.7	1.7	1.7	1.5	0.8	0.9
(18)	…	…	…	…	…	…	…	…	…
(19)	…	…	…	…	…	…	…	…	…
(20)	…	81.0	…	83.9	71.0	68.5	62.0	57.0	57.9
(21)	…	0.4	…	0.3	0.2	0.3	0.3	0.3	0.4
(22)	…	7.8	…	6.6	5.6	5.2	5.2	5.2	5.3
(23)	…	5.4	…	5.7	5.5	5.5	5.1	4.7	4.7
(24)	…	9.4	…	9.9	8.8	7.6	6.1	5.9	6.2
(25)	…	1.0	…	2.4	1.8	1.7	1.8	1.7	1.6
(26)	…	13.2	…	15.5	12.4	12.2	9.5	8.8	8.4
(27)	…	2.6	…	1.5	1.2	1.1	1.5	1.3	1.5
(28)	…	1.5	…	1.7	1.6	1.0	1.5	1.5	1.3
(29)	…	39.7	…	40.3	33.9	33.9	31.0	27.6	28.5
(30)	…	…	…	…	…	…	…	…	…
(31)	6.2	8.4	7.9	9.6	10.2	9.9	11.6	10.9	14.5
(32)	3.3	2.2	1.6	1.0	0.8	0.5	0.3	0.2	0.1
(33)	**292**	**212**	**266**	**291**	**265**	**282**	**360**	**297**	**268**
(34)	**11,718**	**8,822**	**11,844**	**13,380**	**13,071**	**14,657**	**19,527**	**16,521**	**15,653**
(35)	10,912	8,086	11,279	12,700	12,494	14,178	18,929	15,895	14,559
(36)	806	736	565	680	577	479	598	626	1,094
(37)	5,814	2,499	5,023	6,162	5,830	6,816	9,932	6,772	5,635
(38)	525	248	523	652	680	830	1,331	974	796
(39)	4,792	1,640	3,992	4,960	4,666	5,517	7,320	4,207	3,209
(40)	433	163	416	525	544	672	981	605	454
(41)	…	…	…	…	…	…	…	…	…
(42)	…	…	…	…	…	…	…	…	…
(43)	…	…	…	…	…	…	…	…	…
(44)	…	…	…	…	…	…	…	…	…
(45)	…	…	…	…	…	…	…	…	…

3　作業別直接労働時間は、昭和42年産までは、小麦生産費調査農家のうち、半数の調査結果であることから、作業別直接労働時間の計と直接労働時間は一致しない（以下352ページまで同じ。）。

(1) 小麦生産費の累年統計（続き）
ア 小麦生産費の全国累年統計（続き）
(ｱ) 調査対象農家の生産概要・経営概況（続き）

区分		単位	昭和46年産	47	48	49	50	51	52
			(17)	(18)	(19)	(20)	(21)	(22)	(23)
経営耕地面積（1戸当たり）	(1)	a	202	213	282	294	295	328	317
うち水田	(2)	〃	77	198	79	72	70	72	76
小麦作付面積（1戸当たり）	(3)	〃	**37.2**	**32.7**	**40.9**	**56.5**	**55.9**	**60.6**	**59.4**
資本額（10a当たり）	(4)	円	41,936	41,708	36,130	38,213	45,338	53,449	58,549
うち固定資本額	(5)	〃	26,262	25,845	21,838	20,319	22,776	25,319	27,852
家族員数	(6)	人	5.6	5.6	5.4	5.3	5.3	5.5	5.4
農業就業者	(7)	〃	2.8	2.9	2.8	2.8	2.8	2.7	2.7
労働時間（10a当たり）	(8)	時間	**47.3**	**43.7**	**33.4**	**28.8**	**26.5**	**23.4**	**22.6**
男	(9)	〃	24.0	23.0	18.5	16.1	15.2	13.5	13.3
女	(10)	〃	23.3	20.7	14.9	12.7	11.3	9.9	9.3
直接労働時間	(11)	〃	47.3	43.7	33.4	28.8	26.5	23.4	22.6
家族	(12)	〃	46.8	43.0	32.9	28.0	26.1	23.1	22.4
男	(13)	〃	23.9	22.7	18.4	15.7	15.0	13.4	13.2
女	(14)	〃	22.9	20.3	14.5	12.3	11.1	9.7	9.2
雇用	(15)	〃	0.5	0.7	0.5	0.8	0.4	0.3	0.2
男	(16)	〃	0.1	0.3	0.1	0.4	0.2	0.1	0.1
女	(17)	〃	0.4	0.4	0.4	0.4	0.2	0.2	0.1
うち生産管理労働時間	(18)	〃	…	…	…	…	…	…	…
間接労働時間	(19)	〃	…	…	…	…	…	…	…
作業別直接労働時間（10a当たり）	(20)	〃	47.3	43.7	33.4	28.8	26.5	23.4	22.6
種子予措	(21)	〃	0.3	0.3	0.2	0.2	0.2	0.1	0.1
耕起整地	(22)	〃	4.6	4.0	3.3	3.1	2.9	2.7	2.6
基肥	(23)	〃	3.8	3.6	2.8	2.4	2.3	2.0	1.8
は種	(24)	〃	5.2	5.3	3.9	3.5	3.4	3.0	2.9
追肥	(25)	〃	1.3	1.1	0.5	0.6	0.6	0.5	0.5
中耕除草	(26)	〃	7.2	6.8	4.1	3.4	3.3	3.0	2.9
麦踏み	(27)	〃	1.1	0.9	0.4	0.5	0.4	0.5	0.5
管理	(28)	〃	1.2	1.2	1.1	1.2	1.0	0.7	0.8
刈取脱穀	(29)	〃	22.6	20.5	17.1	13.9	12.4	10.9	10.5
生産管理	(30)	〃	…	…	…	…	…	…	…
動力運転時間（10a当たり）	(31)	〃	12.0	10.9	9.9	9.9	9.1	8.2	8.0
畜力使役時間（10a当たり）	(32)	〃	0.0	0.1	0.0	-	0.0	-	-
主産物数量（10a当たり）	(33)	kg	**267**	**285**	**301**	**295**	**275**	**288**	**291**
粗収益（10a当たり）	(34)	円	**16,428**	**18,273**	**22,421**	**27,278**	**27,706**	**30,167**	**42,434**
主産物	(35)	〃	15,530	17,780	21,479	26,523	27,092	28,957	41,614
副産物	(36)	〃	898	493	942	755	614	1,210	820
所得（10a当たり）	(37)	〃	5,714	7,155	10,494	13,549	10,018	9,612	19,166
所得（1日当たり）	(38)	〃	977	1,331	2,552	3,871	3,071	3,329	6,845
家族労働報酬（10a当たり）	(39)	〃	2,577	3,773	6,308	8,626	4,790	3,781	12,183
家族労働報酬（1日当たり）	(40)	〃	441	702	1,534	2,465	1,468	1,309	4,351
（参考）奨励金を加えた場合									
粗収益（10a当たり）	(41)	〃	…	…	…	38,577	38,217	43,856	45,920
所得（10a当たり）	(42)	〃	…	…	…	23,848	20,529	23,301	22,652
所得（1日当たり）	(43)	〃	…	…	…	6,814	6,292	8,070	8,090
家族労働報酬（10a当たり）	(44)	〃	…	…	…	18,925	15,301	17,470	15,669
家族労働報酬（1日当たり）	(45)	〃	…	…	…	5,407	4,690	6,050	5,596

麦類生産費・累年

	53	54	55	56	57	58	59	60	61	
	(24)	(25)	(26)	(27)	(28)	(29)	(30)	(31)	(32)	
	340	344	359	356	389	392	421	406	407	(1)
	77	76	76	90	123	130	140	143	143	(2)
	71.7	85.4	93.8	87.9	99.3	105.1	109.1	112.2	116.0	(3)
	62,959	67,375	66,715	72,732	76,089	76,907	77,521	81,240	82,626	(4)
	29,577	34,812	33,683	36,073	38,420	39,628	40,868	43,876	44,656	(5)
	5.4	5.1	5.1	5.1	5.0	4.9	4.9	4.8	4.9	(6)
	2.7	2.5	2.5	2.4	2.8	2.2	2.2	2.3	2.4	(7)
	20.3	17.6	15.7	15.7	14.1	13.4	12.8	12.2	12.0	(8)
	12.1	10.7	9.6	9.5	8.8	8.4	8.2	8.0	8.2	(9)
	8.2	6.9	6.1	6.2	5.3	5.0	4.6	4.2	3.8	(10)
	20.3	17.6	15.7	15.7	14.1	13.4	12.8	12.2	12.0	(11)
	20.2	17.4	15.5	15.6	13.9	13.3	12.6	12.1	11.9	(12)
	12.1	10.6	9.5	9.5	8.7	8.4	8.1	7.9	8.1	(13)
	8.1	6.8	6.0	6.1	5.2	4.9	4.5	4.2	3.8	(14)
	0.1	0.2	0.2	0.1	0.2	0.1	0.2	0.1	0.1	(15)
	-	0.1	0.1	0.0	0.1	0.0	0.1	0.1	0.1	(16)
	0.1	0.1	0.1	0.1	0.1	0.1	0.1	0.0	0.0	(17)
	...	...	...	...	...	...	...	...	...	(18)
	...	...	...	...	...	...	...	...	...	(19)
	20.3	17.6	15.7	15.7	14.1	13.4	12.8	12.2	12.0	(20)
	0.1	0.1	0.1	0.1	0.1	0.1	0.1	0.1	0.1	(21)
	2.3	1.9	1.9	1.9	2.0	1.6	1.8	1.6	1.7	(22)
	1.5	1.3	1.2	1.3	1.1	1.1	1.0	1.0	0.9	(23)
	2.6	2.3	2.1	2.0	1.7	1.7	1.5	1.4	1.4	(24)
	0.4	0.4	0.4	0.4	0.5	0.4	0.4	0.5	0.5	(25)
	2.8	2.5	2.4	2.3	1.9	1.9	1.7	1.5	1.4	(26)
	0.6	0.6	0.6	0.6	0.6	0.7	0.6	0.7	0.8	(27)
	0.7	0.7	0.7	0.7	0.7	0.8	0.8	0.8	0.9	(28)
	9.3	7.8	6.3	6.4	5.5	5.1	4.9	4.6	4.3	(29)
	...	...	...	...	...	...	...	...	...	(30)
	6.7	6.2	5.7	5.6	4.9	5.1	5.3	5.1	5.5	(31)
	-	-	-	-	-	-	-	-	-	(32)
	371	418	339	296	405	292	392	430	399	(33)
	60,286	69,638	60,872	56,235	74,534	55,412	73,475	79,415	74,088	(34)
	59,618	68,825	60,060	53,904	73,463	53,439	71,967	78,521	72,488	(35)
	668	813	812	2,331	1,071	1,973	1,508	894	1,600	(36)
	33,571	41,036	30,816	22,452	37,993	18,656	36,042	40,394	33,757	(37)
	13,295	18,867	15,905	11,514	21,886	11,222	22,884	26,707	22,694	(38)
	24,715	30,529	20,289	9,447	22,585	3,067	19,716	24,144	17,105	(39)
	9,788	14,036	10,472	4,845	12,999	1,845	12,518	15,963	11,499	(40)
	63,974	73,731	64,467	59,395	77,280	57,282	76,055	82,434	76,823	(41)
	37,259	45,129	34,411	25,612	40,739	20,526	38,622	43,413	36,492	(42)
	14,756	20,749	17,761	13,134	23,447	12,346	24,522	28,703	24,532	(43)
	28,403	34,622	23,884	12,607	25,331	4,937	22,296	27,163	19,840	(44)
	11,249	15,918	12,327	6,465	14,579	2,970	14,156	17,959	13,338	(45)

(1) 小麦生産費の累年統計（続き）
ア 小麦生産費の全国累年統計（続き）
(ｱ) 調査対象農家の生産概要・経営概況（続き）

区分		単位	昭和62年産	63	平成元年産	2	3 (旧)	3 (新)	4
			(33)	(34)	(35)	(36)	(37)	(38)	(39)
経営耕地面積（1戸当たり）	(1)	a	408	418	449	557	512	512	533
うち水田	(2)	〃	144	161	171	183	192	192	227
小麦作付面積（1戸当たり）	(3)	〃	**120.1**	**124.1**	**129.8**	**131.3**	**141.4**	**141.4**	**143.7**
資本額（10a当たり）	(4)	円	81,476	85,983	83,300	80,489	84,162	68,061	70,503
うち固定資本額	(5)	〃	44,130	48,466	46,641	43,978	48,377	48,302	49,774
家族員数	(6)	人	5.0	5.0	4.9	5.1	4.3	4.3	4.7
農業就業者	(7)	〃	2.3	2.2	2.1	2.3	2.1	2.1	2.2
労働時間（10a当たり）	(8)	時間	**11.5**	**10.1**	**8.9**	**8.59**	**7.43**	**8.01**	**7.40**
男	(9)	〃	7.8	7.2	6.5	6.11	5.39	5.96	5.65
女	(10)	〃	3.7	2.9	2.4	2.48	2.04	2.05	1.75
直接労働時間	(11)	〃	11.5	10.1	8.9	8.59	7.43	8.01	7.40
家族	(12)	〃	11.5	10.1	8.9	8.50	7.37	7.96	7.36
男	(13)	〃	7.8	7.2	6.5	6.07	5.34	5.91	5.63
女	(14)	〃	3.7	2.9	2.4	2.43	2.03	2.05	1.73
雇用	(15)	〃	0.0	0.0	0.0	0.09	0.06	0.06	0.04
男	(16)	〃	0.0	0.0	0.0	0.04	0.05	0.05	0.02
女	(17)	〃	0.0	0.0	0.0	0.05	0.01	0.01	0.02
うち生産管理労働時間	(18)	〃	…	…	…	…	…	0.56	0.44
間接労働時間	(19)	〃	…	…	…	…	…	…	…
作業別直接労働時間（10a当たり）	(20)	〃	11.5	10.1	8.9	8.59	7.43	8.01	7.40
種子予措	(21)	〃	0.0	0.1	0.1	0.07	0.06	0.06	0.07
耕起整地	(22)	〃	1.6	1.4	1.3	1.26	1.21	1.21	1.17
基肥	(23)	〃	1.0	0.9	0.8	0.78	0.64	0.64	0.60
は種	(24)	〃	1.3	1.1	1.0	0.97	0.86	0.87	0.77
追肥	(25)	〃	0.5	0.5	0.4	0.41	0.38	0.38	0.34
中耕除草	(26)	〃	1.4	1.2	1.0	1.04	0.74	0.74	0.87
麦踏み	(27)	〃	0.8	0.6	0.6	0.47	0.42	0.42	0.45
管理	(28)	〃	0.9	1.0	1.0	0.95	0.94	0.94	0.94
刈取脱穀	(29)	〃	4.0	3.3	2.7	2.63	2.17	2.18	1.74
生産管理	(30)	〃	…	…	…	…	…	0.56	0.44
動力運転時間（10a当たり）	(31)	〃	5.3	5.1	4.8	4.73	4.11	4.11	4.10
畜力使役時間（10a当たり）	(32)	〃	−	−	−	−	…	…	…
主産物数量（10a当たり）	(33)	kg	**375**	**420**	**395**	**403**	**367**	**367**	**384**
粗収益（10a当たり）	(34)	円	**65,531**	**66,974**	**60,171**	**60,250**	**51,712**	**51,712**	**59,654**
主産物	(35)	〃	63,184	65,908	59,300	59,100	50,378	50,378	58,085
副産物	(36)	〃	2,347	1,066	871	1,150	1,334	1,334	1,569
所得（10a当たり）	(37)	〃	25,606	26,028	20,123	20,245	11,179	13,518	18,773
所得（1日当たり）	(38)	〃	17,813	20,616	18,088	19,054	12,135	13,586	20,405
家族労働報酬（10a当たり）	(39)	〃	9,184	9,297	3,742	4,794	3,820	1,187	5,644
家族労働報酬（1日当たり）	(40)	〃	6,389	7,364	3,364	4,512	4,147	1,193	6,135
（参考）奨励金を加えた場合									
粗収益（10a当たり）	(41)	〃	67,590	69,140	61,305	61,640	53,008	53,008	61,756
所得（10a当たり）	(42)	〃	27,665	28,194	21,257	21,635	12,475	14,814	20,875
所得（1日当たり）	(43)	〃	19,245	22,332	19,107	20,362	13,541	14,888	22,690
家族労働報酬（10a当たり）	(44)	〃	11,243	11,463	4,876	6,184	2,524	2,483	7,746
家族労働報酬（1日当たり）	(45)	〃	7,821	9,080	4,383	5,820	2,740	2,495	8,420

注：1　平成3年産から調査項目の一部改正を行ったため、3年産（旧）以前の数値とは接続しない項目があるので、利用に当たっては十分留意されたい（以下352ページまで同じ。）。
　　2　労働時間は、平成6年産までは間接労働時間が含まれていないため、7年産以降とは接続しないので、利用に当たっては十分留意されたい（以下345ページまで同じ。）。

麦類生産費・累年

	5	6	7	8	9	10	11	12	13	
	(40)	(41)	(42)	(43)	(44)	(45)	(46)	(47)	(48)	
	533	595	607	629	653	718	677	731	711	(1)
	181	181	205	222	264	285	315	304	324	(2)
	143.3	161.8	171.2	183.0	181.9	201.0	192.9	208.0	211.7	(3)
	76,058	75,158	72,066	73,138	73,237	70,392	69,713	67,625	65,283	(4)
	55,268	54,884	51,387	52,518	52,106	49,260	48,481	46,455	44,206	(5)
	4.7	4.8	4.9	4.9	4.9	4.6	4.6	4.5	4.6	(6)
	2.0	2.0	1.4	1.4	1.4	1.4	1.4	1.4	1.3	(7)
	7.48	6.60	6.54	6.38	6.52	6.05	6.46	6.14	5.96	(8)
	5.83	5.07	5.16	5.00	5.13	4.84	5.13	4.95	4.89	(9)
	1.65	1.53	1.38	1.38	1.39	1.21	1.33	1.19	1.07	(10)
	7.48	6.60	6.34	6.15	6.28	5.78	6.13	5.83	5.63	(11)
	7.40	6.53	6.23	6.01	6.16	5.70	6.02	5.69	5.48	(12)
	5.79	5.05	4.87	4.66	4.79	4.51	4.74	4.54	4.47	(13)
	1.61	1.48	1.36	1.35	1.37	1.19	1.28	1.15	1.01	(14)
	0.08	0.07	0.11	0.14	0.12	0.08	0.11	0.14	0.15	(15)
	0.04	0.02	0.10	0.12	0.11	0.07	0.10	0.13	0.14	(16)
	0.04	0.05	0.01	0.02	0.01	0.01	0.01	0.01	0.01	(17)
	0.44	0.39	0.39	0.38	0.32	0.33	0.33	0.33	0.30	(18)
	…	…	0.20	0.23	0.24	0.27	0.33	0.31	0.33	(19)
	7.48	6.60	6.34	6.15	6.28	5.78	6.13	5.83	5.63	(20)
	0.05	0.04	0.04	0.04	0.05	0.05	0.05	0.06	0.05	(21)
	1.12	1.04	1.04	0.98	0.98	0.96	1.01	0.96	0.93	(22)
	0.60	0.61	0.47	0.45	0.47	0.46	0.45	0.44	0.45	(23)
	0.73	0.69	0.67	0.63	0.65	0.62	0.65	0.60	0.54	(24)
	0.35	0.29	0.28	0.28	0.29	0.29	0.31	0.28	0.31	(25)
	0.87	0.79	0.74	0.73	0.76	0.66	0.77	0.70	0.70	(26)
	0.50	0.36	0.34	0.33	0.37	0.24	0.37	0.31	0.29	(27)
	1.00	0.89	0.48	0.54	0.59	0.55	0.61	0.63	0.65	(28)
	1.81	1.50	1.28	1.20	1.22	1.04	1.05	0.99	0.93	(29)
	0.44	0.39	0.39	0.38	0.32	0.33	0.33	0.33	0.30	(30)
	4.05	3.69	…	…	…	…	…	…	…	(31)
	…	…	…	…	…	…	…	…	…	(32)
	380	398	349	350	399	389	386	413	390	(33)
	60,191	64,428	55,812	55,422	63,763	61,115	60,808	62,783	58,207	(34)
	58,928	63,262	53,983	53,722	62,153	59,391	59,412	61,365	56,847	(35)
	1,263	1,166	1,829	1,700	1,610	1,724	1,396	1,418	1,360	(36)
	18,869	22,848	14,139	13,995	21,805	18,345	17,392	19,198	15,075	(37)
	20,399	27,991	17,619	17,971	27,256	24,583	21,946	25,597	20,757	(38)
	6,874	10,711	2,186	2,487	10,583	7,807	6,556	8,788	5,101	(39)
	7,431	13,122	2,724	3,194	13,229	10,462	8,273	11,717	7,024	(40)
	62,427	67,293	58,029	57,403	67,164	64,507	64,347	66,514	61,569	(41)
	21,105	25,713	16,356	15,976	25,206	21,737	20,931	22,929	18,437	(42)
	22,816	31,501	20,381	20,515	31,508	29,128	26,411	30,572	25,387	(43)
	9,110	13,576	4,403	4,468	13,984	11,199	10,095	12,519	8,463	(44)
	9,849	16,632	5,487	5,737	17,480	15,007	12,738	16,692	11,653	(45)

麦類生産費・累年

(1) 小麦生産費の累年統計（続き）
ア 小麦生産費の全国累年統計（続き）
(ｱ) 調査対象農家の生産概要・経営概況（続き）

区分		単位	平成14年産	15	16	17	18	19 (旧)	19 (新)
			(49)	(50)	(51)	(52)	(53)	(54)	(55)
経営耕地面積（1戸（経営体）当たり）	(1)	a	670	732	746	803	829	2,050	2,050
うち水田	(2)	〃	319	341	341	388	365	720	720
小麦作付面積（1戸（経営体）当たり）	(3)	〃	**218.1**	**231.7**	**244.3**	**264.2**	**275.6**	**646.8**	**646.8**
資本額（10a当たり）	(4)	円	66,809	66,158	67,172	63,741	63,768	59,023	59,023
うち固定資本額	(5)	〃	45,422	44,449	45,413	41,883	42,613	36,887	36,887
家族員数	(6)	人	4.5	4.7	4.6	4.5	4.3	4.8	4.8
農業就業者	(7)	〃	1.2	1.4	1.2	1.8	1.8	2.4	2.4
労働時間（10a当たり）	(8)	時間	**5.89**	**5.93**	**5.72**	**5.59**	**5.56**	**4.10**	**4.10**
男	(9)	〃	4.86	4.92	4.76	4.71	4.72	3.55	3.55
女	(10)	〃	1.03	1.01	0.96	0.88	0.84	0.55	0.55
直接労働時間	(11)	〃	5.57	5.66	5.40	5.32	5.25	3.81	3.81
家族	(12)	〃	5.41	5.47	5.27	5.20	5.09	3.67	3.67
男	(13)	〃	4.42	4.50	4.35	4.34	4.28	3.15	3.15
女	(14)	〃	0.99	0.97	0.92	0.86	0.81	0.52	0.52
雇用	(15)	〃	0.16	0.19	0.13	0.12	0.16	0.14	0.14
男	(16)	〃	0.15	0.18	0.13	0.12	0.16	0.14	0.14
女	(17)	〃	0.01	0.01	0.00	0.00	0.00	0.00	0.00
うち生産管理労働時間	(18)	〃	0.30	0.25	0.24	0.23	0.23	0.23	0.23
間接労働時間	(19)	〃	0.32	0.27	0.32	0.27	0.31	0.29	0.29
作業別直接労働時間（10a当たり）	(20)	〃	5.57	5.66	5.40	5.32	5.25	3.81	3.81
種子予措	(21)	〃	0.05	0.05	0.06	0.05	0.05	0.03	0.03
耕起整地	(22)	〃	0.89	0.93	0.88	0.86	0.83	0.67	0.67
基肥	(23)	〃	0.44	0.41	0.42	0.40	0.39	0.27	0.27
は種	(24)	〃	0.53	0.56	0.53	0.51	0.49	0.34	0.34
追肥	(25)	〃	0.31	0.32	0.31	0.33	0.32	0.23	0.23
中耕除草	(26)	〃	0.67	0.66	0.64	0.65	0.63	0.36	0.36
麦踏み	(27)	〃	0.30	0.28	0.28	0.26	0.27	0.12	0.12
管理	(28)	〃	0.66	0.68	0.67	0.63	0.63	0.47	0.47
刈取脱穀	(29)	〃	0.91	0.88	0.78	0.79	0.77	0.52	0.52
生産管理	(30)	〃	0.30	0.25	0.24	0.23	0.23	0.23	0.23
動力運転時間（10a当たり）	(31)	〃	…	…	…	…	…	…	…
畜力使役時間（10a当たり）	(32)	〃	…	…	…	…	…	…	…
主産物数量（10a当たり）	(33)	kg	**437**	**437**	**439**	**441**	**417**	**478**	**478**
粗収益（10a当たり）	(34)	円	**63,951**	**62,887**	**61,271**	**60,614**	**57,687**	**31,675**	**31,675**
主産物	(35)	〃	62,592	61,554	59,625	58,718	56,295	29,614	29,614
副産物	(36)	〃	1,359	1,333	1,646	1,896	1,392	2,061	2,061
所得（10a当たり）	(37)	〃	19,707	17,533	15,822	15,313	14,096	△ 15,643	△ 15,703
所得（1日当たり）	(38)	〃	27,562	24,436	22,643	22,396	20,883	−	−
家族労働報酬（10a当たり）	(39)	〃	10,305	8,161	6,547	6,167	5,062	△ 24,314	△ 24,374
家族労働報酬（1日当たり）	(40)	〃	14,413	11,374	9,370	9,019	7,499	−	−
(参考) 奨励金を加えた場合									
粗収益（10a当たり）	(41)	〃	68,431	66,397	63,871	64,600	62,255	…	…
所得（10a当たり）	(42)	〃	24,187	21,043	18,422	19,299	18,664	…	…
所得（1日当たり）	(43)	〃	33,828	29,328	26,364	28,225	27,650	…	…
家族労働報酬（10a当たり）	(44)	〃	14,785	11,671	9,147	10,153	9,630	…	…
家族労働報酬（1日当たり）	(45)	〃	20,678	16,266	13,091	14,849	14,267	…	…

注：1 平成19年産から22年産の粗収益等については、水田・畑作経営所得安定対策のうち生産条件不利補正対策に係る毎年の生産量・品質に基づく交付金を主産物価額に含めたので留意されたい（以下349ページまで同じ。）。
2 調査対象は、平成19年産までは「販売農家」、平成20年産からは「世帯による農業経営を行う経営体」である。

麦類生産費・累年

	20	21	22	23	24	25	26	27	28	
	(56)	(57)	(58)	(59)	(60)	(61)	(62)	(63)	(64)	
	2,179	2,054	2,096	2,088	2,189	2,240	2,254	2,306	2,412	(1)
	736	728	735	769	851	772	732	775	857	(2)
	672.8	664.4	675.4	678.8	682.6	696.4	709.6	737.4	758.5	(3)
	61,938	56,746	52,625	50,883	50,796	52,699	53,010	52,156	55,052	(4)
	39,702	34,346	31,453	29,031	28,079	29,833	29,544	27,569	31,346	(5)
	4.6	4.4	4.4	4.4	4.4	4.5	4.4	4.4	4.3	(6)
	2.5	2.4	2.4	2.5	2.5	2.4	2.4	2.5	2.4	(7)
	3.86	3.75	3.68	3.89	3.91	3.81	3.68	3.66	3.57	(8)
	3.34	3.31	3.26	3.44	3.46	3.41	3.30	3.26	3.25	(9)
	0.52	0.44	0.42	0.45	0.45	0.40	0.38	0.40	0.32	(10)
	3.52	3.43	3.40	3.59	3.58	3.48	3.39	3.33	3.27	(11)
	3.39	3.30	3.29	3.43	3.33	3.26	3.18	3.15	3.09	(12)
	2.92	2.89	2.89	3.00	2.92	2.89	2.82	2.79	2.80	(13)
	0.47	0.41	0.40	0.43	0.41	0.37	0.36	0.36	0.29	(14)
	0.13	0.13	0.11	0.16	0.25	0.22	0.21	0.18	0.18	(15)
	0.12	0.13	0.11	0.16	0.24	0.22	0.21	0.17	0.17	(16)
	0.01	0.00	0.00	0.00	0.01	0.00	0.00	0.01	0.01	(17)
	0.20	0.22	0.22	0.21	0.20	0.20	0.21	0.19	0.18	(18)
	0.34	0.32	0.28	0.30	0.33	0.33	0.29	0.33	0.30	(19)
	3.52	3.43	3.40	3.59	3.58	3.48	3.39	3.33	3.27	(20)
	0.02	0.03	0.03	0.03	0.02	0.01	0.01	0.01	0.01	(21)
	0.68	0.68	0.64	0.65	0.64	0.61	0.59	0.61	0.60	(22)
	0.26	0.26	0.25	0.26	0.25	0.25	0.25	0.24	0.23	(23)
	0.31	0.30	0.30	0.34	0.31	0.30	0.29	0.29	0.28	(24)
	0.20	0.23	0.23	0.24	0.24	0.26	0.25	0.24	0.25	(25)
	0.31	0.30	0.29	0.31	0.32	0.34	0.32	0.31	0.30	(26)
	0.08	0.06	0.06	0.11	0.09	0.09	0.08	0.06	0.06	(27)
	0.47	0.44	0.45	0.46	0.53	0.51	0.46	0.46	0.48	(28)
	0.47	0.42	0.42	0.48	0.50	0.47	0.47	0.48	0.44	(29)
	0.20	0.22	0.22	0.21	0.20	0.20	0.21	0.19	0.18	(30)
	…	…	…	…	…	…	…	…	…	(31)
	…	…	…	…	…	…	…	…	…	(32)
	457	359	313	397	463	426	443	545	408	(33)
	32,410	29,598	22,057	18,533	21,617	20,725	17,792	20,748	15,897	(34)
	29,627	25,843	19,637	15,682	19,569	17,991	15,705	18,261	13,071	(35)
	2,783	3,755	2,420	2,851	2,048	2,734	2,087	2,487	2,826	(36)
	△ 17,286	△ 20,484	△ 25,302	△ 29,840	△ 28,845	△ 29,279	△ 33,627	△ 32,752	△ 36,287	(37)
	-	-	-	-	-	-	-	-	-	(38)
	△ 25,947	△ 28,796	△ 33,290	△ 37,833	△ 36,286	△ 36,767	△ 41,225	△ 39,983	△ 44,014	(39)
	-	-	-	-	-	-	-	-	-	(40)
	…	…	…	74,597	85,934	80,113	79,168	94,618	72,771	(41)
	…	…	…	26,224	35,472	30,109	27,749	41,118	20,587	(42)
	…	…	…	56,245	77,534	67,283	64,160	94,524	48,583	(43)
	…	…	…	18,231	28,031	22,621	20,151	33,887	12,860	(44)
	…	…	…	39,101	61,270	50,550	46,592	77,901	30,348	(45)

3　平成23年産以降の粗収益等には、農業者戸別所得補償制度及び経営所得安定対策等の交付金は含めていない。
　なお、「（参考）奨励金を加えた場合」については、23年産及び24年産は農業者戸別所得補償制度の交付金（畑作物の戸別所得補償交付金及び水田活用の所得補償交付金（戦略作物助成、二毛作及び産地資金））、25年産から28年産は経営所得安定対策等の交付金（畑作物の直接支払交付金及び水田活用の直接支払交付金（戦略作物助成、二毛作及び産地交付金（25年産は産地資金）））を加えた収益性を参考表章しているので、利用に当たっては留意されたい（以下349ページまで同じ。）。

(1) 小麦生産費の累年統計（続き）
ア 小麦生産費の全国累年統計（続き）
(イ) 10 a 当たり生産費

区分	昭和30年産	31	32	33	34	35	36
	(1)	(2)	(3)	(4)	(5)	(6)	(7)
物財費 (1)	5,294	5,268	5,183	5,275	5,207	5,340	5,175
種苗費 (2)	283	279	295	302	291	302	298
購入 (3)	43	30	35	30	25	36	42
自給 (4)	240	249	260	272	266	266	256
肥料費 (5)	2,901	2,856	2,802	2,798	2,779	2,789	2,720
購入 (6)	1,754	1,722	1,643	1,680	1,616	1,616	1,643
自給 (7)	1,147	1,134	1,159	1,118	1,163	1,173	1,077
土地改良及び水利費 (8)	1	2	5	9	13	10	4
建物費 (9)	321	319	316	294	285	277	235
償却費 (10)	302	299	303	283	272	256	230
修繕費 (11)	19	20	13	11	13	21	5
購入 (12)	13	15	10	7	11	14	4
自給 (13)	6	5	3	4	2	7	1
自動車費 (14)	…	…	…	…	…	…	…
償却費 (15)	…	…	…	…	…	…	…
修繕費及び購入補充費 (16)	…	…	…	…	…	…	…
購入 (17)	…	…	…	…	…	…	…
自給 (18)	…	…	…	…	…	…	…
農機具費 (19)	579	628	679	775	791	879	930
償却費 (20)	482	534	594	670	703	790	858
修繕費及び購入補充費 (21)	97	93	85	105	88	89	72
購入 (22)	78	77	72	88	76	81	66
自給 (23)	19	16	13	17	12	8	6
その他の物財費 (24)	1,209	1,185	1,086	1,097	1,048	1,083	988
購入 (25)	275	301	296	326	335	391	358
自給 (26)	934	884	790	771	713	692	630
償却 (27)	-	-	-	-	-	-	-
労働費 (28)	5,014	5,007	4,864	5,173	4,997	5,254	5,621
家族 (29)	4,753	4,730	4,629	4,900	4,705	4,904	5,311
雇用 (30)	261	277	235	273	292	350	310
費用合計 (31)	10,310	10,275	10,047	10,448	10,204	10,594	10,796
購入（支払） (32)	2,427	2,424	2,296	2,413	2,368	2,498	2,427
自給 (33)	7,099	7,018	6,854	7,082	6,861	7,050	7,281
償却 (34)	784	833	897	953	975	1,046	1,088
副産物価額 (35)	682	684	647	648	579	664	614
生産費（副産物価額差引） (36)	9,627	9,591	9,400	9,800	9,625	9,930	10,182
支払利子 (37)	…	…	…	…	…	…	…
支払地代 (38)	…	…	…	…	…	…	…
支払利子・地代算入生産費 (39)	…	…	…	…	…	…	…
自己資本利子 (40)	541	545	544	559	534	522	516
自作地地代 (41)	277	360	382	388	390	411	457
資本利子・地代全額算入生産費（全算入生産費） (42)	10,446	10,496	10,326	10,747	10,549	10,863	11,155
60kg当たり							
資本利子・地代全額算入生産費（全算入生産費） (43)	2,174	2,290	2,261	2,602	2,358	2,286	2,220

注：　自己資本利子及び自作地地代は、平成３年産（旧）及び２年産以前の「自己資本利子」には資本利子（自己＋借入）、「自作地地代」には地代（自作地+借入地）を表章した（以下345ページまで同じ。）。

麦類生産費・累年

単位：円

	37	38	39	40	41	42	43	44	45	
	(8)	(9)	(10)	(11)	(12)	(13)	(14)	(15)	(16)	
	5,571	6,019	6,590	6,956	6,957	7,503	9,224	9,509	9,768	(1)
	321	326	366	370	387	433	520	535	524	(2)
	52	…	147	72	81	89	108	103	143	(3)
	269	…	219	298	306	344	412	432	381	(4)
	2,660	2,944	2,998	2,989	2,923	3,018	3,186	3,093	2,965	(5)
	1,627	…	1,678	1,675	1,709	1,783	2,055	2,053	1,962	(6)
	1,033	…	1,320	1,314	1,214	1,235	1,131	1,040	1,003	(7)
	4	2	6	9	3	3	16	18	12	(8)
	266	247	281	372	357	401	644	698	831	(9)
	257	…	275	359	348	395	619	688	820	(10)
	9	…	6	13	9	6	25	10	11	(11)
	7	…	5	11	7	6	24	9	11	(12)
	2	…	1	2	2	0	1	1	0	(13)
	…	…	…	…	…	…	…	…	…	(14)
	…	…	…	…	…	…	…	…	…	(15)
	…	…	…	…	…	…	…	…	…	(16)
	…	…	…	…	…	…	…	…	…	(17)
	…	…	…	…	…	…	…	…	…	(18)
	1,357	1,560	2,004	2,282	2,324	2,569	3,536	3,678	4,137	(19)
	1,280	…	1,920	2,187	2,216	2,471	3,408	3,528	4,008	(20)
	77	…	84	95	108	98	128	150	129	(21)
	71	…	81	92	105	95	125	144	123	(22)
	6	…	3	3	3	3	3	6	6	(23)
	963	940	935	934	963	1,079	1,322	1,487	1,299	(24)
	426	…	568	619	676	796	1,084	1,252	1,130	(25)
	537	…	367	315	287	283	238	235	169	(26)
	−	−	−	−	−	−	−	−	−	(27)
	6,153	6,902	7,299	8,044	8,070	8,763	9,269	9,618	10,820	(28)
	5,820	6,598	7,068	7,782	7,786	8,425	8,898	9,378	10,570	(29)
	333	304	231	262	284	338	371	240	250	(30)
	11,724	12,921	13,889	15,000	15,027	16,266	18,493	19,127	20,588	(31)
	2,520	…	2,716	2,740	2,865	3,110	3,783	3,819	3,631	(32)
	7,667	…	8,978	9,714	9,598	10,290	10,683	11,092	12,129	(33)
	1,537	…	2,195	2,546	2,564	2,866	4,027	4,216	4,828	(34)
	806	736	565	680	577	479	598	626	1,094	(35)
	10,918	12,185	13,324	14,320	14,450	15,787	17,895	18,501	19,494	(36)
	…	…	…	…	…	…	…	…	…	(37)
	…	…	…	…	…	…	…	…	…	(38)
	…	…	…	…	…	…	…	…	…	(39)
	565	547	639	728	718	788	1,165	1,221	1,368	(40)
	457	312	392	474	446	511	1,449	1,344	1,058	(41)
	11,940	13,044	14,355	15,522	15,614	17,086	20,509	21,066	21,920	(42)
	2,457	3,696	3,238	3,203	3,533	3,638	3,416	4,255	4,909	(43)

(1) 小麦生産費の累年統計（続き）
ア 小麦生産費の全国累年統計（続き）
(イ) 10a当たり生産費（続き）

区分	昭和46年産	47	48	49	50	51	52
	(17)	(18)	(19)	(20)	(21)	(22)	(23)
物財費 (1)	**10,581**	**10,957**	**11,801**	**13,445**	**17,511**	**20,463**	**23,136**
種苗費 (2)	634	691	812	934	1,344	1,807	1,984
購入 (3)	277	285	381	396	600	941	1,149
自給 (4)	357	406	431	538	744	866	835
肥料費 (5)	3,052	2,891	3,215	3,534	5,334	6,264	7,118
購入 (6)	2,132	2,132	2,260	2,787	4,527	5,055	5,633
自給 (7)	920	759	955	747	807	1,209	1,485
土地改良及び水利費 (8)	36	20	20	13	12	8	29
建物費 (9)	771	793	625	776	778	755	847
償却費 (10)	753	771	615	748	772	722	817
修繕費 (11)	18	22	10	28	6	33	30
購入 (12)	17	21	10	23	6	32	30
自給 (13)	1	1	0	5	-	1	-
自動車費 (14)	…	…	…	…	…	…	…
償却費 (15)	…	…	…	…	…	…	…
修繕費及び購入補充費 (16)	…	…	…	…	…	…	…
購入 (17)	…	…	…	…	…	…	…
自給 (18)	…	…	…	…	…	…	…
農機具費 (19)	4,318	4,783	4,695	4,663	5,354	6,154	7,135
償却費 (20)	4,174	4,615	4,423	4,199	4,853	5,611	6,645
修繕費及び購入補充費 (21)	144	168	272	464	501	543	490
購入 (22)	136	162	262	449	477	499	448
自給 (23)	8	6	10	15	24	44	42
その他の物財費 (24)	1,770	1,779	2,434	3,525	4,689	5,475	6,023
購入 (25)	1,611	1,623	2,333	3,377	4,537	5,384	5,911
自給 (26)	159	156	101	148	152	91	112
償却 (27)	-	-	-	-	-	-	-
労働費 (28)	**9,990**	**10,292**	**8,287**	**9,395**	**10,675**	**14,000**	**15,023**
家族 (29)	9,857	10,131	8,161	9,111	10,498	13,908	14,891
雇用 (30)	133	161	126	284	177	92	132
費用合計 (31)	**20,571**	**21,249**	**20,088**	**22,840**	**28,186**	**34,463**	**38,159**
購入（支払） (32)	4,342	4,404	5,392	7,329	10,336	12,011	13,332
自給 (33)	11,302	11,459	9,658	10,564	12,225	16,119	17,365
償却 (34)	4,927	5,386	5,038	4,947	5,625	6,333	7,462
副産物価額 (35)	898	493	942	755	614	1,210	820
生産費（副産物価額差引） (36)	**19,673**	**20,756**	**19,146**	**22,085**	**27,572**	**33,253**	**37,339**
支払利子 (37)	…	…	…	…	…	…	…
支払地代 (38)	…	…	…	…	…	…	…
支払利子・地代算入生産費 (39)	…	…	…	…	…	…	…
自己資本利子 (40)	1,370	1,351	1,175	1,171	1,362	1,573	1,728
自作地地代 (41)	1,767	2,031	3,010	3,752	3,866	4,258	5,255
資本利子・地代全額算入生産費（全算入生産費） (42)	**22,810**	**24,138**	**23,331**	**27,008**	**32,800**	**39,084**	**44,322**
60kg当たり							
資本利子・地代全額算入生産費（全算入生産費） (43)	**5,133**	**5,081**	**4,651**	**5,499**	**7,161**	**8,137**	**9,153**

注： 家族労働の評価は、昭和50年産まで評価標準として農業臨時雇賃金を採用してきたが、51年産から調査農家の所在するその地方の農村雇用賃金により評価することに改定した。

また、平成３年産から農業労働評価賃金による評価に改定した。したがって、昭和50年産以前、51年産～平成２年産、３年産以降の生産費及び関係費目に関する数値はそれぞれ接続しないので、利用にあたっては十分留意されたい（以下345ページまで同じ。）。

麦類生産費・累年

単位:円

53	54	55	56	57	58	59	60	61	
(24)	(25)	(26)	(27)	(28)	(29)	(30)	(31)	(32)	
26,656	28,487	29,945	33,691	36,410	36,670	37,316	38,897	40,174	(1)
2,562	2,447	2,965	3,305	3,634	3,624	3,356	3,253	3,386	(2)
1,819	1,594	2,122	2,386	2,317	2,362	2,072	2,271	2,176	(3)
743	853	843	919	1,317	1,262	1,284	982	1,210	(4)
7,959	6,900	6,746	8,228	8,829	8,792	8,193	8,444	8,423	(5)
6,574	5,959	6,038	7,222	8,313	8,400	7,877	8,016	8,216	(6)
1,385	941	708	506	516	392	316	428	207	(7)
17	7	31	11	13	19	-	-	-	(8)
815	824	760	862	1,023	982	998	1,022	1,006	(9)
728	806	736	836	1,006	947	927	988	972	(10)
87	18	24	24	17	35	71	34	34	(11)
87	17	20	24	16	29	70	34	29	(12)
0	1	4	-	1	6	1	0	5	(13)
...	...	...	...	...	...	...	...	...	(14)
...	...	...	...	...	...	...	...	...	(15)
...	...	...	...	...	...	...	...	...	(16)
...	...	...	...	...	...	...	...	...	(17)
...	...	...	...	...	...	...	...	...	(18)
7,509	9,101	9,451	10,478	11,338	12,114	13,226	13,924	14,765	(19)
6,915	8,442	8,781	9,760	10,577	11,316	12,336	13,019	13,881	(20)
594	659	670	718	761	798	890	905	884	(21)
562	593	603	682	702	714	768	817	787	(22)
32	66	67	36	59	84	122	88	97	(23)
7,794	9,208	9,992	10,807	11,573	11,139	11,543	12,254	12,594	(24)
7,626	9,133	9,919	10,763	11,505	11,099	11,487	12,218	12,573	(25)
168	75	73	44	68	40	56	36	21	(26)
-	-	-	-	-	-	-	-	-	(27)
14,369	13,325	12,609	13,566	12,842	12,872	12,600	12,474	12,649	(28)
14,310	13,210	12,498	13,474	12,711	12,786	12,483	12,350	12,492	(29)
59	115	111	92	131	86	117	124	157	(30)
41,025	41,812	42,554	47,257	49,252	49,542	49,916	51,371	52,823	(31)
16,744	17,418	18,844	21,680	22,997	22,709	22,391	23,480	23,938	(32)
16,638	15,146	14,193	14,979	14,672	14,570	14,262	13,884	14,032	(33)
7,643	9,248	9,517	10,598	11,583	12,263	13,263	14,007	14,853	(34)
668	813	812	2,331	1,071	1,973	1,508	894	1,600	(35)
40,357	40,999	41,742	44,926	48,181	47,569	48,408	50,477	51,223	(36)
...	...	...	...	...	...	...	...	...	(37)
...	...	...	...	...	...	...	...	...	(38)
...	...	...	...	...	...	...	...	...	(39)
1,851	2,044	2,008	2,176	2,290	2,330	2,368	2,502	2,546	(40)
7,005	8,463	8,519	10,829	13,118	13,259	13,958	13,748	14,106	(41)
49,213	51,506	52,269	57,931	63,589	63,158	64,734	66,727	67,875	(42)
7,969	7,392	9,247	11,726	9,420	12,966	9,901	9,307	10,202	(43)

麦類生産費・累年

(1) 小麦生産費の累年統計（続き）
ア 小麦生産費の全国累年統計（続き）
(イ) 10a当たり生産費（続き）

区分		昭和62年産	63	平成元年産	2	3 (旧)	3 (新)	4
		(33)	(34)	(35)	(36)	(37)	(38)	(39)
物財費	(1)	39,833	40,858	39,959	39,924	40,470	36,122	38,510
種苗費	(2)	3,221	3,096	2,711	2,580	2,795	2,795	2,597
購入	(3)	2,023	2,208	1,768	1,722	2,171	2,171	1,979
自給	(4)	1,198	888	943	858	624	624	618
肥料費	(5)	7,891	7,375	7,147	6,985	6,868	6,870	7,305
購入	(6)	7,639	7,061	6,953	6,873	6,786	6,786	7,099
自給	(7)	252	314	194	112	82	84	206
土地改良及び水利費	(8)	-	-	-	-	0	1,029	1,090
建物費	(9)	1,041	1,199	1,212	1,229	1,289	1,051	1,209
償却費	(10)	994	1,141	1,150	1,081	1,221	984	1,080
修繕費	(11)	47	58	62	148	68	67	129
購入	(12)	39	56	38	144	56	56	81
自給	(13)	8	2	24	4	12	11	48
自動車費	(14)	…	…	…	…	…	…	…
償却費	(15)	…	…	…	…	…	…	…
修繕費及び購入補充費	(16)	…	…	…	…	…	…	…
購入	(17)	…	…	…	…	…	…	…
自給	(18)	…	…	…	…	…	…	…
農機具費	(19)	14,613	14,575	13,861	14,030	14,370	7,999	8,339
償却費	(20)	13,814	13,650	12,870	12,786	13,250	6,776	6,972
修繕費及び購入補充費	(21)	799	925	991	1,244	1,120	1,223	1,367
購入	(22)	706	814	873	1,115	1,042	1,142	1,268
自給	(23)	93	111	118	129	78	81	99
その他の物財費	(24)	13,067	14,613	15,028	15,100	15,148	16,378	17,970
購入	(25)	13,051	14,601	15,028	15,095	15,148	16,371	17,961
自給	(26)	16	12	0	5	0	0	3
償却	(27)	-	-	-	-	-	7	6
労働費	(28)	12,321	11,450	10,720	10,454	9,785	11,161	11,006
家族	(29)	12,229	11,362	10,631	10,373	9,722	11,098	10,972
雇用	(30)	92	88	89	81	63	63	34
費用合計	(31)	52,154	52,308	50,679	50,378	50,255	47,283	49,516
購入（支払）	(32)	23,550	24,828	24,749	25,030	25,266	27,618	29,512
自給	(33)	13,796	12,689	11,910	11,481	10,518	11,898	11,946
償却	(34)	14,808	14,791	14,020	13,867	14,471	7,767	8,058
副産物価額	(35)	2,347	1,066	871	1,150	1,334	1,334	1,569
生産費（副産物価額差引）	(36)	49,807	51,242	49,808	49,228	48,921	45,949	47,947
支払利子	(37)	…	…	…	…	…	623	664
支払地代	(38)	…	…	…	…	…	1,386	1,673
支払利子・地代算入生産費	(39)	…	…	…	…	…	47,958	50,284
自己資本利子	(40)	2,512	2,688	2,599	2,488	2,651	2,291	2,347
自作地地代	(41)	13,910	14,043	13,782	12,963	12,348	10,040	10,782
資本利子・地代全額算入生産費（全算入生産費）	(42)	66,229	67,973	66,189	64,679	63,920	60,289	63,413
60kg当たり								
資本利子・地代全額算入生産費（全算入生産費）	(43)	10,608	9,702	10,062	9,624	10,465	9,871	9,910

注：1　平成７年産から農産物の生産に係る直接的な労働以外の労働（購入附帯労働及び建物・農機具等の修繕労働等）を間接労働として関係費目から分離し、労働費に含め計上することとした。
また、平成10年産から、家族労働評価をそれまでの男女別評価から男女同一評価に改正した（以下351ページまで同じ。）。

麦類生産費・累年

単位：円

5	6	7	8	9	10	11	12	13	
(40)	(41)	(42)	(43)	(44)	(45)	(46)	(47)	(48)	
38,309	38,626	38,473	38,275	38,484	39,422	39,461	39,484	39,212	(1)
2,718	2,768	2,781	2,700	2,736	2,898	2,863	2,767	2,758	(2)
2,121	2,183	2,265	2,287	2,178	2,480	2,406	2,221	2,184	(3)
597	585	516	413	558	418	457	546	574	(4)
7,355	6,808	6,583	6,562	6,428	6,682	6,455	6,567	6,695	(5)
6,976	6,571	6,488	6,487	6,382	6,630	6,374	6,443	6,583	(6)
379	237	95	75	46	52	81	124	112	(7)
717	671	665	668	757	702	990	957	1,026	(8)
1,221	1,181	1,190	1,164	1,229	1,163	1,190	1,160	1,138	(9)
1,149	1,103	1,018	1,043	1,118	1,019	1,053	1,052	952	(10)
72	78	172	121	111	144	137	108	186	(11)
62	74	172	121	111	144	137	108	182	(12)
10	4	-	0	-	-	-	-	4	(13)
…	…	…	…	…	…	…	…	…	(14)
…	…	…	…	…	…	…	…	…	(15)
…	…	…	…	…	…	…	…	…	(16)
…	…	…	…	…	…	…	…	…	(17)
…	…	…	…	…	…	…	…	…	(18)
8,384	8,885	8,785	8,592	8,405	8,957	9,040	8,484	8,194	(19)
7,141	7,443	6,907	6,745	6,371	6,584	6,633	6,068	5,628	(20)
1,243	1,442	1,878	1,847	2,034	2,373	2,407	2,416	2,566	(21)
1,123	1,276	1,878	1,846	2,034	2,373	2,405	2,416	2,566	(22)
120	166	-	1	0	-	2	-	-	(23)
17,914	18,313	18,469	18,589	18,929	19,020	18,923	19,549	19,401	(24)
17,901	18,282	18,426	18,563	18,899	18,987	18,895	19,526	19,384	(25)
-	3	1	-	-	-	-	-	-	(26)
13	28	42	26	30	33	28	23	17	(27)
11,574	10,495	10,848	10,766	11,292	10,479	10,718	9,997	9,539	(28)
11,502	10,391	10,665	10,512	11,063	10,313	10,504	9,782	9,304	(29)
72	104	183	254	229	166	214	215	235	(30)
49,883	49,121	49,321	49,041	49,776	49,901	50,179	49,481	48,751	(31)
28,972	29,161	30,077	30,235	30,590	31,482	31,421	31,886	32,160	(32)
12,608	11,386	11,277	11,001	11,667	10,783	11,044	10,452	9,994	(33)
8,303	8,574	7,967	7,805	7,519	7,636	7,714	7,143	6,597	(34)
1,263	1,166	1,829	1,700	1,610	1,724	1,396	1,418	1,360	(35)
48,620	47,955	47,492	47,341	48,166	48,177	48,783	48,063	47,391	(36)
730	642	666	675	717	778	813	748	679	(37)
2,211	2,208	2,351	2,223	2,528	2,404	2,928	3,138	3,006	(38)
51,561	50,805	50,509	50,239	51,411	51,359	52,524	51,949	51,076	(39)
2,520	2,544	2,373	2,367	2,252	2,013	2,050	2,042	1,925	(40)
9,475	9,593	9,580	9,141	8,970	8,525	8,786	8,368	8,049	(41)
63,556	62,942	62,462	61,747	62,633	61,897	63,360	62,359	61,050	(42)
10,022	9,485	10,757	10,575	9,435	9,538	9,842	9,065	9,396	(43)

麦類生産費・累年

(1) 小麦生産費の累年統計（続き）
ア 小麦生産費の全国累年統計（続き）
(イ) 10a当たり生産費（続き）

区分	平成14年産	15	16	17	18	19（旧）	19（新）
	(49)	(50)	(51)	(52)	(53)	(54)	(55)
物財費 (1)	40,084	41,048	41,389	41,280	39,865	43,407	43,467
種苗費 (2)	2,679	2,681	2,718	2,595	2,555	2,616	2,616
購入 (3)	2,156	2,297	2,351	2,312	2,303	2,389	2,389
自給 (4)	523	384	367	283	252	227	227
肥料費 (5)	6,746	6,712	6,953	6,923	6,960	7,608	7,608
購入 (6)	6,713	6,645	6,813	6,838	6,798	7,549	7,549
自給 (7)	33	67	140	85	162	59	59
土地改良及び水利費 (8)	941	977	1,014	1,053	1,015	990	990
建物費 (9)	1,130	1,137	1,126	1,052	923	895	896
償却費 (10)	999	974	867	796	756	617	618
修繕費 (11)	131	163	259	256	167	278	278
購入 (12)	131	163	259	256	167	278	278
自給 (13)	-	0	-	-	0	-	-
自動車費 (14)	…	…	…	1,245	1,159	1,158	1,165
償却費 (15)	…	…	…	541	506	447	454
修繕費及び購入補充費 (16)	…	…	…	704	653	711	711
購入 (17)	…	…	…	704	653	711	711
自給 (18)	…	…	…	-	-	-	-
農機具費 (19)	8,290	8,465	8,443	6,854	6,782	6,716	6,768
償却費 (20)	5,564	5,691	5,670	4,804	4,759	4,375	4,427
修繕費及び購入補充費 (21)	2,726	2,774	2,773	2,050	2,023	2,341	2,341
購入 (22)	2,726	2,773	2,773	2,050	2,023	2,341	2,341
自給 (23)	-	1	0	-	-	-	-
その他の物財費 (24)	20,298	21,076	21,135	21,558	20,471	23,424	23,424
購入 (25)	20,262	21,051	21,102	21,532	20,448	23,408	23,408
自給 (26)	-	0	0	-	-	-	-
償却 (27)	36	25	33	26	23	16	16
労働費 (28)	9,288	9,057	8,703	8,606	8,486	6,320	6,320
家族 (29)	9,048	8,763	8,493	8,390	8,213	6,065	6,065
雇用 (30)	240	294	210	216	273	255	255
費用合計 (31)	49,372	50,105	50,092	49,886	48,351	49,727	49,787
購入（支払）(32)	33,169	34,200	34,522	34,961	33,680	37,921	37,921
自給 (33)	9,604	9,215	9,000	8,758	8,627	6,351	6,351
償却 (34)	6,599	6,690	6,570	6,167	6,044	5,455	5,515
副産物価額 (35)	1,359	1,333	1,646	1,896	1,392	2,061	2,061
生産費（副産物価額差引）(36)	48,013	48,772	48,446	47,990	46,959	47,666	47,726
支払利子 (37)	571	542	483	492	370	424	424
支払地代 (38)	3,349	3,470	3,367	3,313	3,083	3,232	3,232
支払利子・地代算入生産費 (39)	51,933	52,784	52,296	51,795	50,412	51,322	51,382
自己資本利子 (40)	2,032	1,990	2,064	1,966	2,033	1,741	1,741
自作地地代 (41)	7,370	7,382	7,211	7,180	7,001	6,930	6,930
資本利子・地代全額算入生産費（全算入生産費）(42)	61,335	62,156	61,571	60,941	59,446	59,993	60,053
60kg当たり							
資本利子・地代全額算入生産費（全算入生産費）(43)	8,423	8,543	8,411	8,256	8,560	7,520	7,529

注：1 自動車及び農機具費は、平成16年産まで農機具費として調査・表章していたが、17年産から自動車費と農機具費に分割して調査・表章した（以下344ページまで同じ。）。
　　2 平成19年産は、平成19年度税制改正における減価償却計算の見直しに伴い、税制改正前（旧）と税制改正後を表章した。

麦類生産費・累年

単位:円

20	21	22	23	24	25	26	27	28	
(56)	(57)	(58)	(59)	(60)	(61)	(62)	(63)	(64)	
45,976	46,132	43,618	44,713	46,482	46,304	47,804	50,063	48,802	(1)
2,543	2,687	2,651	2,482	2,618	2,673	2,724	2,755	2,894	(2)
2,444	2,555	2,545	2,373	2,510	2,563	2,596	2,639	2,789	(3)
99	132	106	109	108	110	128	116	105	(4)
8,736	10,803	9,117	8,657	9,235	9,460	9,941	10,207	10,249	(5)
8,623	10,534	9,053	8,618	9,195	9,430	9,891	10,139	10,132	(6)
113	269	64	39	40	30	50	68	117	(7)
984	912	928	888	815	836	769	829	829	(8)
1,227	1,088	1,097	1,105	1,017	947	1,000	933	991	(9)
1,036	852	831	813	804	703	710	715	759	(10)
191	236	266	292	213	244	290	218	232	(11)
191	236	266	292	213	244	290	218	232	(12)
-	-	-	-	0	-	-	-	-	(13)
1,162	1,137	1,136	1,119	1,132	1,136	1,201	1,221	1,275	(14)
522	500	460	449	462	394	480	435	484	(15)
640	637	676	670	670	742	721	786	791	(16)
640	637	676	670	670	742	721	786	791	(17)
-	-	-	-	-	-	-	-	-	(18)
8,376	8,148	8,061	8,382	8,654	8,428	8,635	8,829	9,370	(19)
5,917	5,791	5,665	5,649	5,841	5,356	5,496	5,524	5,974	(20)
2,459	2,357	2,396	2,733	2,813	3,072	3,139	3,305	3,396	(21)
2,459	2,357	2,396	2,733	2,813	3,072	3,139	3,305	3,396	(22)
-	-	-	-	0	-	-	-	-	(23)
22,948	21,357	20,628	22,080	23,011	22,824	23,534	25,289	23,194	(24)
22,930	21,347	20,618	22,070	23,004	22,817	23,530	25,284	23,188	(25)
-	-	-	-	-	-	-	-	-	(26)
18	10	10	10	7	7	4	5	6	(27)
5,987	5,819	5,695	5,917	6,061	5,883	5,816	5,784	5,828	(28)
5,788	5,628	5,488	5,667	5,698	5,567	5,507	5,520	5,552	(29)
199	191	207	250	363	316	309	264	276	(30)
51,963	51,951	49,313	50,630	52,543	52,187	53,620	55,847	54,630	(31)
38,470	38,769	36,689	37,894	39,583	40,020	41,245	43,464	41,633	(32)
6,000	6,029	5,658	5,815	5,846	5,707	5,685	5,704	5,774	(33)
7,493	7,153	6,966	6,921	7,114	6,460	6,690	6,679	7,223	(34)
2,783	3,755	2,420	2,851	2,048	2,734	2,087	2,487	2,826	(35)
49,180	48,196	46,893	47,779	50,495	49,453	51,533	53,360	51,804	(36)
578	366	294	284	287	281	261	267	229	(37)
2,943	3,393	3,240	3,126	3,330	3,103	3,045	2,906	2,877	(38)
52,701	51,955	50,427	51,189	54,112	52,837	54,839	56,533	54,910	(39)
1,686	1,742	1,680	1,654	1,596	1,631	1,706	1,642	1,800	(40)
6,975	6,570	6,308	6,339	5,845	5,857	5,892	5,589	5,927	(41)
61,362	60,267	58,415	59,182	61,553	60,325	62,437	63,764	62,637	(42)
8,054	10,049	11,243	8,959	7,969	8,506	8,447	7,023	9,242	(43)

麦類生産費・累年

(1) 小麦生産費の累年統計（続き）
イ 小麦生産費の全国・田畑計・田畑別・年次別比較
(ア) 10a当たり生産費

区分		種苗費	肥料費	農業薬剤費	光熱動力費	その他の諸材料費	土地改良及び水利費	賃借料及び料金	物件税及び公課諸負担	建物費	自動車費	農機具費
		(1)	(2)	(3)	(4)	(5)	(6)	(7)	(8)	(9)	(10)	(11)
		円	円	円	円	円	円	円	円	円	円	円
田畑計												
昭和35年産	(1)	302	2,789	-	(457)	-	10	-	…	277	…	879
40	(2)	370	2,989	-	(720)	-	9	-	…	372	…	2,282
45	(3)	524	2,965	135	659	256	12	224	…	831	…	4,137
50	(4)	1,344	5,334	502	929	605	12	2,649	…	778	…	5,354
55	(5)	2,965	6,746	1,119	1,401	310	31	7,162	…	760	…	9,451
60	(6)	3,253	8,444	2,383	1,879	301	-	7,691	…	1,022	…	13,924
平成2	(7)	2,580	6,985	3,179	1,151	283	-	10,487	…	1,229	…	14,030
7	(8)	2,781	6,583	3,811	1,204	285	665	11,728	1,272	1,190	…	8,785
12	(9)	2,767	6,567	3,770	1,154	419	957	12,756	1,215	1,160	…	8,484
17	(10)	2,595	6,923	4,176	1,575	387	1,053	13,888	1,308	1,052	1,245	6,854
22	(11)	2,651	9,117	4,452	1,724	414	928	12,590	1,179	1,097	1,136	8,061
25	(12)	2,673	9,460	4,333	2,160	518	836	14,289	1,245	947	1,136	8,428
26	(13)	2,724	9,941	4,566	2,324	458	769	14,656	1,260	1,000	1,201	8,635
27	(14)	2,755	10,207	4,640	2,167	501	829	16,309	1,385	933	1,221	8,829
28	(15)	2,894	10,249	5,085	1,794	455	829	14,191	1,356	991	1,275	9,370
田作												
昭和35年産	(16)	305	2,974	-	(553)	-	20	-	…	300	…	1,139
40	(17)	404	3,025	-	(818)	-	16	-	…	461	…	2,796
45	(18)	623	2,952	182	674	312	13	336	…	797	…	4,665
50	(19)	1,442	5,308	419	1,403	818	29	706	…	1,096	…	8,025
55	(20)	2,796	6,126	1,173	2,450	277	85	1,402	…	1,342	…	17,169
60	(21)	3,199	7,850	2,059	2,600	246	-	2,614	…	1,358	…	20,316
平成2	(22)	2,503	6,427	2,525	1,553	187	-	5,709	…	1,636	…	21,038
7	(23)	2,807	5,975	2,672	1,561	215	1,402	7,786	1,055	1,469	…	13,654
12	(24)	2,771	5,764	2,808	1,373	162	1,732	9,477	1,154	1,567	…	11,310
17	(25)	2,675	6,480	3,232	1,723	249	1,676	9,972	1,116	1,194	1,181	8,004
22	(26)	2,831	8,680	3,774	1,920	411	2,174	8,629	948	1,242	1,138	9,217
25	(27)	2,815	8,314	3,574	2,433	461	1,826	9,008	985	1,073	1,122	9,985
26	(28)	2,953	8,886	3,698	2,502	461	1,672	9,597	985	1,192	1,151	10,485
27	(29)	2,979	9,264	3,654	2,296	346	1,943	9,891	1,193	1,070	1,163	9,926
28	(30)	3,096	9,417	4,170	2,072	398	1,839	9,087	1,134	1,105	1,198	10,193
畑作												
昭和35年産	(31)	299	2,555	-	(353)	-	-	-	…	249	…	625
40	(32)	339	2,895	-	(595)	-	3	-	…	291	…	1,718
45	(33)	406	2,985	82	635	147	10	102	…	874	…	3,529
50	(34)	1,278	5,352	561	586	451	-	4,062	…	552	…	3,443
55	(35)	3,051	7,066	1,121	730	319	-	10,942	…	405	…	4,547
60	(36)	3,331	9,116	2,755	1,094	363	-	13,135	…	675	…	7,237
平成2	(37)	2,662	7,578	3,873	724	385	-	15,564	…	797	…	6,585
7	(38)	2,758	7,105	4,789	899	345	34	15,105	1,459	951	…	4,614
12	(39)	2,762	7,431	4,803	919	696	125	16,271	1,283	724	…	5,455
17	(40)	2,491	7,499	5,402	1,379	568	242	18,978	1,554	866	1,327	5,351
22	(41)	2,533	9,408	4,902	1,593	415	103	15,215	1,332	1,002	1,134	7,298
25	(42)	2,582	10,203	4,825	1,983	555	195	17,707	1,416	866	1,145	7,425
26	(43)	2,590	10,569	5,084	2,217	457	233	17,668	1,426	885	1,230	7,536
27	(44)	2,626	10,756	5,213	2,092	591	184	20,033	1,496	853	1,254	8,197
28	(45)	2,772	10,756	5,641	1,626	489	216	17,294	1,492	920	1,321	8,873

注： 昭和35年産及び40年産結果は、旧費目分類のため、現行費目分類のうち農業薬剤費、光熱動力費、その他の諸材料費、賃借料及び料金の4費目については、継続させることができないので注意されたい（以下344ページまで同じ。）。

麦類生産費・累年

償却費	生産管理費	畜力費	労働費	家族	費用合計	生産費(副産物価額差引)	支払利子	支払地代	支払利子・地代算入生産費	自己資本利子	自作地地代	資本利子・地代全額算入生産費	
(12)	(13)	(14)	(15)	(16)	(17)	(18)	(19)	(20)	(21)	(22)	(23)	(24)	
円	円	円	円	円	円	円	円	円	円	円	円	円	
790	…	626	5,254	4,904	10,594	9,930	…	…	…	522	411	10,863	(1)
2,187	…	214	8,044	7,782	15,000	14,320	…	…	…	728	474	15,522	(2)
4,008	…	45	10,820	10,570	20,588	19,494	…	…	…	1,368	1,058	21,920	(3)
4,853	…	4	10,675	10,498	28,186	27,572	…	…	…	1,362	3,866	32,800	(4)
8,781	…	-	12,609	12,498	42,554	41,742	…	…	…	2,088	8,519	52,269	(5)
13,019	…	-	12,474	12,350	51,371	50,477	…	…	…	2,502	13,784	66,727	(6)
12,786	…	-	10,454	10,373	50,378	49,228	…	…	…	2,488	12,963	64,679	(7)
6,907	169	…	10,848	10,665	49,321	47,492	666	2,351	50,509	2,373	9,580	62,462	(8)
6,068	235	…	9,997	9,782	49,481	48,063	748	3,138	51,949	2,042	8,368	62,359	(9)
4,804	224	…	8,606	8,390	49,886	47,990	492	3,313	51,795	1,966	7,180	60,941	(10)
5,665	269	…	5,695	5,488	49,313	46,893	294	3,240	50,427	1,680	6,308	58,415	(11)
5,356	279	…	5,883	5,567	52,187	49,453	281	3,103	52,837	1,631	5,857	60,325	(12)
5,496	270	…	5,816	5,507	53,620	51,533	261	3,045	54,839	1,706	5,892	62,437	(13)
5,524	287	…	5,784	5,520	55,847	53,360	267	2,906	56,533	1,642	5,589	63,764	(14)
5,974	313	…	5,828	5,552	54,630	51,804	229	2,877	54,910	1,800	5,927	62,637	(15)
1,034	…	690	5,590	5,192	11,573	10,819	…	…	…	609	411	11,839	(16)
2,697	…	206	8,155	7,888	15,881	15,149	…	…	…	855	451	16,455	(17)
4,551	…	3	9,461	9,134	20,018	18,572	…	…	…	1,469	1,003	21,044	(18)
7,727	…	-	13,710	13,541	32,956	32,541	…	…	…	1,915	3,818	38,274	(19)
16,367	…	-	19,924	19,768	52,744	52,253	…	…	…	3,159	8,309	63,721	(20)
19,158	…	-	17,792	17,595	58,034	57,646	…	…	…	3,185	14,989	75,820	(21)
19,569	…	-	15,412	15,285	56,990	56,570	…	…	…	3,341	13,776	73,687	(22)
11,569	76	…	17,413	17,098	56,085	55,715	399	3,957	60,071	3,658	7,244	70,973	(23)
8,989	139	…	13,887	13,657	52,144	51,481	530	4,451	56,462	2,929	7,872	67,263	(24)
6,129	160	…	11,364	11,035	49,026	48,547	521	4,560	53,628	2,348	6,931	62,907	(25)
6,943	176	…	7,691	7,222	48,831	47,998	244	4,719	52,961	1,903	5,550	60,414	(26)
6,975	174	…	7,969	7,279	49,739	48,701	288	4,734	53,723	1,815	5,088	60,626	(27)
7,179	184	…	7,839	7,115	51,605	50,940	252	4,456	55,648	1,942	5,093	62,683	(28)
6,937	225	…	7,895	7,268	51,845	50,752	220	3,913	54,885	1,842	5,395	62,122	(29)
6,767	258	…	7,887	7,324	51,854	50,997	262	3,872	55,131	1,722	5,627	62,480	(30)
555	…	471	4,637	4,328	9,190	8,629	…	…	…	418	413	9,460	(31)
1,621	…	156	7,921	7,654	13,918	13,355	…	…	…	576	428	14,359	(32)
3,382	…	96	12,333	12,161	21,199	20,495	…	…	…	1,253	1,118	22,867	(33)
2,796	…	7	8,480	8,296	24,772	24,022	…	…	…	968	3,891	28,881	(34)
3,965	…	-	7,941	7,851	36,122	35,111	…	…	…	1,302	8,643	45,056	(35)
6,604	…	-	6,667	6,617	44,373	42,965	…	…	…	1,814	12,507	57,286	(36)
5,580	…	-	5,188	5,155	43,356	41,429	…	…	…	1,583	12,098	55,110	(37)
2,914	248	…	5,225	5,157	43,532	40,453	894	976	42,323	1,293	11,508	55,176	(38)
2,938	338	…	5,822	5,625	46,629	44,400	983	1,730	47,113	1,091	8,899	57,103	(39)
3,075	308	…	5,019	4,950	50,984	47,246	453	1,693	49,392	1,471	7,503	58,366	(40)
4,821	331	…	4,370	4,337	49,636	46,163	326	2,258	48,747	1,533	6,811	57,091	(41)
4,314	346	…	4,534	4,460	53,782	49,952	277	2,048	52,277	1,512	6,354	60,143	(42)
4,497	321	…	4,610	4,548	54,826	51,894	266	2,205	54,365	1,566	6,366	62,297	(43)
4,708	323	…	4,557	4,505	58,175	54,881	294	2,322	57,497	1,525	5,701	64,723	(44)
5,495	348	…	4,575	4,473	56,323	52,301	209	2,273	54,783	1,848	6,111	62,742	(45)

(1) 小麦生産費の累年統計（続き）
イ 小麦生産費の全国・田畑計・田畑別・年次別比較（続き）
(ｱ) 10ａ当たり生産費（続き）

区分		主産物数量	粗収益			投下労働時間		
			計	主産物	副産物		家族	生産管理
		(25)	(26)	(27)	(28)	(29)	(30)	(31)
		kg	円	円	円	時間	時間	時間
田畑計								
昭和35年産	(1)	285	10,616	9,952	664	109.6	102.2	…
40	(2)	291	13,380	12,700	680	78.2	75.6	…
45	(3)	268	15,653	14,559	1,094	57.9	56.6	…
50	(4)	275	27,706	27,092	614	26.5	26.1	…
55	(5)	339	60,872	60,060	812	15.7	15.5	…
60	(6)	430	79,415	78,521	894	12.2	12.1	…
平成２	(7)	403	60,250	59,100	1,150	8.59	8.50	…
7	(8)	349	55,812	53,983	1,829	6.54	6.42	0.39
12	(9)	413	62,783	61,365	1,418	6.14	6.00	0.33
17	(10)	441	60,614	58,718	1,896	5.59	5.47	0.23
22	(11)	313	22,057	19,637	2,420	3.68	3.57	0.22
25	(12)	426	20,725	17,991	2,734	3.81	3.58	0.20
26	(13)	443	17,792	15,705	2,087	3.68	3.46	0.21
27	(14)	545	20,748	18,261	2,487	3.66	3.48	0.19
28	**(15)**	**408**	**15,897**	**13,071**	**2,826**	**3.57**	**3.39**	**0.18**
田作								
昭和35年産	(16)	296	11,157	10,403	754	114.0	105.5	…
40	(17)	299	13,857	13,125	732	78.4	75.9	…
45	(18)	240	14,435	12,989	1,446	51.4	49.8	…
50	(19)	302	31,116	30,701	415	35.2	34.7	…
55	(20)	306	54,706	54,215	491	24.8	24.5	…
60	(21)	384	70,308	69,920	388	17.2	17.1	…
平成２	(22)	383	54,045	53,625	420	12.68	12.57	…
7	(23)	376	57,076	56,706	370	10.44	10.25	0.30
12	(24)	381	55,181	54,518	663	8.60	8.45	0.26
17	(25)	393	51,734	51,255	479	7.51	7.31	0.20
22	(26)	275	19,223	18,390	833	5.03	4.71	0.18
25	(27)	362	15,105	14,067	1,038	5.27	4.77	0.18
26	(28)	387	13,858	13,193	665	5.11	4.60	0.17
27	(29)	427	14,968	13,875	1,093	5.14	4.70	0.16
28	**(30)**	**369**	**12,516**	**11,659**	**857**	**5.00**	**4.59**	**0.14**
畑作								
昭和35年産	(31)	267	9,798	9,237	561	101.2	94.3	…
40	(32)	280	12,687	12,214	563	76.2	73.3	…
45	(33)	294	16,743	16,040	703	65.2	64.4	…
50	(34)	256	25,298	24,548	750	20.2	19.8	…
55	(35)	361	64,866	63,855	1,011	9.9	9.7	…
60	(36)	480	89,271	87,863	1,408	6.7	6.6	…
平成２	(37)	425	66,843	64,916	1,927	4.23	4.18	…
7	(38)	324	54,732	51,653	3,079	3.26	3.19	0.47
12	(39)	446	70,935	68,706	2,229	3.48	3.37	0.39
17	(40)	506	72,154	68,416	3,738	3.14	3.10	0.28
22	(41)	337	23,938	20,465	3,473	2.86	2.84	0.24
25	(42)	466	24,359	20,529	3,830	2.89	2.86	0.22
26	(43)	476	20,131	17,199	2,932	2.85	2.82	0.22
27	(44)	612	24,100	20,806	3,294	2.87	2.82	0.21
28	**(45)**	**429**	**17,950**	**13,928**	**4,022**	**2.81**	**2.73**	**0.21**

麦類生産費・累年

動力運転時間	10a当たり所得	1日当たり所得	1日当たり家族労働報酬	
(32)	(33)	(34)	(35)	
時間	円	円	円	
3.9	4,926	386	313	(1)
9.6	6,162	652	525	(2)
14.5	5,635	796	454	(3)
9.1	10,018	3,071	1,468	(4)
5.7	30,816	15,905	10,472	(5)
5.1	40,394	26,707	15,963	(6)
4.73	20,245	19,054	4,512	(7)
…	14,139	17,619	2,724	(8)
…	19,198	25,597	11,717	(9)
…	15,313	22,396	9,019	(10)
…	△ 25,302	-	-	(11)
…	△ 29,279	-	-	(12)
…	△ 33,627	-	-	(13)
…	△ 32,752	-	-	(14)
…	△ 36,287	-	-	(15)
4.2	4,776	362	285	(16)
10.7	5,864	618	480	(17)
15.2	3,551	570	173	(18)
15.0	11,701	2,698	1,376	(19)
10.1	21,730	7,096	3,351	(20)
7.6	29,869	13,974	5,471	(21)
7.05	12,340	7,854	-	(22)
…	13,733	10,718	2,210	(23)
…	11,713	11,089	863	(24)
…	8,662	9,480	-	(25)
…	△ 27,349	-	-	(26)
…	△ 32,377	-	-	(27)
…	△ 35,340	-	-	(28)
…	△ 33,742	-	-	(29)
…	△ 36,148	-	-	(30)
3.1	4,936	419	348	(31)
8.6	6,423	701	591	(32)
13.0	7,705	957	663	(33)
4.9	8,822	3,564	1,601	(34)
2.9	36,595	30,181	21,979	(35)
2.6	51,515	62,442	45,084	(36)
2.28	28,642	54,817	28,633	(37)
…	14,487	36,331	4,098	(38)
…	27,218	64,612	40,897	(39)
…	23,974	61,868	38,710	(40)
…	△ 23,945	-	-	(41)
…	△ 27,288	-	-	(42)
…	△ 32,618	-	-	(43)
…	△ 32,186	-	-	(44)
…	△ 36,382	-	-	(45)

麦類生産費・累年

(1) 小麦生産費の累年統計（続き）
イ 小麦生産費の全国・田畑計・田畑別・年次別比較（続き）
(イ) 60kg当たり生産費

区分		種苗費	肥料費	農業薬剤費	光熱動力費	その他の諸材料費	土地改良及び水利費	賃借料及び料金	物件税及び公課諸負担	建物費	自動車費	農機具費
		(1)	(2)	(3)	(4)	(5)	(6)	(7)	(8)	(9)	(10)	(11)
田畑計												
昭和35年産	(1)	65	587	-	(95)	-	2	-	…	58	…	185
40	(2)	76	617	-	(149)	-	2	-	…	77	…	470
45	(3)	117	665	30	148	53	3	50	…	186	…	926
50	(4)	293	1,164	110	203	132	3	578	…	170	…	1,169
55	(5)	524	1,193	198	248	55	5	1,267	…	135	…	1,673
60	(6)	454	1,178	332	262	42	-	1,073	…	148	…	1,942
平成2	(7)	384	1,040	473	171	42	-	1,560	…	183	…	2,088
7	(8)	479	1,134	656	207	49	115	2,020	219	205	…	1,512
12	(9)	402	955	548	168	61	139	1,854	177	169	…	1,233
17	(10)	351	938	565	213	52	143	1,882	177	143	168	927
22	(11)	510	1,756	857	330	79	179	2,423	229	212	218	1,551
25	(12)	377	1,333	611	304	74	119	2,015	175	133	161	1,188
26	(13)	368	1,346	618	313	62	104	1,983	171	134	163	1,168
27	(14)	304	1,124	511	238	55	92	1,795	153	102	135	973
28	(15)	427	1,514	750	263	67	122	2,094	200	145	188	1,383
田作												
昭和35年産	(16)	62	601	-	(111)	-	4	-	…	60	…	230
40	(17)	81	607	-	(164)	-	3	-	…	93	…	561
45	(18)	155	737	46	168	78	3	84	…	200	…	1,165
50	(19)	287	1,055	83	279	163	6	140	…	218	…	1,595
55	(20)	549	1,202	230	481	55	17	275	…	263	…	3,371
60	(21)	500	1,225	321	406	38	-	408	…	212	…	3,172
平成2	(22)	392	1,008	396	243	29	-	895	…	257	…	3,297
7	(23)	447	953	426	249	34	224	1,242	168	234	…	2,178
12	(24)	435	906	442	216	25	272	1,490	181	246	…	1,778
17	(25)	407	986	492	261	38	255	1,519	169	181	180	1,219
22	(26)	618	1,897	825	418	90	475	1,886	206	270	248	2,013
25	(27)	466	1,376	591	403	76	302	1,490	164	179	186	1,654
26	(28)	456	1,371	570	386	71	257	1,481	152	184	177	1,620
27	(29)	419	1,301	513	323	48	273	1,389	167	149	163	1,392
28	(30)	503	1,532	678	336	65	299	1,475	184	179	195	1,657
畑作												
昭和35年産	(31)	68	575	-	(79)	-	0	-	…	57	…	140
40	(32)	73	621	-	(128)	-	1	-	…	62	…	369
45	(33)	83	609	17	130	30	2	21	…	178	…	720
50	(34)	299	1,255	132	137	106	-	952	…	129	…	807
55	(35)	507	1,174	186	121	52	-	1,818	…	67	…	756
60	(36)	417	1,139	344	137	45	-	1,641	…	84	…	904
平成2	(37)	375	1,070	547	102	54	-	2,197	…	112	…	930
7	(38)	510	1,314	885	166	64	6	2,792	270	176	…	852
12	(39)	371	999	646	124	94	17	2,188	173	97	…	733
17	(40)	295	888	640	163	68	28	2,249	183	102	157	635
22	(41)	452	1,677	874	284	74	19	2,712	235	179	202	1,301
25	(42)	332	1,312	620	256	72	24	2,278	182	112	147	954
26	(43)	326	1,333	640	278	58	30	2,229	179	112	155	950
27	(44)	258	1,054	511	206	58	18	1,961	147	83	123	801
28	(45)	387	1,501	788	227	69	30	2,414	208	129	185	1,240

麦類生産費・累年

単位：円

償却費	生産管理費	畜力費	労働費	家族	費用合計	生産費(副産物価額差引)	支払利子	支払地代	支払利子・地代算入生産費	自己資本利子	自作地地代	資本利子・地代全額算入生産費	
(12)	(13)	(14)	(15)	(16)	(17)	(18)	(19)	(20)	(21)	(22)	(23)	(24)	
166	…	132	1,106	1,032	2,230	2,090	…	…	…	110	86	2,286	(1)
451	…	44	1,660	1,606	3,095	2,955	…	…	…	150	98	3,203	(2)
898	…	10	2,423	2,367	4,611	4,366	…	…	…	306	237	4,909	(3)
1,060	…	1	2,331	2,292	6,154	6,020	…	…	…	297	844	7,161	(4)
1,554	…	-	2,231	2,211	7,529	7,385	…	…	…	355	1,507	9,247	(5)
1,816	…	-	1,740	1,723	7,166	7,041	…	…	…	349	1,917	9,307	(6)
1,903	…	-	1,555	1,543	7,496	7,325	…	…	…	370	1,929	9,624	(7)
1,189	29	…	1,868	1,837	8,493	8,178	115	405	8,698	409	1,650	10,757	(8)
882	34	…	1,453	1,422	7,193	6,987	109	456	7,552	297	1,216	9,065	(9)
649	31	…	1,167	1,137	6,757	6,501	67	449	7,017	266	973	8,256	(10)
1,090	52	…	1,096	1,056	9,492	9,027	56	623	9,706	323	1,214	11,243	(11)
755	39	…	829	785	7,358	6,973	40	437	7,450	230	826	8,506	(12)
743	37	…	787	745	7,254	6,971	35	412	7,418	231	798	8,447	(13)
609	32	…	637	608	6,151	5,877	29	320	6,226	181	616	7,023	(14)
882	46	…	861	820	8,060	7,643	34	425	8,102	266	874	9,242	(15)
209	…	140	1,131	1,050	2,339	2,187	…	…	…	123	83	2,393	(16)
541	…	41	1,635	1,581	3,185	3,038	…	…	…	171	90	3,299	(17)
1,136	…	1	2,361	2,279	4,998	4,637	…	…	…	367	250	5,254	(18)
1,536	…	-	2,726	2,692	6,552	6,470	…	…	…	380	759	7,609	(19)
3,213	…	-	3,912	3,881	10,355	10,259	…	…	…	620	1,631	12,510	(20)
2,991	…	-	2,778	2,747	9,060	8,999	…	…	…	497	2,340	11,836	(21)
3,067	…	-	2,416	2,396	8,933	8,867	…	…	…	524	2,159	11,550	(22)
1,845	12	…	2,777	2,727	8,944	8,885	64	631	9,580	583	1,155	11,318	(23)
1,413	22	…	2,183	2,147	8,196	8,092	83	700	8,875	461	1,238	10,574	(24)
933	24	…	1,730	1,680	7,461	7,389	79	694	8,162	358	1,056	9,576	(25)
1,516	39	…	1,680	1,577	10,665	10,485	53	1,031	11,569	416	1,212	13,197	(26)
1,156	28	…	1,319	1,205	8,234	8,062	48	784	8,894	300	842	10,036	(27)
1,110	28	…	1,209	1,098	7,962	7,860	39	688	8,587	300	786	9,673	(28)
972	31	…	1,109	1,021	7,277	7,124	31	549	7,704	259	758	8,721	(29)
1,100	42	…	1,283	1,191	8,428	8,288	43	629	8,960	280	914	10,154	(30)
125	…	106	1,043	973	2,068	1,942	…	…	…	94	93	2,129	(31)
348	…	33	1,699	1,642	2,986	2,865	…	…	…	124	92	3,081	(32)
690	…	20	2,516	2,481	4,326	4,183	…	…	…	256	228	4,667	(33)
656	…	2	1,988	1,945	5,807	5,631	…	…	…	227	912	6,770	(34)
659	…	-	1,320	1,305	6,001	5,833	…	…	…	216	1,436	7,485	(35)
825	…	-	833	827	5,544	5,368	…	…	…	227	1,563	7,158	(36)
788	…	-	733	728	6,120	5,848	…	…	…	223	1,708	7,779	(37)
538	46	…	966	953	8,047	7,478	165	180	7,823	235	2,140	10,198	(38)
395	46	…	783	756	6,271	5,971	132	233	6,336	147	1,196	7,679	(39)
365	36	…	593	585	6,037	5,593	54	201	5,848	174	889	6,911	(40)
860	59	…	777	772	8,845	8,228	58	402	8,688	273	1,214	10,175	(41)
554	44	…	584	574	6,917	6,425	36	264	6,725	195	818	7,738	(42)
567	41	…	583	575	6,914	6,545	34	278	6,857	197	802	7,856	(43)
459	31	…	445	440	5,696	5,373	29	227	5,629	149	558	6,336	(44)
768	48	…	641	626	7,867	7,305	29	317	7,651	258	854	8,763	(45)

麦類生産費・累年

(1) 小麦生産費の累年統計（続き）
　ウ　小麦生産費の全国農業地域別・年次別比較
　　(ｱ)　10a当たり生産費

区分		種苗費	肥料費	農業薬剤費	光熱動力費	その他の諸材料費	土地改良及び水利費	賃借料及び料金	物件税及び公課諸負担	建物費	自動車費	農機具費
		(1)	(2)	(3)	(4)	(5)	(6)	(7)	(8)	(9)	(10)	(11)
		円	円	円	円	円	円	円	円	円	円	円
北海道												
平成26年産	(1)	2,630	10,538	5,322	2,409	616	896	16,855	1,483	1,009	1,285	8,229
27	(2)	2,682	10,806	5,270	2,249	650	956	18,901	1,622	935	1,300	8,578
28	(3)	2,841	10,931	5,806	1,835	589	952	16,222	1,564	996	1,370	9,247
都府県												
平成26年産	(4)	2,997	8,225	2,389	2,078	4	403	8,323	625	971	956	9,805
27	(5)	3,000	8,216	2,536	1,894	3	411	7,658	598	925	957	9,672
28	(6)	3,073	7,962	2,662	1,657	6	417	7,358	653	979	953	9,790
東北												
平成26年産	(7)	2,897	7,947	2,801	2,188	1	2,480	5,944	984	907	1,657	9,587
27	(8)	2,933	7,382	2,637	1,939	-	2,371	6,152	1,018	295	1,265	9,900
28	(9)	3,098	5,896	2,070	1,492	-	1,505	5,421	1,157	1,478	1,755	7,862
関東・東山												
平成26年産	(10)	3,096	6,996	1,837	2,402	3	450	5,791	614	1,017	895	9,587
27	(11)	3,075	7,308	1,836	2,366	3	617	5,921	599	971	939	9,429
28	(12)	3,162	6,326	2,050	1,882	17	550	6,458	595	788	954	8,386
東海												
平成26年産	(13)	3,524	8,890	1,779	1,934	-	308	11,377	567	1,006	1,326	10,765
27	(14)	3,328	9,144	1,913	1,695	-	342	10,052	496	865	1,201	10,477
28	(15)	3,409	9,606	2,456	1,625	-	444	9,497	614	942	1,199	11,525
近畿												
平成26年産	(16)	2,869	9,094	2,552	1,578	-	482	11,534	515	1,001	388	6,792
27	(17)	2,804	9,017	2,408	1,377	3	504	9,245	535	1,097	628	7,464
28	(18)	2,943	9,662	2,562	1,370	-	457	8,266	609	1,381	632	8,156
中国												
平成26年産	(19)	2,683	11,362	3,464	1,922	6	186	12,253	649	718	1,283	10,211
27	(20)	3,338	9,878	4,836	1,765	18	179	11,863	707	492	1,623	9,091
28	(21)	2,998	9,443	4,164	1,377	60	153	8,492	669	711	1,041	7,682
四国												
平成26年産	(22)	2,525	7,074	4,244	2,505	0	169	6,602	1,005	1,261	1,686	13,835
27	(23)	2,456	7,215	3,312	2,251	-	298	4,844	849	856	1,327	15,179
28	(24)	2,821	7,425	4,668	1,906	4	96	5,526	1,129	1,614	2,073	17,412
九州												
平成26年産	(25)	2,611	8,635	3,076	1,964	8	322	7,845	645	891	751	9,607
27	(26)	2,775	8,171	3,289	1,720	5	204	7,120	628	959	781	9,502
28	(27)	2,787	7,916	3,205	1,563	0	192	6,588	648	980	642	9,625

麦類生産費・累年

償却費	生産管理費	労働費	家族	費用合計	生産費(副産物価額差引)	支払利子	支払地代	支払利子・地代算入生産費	自己資本利子	自作地地代	資本利子・地代全額算入生産費	
(12)	(13)	(14)	(15)	(16)	(17)	(18)	(19)	(20)	(21)	(22)	(23)	
円	円	円	円	円	円	円	円	円	円	円	円	
5,013	312	4,921	4,853	56,505	53,731	328	2,092	56,151	1,598	7,508	65,257	(1)
5,121	327	5,048	4,996	59,324	56,139	321	2,164	58,624	1,592	6,937	67,153	(2)
5,773	358	5,018	4,937	57,729	54,104	276	2,187	56,567	1,801	7,370	65,738	(3)
6,889	147	8,392	7,390	45,315	45,207	68	5,789	51,064	2,017	1,236	54,317	(4)
6,876	153	8,239	7,271	44,262	44,113	88	5,382	49,583	1,807	1,091	52,481	(5)
6,657	165	8,552	7,620	44,227	44,093	70	5,200	49,363	1,796	1,072	52,231	(6)
8,129	133	10,475	10,076	48,001	47,857	85	8,744	56,686	2,062	5,955	64,703	(7)
7,091	129	9,846	9,474	45,867	45,735	95	8,552	54,382	1,383	6,614	62,379	(8)
4,909	112	9,247	9,110	41,093	40,944	63	6,507	47,514	1,408	6,382	55,304	(9)
7,648	94	7,973	7,475	40,755	40,621	24	6,049	46,694	2,191	1,313	50,198	(10)
7,039	109	7,795	7,252	40,968	40,758	60	6,081	46,899	1,884	1,014	49,797	(11)
6,301	63	7,688	7,251	38,919	38,774	37	5,870	44,681	1,641	888	47,210	(12)
5,488	263	7,660	5,680	49,399	49,391	49	6,403	55,843	1,794	388	58,025	(13)
5,730	277	7,362	5,278	47,152	47,135	53	6,156	53,344	1,693	422	55,459	(14)
6,097	375	8,234	6,215	49,926	49,889	62	6,008	55,959	1,824	285	58,068	(15)
5,171	148	8,247	7,520	45,200	45,168	69	4,353	49,590	1,736	825	52,151	(16)
5,448	143	8,150	7,721	43,375	43,345	68	4,119	47,532	1,802	875	50,209	(17)
6,070	132	9,522	8,818	45,692	45,647	25	4,142	49,814	1,950	834	52,598	(18)
7,781	92	9,095	6,900	53,924	53,865	182	2,681	56,728	2,046	2,553	61,327	(19)
7,143	148	9,134	6,757	53,072	53,005	224	3,450	56,679	1,853	2,216	60,748	(20)
5,424	146	8,418	6,407	45,354	45,245	35	3,019	48,299	1,727	1,906	51,932	(21)
11,410	49	13,747	13,503	54,702	54,460	109	2,780	57,349	3,354	766	61,469	(22)
12,771	32	12,527	12,289	51,146	50,972	60	3,664	54,696	3,476	679	58,851	(23)
15,039	56	11,857	11,746	56,587	56,374	74	3,691	60,139	4,162	361	64,662	(24)
7,112	122	8,764	7,918	45,241	45,079	111	5,597	50,787	1,974	1,571	54,332	(25)
7,345	124	8,754	8,086	44,032	43,818	127	4,717	48,662	1,712	1,318	51,692	(26)
7,020	114	8,962	8,280	43,222	43,009	117	4,307	47,433	1,708	1,355	50,496	(27)

麦類生産費・累年

(1) 小麦生産費の累年統計（続き）
ウ 小麦生産費の全国農業地域別・年次別比較（続き）
(ア) 10a当たり生産費（続き）

区分		主産物数量	粗収益 計	粗収益 主産物	粗収益 副産物	投下労働時間	投下労働時間 家族	投下労働時間 生産管理
		(24)	(25)	(26)	(27)	(28)	(29)	(30)
		kg	円	円	円	時間	時間	時間
北海道								
平成26年産	(1)	467	19,720	16,946	2,774	3.06	3.01	0.24
27	(2)	608	24,360	21,175	3,185	3.14	3.11	0.22
28	(3)	433	18,071	14,446	3,625	3.02	2.98	0.20
都府県								
平成26年産	(4)	374	12,239	12,131	108	5.59	4.85	0.13
27	(5)	331	8,684	8,535	149	5.41	4.74	0.11
28	(6)	320	8,580	8,446	134	5.51	4.83	0.12
東北								
平成26年産	(7)	188	4,249	4,105	144	7.39	7.05	0.18
27	(8)	237	4,380	4,248	132	6.87	6.57	0.17
28	(9)	240	3,887	3,738	149	6.49	6.36	0.17
関東・東山								
平成26年産	(10)	370	9,795	9,661	134	5.26	4.83	0.11
27	(11)	397	9,376	9,166	210	5.18	4.71	0.09
28	(12)	364	9,913	9,768	145	5.01	4.62	0.10
東海								
平成26年産	(13)	425	13,833	13,825	8	4.52	3.34	0.18
27	(14)	340	8,817	8,800	17	4.51	3.18	0.14
28	(15)	376	9,536	9,499	37	4.70	3.48	0.17
近畿								
平成26年産	(16)	344	11,631	11,599	32	5.15	4.52	0.09
27	(17)	282	8,545	8,515	30	4.91	4.54	0.09
28	(18)	259	6,723	6,678	45	5.62	5.08	0.10
中国								
平成26年産	(19)	264	10,027	9,968	59	5.79	4.54	0.08
27	(20)	248	6,027	5,960	67	5.78	4.35	0.11
28	(21)	216	5,200	5,091	109	5.45	4.18	0.11
四国								
平成26年産	(22)	386	24,409	24,167	242	9.54	9.39	0.17
27	(23)	311	10,025	9,851	174	8.11	7.96	0.15
28	(24)	330	11,220	11,007	213	7.53	7.45	0.14
九州								
平成26年産	(25)	364	13,025	12,863	162	6.31	5.56	0.11
27	(26)	294	8,378	8,164	214	6.15	5.62	0.11
28	(27)	261	7,502	7,289	213	6.23	5.68	0.11

麦類生産費・累年

10 a 当たり所得	1日当たり所得	1日当たり家族労働報酬	
(31)	(32)	(33)	
円	円	円	
△ 34,352	-	-	(1)
△ 32,453	-	-	(2)
△ 37,184	-	-	(3)
△ 31,543	-	-	(4)
△ 33,777	-	-	(5)
△ 33,297	-	-	(6)
△ 42,505	-	-	(7)
△ 40,660	-	-	(8)
△ 34,666	-	-	(9)
△ 29,558	-	-	(10)
△ 30,481	-	-	(11)
△ 27,662	-	-	(12)
△ 36,338	-	-	(13)
△ 39,266	-	-	(14)
△ 40,245	-	-	(15)
△ 30,471	-	-	(16)
△ 31,296	-	-	(17)
△ 34,318	-	-	(18)
△ 39,860	-	-	(19)
△ 43,962	-	-	(20)
△ 36,801	-	-	(21)
△ 19,679	-	-	(22)
△ 32,556	-	-	(23)
△ 37,386	-	-	(24)
△ 30,006	-	-	(25)
△ 32,412	-	-	(26)
△ 31,864	-	-	(27)

麦類生産費・累年

(1) 小麦生産費の累年統計（続き）
ウ 小麦生産費の全国農業地域別・年次別比較（続き）
(イ) 60kg当たり生産費

区分		種苗費	肥料費	農業薬剤費	光熱動力費	その他の諸材料費	土地改良及び水利費	賃借料及び料金	物件税及び公課諸負担	建物費	自動車費	農機具費
		(1)	(2)	(3)	(4)	(5)	(6)	(7)	(8)	(9)	(10)	(11)
北海道												
平成26年産	(1)	338	1,354	684	309	80	115	2,163	188	130	165	1,056
27	(2)	264	1,066	520	220	64	93	1,864	160	93	128	846
28	(3)	394	1,515	804	253	81	132	2,249	216	137	190	1,281
都府県												
平成26年産	(4)	479	1,317	383	333	1	64	1,333	100	155	153	1,571
27	(5)	542	1,484	458	342	1	75	1,384	107	168	173	1,749
28	(6)	577	1,496	500	313	1	79	1,382	124	183	179	1,838
東北												
平成26年産	(7)	923	2,532	892	696	0	790	1,893	314	288	528	3,055
27	(8)	743	1,869	668	491	-	600	1,559	257	75	320	2,509
28	(9)	777	1,478	519	374	-	378	1,358	290	370	440	1,970
関東・東山												
平成26年産	(10)	503	1,136	298	390	0	73	939	100	165	145	1,554
27	(11)	465	1,105	278	358	0	93	895	90	147	142	1,426
28	(12)	520	1,040	338	310	3	90	1,061	98	130	157	1,381
東海												
平成26年産	(13)	497	1,254	251	273	-	43	1,607	80	143	188	1,520
27	(14)	586	1,610	336	300	-	60	1,771	87	152	211	1,846
28	(15)	542	1,528	391	258	-	70	1,511	98	150	191	1,833
近畿												
平成26年産	(16)	500	1,586	446	275	-	84	2,013	89	175	68	1,185
27	(17)	595	1,914	511	293	1	107	1,963	113	234	133	1,586
28	(18)	681	2,239	593	317	-	105	1,914	140	320	147	1,887
中国												
平成26年産	(19)	607	2,570	784	435	1	42	2,774	147	162	290	2,313
27	(20)	807	2,386	1,168	427	4	43	2,867	171	119	392	2,197
28	(21)	829	2,612	1,152	380	17	42	2,347	185	197	288	2,125
四国												
平成26年産	(22)	393	1,102	661	391	0	26	1,027	157	197	263	2,151
27	(23)	473	1,391	639	434	-	57	934	164	165	255	2,924
28	(24)	512	1,348	848	345	1	17	1,004	206	293	377	3,160
九州												
平成26年産	(25)	430	1,423	506	323	1	53	1,292	107	147	124	1,582
27	(26)	566	1,664	670	350	1	41	1,452	128	196	159	1,936
28	(27)	643	1,826	740	359	0	44	1,519	150	226	149	2,221

麦類生産費・累年

単位：円

償却費	生産管理費	労働費	家族	費用合計	生産費(副産物価額差引)	支払利子	支払地代	支払利子・地代算入生産費	自己資本利子	自作地地代	資本利子・地代全額算入生産費	
(12)	(13)	(14)	(15)	(16)	(17)	(18)	(19)	(20)	(21)	(22)	(23)	
643	41	631	623	7,254	6,899	42	269	7,210	205	964	8,379	(1)
505	33	498	493	5,849	5,536	32	213	5,781	157	684	6,622	(2)
799	50	695	684	7,997	7,495	38	303	7,836	250	1,022	9,108	(3)
1,104	23	1,341	1,181	7,253	7,235	11	927	8,173	323	198	8,694	(4)
1,244	28	1,490	1,315	8,001	7,974	16	973	8,963	327	197	9,487	(5)
1,249	31	1,607	1,432	8,310	8,286	13	978	9,277	338	202	9,817	(6)
2,591	42	3,338	3,211	15,291	15,245	27	2,786	18,058	657	1,898	20,613	(7)
1,797	33	2,495	2,400	11,619	11,585	24	2,167	13,776	350	1,676	15,802	(8)
1,230	28	2,317	2,283	10,299	10,262	16	1,631	11,909	353	1,599	13,861	(9)
1,239	15	1,294	1,213	6,612	6,590	4	982	7,576	355	213	8,144	(10)
1,065	17	1,178	1,096	6,194	6,163	9	919	7,091	285	153	7,529	(11)
1,038	10	1,266	1,194	6,404	6,380	6	966	7,352	270	146	7,768	(12)
775	37	1,082	802	6,975	6,974	7	904	7,885	253	54	8,192	(13)
1,010	48	1,296	929	8,303	8,300	9	1,084	9,393	298	75	9,766	(14)
969	60	1,311	990	7,943	7,937	10	956	8,903	290	45	9,238	(15)
902	26	1,440	1,313	7,887	7,881	12	759	8,652	303	143	9,098	(16)
1,158	30	1,730	1,639	9,210	9,204	14	874	10,092	382	186	10,660	(17)
1,404	30	2,203	2,040	10,576	10,565	6	959	11,530	451	193	12,174	(18)
1,763	21	2,058	1,561	12,204	12,191	41	607	12,839	463	578	13,880	(19)
1,726	36	2,208	1,633	12,825	12,809	54	834	13,697	448	535	14,680	(20)
1,501	40	2,328	1,772	12,542	12,512	10	835	13,357	478	527	14,362	(21)
1,774	8	2,140	2,102	8,516	8,479	17	433	8,929	522	119	9,570	(22)
2,460	6	2,415	2,369	9,857	9,823	12	706	10,541	670	131	11,342	(23)
2,729	10	2,152	2,132	10,273	10,234	13	670	10,917	756	66	11,739	(24)
1,171	20	1,443	1,304	7,451	7,425	18	922	8,365	325	259	8,949	(25)
1,496	25	1,784	1,648	8,972	8,928	26	961	9,915	349	269	10,533	(26)
1,620	26	2,067	1,910	9,970	9,921	27	993	10,941	394	312	11,647	(27)

(1) 小麦生産費の累年統計（続き）
エ 小麦生産費の作業別労働時間の年次別比較〔10ａ当たり〕
(ｱ) 全国・田畑計・田畑別

単位：時間

区分	直接労働時間	種子予措	耕起整地	基肥	は種	追肥	中耕除草	麦踏み	管理	刈取脱穀	生産管理
	(1)	(2)	(3)	(4)	(5)	(6)	(7)	(8)	(9)	(10)	(11)
田畑計											
昭和35年産	109.6	…	…	…	…	…	…	…	…	…	…
40	83.9	0.3	6.6	5.7	9.9	2.4	15.5	1.5	1.7	40.3	…
45	57.9	0.4	5.3	4.7	6.2	1.6	8.4	1.5	1.3	28.5	…
50	26.5	0.2	2.9	2.3	3.4	0.6	3.3	0.4	1.0	12.4	…
55	15.7	0.1	1.9	1.2	2.1	0.4	2.4	0.6	0.7	6.3	…
60	12.2	0.1	1.6	1.0	1.4	0.5	1.5	0.7	0.8	4.6	…
平成２	8.59	0.07	1.26	0.78	0.97	0.41	1.04	0.47	0.95	2.63	…
7	6.34	0.04	1.04	0.47	0.67	0.28	0.74	0.34	0.48	1.28	0.39
12	5.83	0.06	0.96	0.44	0.60	0.28	0.70	0.31	0.63	0.99	0.33
17	5.32	0.05	0.86	0.40	0.51	0.33	0.65	0.26	0.63	0.79	0.23
22	3.40	0.03	0.64	0.25	0.30	0.23	0.29	0.06	0.45	0.42	0.22
25	3.48	0.01	0.61	0.25	0.30	0.26	0.34	0.09	0.51	0.47	0.20
26	3.39	0.01	0.59	0.25	0.29	0.25	0.32	0.08	0.46	0.47	0.21
27	3.33	0.01	0.61	0.24	0.29	0.24	0.31	0.06	0.46	0.48	0.19
28	**3.27**	**0.01**	**0.60**	**0.23**	**0.28**	**0.25**	**0.30**	**0.06**	**0.48**	**0.44**	**0.18**
田作											
昭和35年産	114.0	…	…	…	…	…	…	…	…	…	…
40	78.1	0.3	5.1	5.4	9.5	3.2	15.4	1.2	1.7	36.3	…
45	51.4	0.4	4.1	4.3	5.9	2.3	7.3	1.0	1.8	24.3	…
50	35.2	0.2	3.9	3.7	5.0	1.1	4.8	0.4	1.8	14.3	…
55	24.8	0.2	2.8	2.3	3.2	0.8	4.0	1.2	1.2	9.1	…
60	17.2	0.1	2.3	1.4	2.0	0.7	2.0	1.1	1.1	6.5	…
平成２	12.68	0.11	1.68	1.09	1.43	0.61	1.72	0.81	1.10	4.14	…
7	10.20	0.09	1.46	0.71	1.16	0.46	1.36	0.67	0.87	2.39	0.30
12	8.26	0.10	1.28	0.61	0.85	0.39	1.14	0.56	0.95	1.54	0.26
17	7.25	0.07	1.08	0.54	0.72	0.47	0.98	0.47	0.89	1.19	0.20
22	4.79	0.05	0.85	0.35	0.43	0.34	0.50	0.15	0.71	0.66	0.18
25	4.96	0.04	0.82	0.35	0.45	0.32	0.56	0.18	0.83	0.76	0.18
26	4.83	0.04	0.80	0.36	0.43	0.33	0.53	0.18	0.78	0.75	0.17
27	4.77	0.04	0.81	0.36	0.41	0.31	0.49	0.15	0.77	0.76	0.16
28	**4.68**	**0.05**	**0.78**	**0.35**	**0.42**	**0.33**	**0.50**	**0.15**	**0.75**	**0.69**	**0.14**
畑作											
昭和35年産	101.2	…	…	…	…	…	…	…	…	…	…
40	93.7	0.4	8.8	6.4	10.6	0.8	14.9	2.2	1.9	47.7	…
45	65.2	0.4	6.5	5.2	6.4	0.9	9.7	2.0	0.9	33.2	…
50	20.2	0.1	2.2	1.4	2.3	0.1	2.2	0.5	0.5	10.9	…
55	9.9	0.0	1.4	0.6	1.5	0.1	1.4	0.2	0.4	4.3	…
60	6.7	0.0	1.1	0.5	0.8	0.2	1.0	0.2	0.6	2.3	…
平成２	4.23	0.03	0.82	0.44	0.49	0.19	0.32	0.12	0.80	1.02	…
7	3.09	0.01	0.70	0.26	0.27	0.13	0.18	0.07	0.15	0.33	0.47
12	3.21	0.02	0.64	0.26	0.32	0.16	0.24	0.04	0.27	0.41	0.39
17	2.83	0.02	0.56	0.21	0.25	0.14	0.23	0.02	0.28	0.27	0.28
22	2.54	0.01	0.51	0.19	0.22	0.16	0.17	0.01	0.27	0.26	0.24
25	2.56	0.00	0.47	0.19	0.20	0.20	0.21	0.03	0.31	0.28	0.22
26	2.56	0.00	0.49	0.18	0.21	0.20	0.21	0.03	0.27	0.30	0.22
27	2.56	0.00	0.51	0.18	0.21	0.21	0.22	0.03	0.26	0.31	0.21
28	**2.52**	**0.00**	**0.48**	**0.18**	**0.20**	**0.22**	**0.20**	**0.02**	**0.31**	**0.30**	**0.21**

麦類生産費・累年

(イ) 全国農業地域別

単位：時間

区　分	直接労働時間	種子予措	耕起整地	基肥	は種	追肥	中耕除草	麦踏み	管理	刈取脱穀	生産管理
	(1)	(2)	(3)	(4)	(5)	(6)	(7)	(8)	(9)	(10)	(11)
北海道											
平成26年産	2.73	0.00	0.51	0.18	0.21	0.22	0.22	0.02	0.32	0.31	0.24
27	2.76	0.00	0.53	0.19	0.21	0.22	0.23	0.01	0.33	0.35	0.22
28	2.69	0.01	0.52	0.17	0.19	0.23	0.21	0.01	0.35	0.32	0.20
都府県											
平成26年産	5.41	0.06	0.85	0.45	0.53	0.34	0.66	0.28	0.85	0.93	0.13
27	5.25	0.07	0.87	0.44	0.50	0.33	0.62	0.26	0.85	0.87	0.11
28	5.34	0.07	0.87	0.46	0.55	0.32	0.63	0.25	0.89	0.84	0.12
東北											
平成26年産	7.19	0.03	1.46	0.63	0.77	0.60	0.73	0.01	1.58	0.92	0.18
27	6.67	0.02	1.43	0.66	0.72	0.51	0.57	0.03	1.33	0.88	0.17
28	6.30	0.02	1.32	0.49	0.67	0.40	0.94	0.02	1.21	0.79	0.17
関東・東山											
平成26年産	5.07	0.05	0.91	0.45	0.53	0.16	0.52	0.36	0.60	0.99	0.11
27	5.01	0.06	0.94	0.42	0.51	0.16	0.46	0.36	0.61	0.96	0.09
28	4.84	0.05	0.93	0.47	0.55	0.17	0.50	0.35	0.54	0.83	0.10
東海											
平成26年産	4.33	0.03	0.60	0.42	0.47	0.32	0.27	0.05	0.98	0.89	0.18
27	4.36	0.02	0.69	0.46	0.46	0.37	0.30	0.05	0.95	0.81	0.14
28	4.52	0.05	0.69	0.45	0.51	0.33	0.35	0.01	0.98	0.81	0.17
近畿											
平成26年産	4.93	0.08	1.00	0.42	0.48	0.35	0.51	-	1.11	0.72	0.09
27	4.69	0.11	0.89	0.37	0.45	0.24	0.45	-	1.16	0.74	0.09
28	5.41	0.11	1.08	0.41	0.53	0.27	0.47	-	1.49	0.77	0.10
中国											
平成26年産	5.58	0.04	1.04	0.51	0.53	0.33	0.72	0.28	0.95	0.81	0.08
27	5.64	0.04	0.84	0.50	0.49	0.47	0.70	0.19	1.06	0.86	0.11
28	5.27	0.04	0.89	0.47	0.52	0.34	0.70	0.17	0.90	0.73	0.11
四国											
平成26年産	9.24	0.01	1.26	0.76	0.83	0.64	1.81	0.18	1.46	1.70	0.17
27	7.94	0.01	1.20	0.71	0.75	0.47	1.40	0.14	1.22	1.52	0.15
28	7.39	0.01	0.93	0.54	0.54	0.60	1.38	0.13	1.40	1.27	0.14
九州											
平成26年産	6.14	0.09	0.89	0.43	0.56	0.48	1.00	0.43	0.84	0.87	0.11
27	6.01	0.10	0.91	0.41	0.53	0.43	0.96	0.41	0.89	0.84	0.11
28	6.08	0.10	0.85	0.47	0.57	0.42	0.89	0.45	0.91	0.85	0.11

(2) 二条大麦生産費の全国累年統計
ア 調査対象経営体の生産概要・経営概況

区分	単位	平成21年産	22	23	24	25	26	27	28
経営耕地面積（1経営体当たり）	a	1,107	1,051	951	1,027	986	934	1,006	1,258
うち水田	〃	758	730	694	719	750	698	780	835
二条大麦作付面積（1経営体当たり）	〃	**259.5**	**270.8**	**273.7**	**279.9**	**282.8**	**279.1**	**295.1**	**304.6**
資本額（10a当たり）	円	75,489	66,462	62,842	64,017	64,423	63,342	56,253	54,314
うち固定資本額	〃	56,923	48,627	44,786	47,155	46,758	45,484	37,498	36,125
家族員数	人	3.7	3.6	3.8	4.2	4.2	4.1	3.8	3.9
農業就業者	〃	…	…	…	1.9	1.9	1.7	1.8	2.0
労働時間（10a当たり）	時間	**5.44**	**5.32**	**5.52**	**5.48**	**5.56**	**5.46**	**5.64**	**5.65**
男	〃	…	…	…	4.68	4.66	4.58	4.78	4.68
女	〃	…	…	…	0.80	0.90	0.88	0.86	0.97
直接労働時間	〃	5.25	5.14	5.37	5.32	5.40	5.29	5.47	5.46
家族	〃	4.91	4.93	5.15	5.23	5.21	5.01	5.27	5.15
男	〃	3.90	4.00	4.19	4.46	4.35	4.18	4.44	4.24
女	〃	1.01	0.93	0.96	0.77	0.86	0.83	0.83	0.91
雇用	〃	0.34	0.21	0.22	0.09	0.19	0.28	0.20	0.31
男	〃	…	…	…	0.07	0.16	0.24	0.18	0.26
女	〃	…	…	…	0.02	0.03	0.04	0.02	0.05
間接労働時間	〃	0.19	0.18	0.15	0.16	0.16	0.17	0.17	0.19
作業別直接労働時間（10a当たり）	〃	5.25	5.14	5.37	5.32	5.40	5.29	5.47	5.46
種子予措	〃	0.04	0.06	0.06	0.04	0.03	0.03	0.04	0.04
耕起整地	〃	0.78	0.76	0.89	0.90	0.91	0.90	0.95	0.91
基肥	〃	0.44	0.43	0.44	0.50	0.50	0.48	0.52	0.52
は種	〃	0.73	0.66	0.64	0.67	0.61	0.63	0.65	0.60
追肥	〃	0.22	0.24	0.21	0.19	0.13	0.16	0.16	0.22
中耕除草	〃	0.51	0.45	0.54	0.54	0.64	0.70	0.70	0.71
麦踏み	〃	0.37	0.43	0.41	0.35	0.33	0.40	0.36	0.31
管理	〃	0.69	0.67	0.72	0.72	0.72	0.64	0.68	0.66
防除	〃	0.24	0.28	0.23	0.20	0.18	0.16	0.19	0.21
刈取脱穀	〃	1.01	0.93	0.98	0.94	1.02	0.91	0.96	0.97
乾燥	〃	0.10	0.11	0.14	0.14	0.20	0.15	0.13	0.18
生産管理	〃	0.12	0.12	0.11	0.13	0.13	0.13	0.13	0.13
主産物数量（10a当たり）	kg	**319**	**286**	**326**	**313**	**337**	**318**	**341**	**322**
粗収益（10a当たり）	円	**37,146**	**31,782**	**30,871**	**31,925**	**35,481**	**34,678**	**36,771**	**34,071**
主産物	〃	36,882	31,513	30,707	31,673	35,270	34,526	36,584	33,774
副産物	〃	264	269	164	252	211	152	187	297
所得（10a当たり）	〃	△ 9,574	△ 11,466	△ 12,003	△ 9,647	△ 7,043	△ 8,611	△ 6,811	△ 7,266
所得（1日当たり）	〃	–	–	–	–	–	–	–	–
家族労働報酬（10a当たり）	〃	△ 17,603	△ 18,559	△ 18,959	△ 15,356	△ 12,262	△ 13,389	△ 11,189	△ 11,884
家族労働報酬（1日当たり）	〃	–	–	–	–	–	–	–	–
（参考）奨励金を加えた場合									
粗収益（10a当たり）	〃	–	–	65,161	60,048	66,335	66,196	67,698	64,760
所得（10a当たり）	〃	–	–	22,287	18,476	23,811	22,907	24,116	23,423
所得（1日当たり）	〃	–	–	33,641	27,423	35,473	35,378	35,465	35,091
家族労働報酬（10a当たり）	〃	–	–	15,331	12,767	18,592	18,129	19,738	18,805
家族労働報酬（1日当たり）	〃	–	–	23,141	18,949	27,698	27,998	29,026	28,172

注：1 農業就業者及び労働時間のうち雇用の男女は、平成24年産より調査開始した（以下360ページまで同じ。）。
2 収益性の取扱いについては、「3 調査結果の取りまとめと統計表の編成」の(1)エ及びオ（12ページ）を参照されたい（以下360ページまで同じ。）。
3 平成21年産及び22年産の粗収益等は、水田・畑作経営所得安定対策のうち生産条件不利補正対策に係る毎年の生産量・品質に基づく交付金を主産物価額に含めている（以下360ページまで同じ。）。
4 平成23年産以降の粗収益等には、農業者戸別所得補償制度及び経営所得安定対策等の交付金は含めていない。
なお、「（参考）奨励金を加えた場合」については、23年産及び24年産は農業者戸別所得補償制度の交付金（畑作物の戸別所得補償交付金及び水田活用の所得補償交付金（戦略作物助成、二毛作及び産地資金））、25年産から28年産は経営所得安定対策等の交付金（畑作物の直接支払交付金及び水田活用の直接支払交付金（戦略作物助成、二毛作及び産地交付金（25年産は産地資金）））を加えた収益性を参考表章しているので、利用に当たっては留意されたい（以下360ページまで同じ。）。

麦類生産費・累年

イ　10a当たり生産費

単位：円

区　分	平成21年産	22	23	24	25	26	27	28
物　財　費	40,803	37,691	37,661	35,485	36,818	37,662	38,495	36,518
種　苗　費	2,679	2,639	2,795	2,547	2,695	2,876	2,888	3,078
購　入	2,414	2,494	2,717	2,353	2,505	2,723	2,682	2,962
肥　料　費	8,316	7,597	7,016	7,142	7,931	8,119	7,853	7,738
購　入	8,193	7,485	6,833	6,974	7,743	8,057	7,750	7,700
農業薬剤費	2,546	2,349	2,598	2,000	2,165	2,191	2,106	2,328
光熱動力費	1,533	1,437	1,580	1,915	1,952	2,054	1,936	1,573
購　入	1,533	1,437	1,580	1,915	1,952	2,054	1,936	1,573
その他の諸材料費	-	34	31	39	38	28	40	56
購　入	-	34	31	39	38	28	40	56
土地改良及び水利費	815	582	591	512	545	772	714	441
賃借料及び料金	7,784	7,397	8,705	7,796	8,116	7,928	9,071	8,022
物件税及び公課諸負担	1,392	1,118	968	809	701	795	725	868
建　物　費	2,428	2,447	2,060	1,862	1,512	1,596	1,128	1,023
償　却　費	2,145	2,092	1,883	1,667	1,320	1,443	948	841
自動車費	2,533	1,824	2,125	1,356	1,338	1,642	1,321	1,004
償　却　費	1,383	818	1,090	873	786	919	631	299
農機具費	10,455	9,953	8,994	9,344	9,694	9,521	10,560	10,232
償　却　費	8,081	6,968	6,909	7,437	7,864	7,786	8,010	7,542
生産管理費	322	314	198	163	131	140	153	155
償　却　費	22	17	9	5	2	4	0	-
労　働　費	7,962	7,877	8,343	8,222	8,485	8,205	8,604	8,536
家　族	7,564	7,614	8,091	8,105	8,236	7,882	8,344	8,145
雇　用	398	263	252	117	249	323	260	391
費用合計	48,765	45,568	46,004	43,707	45,303	45,867	47,099	45,054
購入（支払）	29,182	27,802	27,761	25,258	26,717	27,618	28,857	28,073
自　給	7,952	7,871	8,352	8,467	8,614	8,097	8,653	8,299
償　却	11,631	9,895	9,891	9,982	9,972	10,152	9,589	8,682
副産物価額	264	269	164	252	211	152	187	297
生産費（副産物価額差引）	48,501	45,299	45,840	43,455	45,092	45,715	46,912	44,757
支払利子	153	150	130	112	73	108	90	103
支払地代	5,366	5,144	4,831	5,858	5,384	5,196	4,737	4,325
支払利子・地代算入生産費	54,020	50,593	50,801	49,425	50,549	51,019	51,739	49,185
自己資本利子	2,759	2,308	2,224	2,365	2,352	2,349	1,885	1,862
自作地地代	5,270	4,785	4,732	3,344	2,867	2,429	2,493	2,756
資本利子・地代全額算入生産費	62,049	57,686	57,757	55,134	55,768	55,797	56,117	53,803
50kg当たり								
資本利子・地代全額算入生産費	9,679	10,092	8,860	8,820	8,280	8,763	8,210	8,376

(3) 六条大麦生産費の全国累年統計

ア 調査対象経営体の生産概要・経営概況

区分	単位	平成21年産	22	23	24	25	26	27	28
経営耕地面積（1経営体当たり）	a	1,402	1,416	1,660	1,511	1,605	1,652	1,735	1,580
うち水田	〃	1,142	1,182	1,440	1,381	1,453	1,480	1,569	1,425
六条大麦作付面積（1経営体当たり）	〃	**388.4**	**403.5**	**413.4**	**399.3**	**412.9**	**408.2**	**423.0**	**405.9**
資本額（10a当たり）	円	53,057	49,752	44,167	47,473	45,910	42,791	48,179	50,584
うち固定資本額	〃	38,036	34,996	29,764	32,435	29,926	26,942	32,220	34,990
家族員数	人	4.0	4.0	3.8	4.4	4.2	3.7	4.2	3.8
農業就業者	〃	…	…	…	1.9	2.1	1.7	2.1	2.1
労働時間（10a当たり）	時間	**4.62**	**4.44**	**4.42**	**4.46**	**4.56**	**4.18**	**4.33**	**4.59**
男	〃	…	…	…	3.96	4.15	3.68	3.84	3.95
女	〃	…	…	…	0.50	0.41	0.50	0.49	0.64
直接労働時間	〃	4.52	4.33	4.31	4.33	4.42	4.02	4.14	4.47
家族	〃	4.07	3.70	3.62	3.91	3.81	3.40	3.54	3.70
男	〃	3.23	3.10	2.94	3.42	3.42	2.91	3.06	3.09
女	〃	0.84	0.60	0.68	0.49	0.39	0.49	0.48	0.61
雇用	〃	0.45	0.63	0.69	0.42	0.61	0.62	0.60	0.77
男	〃	…	…	…	0.42	0.59	0.62	0.60	0.74
女	〃	…	…	…	0.00	0.02	0.00	–	0.03
間接労働時間	〃	0.10	0.11	0.11	0.13	0.14	0.16	0.19	0.12
作業別直接労働時間（10a当たり）	〃	4.52	4.33	4.31	4.33	4.42	4.02	4.14	4.47
種子予措	〃	0.04	0.04	0.05	0.04	0.04	0.04	0.03	0.01
耕起整地	〃	0.83	0.86	0.80	0.75	0.81	0.69	0.73	0.78
基肥	〃	0.33	0.40	0.40	0.39	0.40	0.45	0.43	0.43
は種	〃	0.51	0.52	0.49	0.43	0.41	0.46	0.43	0.47
追肥	〃	0.14	0.14	0.18	0.16	0.13	0.12	0.11	0.11
中耕除草	〃	0.42	0.40	0.36	0.36	0.38	0.31	0.29	0.44
麦踏み	〃	0.18	0.16	0.15	0.14	0.17	0.08	0.13	0.13
管理	〃	0.59	0.50	0.55	0.74	0.79	0.75	0.75	0.76
防除	〃	0.29	0.16	0.16	0.17	0.10	0.17	0.20	0.22
刈取脱穀	〃	0.91	0.86	0.86	0.88	0.88	0.70	0.76	0.79
乾燥	〃	0.19	0.18	0.19	0.17	0.21	0.15	0.17	0.25
生産管理	〃	0.09	0.11	0.12	0.10	0.10	0.10	0.11	0.08
主産物数量（10a当たり）	kg	**297**	**262**	**237**	**288**	**303**	**281**	**306**	**320**
粗収益（10a当たり）	円	**16,349**	**14,338**	**7,069**	**11,768**	**9,007**	**9,638**	**11,901**	**14,043**
主産物	〃	16,294	14,159	6,964	11,712	8,962	9,574	11,865	13,895
副産物	〃	55	179	105	56	45	64	36	148
所得（10a当たり）	〃	△ 22,170	△ 23,469	△ 29,075	△ 25,481	△ 28,399	△ 28,415	△ 25,772	△ 23,704
所得（1日当たり）	〃	–	–	–	–	–	–		–
家族労働報酬（10a当たり）	〃	△ 24,666	△ 25,864	△ 31,398	△ 27,891	△ 30,907	△ 30,551	△ 28,053	△ 26,312
家族労働報酬（1日当たり）	〃	–	–	–	–	–	–	–	–
（参考）奨励金を加えた場合									
粗収益（10a当たり）	〃	–	–	57,705	61,543	65,561	62,609	70,499	69,111
所得（10a当たり）	〃	–	–	21,561	24,294	28,155	24,556	32,826	31,364
所得（1日当たり）	〃	–	–	46,243	48,346	57,168	55,337	70,594	66,029
家族労働報酬（10a当たり）	〃	–	–	19,238	21,884	25,647	22,420	30,545	28,756
家族労働報酬（1日当たり）	〃	–	–	41,261	43,550	52,075	50,524	65,688	60,539

麦類生産費・累年

イ　10 a 当たり生産費

単位:円

区　　　　分	平成21年産	22	23	24	25	26	27	28
物　財　費	30,541	29,559	28,874	30,932	31,816	32,333	32,592	32,042
種　苗　費	2,058	2,137	2,191	2,385	2,500	2,388	2,437	2,518
購　　入	1,651	1,919	1,972	2,167	2,372	2,218	2,164	2,382
肥　料　費	7,503	7,862	7,273	7,743	8,701	9,357	9,465	8,945
購　　入	7,433	7,812	7,211	7,743	8,701	9,357	9,465	8,945
農業薬剤費	1,880	1,885	1,750	1,935	2,442	2,312	2,338	2,184
光熱動力費	1,751	1,678	1,748	1,578	1,654	1,816	1,707	1,413
購　　入	1,751	1,678	1,748	1,578	1,654	1,816	1,707	1,413
その他の諸材料費	-	-	-	-	-	-	-	0
購　　入	-	-	-	-	-	-	-	0
土地改良及び水利費	916	1,068	1,085	665	533	802	694	504
賃借料及び料金	6,054	5,450	5,344	6,362	5,843	5,366	5,653	5,696
物件税及び公課諸負担	654	661	677	623	626	645	628	621
建　物　費	1,058	974	918	1,225	965	960	921	778
償　却　費	994	891	826	1,001	759	716	841	626
自動車費	1,321	1,256	1,221	1,059	815	736	750	872
償　却　費	770	750	654	679	406	186	288	466
農機具費	7,199	6,448	6,555	7,236	7,587	7,804	7,881	8,397
償　却　費	5,502	5,154	5,141	5,965	5,539	6,028	6,165	6,930
生産管理費	147	140	112	121	150	147	118	114
償　却　費	4	4	2	3	5	5	6	1
労　働　費	6,772	6,755	6,558	6,789	6,861	6,299	6,628	7,166
家　　　族	6,284	5,863	5,780	6,293	6,178	5,619	5,936	6,064
雇　　　用	488	892	778	496	683	680	692	1,102
費　用　合　計	37,313	36,314	35,432	37,721	38,677	38,632	39,220	39,208
購　入（支　払）	23,282	23,384	22,748	23,562	25,662	25,908	25,711	24,985
自　　　給	6,761	6,131	6,061	6,511	6,306	5,789	6,209	6,200
償　　　却	7,270	6,799	6,623	7,648	6,709	6,935	7,300	8,023
副産物価額	55	179	105	56	45	64	36	148
生　産　費（副産物価額差引）	37,258	36,135	35,327	37,665	38,632	38,568	39,184	39,060
支　払　利　子	134	95	84	135	75	64	78	12
支　払　地　代	7,356	7,261	6,408	5,686	4,832	4,976	4,311	4,591
支払利子・地代算入生産費	44,748	43,491	41,819	43,486	43,539	43,608	43,573	43,663
自　己　資　本　利　子	1,653	1,461	1,299	1,347	1,410	1,395	1,545	1,913
自　作　地　地　代	843	934	1,024	1,063	1,098	741	736	695
資本利子・地代全額算入生産費	47,244	45,886	44,142	45,896	46,047	45,744	45,854	46,271
50kg当たり								
資本利子・地代全額算入生産費	7,955	8,760	9,276	7,951	7,595	8,177	7,468	7,238

麦類生産費・累年

(4) はだか麦生産費の全国累年統計
ア 調査対象経営体の生産概要・経営概況

区分	単位	平成21年産	22	23	24	25	26	27	28
経営耕地面積（1経営体当たり）	a	680	678	684	736	701	855	787	714
うち水田	〃	665	636	651	701	676	815	708	697
はだか麦作付面積（1経営体当たり）	〃	351.5	359.9	367.0	374.8	370.4	373.4	374.0	389.9
資本額（10a当たり）	円	63,866	61,173	58,398	62,949	61,231	64,273	60,135	68,375
うち固定資本額	〃	46,140	43,988	41,107	46,417	43,831	46,737	43,216	51,982
家族員数	人	2.9	2.9	3.2	2.9	3.2	3.4	2.9	3.1
農業就業者	〃	…	…	…	1.8	1.7	1.8	1.9	1.7
労働時間（10a当たり）	時間	7.67	7.87	7.98	7.58	7.84	7.81	7.47	7.96
男	〃	…	…	…	6.19	6.43	6.51	6.19	7.30
女	〃	…	…	…	1.39	1.41	1.30	1.28	0.66
直接労働時間	〃	7.37	7.51	7.66	7.35	7.59	7.57	7.23	7.53
家族	〃	6.50	6.89	6.98	6.88	7.16	7.07	6.48	6.35
男	〃	5.57	5.79	5.94	5.51	5.77	5.82	5.40	5.71
女	〃	0.93	1.10	1.04	1.37	1.39	1.25	1.08	0.64
雇用	〃	0.87	0.62	0.68	0.47	0.43	0.50	0.75	1.18
男	〃	…	…	…	0.47	0.43	0.46	0.56	1.18
女	〃	…	…	…	-	0.00	0.04	0.19	-
間接労働時間	〃	0.30	0.36	0.32	0.23	0.25	0.24	0.24	0.43
作業別直接労働時間（10a当たり）	〃	7.37	7.51	7.66	7.35	7.59	7.57	7.23	7.53
種子予措	〃	0.05	0.05	0.04	0.04	0.04	0.04	0.03	0.02
耕起整地	〃	1.15	1.20	1.18	1.10	1.06	1.20	1.13	1.06
基肥	〃	0.41	0.43	0.42	0.50	0.54	0.56	0.67	0.49
は種	〃	0.77	0.75	0.72	0.71	0.66	0.69	0.72	0.68
追肥	〃	0.42	0.40	0.40	0.43	0.38	0.38	0.25	0.43
中耕除草	〃	1.43	1.25	1.40	1.35	1.40	1.35	1.33	1.29
麦踏み	〃	0.61	0.61	0.68	0.51	0.52	0.53	0.46	0.60
管理	〃	0.73	0.83	0.80	0.72	0.91	0.84	0.94	0.90
防除	〃	0.30	0.35	0.30	0.35	0.31	0.31	0.21	0.24
刈取脱穀	〃	1.12	1.25	1.28	1.22	1.29	1.22	1.21	1.35
乾燥	〃	0.20	0.20	0.27	0.26	0.34	0.30	0.16	0.37
生産管理	〃	0.18	0.19	0.17	0.16	0.14	0.15	0.12	0.10
主産物数量（10a当たり）	kg	277	262	297	266	346	333	257	225
粗収益（10a当たり）	円	22,346	16,166	12,166	12,285	14,977	14,662	9,543	9,564
主産物	〃	22,236	16,023	12,047	12,166	14,833	14,522	9,341	9,090
副産物	〃	110	143	119	119	144	140	202	474
所得（10a当たり）	〃	△16,958	△21,478	△25,915	△24,742	△22,406	△23,200	△27,553	△26,773
所得（1日当たり）	〃	-	-	-	-	-	-	-	-
家族労働報酬（10a当たり）	〃	△20,375	△24,841	△28,871	△27,771	△25,640	△26,453	△30,296	△29,944
家族労働報酬（1日当たり）	〃	-	-	-	-	-	-	-	-
(参考)奨励金を加えた場合									
粗収益（10a当たり）	〃	-	-	60,085	56,307	75,205	76,821	60,179	53,925
所得（10a当たり）	〃	-	-	22,004	19,280	37,822	38,959	23,083	17,588
所得（1日当たり）	〃	-	-	24,114	21,693	40,833	42,695	27,521	21,190
家族労働報酬（10a当たり）	〃	-	-	19,048	16,251	34,588	35,706	20,340	14,417
家族労働報酬（1日当たり）	〃	-	-	20,875	18,285	37,342	39,130	24,250	17,370

麦類生産費・累年

イ 10a当たり生産費

単位:円

区分	平成21年産	22	23	24	25	26	27	28
物財費	34,369	32,529	32,671	32,390	32,744	32,681	31,964	31,031
種苗費	2,702	2,523	2,900	2,456	2,371	2,289	2,441	2,414
購入	1,165	1,577	2,109	2,313	1,878	1,743	2,032	1,447
肥料費	8,555	8,465	7,541	7,179	7,804	8,281	8,221	7,262
購入	8,555	8,465	7,541	7,179	7,804	8,281	8,220	7,262
農業薬剤費	2,826	2,915	3,417	3,306	2,892	3,033	2,785	3,078
光熱動力費	2,198	2,120	2,407	2,322	2,665	2,697	2,367	1,994
購入	2,198	2,120	2,407	2,322	2,665	2,697	2,367	1,994
その他の諸材料費	10	17	17	2	1	0	-	1
購入	10	17	17	2	1	0	-	-
土地改良及び水利費	52	107	80	53	67	121	129	20
賃借料及び料金	4,612	4,264	4,679	4,354	4,629	4,429	3,912	2,920
物件税及び公課諸負担	784	714	686	649	738	631	742	780
建物費	1,198	1,269	1,230	1,349	841	668	823	1,078
償却費	1,149	1,247	1,202	1,323	764	625	765	1,021
自動車費	1,310	1,433	1,290	1,033	701	927	1,034	1,369
償却費	707	1,005	912	464	260	533	443	651
農機具費	10,016	8,610	8,337	9,604	9,822	9,508	9,377	10,032
償却費	7,839	7,150	7,250	8,074	8,069	7,552	7,767	8,127
生産管理費	106	92	87	83	213	97	133	83
償却費	1	0	0	5	6	3	2	-
労働費	10,778	11,239	11,280	10,542	11,154	11,102	10,852	11,555
家族	9,894	10,549	10,527	10,040	10,649	10,529	10,055	9,998
雇用	884	690	753	502	505	573	797	1,557
費用合計	45,147	43,768	43,951	42,932	43,898	43,783	42,816	42,586
購入（支払）	24,020	22,871	23,269	22,883	23,657	23,995	23,374	21,821
自給	11,431	11,495	11,318	10,183	11,142	11,075	10,465	10,966
償却	9,696	9,402	9,364	9,866	9,099	8,713	8,977	9,799
副産物価額	110	143	119	119	144	140	202	474
生産費（副産物価額差引）	45,037	43,625	43,832	42,813	43,754	43,643	42,614	42,112
支払利子	49	41	89	80	77	84	115	141
支払地代	4,002	4,384	4,568	4,055	4,057	4,524	4,220	3,608
支払利子・地代算入生産費	49,088	48,050	48,489	46,948	47,888	48,251	46,949	45,861
自己資本利子	2,316	2,226	2,009	2,240	2,209	2,402	2,093	2,469
自作地地代	1,101	1,137	947	789	1,025	851	650	702
資本利子・地代全額算入生産費	52,505	51,413	51,445	49,977	51,122	51,504	49,692	49,032
60kg当たり								
資本利子・地代全額算入生産費	11,384	11,737	10,361	11,277	8,868	9,260	11,655	13,075

（付表）　個別結果表（様式）

調査票様式は、農林水産省ホームページの以下のアドレスで御覧になれます。
【http://www.maff.go.jp/j/tokei/kouhyou/noukei/seisanhi_nousan/index.html】

	1	2	3	4	5	6
	調査年	都道府県	管理番号	調査対象経営体	生産費区分	集計区分
A						

	7	8	9	10	11	12
	集計倍率	作成対象区分	作付規模階層	販売数量階層	市町村番号	農業地域類型区分
A						

1　生産費総括（円）

		B	C	D	E	F	G
		総額				10a	
1		購入	自給	償却	計	購入	自給
2	物財費						
3	種苗費						
4	肥料費						
5	農業薬剤費						
6	光熱動力費						
7	その他諸材料費						
8	土地改良及び水利費						
9	賃借料及び料金						
10	物件税及び公課諸負担						
11	建物費						
12	自動車費						
13	農機具費						
14	生産管理費						
15	労働費						
16	直接労働費						
17	間接労働費						
18	費用合計						
19	副産物価額						
20	生産費						
21	支払利子						
22	支払地代						
23	利子・地代算入生産費						
24	自己資本利子						
25	自作地地代						
26	全算入生産費						

2　投下労働時間（時間）

			家族			雇用		
			男	女	小計	男	女	小計
27	直接労働時間	種子予措						
28		育苗						
29		耕起整地						
30		基肥						
31		直まき						
32		田植						
33		追肥						
34		除草						
35		管理						
36		防除						
37		刈取脱穀						
38		乾燥						
39		生産管理						
40		計						
41	間接労働時間							
42	労働時間合計							
43		10a当たり						
44	経営管理							

45 **3　年齢階層別家族労働時間及び労働評価**（時間、円）

46		稲作負担家族労働時間			労賃単価		稲作
47		男	女	計	男	女	男
48	65歳未満						
49	65～70						
50	70～75						
51	75歳以上						
52	計						
53							

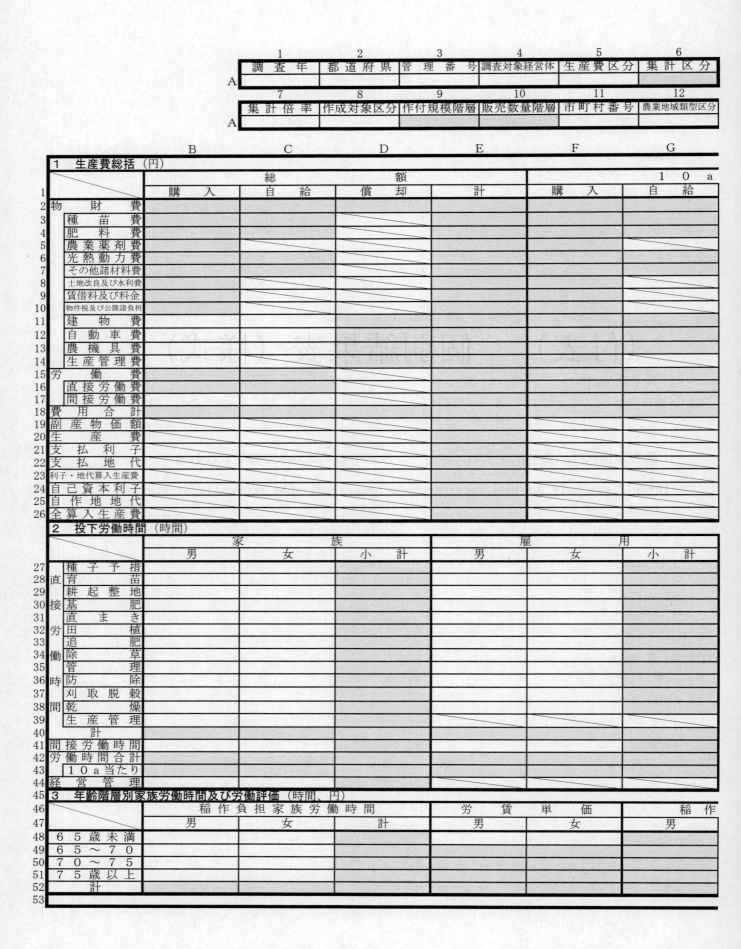

A　平成　　年産　農業経営統計調査　個別結果表（米生産費統計）No. 1

13	14	15	16	17	18	19	20
認定農業者区分	主副業別区分	前年調査対象経営体	経営所得安定対策区分	旧北海道番号	前年管理番号		

A

H　I　J　K　L　M　N

当たり		
償却	計	60kg当たり

計	10a当たり

家族労働評価額

女	計

4　作柄（kg、%）

10a当たり平年収量	10a当たり収量	平年作比	主な被害の種類	
				1

5　経営土地（a）　2

			所有地	借入地	計	3
耕地	田					4
	畑	普通畑				5
		樹園地				6
		計				7
	牧草地					8
	計					9
耕地以外						10
合計						11

6　地代（円、a）　12

		総額			13
		自作地	借入地	計	14
作付地	作付実面積				15
	土地台帳面積				16
	地代総額				17
	負担地代				18
作付地以外	使用面積				19
	賃借料総額				20
	負担地代				21
		10a当たり			22
		自作地	借入地	計	23
実勢地代					24
作付地負担地代					25
作付地以外地代					26

7　資本額及び資本利子（円）

		資本額		利子額		
		稲作負担分	10a当たり	稲作負担分	10a当たり	
資本額	計					27
	借入資本					28
	自己資本					29
資産別内訳	流動資本					30
	労賃資本					31
	固定資本					32
	建物・構築物					33
	土地改良設備					34
	自動車					35
	農機具					36

8　調査作物収入（円、kg）　37

		総数		10a当たり		38
		数量	価額	数量	価額	39
主産物	販売					40
	自家					41
	計					42
副産物	くず米					43
	稲わら（もみがら含む）					44
	計					45
粗収益						46

9　家族員数及び農業就業者等（人）　47

	男	女	計	48
世帯員				49
家族				50
農業就業者				51
農業専従者				52
農業年雇				53

	21 調査年	22 都道府県	23 管理番号	24 調査対象経営体	
A					A 平成

10 田の概況

		B 該当の有無等
54	田 の 団 地 数	
55	山のうち 50％未満	
56	区画整理 50～80％	
57	済面積 80％以上	

11 農業生産組織への参加

		C	D 該当の有無
		栽 培 協 定	
		共 同 利 用	
		受　　　　託	
		そ　の　他	

15 ほ場枚数及び面積（a）

		E	F 枚　　数	G 面　　積
		未整理又は10a未満		
		10～20 a 区画		
		20～30 a 区画		
		30～50 a 区画		
58		50 a 以上区画		
		計		

12 稲の品種別作付面積（a）

			名称コード	作付面積
59				
60				
61		計		
62	う	品 種 1		
63	る	品 種 2		
64	ち	品 種 3		
65		品 種 4		
66	も	品 種 1		
67	ち	品 種 2		

16 生産調整実施状況（a、円）

	面　　積	助 成 金
麦　　　　類		
大　　　　豆		
飼 料 作 物		
うち飼料用稲		
飼 料 用 米		
そ　　　　ば		
その他の一般作物		
特 例 作 物		
永 年 性 作 物		
調 整 水 田 等		
計		

13 稲作作業の受委託状況別面積（a）

		委 託 面 積		
		個　人	団　体	計
68				
69				
70				
71	育　　　苗			
72	耕うん・整地			
73	田　　　植			
74	防　　　除			
75	刈 取・脱 穀			
76	乾 燥・調 製			
77	ライスセンター			
78	カントリーエレベーター			

		受 託 面 積		
79		個　人	組　織	計
80				
81	全 作 業 受 託			
82	部 育　　苗			
83	分 耕うん・整地			
84	作 田　　植			
85	業 防　　除			
86	受 刈取・脱穀			
87	託 乾燥・調製			

17 包装した玄米数量（kg）

玄 米 数 量	

18 水稲裏作作物面積（a）

	面　　積
麦　　　　類	
野　　　　菜	
飼 料 作 物	
そ　の　他	
裏 作 休 耕	
計	

14 労働時間及び労働費（時間、円）

			労働時間	労働費	労賃単価
88					
89					
90	稲	家族			
91	作	男			
92	負	女			
93	担	雇用			
94	分	男			
95		女			
96		合計			
97		男			
98		女			

19 借入金の資金種類別内訳（円）

		稲 作 負 担 分			10 a 当 た り		
		調始未償還残高	調末未償還残高	支 払 利 子	調始未償還残高	調末未償還残高	支 払 利 子
99	借入金 短 期						
100	長 期						
101	買 掛 未 払 金						
102	計						
103							
104							
105							
106							

年産　農業経営統計調査　個別結果表（米生産費統計）No.２

H　I　J　K　L　M　N

２０　物件税及び公課諸負担（円）

		稲作負担分	１０ａ当たり	
物件税	固定資産税			54
	建物			55
	建物以外			56
	自動車重量税			57
	自動車税			58
	不動産取得税			59
	自動車取得税			60
	軽自動車税			61
	水利地益税			62
	都市計画税			63
	共同施設税			64
	小計			65
公課諸負担	集落協議会費			66
	農業協同組合費			67
	農事実行組合費			68
	農業共済組合賦課金			69
	自賠責保険			70
	小計			71
合計				72

２１　収益性（円）

	総額	１０ａ当たり	
粗収益			54
生産費総額			55
利潤			56
所得			57
１日当たり			58
家族労働報酬			59
１日当たり			60

〔参考〕各種助成措置を加えた場合（円）　61

	総額	１０ａ当たり	
			62
粗収益			63
生産費総額			64
利潤			65
所得			66
１日当たり			67
家族労働報酬			68
１日当たり			69

〔参考〕団地への距離等（km）　70

ほ場間の距離		71
団地への平均距離		72

73
74

２２　生産物の処分内訳（kg、円）　75

		総数			１０ａ当たり		
		数量	価額	単価	数量	価額	76 / 77
玄米（予定を含む）販売用	主食用						78
	加工用						79
	区分出荷						80
	小計						81
自家用	種子用						82
	飯米用						83
	その他						84
	小計						85
合計							86
いなわら等　販売	加工用						87
	その他						88
水田還元	生わら						89
	乾燥わら						90
野菜果樹等敷わら							91
たい肥							92
家畜の敷料							93
その他							94
いなわら小計							95
くず米							96
もみがら							97
合計							98

〔参考〕農業共済金、各種助成措置の状況（円）

	総額		１０ａ当たり		
	拠出金	受取金	拠出金	受取金	
農業共済金					99
米の直接支払交付金					100
米価変動補てん交付金					101
水田活用の直接支払交付金					102
戦略作物助成					103
二毛作助成					104
産地交付金					105
その他の制度受取金等					106

	25	26	27	28	
A	調査年	都道府県	管理番号	調査対象経営体	A

平成

		B	C	D	E	F	G

２３　原単位

				稲作負担分			10ａ当たり	
				数量	価額	単価	数量	価額
108	種苗費	種子もみ	購入					
109			自給					
110		苗						
111		計						
112	肥料費	窒素質	硫安					
113			尿素					
114			石灰窒素					
115		りん酸質	過りん酸石灰					
116			よう成リン肥					
117			重焼リン肥					
118		カリ質	塩化カリ					
119			硫酸カリ					
120		けいカル						
121		炭酸カルシウム（石灰含む）						
122		けい酸石灰						
123		複合	高成分化成					
124			低成分化成					
125			配合肥料					
126			固形肥料					
127		土壌改良資材						
128		たい肥・きゅう肥						
129		その他						
130		自給	たい肥					
131			きゅう肥					
132			稲・麦わら					
133			その他					
134		計						
135	農業薬剤費	殺虫剤						
136		殺菌剤						
137		殺虫殺菌剤						
138		除草剤						
139		その他						
140		計						
141	光熱動力費	動力燃料	重油					
142			軽油					
143			灯油					
144			ガソリン					
145			潤滑油					
146			混合油					
147		電力料						
148		その他						
149		自給						
150		計						
151	その他の諸材料費	ビニール・シート						
152		ポリエチレン						
153		なわ						
154		バインダー用結束ひも						
155		育苗用土（購入）						
156		素土						
157		その他						
158		自給						
159		計						
160	土地改良及び水利費	土地改良区費	維持負担金					
161			償還金					
162		水利組合費						
163		揚水ポンプ組合費						
164		その他						
165		計						
166								

年産 農業経営統計調査 個別結果表（米生産費統計）No.3

			稲 作 負 担 分			10 a 当 た り		
			数　量	価　額	単　価	数　量	価　額	
賃借料及び料金	共同負担金	薬 剤 散 布						108
		共 同 施 設						109
		共 同 苗 代						110
	農 機 具 借 料							111
	航 空 防 除 賃							112
	賃 耕 料							113
	は 種・田 植 賃							114
	収 穫 請 負 わ せ 賃							115
	も み す り 脱 穀 賃							116
	ラ イ ス セ ン タ ー 費							117
	カントリーエレベーター費							118
	そ の 他							119
	計							120

24 減価償却費（円）								121
				稲作負担分	10 a 当たり	任意項目		122
建物・構築物	住 家							123
	納 屋・倉 庫							124
	用 水 路							125
	暗 き ょ 排 水 施 設							126
	コ ン ク リ ー ト け い 畔							127
	客 土							128
	た い 肥 盤							129
	そ の 他							130
	合 計							131
	処 分 差 損 失							132
			所有台数（台）	稲作負担分	10 a 当たり			133
自動車	四 輪 自 動 車							134
	そ の 他							135
	合 計							136
	処 分 差 損 失							137
			所有台数（台）	稲作負担分	10 a 当たり			138
農機具	電 動 機							139
	発 動 機							140
	揚 水 ポ ン プ							141
	乗用トラクター	20 馬 力 未 満						142
		20～50 馬 力 未 満						143
		50 馬 力 以 上						144
	歩行用トラクター	駆 動 型						145
		け ん 引 型						146
	電 熱 育 苗 機							147
	田植機	2 条 植						148
		3 ～ 5 条						149
		6 条 植 以 上						150
	動 力 噴 霧 機							151
	動 力 散 粉 機							152
	バ イ ン ダ ー							153
	自脱型コンバイン	3 条 以 下						154
		4 条 以 上						155
	普 通 型 コ ン バ イ ン							156
	脱 穀 機							157
	動 力 も み す り 機							158
	乾燥機	静 置 式						159
		循 環 式						160
	そ の 他							161
	合 計							162
	処 分 差 損 失							163
				稲作負担分	10 a 当たり			164
生 産 管 理 機 器								165
処 分 差 損 失								166

	1	2	3	4	5	6	7
	調 査 年	都道府県	管 理 番 号	調査対象経営体	生産費区分	田畑等区分	集 計 区 分
A							

	9	10	11	12	13	14	15
	作成対象区分	作付規模階層	販売数量階層	市町村番号	農業地域類型区分	認定農業者区分	主副業別区分
A							

1 生産費総括（円）

		B	C	D	E	F	G
		総		額		1 0 a	
1		購 入	自 給	償 却	計	購 入	自 給
2	物 財 費						
3	種 苗 費						
4	肥 料 費						
5	農業薬剤費						
6	光熱動力費						
7	その他諸材料費						
8	土地改良及び水利費						
9	賃借料及び料金						
10	物件税及び公課諸負担						
11	建 物 費						
12	自 動 車 費						
13	農 機 具 費						
14	生 産 管 理 費						
15	労 働 費						
16	直接労働費						
17	間接労働費						
18	費 用 合 計						
19	副 産 物 価 額						
20	生 産 費						
21	支 払 利 子						
22	支 払 地 代						
23	利子・地代算入生産費						
24	自己資本利子						
25	自 作 地 地 代						
26	全算入生産費						

27 **2 投下労働時間**（時間）

		家	族		雇	用	
28		男	女	小 計	男	女	小 計
29	直接労働時間 種子予措						
30	育 苗						
31	耕 起 整 地						
32	基 肥						
33	は 種						
34	定 植						
35	株 分 け						
36	追 肥						
37	中 耕 除 草						
38	麦 踏 み						
39	管 理						
40	防 除						
41	は く 葉						
42	刈 取 脱 穀						
43	乾 燥						
44	生 産 管 理						
45	計						
46	間接労働時間						
47	労働時間合計						
48	1 0 a 当たり						
49	経 営 管 理						
50							

51 **3 年齢階層別家族労働時間及び労働評価**（時間、円）

		調査作物負担家族労働時間			労 賃 単 価		調 査 作
		男	女	計	男	女	男
52	6 5 歳 未 満						
53	6 5 ～ 7 0						
54	7 0 ～ 7 5						
55	7 5 歳 以 上						
56	計						
57							

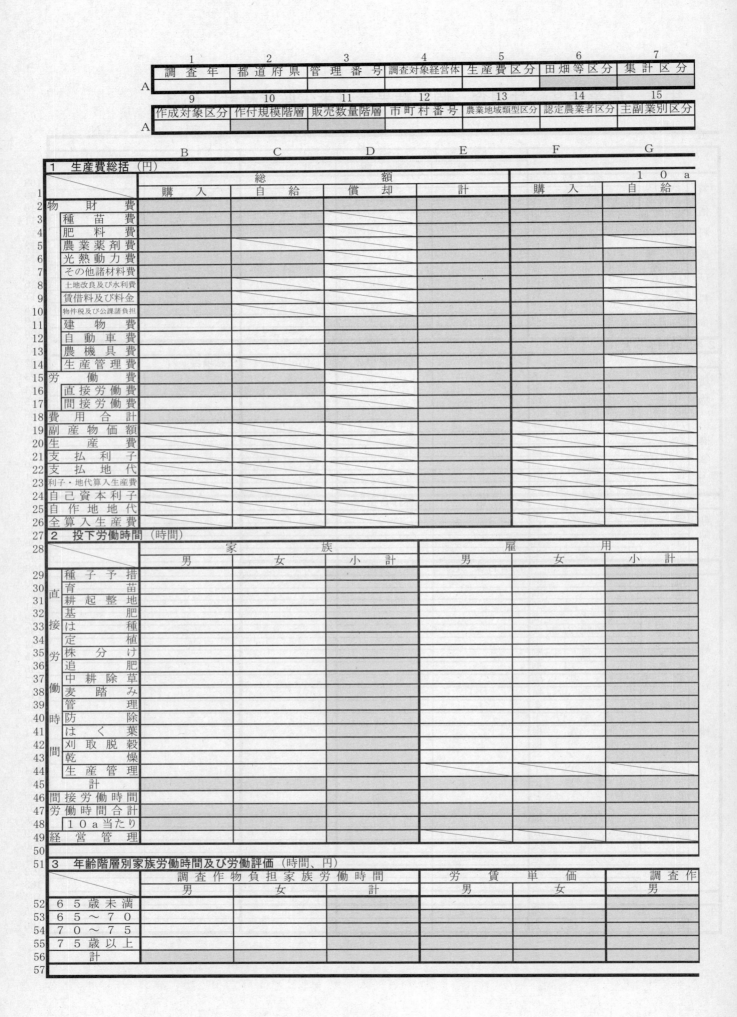

平成　　年産　農業経営統計調査　個別結果表
（麦類・大豆・そば・なたね・畑作物生産費統計）No.1

集計倍率							
8 A							
16	17	18	19	20	21	22	23
前年調査対象経営体	経営所得安定対策区分	旧北海道番号	前年管理番号				A

H	I	J	K	L	M	N	
当たり		単位数量当たり	4 作柄 (kg、%)				
償却	計		10a当たり平年収量	10a当たり収量	平年作比	主な被害の種類	1
							2
			5 経営土地 (a)				3
				所有地	借入地	計	4
			耕　田				5
			地　畑　普通畑				6
			樹園地				7
			計				8
			牧草地				9
			計				10
			耕地以外				11
			合　　計				12
							13
			6 地代 (円、a)				14
				総　　額			15
				自作地	借入地	計	16
			作　作付実面積				17
			付　土地台帳面積				18
			地　地代総額				19
			負担地代				20
			作以　使用面積				21
			付　賃借料総額				22
			地外　負担地代				23
				10a当たり			24
				自作地	借入地	計	25
			実勢地代				26
			作付地負担地代				27
			作付地以外地代				28
計	10a当たり		7 資本額及び資本利子 (円)				29
				資本額		利子額	30
				調査作物負担分	10a当たり	調査作物負担分	10a当たり	31
			資　　　　計				32
			本　借入資本				33
			額　自己資本				34
			資　流動資本				35
			産　労賃資本				36
			別　固定資本				37
			内　　建物・構築物				38
			訳　　土地改良設備				39
			自動車				40
			農機具				41
							42
			8 調査作物収入 (円、kg)				43
				総数		10a当たり	44
				数量	価額	数量	価額	45
			主　販売				46
			産　自家				47
			物　計				48
			副産物				49
			粗収益				50
			(参考) 奨励金				51

物家族労働評価額					
女	計	9 家族員数及び農業就業者等 (人)			
			男	女	計	
		世帯員				52
		家族				53
		農業就業者				54
		農業専従者				55
		農業年雇				56
						57

	24	25	26	27	28
	調　査　年	都　道　府　県	管　理　番　号	調査対象経営体	生産費区分
A					

B　C　D　E　F　G

１０　調査作物の作付面積（a）

		面　積
58	田	
59	畑	
60	計	

11　作付実面積のうち生産調整に係る面積（a）

	面　積
自作地	
小作地	
計	

１６　農業生産組織への参加（該当の有無）

	調査作物	その他作物
栽培協定		
共同利用		
受託		
その他		

61

１２　調査作物の品種別作付面積（a）

		名称コード	作付面積
63		名称コード	作付面積
64	計		
65	品種　1		
66	品種　2		
67	品種　3		
68	品種　4		
69	品種　5		

70

１３　麦類・大豆・そば・なたね作作業の受委託状況別面積（a）

		委託面積		
73		個人	団体	計
74	耕うん・整地			
75	は種			
76	防除			
77	刈取・脱穀			
78	乾燥・調製			
79	ライス・ビーンセンター			
80	カントリーエレベーター			
		受託面積		
81		個人	組織	計
82	全作業受託			
83	部分作業受託　耕うん・整地			
84	部分作業受託　は種			
85	部分作業受託　防除			
86	部分作業受託　刈取・脱穀			
87	部分作業受託　乾燥・調製			

１８　取引糖度（てんさい、さとうきび）

出荷量（kg）	糖度換算出荷量（kg）	取引糖度（%）

２０　収益性（円）

	総額	１０a当たり
粗収益		
生産費総額		
利潤		
所得		
1日当たり		
家族労働報酬		
1日当たり		

88

１４　調査対象栽培型を含む調査作物の収穫面積等（a、kg、円）

		原料／未収（自作地）	生食加工／未収（借入地）	その他向け	計
90	原料用かんしょ、原料用ばれいしょ、さとうきび（未収穫面積）				
91		原料／未収（自作地）	生食加工／未収（借入地）	その他向け	計
92	収穫面積				
93	主産物　数量				
94	主産物　価額				
95	さとうきび（上段）、てんさい（下段）				
96		株出し	春植え	夏植え	計
97		直播	移植	―	
98	収穫面積				
99	主産物数量				
100	１０a当たり数量				

２１　農業共済金、各種助成措置

	調査作物 拠出金
農業共済金	
営農継続支払	
水田活用の直接支払交付金	
戦略作物助成	
二毛作助成	
産地交付金	
数量払	
その他の制度受取金等	

101

１５　労働時間及び労働費（時間、円）

		労働時間	労働費	労賃単価
103		労働時間	労働費	労賃単価
104	調査作物負担分　家族			
105	男			
106	女			
107	雇用			
108	男			
109	女			
110	合計			
111	男			
112	女			

113

２２　借入金の資金種類別内訳

	調査 調始未償還残高
借入金　短期	
借入金　長期	
買掛未払金	
計	

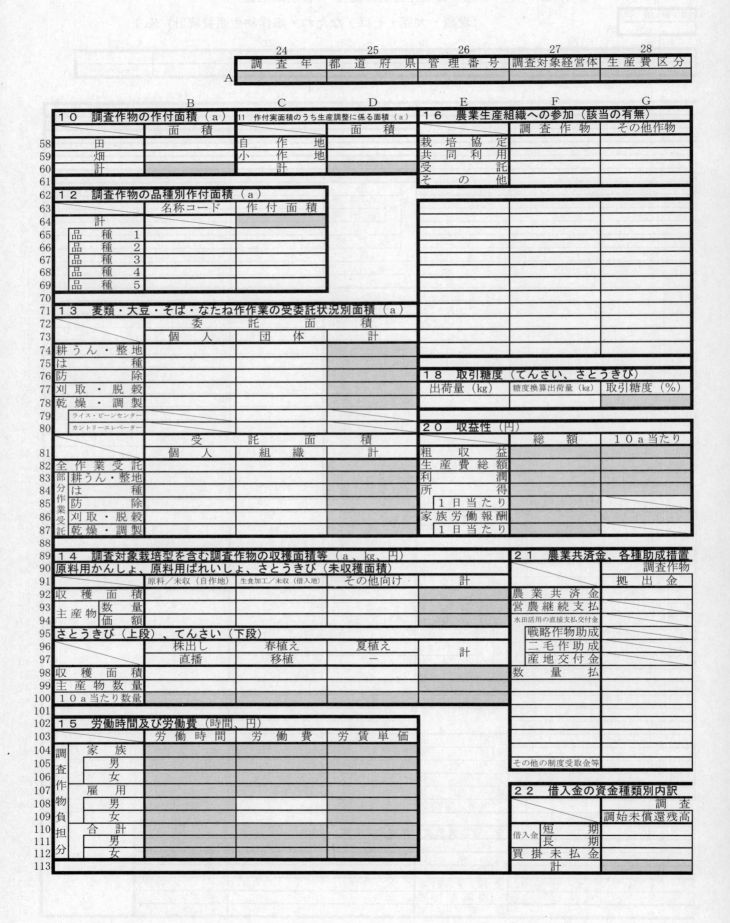

平成　　年産　農業経営統計調査　個別結果表
（麦類・大豆・そば・なたね・畑作物生産費統計）No.2

29 田畑等区分 A

19　物件税及び公課諸負担（円）

		調査作物負担分	１０a当たり
物件税	固定資産税		
	建　　物		
	建物以外		
	自動車重量		
	自動車税		
	不動産取得税		
	自動車取得		
	軽自動車税		
	水利地益税		
	都市計画税		
	共同施設税		
	小　　　計		
公課諸負担	集落協議会		
	農業協同組合費		
	農事実行組合費		
	農業共済組合賦課金		
	自賠責保険		
	小　　　計		
合　　　計			

〔参考〕各種助成措置を加えた場合（円）

	総　額	１０a当たり
粗　収　益		
生産費総額		
利　　潤		
所　　得		
１日当たり		
家族労働報酬		
１日当たり		

の状況（円）

負担分		１０a当たり	
受取金	拠出金	受取金	

23　生産物の処分内訳（kg、円）

小麦・二条大麦 六条大麦・はだか麦		総　　　　数		
		数　量	価　額	単　価
主産物	販売用	１等			
		２等			
		規格外A			
		その他			
		小　計			
	自給用	食用			
		種子用			
		その他			
		小　計			
	合　計				
副産物	販売用	規格外B			
		規格外C			
		くず麦			
		麦わら			
		小　計			
	自給用	規格外B			
		規格外C			
		くず麦			
		麦わら			
		無評価			
		小　計			
	合　計				

大豆・そば					
主産物	販売用	普通大豆	１等			
			２等			
			３等			
		特定加工用・規格外				
		その他				
		小　計				
	自給用	食用				
		種子用				
		その他				
		小　計				
	合　計					
副産物	販売用					
	自給用					
	合　計					

畑作物・なたね				
主産物	販売用				
	自給用	食用			
		種子用			
		その他			
		小　計			
	合　計				
副産物	販売用				
	自給用				
	合　計				

（円）

作物負担分		１０a当たり		
調末未償還残高	支払利子	調始未償還残高	調末未償還残高	支払利子

			A	30 調査年	31 都道府県	32 管理番号	33 調査対象経営体	34 生産費区分

		B		C	D	E	F	G
	24 原単位			\multicolumn{3}{c}{調査作物負担分}	\multicolumn{2}{c}{10 a 当たり}	
				数　量	価　額	単　価	数　量	価　額
114	種苗費	種子	購　　　　入					
115			自　　　　給					
116		苗(苗木含)	購　　　　入					
117			自　　　　給					
118			計					
119	肥料費	窒素質	硫　　　　安					
120			尿　　　　素					
121			石　灰　窒　素					
122		りん酸質	過りん酸石灰					
123			よう成リン肥					
124			重　焼　リ　ン　肥					
125		カリ質	塩　化　カ　リ					
126			硫　酸　カ　リ					
127			け　い　カ　ル					
128			炭酸カルシウム（石灰含む）					
129			け　い　酸　石　灰					
130		複合	高　成　分　化　成					
131			低　成　分　化　成					
132			配　合　肥　料					
133			固　形　肥　料					
134			土　壌　改　良　資　材					
135			た　い　肥・きゅう肥					
136			そ　　の　　他					
137		自給	た　い　肥					
138			きゅう肥					
139			稲・麦わら					
140			そ　の　他					
141			計					
142	農業薬剤費		殺　　虫　　剤					
143			殺　　菌　　剤					
144			殺　虫　殺　菌　剤					
145			除　　草　　剤					
146			そ　　の　　他					
147			計					
148	光熱動力費	動力燃料	重　　　　油					
149			軽　　　　油					
150			灯　　　　油					
151			ガ　ソ　リ　ン					
152			潤　　滑　　油					
153			混　　合　　油					
154			電　　力　　料					
155			そ　　の　　他					
156			自　　　　給					
157			計					
158	その他の諸材料費		ビニール・シート					
159			ポ　リ　エ　チ　レ　ン					
160			な　　　　わ					
161			育　苗　用　土					
162			ペ　ー　パ　ー　ポ　ッ　ト					
163			融　雪　剤					
164			そ　　の　　他					
165			自　　　　給					
166			計					
167	土地改良及び水利費	土地改良区費	維　持　負　担　金					
168			償　　還　　金					
169			そ　　の　　他					
170			計					

35 田畑等区分 A

平成　　年産　農業経営統計調査　個別結果表

（麦類・大豆・そば・なたね・畑作物生産費統計）No.3

H I J K L M N

			調査作物負担分			10a 当たり		
			数量	価額	単価	数量	価額	
賃借料及び料金	共同負担金	薬剤散布						114
		共同施設						115
		共同育苗						116
	農機具借料							117
	航空防除賃							118
	賃耕料							119
	は種・定植							120
	収穫請負わせ賃							121
	貯蔵							122
	ライス・ビーンセンター費							123
	カントリーエレベーター費							124
	その他							125
	計							126
								127

25 減価償却費（円）							
			調査作物負担分	10a 当たり	（参考）二条大麦のうち、ビール麦の販売内訳(kg、円)		128
							129
建物・構築物	住家					総数	130
	納屋・倉庫					数量	131
	用水路				1 等	価額	132
	暗きょ排水施設					単価	133
	コンクリートけい畔					数量	134
	客土				2 等	価額	135
	たい肥盤					単価	136
	その他					数量	137
	合計				等外上	価額	138
	処分差損失					単価	139
		所有台数（台）	調査作物負担分	10a 当たり	任意項目		140
自動車	四輪自動車						141
	その他						142
	合計						143
	処分差損失						144
		所有台数（台）	調査作物負担分	10a 当たり			145
農機具	乗用トラクター	20馬力未満					146
		20〜50馬力未満					147
		50馬力以上					148
	歩行用トラクター						149
	たい肥等散布機						150
	総合は種機						151
	移植機						152
	中耕除草機						153
	肥料散布機						154
	動力噴霧機						155
	動力散粉機						156
	自脱型コンバイン	3条以下					157
		4条以上					158
	普通型コンバイン						159
	調査作物収穫機						160
	脱穀機						161
	きび脱葉機						162
	乾燥機						163
	トレーラー						164
	その他						165
	合計						166
	処分差損失						167
			調査作物負担分	10a 当たり			168
生産管理機器							169
処分差損失							170

平成28年産　米及び麦類の生産費

平成30年８月　発行　　　　　　　　定価は表紙に表示してあります。

編集　〒100-8950　東京都千代田区霞が関１－２－１
農林水産省大臣官房統計部

発行　〒153-0064　東京都目黒区下目黒3-9-13　目黒・炭やビル
一般財団法人　農林統計協会
振替　00190-5-70255　TEL 03(3492)2987

ISBN978-4-541-04260-6　C3061